国家科技支撑计划项目（2012BAD29B01）
国家科技基础性工作专项（2015FY111200）

中国市售水果蔬菜农药残留报告（2015～2019）
（东北卷）

庞国芳　主编

科学出版社

内 容 简 介

《中国市售水果蔬菜农药残留报告》共分8卷：华北卷（北京市、天津市、石家庄市、太原市、呼和浩特市），东北卷（沈阳市、长春市、哈尔滨市），华东卷一（上海市、南京市、杭州市、合肥市），华东卷二（福州市、南昌市、山东蔬菜产区、济南市），华中卷（郑州市、武汉市、长沙市），华南卷（广州市、深圳市、南宁市、海口市、海南蔬菜产区），西南卷（重庆市、成都市、贵阳市、昆明市、拉萨市）和西北卷（西安市、兰州市、西宁市、银川市、乌鲁木齐市）。

每卷包括2015~2019年市售20类135种水果蔬菜农药残留侦测报告和膳食暴露风险与预警风险评估报告。分别介绍了市售水果蔬菜样品采集情况，液相色谱-四极杆飞行时间质谱（LC-Q-TOF/MS）和气相色谱-四极杆飞行时间质谱（GC-Q-TOF/MS）农药残留检测结果，农药残留分布情况，农药残留检出水平与最大残留限量（MRL）标准对比分析，以及农药残留膳食暴露风险评估与预警风险评估结果。

本书对从事农产品安全生产、农药科学管理与施用、食品安全研究与管理的相关人员具有重要参考价值，同时可供高等院校食品安全与质量检测等相关专业的师生参考，广大消费者也可从中获取健康饮食的裨益。

图书在版编目（CIP）数据

中国市售水果蔬菜农药残留报告. 2015~2019. 东北卷 / 庞国芳主编. —北京：科学出版社，2019.12
ISBN 978-7-03-063319-4

Ⅰ. ①中… Ⅱ. ①庞… Ⅲ. ①水果-农药残留物-研究报告-东北地区-2015-2019 ②蔬菜-农药残留物-研究报告-东北地区-2015-2019 Ⅳ. ①X592

中国版本图书馆CIP数据核字（2019）第252136号

责任编辑：杨 震 刘 冉 杨新改／责任校对：杜子昂
责任印制：肖 兴／封面设计：北京图阅盛世

科学出版社 出版
北京东黄城根北街16号
邮政编码：100717
http://www.sciencep.com

北京九天鸿程印刷有限责任公司 印刷
科学出版社发行 各地新华书店经销

*

2019年12月第 一 版　开本：787×1092　1/16
2019年12月第一次印刷　印张：28
字数：660 000

定价：198.00元
（如有印装质量问题，我社负责调换）

中国市售水果蔬菜农药残留报告（2015~2019）
（东北卷）
编委会

主　编：庞国芳

副主编：曹彦忠　申世刚　梁淑轩　徐建中
　　　　陈　辉　王志斌

编　委：（按姓名汉语拼音排序）
　　　　白若镔　曹彦忠　常巧红　陈　辉
　　　　陈晓欣　范春林　盖丽娟　葛　娜
　　　　李建勋　梁淑轩　庞国芳　申世刚
　　　　王志斌　吴兴强　徐建中

序

据世界卫生组织统计，全世界每年至少发生50万例农药中毒事件，死亡11.5万人，数十种疾病与农药残留有关。为此，世界各国均制定了严格的食品标准，对不同农产品设置了农药最大残留限量（MRL）标准。我国将于2020年2月实施《食品安全国家标准 食品中农药最大残留限量》（GB 2763—2019），规定食品中483种农药的7107项最大残留限量标准；欧盟、美国和日本等发达国家和地区分别制定了162248项、39147项和51600项农药最大残留限量标准。作为农业大国，我国是世界上农药生产和使用最多的国家。据中国统计年鉴数据统计，2000~2015年我国化学农药原药产量从60万吨/年增加到374万吨/年，农药化学污染物已经是当前食品安全源头污染的主要来源之一。

因此，深受广大消费者及政府相关部门关注的各种问题也随之而来：我国"菜篮子"的农药残留污染状况和风险水平到底如何？我国农产品农药残留水平是否影响我国农产品走向国际市场？这些看似简单实则难度相当大的问题，涉及农药的科学管理与施用，食品农产品的安全监管，农药残留检测技术标准以及资源保障等多方面因素。

可喜的是，此次由庞国芳院士科研团队承担完成的国家科技支撑计划项目（2012BAD29B01）和国家科技基础性工作专项（2015FY111200）研究成果之一《中国市售水果蔬菜农药残留报告》（以下简称《报告》），对上述问题给出了全面、深入、直观的答案，为形成我国农药残留监控体系提供了海量的科学数据支撑。

该《报告》包括水果蔬菜农药残留侦测报告和水果蔬菜农药残留膳食暴露风险与预警风险评估报告两大重点内容。其中，"水果蔬菜农药残留侦测报告"是庞国芳院士科研团队利用他们所取得的具有国际领先水平的多元融合技术，包括高通量非靶向农药残留侦测技术、农药残留侦测数据智能分析及残留侦测结果可视化等研究成果，对我国46个城市1443个采样点的40151例135种市售水果蔬菜进行非靶向农药残留侦测的结果汇总；同时，解决了数据维度多、数据关系复杂、数据分析要求高等技术难题，运用自主研发的海量数据智能分析软件，深入比较分析了农药残留侦测数据结果，初步普查了我国主要城市水果蔬菜农药残留的"家底"。而"水果蔬菜农药残留膳食暴露风险与预警风险评估报告"是在上述农药残留侦测数据的基础上，利用食品安全指数模型和风险系数模型，结合农药残留水平、特性、致害效应，进行系统的农药残留风险评价，最终给出了我国主要城市市售水果蔬菜农药残留的膳食暴露风险和预警风险结论。

该《报告》包含了海量的农药残留侦测结果和相关信息，数据准确、真实可靠，具有以下几个特点：

一、样品采集具有代表性。侦测地域范围覆盖全国除港澳台以外省级行政区的46个城市（包括4个直辖市，27个省会城市，15个水果蔬菜主产区城市的288个区县）的1443个采样点。随机从超市或农贸市场采集样品22000多批。样品采集地覆盖全国25%人口的生活区域，具有代表性。

二、紧扣国家标准反映市场真实情况。侦测所涉及的水果蔬菜样品种类覆盖范围达到20类135种,其中85%属于国家农药最大残留限量标准列明品种,彰显了方法的普遍适用性,反映了市场的真实情况。

三、检测过程遵循统一性和科学性原则。所有侦测数据均来源于10个网络联盟实验室,按"五统一"规范操作(统一采样标准、统一制样技术、统一检测方法、统一格式数据上传、统一模式统计分析报告)全封闭运行,保障数据的准确性、统一性、完整性、安全性和可靠性。

四、农残数据分析与评价的自动化。充分运用互联网的智能化技术,实现从农产品、农药残留、地域、农药残留最高限量标准等多维度的自动统计和综合评价与预警。

总之,该《报告》数据庞大,信息丰富,内容翔实,图文并茂,直观易懂。它的出版,将有助于广大读者全面了解我国主要城市市售水果蔬菜农药残留的现状、动态变化及风险水平。这对于全面认识我国水果蔬菜食用安全水平、掌握各种农药残留对人体健康的影响,具有十分重要的理论价值和实用意义。

该书适合政府监管部门、食品安全专家、农产品生产和经营者以及广大消费者等各类人员阅读参考,其受众之广、影响之大是该领域内前所未有的,值得大家高度关注。

2019年11月

前　言

食品是人类生存和发展的基本物质基础。食品安全是全球的重大民生问题，也是世界各国目前所面临的共同难题，而食品中农药残留问题是引发食品安全事件的重要因素，尤其受到关注。目前，世界上常用的农药种类超过 1000 种，而且不断地有新的农药被研发和应用，在关注农药残留对人类身体健康和生存环境造成新的潜在危害的同时，也对农药残留的检测技术、监控手段和风险评估能力提出了更高的要求和全新的挑战。

为解决上述难题，作者团队此前一直围绕世界常用的 1200 多种农药和化学污染物展开多学科合作研究，例如，采用高分辨质谱技术开展无需实物标准品作参比的高通量非靶向农药残留检测技术研究；运用互联网技术与数据科学理论对海量农药残留检测数据的自动采集和智能分析研究；引入网络地理信息系统(Web-GIS)技术用于农药残留检测结果的空间可视化研究等等。与此同时，对这些前沿及主流技术进行多元融合研究，在农药残留检测技术、农药残留数据智能分析及结果可视化等多个方面取得了原创性突破，实现了农药残留检测技术信息化、检测结果大数据处理智能化、风险溯源可视化。这些创新研究成果已整理成《食用农产品农药残留监测与风险评估溯源技术研究》一书另行出版。

《中国市售水果蔬菜农药残留报告》(以下简称《报告》)是上述多项研究成果综合应用于我国农产品农药残留检测与风险评估的科学报告。为了真实反映我国百姓餐桌上水果蔬菜中农药残留污染状况以及残留农药的相关风险，2015~2019 年期间，作者团队采用液相色谱-四极杆飞行时间质谱(LC-Q-TOF/MS)及气相色谱-四极杆飞行时间质谱(GC-Q-TOF/MS)两种高分辨质谱技术，从全国 46 个城市(包括 27 个省会城市、4 个直辖市及 15 个水果蔬菜主产区城市)的 1443 个采样点(包括超市及农贸市场等)，随机采集了 20 类 135 种市售水果蔬菜(其中 85%属于国家农药最大残留限量标准列明品种)40151 例进行了非靶向农药残留筛查，初步摸清了这些城市市售水果蔬菜农药残留的"家底"，形成了 2015~2019 年全国重点城市市售水果蔬菜农药残留检测报告。在这基础上，运用食品安全指数模型和风险系数模型，开发了风险评价应用程序，对上述水果蔬菜农药残留分别开展膳食暴露风险评估和预警风险评估，形成了 2015~2019 年全国重点城市市售水果蔬菜农药残留膳食暴露风险与预警风险评估报告。现将这两大报告整理成书，以飨读者。

为了便于查阅，本次出版的《报告》按我国自然地理区域共分为八卷：华北卷(北京市、天津市、石家庄市、太原市、呼和浩特市)，东北卷(沈阳市、长春市、哈尔滨市)，华东卷一(上海市、南京市、杭州市、合肥市)，华东卷二(福州市、南昌市、山东蔬菜产区、济南市)，华中卷(郑州市、武汉市、长沙市)，华南卷(广州市、深圳市、南宁市、海口市、海南蔬菜产区)，西南卷(重庆市、成都市、贵阳市、昆明市、拉萨市)和西北卷(西安市、兰州市、西宁市、银川市、乌鲁木齐市)。

《报告》的每一卷内容均采用统一的结构和方式进行叙述，对每个城市的市售水果蔬菜农药残留状况和风险评估结果均按照 LC-Q-TOF/MS 及 GC-Q-TOF/MS 两种技术分别阐述。主要包括以下几方面内容：①每个城市的样品采集情况与农药残留检测结果；②每个城市的农药残留检出水平与最大残留限量(MRL)标准对比分析；③每个城市的水果(蔬菜)中农药残留分布情况；④每个城市水果蔬菜农药残留报告的初步结论；⑤农药残留风险评估方法及风险评价应用程序的开发；⑥每个城市的水果蔬菜农药残留膳食暴露风险评估；⑦每个城市的水果蔬菜农药残留预警风险评估；⑧每个城市水果蔬菜农药残留风险评估结论与建议。

本《报告》是我国"十二五"国家科技支撑计划项目(2012BAD29B01)和"十三五"国家科技基础性工作专项(2015FY111200)的研究成果之一。该项研究成果紧扣国家"十三五"规划纲要"增强农产品安全保障能力"和"推进健康中国建设"的主题，可在这些领域的发展中发挥重要的技术支撑作用。本《报告》的出版得到河北大学高层次人才科研启动经费项目(521000981273)的支持。

由于作者水平有限，书中不妥之处在所难免，恳请广大读者批评指正。

2019 年 11 月

缩略语表

ADI	allowable daily intake	每日允许最大摄入量
CAC	Codex Alimentarius Commission	国际食品法典委员会
CCPR	Codex Committee on Pesticide Residues	农药残留法典委员会
FAO	Food and Agriculture Organization	联合国粮食及农业组织
GAP	Good Agricultural Practices	农业良好管理规范
GC-Q-TOF/MS	gas chromatograph/quadrupole time-of-flight mass spectrometry	气相色谱-四极杆飞行时间质谱
GEMS	Global Environmental Monitoring System	全球环境监测系统
IFS	index of food safety	食品安全指数
JECFA	Joint FAO/WHO Expert Committee on Food and Additives	FAO、WHO 食品添加剂联合专家委员会
JMPR	Joint FAO/WHO Meeting on Pesticide Residues	FAO、WHO 农药残留联合会议
LC-Q-TOF/MS	liquid chromatograph/quadrupole time-of-flight mass spectrometry	液相色谱-四极杆飞行时间质谱
MRL	maximum residue limit	最大残留限量
R	risk index	风险系数
WHO	World Health Organization	世界卫生组织

凡　　例

- 采样城市包括31个直辖市及省会城市（未含台北市、香港特别行政区和澳门特别行政区）及山东蔬菜产区、深圳市和海南蔬菜产区，分成华北卷（北京市、天津市、石家庄市、太原市、呼和浩特市）、东北卷（沈阳市、长春市、哈尔滨市）、华东卷一（上海市、南京市、杭州市、合肥市）、华东卷二（福州市、南昌市、山东蔬菜产区、济南市）、华中卷（郑州市、武汉市、长沙市）、华南卷（广州市、深圳市、南宁市、海口市、海南蔬菜产区）、西南卷（重庆市、成都市、贵阳市、昆明市、拉萨市）、西北卷（西安市、兰州市、西宁市、银川市、乌鲁木齐市）共8卷。

- 表中标注*表示剧毒农药；标注◊表示高毒农药；标注▲表示禁用农药；标注 a 表示超标。

- 书中提及的附表（侦测原始数据），请扫描封底二维码，按对应城市获取。

例 目

目 录

沈 阳 市

第1章 LC-Q-TOF/MS 侦测沈阳市 590 例市售水果蔬菜样品农药残留报告 ………… 3
   1.1 样品种类、数量与来源 ………………………………………………… 3
   1.2 农药残留检出水平与最大残留限量标准对比分析 ………………… 13
   1.3 水果中农药残留分布 ………………………………………………… 25
   1.4 蔬菜中农药残留分布 ………………………………………………… 30
   1.5 初步结论 ……………………………………………………………… 35

第2章 LC-Q-TOF/MS 侦测沈阳市市售水果蔬菜农药残留膳食暴露风险与预警风险评估 ………… 40
   2.1 农药残留风险评估方法 ……………………………………………… 40
   2.2 LC-Q-TOF/MS 侦测沈阳市市售水果蔬菜农药残留膳食暴露风险评估 ………… 47
   2.3 LC-Q-TOF/MS 侦测沈阳市市售水果蔬菜农药残留预警风险评估 ………… 55
   2.4 LC-Q-TOF/MS 侦测沈阳市市售水果蔬菜农药残留风险评估结论与建议 …… 67

第3章 GC-Q-TOF/MS 侦测沈阳市 590 例市售水果蔬菜样品农药残留报告 ………… 70
   3.1 样品种类、数量与来源 ……………………………………………… 70
   3.2 农药残留检出水平与最大残留限量标准对比分析 ………………… 80
   3.3 水果中农药残留分布 ………………………………………………… 93
   3.4 蔬菜中农药残留分布 ………………………………………………… 97
   3.5 初步结论 ……………………………………………………………… 103

第4章 GC-Q-TOF/MS 侦测沈阳市市售水果蔬菜农药残留膳食暴露风险与预警风险评估 ………… 108
   4.1 农药残留风险评估方法 ……………………………………………… 108
   4.2 GC-Q-TOF/MS 侦测沈阳市市售水果蔬菜农药残留膳食暴露风险评估 ………… 115
   4.3 GC-Q-TOF/MS 侦测沈阳市市售水果蔬菜农药残留预警风险评估 ………… 123
   4.4 GC-Q-TOF/MS 侦测沈阳市市售水果蔬菜农药残留风险评估结论与建议 …… 139

长 春 市

第5章 LC-Q-TOF/MS 侦测长春市 458 例市售水果蔬菜样品农药残留报告 ………… 145
   5.1 样品种类、数量与来源 ……………………………………………… 145

5.2 农药残留检出水平与最大残留限量标准对比分析·················155
5.3 水果中农药残留分布·················165
5.4 蔬菜中农药残留分布·················170
5.5 初步结论·················175

第6章 LC-Q-TOF/MS 侦测长春市市售水果蔬菜农药残留膳食暴露风险与预警风险评估·················179
6.1 农药残留风险评估方法·················179
6.2 LC-Q-TOF/MS 侦测长春市市售水果蔬菜农药残留膳食暴露风险评估·················185
6.3 LC-Q-TOF/MS 侦测长春市市售水果蔬菜农药残留预警风险评估·················195
6.4 LC-Q-TOF/MS 侦测长春市市售水果蔬菜农药残留风险评估结论与建议·················207

第7章 GC-Q-TOF/MS 侦测长春市 458 例市售水果蔬菜样品农药残留报告·················210
7.1 样品种类、数量与来源·················210
7.2 农药残留检出水平与最大残留限量标准对比分析·················220
7.3 水果中农药残留分布·················231
7.4 蔬菜中农药残留分布·················236
7.5 初步结论·················241

第8章 GC-Q-TOF/MS 侦测长春市市售水果蔬菜农药残留膳食暴露风险与预警风险评估·················245
8.1 农药残留风险评估方法·················245
8.2 GC-Q-TOF/MS 侦测长春市市售水果蔬菜农药残留膳食暴露风险评估·················252
8.3 GC-Q-TOF/MS 侦测长春市市售水果蔬菜农药残留预警风险评估·················263
8.4 GC-Q-TOF/MS 侦测长春市市售水果蔬菜农药残留风险评估结论与建议·················277

哈尔滨市

第9章 LC-Q-TOF/MS 侦测哈尔滨市 633 例市售水果蔬菜样品农药残留报告·················283
9.1 样品种类、数量与来源·················283
9.2 农药残留检出水平与最大残留限量标准对比分析·················293
9.3 水果中农药残留分布·················306
9.4 蔬菜中农药残留分布·················311
9.5 初步结论·················316

第10章 LC-Q-TOF/MS 侦测哈尔滨市市售水果蔬菜农药残留膳食暴露风险与预警风险评估·················320

  10.1 农药残留风险评估方法···320
  10.2 LC-Q-TOF/MS 侦测哈尔滨市市售水果蔬菜农药残留膳食暴露风险评估·····327
  10.3 LC-Q-TOF/MS 侦测哈尔滨市市售水果蔬菜农药残留预警风险评估···········337
  10.4 LC-Q-TOF/MS 侦测哈尔滨市市售水果蔬菜农药残留风险评估结论与
     建议···350

第 11 章 **GC-Q-TOF/MS 侦测哈尔滨市 545 例市售水果蔬菜样品农药残留报告**·······354
  11.1 样品种类、数量与来源···354
  11.2 农药残留检出水平与最大残留限量标准对比分析···364
  11.3 水果中农药残留分布···377
  11.4 蔬菜中农药残留分布···382
  11.5 初步结论···387

第 12 章 **GC-Q-TOF/MS 侦测哈尔滨市市售水果蔬菜农药残留膳食暴露风险与
     预警风险评估**··392
  12.1 农药残留风险评估方法···392
  12.2 GC-Q-TOF/MS 侦测哈尔滨市市售水果蔬菜农药残留膳食暴露风险评估····399
  12.3 GC-Q-TOF/MS 侦测哈尔滨市市售水果蔬菜农药残留预警风险评估··········408
  12.4 GC-Q-TOF/MS 侦测哈尔滨市市售水果蔬菜农药残留风险评估结论与
     建议···425

参考文献···429

沈 阳 市

第一部

第1章 LC-Q-TOF/MS 侦测沈阳市 590 例市售水果蔬菜样品农药残留报告

从沈阳市所属 7 个区，随机采集了 590 例水果蔬菜样品，使用液相色谱-四极杆飞行时间质谱(LC-Q-TOF/MS)对 565 种农药化学污染物进行示范侦测(7 种负离子模式 ESI⁻未涉及)。

1.1 样品种类、数量与来源

1.1.1 样品采集与检测

为了真实反映百姓餐桌上水果蔬菜中农药残留污染状况，本次所有检测样品均由检验人员于 2015 年 9 月至 2019 年 1 月期间，从沈阳市所属 15 个采样点(即 15 个超市)，以随机购买方式采集，总计 17 批 590 例样品，从中检出农药 131 种，1707 频次。采样及监测概况见图 1-1 及表 1-1，样品及采样点明细见表 1-2 及表 1-3(侦测原始数据见附表 1)。

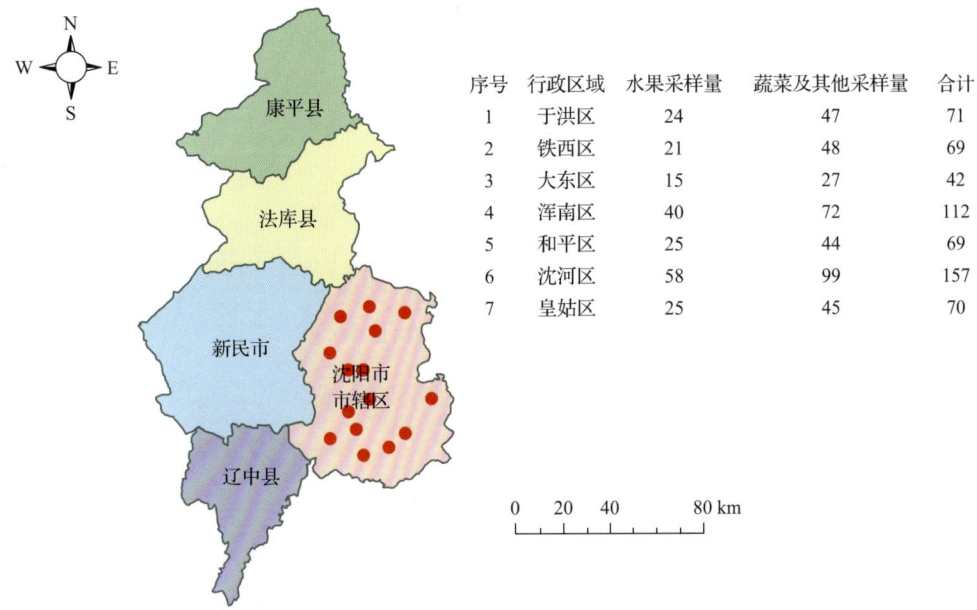

图 1-1 沈阳市所属 15 个采样点 590 例样品分布图

表1-1　农药残留监测总体概况

采样地区	沈阳市所属7个区
采样点(超市)	15
样本总数	590
检出农药品种/频次	131/1707
各采样点样本农药残留检出率范围	64.7%~96.0%

表1-2　样品分类及数量

样品分类	样品名称(数量)	数量小计
1. 调味料		10
1)叶类调味料	芫荽(10)	10
2. 水果		208
1)仁果类水果	苹果(17),山楂(4),梨(17)	38
2)核果类水果	桃(9),李子(10),枣(10)	29
3)浆果和其他小型水果	猕猴桃(17),葡萄(16)	33
4)瓜果类水果	哈密瓜(4)	4
5)热带和亚热带水果	香蕉(12),龙眼(7),木瓜(3),芒果(9),火龙果(14)	45
6)柑橘类水果	柚(11),橘(17),柠檬(16),橙(15)	59
3. 食用菌		27
1)蘑菇类	香菇(10),杏鲍菇(11),金针菇(6)	27
4. 蔬菜		345
1)豆类蔬菜	豇豆(9),菜豆(15)	24
2)鳞茎类蔬菜	韭菜(10),洋葱(3)	13
3)叶菜类蔬菜	芹菜(16),苦苣(9),菠菜(14),小白菜(15),油麦菜(11),大白菜(5),小油菜(16),生菜(15),茼蒿(8)	109
4)芸薹属类蔬菜	结球甘蓝(15),花椰菜(14),青花菜(11),紫甘蓝(11)	51
5)瓜类蔬菜	黄瓜(17),西葫芦(15),苦瓜(8),冬瓜(14)	54
6)茄果类蔬菜	番茄(16),甜椒(17),樱桃番茄(10),茄子(17)	60
7)根茎类和薯芋类蔬菜	胡萝卜(14),马铃薯(9),萝卜(11)	34
合计	1.调味料1种 2.水果18种 3.食用菌3种 4.蔬菜28种	590

表 1-3 沈阳市采样点信息

采样点序号	行政区域	采样点
1	于洪区	***超市(于洪广场店)
2	于洪区	***超市(于洪店)
3	和平区	***超市(和平店)
4	大东区	***超市(鹏利店)
5	沈河区	***超市(沈河店)
6	沈河区	***超市(文化店)
7	沈河区	***超市(沈阳百联购物中心店)
8	浑南区	***超市(东陵店)
9	浑南区	***超市(浑南中店)
10	浑南区	***超市(浑南西路店)
11	浑南区	***超市(长青店)
12	皇姑区	***超市(于洪店)
13	皇姑区	***超市(陵西店)
14	铁西区	***超市(沈阳重工店)
15	铁西区	***超市(重工街店)

1.1.2 检测结果

这次使用的检测方法是庞国芳院士团队最新研发的不需使用标准品对照,而以高分辨精确质量数(0.0001 m/z)为基准的 LC-Q-TOF/MS 检测技术,对于 590 例样品,每个样品均侦测了 565 种农药化学污染物的残留现状。通过本次侦测,在 590 例样品中共计检出农药化学污染物 131 种,检出 1707 频次。

1.1.2.1 各采样点样品检出情况

统计分析发现 15 个采样点中,被测样品的农药检出率范围为 64.7%~96.0%。其中,***超市(沈阳百联购物中心店)的检出率最高,为 96.0%。***超市(陵西店)的检出率最低,为 64.7%,见图 1-2。

1.1.2.2 检出农药的品种总数与频次

统计分析发现,对于 590 例样品中 565 种农药化学污染物的侦测,共检出农药 1707 频次,涉及农药 131 种,结果如图 1-3 所示。其中多菌灵检出频次最高,共检出 184 次。检出频次排名前 10 的农药如下:①多菌灵(184);②烯酰吗啉(174);③抑霉唑(87);④啶虫脒(76);⑤苯醚甲环唑(74);⑥吡虫啉(64);⑦嘧菌酯(58);⑧霜霉威(57);⑨吡唑醚菌酯(51);⑩噻虫嗪(46)。

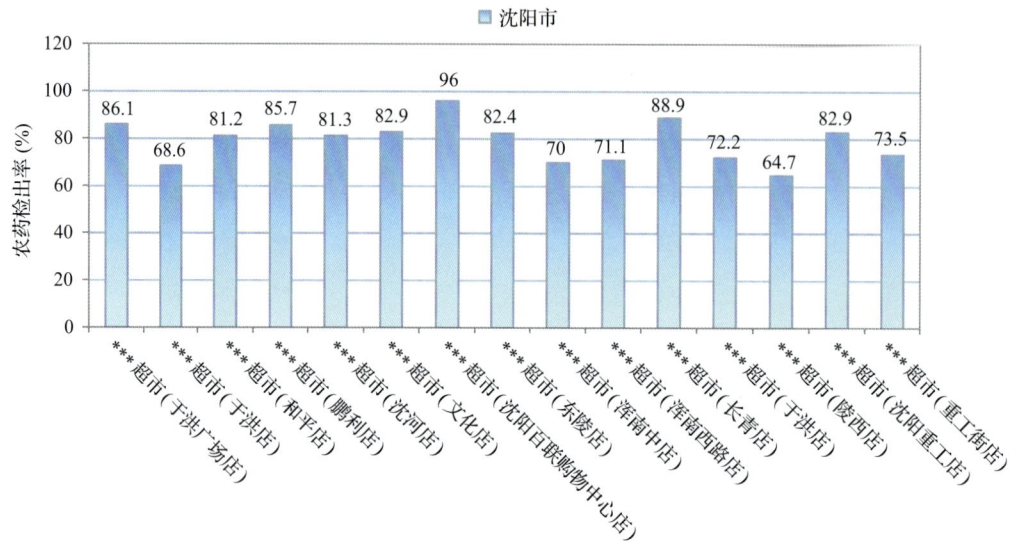

图 1-2 各采样点样品中的农药检出率

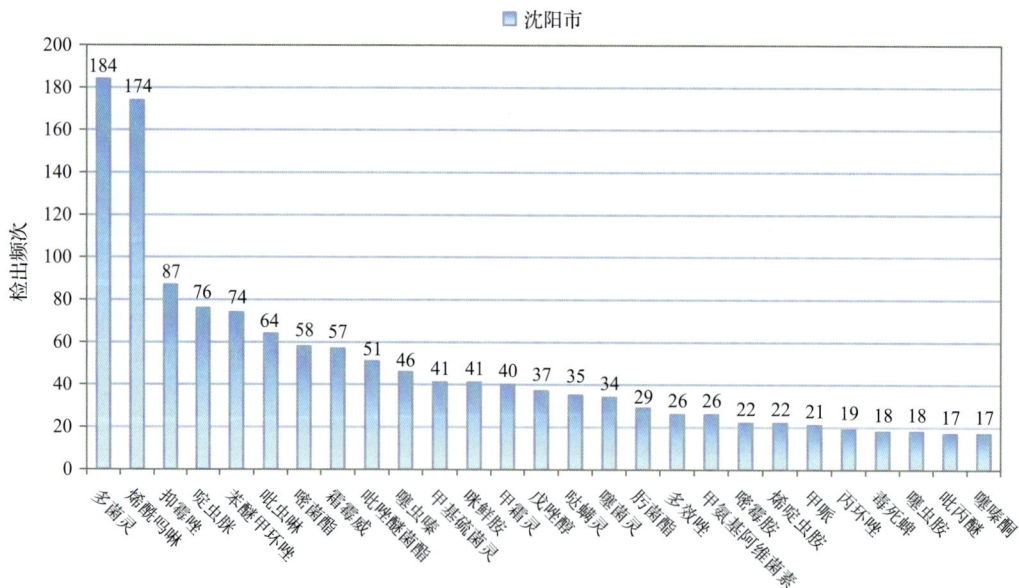

图 1-3 检出农药品种及频次(仅列出检出农药 17 频次及以上的数据)

由图 1-4 可见,甜椒、番茄和芹菜这 3 种果蔬样品中检出的农药品种数较高,均超过 30 种,其中,甜椒检出农药品种最多,为 46 种。由图 1-5 可见,芹菜、甜椒和番茄这 3 种果蔬样品中的农药检出频次较高,均超过 90 次,其中,芹菜检出农药频次最高,为 116 次。

图 1-4 单种水果蔬菜检出农药的种类数(仅列出检出农药 10 种及以上的数据)

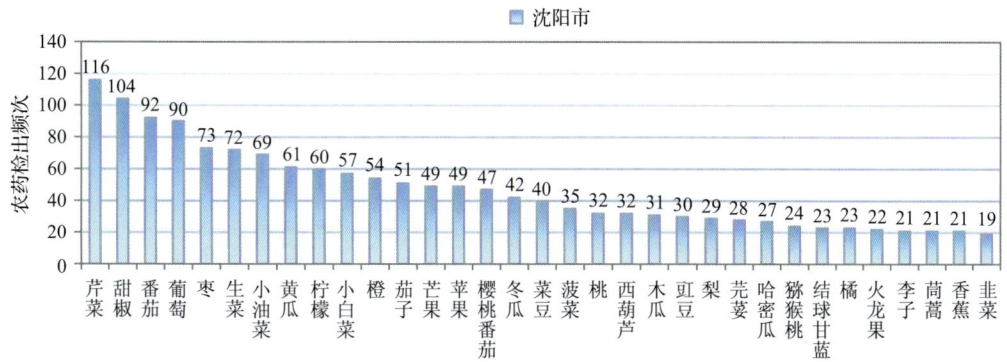

图 1-5 单种水果蔬菜检出农药频次(仅列出检出农药 19 频次及以上的数据)

1.1.2.3 单例样品农药检出种类与占比

对单例样品检出农药种类和频次进行统计发现，未检出农药的样品占总样品数的 21.0%，检出 1 种农药的样品占总样品数的 19.8%，检出 2~5 种农药的样品占总样品数的 43.7%，检出 6~10 种农药的样品占总样品数的 11.4%，检出大于 10 种农药的样品占总样品数的 4.1%。每例样品中平均检出农药为 2.9 种，数据见表 1-4 及图 1-6。

表 1-4 单例样品检出农药品种占比

检出农药品种数	样品数量/占比(%)
未检出	124/21.0
1 种	117/19.8
2~5 种	258/43.7
6~10 种	67/11.4
大于 10 种	24/4.1
单例样品平均检出农药品种	2.9 种

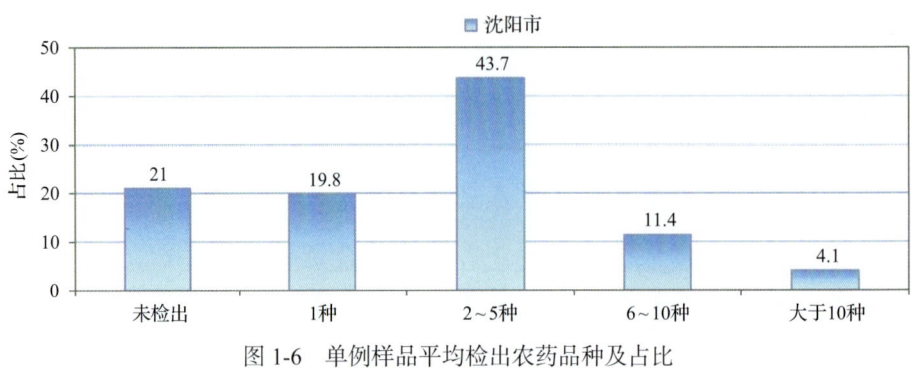

图 1-6 单例样品平均检出农药品种及占比

1.1.2.4 检出农药类别与占比

所有检出农药按功能分类，包括杀虫剂、杀菌剂、除草剂、植物生长调节剂、驱避剂、增效剂和其他共 7 类。其中杀虫剂与杀菌剂为主要检出的农药类别，分别占总数的 41.2%和 38.9%，见表 1-5 及图 1-7。

表 1-5 检出农药所属类别/占比

农药类别	数量/占比(%)
杀虫剂	54/41.2
杀菌剂	51/38.9
除草剂	14/10.7
植物生长调节剂	8/6.1
驱避剂	2/1.5
增效剂	1/0.8
其他	1/0.8

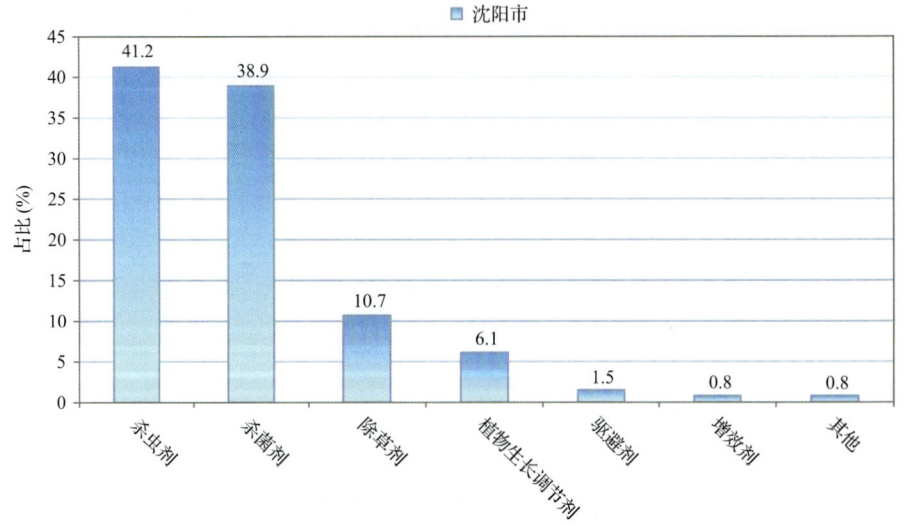

图 1-7 检出农药所属类别和占比

1.1.2.5 检出农药的残留水平

按检出农药残留水平进行统计,残留水平在 1~5 μg/kg(含)的农药占总数的 41.7%,在 5~10 μg/kg(含)的农药占总数的 15.3%,在 10~100 μg/kg(含)的农药占总数的 36.0%,在 100~1000 μg/kg(含)的农药占总数的 6.3%,在>1000 μg/kg 的农药占总数的 0.7%。

由此可见,这次检测的 17 批 590 例水果蔬菜样品中农药多数处于较低残留水平。结果见表 1-6 及图 1-8,数据见附表 2。

表 1-6 农药残留水平/占比

残留水平(μg/kg)	检出频次数/占比(%)
1~5(含)	711/41.7
5~10(含)	261/15.3
10~100(含)	615/36.0
100~1000(含)	108/6.3
>1000	12/0.7

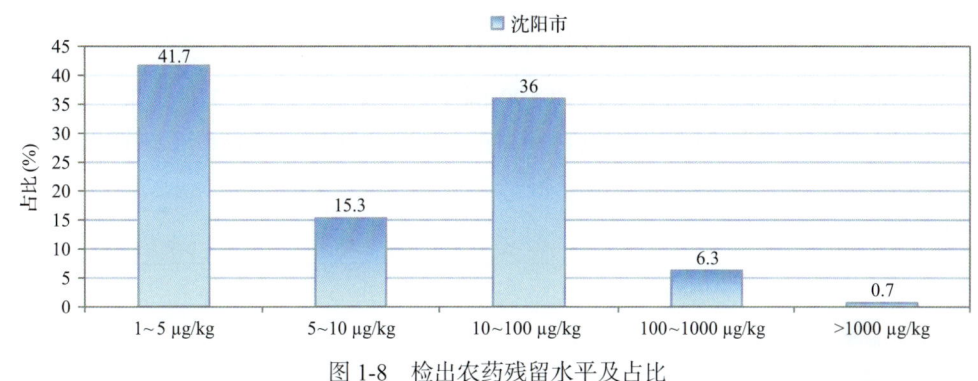

图 1-8 检出农药残留水平及占比

1.1.2.6 检出农药的毒性类别、检出频次和超标频次及占比

对这次检出的 131 种 1707 频次的农药,按剧毒、高毒、中毒、低毒和微毒这五个毒性类别进行分类,从中可以看出,沈阳市目前普遍使用的农药为中低微毒农药,品种占 93.1%,频次占 98.1%,结果见表 1-7 及图 1-9。

表 1-7 检出农药毒性类别/占比

毒性分类	农药品种/占比(%)	检出频次/占比(%)	超标频次/超标率(%)
剧毒农药	3/2.3	11/0.6	3/27.3
高毒农药	6/4.6	21/1.2	1/4.8
中毒农药	46/35.1	778/45.6	3/0.4
低毒农药	52/39.7	407/23.8	1/0.2
微毒农药	24/18.3	490/28.7	1/0.2

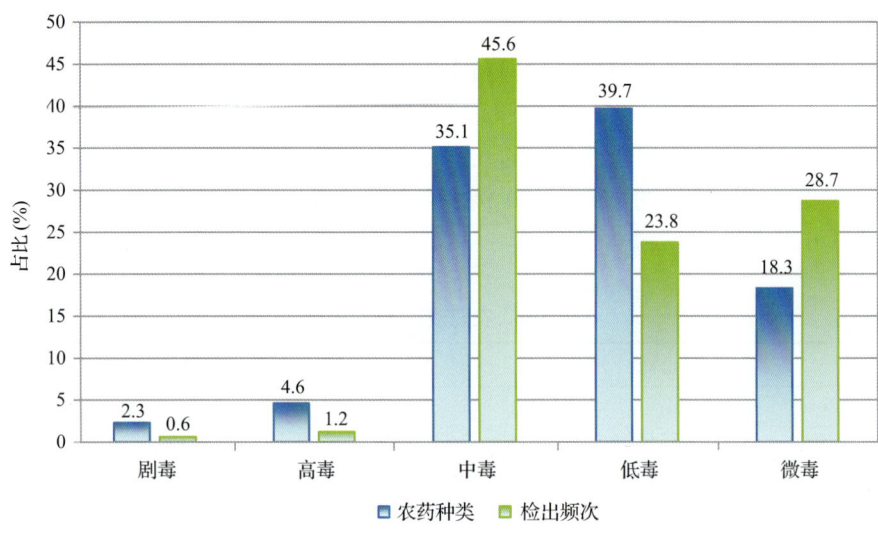

图 1-9 检出农药的毒性分类和占比

1.1.2.7 检出剧毒/高毒类农药的品种和频次

值得特别关注的是，在此次侦测的 590 例样品中有 12 种蔬菜 7 种水果 1 种调味料的 30 例样品检出了 9 种 31 频次的剧毒和高毒农药，占样品总量的 5.1%，详见图 1-10、表 1-8 及表 1-9。

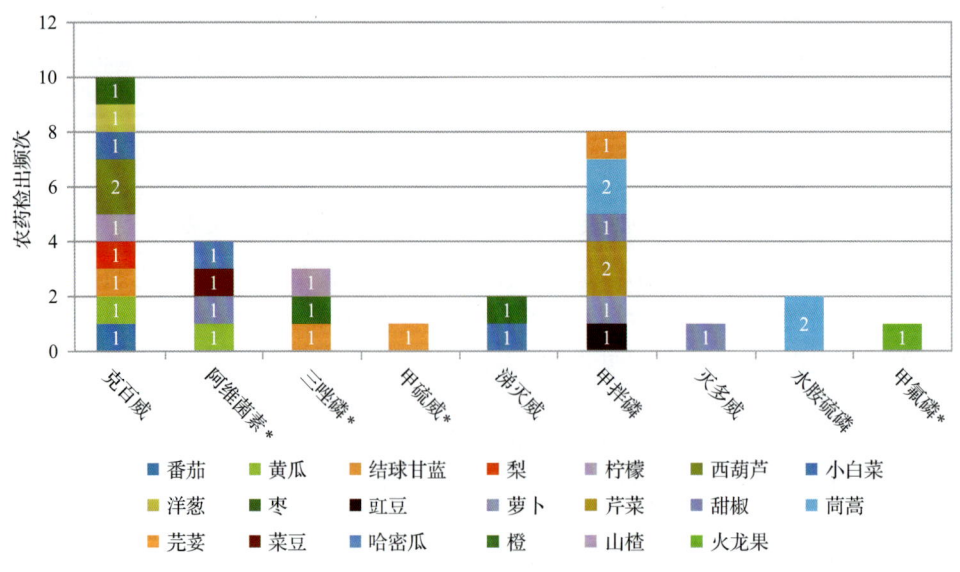

图 1-10 检出剧毒/高毒农药的样品情况

*表示允许在水果和蔬菜上使用的农药

表 1-8 剧毒农药检出情况

序号	农药名称	检出频次	超标频次	超标率
	从 2 种水果中检出 2 种剧毒农药，共计检出 2 次			
1	甲氟磷*	1	0	0.0%
2	涕灭威*	1	0	0.0%
	小计	2	0	超标率：0.0%
	从 6 种蔬菜中检出 2 种剧毒农药，共计检出 8 次			
1	甲拌磷*	7	3	42.9%
2	涕灭威*	1	0	0.0%
	小计	8	3	超标率：37.5%
	合计	10	3	超标率：30.0%

表 1-9 高毒农药检出情况

序号	农药名称	检出频次	超标频次	超标率
	从 6 种水果中检出 3 种高毒农药，共计检出 6 次			
1	克百威	3	0	0.0%
2	三唑磷	2	0	0.0%
3	阿维菌素	1	0	0.0%
	小计	6	0	超标率：0.0%
	从 9 种蔬菜中检出 6 种高毒农药，共计检出 15 次			
1	克百威	7	1	14.3%
2	阿维菌素	3	0	0.0%
3	水胺硫磷	2	0	0.0%
4	甲硫威	1	0	0.0%
5	灭多威	1	0	0.0%
6	三唑磷	1	0	0.0%
	小计	15	1	超标率：6.7%
	合计	21	1	超标率：4.8%

在检出的剧毒和高毒农药中，有 5 种是我国早已禁止在果树和蔬菜上使用的，分别是：克百威、甲拌磷、灭多威、涕灭威和水胺硫磷。禁用农药的检出情况见表 1-10。

表 1-10 禁用农药检出情况

序号	农药名称	检出频次	超标频次	超标率
从 4 种水果中检出 2 种禁用农药，共计检出 4 次				
1	克百威	3	0	0.0%
2	涕灭威*	1	0	0.0%
	小计	4	0	超标率：0.0%
从 11 种蔬菜中检出 5 种禁用农药，共计检出 18 次				
1	甲拌磷*	7	3	42.9%
2	克百威	7	1	14.3%
3	水胺硫磷	2	0	0.0%
4	灭多威	1	0	0.0%
5	涕灭威*	1	0	0.0%
	小计	18	4	超标率：22.2%
	合计	22	4	超标率：18.2%

注：超标结果参考 MRL 中国国家标准计算

此次抽检的果蔬样品中，有 2 种水果 6 种蔬菜检出了剧毒农药，分别是：橙中检出涕灭威 1 次；火龙果中检出甲氟磷 1 次；小白菜中检出涕灭威 1 次；甜椒中检出甲拌磷 1 次；芹菜中检出甲拌磷 2 次；茼蒿中检出甲拌磷 2 次；萝卜中检出甲拌磷 1 次；豇豆中检出甲拌磷 1 次。

样品中检出剧毒和高毒农药残留水平超过 MRL 中国国家标准的频次为 4 次，其中：芹菜检出甲拌磷超标 1 次；萝卜检出甲拌磷超标 1 次；西葫芦检出克百威超标 1 次；豇豆检出甲拌磷超标 1 次。本次检出结果表明，高毒、剧毒农药的使用现象依旧存在。详见表 1-11。

表 1-11 各样本中检出剧毒/高毒农药情况

样品名称	农药名称	检出频次	超标频次	检出浓度(μg/kg)
水果 7 种				
哈密瓜	阿维菌素	1	0	1.2
山楂	三唑磷	1	0	7.0
枣	克百威▲	1	0	7.5
柠檬	克百威▲	1	0	13.0
梨	克百威▲	1	0	1.0
橙	三唑磷	1	0	36.1
橙	涕灭威*▲	1	0	1.0
火龙果	甲氟磷*	1	0	142.1
	小计	8	0	超标率：0.0%

续表

样品名称	农药名称	检出频次	超标频次	检出浓度(μg/kg)
蔬菜12种				
小白菜	克百威▲	1	0	1.4
小白菜	涕灭威*▲	1	0	1.4
洋葱	克百威▲	1	0	1.6
甜椒	灭多威▲	1	0	11.4
甜椒	阿维菌素	1	0	11.5
甜椒	甲拌磷*▲	1	0	1.9
番茄	克百威▲	1	0	6.6
结球甘蓝	三唑磷	1	0	1.2
结球甘蓝	克百威▲	1	0	2.0
结球甘蓝	甲硫威	1	0	11.6
芹菜	甲拌磷*▲	2	1	129.5[a], 3.9
茼蒿	水胺硫磷▲	2	0	106.4, 106.7
茼蒿	甲拌磷*▲	2	0	3.4, 1.1
菜豆	阿维菌素	1	0	1.1
萝卜	甲拌磷*▲	1	1	14.2[a]
西葫芦	克百威▲	2	1	3.9, 21.4[a]
豇豆	甲拌磷*▲	1	1	28.1[a]
黄瓜	克百威▲	1	0	9.3
黄瓜	阿维菌素	1	0	1.1
小计		23	4	超标率：17.4%
合计		31	4	超标率：12.9%

1.2 农药残留检出水平与最大残留限量标准对比分析

我国于2014年3月20日正式颁布并于2014年8月1日正式实施食品农药残留限量国家标准《食品中农药最大残留限量》(GB 2763—2014)。该标准包括371个农药条目，涉及最大残留限量(MRL)标准3653项。将1707频次检出农药的浓度水平与3653项MRL中国国家标准进行核对，其中只有561频次的农药找到了对应的MRL标准，占32.9%，还有1146频次的侦测数据则无相关MRL标准供参考，占67.1%。

将此次侦测结果与国际上现行MRL标准对比发现，在1707频次的检出结果中有1707频次的结果找到了对应的MRL欧盟标准，占100.0%，其中，1596频次的结果有明确对应的MRL标准，占93.5%，其余111频次按照欧盟一律标准判定，占6.5%；有

1707 频次的结果找到了对应的 MRL 日本标准，占 100.0%，其中，1219 频次的结果有明确对应的 MRL 标准，占 71.4%，其余 488 频次按照日本一律标准判定，占 28.6%；有 956 频次的结果找到了对应的 MRL 中国香港标准，占 56.0%；有 906 频次的结果找到了对应的 MRL 美国标准，占 53.1%；有 718 频次的结果找到了对应的 MRL CAC 标准，占 42.1%（见图 1-11 和图 1-12，数据见附表 3 至附表 8）。

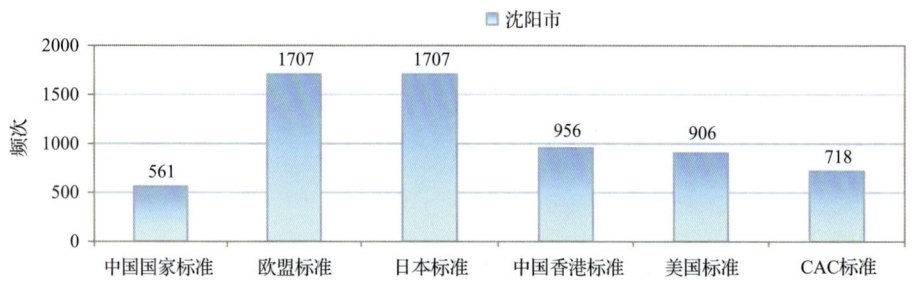

图 1-11　1707 频次检出农药可用 MRL 中国国家标准、欧盟标准、日本标准、中国香港标准、美国标准、CAC 标准判定衡量的数量

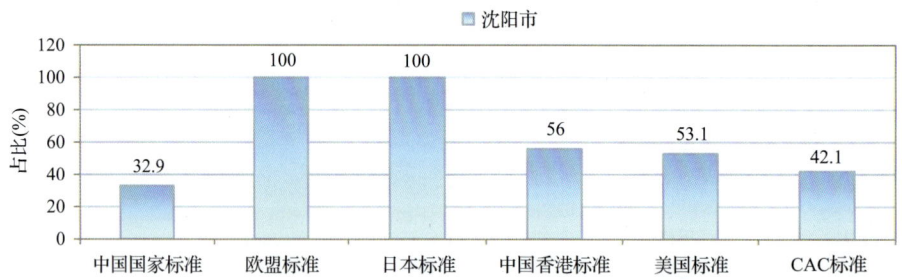

图 1-12　1707 频次检出农药可用 MRL 中国国家标准、欧盟标准、日本标准、中国香港标准、美国标准、CAC 标准衡量的占比

1.2.1　超标农药样品分析

本次侦测的 590 例样品中，124 例样品未检出任何残留农药，占样品总量的 21.0%，466 例样品检出不同水平、不同种类的残留农药，占样品总量的 79.0%。在此，我们将本次侦测的农残检出情况与 MRL 中国国家标准、欧盟标准、日本标准、中国香港标准、美国标准和 CAC 标准这 6 大国际主流标准进行对比分析，样品农残检出与超标情况见表 1-12、图 1-13 和图 1-14，详细数据见附表 9 至附表 14。

表 1-12　各 MRL 标准下样本农残检出与超标数量及占比

	中国国家标准 数量/占比(%)	欧盟标准 数量/占比(%)	日本标准 数量/占比(%)	中国香港标准 数量/占比(%)	美国标准 数量/占比(%)	CAC 标准 数量/占比(%)
未检出	124/21.0	124/21.0	124/21.0	124/21.0	124/21.0	124/21.0
检出未超标	457/77.5	359/60.8	354/60.0	459/77.8	460/78.0	463/78.5
检出超标	9/1.5	107/18.1	112/19.0	7/1.2	6/1.0	3/0.5

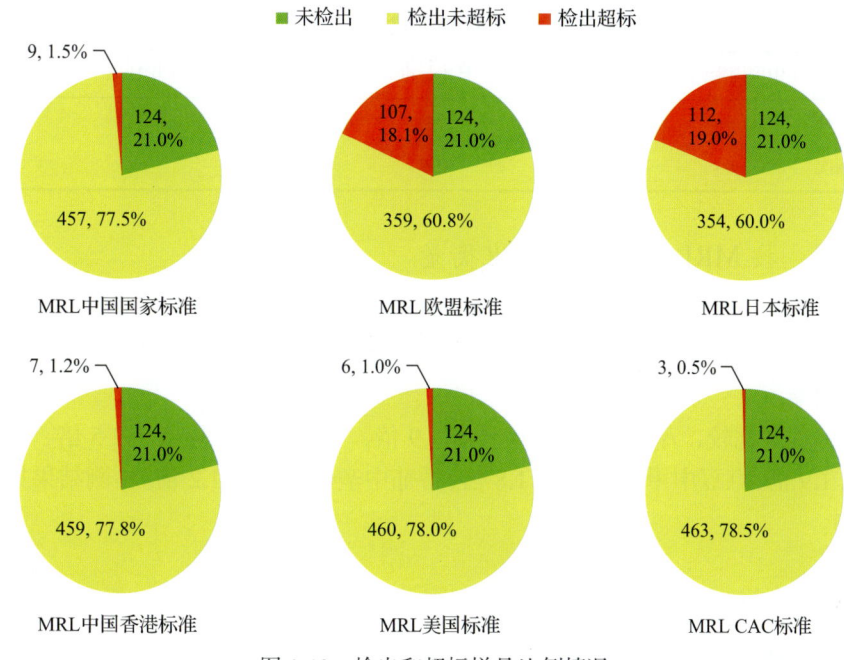

图 1-13 检出和超标样品比例情况

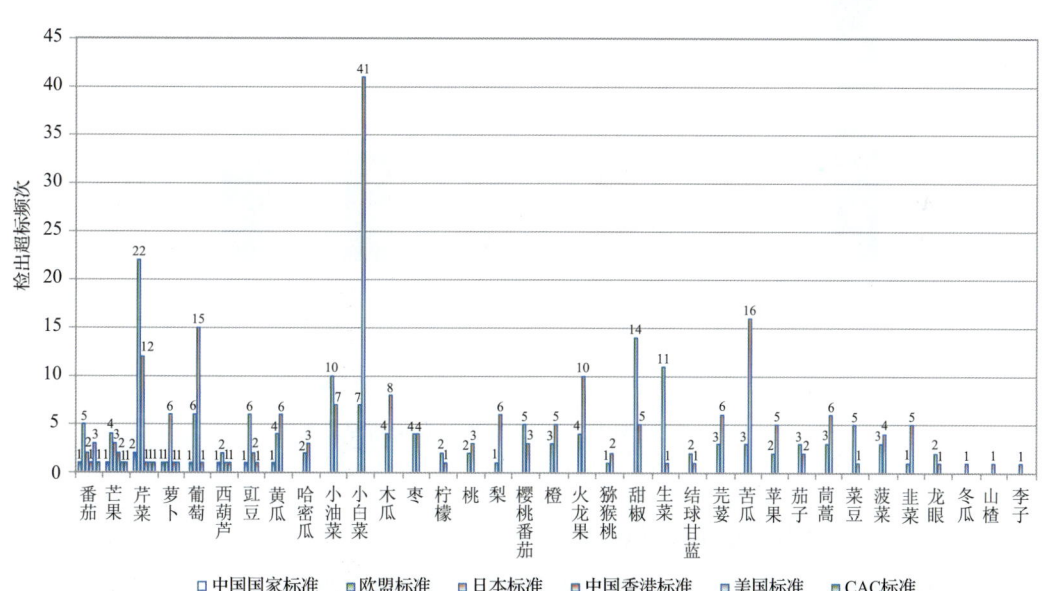

图 1-14 超过 MRL 中国国家标准、欧盟标准、日本标准、中国香港标准、
美国标准和 CAC 标准结果在水果蔬菜中的分布

1.2.2 超标农药种类分析

按照 MRL 中国国家标准、欧盟标准、日本标准、中国香港标准、美国标准和 CAC 标准这 6 大国际主流标准衡量，本次侦测检出的农药超标品种及频次情况见表 1-13。

表 1-13　各 MRL 标准下超标农药品种及频次

	中国国家标准	欧盟标准	日本标准	中国香港标准	美国标准	CAC 标准
超标农药品种	7	53	54	5	3	3
超标农药频次	9	147	196	8	6	3

1.2.2.1　按 MRL 中国国家标准衡量

按 MRL 中国国家标准衡量，共有 7 种农药超标，检出 9 频次，分别为剧毒农药甲拌磷，高毒农药克百威，中毒农药噻唑磷、毒死蜱和辛硫磷，低毒农药己唑醇，微毒农药吡唑醚菌酯。

按超标程度比较，芹菜中甲拌磷超标 11.9 倍，葡萄中己唑醇超标 2.5 倍，黄瓜中噻唑磷超标 1.9 倍，豇豆中甲拌磷超标 1.8 倍，番茄中辛硫磷超标 1.2 倍。检测结果见图 1-15 和附表 15。

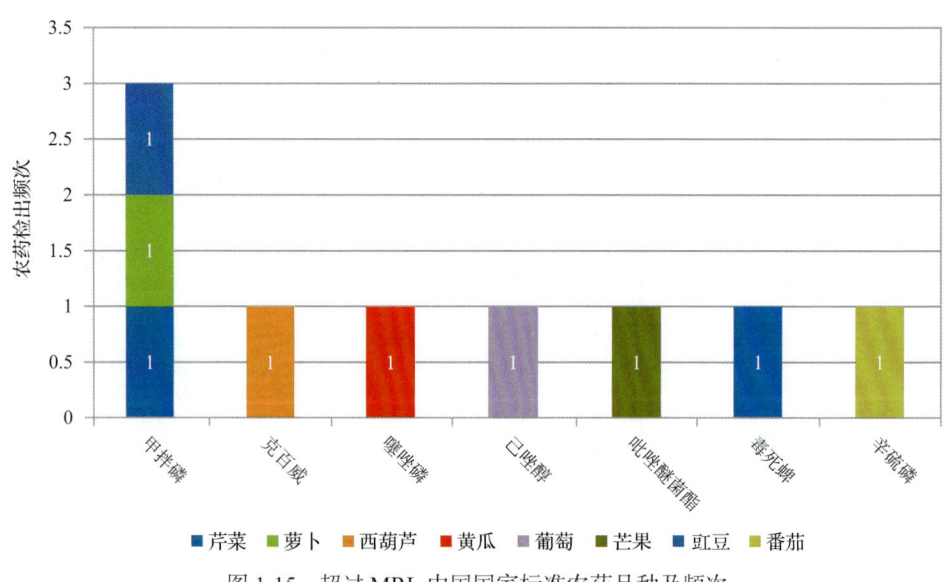

图 1-15　超过 MRL 中国国家标准农药品种及频次

1.2.2.2　按 MRL 欧盟标准衡量

按 MRL 欧盟标准衡量，共有 53 种农药超标，检出 147 频次，分别为剧毒农药甲拌磷和甲氟磷，高毒农药克百威、三唑磷和水胺硫磷，中毒农药氟喹唑、噻唑磷、咪鲜胺、甲哌、多效唑、烯效唑、环嗪酮、毒死蜱、噻虫嗪、三唑醇、脱叶磷、甲氨基阿维菌素、稻瘟灵、噁霉灵、辛硫磷、丙环唑、唑虫酰胺、啶虫脒、二嗪磷、腈菌唑、四氟醚唑、抑霉唑、丙溴磷、异丙威和 N-去甲基啶虫脒，低毒农药烯酰吗啉、呋虫胺、嘧霉胺、氟吗啉、己唑醇、烯啶虫胺、乙酰甲胺磷、井冈霉素、氟唑菌酰胺、氰霜唑、马拉硫磷、特草灵、环庚草醚和埃卡瑞丁，微毒农药多菌灵、吡唑醚菌酯、缬霉威、嘧菌酯、甲基硫菌灵、肟菌酯、氟酰胺、醚菌酯和霜霉威。

按超标程度比较，芹菜中腈菌唑超标 37.0 倍，生菜中烯啶虫胺超标 36.6 倍，芹菜中稻瘟灵超标 34.6 倍，生菜中多效唑超标 34.3 倍，葡萄中己唑醇超标 33.6 倍。检测结果见图 1-16 和附表 16。

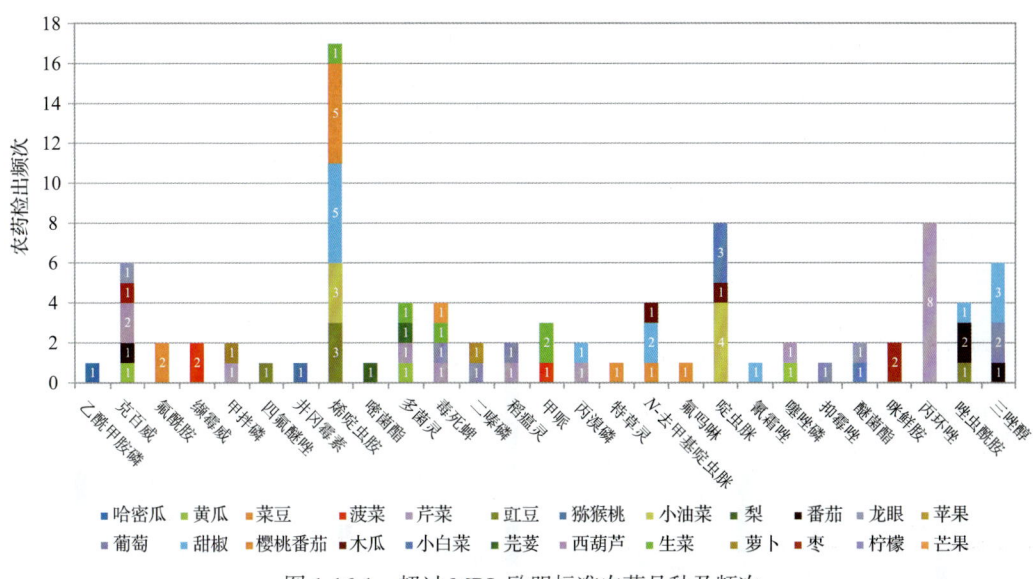

图 1-16-1　超过 MRL 欧盟标准农药品种及频次

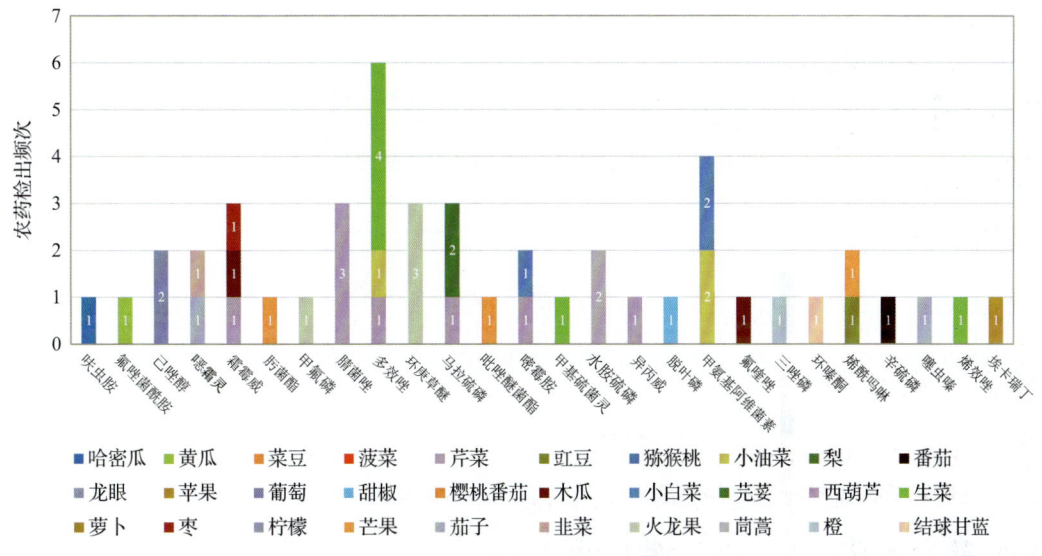

图 1-16-2　超过 MRL 欧盟标准农药品种及频次

1.2.2.3　按 MRL 日本标准衡量

按 MRL 日本标准衡量，共有 54 种农药超标，检出 196 频次，分别为剧毒农药甲拌磷和甲氟磷、高毒农药三唑磷和水胺硫磷、中毒农药氟喹唑、咪鲜胺、环嗪酮、甲哌、多效唑、戊唑醇、三环唑、烯效唑、毒死蜱、甲霜灵、三唑酮、脱叶磷、苯醚甲环唑、稻瘟灵、唑虫酰胺、啶虫脒、二嗪磷、腈菌唑、哒螨灵、四氟醚唑、抑霉唑、吡虫啉、异丙威和 N-去甲基啶虫脒，低毒农药灭蝇胺、烯酰吗啉、嘧霉胺、氟吗啉、氟吡菌酰胺、螺螨酯、氟环唑、己唑醇、烯啶虫胺、氟啶虫胺腈、井冈霉素、马拉硫磷、特草灵、乙嘧酚磺酸酯、噻嗪酮、环庚草醚和埃卡瑞丁，微毒农药多菌灵、吡唑醚菌酯、乙嘧酚、缬霉威、嘧菌酯、氟吡菌胺、甲基硫菌灵、氟酰胺和霜霉威。

按超标程度比较，柠檬中甲基硫菌灵超标 286.5 倍，柠檬中腈菌唑超标 94.1 倍，生菜中甲基硫菌灵超标 86.4 倍，芹菜中腈菌唑超标 75.0 倍，生菜中多效唑超标 69.7 倍。检测结果见图 1-17 和附表 17。

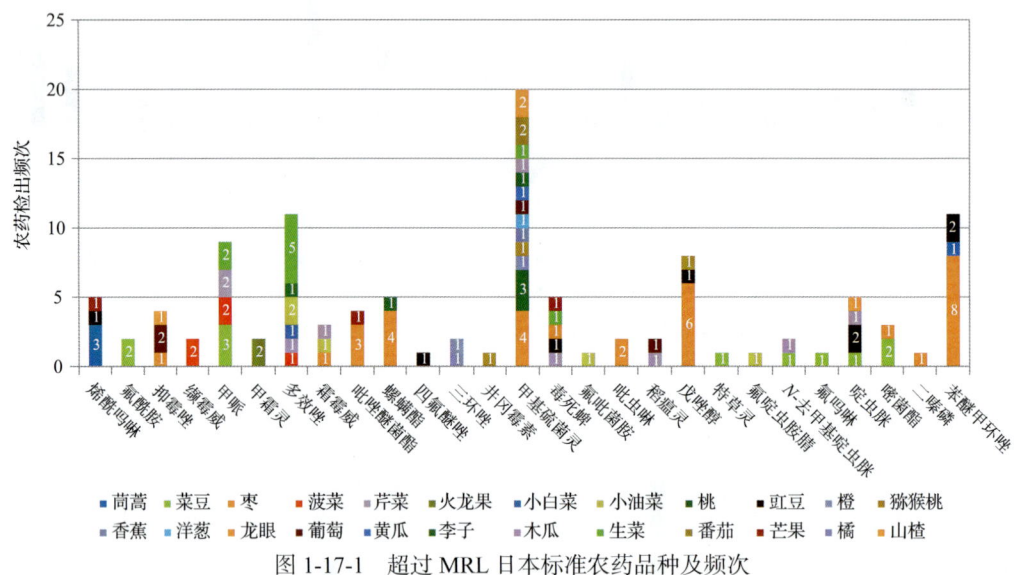

图 1-17-1　超过 MRL 日本标准农药品种及频次

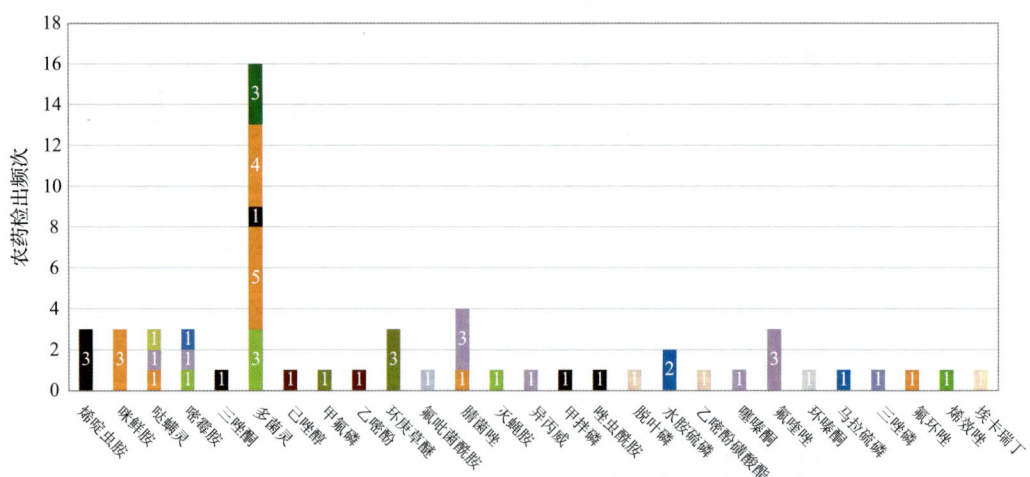

图 1-17-2　超过 MRL 日本标准农药品种及频次

1.2.2.4 按 MRL 中国香港标准衡量

按 MRL 中国香港标准衡量,共有 5 种农药超标,检出 8 频次,分别为中毒农药毒死蜱、噻虫嗪和辛硫磷,低毒农药烯酰吗啉,微毒农药吡唑醚菌酯。

按超标程度比较,生菜中毒死蜱超标 10.0 倍,芒果中毒死蜱超标 6.3 倍,豇豆中毒死蜱超标 2.2 倍,番茄中辛硫磷超标 1.2 倍,芹菜中毒死蜱超标 1.1 倍。检测结果见图 1-18 和附表 18。

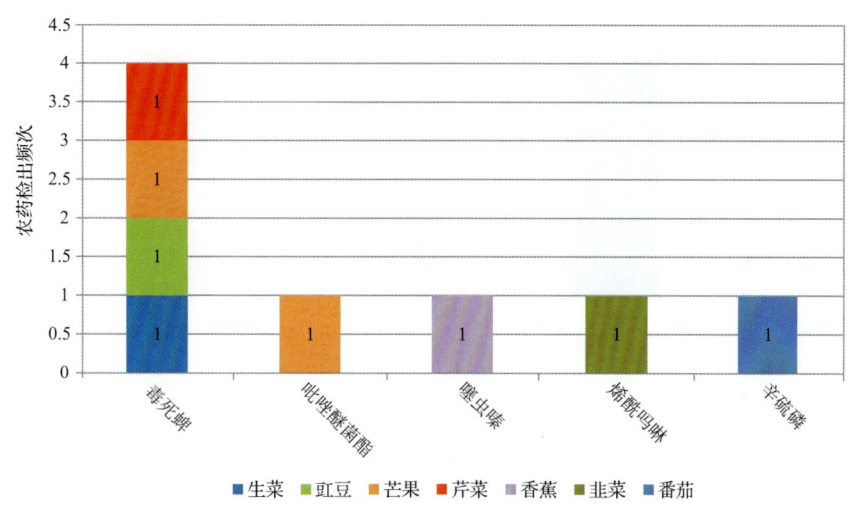

图 1-18　超过 MRL 中国香港标准农药品种及频次

1.2.2.5 按 MRL 美国标准衡量

按 MRL 美国标准衡量,共有 3 种农药超标,检出 6 频次,分别为中毒农药毒死蜱、噻虫嗪和腈菌唑。

按超标程度比较,芹菜中腈菌唑超标 24.3 倍,苹果中毒死蜱超标 0.3 倍,茄子中噻虫嗪超标 0.3 倍。检测结果见图 1-19 和附表 19。

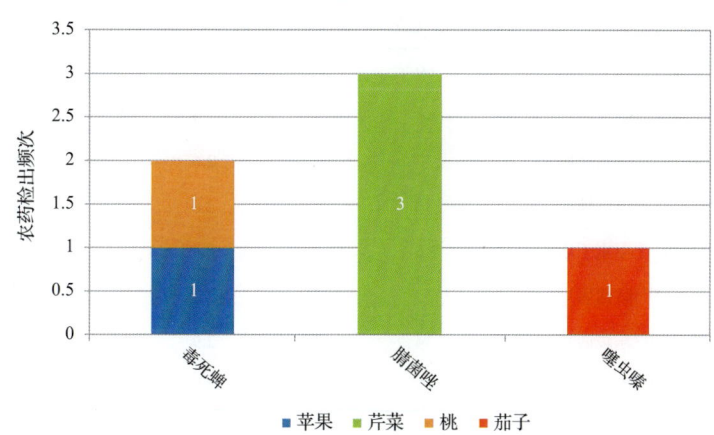

图 1-19　超过 MRL 美国标准农药品种及频次

1.2.2.6 按 MRL CAC 标准衡量

按 MRL CAC 标准衡量，共有 3 种农药超标，检出 3 频次，分别为中毒农药噻虫嗪，微毒农药多菌灵和吡唑醚菌酯。

按超标程度比较，黄瓜中多菌灵超标 2.2 倍，芒果中吡唑醚菌酯超标 0.4 倍，香蕉中噻虫嗪超标 0.2 倍。检测结果见图 1-20 和附表 20。

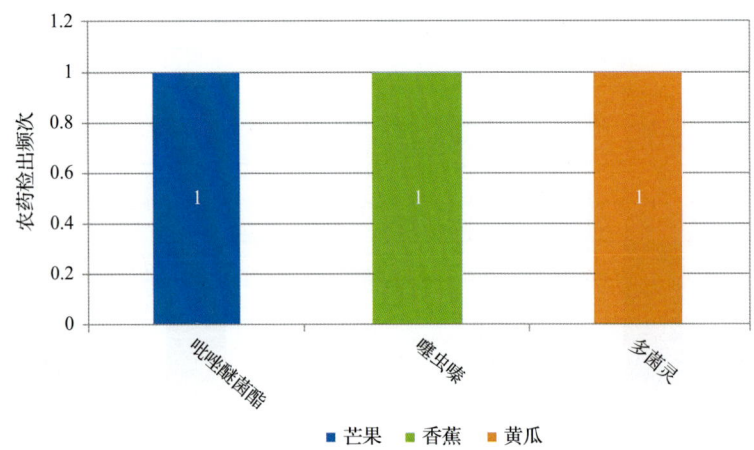

图 1-20 超过 MRL CAC 标准农药品种及频次

1.2.3 15 个采样点超标情况分析

1.2.3.1 按 MRL 中国国家标准衡量

按 MRL 中国国家标准衡量，有 8 个采样点的样品存在不同程度的超标农药检出，其中***超市（长青店）的超标率最高，为 3.7%，如图 1-21 和表 1-14 所示。

表 1-14 超过 MRL 中国国家标准水果蔬菜在不同采样点分布

序号	采样点	样品总数	超标数量	超标率(%)	行政区域
1	***超市（和平店）	69	2	2.9	和平区
2	***超市（鹏利店）	42	1	2.4	大东区
3	***超市（浑南西路店）	38	1	2.6	浑南区
4	***超市（于洪广场店）	36	1	2.8	于洪区
5	***超市（沈阳重工店）	35	1	2.9	铁西区
6	***超市（陵西店）	34	1	2.9	皇姑区
7	***超市（东陵店）	34	1	2.9	浑南区
8	***超市（长青店）	27	1	3.7	浑南区

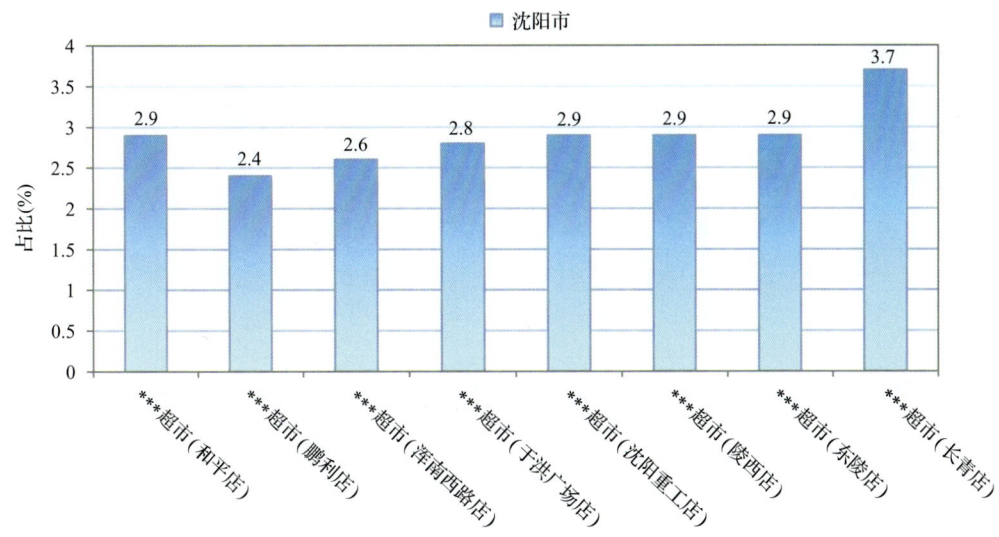

图 1-21 超过 MRL 中国国家标准水果蔬菜在不同采样点分布

1.2.3.2 按 MRL 欧盟标准衡量

按 MRL 欧盟标准衡量，所有采样点的样品均存在不同程度的超标农药检出，其中***超市(长青店)的超标率最高，为 40.7%，如表 1-15 和图 1-22 所示。

表 1-15 超过 MRL 欧盟标准水果蔬菜在不同采样点分布

序号	采样点	样品总数	超标数量	超标率(%)	行政区域
1	***超市(和平店)	69	20	29.0	和平区
2	***超市(沈河店)	64	11	17.2	沈河区
3	***超市(鹏利店)	42	4	9.5	大东区
4	***超市(文化店)	41	5	12.2	沈河区
5	***超市(浑南中店)	40	9	22.5	浑南区
6	***超市(浑南西路店)	38	5	13.2	浑南区
7	***超市(于洪店)	36	4	11.1	皇姑区
8	***超市(于洪广场店)	36	3	8.3	于洪区
9	***超市(于洪店)	35	8	22.9	于洪区
10	***超市(沈阳重工店)	35	3	8.6	铁西区
11	***超市(重工街店)	34	5	14.7	铁西区
12	***超市(陵西店)	34	7	20.6	皇姑区
13	***超市(东陵店)	34	4	11.8	浑南区
14	***超市(长青店)	27	11	40.7	浑南区
15	***超市(沈阳百联购物中心店)	25	8	32.0	沈河区

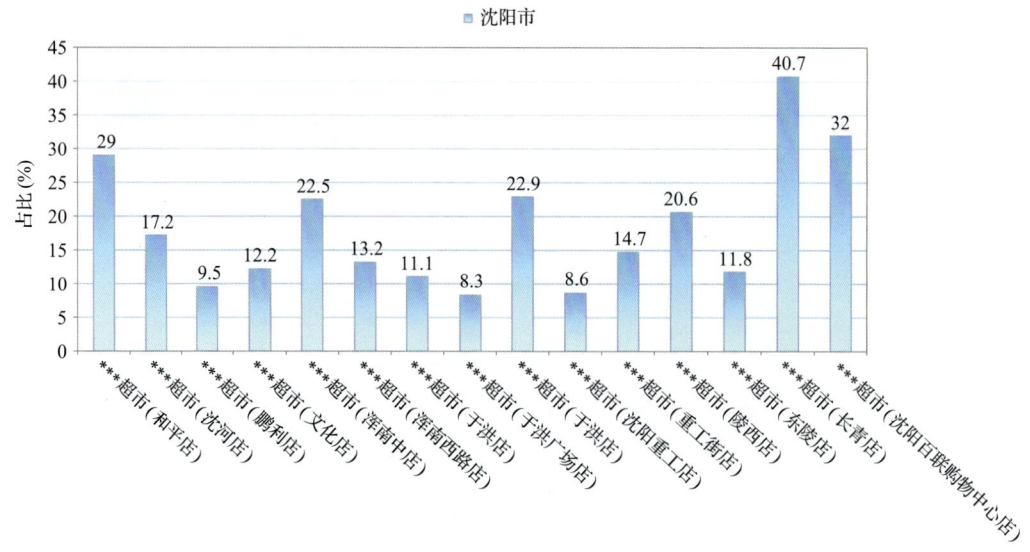

图 1-22 超过 MRL 欧盟标准水果蔬菜在不同采样点分布

1.2.3.3 按 MRL 日本标准衡量

按 MRL 日本标准衡量，所有采样点的样品均存在不同程度的超标农药检出，其中***超市(沈阳百联购物中心店)的超标率最高，为 36.0%，如表 1-16 和图 1-23 所示。

表 1-16 超过 MRL 日本标准水果蔬菜在不同采样点分布

序号	采样点	样品总数	超标数量	超标率(%)	行政区域
1	***超市(和平店)	69	20	29.0	和平区
2	***超市(沈河店)	64	15	23.4	沈河区
3	***超市(鹏利店)	42	6	14.3	大东区
4	***超市(文化店)	41	3	7.3	沈河区
5	***超市(浑南中店)	40	6	15.0	浑南区
6	***超市(浑南西路店)	38	5	13.2	浑南区
7	***超市(于洪店)	36	8	22.2	皇姑区
8	***超市(于洪广场店)	36	4	11.1	于洪区
9	***超市(于洪店)	35	9	25.7	于洪区
10	***超市(沈阳重工店)	35	2	5.7	铁西区
11	***超市(重工街店)	34	4	11.8	铁西区
12	***超市(陵西店)	34	4	11.8	皇姑区
13	***超市(东陵店)	34	8	23.5	浑南区
14	***超市(长青店)	27	9	33.3	浑南区
15	***超市(沈阳百联购物中心店)	25	9	36.0	沈河区

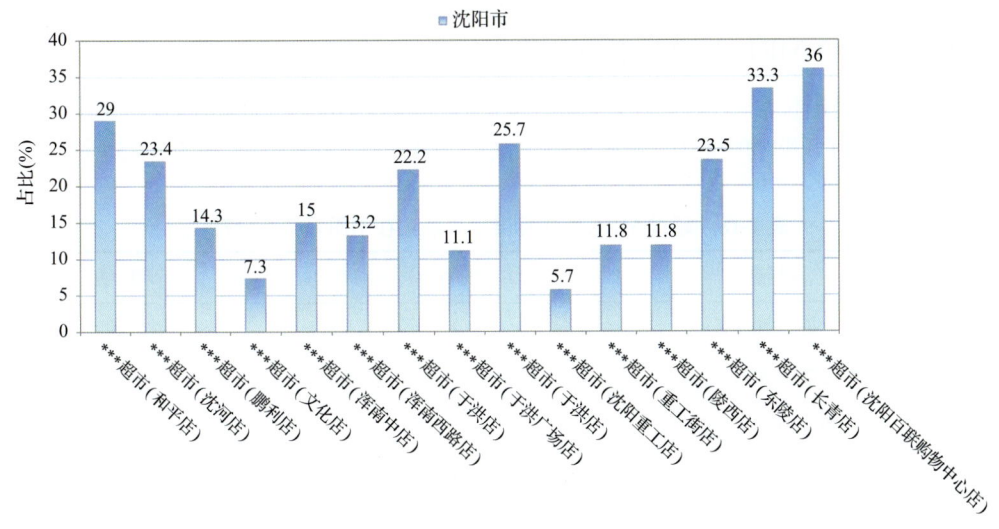

图 1-23 超过 MRL 日本标准水果蔬菜在不同采样点分布

1.2.3.4 按 MRL 中国香港标准衡量

按 MRL 中国香港标准衡量，有 5 个采样点的样品存在不同程度的超标农药检出，其中***超市（和平店）的超标率最高，为 4.3%，如表 1-17 和图 1-24 所示。

表 1-17 超过 MRL 中国香港标准水果蔬菜在不同采样点分布

序号	采样点	样品总数	超标数量	超标率(%)	行政区域
1	***超市（和平店）	69	3	4.3	和平区
2	***超市（浑南西路店）	38	1	2.6	浑南区
3	***超市（沈阳重工店）	35	1	2.9	铁西区
4	***超市（重工街店）	34	1	2.9	铁西区
5	***超市（东陵店）	34	1	2.9	浑南区

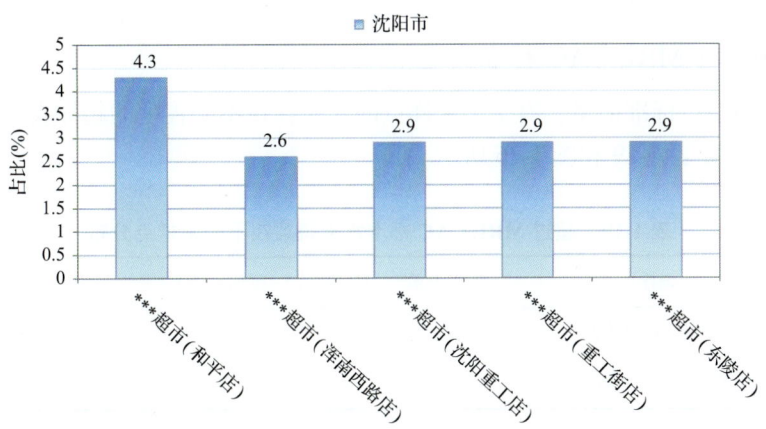

图 1-24 超过 MRL 中国香港标准水果蔬菜在不同采样点分布

1.2.3.5 按 MRL 美国标准衡量

按 MRL 美国标准衡量，有 5 个采样点的样品存在不同程度的超标农药检出，其中***超市(沈阳百联购物中心店)的超标率最高，为 4.0%，如表 1-18 和图 1-25 所示。

表 1-18 超过 MRL 美国标准水果蔬菜在不同采样点分布

序号	采样点	样品总数	超标数量	超标率(%)	行政区域
1	***超市(沈河店)	64	2	3.1	沈河区
2	***超市(浑南西路店)	38	1	2.6	浑南区
3	***超市(沈阳重工店)	35	1	2.9	铁西区
4	***超市(陵西店)	34	1	2.9	皇姑区
5	***超市(沈阳百联购物中心店)	25	1	4.0	沈河区

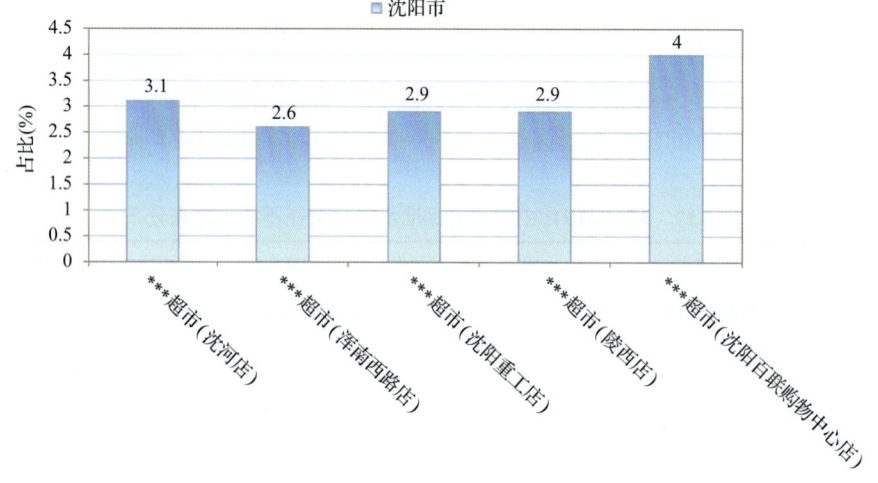

图 1-25 超过 MRL 美国标准水果蔬菜在不同采样点分布

1.2.3.6 按 MRL CAC 标准衡量

按 MRL CAC 标准衡量，有 2 个采样点的样品存在不同程度的超标农药检出，超标率均为 2.9%，如表 1-19 和图 1-26 所示。

表 1-19 超过 MRL CAC 标准水果蔬菜在不同采样点分布

序号	采样点	样品总数	超标数量	超标率(%)	行政区域
1	***超市(和平店)	69	2	2.9	和平区
2	***超市(重工街店)	34	1	2.9	铁西区

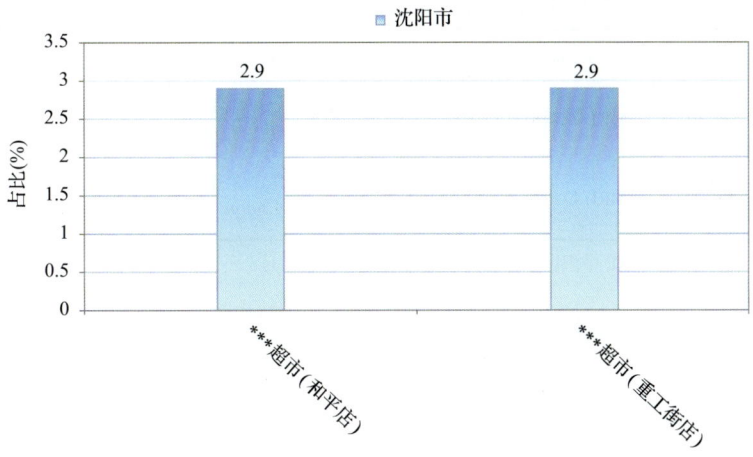

图 1-26　超过 MRL CAC 标准水果蔬菜在不同采样点分布

1.3　水果中农药残留分布

1.3.1　检出农药品种和频次排前 10 的水果

本次残留侦测的水果共 18 种，包括桃、猕猴桃、香蕉、龙眼、哈密瓜、木瓜、苹果、葡萄、山楂、芒果、李子、柚、梨、枣、橘、柠檬、火龙果和橙。

根据检出农药品种及频次进行排名，将各项排名前 10 位的水果样品检出情况列表说明，详见表 1-20。

表 1-20　检出农药品种和频次排名前 10 的水果

检出农药品种排名前 10（品种）	①芒果(26)，②葡萄(26)，③橙(24)，④柠檬(21)，⑤哈密瓜(20)，⑥木瓜(20)，⑦枣(20)，⑧苹果(19)，⑨猕猴桃(17)，⑩桃(15)
检出农药频次排名前 10（频次）	①葡萄(90)，②枣(73)，③柠檬(60)，④橙(54)，⑤芒果(49)，⑥苹果(49)，⑦桃(32)，⑧木瓜(31)，⑨梨(29)，⑩哈密瓜(27)
检出禁用、高毒及剧毒农药品种排名前 10（品种）	①橙(2)，②哈密瓜(1)，③火龙果(1)，④梨(1)，⑤柠檬(1)，⑥山楂(1)，⑦枣(1)
检出禁用、高毒及剧毒农药频次排名前 10（频次）	①橙(2)，②哈密瓜(1)，③火龙果(1)，④梨(1)，⑤柠檬(1)，⑥山楂(1)，⑦枣(1)

1.3.2　超标农药品种和频次排前 10 的水果

鉴于 MRL 欧盟标准和日本标准制定比较全面且覆盖率较高，我们参照 MRL 中国国家标准、欧盟标准和日本标准衡量水果样品中农残检出情况，将超标农药品种及频次排名前 10 的水果列表说明，详见表 1-21。

表 1-21　超标农药品种和频次排名前 10 的水果

超标农药品种排名前 10（农药品种数）	MRL 中国国家标准	①芒果(1),②葡萄(1)
	MRL 欧盟标准	①芒果(4),②木瓜(4),③葡萄(4),④枣(3),⑤橙(2),⑥哈密瓜(2),⑦火龙果(2),⑧龙眼(2),⑨柠檬(2),⑩苹果(2)
	MRL 日本标准	①枣(14),②木瓜(5),③葡萄(5),④橙(3),⑤火龙果(3),⑥李子(3),⑦龙眼(3),⑧芒果(3),⑨猕猴桃(3),⑩山楂(3)
超标农药频次排名前 10（农药频次数）	MRL 中国国家标准	①芒果(1),②葡萄(1)
	MRL 欧盟标准	①葡萄(6),②火龙果(4),③芒果(4),④木瓜(4),⑤枣(4),⑥橙(3),⑦哈密瓜(2),⑧龙眼(2),⑨柠檬(2),⑩苹果(2)
	MRL 日本标准	①枣(41),②柠檬(8),③木瓜(7),④火龙果(6),⑤龙眼(6),⑥葡萄(6),⑦李子(5),⑧山楂(4),⑨桃(4),⑩橙(3)

通过对各品种水果样本总数及检出率进行综合分析发现,葡萄、芒果和橙的残留污染最为严重,在此,我们参照 MRL 中国国家标准、欧盟标准和日本标准对这 3 种水果的农残检出情况进行进一步分析。

1.3.3　农药残留检出率较高的水果样品分析

1.3.3.1　葡　萄

这次共检测 16 例葡萄样品,全部检出了农药残留,检出率为 100.0%,检出农药共计 26 种。其中多菌灵、嘧菌酯、烯酰吗啉、嘧霉胺和吡唑醚菌酯检出频次较高,分别检出了 11、11、11、8 和 6 次。葡萄中农药检出品种和频次见图 1-27,超标农药见图 1-28 和表 1-22。

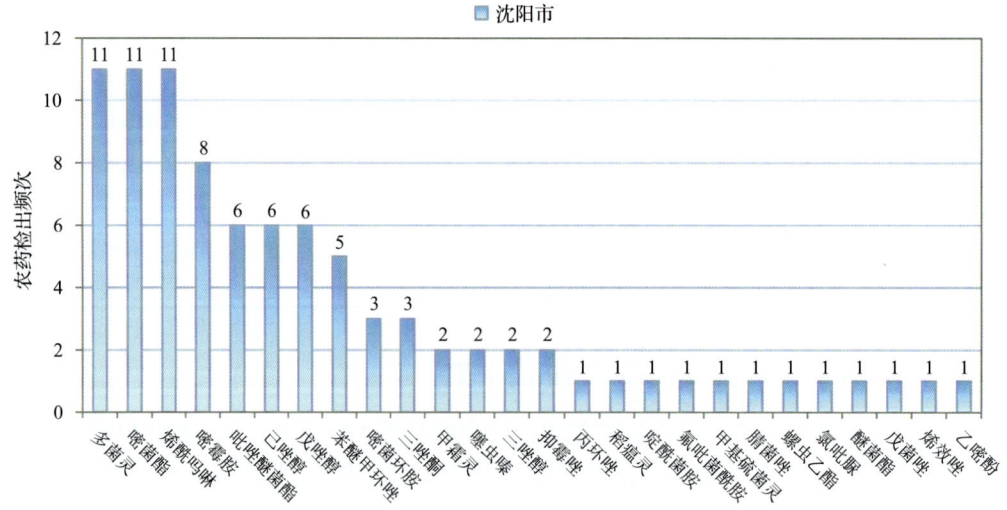

图 1-27　葡萄样品检出农药品种和频次分析

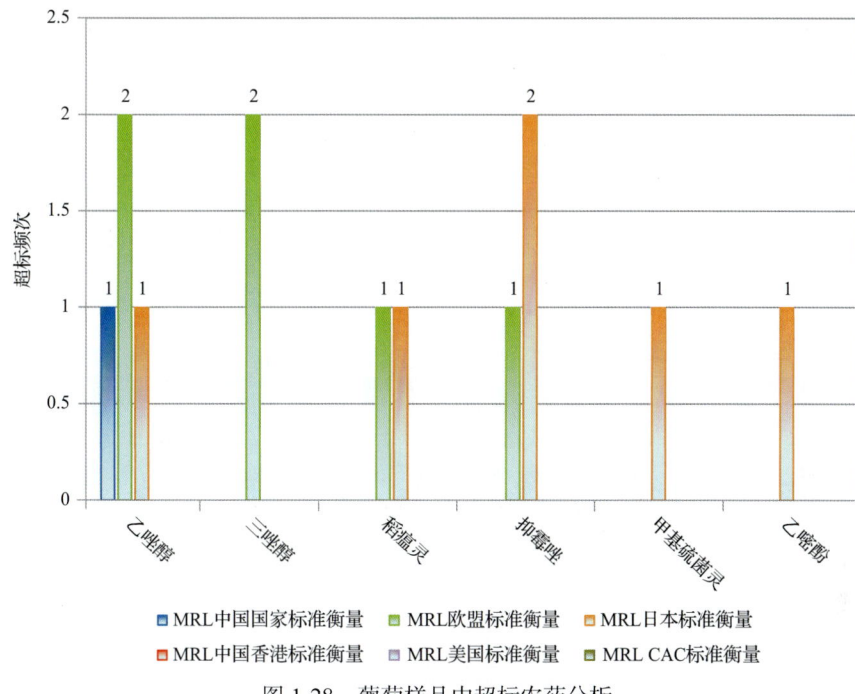

图 1-28 葡萄样品中超标农药分析

表 1-22 葡萄中农药残留超标情况明细表

样品总数		检出农药样品数	样品检出率(%)	检出农药品种总数
16		16	100	26
	超标农药品种	超标农药频次	按照 MRL 中国国家标准、欧盟标准和日本标准衡量超标农药名称及频次	
中国国家标准	1	1	己唑醇(1)	
欧盟标准	4	6	己唑醇(2),三唑醇(2),稻瘟灵(1),抑霉唑(1)	
日本标准	5	6	抑霉唑(2),稻瘟灵(1),己唑醇(1),甲基硫菌灵(1),乙嘧酚(1)	

1.3.3.2 芒果

这次共检测 9 例芒果样品，7 例样品中检出了农药残留，检出率为 77.8%，检出农药共计 26 种。其中多菌灵、抑霉唑、苯醚甲环唑、吡唑醚菌酯和多效唑检出频次较高，分别检出了 5、4、3、3 和 3 次。芒果中农药检出品种和频次见图 1-29，超标农药见图 1-30 和表 1-23。

表 1-23 芒果中农药残留超标情况明细表

样品总数		检出农药样品数	样品检出率(%)	检出农药品种总数
9		7	77.8	26
	超标农药品种	超标农药频次	按照 MRL 中国国家标准、欧盟标准和日本标准衡量超标农药名称及频次	
中国国家标准	1	1	吡唑醚菌酯(1)	
欧盟标准	4	4	吡唑醚菌酯(1),毒死蜱(1),肟菌酯(1),烯酰吗啉(1)	
日本标准	3	3	吡唑醚菌酯(1),毒死蜱(1),烯酰吗啉(1)	

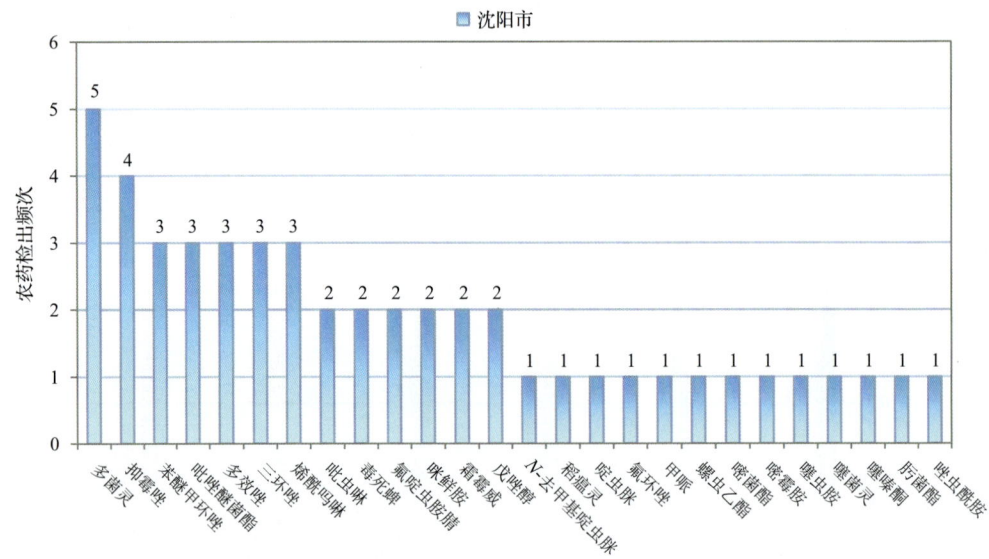

图 1-29 芒果样品检出农药品种和频次分析

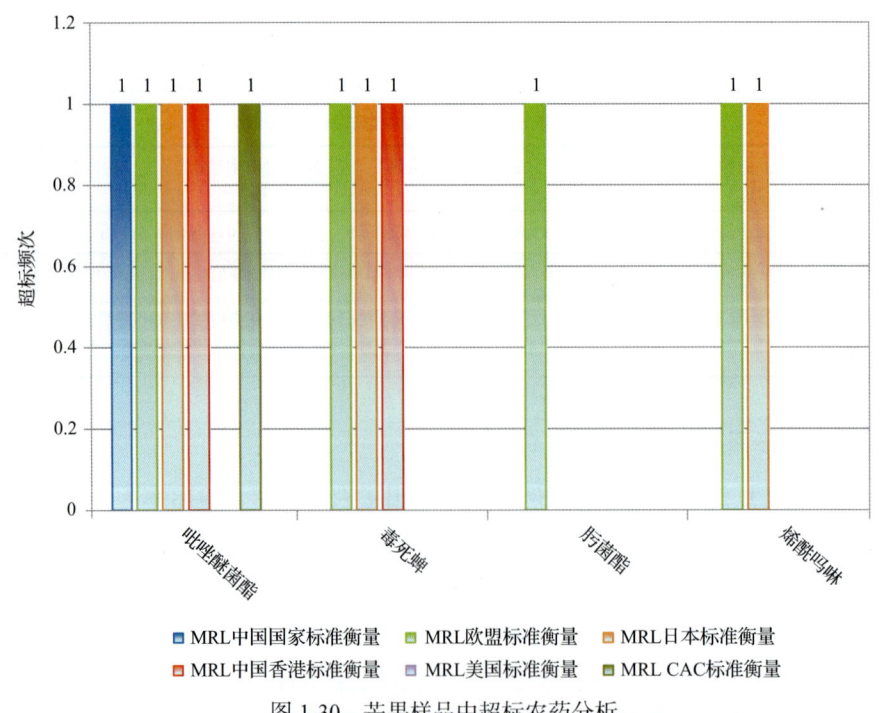

图 1-30 芒果样品中超标农药分析

1.3.3.3 橙

这次共检测 15 例橙样品，全部检出了农药残留，检出率为 100.0%，检出农药共计 24 种。其中抑霉唑、噻菌灵、吡唑醚菌酯、咪鲜胺和丙溴磷检出频次较高，分别检出了 13、6、4、4 和 3 次。橙中农药检出品种和频次见图 1-31，超标农药见图 1-32 和表 1-24。

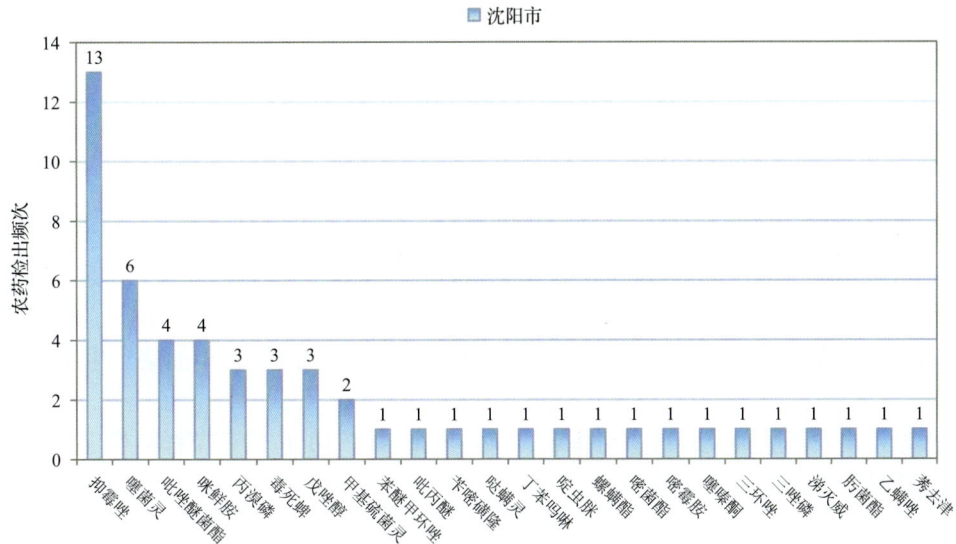

图 1-31　橙样品检出农药品种和频次分析

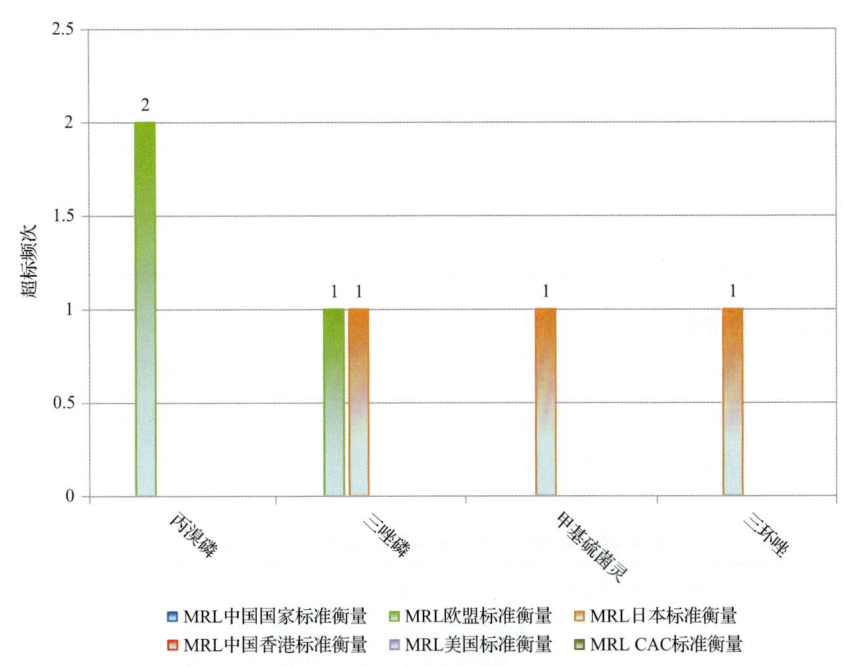

图 1-32　橙样品中超标农药分析

表 1-24　橙中农药残留超标情况明细表

样品总数		检出农药样品数	样品检出率(%)	检出农药品种总数
15		15	100	24
	超标农药品种	超标农药频次	按照 MRL 中国国家标准、欧盟标准和日本标准衡量超标农药名称及频次	
中国国家标准	0	0		
欧盟标准	2	3	丙溴磷(2),三唑磷(1)	
日本标准	3	3	甲基硫菌灵(1),三环唑(1),三唑磷(1)	

1.4 蔬菜中农药残留分布

1.4.1 检出农药品种和频次排前 10 的蔬菜

本次残留侦测的蔬菜共 28 种，包括结球甘蓝、韭菜、芹菜、黄瓜、洋葱、苦苣、花椰菜、番茄、菠菜、豇豆、西葫芦、甜椒、樱桃番茄、小白菜、胡萝卜、青花菜、紫甘蓝、油麦菜、茄子、马铃薯、萝卜、菜豆、苦瓜、大白菜、小油菜、生菜、冬瓜和茼蒿。

根据检出农药品种及频次进行排名，将各项排名前 10 位的蔬菜样品检出情况列表说明，详见表 1-25。

表 1-25 检出农药品种和频次排名前 10 的蔬菜

检出农药品种排名前 10（品种）	①甜椒(46),②番茄(41),③芹菜(38),④生菜(28),⑤黄瓜(27),⑥小白菜(25),⑦菜豆(24),⑧茄子(22),⑨冬瓜(21),⑩菠菜(20)
检出农药频次排名前 10（频次）	①芹菜(116),②甜椒(104),③番茄(92),④生菜(72),⑤小油菜(69),⑥黄瓜(61),⑦小白菜(57),⑧茄子(51),⑨樱桃番茄(47),⑩冬瓜(42)
检出禁用、高毒及剧毒农药品种排名前 10（品种）	①结球甘蓝(3),②甜椒(3),③黄瓜(2),④茼蒿(2),⑤小白菜(2),⑥菜豆(1),⑦番茄(1),⑧豇豆(1),⑨萝卜(1),⑩芹菜(1)
检出禁用、高毒及剧毒农药频次排名前 10（频次）	①茼蒿(4),②结球甘蓝(3),③甜椒(3),④黄瓜(2),⑤芹菜(2),⑥西葫芦(2),⑦小白菜(2),⑧菜豆(1),⑨番茄(1),⑩豇豆(1)

1.4.2 超标农药品种和频次排前 10 的蔬菜

鉴于 MRL 欧盟标准和日本标准制定比较全面且覆盖率较高，我们参照 MRL 中国国家标准、欧盟标准和日本标准衡量蔬菜样品中农残检出情况，将超标农药品种及频次排名前 10 的蔬菜列表说明，详见表 1-26。

表 1-26 超标农药品种和频次排名前 10 的蔬菜

超标农药品种排名前 10（农药品种数）	MRL 中国国家标准	①芹菜(2),②番茄(1),③黄瓜(1),④豇豆(1),⑤萝卜(1),⑥西葫芦(1)
	MRL 欧盟标准	①芹菜(13),②生菜(7),③甜椒(7),④菜豆(4),⑤番茄(4),⑥黄瓜(4),⑦豇豆(4),⑧小白菜(4),⑨小油菜(4),⑩茄子(3)
	MRL 日本标准	①豇豆(11),②菜豆(10),③芹菜(9),④生菜(5),⑤小油菜(5),⑥甜椒(4),⑦菠菜(3),⑧茼蒿(3),⑨小白菜(3),⑩结球甘蓝(2)
超标农药频次排名前 10（农药频次数）	MRL 中国国家标准	①芹菜(2),②番茄(1),③黄瓜(1),④豇豆(1),⑤萝卜(1),⑥西葫芦(1)
	MRL 欧盟标准	①芹菜(22),②甜椒(14),③生菜(11),④小油菜(10),⑤小白菜(7),⑥豇豆(6),⑦菜豆(5),⑧番茄(5),⑨樱桃番茄(5),⑩黄瓜(4)
	MRL 日本标准	①菜豆(16),②豇豆(15),③芹菜(12),④生菜(10),⑤茼蒿(6),⑥小油菜(6),⑦菠菜(5),⑧甜椒(5),⑨小白菜(3),⑩番茄(2)

通过对各品种蔬菜样本总数及检出率进行综合分析发现，甜椒、番茄和芹菜的残留污染最为严重，在此，我们参照 MRL 中国国家标准、欧盟标准和日本标准对这 3 种蔬菜的农残检出情况进行进一步分析。

1.4.3 农药残留检出率较高的蔬菜样品分析

1.4.3.1 甜椒

这次共检测 17 例甜椒样品，16 例样品中检出了农药残留，检出率为 94.1%，检出农药共计 46 种。其中啶虫脒、多菌灵、肟菌酯、烯啶虫胺和苯醚甲环唑检出频次较高，分别检出了 11、7、6、6 和 5 次。甜椒中农药检出品种和频次见图 1-33，超标农药见图 1-34 和表 1-27。

表 1-27　甜椒中农药残留超标情况明细表

样品总数		检出农药样品数	样品检出率(%)	检出农药品种总数
17		16	94.1	46
	超标农药品种	超标农药频次	按照 MRL 中国国家标准、欧盟标准和日本标准衡量超标农药名称及频次	
中国国家标准	0	0		
欧盟标准	7	14	烯啶虫胺(5),三唑醇(3),N-去甲基啶虫脒(2),丙溴磷(1),氰霜唑(1),脱叶磷(1),唑虫酰胺(1)	
日本标准	4	5	N-去甲基啶虫脒(2),嘧霉胺(1),脱叶磷(1),乙嘧酚磺酸酯(1)	

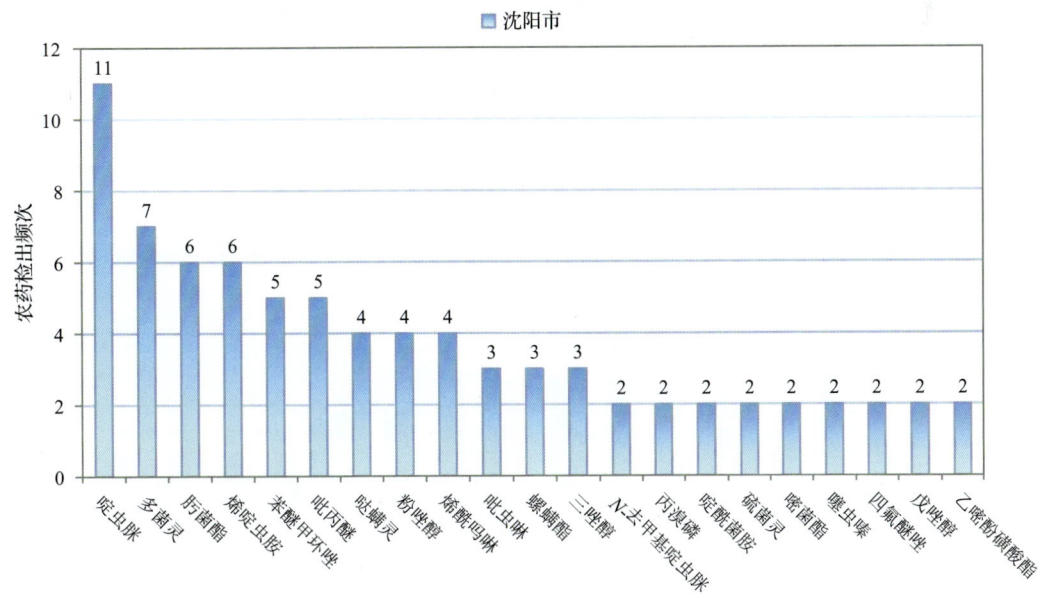

图 1-33　甜椒样品检出农药品种和频次分析(仅列出 2 频次及以上的数据)

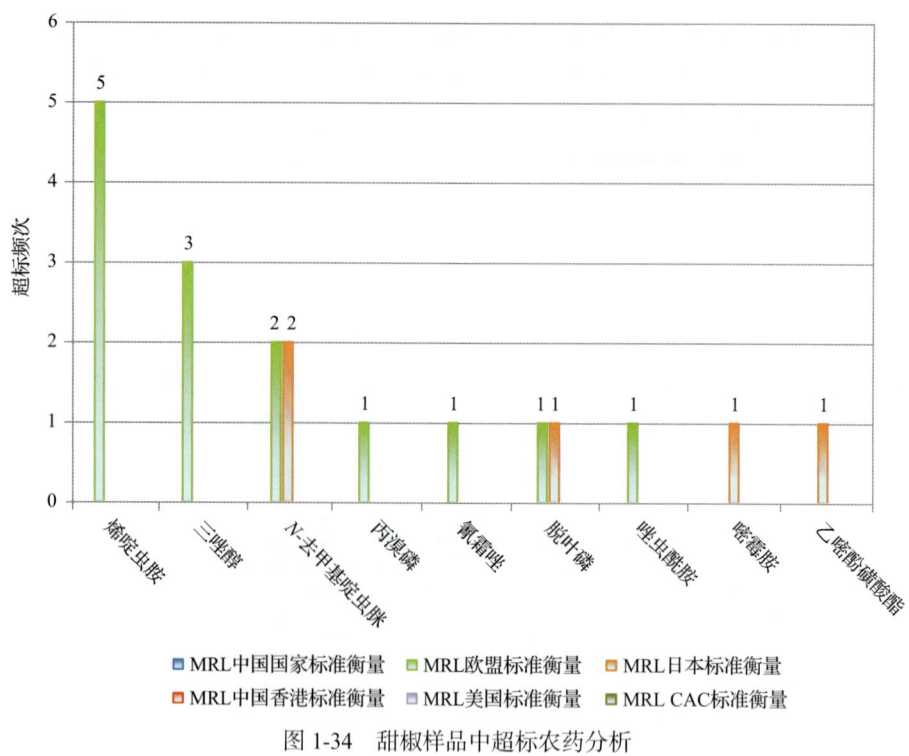

图1-34 甜椒样品中超标农药分析

1.4.3.2 番茄

这次共检测16例番茄样品，全部检出了农药残留，检出率为100.0%，检出农药共计41种。其中啶虫脒、烯酰吗啉、多菌灵、吡丙醚和氟硅唑检出频次较高，分别检出了9、9、8、6和4次。番茄中农药检出品种和频次见图1-35，超标农药见图1-36和表1-28。

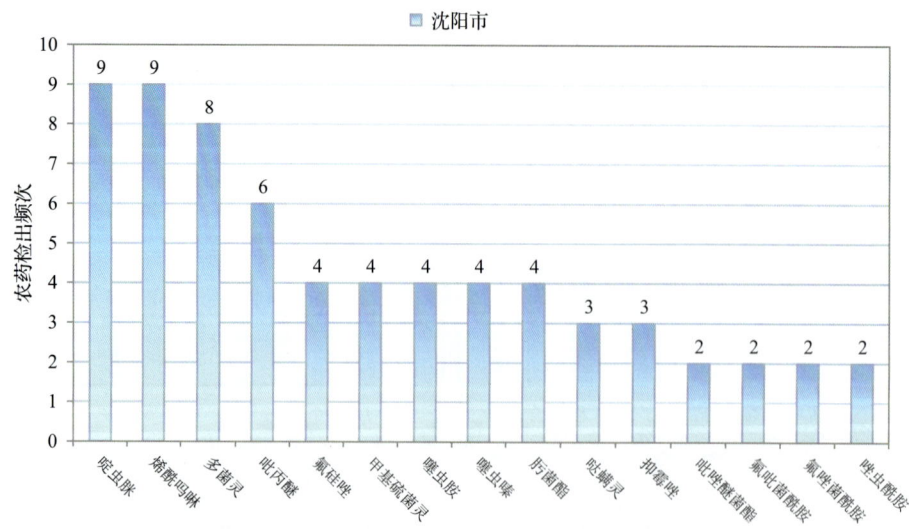

图1-35 番茄样品检出农药品种和频次分析（仅列出2频次及以上的数据）

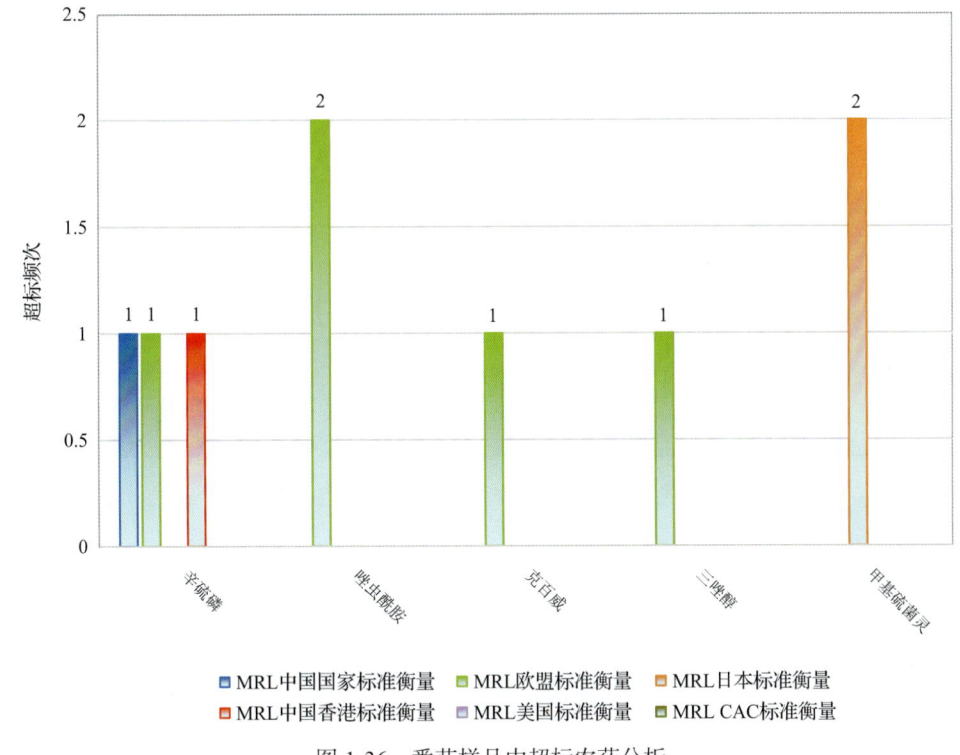

图 1-36 番茄样品中超标农药分析

表 1-28 番茄中农药残留超标情况明细表

样品总数 16			检出农药样品数 16	样品检出率(%) 100	检出农药品种总数 41
	超标农药品种	超标农药频次	按照 MRL 中国国家标准、欧盟标准和日本标准衡量超标农药名称及频次		
中国国家标准	1	1	辛硫磷(1)		
欧盟标准	4	5	唑虫酰胺(2),克百威(1),三唑醇(1),辛硫磷(1)		
日本标准	1	2	甲基硫菌灵(2)		

1.4.3.3 芹菜

这次共检测 16 例芹菜样品，全部检出了农药残留，检出率为 100.0%，检出农药共计 38 种。其中烯酰吗啉、吡虫啉、苯醚甲环唑、多菌灵和丙环唑检出频次较高，分别检出了 13、12、11、10 和 9 次。芹菜中农药检出品种和频次见图 1-37，超标农药见图 1-38 和表 1-29。

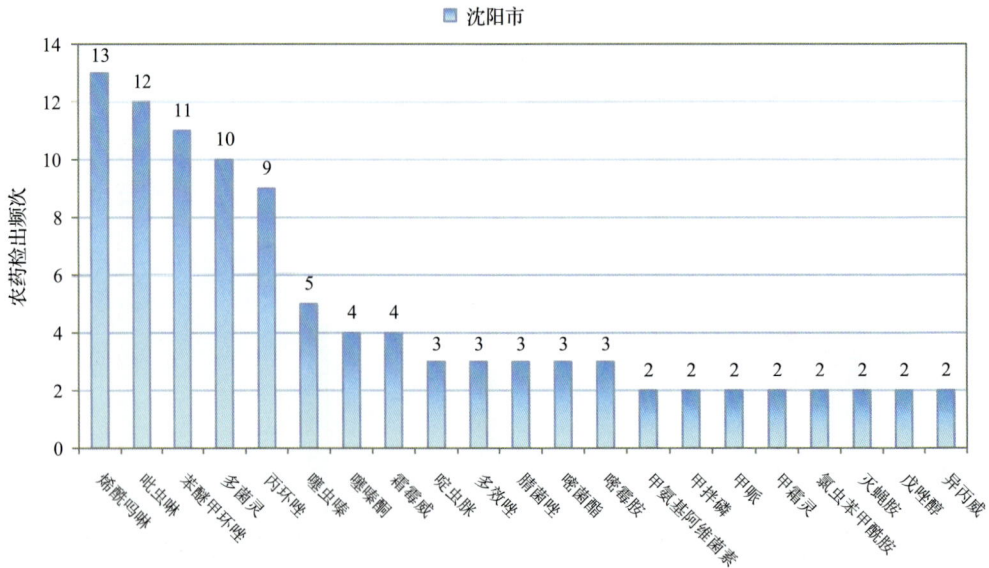

图 1-37 芹菜样品检出农药品种和频次分析（仅列出 2 频次及以上的数据）

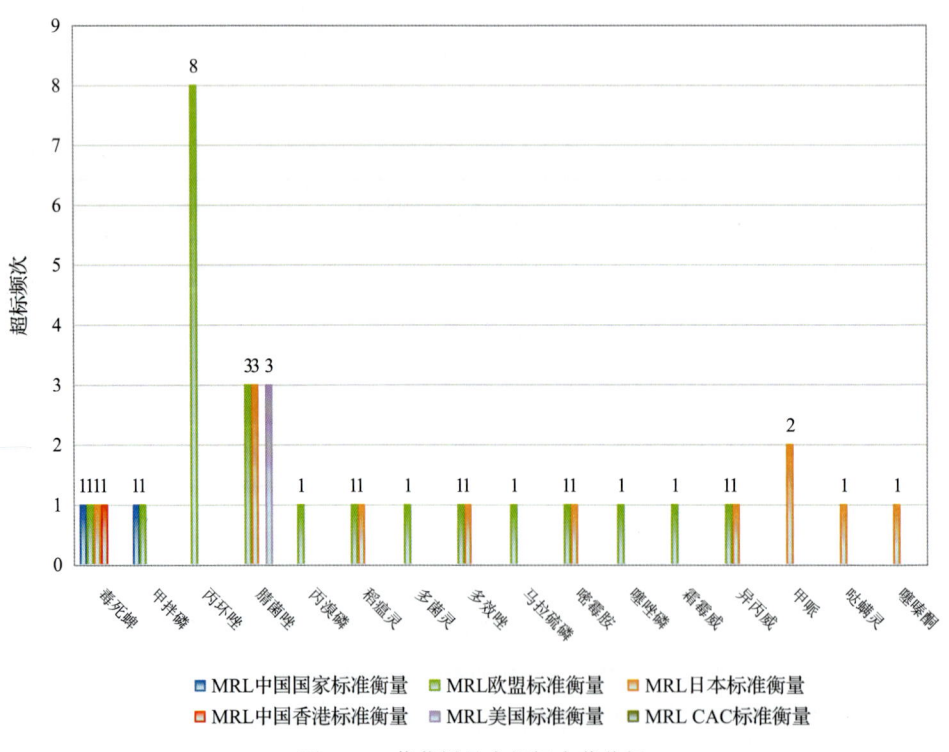

图 1-38 芹菜样品中超标农药分析

表 1-29　芹菜中农药残留超标情况明细表

样品总数 16		检出农药样品数 16	样品检出率(%) 100	检出农药品种总数 38
	超标农药品种	超标农药频次	按照 MRL 中国国家标准、欧盟标准和日本标准衡量超标农药名称及频次	
中国国家标准	2	2	毒死蜱(1),甲拌磷(1)	
欧盟标准	13	22	丙环唑(8),腈菌唑(3),丙溴磷(1),稻瘟灵(1),毒死蜱(1),多菌灵(1),多效唑(1),甲拌磷(1),马拉硫磷(1),嘧霉胺(1),噻唑磷(1),霜霉威(1),异丙威(1)	
日本标准	9	12	腈菌唑(3),甲哌(2),哒螨灵(1),稻瘟灵(1),毒死蜱(1),多效唑(1),嘧霉胺(1),噻嗪酮(1),异丙威(1)	

1.5 初步结论

1.5.1 沈阳市市售水果蔬菜按MRL中国国家标准和国际主要MRL标准衡量的合格率

本次侦测的 590 例样品中，124 例样品未检出任何残留农药，占样品总量的 21.0%，466 例样品检出不同水平、不同种类的残留农药，占样品总量的 79.0%。在这 466 例检出农药残留的样品中：

按照 MRL 中国国家标准衡量，有 457 例样品检出残留农药但含量没有超标，占样品总数的 77.5%，有 9 例样品检出了超标农药，占样品总数的 1.5%。

按照 MRL 欧盟标准衡量，有 359 例样品检出残留农药但含量没有超标，占样品总数的 60.8%，有 107 例样品检出了超标农药，占样品总数的 18.1%。

按照 MRL 日本标准衡量，有 354 例样品检出残留农药但含量没有超标，占样品总数的 60.0%，有 112 例样品检出了超标农药，占样品总数的 19.0%。

按照 MRL 中国香港标准衡量，有 459 例样品检出残留农药但含量没有超标，占样品总数的 77.8%，有 7 例样品检出了超标农药，占样品总数的 1.2%。

按照 MRL 美国标准衡量，有 460 例样品检出残留农药但含量没有超标，占样品总数的 78.0%，有 6 例样品检出了超标农药，占样品总数的 1.0%。

按照 MRL CAC 标准衡量，有 463 例样品检出残留农药但含量没有超标，占样品总数的 78.5%，有 3 例样品检出了超标农药，占样品总数的 0.5%。

1.5.2 沈阳市市售水果蔬菜中检出农药以中低微毒农药为主，占市场主体的 93.1%

这次侦测的 590 例样品包括调味料 1 种 10 例，食用菌 3 种 208 例，水果 18 种 27 例，蔬菜 28 种 345 例，共检出了 131 种农药，检出农药的毒性以中低微毒为主，详见表 1-30。

表 1-30 市场主体农药毒性分布

毒性	检出品种	占比(%)	检出频次	占比(%)
剧毒农药	3	2.3	11	0.6
高毒农药	6	4.6	21	1.2
中毒农药	46	35.1	778	45.6
低毒农药	52	39.7	407	23.8
微毒农药	24	18.3	490	28.7

中低微毒农药，品种占比 93.1%，频次占比 98.1%

1.5.3 检出剧毒、高毒和禁用农药现象应该警醒

在此次侦测的 590 例样品中有 12 种蔬菜和 7 种水果的 30 例样品检出了 9 种 32 频次的剧毒和高毒或禁用农药，占样品总量的 5.1%。其中剧毒农药甲拌磷、涕灭威和甲氟磷以及高毒农药克百威、阿维菌素和三唑磷检出频次较高。

按 MRL 中国国家标准衡量，剧毒农药甲拌磷，检出 8 次，超标 3 次；高毒农药克百威，检出 10 次，超标 1 次；按超标程度比较，芹菜中甲拌磷超标 11.9 倍，豇豆中甲拌磷超标 1.8 倍，萝卜中甲拌磷超标 0.4 倍，西葫芦中克百威超标 0.1 倍。

剧毒、高毒或禁用农药的检出情况及按照 MRL 中国国家标准衡量的超标情况见表 1-31。

表 1-31 剧毒、高毒或禁用农药的检出及超标明细

序号	农药名称	样品名称	检出频次	超标频次	最大超标倍数	超标率
1.1	涕灭威*▲	小白菜	1	0	0	0.0%
1.2	涕灭威*▲	橙	1	0	0	0.0%
2.1	甲拌磷*▲	芹菜	2	1	11.95	50.0%
2.2	甲拌磷*▲	茼蒿	2	0	0	0.0%
2.3	甲拌磷*▲	豇豆	1	1	1.81	100.0%
2.4	甲拌磷*▲	萝卜	1	1	0.42	100.0%
2.5	甲拌磷*▲	甜椒	1	0	0	0.0%
2.6	甲拌磷*▲	芫荽	1	0	0	0.0%
3.1	甲氟磷*	火龙果	1	0	0	0.0%
4.1	三唑磷°	山楂	1	0	0	0.0%
4.2	三唑磷°	橙	1	0	0	0.0%
4.3	三唑磷°	结球甘蓝	1	0	0	0.0%
5.1	克百威°▲	西葫芦	2	1	0.07	50.0%
5.2	克百威°▲	小白菜	1	0	0	0.0%
5.3	克百威°▲	枣	1	0	0	0.0%

续表

序号	农药名称	样品名称	检出频次	超标频次	最大超标倍数	超标率
5.4	克百威°▲	柠檬	1	0	0	0.0%
5.5	克百威°▲	梨	1	0	0	0.0%
5.6	克百威°▲	洋葱	1	0	0	0.0%
5.7	克百威°▲	番茄	1	0	0	0.0%
5.8	克百威°▲	结球甘蓝	1	0	0	0.0%
5.9	克百威°▲	黄瓜	1	0	0	0.0%
6.1	水胺硫磷°▲	茼蒿	2	0	0	0.0%
7.1	灭多威▲	甜椒	1	0	0	0.0%
8.1	甲硫威°	结球甘蓝	1	0	0	0.0%
9.1	阿维菌素°	哈密瓜	1	0	0	0.0%
9.2	阿维菌素°	甜椒	1	0	0	0.0%
9.3	阿维菌素°	菜豆	1	0	0	0.0%
9.4	阿维菌素°	黄瓜	1	0	0	0.0%
合计			32	4		12.5%

注：超标倍数参照 MRL 中国国家标准衡量

这些超标的剧毒和高毒农药都是中国政府早有规定禁止在水果蔬菜中使用的，为什么还屡次被检出，应该引起警惕。

1.5.4 残留限量标准与先进国家或地区差距较大

1707 频次的检出结果与我国公布的《食品中农药最大残留限量》（GB 2763—2014）对比，有 561 频次能找到对应的 MRL 中国国家标准，占 32.9%；还有 1146 频次的侦测数据无相关 MRL 标准供参考，占 67.1%。

与国际上现行 MRL 标准对比发现：

有 1707 频次能找到对应的 MRL 欧盟标准，占 100.0%；

有 1707 频次能找到对应的 MRL 日本标准，占 100.0%；

有 956 频次能找到对应的 MRL 中国香港标准，占 56.0%；

有 906 频次能找到对应的 MRL 美国标准，占 53.1%；

有 718 频次能找到对应的 MRL CAC 标准，占 42.1%。

由上可见，MRL 中国国家标准与先进国家或地区标准还有很大差距，我们无标准，境外有标准，这就会导致我们在国际贸易中，处于受制于人的被动地位。

1.5.5 水果蔬菜单种样品检出 24~46 种农药残留，拷问农药使用的科学性

通过此次监测发现，芒果、葡萄和橙是检出农药品种最多的 3 种水果，甜椒、番茄和芹菜是检出农药品种最多的 3 种蔬菜，从中检出农药品种及频次详见表 1-32。

表 1-32 单种样品检出农药品种及频次

样品名称	样品总数	检出农药样品数	检出率	检出农药品种数	检出农药(频次)
甜椒	17	16	94.1%	46	啶虫脒(11),多菌灵(7),肟菌酯(6),烯啶虫胺(6),苯醚甲环唑(5),吡丙醚(5),哒螨灵(4),粉唑醇(4),烯酰吗啉(4),吡虫啉(3),螺螨酯(3),三唑醇(3),N-去甲基啶虫脒(2),丙溴磷(2),啶酰菌胺(2),硫菌灵(2),嘧菌酯(2),噻虫嗪(2),四氟醚唑(2),戊唑醇(2),乙嘧酚磺酸酯(2),4-十二烷基-2,6-二甲基吗啉(1),阿维菌素(1),吡蚜酮(1),吡唑醚菌酯(1),毒死蜱(1),氟吡菌胺(1),氟吡菌酰胺(1),氟甲喹(1),己唑醇(1),甲拌磷(1),甲基硫菌灵(1),甲霜灵(1),甲氧虫酰肼(1),联苯肼酯(1),氯虫苯甲酰胺(1),嘧霉胺(1),灭多威(1),氰霜唑(1),三唑酮(1),霜霉威(1),脱叶磷(1),乙螨唑(1),抑霉唑(1),茚虫威(1),唑虫酰胺(1)
番茄	16	16	100.0%	41	啶虫脒(9),烯酰吗啉(9),多菌灵(8),吡丙醚(6),氟硅唑(4),甲基硫菌灵(4),噻虫胺(4),噻虫嗪(4),肟菌酯(4),哒螨灵(3),抑霉唑(3),吡唑醚菌酯(2),氟吡菌酰胺(2),氟唑菌酰胺(2),唑虫酰胺(2),苯醚甲环唑(1),吡虫啉(1),吡氟禾草灵(1),丙硫特普(1),毒死蜱(1),噁霜灵(1),氟环唑(1),甲氨基阿维菌素(1),甲哌(1),甲霜灵(1),克百威(1),螺螨酯(1),氯虫苯甲酰胺(1),嘧菌环胺(1),嘧菌酯(1),噻虫啉(1),噻菌灵(1),三唑醇(1),三唑酮(1),霜霉威(1),脱叶磷(1),戊唑醇(1),烯啶虫胺(1),辛硫磷(1),茚虫威(1),唑螨酯(1)
芹菜	16	16	100.0%	38	烯酰吗啉(13),吡虫啉(12),苯醚甲环唑(11),多菌灵(10),丙环唑(9),噻虫嗪(5),噻嗪酮(4),霜霉威(4),啶虫脒(3),多效唑(3),腈菌唑(3),嘧菌酯(3),嘧霉胺(3),甲氨基阿维菌素(2),甲拌磷(2),甲哌(2),甲霜灵(2),氯虫苯甲酰胺(2),灭蝇胺(2),戊唑醇(2),异丙威(2),吡丙醚(1),吡虫啉脲(1),丙溴磷(1),哒螨灵(1),稻瘟灵(1),啶酰菌胺(1),毒死蜱(1),噁霜灵(1),二甲戊灵(1),甲基立枯磷(1),马拉硫磷(1),咪鲜胺(1),噻虫胺(1),噻唑磷(1),三环唑(1),烯效唑(1),茚虫威(1)
芒果	9	7	77.8%	26	多菌灵(5),抑霉唑(4),苯醚甲环唑(3),吡唑醚菌酯(3),多效唑(3),三环唑(3),烯酰吗啉(3),吡虫啉(2),毒死蜱(2),氟啶虫胺腈(2),咪鲜胺(2),霜霉威(2),戊唑醇(2),N-去甲基啶虫脒(1),稻瘟灵(1),啶虫脒(1),氟环唑(1),甲哌(1),螺虫乙酯(1),嘧菌酯(1),嘧霉胺(1),噻虫胺(1),噻菌灵(1),噻嗪酮(1),肟菌酯(1),唑虫酰胺(1)
葡萄	16	16	100.0%	26	多菌灵(11),嘧菌酯(11),烯酰吗啉(11),嘧霉胺(8),吡唑醚菌酯(6),己唑醇(6),戊唑醇(6),苯醚甲环唑(5),嘧菌环胺(3),三唑酮(3),甲霜灵(2),噻虫嗪(2),三唑醇(2),抑霉唑(2),丙环唑(1),稻瘟灵(1),啶酰菌胺(1),氟吡菌酰胺(1),甲基硫菌灵(1),腈菌唑(1),螺虫乙酯(1),氯吡脲(1),醚菌酯(1),戊菌唑(1),烯效唑(1),乙嘧酚(1)

续表

样品名称	样品总数	检出农药样品数	检出率	检出农药品种数	检出农药(频次)
橙	15	15	100.0%	24	抑霉唑(13),噻菌灵(6),吡唑醚菌酯(4),咪鲜胺(4),丙溴磷(3),毒死蜱(3),戊唑醇(3),甲基硫菌灵(2),苯醚甲环唑(1),吡丙醚(1),苄嘧磺隆(1),哒螨灵(1),丁苯吗啉(1),啶虫脒(1),螺螨酯(1),嘧菌酯(1),嘧霉胺(1),噻嗪酮(1),三环唑(1),三唑磷(1),涕灭威(1),肟菌酯(1),乙螨唑(1),莠去津(1)

上述6种水果蔬菜，检出农药24~46种，是多种农药综合防治，还是未严格实施农业良好管理规范(GAP)，抑或根本就是乱施药，值得我们思考。

第 2 章 LC-Q-TOF/MS 侦测沈阳市市售水果蔬菜农药残留膳食暴露风险与预警风险评估

2.1 农药残留风险评估方法

2.1.1 沈阳市农药残留侦测数据分析与统计

庞国芳院士科研团队建立的农药残留高通量侦测技术以高分辨精确质量数（0.0001 m/z 为基准）为识别标准，采用 LC-Q-TOF/MS 技术对 565 种农药化学污染物进行侦测。

科研团队于 2015 年 9 月至 2019 年 1 月期间在沈阳市所属 7 个区的 15 个采样点，随机采集了 590 例水果蔬菜样品，采样点分布在超市，具体位置如图 2-1 所示，各月内水果蔬菜样品采集数量如表 2-1 所示。

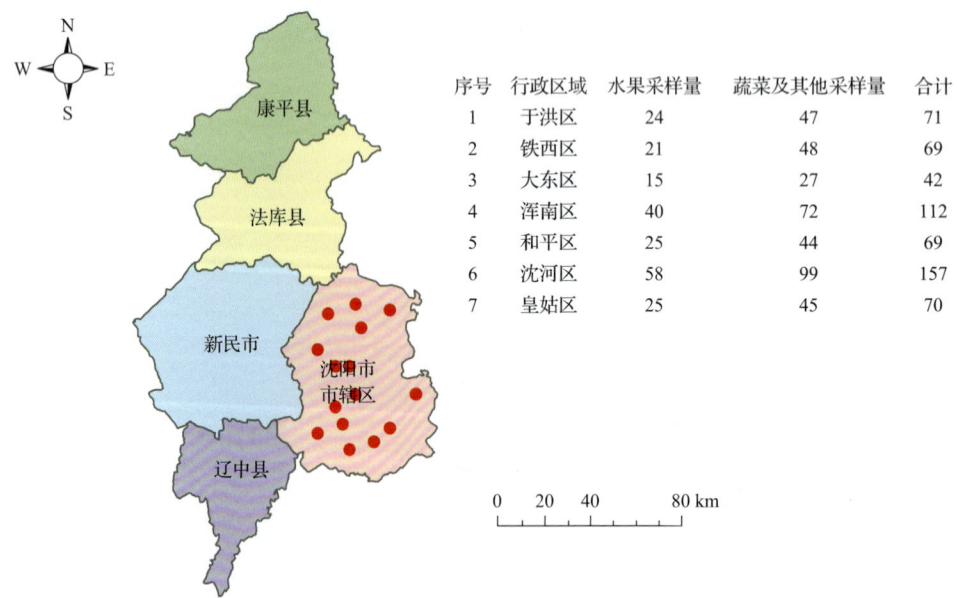

序号	行政区域	水果采样量	蔬菜及其他采样量	合计
1	于洪区	24	47	71
2	铁西区	21	48	69
3	大东区	15	27	42
4	浑南区	40	72	112
5	和平区	25	44	69
6	沈河区	58	99	157
7	皇姑区	25	45	70

图 2-1 LC-Q-TOF/MS 侦测沈阳市 15 个采样点 590 例样品分布示意图

表 2-1 沈阳市各月内采集水果蔬菜样品数列表

时间	样品数(例)
2015 年 9 月	488
2019 年 1 月	102

利用 LC-Q-TOF/MS 技术对 590 例样品中的农药进行侦测，侦测出残留农药 131 种，1707 频次。侦测出农药残留水平如表 2-2 和图 2-2 所示。检出频次最高的前 10 种农药如表 2-3 所示。从侦测结果中可以看出，在水果蔬菜中农药残留普遍存在，且有些水果蔬菜存在高浓度的农药残留，这些可能存在膳食暴露风险，对人体健康产生危害，因此，为了定量地评价水果蔬菜中农药残留的风险程度，有必要对其进行风险评价。

表 2-2 侦测出农药的不同残留水平及其所占比例列表

残留水平(μg/kg)	检出频次	占比(%)
1~5(含)	711	41.65
5~10(含)	261	15.29
10~100(含)	615	36.03
100~1000(含)	108	6.33
>1000	12	0.70
合计	1707	100

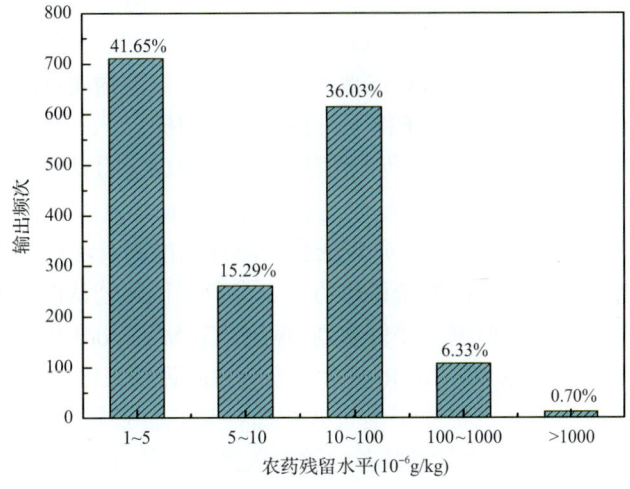

图 2-2 残留农药检出浓度频数分布图

表 2-3 检出频次最高的前 10 种农药列表

序号	农药	检出频次(次)
1	多菌灵	184
2	烯酰吗啉	174
3	抑霉唑	87
4	啶虫脒	76
5	苯醚甲环唑	74
6	吡虫啉	64
7	嘧菌酯	58
8	霜霉威	57
9	吡唑醚菌酯	51
10	噻虫嗪	46

2.1.2 农药残留风险评价模型

对沈阳市水果蔬菜中农药残留分别开展暴露风险评估和预警风险评估。膳食暴露风险评估利用食品安全指数模型对水果蔬菜中的残留农药对人体可能产生的危害程度进行评价,该模型结合残留监测和膳食暴露评估评价化学污染物的危害;预警风险评价模型运用风险系数(risk index,R),风险系数综合考虑了危害物的超标率、施检频率及其本身敏感性的影响,能直观而全面地反映出危害物在一段时间内的风险程度。

2.1.2.1 食品安全指数模型

为了加强食品安全管理,《中华人民共和国食品安全法》第二章第十七条规定"国家建立食品安全风险评估制度,运用科学方法,根据食品安全风险监测信息、科学数据以及有关信息,对食品、食品添加剂、食品相关产品中生物性、化学性和物理性危害因素进行风险评估"[1],膳食暴露评估是食品危险度评估的重要组成部分,也是膳食安全性的衡量标准[2]。国际上最早研究膳食暴露风险评估的机构主要是 JMPR(FAO、WHO 农药残留联合会议),该组织自 1995 年就已制定了急性毒性物质的风险评估急性毒性农药残留摄入量的预测。1960 年美国规定食品中不得加入致癌物质进而提出零阈值理论,渐渐零阈值理论发展成在一定概率条件下可接受风险的概念[3],后衍变为食品中每日允许最大摄入量(ADI),而国际食品农药残留法典委员会(CCPR)认为 ADI 不是独立风险评估的唯一标准[4],1995 年 JMPR 开始研究农药急性膳食暴露风险评估,并对食品国际短期摄入量的计算方法进行了修正,亦对膳食暴露评估准则及评估方法进行了修正[5],2002 年,在对世界上现行的食品安全评价方法,尤其是国际公认的 CAC 的评价方法、全球环境监测系统/食品污染监测和评估规划(WHO GEMS/Food)及 FAO、WHO 食品添加剂联合专家委员会(JECFA)和 JMPR 对食品安全风险评估工作研究的基础之上,检验检疫食品安全管理的研究人员提出了结合残留监控和膳食暴露评估,以食品安全指数 IFS 计算食品中各种化学污染物对消费者的健康危害程度[6]。IFS 是表示食品安全状态的新方法,可有效地评价某种农药的安全性,进而评价食品中各种农药化学污染物对消费者健康的整体危害程度[7,8]。从理论上分析,IFS_c 可指出食品中的污染物 c 对消费者健康是否存在危害及危害的程度[9]。其优点在于操作简单且结果容易被接受和理解,不需要大量的数据来对结果进行验证,使用默认的标准假设或者模型即可[10,11]。

1)IFS_c 的计算

IFS_c 计算公式如下:

$$IFS_c = \frac{EDI_c \times f}{SI_c \times bw} \tag{2-1}$$

式中,c 为所研究的农药;EDI_c 为农药 c 的实际日摄入量估算值,等于 $\sum(R_i \times F_i \times E_i \times P_i)$ (i 为食品种类;R_i 为食品 i 中农药 c 的残留水平,mg/kg;F_i 为食品 i 的估计日消费量,g/(人·天);E_i 为食品 i 的可食用部分因子;P_i 为食品 i 的加工处理因子);SI_c 为安全摄入量，可采用每日允许最大摄入量 ADI；bw 为人平均体重，kg；f 为校正因子，如果安全摄入量采用 ADI，则 f 取 1。

$IFS_c \ll 1$，农药 c 对食品安全没有影响；$IFS_c \leqslant 1$，农药 c 对食品安全的影响可以接受；$IFS_c > 1$，农药 c 对食品安全的影响不可接受。

本次评价中：

$IFS_c \leqslant 0.1$，农药 c 对水果蔬菜安全没有影响；

$0.1 < IFS_c \leqslant 1$，农药 c 对水果蔬菜安全的影响可以接受；

$IFS_c > 1$，农药 c 对水果蔬菜安全的影响不可接受。

本次评价中残留水平 R_i 取值为中国检验检疫科学研究院庞国芳院士课题组利用以高分辨精确质量数($0.0001m/z$)为基准的 LC-Q-TOF/MS 侦测技术于 2015 年 9 月至 2019 年 1 月对沈阳市水果蔬菜农药残留的侦测结果，估计日消费量 F_i 取值 0.38 kg/(人·天)，$E_i=1$，$P_i=1$，$f=1$，SI_c 采用《食品安全国家标准　食品中农药最大残留限量》(GB 2763—2016)中 ADI 值(具体数值见表 2-4)，人平均体重(bw)取值 60 kg。

表 2-4　沈阳市水果蔬菜中侦测出农药的 ADI 值

序号	农药	ADI	序号	农药	ADI	序号	农药	ADI
1	氯虫苯甲酰胺	2	22	井冈霉素	0.1	43	啶酰菌胺	0.04
2	甲咪唑烟酸	0.7	23	异丙甲草胺	0.1	44	扑草净	0.04
3	烯啶虫胺	0.53	24	氟酰胺	0.09	45	乙嘧酚	0.035
4	霜霉威	0.4	25	啶氧菌酯	0.09	46	多菌灵	0.03
5	醚菌酯	0.4	26	噻虫嗪	0.08	47	抑霉唑	0.03
6	马拉硫磷	0.3	27	甲基硫菌灵	0.08	48	吡唑醚菌酯	0.03
7	烯酰吗啉	0.2	28	甲霜灵	0.08	49	戊唑醇	0.03
8	嘧菌酯	0.2	29	氟吡菌胺	0.08	50	腈菌唑	0.03
9	嘧霉胺	0.2	30	啶虫脒	0.07	51	三唑醇	0.03
10	双炔酰菌胺	0.2	31	丙环唑	0.07	52	丙溴磷	0.03
11	呋虫胺	0.2	32	氯吡脲	0.07	53	三唑酮	0.03
12	增效醚	0.2	33	甲基立枯磷	0.07	54	嘧菌环胺	0.03
13	苄嘧磺隆	0.2	34	苯霜灵	0.07	55	苯嗪草酮	0.03
14	氰霜唑	0.17	35	吡虫啉	0.06	56	乙酰甲胺磷	0.03
15	氟吗啉	0.16	36	灭蝇胺	0.06	57	二甲戊灵	0.03
16	噻菌灵	0.1	37	氟啶虫胺腈	0.05	58	吡蚜酮	0.03
17	多效唑	0.1	38	乙螨唑	0.05	59	喹螨酮	0.03
18	噻虫胺	0.1	39	螺虫乙酯	0.05	60	戊菌唑	0.03
19	吡丙醚	0.1	40	环嗪酮	0.05	61	甲基嘧啶磷	0.03
20	杀螟丹	0.1	41	肟菌酯	0.04	62	氟环唑	0.02
21	甲氧虫酰肼	0.1	42	三环唑	0.04	63	烯效唑	0.02

续表

序号	农药	ADI	序号	农药	ADI	序号	农药	ADI
64	莠去津	0.02	87	二嗪磷	0.005	110	氟唑菌酰胺	—
65	灭多威	0.02	88	乙霉威	0.004	111	2,6-二氯苯甲酰胺	—
66	甲硫威	0.02	89	噻唑磷	0.004	112	去甲基抗蚜威	—
67	虫酰肼	0.02	90	辛硫磷	0.004	113	环丙嘧啶醇	—
68	稻瘟灵	0.016	91	水胺硫磷	0.003	114	硫菌灵	—
69	苯醚甲环唑	0.01	92	涕灭威	0.003	115	缬霉威	—
70	咪鲜胺	0.01	93	丁苯吗啉	0.003	116	脱叶磷	—
71	哒螨灵	0.01	94	阿维菌素	0.002	117	4-十二烷基-2,6-二甲基吗啉	—
72	毒死蜱	0.01	95	异丙威	0.002	118	6-苄氨基嘌呤	—
73	螺螨酯	0.01	96	乐果	0.002	119	丁咪酰胺	—
74	噁霜灵	0.01	97	克百威	0.001	120	丙硫特普	—
75	氟吡菌酰胺	0.01	98	三唑磷	0.001	121	去乙基阿特拉津	—
76	茚虫威	0.01	99	甲拌磷	0.0007	122	埃卡瑞丁	—
77	噻虫啉	0.01	100	甲氨基阿维菌素	0.0005	123	残杀威	—
78	粉唑醇	0.01	101	甲哌	—	124	氟环脲	—
79	炔螨特	0.01	102	N-去甲基啶虫脒	—	125	氟甲喹	—
80	唑螨酯	0.01	103	双苯基脲	—	126	烯丙菊酯	—
81	联苯肼酯	0.01	104	吡虫啉脲	—	127	特草灵	—
82	噻嗪酮	0.009	105	氟喹唑	—	128	环草隆	—
83	吡氟禾草灵	0.0074	106	环庚草醚	—	129	甲氟磷	—
84	氟硅唑	0.007	107	避蚊胺	—	130	种菌唑	—
85	唑虫酰胺	0.006	108	乙嘧酚磺酸酯	—	131	胺菊酯	—
86	己唑醇	0.005	109	四氟醚唑	—			

注:"—"表示为国家标准中无 ADI 值规定;ADI 值单位为 mg/kg bw

2)计算 IFS_c 的平均值 $\overline{IFS}$,评价农药对食品安全的影响程度

以 $\overline{IFS}$ 评价各种农药对人体健康危害的总程度,评价模型见公式(2-2)。

$$\overline{IFS} = \frac{\sum_{i=1}^{n} IFS_c}{n} \tag{2-2}$$

$\overline{IFS} \ll 1$,所研究消费者人群的食品安全状态很好;$\overline{IFS} \leqslant 1$,所研究消费者人群的食品安全状态可以接受;$\overline{IFS} > 1$,所研究消费者人群的食品安全状态不可接受。

本次评价中:

$\overline{IFS} \leqslant 0.1$,所研究消费者人群的水果蔬菜安全状态很好;

$0.1 < \overline{\text{IFS}} \leq 1$,所研究消费者人群的水果蔬菜安全状态可以接受;

$\overline{\text{IFS}} > 1$,所研究消费者人群的水果蔬菜安全状态不可接受。

2.1.2.2 预警风险评估模型

2003 年,我国检验检疫食品安全管理的研究人员根据 WTO 的有关原则和我国的具体规定,结合危害物本身的敏感性、风险程度及其相应的施检频率,首次提出了食品中危害物风险系数 R 的概念[12]。R 是衡量一个危害物的风险程度大小最直观的参数,即在一定时期内其超标率或阳性检出率的高低,但受其施检频率的高低及其本身的敏感性(受关注程度)影响。该模型综合考察了农药在蔬菜中的超标率、施检频率及其本身敏感性,能直观而全面地反映出农药在一段时间内的风险程度[13]。

1) R 计算方法

危害物的风险系数综合考虑了危害物的超标率或阳性检出率、施检频率和其本身的敏感性影响,并能直观而全面地反映出危害物在一段时间内的风险程度。风险系数 R 的计算公式如式(2-3):

$$R = aP + \frac{b}{F} + S \tag{2-3}$$

式中,P 为该种危害物的超标率;F 为危害物的施检频率;S 为危害物的敏感因子;a,b 分别为相应的权重系数。

本次评价中 $F=1$;$S=1$;$a=100$;$b=0.1$,对参数 P 进行计算,计算时首先判断是否为禁用农药,如果为非禁用农药,$P=$超标的样品数(侦测出的含量高于食品最大残留限量标准值,即 MRL)除以总样品数(包括超标、不超标、未侦测出);如果为禁用农药,则侦测出即为超标,$P=$能侦测出的样品数除以总样品数。判断沈阳市水果蔬菜农药残留是否超标的标准限值 MRL 分别以 MRL 中国国家标准[14]和 MRL 欧盟标准作为对照,具体值列于本报告附表一中。

2) 评价风险程度

$R \leq 1.5$,受检农药处于低度风险;

$1.5 < R \leq 2.5$,受检农药处于中度风险;

$R > 2.5$,受检农药处于高度风险。

2.1.2.3 食品膳食暴露风险和预警风险评估应用程序的开发

1) 应用程序开发的步骤

为成功开发膳食暴露风险和预警风险评估应用程序,与软件工程师多次沟通讨论,逐步提出并描述清楚计算需求,开发了初步应用程序。为明确出不同水果蔬菜、不同农药、不同地域和不同季节的风险水平,向软件工程师提出不同的计算需求,软件工程师对计算需求进行逐一分析,经过反复的细节沟通,需求分析得到明确后,开始进行解决方案的设计,在保证需求的完整性、一致性的前提下,编写出程序代码,最后设计出满足需求的风险评估专用计算软件,并通过一系列的软件测试和改进,完成专用程序的开发。软件开发基本步骤见图2-3。

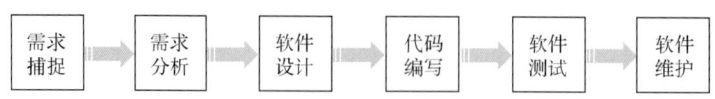

图 2-3 专用程序开发总体步骤

2) 膳食暴露风险评估专业程序开发的基本要求

首先直接利用公式(2-1),分别计算 LC-Q-TOF/MS 和 GC-Q-TOF/MS 仪器侦测出的各水果蔬菜样品中每种农药 IFS_c,将结果列出。为考察超标农药和禁用农药的使用安全性,分别以我国《食品安全国家标准 食品中农药最大残留限量》(GB 2763—2016)和欧盟食品中农药最大残留限量(以下简称 MRL 中国国家标准和 MRL 欧盟标准)为标准,对侦测出的禁用农药和超标的非禁用农药 IFS_c 单独进行评价;按 IFS_c 大小列表,并找出 IFS_c 值排名前 20 的样本重点关注。

对不同水果蔬菜 i 中每一种侦测出的农药 c 的安全指数进行计算,多个样品时求平均值。若监测数据为该市多个月的数据,则逐月、逐季度分别列出每个月、每个季度内每一种水果蔬菜 i 对应的每一种农药 c 的 IFS_c。

按农药种类,计算整个监测时间段内每种农药的 IFS_c,不区分水果蔬菜。若侦测数据为该市多个月的数据,则需分别计算每个月、每个季度内每种农药的 IFS_c。

3) 预警风险评估专业程序开发的基本要求

分别以 MRL 中国国家标准和 MRL 欧盟标准,按公式(2-3)逐个计算不同水果蔬菜、不同农药的风险系数,禁用农药和非禁用农药分别列表。

为清楚了解各种农药的预警风险,不分时间,不分水果蔬菜,按禁用农药和非禁用农药分类,分别计算各种侦测出的农药全部侦测时段内风险系数。由于有 MRL 中国国家标准的农药种类太少,无法计算超标数,非禁用农药的风险系数只以 MRL 欧盟标准为标准,进行计算。若侦测数据为多个月的,则按月计算每个月、每个季度内每种禁用农药残留的风险系数和以 MRL 欧盟标准为标准的非禁用农药残留的风险系数。

4) 风险程度评价专业应用程序的开发方法

采用 Python 计算机程序设计语言,Python 是一个高层次地结合了解释性、编译性、互动性和面向对象的脚本语言。风险评价专用程序主要功能包括:分别读入每例样品 LC-Q-TOF/MS 和 GC-Q-TOF/MS 农药残留侦测数据,根据风险评价工作要求,依次对不同农药、不同食品、不同时间、不同采样点的 IFS_c 值和 R 值分别进行数据计算,筛选出禁用农药、超标农药(分别与 MRL 中国国家标准、MRL 欧盟标准限值进行对比)单独重点分析,再分别对各农药、各水果蔬菜种类分类处理,设计出计算和排序程序,编写计算机代码,最后将生成的膳食暴露风险评估和超标风险评估定量计算结果列入设计好的各个表格中,并定性判断风险对目标的影响程度,直接用文字描述风险发生的高低,如"不可接受"、"可以接受"、"没有影响"、"高度风险"、"中度风险"、"低度风险"。

2.2 LC-Q-TOF/MS 侦测沈阳市市售水果蔬菜农药残留膳食暴露风险评估

2.2.1 每例水果蔬菜样品中农药残留安全指数分析

基于 2015 年 9 至 2019 年 1 月农药残留侦测数据，发现在 590 例样品中侦测出农药 1707 频次，计算样品中每种残留农药的安全指数 IFS_c，并分析农药对样品安全的影响程度，结果详见附表二，农药残留对水果蔬菜样品安全的影响程度频次分布情况如图 2-4 所示。

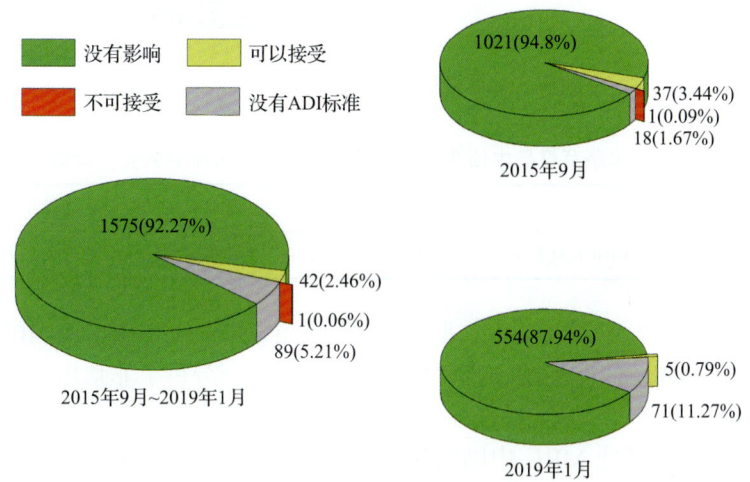

图 2-4 农药残留对水果蔬菜样品安全的影响程度频次分布图

由图 2-4 可以看出，农药残留对样品安全的影响不可接受的频次为 1，占 0.06%；农药残留对样品安全的影响可以接受的频次为 42，占 2.46%；农药残留对样品安全的没有影响的频次为 1575，占 92.27%。分析发现，在 2015 年 9 月有 1 种农药对样品安全影响不可接受。表 2-5 为对水果蔬菜样品中安全指数不可接受的农药残留列表。

表 2-5 水果蔬菜样品中安全影响不可接受的农药残留列表

序号	样品编号	采样点	基质	农药	含量 (mg/kg)	IFS_c
1	20150922-210100-QHDCIQ-CE-07A	***超市(和平店)	芹菜	甲拌磷	0.1295	1.1717

部分样品残留禁用农药 5 种 23 频次，为了明确残留的禁用农药对样品安全的影响，分析侦测出禁用农药残留的样品安全指数，禁用农药残留对水果蔬菜样品安全的影响程度频次分布情况如图 2-5 所示，农药残留对样品安全的影响不可接受的频次为 1，占 4.35%；农药残留对样品安全的影响可以接受的频次为 5，占 21.74%；农药残留对样品安全没有影响的频次为 17，占 73.91%。分析发现，在 2015 年 9 月份内有 1 种禁用农药对样品安全影响不可接受，2019 年 1 月份内禁用农药对样品安全没有影响。表 2-6 列出了水果蔬菜样品中侦测出的禁用农药残留不可接受的安全指数表。

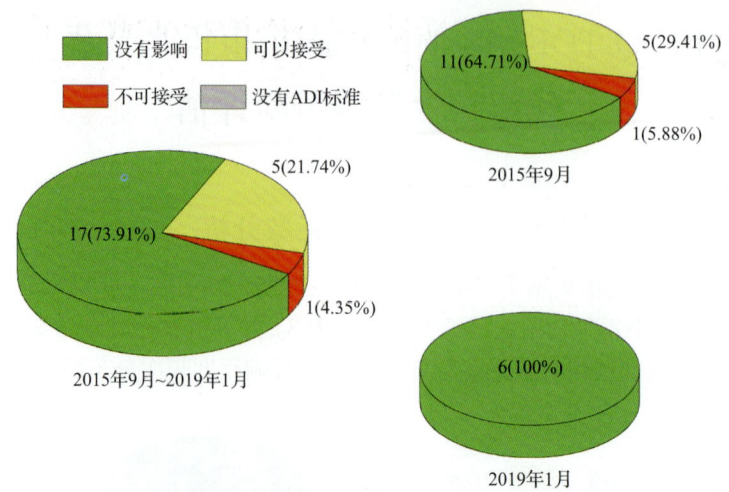

图 2-5 禁用农药对水果蔬菜样品安全影响程度的频次分布图

表 2-6 水果蔬菜样品中侦测出的禁用农药残留不可接受的安全指数表

序号	样品编号	采样点	基质	农药	含量(mg/kg)	IFS_c
1	20150922-210100-QHDCIQ-CE-07A	***超市(和平店)	芹菜	甲拌磷	0.1295	1.1717

此外,本次侦测发现部分样品中非禁用农药残留量超过了 MRL 中国国家标准和欧盟标准,为了明确超标的非禁用农药对样品安全的影响,分析了非禁用农药残留超标的样品安全指数。

水果蔬菜残留量超过 MRL 中国国家标准的非禁用农药对水果蔬菜样品安全的影响程度频次分布情况如图 2-6 所示。可以看出侦测出超过 MRL 中国国家标准的非禁用农药共 5 频次,其中农药残留对样品安全的影响可以接受的频次为 3,占 60%;农药残留对样品安全没有影响的频次为 2,占 40%。表 2-7 为水果蔬菜样品中侦测出的非禁用农药残留安全指数表。

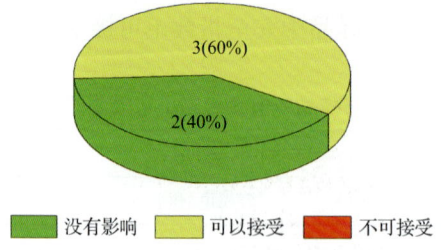

图 2-6 残留超标的非禁用农药对水果蔬菜样品安全的影响程度频次分布图(MRL 中国国家标准)

残留量超过 MRL 欧盟标准的非禁用农药对水果蔬菜样品安全的影响程度频次分布情况如图 2-7 所示。可以看出超过 MRL 欧盟标准的非禁用农药共 137 频次,其中农药没有 ADI 标准的频次为 19,占 13.87%;农药残留对样品安全的影响可以接受的频次为 16,占 11.68%;农药残留对样品安全没有影响的频次为 102,占 74.45%。表 2-8 为水果蔬菜样品安全影响排名前 10 的残留超标非禁用农药列表。

表 2-7 水果蔬菜样品中侦测出的非禁用农药残留安全指数表（MRL 中国国家标准）

序号	样品编号	采样点	基质	农药	含量(mg/kg)	中国国家标准	IFS_c	影响程度
1	20150922-210100-QHDCIQ-LE-06A	***超市（东陵店）	生菜	毒死蜱	1.096	0.1	0.6941	可以接受
2	20150922-210100-QHDCIQ-GP-06A	***超市（东陵店）	葡萄	己唑醇	0.3456	0.1	0.4378	可以接受
3	20150921-210100-QHDCIQ-TO-04A	***超市（沈阳重工店）	番茄	辛硫磷	0.1099	0.05	0.1740	可以接受
4	20150922-210100-QHDCIQ-CE-08A	***超市（浑南西路店）	芹菜	毒死蜱	0.1053	0.05	0.0667	没有影响
5	20190102-210100-CAIQ-MG-02A	***超市（和平店）	芒果	吡唑醚菌酯	0.0689	0.05	0.0145	没有影响

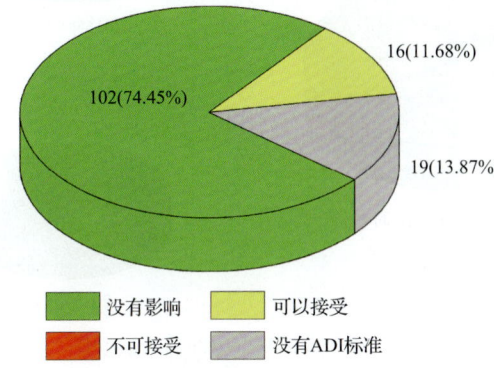

图 2-7 残留超标的非禁用农药对水果蔬菜样品安全的影响程度频次分布图（MRL 欧盟标准）

表 2-8 水果蔬菜样品中安全指数排名前 10 的残留超标非禁用农药列表（MRL 欧盟标准）

序号	样品编号	采样点	基质	农药	含量(mg/kg)	欧盟标准	IFS_c	影响程度
1	20150922-210100-QHDCIQ-LE-06A	***超市（东陵店）	生菜	毒死蜱	1.096	0.05	0.6941	可以接受
2	20150921-210100-QHDCIQ-CE-03A	***超市（重工街店）	芹菜	多菌灵	2.3743	0.1	0.5012	可以接受
3	20150922-210100-QHDCIQ-GP-06A	***超市（东陵店）	葡萄	己唑醇	0.3456	0.01	0.4378	可以接受
4	20150922-210100-QHDCIQ-PB-08A	***超市（浑南西路店）	小白菜	甲氨基阿维菌素	0.0225	0.01	0.2850	可以接受
5	20190102-210100-CAIQ-MG-02A	***超市（和平店）	芒果	毒死蜱	0.3663	0.05	0.2320	可以接受
6	20150921-210100-QHDCIQ-PB-01A	***超市（于洪店）	小白菜	甲氨基阿维菌素	0.0183	0.01	0.2318	可以接受
7	20190101-210100-CAIQ-CZ-01A	***超市（长青店）	橙	三唑磷	0.0361	0.01	0.2286	可以接受
8	20150922-210100-QHDCIQ-CL-10A	***超市（文化店）	小油菜	甲氨基阿维菌素	0.016	0.01	0.2027	可以接受
9	20150922-210100-QHDCIQ-CL-09A	***超市（浑南中店）	小油菜	甲氨基阿维菌素	0.0158	0.01	0.2001	可以接受
10	20150921-210100-QHDCIQ-TO-04A	***超市（沈阳重工店）	番茄	辛硫磷	0.1099	0.01	0.1740	可以接受

在 590 例样品中，124 例样品未侦测出农药残留，466 例样品中侦测出农药残留，计算每例有农药侦测出样品的 $\overline{IFS}$ 值，进而分析样品的安全状态，结果如图 2-8 所示（未侦测出农药的样品安全状态视为很好）。可以看出，0.85%的样品安全状态可以接受；98.47%的样品安全状态很好。分析发现，在 2015 年 9 月份内样品安全状态均处于很好和可以接受，2019 年 1 月份内样品安全状态良好。表 2-9 列出了安全指数排名前 10 的水果蔬菜样品。

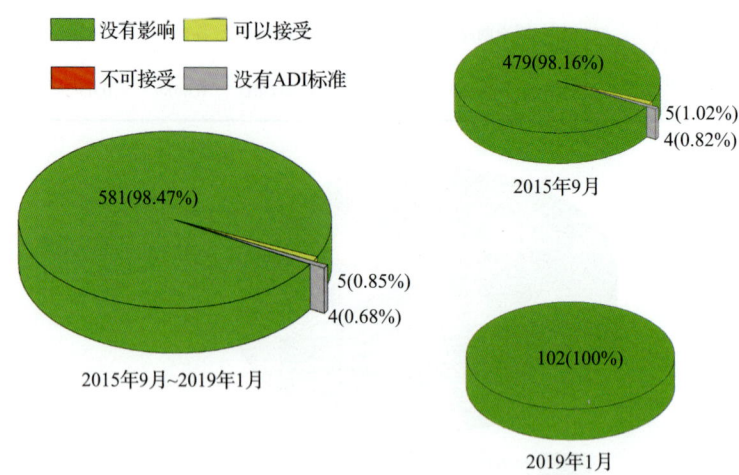

图 2-8　水果蔬菜样品安全状态分布图

表 2-9　水果蔬菜安全指数排名前 10 的样品列表

序号	样品编号	采样点	基质	$\overline{IFS}$	安全状态
1	20150922-210100-QHDCIQ-CE-07A	***超市（和平店）	芹菜	0.1991	可以接受
2	20150922-210100-QHDCIQ-NM-05A	***超市（鹏利店）	柠檬	0.1862	可以接受
3	20150922-210100-QHDCIQ-LE-06A	***超市（东陵店）	生菜	0.1694	可以接受
4	20150921-210100-QHDCIQ-PB-01A	***超市（于洪店）	小白菜	0.1162	可以接受
5	20150922-210100-QHDCIQ-TH-09A	***超市（浑南中店）	茼蒿	0.1118	可以接受
6	20150921-210100-QHDCIQ-TO-04A	***超市（沈阳重工店）	番茄	0.0957	没有影响
7	20150922-210100-QHDCIQ-KJ-12A	***超市（陵西店）	苦苣	0.0900	没有影响
8	20150922-210100-QHDCIQ-KJ-09A	***超市（浑南中店）	苦苣	0.0875	没有影响
9	20150922-210100-QHDCIQ-YZ-07A	***超市（和平店）	柚	0.0874	没有影响
10	20150922-210100-QHDCIQ-JC-07A	***超市（和平店）	韭菜	0.0846	没有影响

2.2.2　单种水果蔬菜中农药残留安全指数分析

本市采集的 50 种水果蔬菜中侦测出 131 种农药，每种水果蔬菜均侦测出了农药，检出频次为 1707 次，其中 31 种农药没有 ADI 标准，100 种农药存在 ADI 标准。按水果蔬菜种类分别计算侦测出的具有 ADI 标准的各种农药的 IFS_c 值，农药残留对水果蔬菜的安全指数分布图如图 2-9 所示。

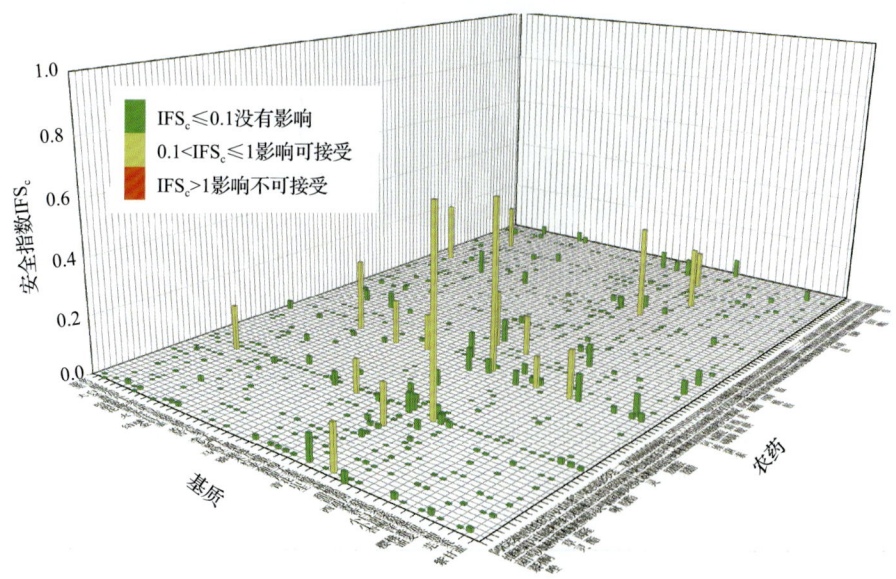

图 2-9　50 种水果蔬菜中 100 种残留农药的安全指数分布图

分析发现单种水果蔬菜中的农药残留对食品安全影响均在可以接受和很好的范围内，安全影响排名前 10 的残留农药如表 2-10 所示。

表 2-10　单种水果蔬菜中安全指数表排名前 10 的残留农药列表

序号	基质	农药	检出频次	检出率(%)	IFS>1 的频次	IFS>1 的比例(%)	IFS_c	影响程度
1	生菜	毒死蜱	1	1.39	0	0	0.6941	可以接受
2	芹菜	甲拌磷	2	1.72	1	0.86	0.6035	可以接受
3	生菜	噻嗪酮	1	1.39	0	0	0.3350	可以接受
4	豇豆	甲拌磷	1	3.33	0	0	0.2542	可以接受
5	橙	三唑磷	1	1.85	0	0	0.2286	可以接受
6	茼蒿	水胺硫磷	2	9.52	0	0	0.2249	可以接受
7	柠檬	腈菌唑	1	1.67	0	0	0.2007	可以接受
8	番茄	辛硫磷	1	1.09	0	0	0.1740	可以接受
9	小白菜	甲氨基阿维菌素	4	7.02	0	0	0.1666	可以接受
10	番茄	毒死蜱	1	1.09	0	0	0.1593	可以接受

本次侦测中，50 种水果蔬菜和 131 种残留农药(包括没有 ADI 标准)共涉及 765 个分析样本，农药对单种水果蔬菜安全的影响程度分布情况如图 2-10 所示。可以看出，89.02%的样本中农药对水果蔬菜安全没有影响，2.35%的样本中农药对水果蔬菜安全的影响可以接受。

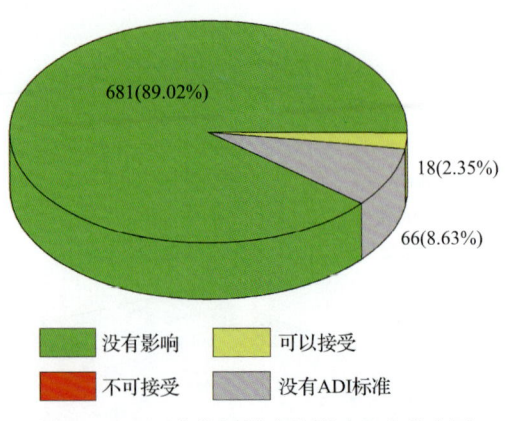

图 2-10 765 个分析样本的影响程度分布图

此外，分别计算 50 种水果蔬菜中所有侦测出农药 IFS_c 的平均值 $\overline{IFS}$，分析每种水果蔬菜的安全状态，结果如图 2-11 所示，分析发现，50 种水果蔬菜的安全状态很好。

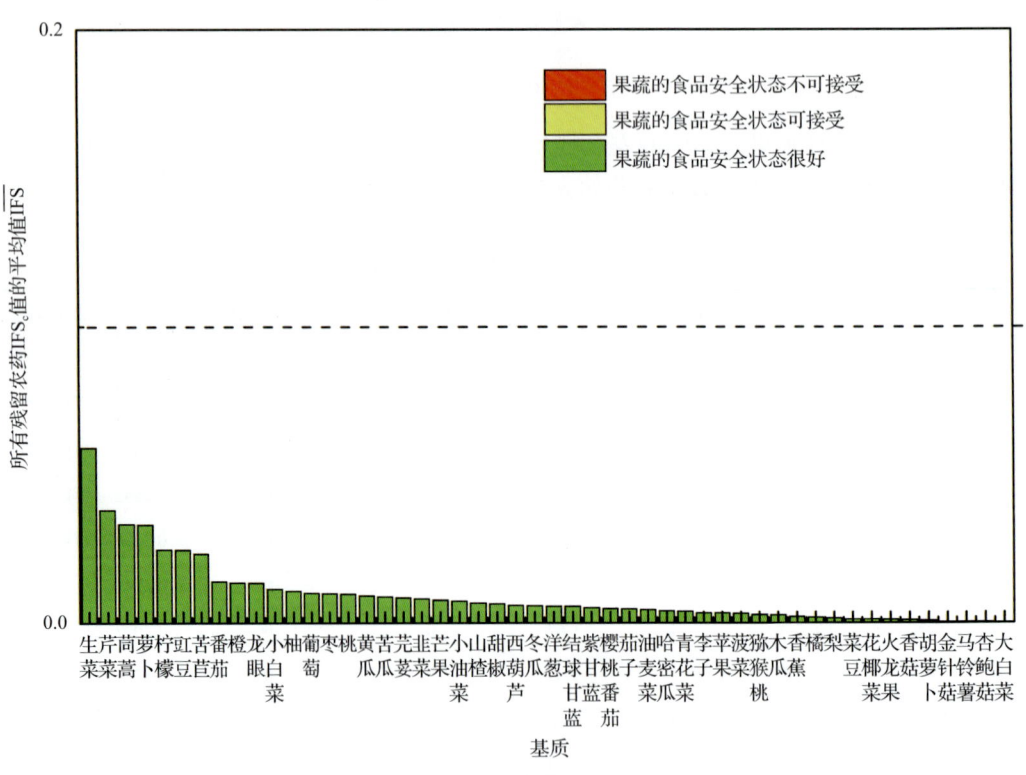

图 2-11 50 种水果蔬菜的 $\overline{IFS}$ 值和安全状态统计图

2.2.3 所有水果蔬菜中农药残留安全指数分析

计算所有水果蔬菜中 100 种农药的 $\overline{IFS_c}$ 值，结果如图 2-12 及表 2-11 所示。

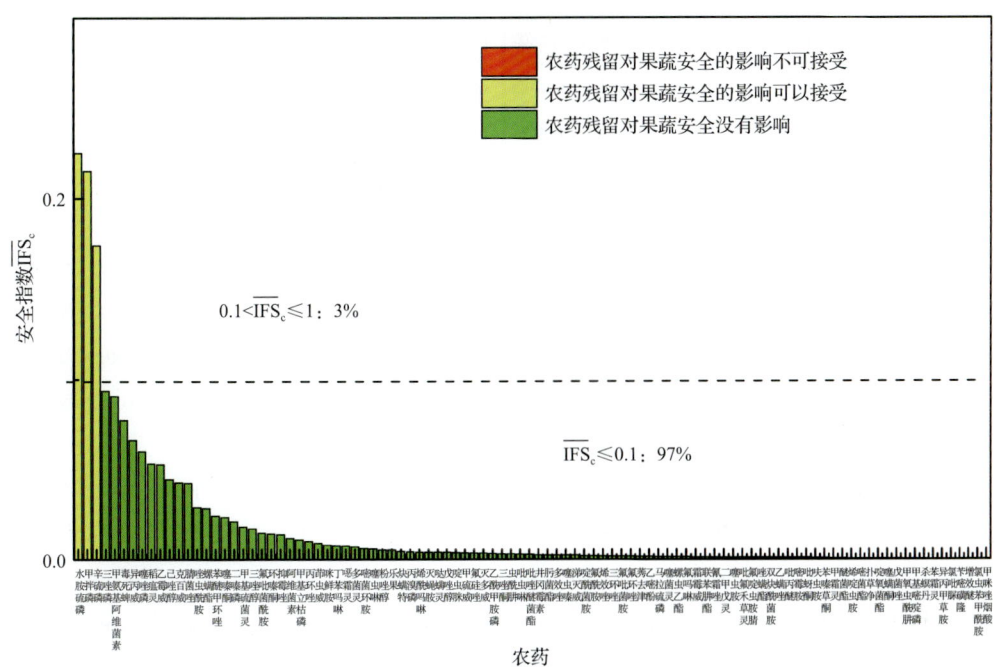

图 2-12 100 种残留农药对水果蔬菜的安全影响程度统计图

表 2-11 水果蔬菜中 100 种农药残留的安全指数表

序号	农药	检出频次	检出率(%)	$\overline{IFS}_c$	影响程度	序号	农药	检出频次	检出率(%)	$\overline{IFS}_c$	影响程度
1	水胺硫磷	2	0.12	0.2249	可以接受	17	噻嗪酮	17	1.00	0.0238	没有影响
2	甲拌磷	8	0.47	0.2151	可以接受	18	二嗪磷	2	0.12	0.0215	没有影响
3	辛硫磷	1	0.06	0.1740	可以接受	19	甲基硫菌灵	41	2.40	0.0184	没有影响
4	三唑磷	3	0.18	0.0935	没有影响	20	三唑醇	9	0.53	0.0174	没有影响
5	甲氨基阿维菌素	26	1.52	0.0905	没有影响	21	氟吡菌酰胺	9	0.53	0.0150	没有影响
6	毒死蜱	18	1.05	0.0772	没有影响	22	环嗪酮	1	0.06	0.0144	没有影响
7	异丙威	2	0.12	0.0663	没有影响	23	抑霉唑	87	5.10	0.0141	没有影响
8	噻唑磷	3	0.18	0.0601	没有影响	24	阿维菌素	4	0.23	0.0118	没有影响
9	稻瘟灵	3	0.18	0.0534	没有影响	25	甲基立枯磷	1	0.06	0.0110	没有影响
10	乙霉威	7	0.41	0.0528	没有影响	26	丙环唑	19	1.11	0.0101	没有影响
11	己唑醇	14	0.82	0.0448	没有影响	27	茚虫威	8	0.47	0.0092	没有影响
12	克百威	10	0.59	0.0429	没有影响	28	咪鲜胺	41	2.40	0.0081	没有影响
13	腈菌唑	15	0.88	0.0425	没有影响	29	丁苯吗啉	1	0.06	0.0078	没有影响
14	唑虫酰胺	7	0.41	0.0292	没有影响	30	噁霜灵	10	0.59	0.0076	没有影响
15	螺螨酯	13	0.76	0.0287	没有影响	31	多菌灵	184	10.78	0.0073	没有影响
16	苯醚甲环唑	74	4.34	0.0246	没有影响	32	嘧菌环胺	5	0.29	0.0062	没有影响

33	噻虫啉	6	0.35	0.0059	没有影响	67	氟吗啉	2	0.12	0.0015	没有影响
34	粉唑醇	4	0.23	0.0054	没有影响	68	霜霉威	57	3.34	0.0015	没有影响
35	乐果	1	0.06	0.0054	没有影响	69	联苯肼酯	1	0.06	0.0014	没有影响
36	炔螨特	2	0.12	0.0044	没有影响	70	氰霜唑	2	0.12	0.0013	没有影响
37	丙溴磷	8	0.47	0.0042	没有影响	71	二甲戊灵	1	0.06	0.0013	没有影响
38	烯酰吗啉	174	10.19	0.0041	没有影响	72	噻虫胺	18	1.05	0.0013	没有影响
39	灭蝇胺	14	0.82	0.0041	没有影响	73	吡氟禾草灵	3	0.18	0.0013	没有影响
40	哒螨灵	35	2.05	0.0041	没有影响	74	氟啶虫胺腈	3	0.18	0.0013	没有影响
41	戊唑醇	37	2.17	0.0040	没有影响	75	唑螨酯	1	0.06	0.0013	没有影响
42	啶虫脒	76	4.45	0.0038	没有影响	76	双炔酰菌胺	2	0.12	0.0012	没有影响
43	甲硫威	1	0.06	0.0037	没有影响	77	乙螨唑	2	0.12	0.0011	没有影响
44	氟硅唑	11	0.64	0.0036	没有影响	78	吡丙醚	17	1.00	0.0010	没有影响
45	灭多威	1	0.06	0.0036	没有影响	79	嘧霉胺	22	1.29	0.0010	没有影响
46	乙酰甲胺磷	1	0.06	0.0035	没有影响	80	吡蚜酮	1	0.06	0.0010	没有影响
47	三唑酮	7	0.41	0.0033	没有影响	81	呋虫胺	1	0.06	0.0009	没有影响
48	虫酰肼	1	0.06	0.0032	没有影响	82	苯嗪草酮	3	0.18	0.0009	没有影响
49	吡虫啉	64	3.75	0.0031	没有影响	83	甲霜灵	40	2.34	0.0008	没有影响
50	吡唑醚菌酯	51	2.99	0.0031	没有影响	84	醚菌酯	3	0.18	0.0008	没有影响
51	井冈霉素	1	0.06	0.0026	没有影响	85	烯啶虫胺	22	1.29	0.0006	没有影响
52	肟菌酯	29	1.70	0.0026	没有影响	86	嘧菌酯	58	3.40	0.0006	没有影响
53	多效唑	26	1.52	0.0026	没有影响	87	扑草净	2	0.12	0.0006	没有影响
54	噻虫嗪	46	2.69	0.0025	没有影响	88	啶氧菌酯	1	0.06	0.0006	没有影响
55	涕灭威	2	0.12	0.0025	没有影响	89	噻螨酮	1	0.06	0.0006	没有影响
56	啶酰菌胺	5	0.29	0.0023	没有影响	90	戊菌唑	1	0.06	0.0005	没有影响
57	氟酰胺	2	0.12	0.0022	没有影响	91	甲氧虫酰肼	2	0.12	0.0005	没有影响
58	烯效唑	5	0.29	0.0020	没有影响	92	甲基嘧啶磷	1	0.06	0.0004	没有影响
59	三环唑	15	0.88	0.0019	没有影响	93	杀螟丹	2	0.12	0.0004	没有影响
60	氟吡菌胺	9	0.53	0.0019	没有影响	94	苯霜灵	1	0.06	0.0002	没有影响
61	氟环唑	6	0.35	0.0018	没有影响	95	异丙甲草胺	1	0.06	0.0001	没有影响
62	莠去津	3	0.18	0.0018	没有影响	96	氯吡脲	2	0.12	0.0001	没有影响
63	乙嘧酚	2	0.12	0.0017	没有影响	97	苄嘧磺隆	1	0.06	0.0001	没有影响
64	马拉硫磷	5	0.29	0.0016	没有影响	98	增效醚	1	0.06	0.0000	没有影响
65	噻菌灵	34	1.99	0.0016	没有影响	99	氯虫苯甲酰胺	11	0.64	0.0000	没有影响
66	螺虫乙酯	2	0.12	0.0016	没有影响	100	甲咪唑烟酸	1	0.06	0.0000	没有影响

分析发现,所有农药对水果蔬菜安全的影响均在没有影响和可以接受的范围内,其中 3%的农药对水果蔬菜安全的影响可以接受,97%的农药对水果蔬菜安全没有影响。

2.3 LC-Q-TOF/MS 侦测沈阳市市售水果蔬菜农药残留预警风险评估

基于沈阳市水果蔬菜样品中农药残留 LC-Q-TOF/MS 侦测数据,分析禁用农药的检出率,同时参照中华人民共和国国家标准 GB2763—2016 和欧盟农药最大残留限量 (MRL)标准分析非禁用农药残留的超标率,并计算农药残留风险系数,分析单种水果蔬菜中农药残留以及所有水果蔬菜中农药残留的风险程度。

2.3.1 单种水果蔬菜中农药残留风险系数分析

2.3.1.1 单种水果蔬菜中禁用农药残留风险系数分析

侦测出的 131 种残留农药中有 5 种为禁用农药,且它们分布在 16 种水果蔬菜中,计算 16 种水果蔬菜中禁用农药的超标率,根据超标率计算风险系数 R,进而分析水果蔬菜中禁用农药的风险程度,结果如图 2-13 与表 2-12 所示。分析发现 5 种禁用农药在 16 种水果蔬菜中的残留处均于高度风险。

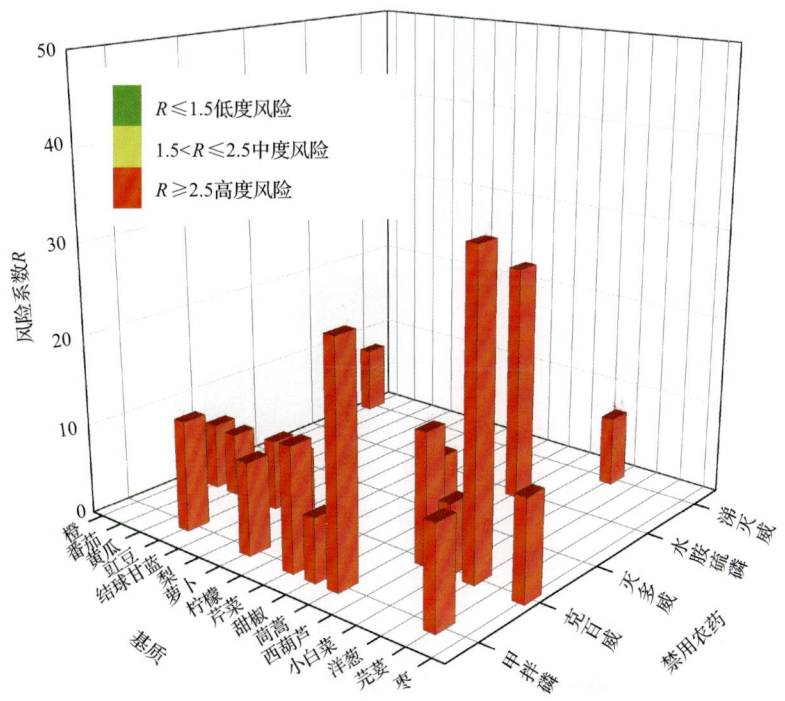

图 2-13 16 种水果蔬菜中 5 种禁用农药的风险系数分布图

表 2-12　16 种水果蔬菜中 5 种禁用农药的风险系数列表

序号	基质	农药	检出频次	检出率(%)	风险系数 R	风险程度
1	洋葱	克百威	1	33.33	34.43	高度风险
2	茼蒿	水胺硫磷	2	25.00	26.10	高度风险
3	茼蒿	甲拌磷	2	25.00	26.10	高度风险
4	西葫芦	克百威	2	13.33	14.43	高度风险
5	芹菜	甲拌磷	2	12.50	13.60	高度风险
6	豇豆	甲拌磷	1	11.11	12.21	高度风险
7	枣	克百威	1	10.00	11.10	高度风险
8	芫荽	甲拌磷	1	10.00	11.10	高度风险
9	萝卜	甲拌磷	1	9.09	10.19	高度风险
10	小白菜	克百威	1	6.67	7.77	高度风险
11	小白菜	涕灭威	1	6.67	7.77	高度风险
12	橙	涕灭威	1	6.67	7.77	高度风险
13	结球甘蓝	克百威	1	6.67	7.77	高度风险
14	柠檬	克百威	1	6.25	7.35	高度风险
15	番茄	克百威	1	6.25	7.35	高度风险
16	梨	克百威	1	5.88	6.98	高度风险
17	甜椒	灭多威	1	5.88	6.98	高度风险
18	甜椒	甲拌磷	1	5.88	6.98	高度风险
19	黄瓜	克百威	1	5.88	6.98	高度风险

2.3.1.2　基于 MRL 中国国家标准的单种水果蔬菜中非禁用农药残留风险系数分析

参照中华人民共和国国家标准 GB2763—2016 中农药残留限量计算每种水果蔬菜中每种非禁用农药的超标率，进而计算其风险系数，根据风险系数大小判断残留农药的预警风险程度，水果蔬菜中非禁用农药残留风险程度分布情况如图 2-14 所示。

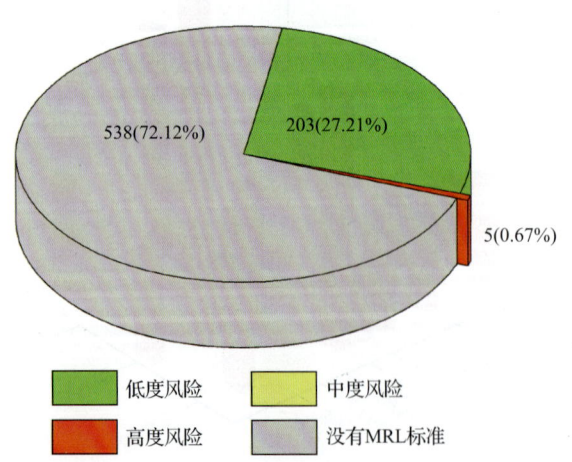

图 2-14　水果蔬菜中非禁用农药风险程度的频次分布图（MRL 中国国家标准）

本次分析中，发现在 50 种水果蔬菜中侦测出 126 种残留非禁用农药，涉及样本 746 个，在 746 个样本中，0.67%处于高度风险，27.21%处于低度风险，此外发现有 538 个样本没有 MRL 中国国家标准值，无法判断其风险程度，有 MRL 中国国家标准值的 208 个样本涉及 36 种水果蔬菜中的 58 种非禁用农药，其风险系数 R 值如图 2-15 所示。表 2-13 为非禁用农药残留处于高度风险的水果蔬菜列表。

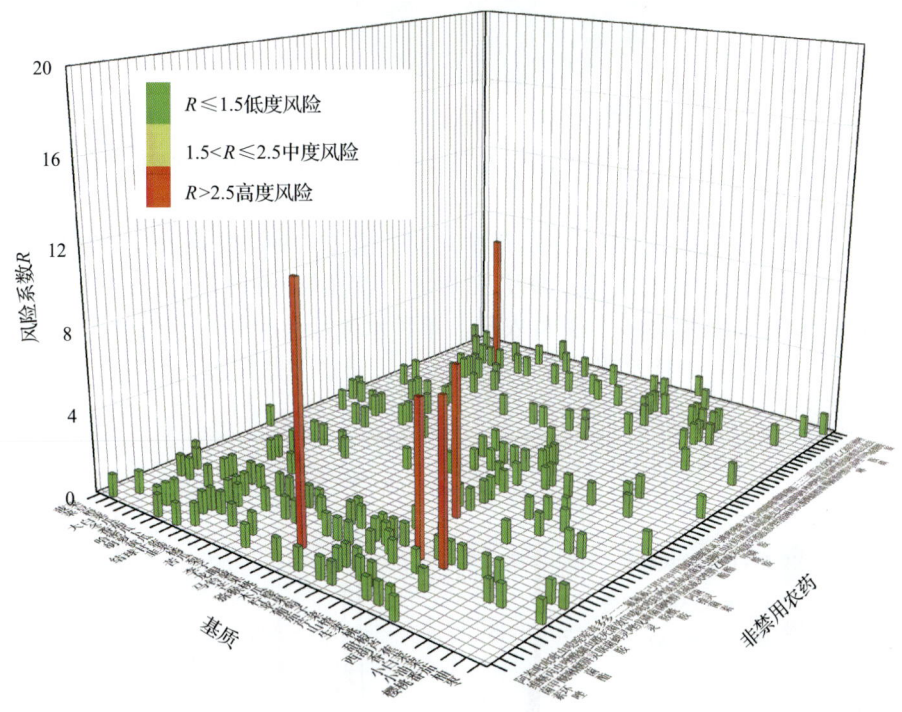

图 2-15　36 种水果蔬菜中 58 种非禁用农药的风险系数分布图（MRL 中国国家标准）

表 2-13　单种水果蔬菜中处于高度风险的非禁用农药风险系数表（MRL 中国国家标准）

序号	基质	农药	超标频次	超标率 P(%)	风险系数 R
1	芒果	吡唑醚菌酯	1	11.11	12.21
2	生菜	毒死蜱	1	6.67	7.77
3	番茄	辛硫磷	1	6.25	7.35
4	芹菜	毒死蜱	1	6.25	7.35
5	葡萄	己唑醇	1	6.25	7.35

2.3.1.3　基于 MRL 欧盟标准的单种水果蔬菜中非禁用农药残留风险系数分析

参照 MRL 欧盟标准计算每种水果蔬菜中每种非禁用农药的超标率，进而计算其风险系数，根据风险系数大小判断农药残留的预警风险程度，水果蔬菜中非禁用农药残留风险程度分布情况如图 2-16 所示。

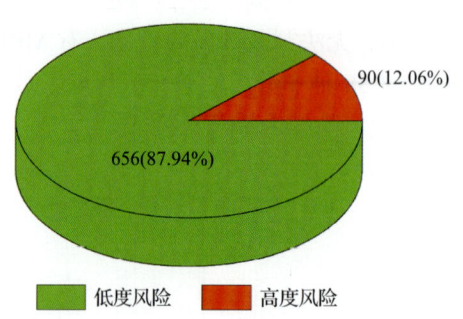

图 2-16　水果蔬菜中非禁用农药的风险程度频次分布图（MRL 欧盟标准）

本次分析中，发现在 50 种水果蔬菜中共侦测出 126 种非禁用农药，涉及样本 746 个，其中，12.06%处于高度风险，涉及 30 种水果蔬菜和 50 种农药；87.94%处于低度风险，涉及 50 种水果蔬菜和 113 种农药。单种水果蔬菜中的非禁用农药风险系数分布图如图 2-17 所示。单种水果蔬菜中处于高度风险的非禁用农药风险系数如图 2-18 和表 2-14 所示。

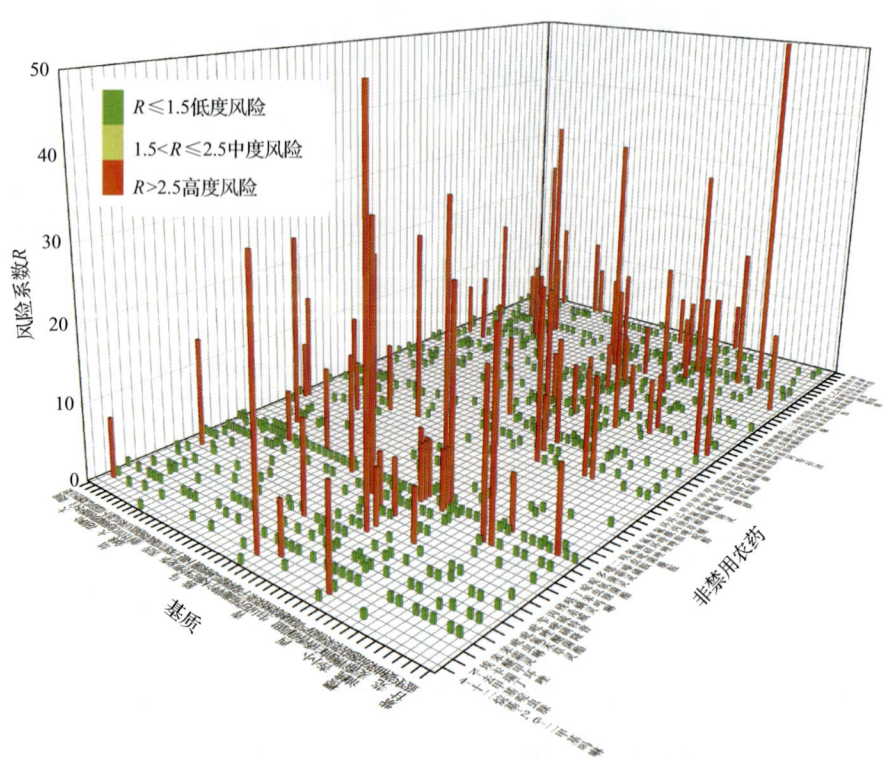

图 2-17　50 种水果蔬菜中 126 种非禁用农药的风险系数分布图（MRL 欧盟标准）

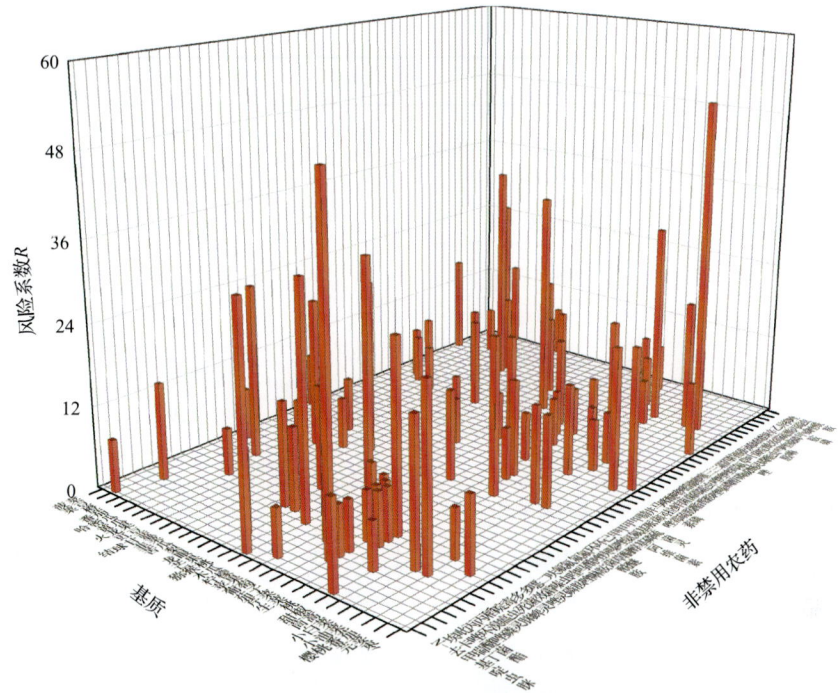

图 2-18　单种水果蔬菜中处于高度风险的非禁用农药的风险系数分布图（MRL 欧盟标准）

表 2-14　单种水果蔬菜中处于高度风险的非禁用农药的风险系数表（MRL 欧盟标准）

序号	基质	农药	超标频次	超标率 $P(\%)$	风险系数 R
1	樱桃番茄	烯啶虫胺	5	50.00	51.10
2	芹菜	丙环唑	8	50.00	51.10
3	木瓜	N-去甲基啶虫脒	1	33.33	34.43
4	木瓜	啶虫脒	1	33.33	34.43
5	木瓜	氟喹唑	1	33.33	34.43
6	木瓜	霜霉威	1	33.33	34.43
7	豇豆	烯啶虫胺	3	33.33	34.43
8	甜椒	烯啶虫胺	5	29.41	30.51
9	生菜	多效唑	4	26.67	27.77
10	哈密瓜	乙酰甲胺磷	1	25.00	26.10
11	哈密瓜	呋虫胺	1	25.00	26.10
12	小油菜	啶虫脒	4	25.00	26.10
13	苦瓜	己唑醇	2	25.00	26.10
14	桃	己唑醇	2	22.22	23.32
15	火龙果	环庚草醚	3	21.43	22.53
16	小白菜	啶虫脒	3	20.00	21.10

续表

序号	基质	农药	超标频次	超标率 $P(\%)$	风险系数 R
17	枣	咪鲜胺	2	20.00	21.10
18	芫荽	马拉硫磷	2	20.00	21.10
19	小油菜	烯啶虫胺	3	18.75	19.85
20	芹菜	腈菌唑	3	18.75	19.85
21	甜椒	三唑醇	3	17.65	18.75
22	菠菜	缬霉威	2	14.29	15.39
23	龙眼	二嗪磷	1	14.29	15.39
24	龙眼	毒死蜱	1	14.29	15.39
25	小白菜	甲氨基阿维菌素	2	13.33	14.43
26	橙	丙溴磷	2	13.33	14.43
27	生菜	甲哌	2	13.33	14.43
28	菜豆	氟酰胺	2	13.33	14.43
29	小油菜	甲氨基阿维菌素	2	12.50	13.60
30	番茄	唑虫酰胺	2	12.50	13.60
31	苦瓜	噻唑磷	1	12.50	13.60
32	茼蒿	马拉硫磷	1	12.50	13.60
33	葡萄	三唑醇	2	12.50	13.60
34	葡萄	己唑醇	2	12.50	13.60
35	甜椒	N-去甲基啶虫脒	2	11.76	12.86
36	芒果	吡唑醚菌酯	1	11.11	12.21
37	芒果	毒死蜱	1	11.11	12.21
38	芒果	烯酰吗啉	1	11.11	12.21
39	芒果	肟菌酯	1	11.11	12.21
40	豇豆	唑虫酰胺	1	11.11	12.21
41	豇豆	四氟醚唑	1	11.11	12.21
42	豇豆	烯酰吗啉	1	11.11	12.21
43	枣	霜霉威	1	10.00	11.10
44	芫荽	多菌灵	1	10.00	11.10
45	韭菜	噁霜灵	1	10.00	11.10
46	火龙果	甲氟磷	1	7.14	8.24
47	菠菜	甲哌	1	7.14	8.24

续表

序号	基质	农药	超标频次	超标率 $P(\%)$	风险系数 R
48	小白菜	嘧霉胺	1	6.67	7.77
49	小白菜	醚菌酯	1	6.67	7.77
50	橙	三唑磷	1	6.67	7.77
51	生菜	多菌灵	1	6.67	7.77
52	生菜	毒死蜱	1	6.67	7.77
53	生菜	烯啶虫胺	1	6.67	7.77
54	生菜	烯效唑	1	6.67	7.77
55	生菜	甲基硫菌灵	1	6.67	7.77
56	结球甘蓝	唑虫酰胺	1	6.67	7.77
57	结球甘蓝	环嗪酮	1	6.67	7.77
58	菜豆	N-去甲基啶虫脒	1	6.67	7.77
59	菜豆	氟吗啉	1	6.67	7.77
60	菜豆	特草灵	1	6.67	7.77
61	小油菜	多效唑	1	6.25	7.35
62	柠檬	醚菌酯	1	6.25	7.35
63	番茄	三唑醇	1	6.25	7.35
64	番茄	辛硫磷	1	6.25	7.35
65	芹菜	丙溴磷	1	6.25	7.35
66	芹菜	嘧霉胺	1	6.25	7.35
67	芹菜	噻唑磷	1	6.25	7.35
68	芹菜	多效唑	1	6.25	7.35
69	芹菜	多菌灵	1	6.25	7.35
70	芹菜	异丙威	1	6.25	7.35
71	芹菜	毒死蜱	1	6.25	7.35
72	芹菜	稻瘟灵	1	6.25	7.35
73	芹菜	霜霉威	1	6.25	7.35
74	芹菜	马拉硫磷	1	6.25	7.35
75	葡萄	抑霉唑	1	6.25	7.35
76	葡萄	稻瘟灵	1	6.25	7.35
77	梨	嘧菌酯	1	5.88	6.98
78	猕猴桃	井冈霉素	1	5.88	6.98

续表

序号	基质	农药	超标频次	超标率 P(%)	风险系数 R
79	甜椒	丙溴磷	1	5.88	6.98
80	甜椒	唑虫酰胺	1	5.88	6.98
81	甜椒	氰霜唑	1	5.88	6.98
82	甜椒	脱叶磷	1	5.88	6.98
83	苹果	二嗪磷	1	5.88	6.98
84	苹果	埃卡瑞丁	1	5.88	6.98
85	茄子	三唑醇	1	5.88	6.98
86	茄子	噁霜灵	1	5.88	6.98
87	茄子	噻虫嗪	1	5.88	6.98
88	黄瓜	噻唑磷	1	5.88	6.98
89	黄瓜	多菌灵	1	5.88	6.98
90	黄瓜	氟唑菌酰胺	1	5.88	6.98

2.3.2 所有水果蔬菜中农药残留风险系数分析

2.3.2.1 所有水果蔬菜中禁用农药残留风险系数分析

在侦测出的131种农药中有5种为禁用农药，计算所有水果蔬菜中禁用农药的风险系数，结果如表2-15所示。禁用农药中克百威处于高度风险，甲拌磷处于中度风险，水胺硫磷、涕灭威、灭多威处于低度风险。

表 2-15 水果蔬菜中 5 种禁用农药的风险系数表

序号	农药	检出频次	检出率 P(%)	风险系数 R	风险程度
1	克百威	10	1.69	2.79	高度风险
2	甲拌磷	8	1.36	2.46	中度风险
3	水胺硫磷	2	0.34	1.44	低度风险
4	涕灭威	2	0.34	1.44	低度风险
5	灭多威	1	0.17	1.27	低度风险

2.3.2.2 所有水果蔬菜中非禁用农药残留风险系数分析

参照MRL欧盟标准计算所有水果蔬菜中每种非禁用农药残留的风险系数，如图2-19与表2-16所示。在侦测出的126种非禁用农药中，1种农药(0.79%)残留处于高度风险，17种农药(13.49%)残留处于中度风险，108种农药(85.71%)残留处于低度风险。

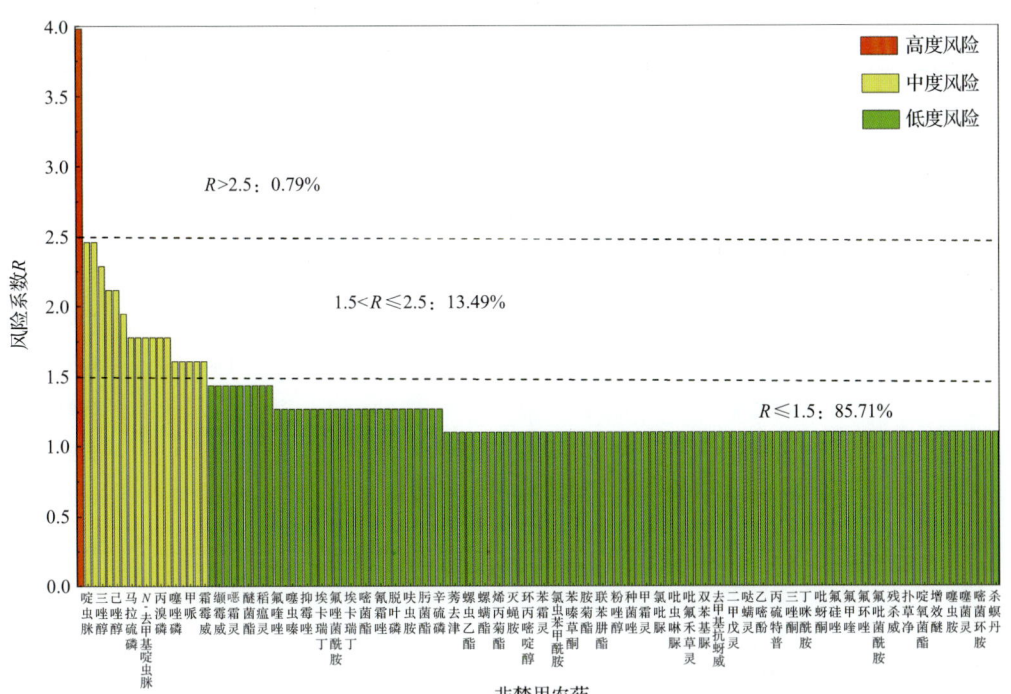

图 2-19 水果蔬菜中 126 种非禁用农药的风险程度统计图

表 2-16 水果蔬菜中 126 种非禁用农药的风险系数表

序号	农药	超标频次	超标率 $P(\%)$	风险系数 R	风险程度
1	烯啶虫胺	17	2.88	3.98	高度风险
2	啶虫脒	8	1.36	2.46	中度风险
3	丙环唑	8	1.36	2.46	中度风险
4	三唑醇	7	1.19	2.29	中度风险
5	多效唑	6	1.02	2.12	中度风险
6	己唑醇	6	1.02	2.12	中度风险
7	唑虫酰胺	5	0.85	1.95	中度风险
8	马拉硫磷	4	0.68	1.78	中度风险
9	毒死蜱	4	0.68	1.78	中度风险
10	N-去甲基啶虫脒	4	0.68	1.78	中度风险
11	甲氨基阿维菌素	4	0.68	1.78	中度风险
12	丙溴磷	4	0.68	1.78	中度风险
13	多菌灵	4	0.68	1.78	中度风险
14	噻唑磷	3	0.51	1.61	中度风险
15	腈菌唑	3	0.51	1.61	中度风险
16	甲哌	3	0.51	1.61	中度风险

续表

序号	农药	超标频次	超标率 P(%)	风险系数 R	风险程度
17	环庚草醚	3	0.51	1.61	中度风险
18	霜霉威	3	0.51	1.61	中度风险
19	嘧霉胺	2	0.34	1.44	低度风险
20	缬霉威	2	0.34	1.44	低度风险
21	二嗪磷	2	0.34	1.44	低度风险
22	噁霜灵	2	0.34	1.44	低度风险
23	氟酰胺	2	0.34	1.44	低度风险
24	醚菌酯	2	0.34	1.44	低度风险
25	烯酰吗啉	2	0.34	1.44	低度风险
26	稻瘟灵	2	0.34	1.44	低度风险
27	咪鲜胺	2	0.34	1.44	低度风险
28	氟喹唑	1	0.17	1.27	低度风险
29	甲氟磷	1	0.17	1.27	低度风险
30	噻虫嗪	1	0.17	1.27	低度风险
31	环嗪酮	1	0.17	1.27	低度风险
32	抑霉唑	1	0.17	1.27	低度风险
33	四氟醚唑	1	0.17	1.27	低度风险
34	埃卡瑞丁	1	0.17	1.27	低度风险
35	烯效唑	1	0.17	1.27	低度风险
36	氟唑菌酰胺	1	0.17	1.27	低度风险
37	特草灵	1	0.17	1.27	低度风险
38	异丙威	1	0.17	1.27	低度风险
39	氟吗啉	1	0.17	1.27	低度风险
40	嘧菌酯	1	0.17	1.27	低度风险
41	甲基硫菌灵	1	0.17	1.27	低度风险
42	氰霜唑	1	0.17	1.27	低度风险
43	吡唑醚菌酯	1	0.17	1.27	低度风险
44	脱叶磷	1	0.17	1.27	低度风险
45	井冈霉素	1	0.17	1.27	低度风险
46	呋虫胺	1	0.17	1.27	低度风险
47	三唑磷	1	0.17	1.27	低度风险
48	肟菌酯	1	0.17	1.27	低度风险
49	乙酰甲胺磷	1	0.17	1.27	低度风险
50	辛硫磷	1	0.17	1.27	低度风险

续表

序号	农药	超标频次	超标率 $P(\%)$	风险系数 R	风险程度
51	茚虫威	0	0	1.10	低度风险
52	莠去津	0	0	1.10	低度风险
53	虫酰肼	0	0	1.10	低度风险
54	螺虫乙酯	0	0	1.10	低度风险
55	甲硫威	0	0	1.10	低度风险
56	螺螨酯	0	0	1.10	低度风险
57	避蚊胺	0	0	1.10	低度风险
58	烯丙菊酯	0	0	1.10	低度风险
59	炔螨特	0	0	1.10	低度风险
60	灭蝇胺	0	0	1.10	低度风险
61	阿维菌素	0	0	1.10	低度风险
62	环丙嘧啶醇	0	0	1.10	低度风险
63	环草隆	0	0	1.10	低度风险
64	苯霜灵	0	0	1.10	低度风险
65	苯醚甲环唑	0	0	1.10	低度风险
66	氯虫苯甲酰胺	0	0	1.10	低度风险
67	甲咪唑烟酸	0	0	1.10	低度风险
68	苯嗪草酮	0	0	1.10	低度风险
69	苄嘧磺隆	0	0	1.10	低度风险
70	胺菊酯	0	0	1.10	低度风险
71	甲基嘧啶磷	0	0	1.10	低度风险
72	联苯肼酯	0	0	1.10	低度风险
73	甲基立枯磷	0	0	1.10	低度风险
74	粉唑醇	0	0	1.10	低度风险
75	甲氧虫酰肼	0	0	1.10	低度风险
76	种菌唑	0	0	1.10	低度风险
77	硫菌灵	0	0	1.10	低度风险
78	甲霜灵	0	0	1.10	低度风险
79	2,6-二氯苯甲酰胺	0	0	1.10	低度风险
80	氯吡脲	0	0	1.10	低度风险
81	乙霉威	0	0	1.10	低度风险
82	吡虫啉脲	0	0	1.10	低度风险
83	吡虫啉	0	0	1.10	低度风险
84	吡氟禾草灵	0	0	1.10	低度风险

续表

序号	农药	超标频次	超标率 $P(\%)$	风险系数 R	风险程度
85	吡丙醚	0	0	1.10	低度风险
86	双苯基脲	0	0	1.10	低度风险
87	双炔酰菌胺	0	0	1.10	低度风险
88	去甲基抗蚜威	0	0	1.10	低度风险
89	去乙基阿特拉津	0	0	1.10	低度风险
90	二甲戊灵	0	0	1.10	低度风险
91	乙螨唑	0	0	1.10	低度风险
92	哒螨灵	0	0	1.10	低度风险
93	乙嘧酚磺酸酯	0	0	1.10	低度风险
94	乙嘧酚	0	0	1.10	低度风险
95	乐果	0	0	1.10	低度风险
96	丙硫特普	0	0	1.10	低度风险
97	三环唑	0	0	1.10	低度风险
98	三唑酮	0	0	1.10	低度风险
99	丁苯吗啉	0	0	1.10	低度风险
100	丁咪酰胺	0	0	1.10	低度风险
101	6-苄氨基嘌呤	0	0	1.10	低度风险
102	吡蚜酮	0	0	1.10	低度风险
103	唑螨酯	0	0	1.10	低度风险
104	氟硅唑	0	0	1.10	低度风险
105	戊菌唑	0	0	1.10	低度风险
106	氟甲喹	0	0	1.10	低度风险
107	氟环脲	0	0	1.10	低度风险
108	氟环唑	0	0	1.10	低度风险
109	氟啶虫胺腈	0	0	1.10	低度风险
110	氟吡菌酰胺	0	0	1.10	低度风险
111	氟吡菌胺	0	0	1.10	低度风险
112	残杀威	0	0	1.10	低度风险
113	4-十二烷基-2,6-二甲基吗啉	0	0	1.10	低度风险
114	扑草净	0	0	1.10	低度风险
115	戊唑醇	0	0	1.10	低度风险
116	啶氧菌酯	0	0	1.10	低度风险
117	异丙甲草胺	0	0	1.10	低度风险
118	增效醚	0	0	1.10	低度风险

续表

序号	农药	超标频次	超标率 $P(\%)$	风险系数 R	风险程度
119	噻螨酮	0	0	1.10	低度风险
120	噻虫胺	0	0	1.10	低度风险
121	噻虫啉	0	0	1.10	低度风险
122	噻菌灵	0	0	1.10	低度风险
123	噻嗪酮	0	0	1.10	低度风险
124	嘧菌环胺	0	0	1.10	低度风险
125	啶酰菌胺	0	0	1.10	低度风险
126	杀螟丹	0	0	1.10	低度风险

2.4 LC-Q-TOF/MS 侦测沈阳市市售水果蔬菜农药残留风险评估结论与建议

农药残留是影响水果蔬菜安全和质量的主要因素，也是我国食品安全领域备受关注的敏感话题和亟待解决的重大问题之一[15,16]。各种水果蔬菜均存在不同程度的农药残留现象，本研究主要针对沈阳市各类水果蔬菜存在的农药残留问题，基于 2015 年 9 月至 2019 年 1 月对沈阳市 590 例水果蔬菜样品中农药残留侦测得出的 1707 个侦测结果，分别采用食品安全指数模型和风险系数模型，开展水果蔬菜中农药残留的膳食暴露风险和预警风险评估。水果蔬菜样品取自超市，符合大众的膳食来源，风险评价时更具有代表性和可信度。

本研究力求通用简单地反映食品安全中的主要问题，且为管理部门和大众容易接受，为政府及相关管理机构建立科学的食品安全信息发布和预警体系提供科学的规律与方法，加强对农药残留的预警和食品安全重大事件的预防，控制食品安全风险。

2.4.1 沈阳市水果蔬菜中农药残留膳食暴露风险评价结论

1) 水果蔬菜样品中农药残留安全状态评价结论

采用食品安全指数模型，对 2015 年 9 月至 2019 年 1 月沈阳市水果蔬菜食品农药残留膳食暴露风险进行评价，根据 IFS_c 的计算结果发现，水果蔬菜中农药的 $\overline{IFS}$ 为 0.0166，说明沈阳市水果蔬菜总体处于很好的安全状态，但部分禁用农药、高残留农药在蔬菜、水果中仍有侦测出，导致膳食暴露风险的存在，成为不安全因素。

2) 单种水果蔬菜中农药膳食暴露风险不可接受情况评价结论

单种果蔬中农药残留安全指数分析结果显示，在单种果蔬中未发现膳食暴露风险不可接受的残留农药，侦测出的残留农药对单种水果蔬菜安全的影响均在可以接受和没有影响的范围内，说明沈阳市的水果蔬菜中虽侦测出农药残留，但残留农药不会造成膳食暴露风险或造成的膳食暴露风险可以接受。

3) 禁用农药膳食暴露风险评价

本次侦测发现部分水果蔬菜样品中有禁用农药侦测出，侦测出禁用农药 5 种，检出频次为 23，水果蔬菜样品中的禁用农药 IFS_c 计算结果表明，禁用农药残留膳食暴露风险不可接受的频次为 1，占 4.35%；可以接受的频次为 5，占 21.74%；没有影响的频次为 17，占 73.91%。对于水果蔬菜样品中所有农药而言，膳食暴露风险不可接受的频次为 1，仅占总体频次的 0.06%。可以看出，禁用农药的膳食暴露风险不可接受的比例远高于总体水平，这在一定程度上说明禁用农药更容易导致严重的膳食暴露风险。此外，膳食暴露风险不可接受的残留禁用农药为甲拌磷，因此，应该加强对禁用农药甲拌磷的管控力度。为何在国家明令禁止禁用农药喷洒的情况下，还能在多种水果蔬菜中多次检出禁用农药残留并造成不可接受的膳食暴露风险，这应该引起相关部门的高度警惕，应该在禁止禁用农药喷洒的同时，严格管控禁用农药的生产和售卖，从根本上杜绝安全隐患。

2.4.2 沈阳市水果蔬菜中农药残留预警风险评价结论

1) 单种水果蔬菜中禁用农药残留的预警风险评价结论

本次侦测过程中，在 16 种水果蔬菜中侦测超出 5 种禁用农药，禁用农药为：水胺硫磷、甲拌磷、克百威、灭多威、涕灭威，水果蔬菜为：小白菜、枣、柠檬、梨、橙、洋葱、甜椒、番茄、结球甘蓝、芫荽、芹菜、茼蒿、萝卜、西葫芦、豇豆、黄瓜，水果蔬菜中禁用农药的风险系数分析结果显示，5 种禁用农药在 16 种水果蔬菜中的残留均处于高度风险，说明在单种水果蔬菜中禁用农药的残留会导致较高的预警风险。

2) 单种水果蔬菜中非禁用农药残留的预警风险评价结论

以 MRL 中国国家标准为标准，计算水果蔬菜中非禁用农药风险系数情况下，746 个样本中，5 个处于高度风险(0.67%)，203 个处于低度风险(27.21%)，538 个样本没有 MRL 中国国家标准(72.12%)。以 MRL 欧盟标准为标准，计算水果蔬菜中非禁用农药风险系数情况下，发现有 90 个处于高度风险(12.06%)，656 个处于低度风险(87.94%)。基于两种 MRL 标准，评价的结果差异显著，可以看出 MRL 欧盟标准比中国国家标准更加严格和完善，过于宽松的 MRL 中国国家标准值能否有效保障人体的健康有待研究。

2.4.3 加强沈阳市水果蔬菜食品安全建议

我国食品安全风险评价体系仍不够健全，相关制度不够完善，多年来，由于农药用药次数多、用药量大或用药间隔时间短，产品残留量大，农药残留所造成的食品安全问题日益严峻，给人体健康带来了直接或间接的危害。据估计，美国与农药有关的癌症患者数约占全国癌症患者总数的 50%，中国更高。同样，农药对其他生物也会形成直接杀伤和慢性危害，植物中的农药可经过食物链逐级传递并不断蓄积，对人和动物构成潜在威胁，并影响生态系统。

基于本次农药残留侦测数据的风险评价结果，提出以下几点建议：

1) 加快食品安全标准制定步伐

我国食品标准中对农药每日允许最大摄入量 ADI 的数据严重缺乏，在本次评价所涉及的 131 种农药中,仅有 76.3%的农药具有 ADI 值,而 23.7%的农药中国尚未规定相应的 ADI 值,亟待完善。

我国食品中农药最大残留限量值的规定严重缺乏,对评估涉及的不同水果蔬菜中不同农药 765 个 MRL 限值进行统计来看,我国仅制定出 226 个标准,标准完整率仅为 29.5%,欧盟的完整率达到 100%(表 2-17)。因此,中国更应加快 MRL 标准的制定步伐。

表 2-17 我国国家食品标准农药的 ADI、MRL 值与欧盟标准的数量差异

分类		中国 ADI	MRL 中国国家标准	MRL 欧盟标准
标准限值(个)	有	100	226	765
	无	31	539	0
总数(个)		131	765	765
无标准限值比例(%)		23.7	70.5	0

此外,MRL 中国国家标准限值普遍高于欧盟标准限值,这些标准中共有 113 个高于欧盟。过高的 MRL 值难以保障人体健康,建议继续加强对限值基准和标准的科学研究,将农产品中的危险性减少到尽可能低的水平。

2) 加强农药的源头控制和分类监管

在沈阳市某些水果蔬菜中仍有禁用农药残留,利用 LC-Q-TOF/MS 技术侦测出 5 种禁用农药,检出频次为 23 次,残留禁用农药均存在较大的膳食暴露风险和预警风险。早已列入黑名单的禁用农药在我国并未真正退出,有些药物由于价格便宜、工艺简单,此类高毒农药一直生产和使用。建议在我国采取严格有效的控制措施,从源头控制禁用农药。

对于非禁用农药,在我国作为"田间地头"最典型单位的县级蔬果产地中,农药残留的侦测几乎缺失。建议根据农药的毒性,对高毒、剧毒、中毒农药实现分类管理,减少使用高毒和剧毒高残留农药,进行分类监管。

3) 加强残留农药的生物修复及降解新技术

市售果蔬中残留农药的品种多、频次高、禁用农药多次检出这一现状,说明了我国的田间土壤和水体因农药长期、频繁、不合理的使用而遭到严重污染。为此,建议中国相关部门出台相关政策,鼓励高校及科研院所积极开展分子生物学、酶学等研究,加强土壤、水体中残留农药的生物修复及降解新技术研究,切实加大农药监管力度,以控制农药的面源污染问题。

综上所述,在本工作基础上,根据蔬菜残留危害,可进一步针对其成因提出和采取严格管理、大力推广无公害蔬菜种植与生产、健全食品安全控制技术体系、加强蔬菜食品质量检测体系建设和积极推行蔬菜食品质量追溯制度等相应对策。建立和完善食品安全综合评价指数与风险监测预警系统,对食品安全进行实时、全面的监控与分析,为我国的食品安全科学监管与决策提供新的技术支持,可实现各类检验数据的信息化系统管理,降低食品安全事故的发生。

第3章 GC-Q-TOF/MS 侦测沈阳市 590 例市售水果蔬菜样品农药残留报告

从沈阳市所属 7 个区，随机采集了 590 例水果蔬菜样品，使用气相色谱-四极杆飞行时间质谱(GC-Q-TOF/MS)对 507 种农药化学污染物进行示范侦测。

3.1 样品种类、数量与来源

3.1.1 样品采集与检测

为了真实反映百姓餐桌上水果蔬菜中农药残留污染状况，本次所有检测样品均由检验人员于 2015 年 9 月至 2019 年 1 月期间，从沈阳市所属 15 个采样点（即 15 个超市），以随机购买方式采集，总计 17 批 590 例样品，从中检出农药 134 种，1445 频次。采样及监测概况见图 3-1 及表 3-1，样品及采样点明细见表 3-2 及表 3-3（侦测原始数据见附表 1）。

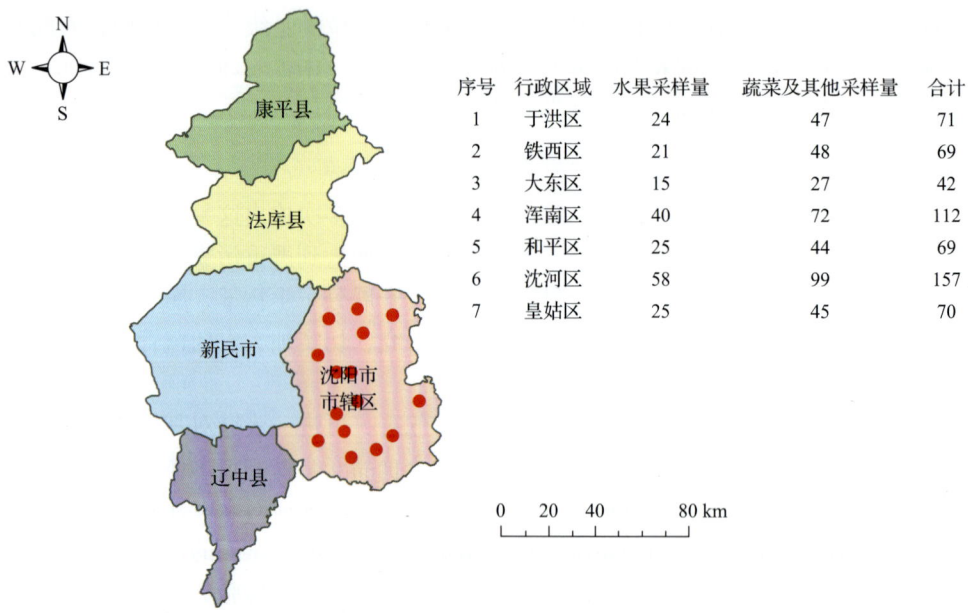

图 3-1 沈阳市所属 15 个采样点 590 例样品分布图

表 3-1　农药残留监测总体概况

采样地区	沈阳市所属 7 个区
采样点(超市)	15
样本总数	590
检出农药品种/频次	134/1445
各采样点样本农药残留检出率范围	54.3%~100.0%

表 3-2　样品分类及数量

样品分类	样品名称(数量)	数量小计
1. 调味料		10
1) 叶类调味料	芫荽(10)	10
2. 水果		208
1) 仁果类水果	苹果(17),山楂(4),梨(17)	38
2) 核果类水果	桃(9),李子(10),枣(10)	29
3) 浆果和其他小型水果	猕猴桃(17),葡萄(16)	33
4) 瓜果类水果	哈密瓜(4)	4
5) 热带和亚热带水果	香蕉(12),龙眼(7),木瓜(3),芒果(9),火龙果(14)	45
6) 柑橘类水果	柚(11),橘(17),柠檬(16),橙(15)	59
3. 食用菌		27
1) 蘑菇类	香菇(10),杏鲍菇(11),金针菇(6)	27
4. 蔬菜		345
1) 豆类蔬菜	豇豆(9),菜豆(15)	24
2) 鳞茎类蔬菜	韭菜(10),洋葱(3)	13
3) 叶菜类蔬菜	芹菜(16),苦苣(9),菠菜(14),小白菜(15),油麦菜(11),大白菜(5),小油菜(16),生菜(15),茼蒿(8)	109
4) 芸薹属类蔬菜	结球甘蓝(15),花椰菜(14),青花菜(11),紫甘蓝(11)	51
5) 瓜类蔬菜	黄瓜(17),西葫芦(15),苦瓜(8),冬瓜(14)	54
6) 茄果类蔬菜	番茄(16),甜椒(17),樱桃番茄(10),茄子(17)	60
7) 根茎类和薯芋类蔬菜	胡萝卜(14),马铃薯(9),萝卜(11)	34
合计	1.调味料 1 种 2.水果 18 种 3.食用菌 3 种 4.蔬菜 28 种	590

表 3-3 沈阳市采样点信息

采样点序号	行政区域	采样点
超市(15)		
1	于洪区	***超市(于洪广场店)
2	于洪区	***超市(于洪店)
3	和平区	***超市(和平店)
4	大东区	***超市(鹏利店)
5	沈河区	***超市(沈河店)
6	沈河区	***超市(文化店)
7	沈河区	***超市(沈阳百联购物中心店)
8	浑南区	***超市(东陵店)
9	浑南区	***超市(浑南中店)
10	浑南区	***超市(浑南西路店)
11	浑南区	***超市(长青店)
12	皇姑区	***超市(于洪店)
13	皇姑区	***超市(陵西店)
14	铁西区	***超市(沈阳重工店)
15	铁西区	***超市(重工街店)

3.1.2 检测结果

这次使用的检测方法是庞国芳院士团队最新研发的不需使用标准品对照，而以高分辨精确质量数(0.0001 m/z)为基准的 GC-Q-TOF/MS 检测技术，对于 590 例样品，每个样品均侦测了 507 种农药化学污染物的残留现状。通过本次侦测，在 590 例样品中共计检出农药化学污染物 134 种，检出 1445 频次。

3.1.2.1 各采样点样品检出情况

统计分析发现 15 个采样点中，被测样品的农药检出率范围为 54.3%~100.0%。其中，***超市(长青店)的检出率最高，为 100.0%。***超市(于洪店)的检出率最低，为 54.3%，见图 3-2。

3.1.2.2 检出农药的品种总数与频次

统计分析发现，对于 590 例样品中 507 种农药化学污染物的侦测，共检出农药 1445 频次，涉及农药 134 种，结果如图 3-3 所示。其中二苯胺检出频次最高，共检出 98 次。检出频次排名前 10 的农药如下：①二苯胺(98)；②毒死蜱(76)；③威杀灵(74)；④烯虫酯(59)；⑤腐霉利(55)；⑥戊唑醇(52)；⑦氟丙菊酯(48)；⑧生物苄呋菊酯(45)；⑨哒螨灵(36);⑩联苯菊酯(32)。

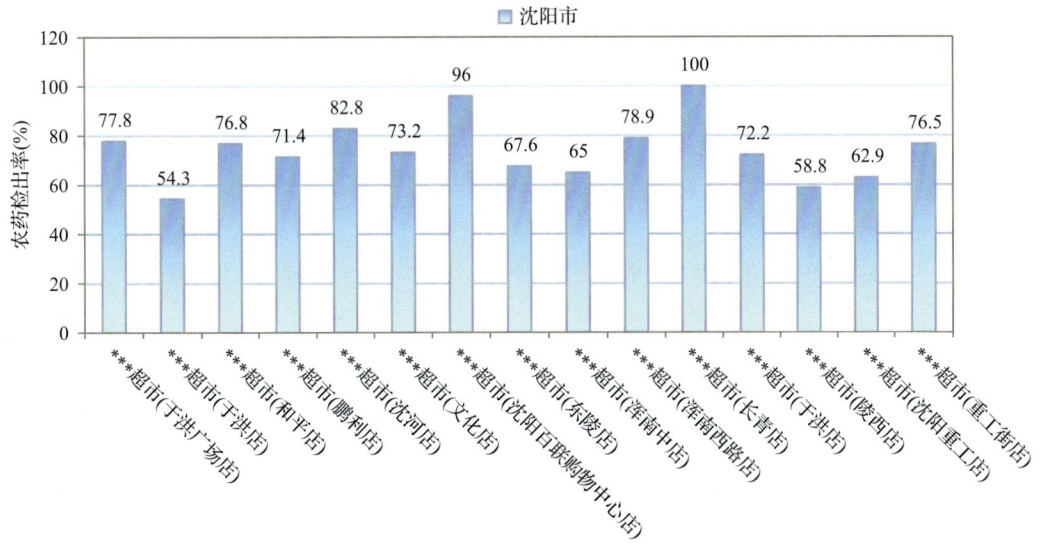

图 3-2 各采样点样品中的农药检出率

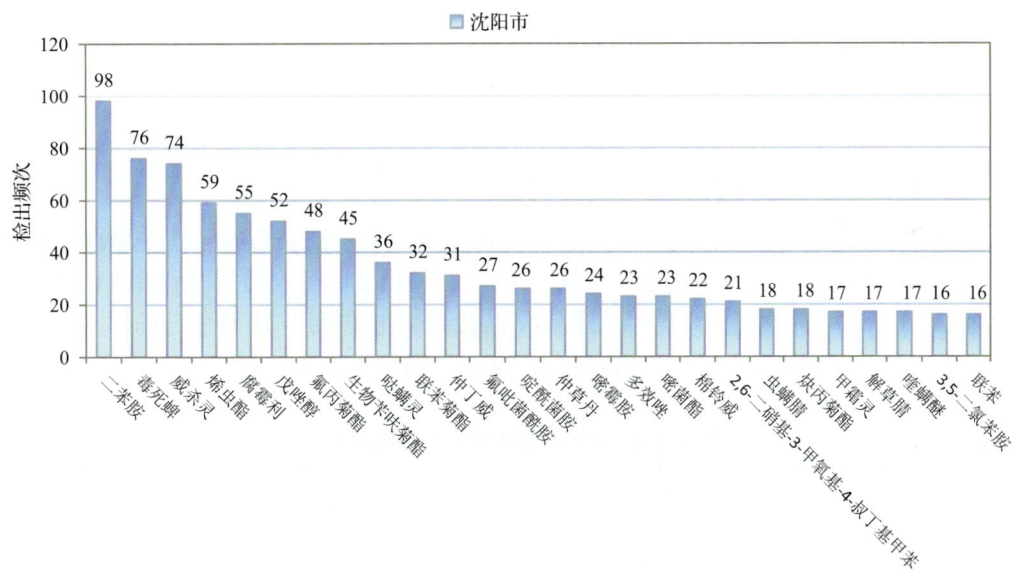

图 3-3 检出农药品种及频次(仅列出检出农药 16 频次及以上的数据)

由图 3-4 可见,芹菜、甜椒、生菜和柠檬这 4 种果蔬样品中检出的农药品种数较高,均超过 25 种,其中,芹菜检出农药品种最多,为 42 种。由图 3-5 可见,芹菜、葡萄、小白菜、生菜、甜椒和小油菜这 6 种果蔬样品中的农药检出频次较高,均超过 60 次,其中,芹菜检出农药频次最高,为 101 次。

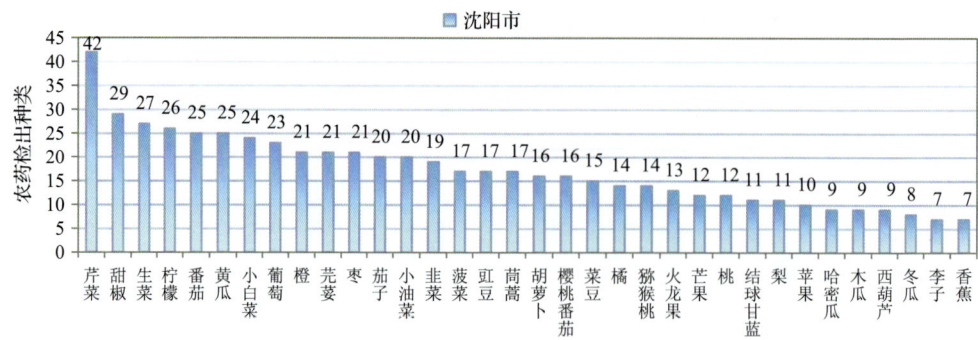

图 3-4 单种水果蔬菜检出农药的种类数(仅列出检出农药 7 种及以上的数据)

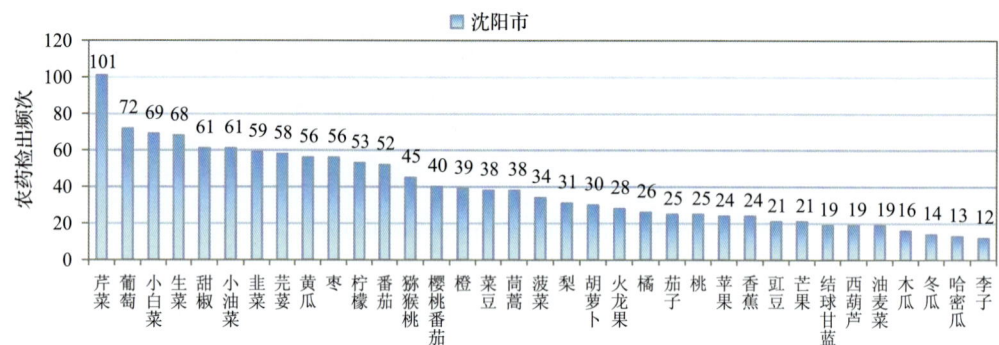

图 3-5 单种水果蔬菜检出农药频次(仅列出检出农药 12 频次及以上的数据)

3.1.2.3 单例样品农药检出种类与占比

对单例样品检出农药种类和频次进行统计发现,未检出农药的样品占总样品数的 25.9%,检出 1 种农药的样品占总样品数的 19.7%,检出 2~5 种农药的样品占总样品数的 41.4%,检出 6~10 种农药的样品占总样品数的 12.0%,检出大于 10 种农药的样品占总样品数的 1.0%。每例样品中平均检出农药为 2.4 种,数据见表 3-4 及图 3-6。

表 3-4 单例样品检出农药品种占比

检出农药品种数	样品数量/占比(%)
未检出	153/25.9
1 种	116/19.7
2~5 种	244/41.4
6~10 种	71/12.0
大于 10 种	6/1.0
单例样品平均检出农药品种	2.4 种

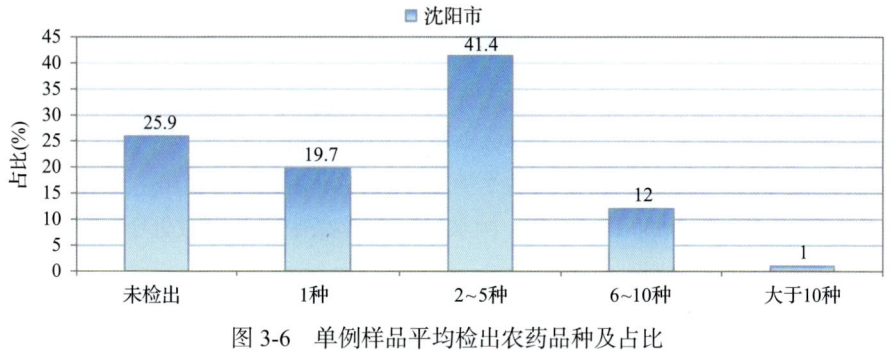

图 3-6 单例样品平均检出农药品种及占比

3.1.2.4 检出农药类别与占比

所有检出农药按功能分类,包括杀虫剂、杀菌剂、除草剂、植物生长调节剂、驱避剂和其他共 6 类。其中杀虫剂与杀菌剂为主要检出的农药类别,分别占总数的 41.8%和 32.8%,见表 3-5 及图 3-7。

表 3-5 检出农药所属类别/占比

农药类别	数量/占比(%)
杀虫剂	56/41.8
杀菌剂	44/32.8
除草剂	27/20.1
植物生长调节剂	4/3.0
驱避剂	1/0.7
其他	2/1.5

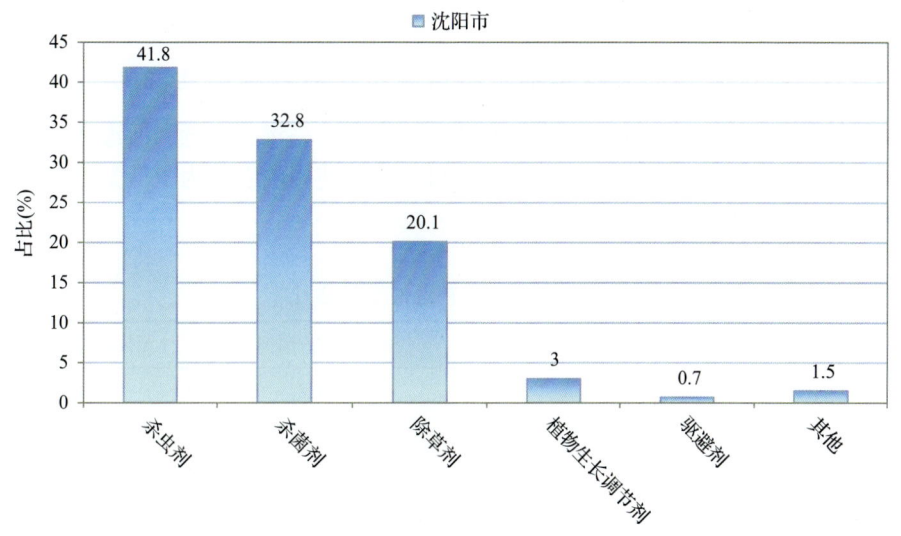

图 3-7 检出农药所属类别和占比

3.1.2.5 检出农药的残留水平

按检出农药残留水平进行统计,残留水平在 1~5 μg/kg(含)的农药占总数的 37.2%,在 5~10 μg/kg(含)的农药占总数的 15.4%,在 10~100 μg/kg(含)的农药占总数的 39.0%,在 100~1000 μg/kg(含)的农药占总数的 7.5%,在>1000 μg/kg 的农药占总数的 0.8%。

由此可见,这次检测的 17 批 590 例水果蔬菜样品中农药多数处于较低残留水平。结果见表 3-6 及图 3-8,数据见附表 2。

表 3-6 农药残留水平/占比

残留水平(μg/kg)	检出频次数/占比(%)
1~5(含)	537/37.2
5~10(含)	223/15.4
10~100(含)	564/39.0
100~1000(含)	109/7.5
>1000	12/0.8

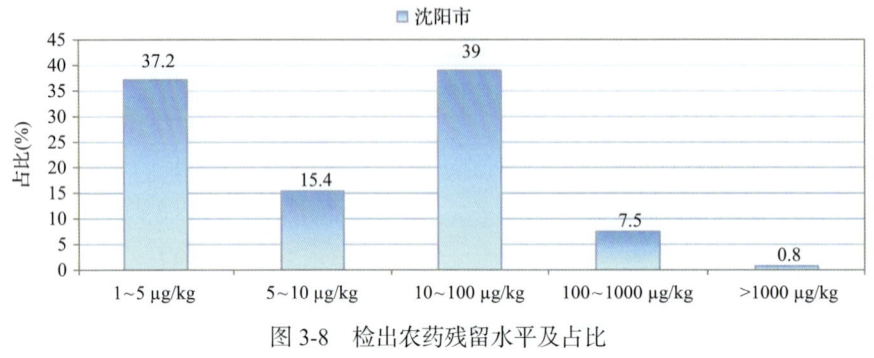

图 3-8 检出农药残留水平及占比

3.1.2.6 检出农药的毒性类别、检出频次和超标频次及占比

对这次检出的 134 种 1445 频次的农药,按剧毒、高毒、中毒、低毒和微毒这五个毒性类别进行分类,从中可以看出,沈阳市目前普遍使用的农药为中低微毒农药,品种占 92.5%,频次占 96.6%。结果见表 3-7 及图 3-9。

表 3-7 检出农药毒性类别/占比

毒性分类	农药品种/占比(%)	检出频次/占比(%)	超标频次/超标率(%)
剧毒农药	4/3.0	11/0.8	1/9.1
高毒农药	6/4.5	38/2.6	5/13.2
中毒农药	49/36.6	539/37.3	4/0.7
低毒农药	54/40.3	477/33.0	1/0.2
微毒农药	21/15.7	380/26.3	1/0.3

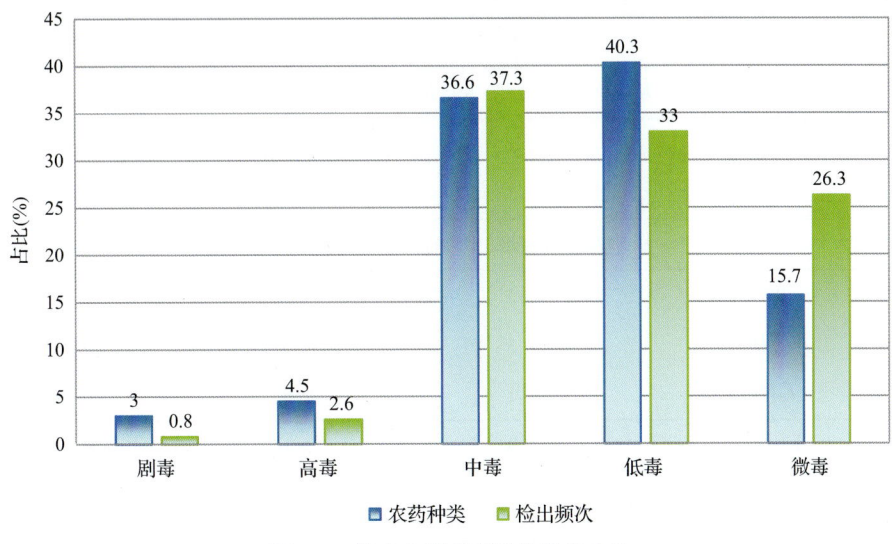

图 3-9 检出农药的毒性分类和占比

3.1.2.7 检出剧毒/高毒类农药的品种和频次

值得特别关注的是，在此次侦测的 590 例样品中有 13 种蔬菜 1 种调味料 6 种水果的 46 例样品检出了 10 种 49 频次的剧毒和高毒农药，占样品总量的 7.8%，详见图 3-10、表 3-8 及表 3-9。

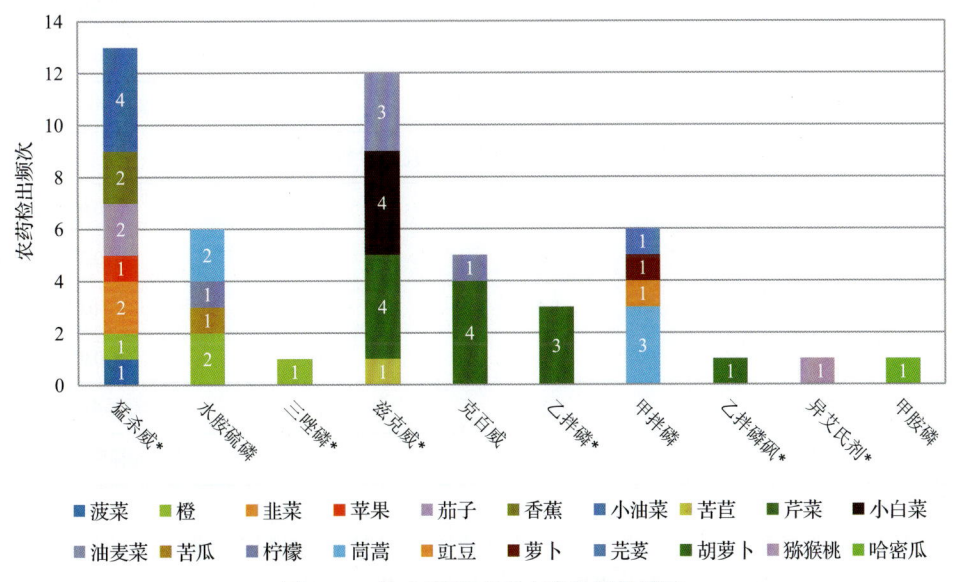

图 3-10 检出剧毒/高毒农药的样品情况

*表示允许在水果和蔬菜上使用的农药

表 3-8 剧毒农药检出情况

序号	农药名称	检出频次	超标频次	超标率
	从 1 种水果中检出 1 种剧毒农药，共计检出 1 次			
1	异艾氏剂*	1	0	0.0%
	小计	1	0	超标率：0.0%
	从 5 种蔬菜中检出 3 种剧毒农药，共计检出 9 次			
1	甲拌磷*	5	1	20.0%
2	乙拌磷*	3	0	0.0%
3	乙拌磷砜*	1	0	0.0%
	小计	9	1	超标率：11.1%
	合计	10	1	超标率：10.0%

表 3-9 高毒农药检出情况

序号	农药名称	检出频次	超标频次	超标率
	从 5 种水果中检出 5 种高毒农药，共计检出 10 次			
1	猛杀威	4	0	0.0%
2	水胺硫磷	3	2	66.7%
3	甲胺磷	1	1	100.0%
4	克百威	1	0	0.0%
5	三唑磷	1	0	0.0%
	小计	10	3	超标率：30.0%
	从 10 种蔬菜中检出 4 种高毒农药，共计检出 28 次			
1	兹克威	12	0	0.0%
2	猛杀威	9	0	0.0%
3	克百威	4	2	50.0%
4	水胺硫磷	3	0	0.0%
	小计	28	2	超标率：7.1%
	合计	38	5	超标率：13.2%

在检出的剧毒和高毒农药中，有 4 种是我国早已禁止在果树和蔬菜上使用的，分别是：克百威、甲拌磷、甲胺磷和水胺硫磷。禁用农药的检出情况见表 3-10。

表 3-10　禁用农药检出情况

序号	农药名称	检出频次	超标频次	超标率
	从 8 种水果中检出 5 种禁用农药，共计检出 14 次			
1	氰戊菊酯	6	2	33.3%
2	硫丹	3	0	0.0%
3	水胺硫磷	3	2	66.7%
4	甲胺磷	1	1	100.0%
5	克百威	1	0	0.0%
	小计	14	5	超标率：35.7%
	从 11 种蔬菜中检出 7 种禁用农药，共计检出 27 次			
1	硫丹	8	0	0.0%
2	甲拌磷*	5	1	20.0%
3	氰戊菊酯	5	0	0.0%
4	克百威	4	2	50.0%
5	水胺硫磷	3	0	0.0%
6	氟虫腈	1	0	0.0%
7	六六六	1	0	0.0%
	小计	27	3	超标率：11.1%
	合计	41	8	超标率：19.5%

注：超标结果参考 MRL 中国国家标准计算

此次抽检的果蔬样品中，有 1 种水果 5 种蔬菜检出了剧毒农药，分别是：猕猴桃中检出异艾氏剂 1 次；胡萝卜中检出乙拌磷砜 1 次；芹菜中检出乙拌磷 3 次；茼蒿中检出甲拌磷 3 次；萝卜中检出甲拌磷 1 次；豇豆中检出甲拌磷 1 次。

样品中检出剧毒和高毒农药残留水平超过 MRL 中国国家标准的频次为 6 次，其中：哈密瓜检出甲胺磷超标 1 次；橙检出水胺硫磷超标 2 次；芹菜检出克百威超标 2 次；豇豆检出甲拌磷超标 1 次。本次检出结果表明，高毒、剧毒农药的使用现象依旧存在。详见表 3-11。

表 3-11　各样本中检出剧毒/高毒农药情况

样品名称	农药名称	检出频次	超标频次	检出浓度(μg/kg)
		水果 6 种		
哈密瓜	甲胺磷▲	1	1	91.8[a]
柠檬	克百威▲	1	0	3.1
柠檬	水胺硫磷▲	1	0	519.7
橙	水胺硫磷▲	2	2	719.4[a], 36.1[a]
橙	三唑磷	1	0	38.7
橙	猛杀威	1	0	5.7

续表

样品名称	农药名称	检出频次	超标频次	检出浓度(μg/kg)
水果6种				
猕猴桃	异艾氏剂*	1	0	1.6
苹果	猛杀威	1	0	1.6
香蕉	猛杀威	2	0	3.1, 4.9
	小计	11	3	超标率：27.3%
蔬菜13种				
小油菜	猛杀威	4	0	7.0, 8.9, 18.8, 11.0
小白菜	兹克威	4	0	4.8, 38.2, 9.0, 24.0
油麦菜	兹克威	3	0	7.5, 9.4, 37.9
胡萝卜	乙拌磷砜*	1	0	6.8
芹菜	克百威▲	4	2	20.1^a, 13.5, 16.5, 22.2^a
芹菜	兹克威	4	0	16.6, 5.9, 8.4, 21.6
芹菜	乙拌磷*	3	0	16.1, 5.2, 3.2
苦瓜	水胺硫磷▲	1	0	31.6
苦苣	兹克威	1	0	155.2
茄子	猛杀威	2	0	6.7, 9.7
茼蒿	水胺硫磷▲	2	0	144.3, 256.6
茼蒿	甲拌磷*▲	3	0	2.5, 2.5, 1.8
菠菜	猛杀威	1	0	1.3
萝卜	甲拌磷*▲	1	0	3.7
豇豆	甲拌磷*▲	1	1	26.6^a
韭菜	猛杀威	2	0	1.2, 2.8
	小计	37	3	超标率：8.1%
	合计	48	6	超标率：12.5%

3.2 农药残留检出水平与最大残留限量标准对比分析

我国于2014年3月20日正式颁布并于2014年8月1日正式实施食品农药残留限量国家标准《食品中农药最大残留限量》(GB 2763—2014)。该标准包括371个农药条目，涉及最大残留限量(MRL)标准3653项。将1445频次检出农药的浓度水平与3653项MRL中国国家标准进行核对，其中只有238频次的农药找到了对应的MRL标准，占16.5%，还有1207频次的侦测数据则无相关MRL标准供参考，占83.5%。

将此次侦测结果与国际上现行MRL标准对比发现，在1445频次的检出结果中有1445频次的结果找到了对应的MRL欧盟标准，占100.0%，其中，945频次的结果有明确对应的 MRL 标准，占 65.4%，其余 500 频次按照欧盟一律标准判定，占 34.6%；有 1445 频次的结果找到了对应的 MRL 日本标准，占 100.0%，其中，706 频次的结果有明确对应的 MRL 标准，占 48.9%，其余 739 频次按照日本一律标准判定，占 51.1%；有 369 频次的结果找到了对应的 MRL 中国香港标准，占 25.5%；有 334 频次的结果找到了对应的 MRL 美国标准，占 23.1%；有 210 频次的结果找到了对应的 MRL CAC 标准，占 14.5%（见图 3-11 和图 3-12，数据见附表 3 至附表 8）。

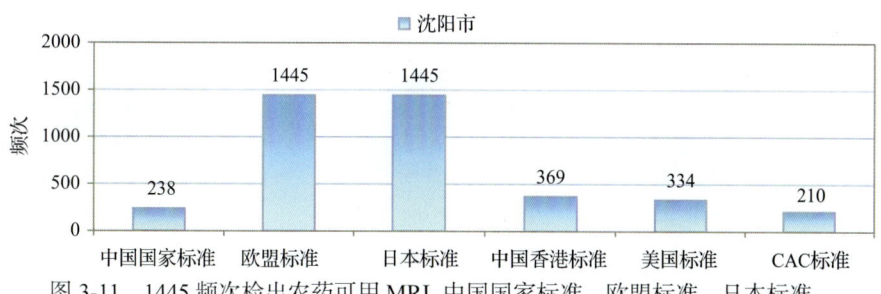

图 3-11　1445 频次检出农药可用 MRL 中国国家标准、欧盟标准、日本标准、中国香港标准、美国标准、CAC 标准判定衡量的数量

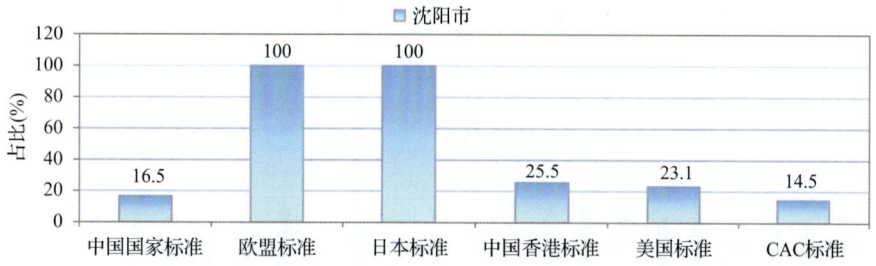

图 3-12　1445 频次检出农药可用 MRL 中国国家标准、欧盟标准、日本标准、中国香港标准、美国标准、CAC 标准判定衡量衡量的占比

3.2.1　超标农药样品分析

本次侦测的 590 例样品中，153 例样品未检出任何残留农药，占样品总量的 25.9%，437 例样品检出不同水平、不同种类的残留农药，占样品总量的 74.1%。在此，我们将本次侦测的农残检出情况与 MRL 中国国家标准、欧盟标准、日本标准、中国香港标准、美国标准和 CAC 标准这 6 大国际主流标准进行对比分析，样品农残检出与超标情况见表 3-12、图 3-13 和图 3-14，详细数据见附表 9 至附表 14。

表 3-12　各 MRL 标准下样本农残检出与超标数量及占比

	中国国家标准 数量/占比(%)	欧盟标准 数量/占比(%)	日本标准 数量/占比(%)	中国香港标准 数量/占比(%)	美国标准 数量/占比(%)	CAC 标准 数量/占比(%)
未检出	153/25.9	153/25.9	153/25.9	153/25.9	153/25.9	153/25.9
检出未超标	425/72.0	171/29.0	193/32.7	427/72.4	430/72.9	436/73.9
检出超标	12/2.0	266/45.1	244/41.4	10/1.7	7/1.2	1/0.2

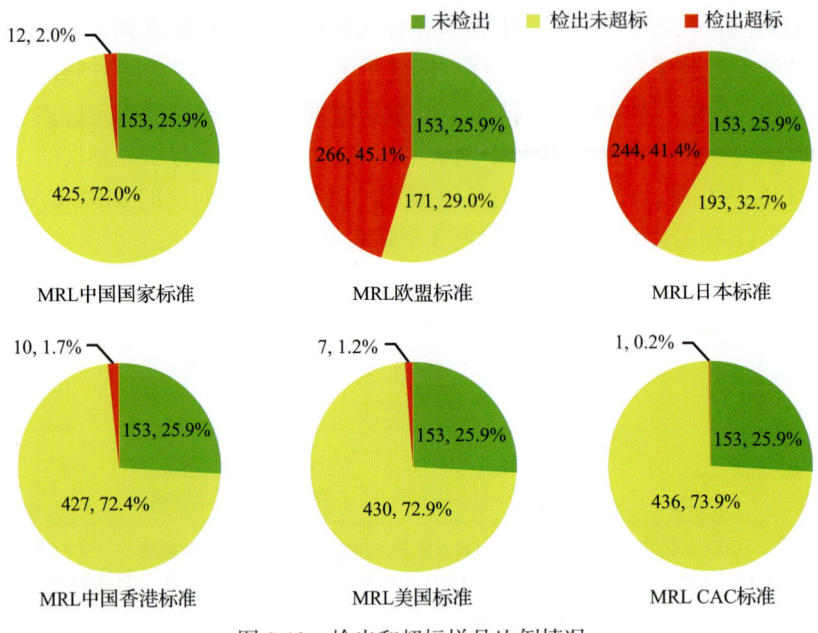

图 3-13 检出和超标样品比例情况

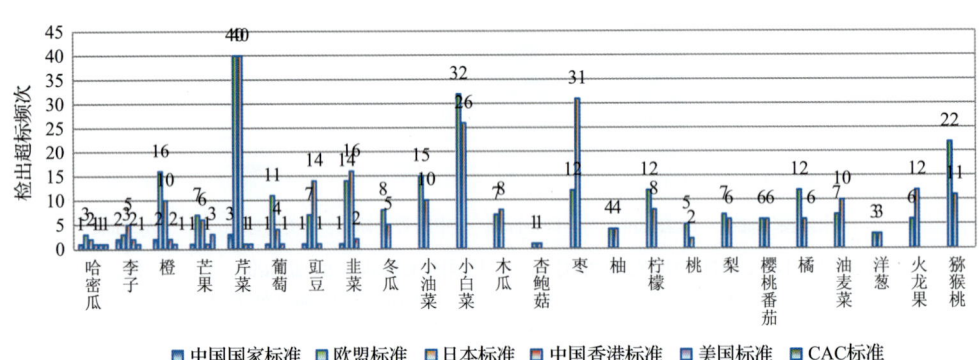

图 3-14-1 超过 MRL 中国国家标准、欧盟标准、日本标准、中国香港标准、
美国标准和 CAC 标准结果在水果蔬菜中的分布

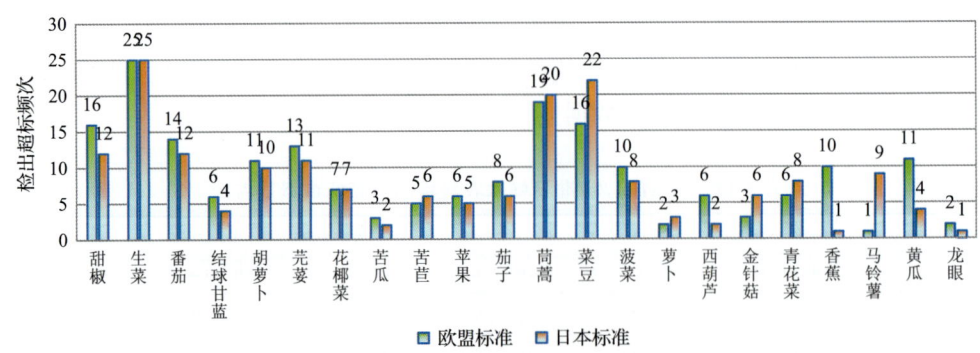

图 3-14-2 超过 MRL 中国国家标准、欧盟标准、日本标准、中国香港标准、
美国标准和 CAC 标准结果在水果蔬菜中的分布

3.2.2 超标农药种类分析

按照 MRL 中国国家标准、欧盟标准、日本标准、中国香港标准、美国标准和 CAC 标准这 6 大国际主流标准衡量，本次侦测检出的农药超标品种及频次情况见表 3-13。

表 3-13　各 MRL 标准下超标农药品种及频次

	中国国家标准	欧盟标准	日本标准	中国香港标准	日本标准	CAC 标准
超标农药品种	9	83	83	6	5	1
超标农药频次	12	460	430	11	7	1

3.2.2.1 按 MRL 中国国家标准衡量

按 MRL 中国国家标准衡量，共有 9 种农药超标，检出 12 频次，分别为剧毒农药甲拌磷，高毒农药甲胺磷、克百威和水胺硫磷，中毒农药戊唑醇、毒死蜱和氰戊菊酯，低毒农药己唑醇，微毒农药腐霉利。

按超标程度比较，橙中水胺硫磷超标 35.0 倍，韭菜中腐霉利超标 27.1 倍，李子中氰戊菊酯超标 5.6 倍，芒果中戊唑醇超标 3.4 倍，豇豆中甲拌磷超标 1.7 倍。检测结果见图 3-15 和附表 15。

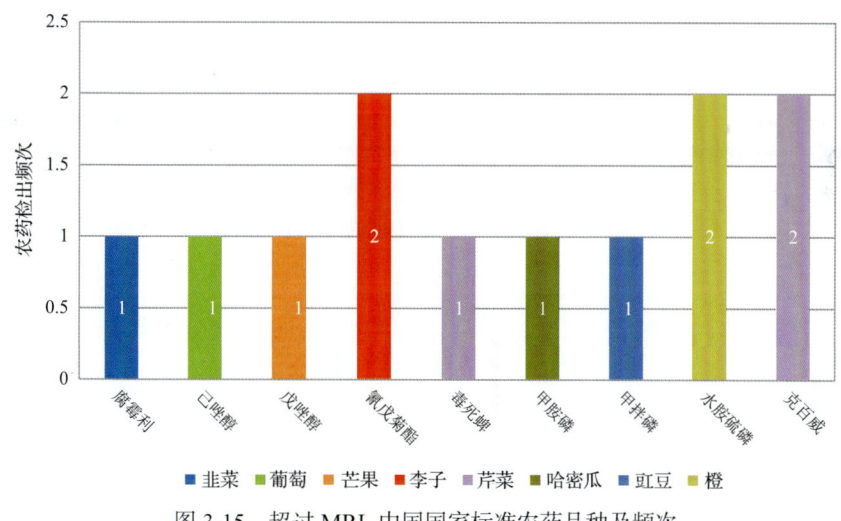

图 3-15　超过 MRL 中国国家标准农药品种及频次

3.2.2.2 按 MRL 欧盟标准衡量

按 MRL 欧盟标准衡量，共有 83 种农药超标，检出 460 频次，分别为剧毒农药乙拌磷，高毒农药猛杀威、克百威、甲胺磷、三唑磷、水胺硫磷和兹克威，中毒农药氯菊酯、除虫菊素Ⅰ、氟虫腈、多效唑、戊唑醇、仲丁威、毒死蜱、甲霜灵、喹螨醚、甲氰菊酯、炔丙菊酯、三唑醇、γ-氟氯氰菊酯、3,4,5-混杀威、虫螨腈、氟噻草胺、稻瘟灵、噁霜灵、唑虫酰胺、杀虫环、噻节因、氟硅唑、二甲戊灵、哒螨灵、四氟醚唑、丙溴磷、异丙威、苯醚氰菊酯、棉铃威、草完隆、氰戊菊酯和烯丙菊酯，低毒农药嘧霉胺、叠氮津、茚草酮、二苯胺、异菌脲、灭除威、氟吡菌酰胺、呋菌胺、2,6-二硝基-3-甲氧基-4-叔丁基甲苯、环草敌、避蚊胺、杀螨特、己唑醇、丁羟茴香醚、烯虫炔酯、戊草丹、五氯苯甲腈、噻菌灵、环酯草醚、四氢吩胺、新燕灵、甲醚菊酯、威杀灵、呋草黄、联苯、杀螨酯、马拉硫磷、炔螨特、啶斑肟、特丁净、3,5-二氯苯胺和间羟基联苯，微毒农药缬霉威、腐霉利、溴丁酰草胺、嘧菌酯、五氯硝基苯、解草腈、氟乐灵、生物苄呋菊酯、醚菌酯、烯虫酯、霜霉威和仲草丹。

按超标程度比较，香蕉中茚草酮超标 311.8 倍，韭菜中腐霉利超标 280.4 倍，杏鲍菇中解草腈超标 227.9 倍，韭菜中灭除威超标 172.7 倍，胡萝卜中烯虫炔酯超标 99.4 倍。检测结果见图 3-16 和附表 16。

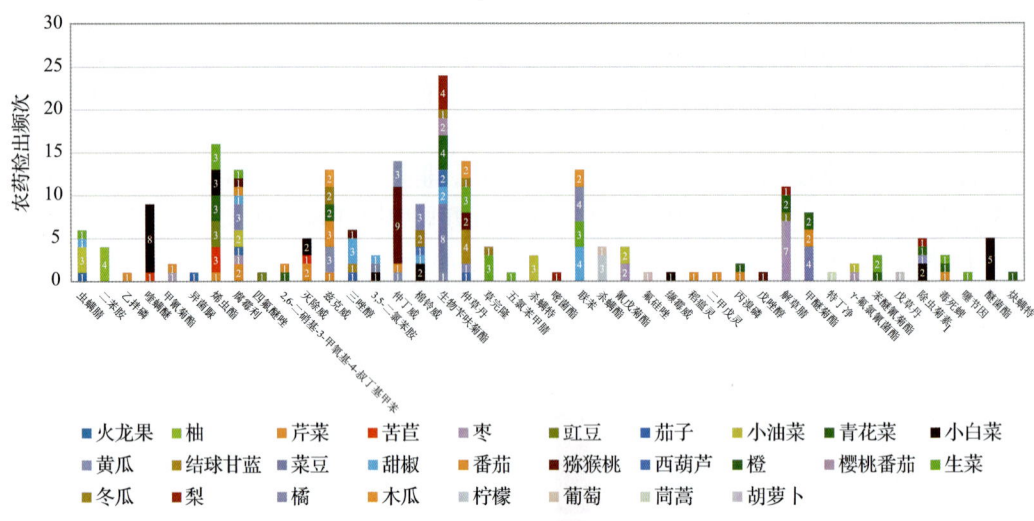

图 3-16-1　超过 MRL 欧盟标准农药品种及频次

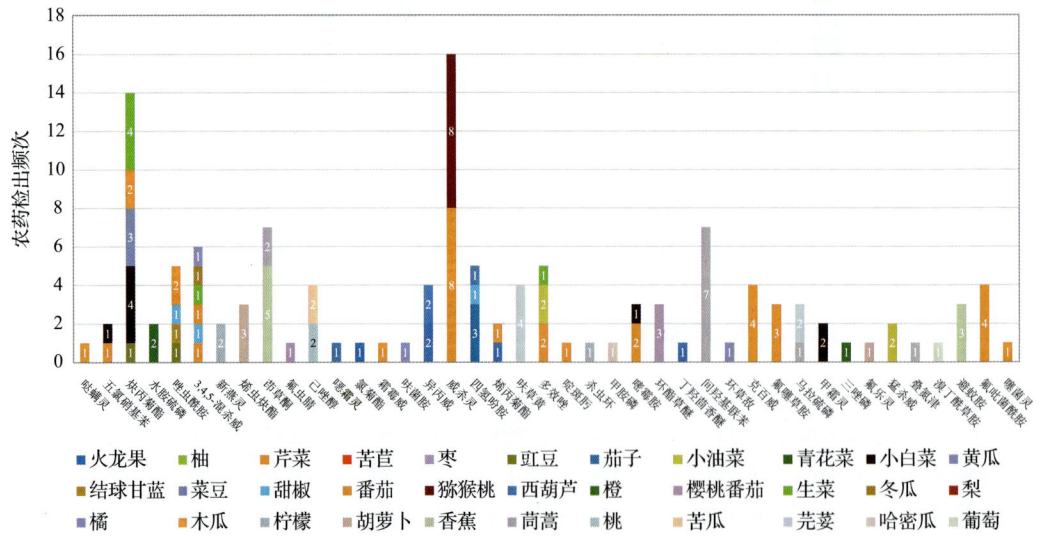

图 3-16-2　超过 MRL 欧盟标准农药品种及频次

3.2.2.3 按 MRL 日本标准衡量

按 MRL 日本标准衡量，共有 83 种农药超标，检出 430 频次，分别为剧毒农药甲拌磷，高毒农药猛杀威、三唑磷、水胺硫磷和兹克威，中毒农药联苯菊酯、氯菊酯、除虫菊素 I、多效唑、戊唑醇、毒死蜱、甲霜灵、甲氰菊酯、炔丙菊酯、γ-氟氯氰菊酯、3,4,5-混杀威、喹螨醚、虫螨腈、氟噻草胺、稻瘟灵、除虫菊酯、唑虫酰胺、杀虫环、噻节因、腈菌唑、二甲戊灵、哒螨灵、四氟醚唑、氯氰菊酯、异丙威、丙溴磷、苯醚氰菊酯、草完隆、烯丙菊酯和氰戊菊酯，低毒农药茚草酮、嘧霉胺、叠氮津、二苯胺、异菌脲、灭除威、环草敌、氟吡菌酰胺、螺螨酯、呋菌胺、2,6-二硝基-3-甲氧基-4-叔丁基甲苯、避蚊胺、丁羟茴香醚、戊草丹、己唑醇、杀螨特、烯虫炔酯、五氯苯甲腈、莠去津、环酯草醚、四氢吩胺、新燕灵、呋草黄、甲醚菊酯、威杀灵、联苯、马拉硫磷、杀螨酯、乙嘧酚磺酸酯、噻嗪酮、萘乙酸、特丁净、啶斑肟、3,5-二氯苯胺和间羟基联苯，微毒农药萘乙酰胺、缬霉威、氟丙菊酯、溴丁酰草胺、腐霉利、嘧菌酯、解草腈、五氯硝基苯、生物苄呋菊酯、啶酰菌胺、烯虫酯、霜霉威和仲草丹。

按超标程度比较，香蕉中茚草酮超标 311.8 倍，杏鲍菇中解草腈超标 227.9 倍，韭菜中灭除威超标 172.7 倍，龙眼中甲霜灵超标 170.8 倍，李子中氰戊菊酯超标 130.6 倍。检测结果见图 3-17 和附表 17。

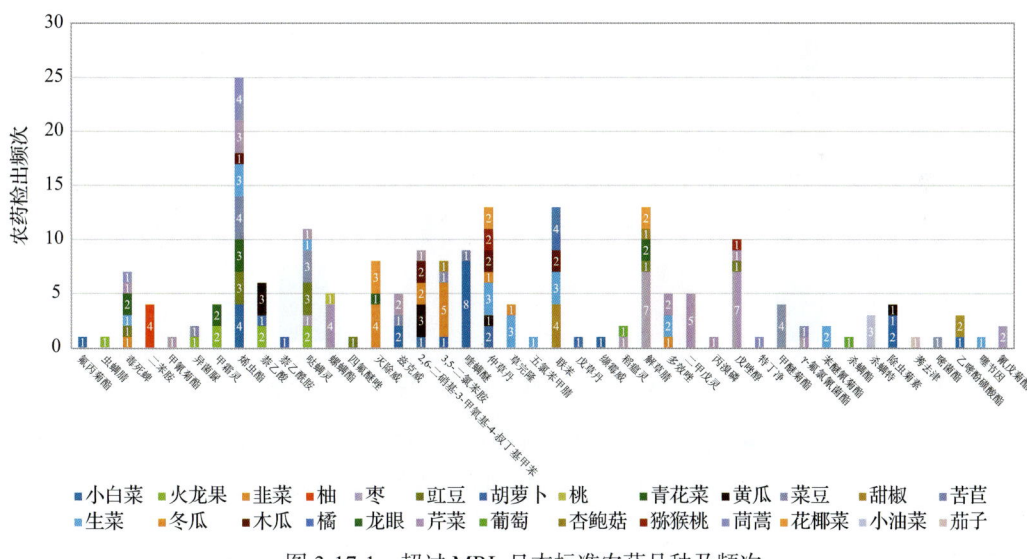

图 3-17-1 超过 MRL 日本标准农药品种及频次

3.2.2.4 按 MRL 中国香港标准衡量

按 MRL 中国香港标准衡量，共有 6 种农药超标，检出 11 频次，分别为高毒农药甲胺磷，中毒农药戊唑醇、毒死蜱、甲霜灵和氰戊菊酯，微毒农药腐霉利。

按超标程度比较，龙眼中甲霜灵超标 33.4 倍，韭菜中腐霉利超标 27.1 倍，生菜中毒死蜱超标 8.7 倍，李子中氰戊菊酯超标 5.6 倍，芒果中毒死蜱超标 2.2 倍。检测结果见

图 3-18 和附表 18。

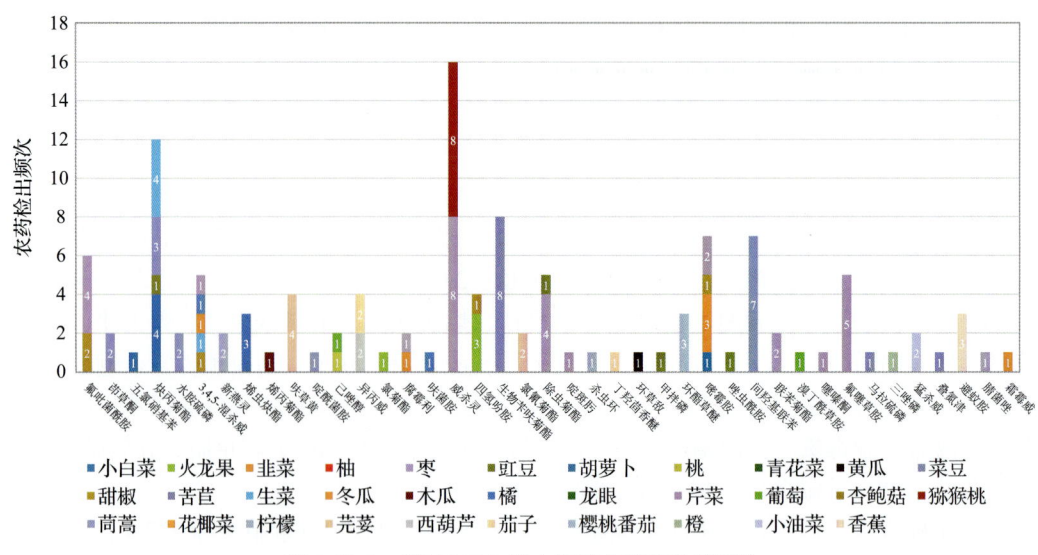

图 3-17-2 超过 MRL 日本标准农药品种及频次

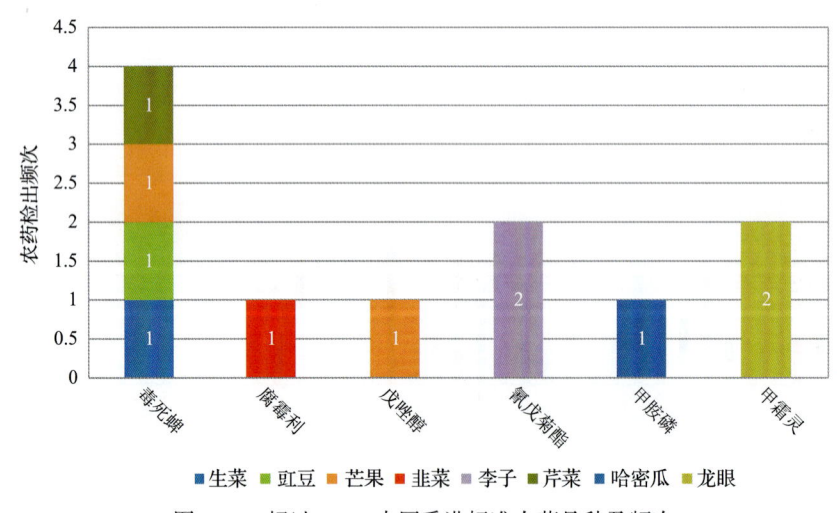

图 3-18 超过 MRL 中国香港标准农药品种及频次

3.2.2.5 按 MRL 美国标准衡量

按 MRL 美国标准衡量，共有 5 种农药超标，检出 7 频次，分别为中毒农药戊唑醇、毒死蜱和甲霜灵，低毒农药噻菌灵，微毒农药啶酰菌胺。

按超标程度比较，苹果中毒死蜱超标 1.3 倍，结球甘蓝中噻菌灵超标 0.7 倍，黄瓜中啶酰菌胺超标 0.7 倍，芒果中戊唑醇超标 0.5 倍，小白菜中甲霜灵超标 0.3 倍。检测结果见图 3-19 和附表 19。

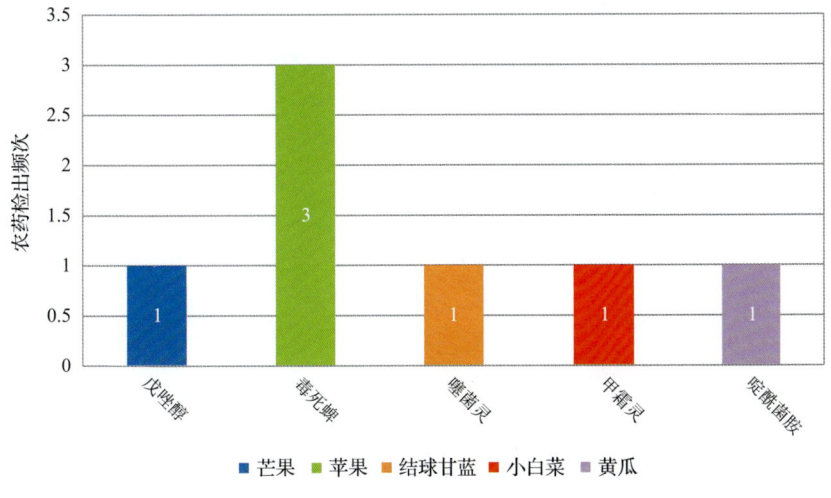

图 3-19　超过 MRL 美国标准农药品种及频次

3.2.2.6　按 MRL CAC 标准衡量

按 MRL CAC 标准衡量，有 1 种农药超标，检出 1 频次，为中毒农药戊唑醇。按超标程度比较，芒果中戊唑醇超标 3.4 倍。检测结果见图 3-20 和附表 20。

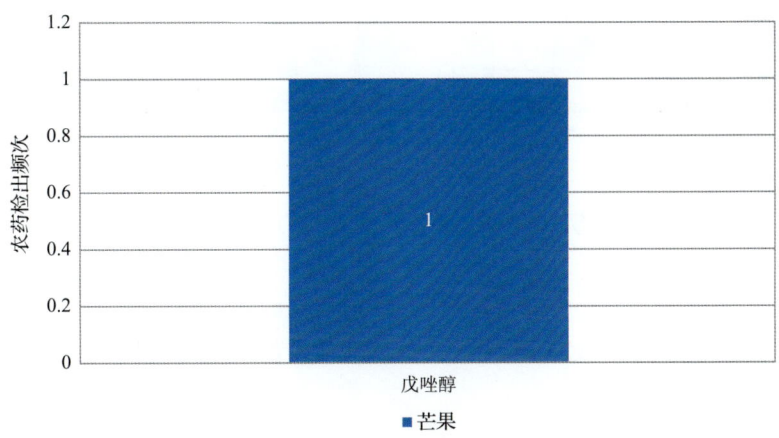

图 3-20　超过 MRL CAC 标准农药品种及频次

3.2.3　15 个采样点超标情况分析

3.2.3.1　按 MRL 中国国家标准衡量

按 MRL 中国国家标准衡量，有 8 个采样点的样品存在不同程度的超标农药检出，其中***超市（于洪广场店）的超标率最高，为 8.3%，如表 3-14 和图 3-21 所示。

表 3-14　超过 MRL 中国国家标准水果蔬菜在不同采样点分布

	采样点	样品总数	超标数量	超标率(%)	行政区域
1	***超市(和平店)	69	2	2.9	和平区
2	***超市(沈河店)	64	1	1.6	沈河区
3	***超市(浑南中店)	40	1	2.5	浑南区
4	***超市(于洪广场店)	36	3	8.3	于洪区
5	***超市(陵西店)	34	1	2.9	皇姑区
6	***超市(东陵店)	34	1	2.9	浑南区
7	***超市(长青店)	27	2	7.4	浑南区
8	***超市(沈阳百联购物中心店)	25	1	4.0	沈河区

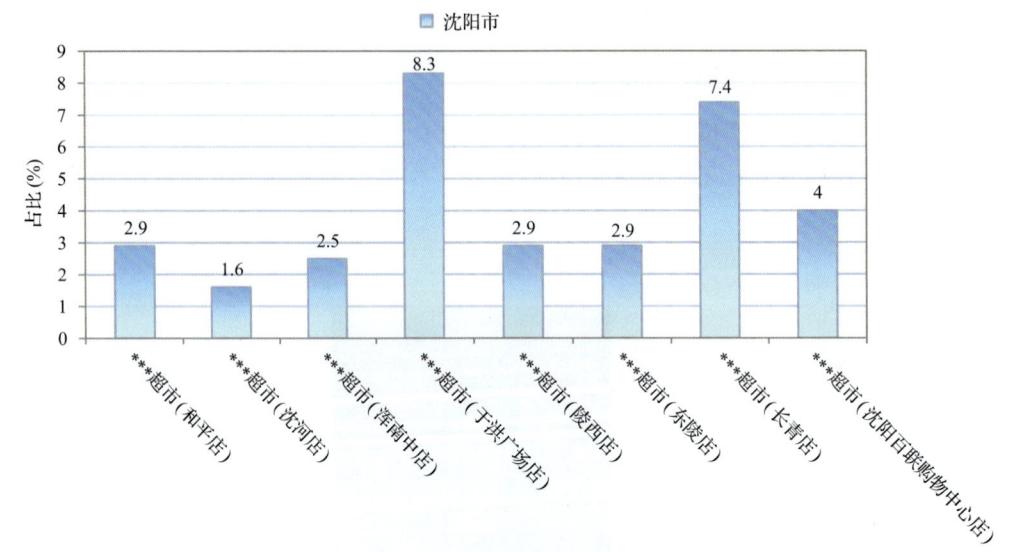

图 3-21　超过 MRL 中国国家标准水果蔬菜在不同采样点分布

3.2.3.2　按 MRL 欧盟标准衡量

按 MRL 欧盟标准衡量，所有采样点的样品均存在不同程度的超标农药检出，其中***超市(长青店)的超标率最高，为 77.8%，如表 3-15 和图 3-22 所示。

3.2.3.3　按 MRL 日本标准衡量

按 MRL 日本标准衡量，所有采样点的样品均存在不同程度的超标农药检出，其中***超市(沈阳百联购物中心店)的超标率最高，为 80.0%，如表 3-16 和图 3-23 所示。

表 3-15 超过 MRL 欧盟标准水果蔬菜在不同采样点分布

采样点		样品总数	超标数量	超标率(%)	行政区域
1	***超市(和平店)	69	37	53.6	和平区
2	***超市(沈河店)	64	35	54.7	沈河区
3	***超市(鹏利店)	42	16	38.1	大东区
4	***超市(文化店)	41	13	31.7	沈河区
5	***超市(浑南中店)	40	15	37.5	浑南区
6	***超市(浑南西路店)	38	18	47.4	浑南区
7	***超市(于洪店)	36	13	36.1	皇姑区
8	***超市(于洪广场店)	36	17	47.2	于洪区
9	***超市(于洪店)	35	10	28.6	于洪区
10	***超市(沈阳重工店)	35	14	40.0	铁西区
11	***超市(重工街店)	34	13	38.2	铁西区
12	***超市(陵西店)	34	10	29.4	皇姑区
13	***超市(东陵店)	34	15	44.1	浑南区
14	***超市(长青店)	27	21	77.8	浑南区
15	***超市(沈阳百联购物中心店)	25	19	76.0	沈河区

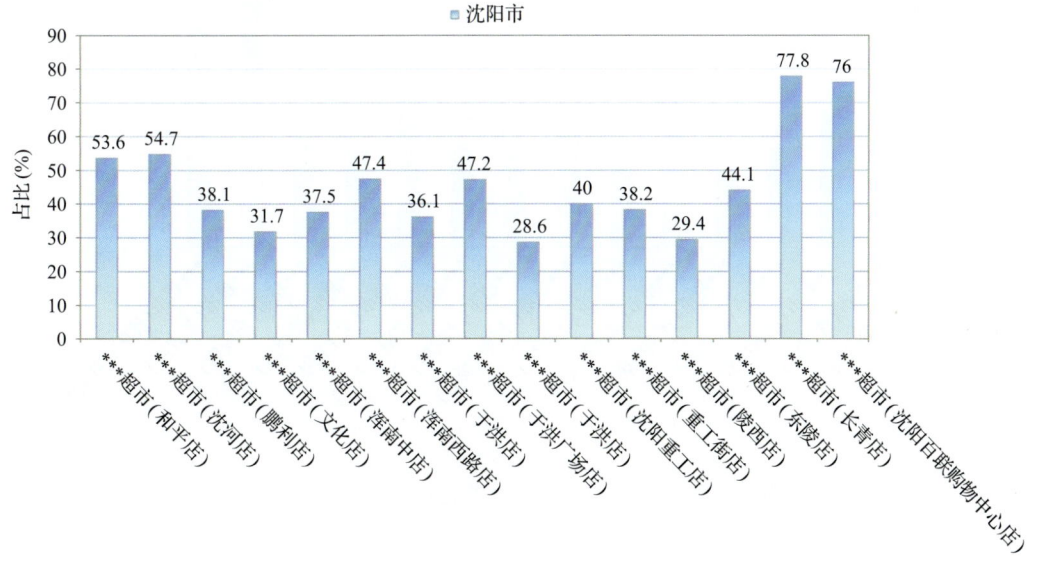

图 3-22 超过 MRL 欧盟标准水果蔬菜在不同采样点分布

表 3-16 超过 MRL 日本标准水果蔬菜在不同采样点分布

采样点		样品总数	超标数量	超标率(%)	行政区域
1	***超市(和平店)	69	34	49.3	和平区
2	***超市(沈河店)	64	33	51.6	沈河区
3	***超市(鹏利店)	42	17	40.5	大东区
4	***超市(文化店)	41	12	29.3	沈河区
5	***超市(浑南中店)	40	12	30.0	浑南区
6	***超市(浑南西路店)	38	14	36.8	浑南区
7	***超市(于洪店)	36	11	30.6	皇姑区
8	***超市(于洪广场店)	36	13	36.1	于洪区
9	***超市(于洪店)	35	10	28.6	于洪区
10	***超市(沈阳重工店)	35	11	31.4	铁西区
11	***超市(重工街店)	34	15	44.1	铁西区
12	***超市(陵西店)	34	10	29.4	皇姑区
13	***超市(东陵店)	34	12	35.3	浑南区
14	***超市(长青店)	27	20	74.1	浑南区
15	***超市(沈阳百联购物中心店)	25	20	80.0	沈河区

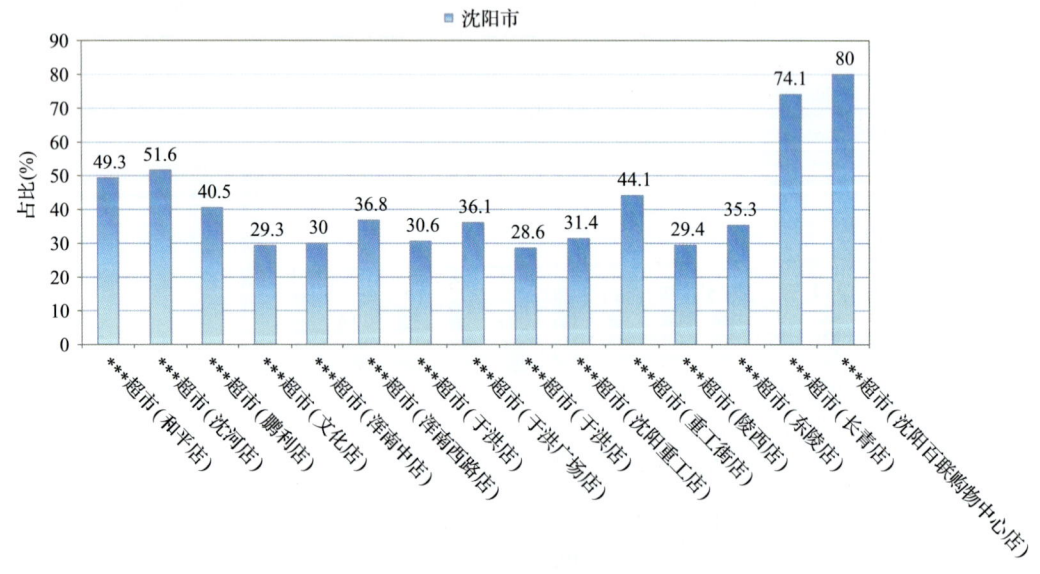

图 3-23 超过 MRL 日本标准水果蔬菜在不同采样点分布

3.2.3.4 按 MRL 中国香港标准衡量

按 MRL 中国香港标准衡量,有 7 个采样点的样品存在不同程度的超标农药检出,其中***超市(浑南中店)的超标率最高,为 5.0%,如表 3-17 和图 3-24 所示。

表 3-17 超过 MRL 中国香港标准水果蔬菜在不同采样点分布

	采样点	样品总数	超标数量	超标率(%)	行政区域
1	***超市(和平店)	69	3	4.3	和平区
2	***超市(沈河店)	64	1	1.6	沈河区
3	***超市(浑南中店)	40	2	5.0	浑南区
4	***超市(于洪广场店)	36	1	2.8	于洪区
5	***超市(陵西店)	34	1	2.9	皇姑区
6	***超市(东陵店)	34	1	2.9	浑南区
7	***超市(长青店)	27	1	3.7	浑南区

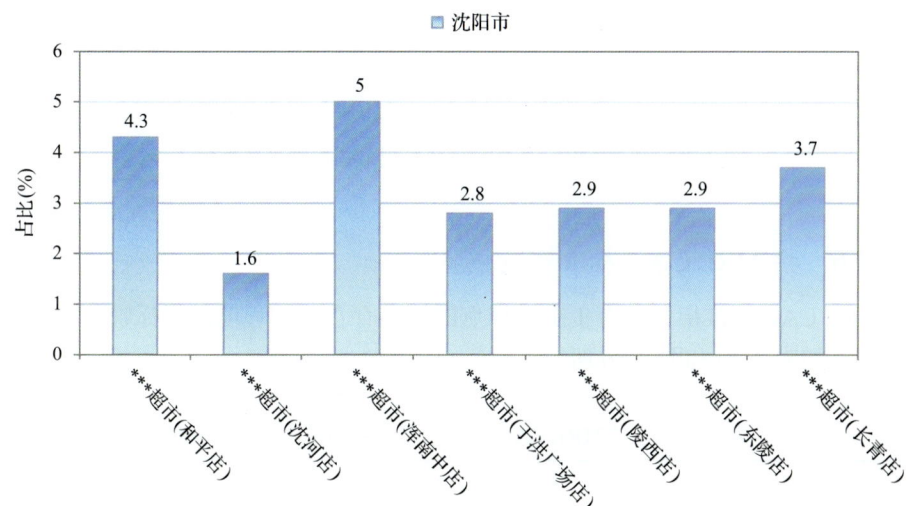

图 3-24 超过 MRL 中国香港标准水果蔬菜在不同采样点分布

3.2.3.5 按 MRL 美国标准衡量

按 MRL 美国标准衡量，有 5 个采样点的样品存在不同程度的超标农药检出，其中***超市(长青店)的超标率最高，为 7.4%，如表 3-18 和图 3-25 所示。

表 3-18 超过 MRL 美国标准水果蔬菜在不同采样点分布

	采样点	样品总数	超标数量	超标率(%)	行政区域
1	***超市(和平店)	69	1	1.4	和平区
2	***超市(沈河店)	64	2	3.1	沈河区
3	***超市(陵西店)	34	1	2.9	皇姑区
4	***超市(长青店)	27	2	7.4	浑南区
5	***超市(沈阳百联购物中心店)	25	1	4.0	沈河区

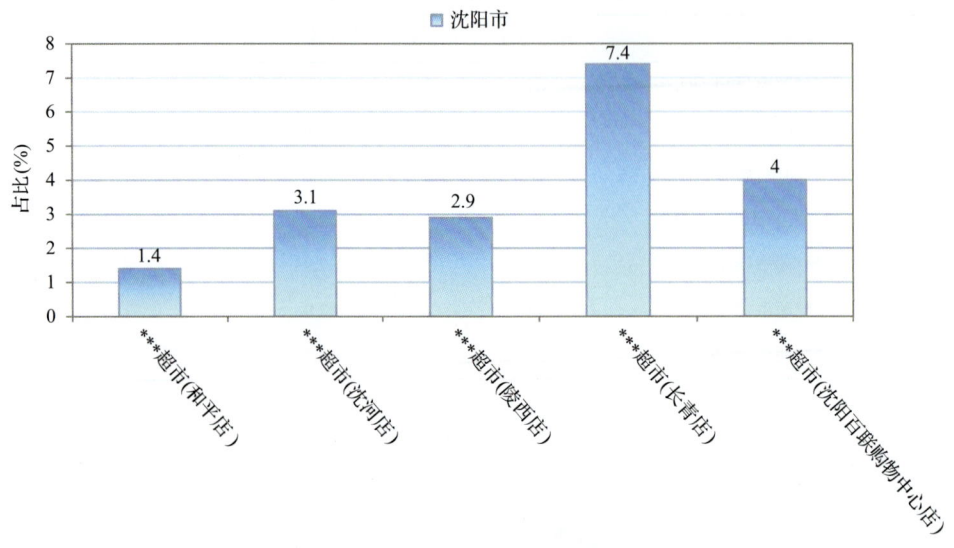

图 3-25 超过 MRL 美国标准水果蔬菜在不同采样点分布

3.2.3.6 按 MRL CAC 标准衡量

按 MRL CAC 标准衡量，有 1 个采样点的样品存在不同程度的超标农药检出，超标率为 1.4%，如表 3-19 和图 3-26 所示。

表 3-19 超过 MRL CAC 标准水果蔬菜在不同采样点分布

	采样点	样品总数	超标数量	超标率(%)	行政区域
1	***超市(和平店)	69	1	1.4	和平区

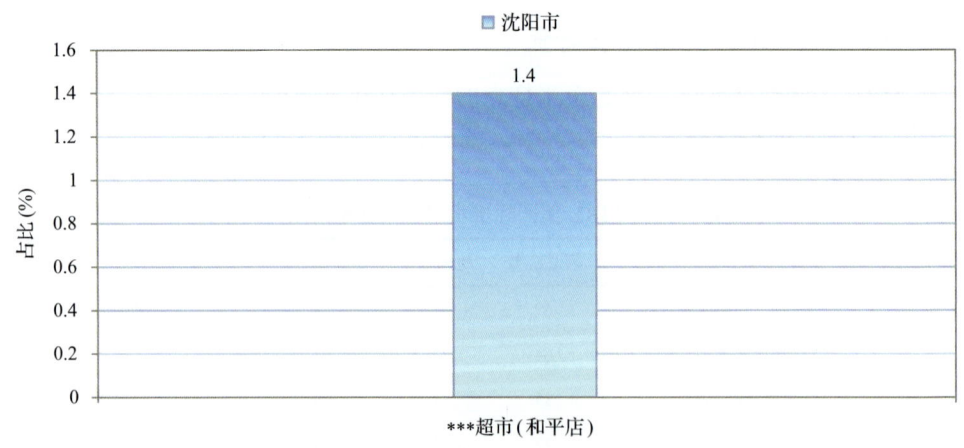

图 3-26 超过 MRL CAC 标准水果蔬菜在不同采样点分布

3.3 水果中农药残留分布

3.3.1 检出农药品种和频次排前 10 的水果

本次残留侦测的水果共 18 种，包括桃、猕猴桃、香蕉、龙眼、哈密瓜、木瓜、苹果、葡萄、山楂、芒果、李子、柚、梨、枣、橘、柠檬、火龙果和橙。

根据检出农药品种及频次进行排名，将各项排名前 10 位的水果样品检出情况列表说明，详见表 3-20。

表 3-20 检出农药品种和频次排名前 10 的水果

检出农药品种排名前 10（品种）	①柠檬(26)，②葡萄(23)，③橙(21)，④枣(21)，⑤橘(14)，⑥猕猴桃(14)，⑦火龙果(13)，⑧芒果(12)，⑨桃(12)，⑩梨(11)
检出农药频次排名前 10（频次）	①葡萄(72)，②枣(56)，③柠檬(53)，④猕猴桃(45)，⑤橙(39)，⑥梨(31)，⑦火龙果(28)，⑧橘(26)，⑨桃(25)，⑩苹果(24)
检出禁用、高毒及剧毒农药品种排名前 10（品种）	①橙(3)，②柠檬(2)，③苹果(2)，④枣(2)，⑤哈密瓜(1)，⑥梨(1)，⑦李子(1)，⑧猕猴桃(1)，⑨桃(1)，⑩香蕉(1)
检出禁用、高毒及剧毒农药频次排名前 10（频次）	①橙(4)，②李子(3)，③枣(3)，④柠檬(2)，⑤苹果(2)，⑥香蕉(2)，⑦哈密瓜(1)，⑧梨(1)，⑨猕猴桃(1)，⑩桃(1)

3.3.2 超标农药品种和频次排前 10 的水果

鉴于 MRL 欧盟标准和日本标准制定比较全面且覆盖率较高，我们参照 MRL 中国国家标准、欧盟标准和日本标准衡量水果样品中农残检出情况，将超标农药品种及频次排名前 10 的水果列表说明，详见表 3-21。

表 3-21 超标农药品种和频次排名前 10 的水果

超标农药品种排名前 10（农药品种数）	MRL 中国国家标准	①橙(1)，②哈密瓜(1)，③李子(1)，④芒果(1)，⑤葡萄(1)
	MRL 欧盟标准	①橙(10)，②柠檬(7)，③葡萄(7)，④芒果(6)，⑤猕猴桃(6)，⑥橘(5)，⑦枣(5)，⑧火龙果(4)，⑨梨(4)，⑩木瓜(4)
	MRL 日本标准	①枣(11)，②橙(7)，③火龙果(7)，④芒果(5)，⑤木瓜(5)，⑥柠檬(5)，⑦葡萄(4)，⑧橘(3)，⑨梨(3)，⑩李子(3)
超标农药频次排名前 10（农药频次数）	MRL 中国国家标准	①橙(2)，②李子(2)，③哈密瓜(1)，④芒果(1)，⑤葡萄(1)
	MRL 欧盟标准	①猕猴桃(22)，②橙(16)，③橘(12)，④柠檬(12)，⑤枣(12)，⑥葡萄(11)，⑦香蕉(10)，⑧梨(7)，⑨芒果(7)，⑩木瓜(7)
	MRL 日本标准	①枣(31)，②火龙果(12)，③猕猴桃(11)，④橙(10)，⑤木瓜(8)，⑥柠檬(8)，⑦香蕉(8)，⑧橘(6)，⑨梨(6)，⑩芒果(6)

通过对各品种水果样本总数及检出率进行综合分析发现，柠檬、葡萄和枣的残留污染最为严重，在此，我们参照 MRL 中国国家标准、欧盟标准和日本标准对这 3 种水果的农残检出情况进行进一步分析。

3.3.3 农药残留检出率较高的水果样品分析

3.3.3.1 柠檬

这次共检测 16 例柠檬样品，全部检出了农药残留，检出率为 100.0%，检出农药共计 26 种。其中毒死蜱、二苯胺、哒螨灵、棉铃威和杀螨酯检出频次较高，分别检出了 12、5、3、3 和 3 次。柠檬中农药检出品种和频次见图 3-27，超标农药见图 3-28 和表 3-22。

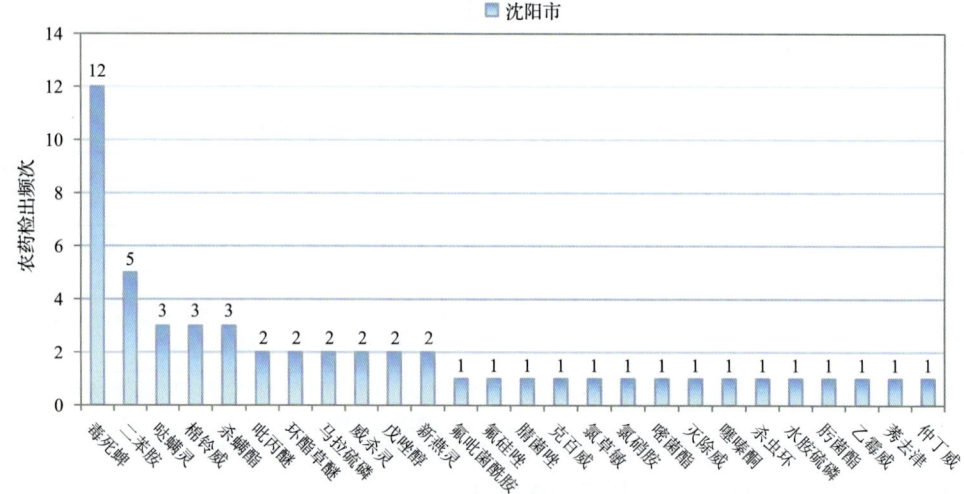

图 3-27 柠檬样品检出农药品种和频次分析

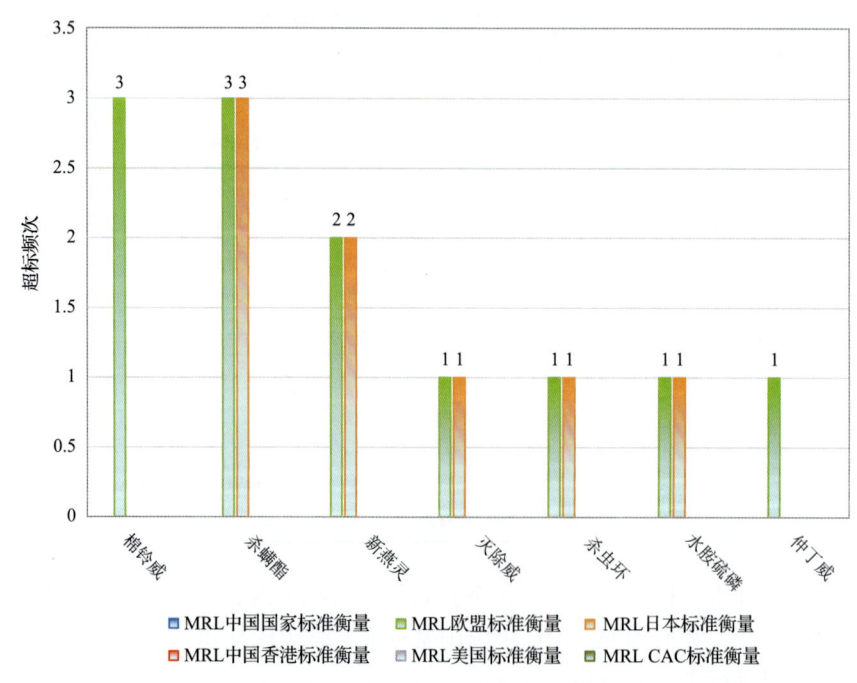

图 3-28 柠檬样品中超标农药分析

表 3-22　柠檬中农药残留超标情况明细表

样品总数 16		检出农药样品数 16	样品检出率(%) 100	检出农药品种总数 26
超标农药品种	超标农药频次	按照 MRL 中国国家标准、欧盟标准和日本标准衡量超标农药名称及频次		
中国国家标准	0	0		
欧盟标准	7	12	棉铃威(3),杀螨酯(3),新燕灵(2),灭除威(1),杀虫环(1),水胺硫磷(1),仲丁威(1)	
日本标准	5	8	杀螨酯(3),新燕灵(2),灭除威(1),杀虫环(1),水胺硫磷(1)	

3.3.3.2　葡萄

这次共检测 16 例葡萄样品,全部检出了农药残留,检出率为 100.0%,检出农药共计 23 种。其中威杀灵、嘧菌酯、腐霉利、氟丙菊酯和戊唑醇检出频次较高,分别检出了 12、8、7、6 和 6 次。葡萄中农药检出品种和频次见图 3-29,超标农药见图 3-30 和表 3-23。

表 3-23　葡萄中农药残留超标情况明细表

样品总数 16		检出农药样品数 16	样品检出率(%) 100	检出农药品种总数 23
超标农药品种	超标农药频次	按照 MRL 中国国家标准、欧盟标准和日本标准衡量超标农药名称及频次		
中国国家标准	1	1	己唑醇(1)	
欧盟标准	7	11	腐霉利(3),三唑醇(3),稻瘟灵(1),氟硅唑(1),己唑醇(1),杀螨酯(1),溴丁酰草胺(1)	
日本标准	4	4	稻瘟灵(1),己唑醇(1),杀螨酯(1),溴丁酰草胺(1)	

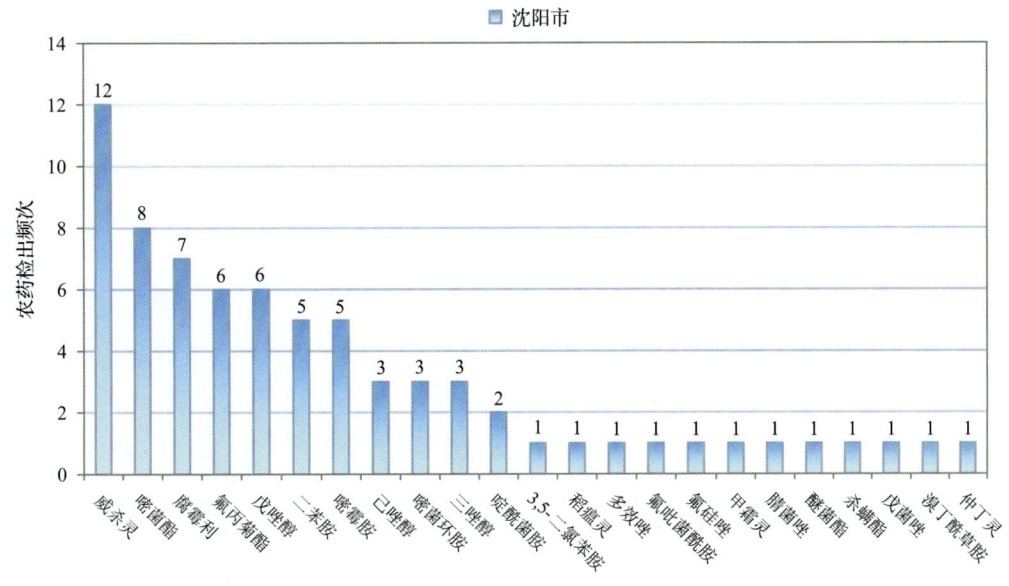

图 3-29　葡萄样品检出农药品种和频次分析

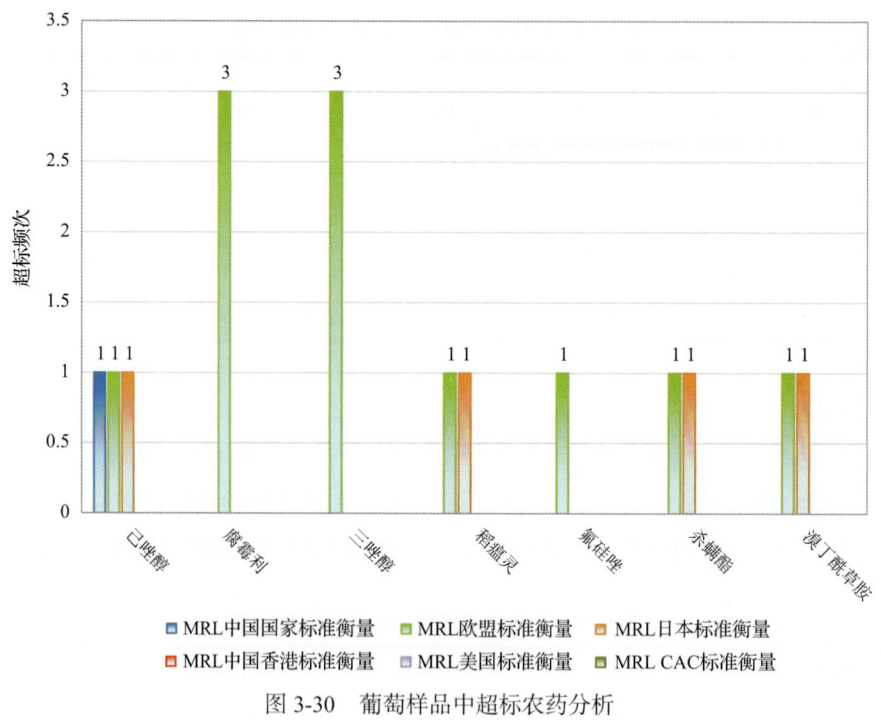

图 3-30 葡萄样品中超标农药分析

3.3.3.3 枣

这次共检测 10 例枣样品，全部检出了农药残留，检出率为 100.0%，检出农药共计 21 种。其中戊唑醇、氟丙菊酯、解草腈、除虫菊酯和联苯菊酯检出频次较高，分别检出了 10、7、7、4 和 4 次。枣中农药检出品种和频次见图 3-31，超标农药见图 3-32 和表 3-24。

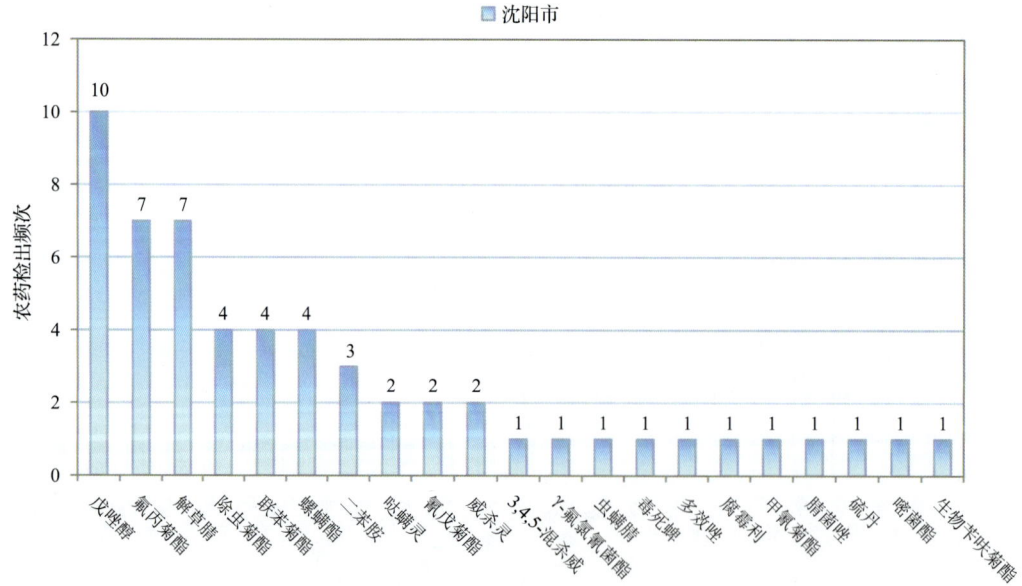

图 3-31 枣样品检出农药品种和频次分析

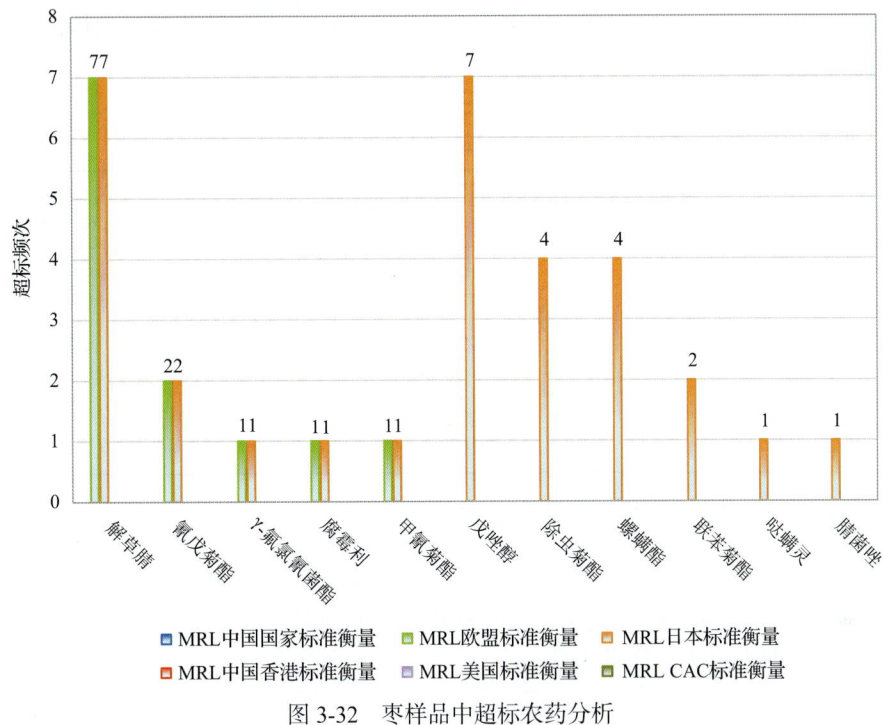

图 3-32　枣样品中超标农药分析

表 3-24　枣中农药残留超标情况明细表

样品总数 10		检出农药样品数 10	样品检出率(%) 100	检出农药品种总数 21
	超标农药品种	超标农药频次	按照 MRL 中国国家标准、欧盟标准和日本标准衡量超标农药名称及频次	
中国国家标准	0	0		
欧盟标准	5	12	解草腈(7),氰戊菊酯(2),γ-氟氯氰菊酯(1),腐霉利(1),甲氰菊酯(1)	
日本标准	11	31	解草腈(7),戊唑醇(7),除虫菊酯(4),螺螨酯(4),联苯菊酯(2),氰戊菊酯(2),γ-氟氯氰菊酯(1),哒螨灵(1),腐霉利(1),甲氰菊酯(1),腈菌唑(1)	

3.4　蔬菜中农药残留分布

3.4.1　检出农药品种和频次排前 10 的蔬菜

本次残留侦测的蔬菜共 28 种,包括结球甘蓝、韭菜、芹菜、黄瓜、洋葱、苦苣、花椰菜、番茄、菠菜、豇豆、西葫芦、甜椒、樱桃番茄、小白菜、胡萝卜、青花菜、紫甘蓝、油麦菜、茄子、马铃薯、萝卜、菜豆、苦瓜、大白菜、小油菜、生菜、冬瓜和茼蒿。

根据检出农药品种及频次进行排名,将各项排名前 10 位的蔬菜样品检出情况列表说明,详见表 3-25。

表 3-25　检出农药品种和频次排名前 10 的蔬菜

检出农药品种排名前10(品种)	①芹菜(42),②甜椒(29),③生菜(27),④番茄(25),⑤黄瓜(25),⑥小白菜(24),⑦茄子(20),⑧小油菜(20),⑨韭菜(19),⑩菠菜(17)
检出农药频次排名前10(频次)	①芹菜(101),②小白菜(69),③生菜(68),④甜椒(61),⑤小油菜(61),⑥韭菜(59),⑦黄瓜(56),⑧番茄(52),⑨樱桃番茄(40),⑩菜豆(38)
检出禁用、高毒及剧毒农药品种排名前10(品种)	①芹菜(3),②小油菜(3),③豇豆(2),④韭菜(2),⑤萝卜(2),⑥生菜(2),⑦茼蒿(2),⑧菠菜(1),⑨胡萝卜(1),⑩黄瓜(1)
检出禁用、高毒及剧毒农药频次排名前10(频次)	①芹菜(11),②小油菜(7),③茼蒿(5),④西葫芦(4),⑤小白菜(4),⑥韭菜(3),⑦油麦菜(3),⑧黄瓜(2),⑨豇豆(2),⑩萝卜(2)

3.4.2　超标农药品种和频次排前 10 的蔬菜

鉴于 MRL 欧盟标准和日本标准制定比较全面且覆盖率较高,我们参照 MRL 中国国家标准、欧盟标准和日本标准衡量蔬菜样品中农残检出情况,将超标农药品种及频次排名前 10 的蔬菜列表说明,详见表 3-26。

表 3-26　超标农药品种和频次排名前 10 的蔬菜

超标农药品种排名前10 (农药品种数)	MRL 中国国家标准	①芹菜(2),②豇豆(1),③韭菜(1)
	MRL 欧盟标准	①芹菜(21),②生菜(13),③小白菜(12),④甜椒(10),⑤番茄(9),⑥茼蒿(8),⑦胡萝卜(7),⑧黄瓜(7),⑨茄子(7),⑩小油菜(7)
	MRL 日本标准	①芹菜(17),②生菜(12),③小白菜(11),④豇豆(10),⑤茼蒿(9),⑥菜豆(8),⑦胡萝卜(7),⑧韭菜(7),⑨甜椒(7),⑩番茄(6)
超标农药频次排名前10 (农药频次数)	MRL 中国国家标准	①芹菜(3),②豇豆(1),③韭菜(1)
	MRL 欧盟标准	①芹菜(40),②小白菜(32),③生菜(25),④茼蒿(19),⑤菜豆(16),⑥甜椒(16),⑦小油菜(15),⑧番茄(14),⑨韭菜(14),⑩胡萝卜(11)
	MRL 日本标准	①芹菜(40),②小白菜(26),③生菜(25),④菜豆(22),⑤茼蒿(20),⑥韭菜(16),⑦豇豆(14),⑧番茄(12),⑨甜椒(12),⑩胡萝卜(10)

通过对各品种蔬菜样本总数及检出率进行综合分析发现,芹菜、甜椒和生菜的残留污染最为严重,在此,我们参照 MRL 中国国家标准、欧盟标准和日本标准对这 3 种蔬菜的农残检出情况进行进一步分析。

3.4.3　农药残留检出率较高的蔬菜样品分析

3.4.3.1　芹菜

这次共检测 16 例芹菜样品,全部检出了农药残留,检出率为 100.0%,检出农药共计 42 种。其中威杀灵、烯虫酯、二甲戊灵、啶酰菌胺和氟噻草胺检出频次较高,分别检出了 10、8、7、5 和 5 次。芹菜中农药检出品种和频次见图 3-33,超标农药见图 3-34

和表 3-27。

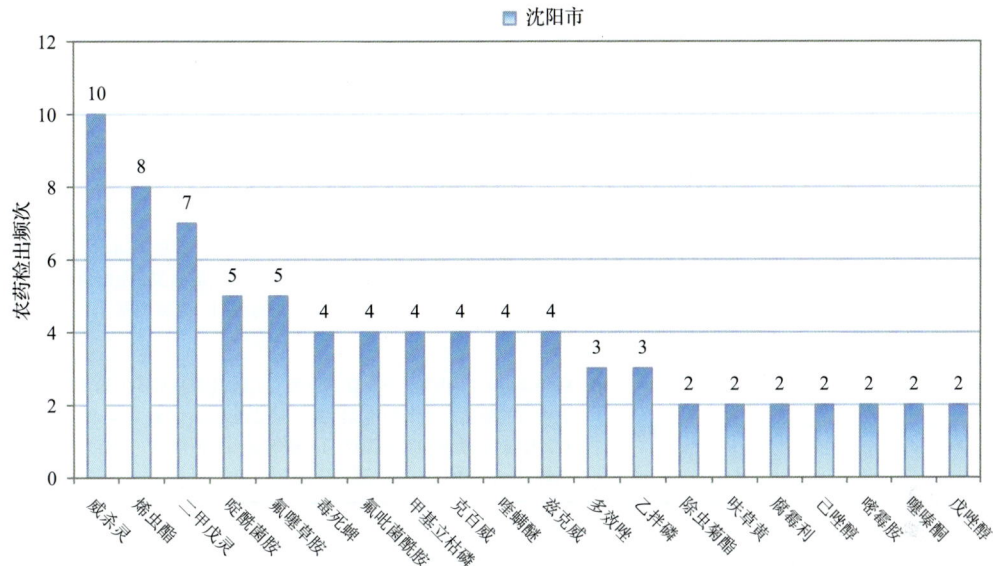

图 3-33 芹菜样品检出农药品种和频次分析（仅列出 2 频次及以上的数据）

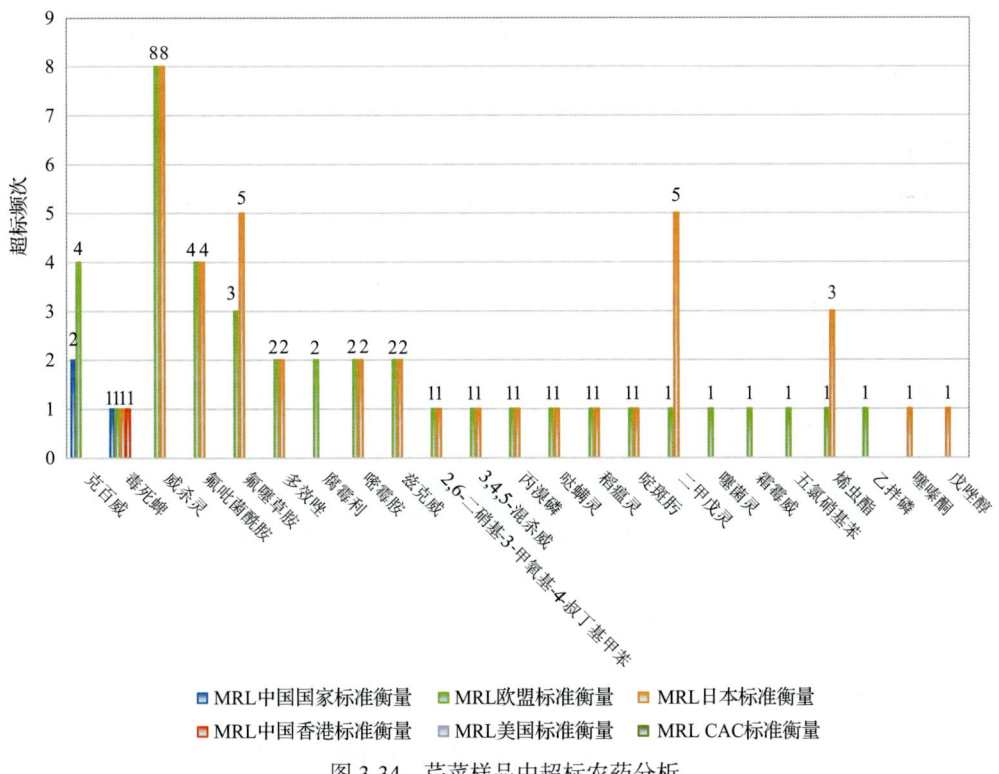

图 3-34 芹菜样品中超标农药分析

表 3-27 芹菜中农药残留超标情况明细表

样品总数 16		检出农药样品数 16	样品检出率(%) 100	检出农药品种总数 42
超标农药品种	超标农药频次	按照 MRL 中国国家标准、欧盟标准和日本标准衡量超标农药名称及频次		
中国国家标准	2	3	克百威(2),毒死蜱(1)	
欧盟标准	21	40	威杀灵(8),氟吡菌酰胺(4),克百威(4),氟噻草胺(3),多效唑(2),腐霉利(2),嘧霉胺(2),兹克威(2),2,6-二硝基-3-甲氧基-4-叔丁基甲苯(1),3,4,5-混杀威(1),丙溴磷(1),哒螨灵(1),稻瘟灵(1),啶斑肟(1),毒死蜱(1),二甲戊灵(1),噻菌灵(1),霜霉威(1),五氯硝基苯(1),烯虫酯(1),乙拌磷(1)	
日本标准	17	40	威杀灵(8),二甲戊灵(5),氟噻草胺(3),氟吡菌酰胺(4),烯虫酯(3),多效唑(2),嘧霉胺(2),兹克威(2),2,6-二硝基-3-甲氧基-4-叔丁基甲苯(1),3,4,5-混杀威(1),丙溴磷(1),哒螨灵(1),稻瘟灵(1),啶斑肟(1),毒死蜱(1),噻嗪酮(1),戊唑醇(1)	

3.4.3.2 甜椒

这次共检测 17 例甜椒样品,16 例样品中检出了农药残留,检出率为 94.1%,检出农药共计 29 种。其中二苯胺、氟吡菌酰胺、联苯、肟菌酯和粉唑醇检出频次较高,分别检出了 8、4、4、4 和 3 次。甜椒中农药检出品种和频次见图 3-35,超标农药见图 3-36 和表 3-28。

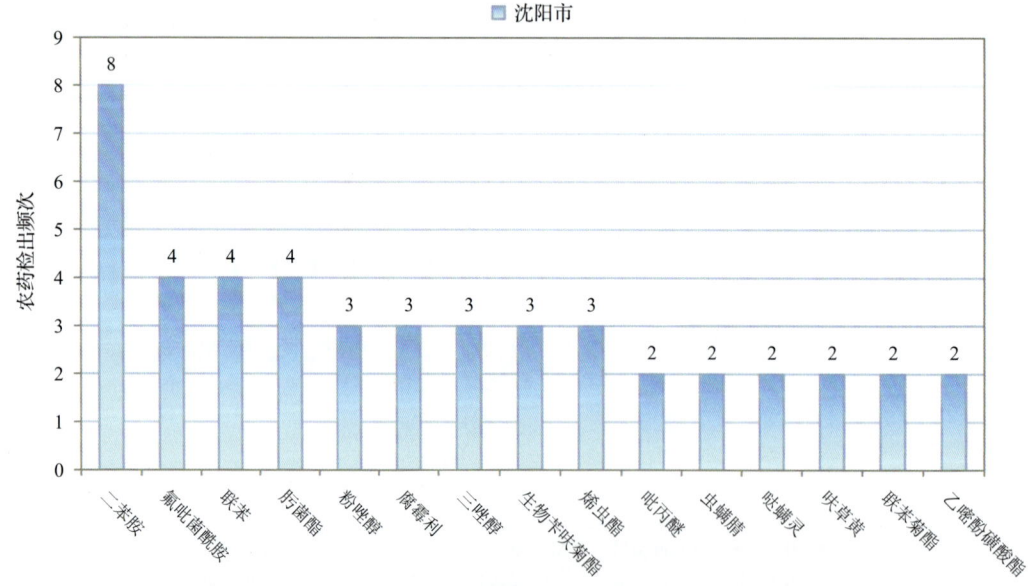

图 3-35 甜椒样品检出农药品种和频次分析(仅列出检出农药 2 频次及以上的数据)

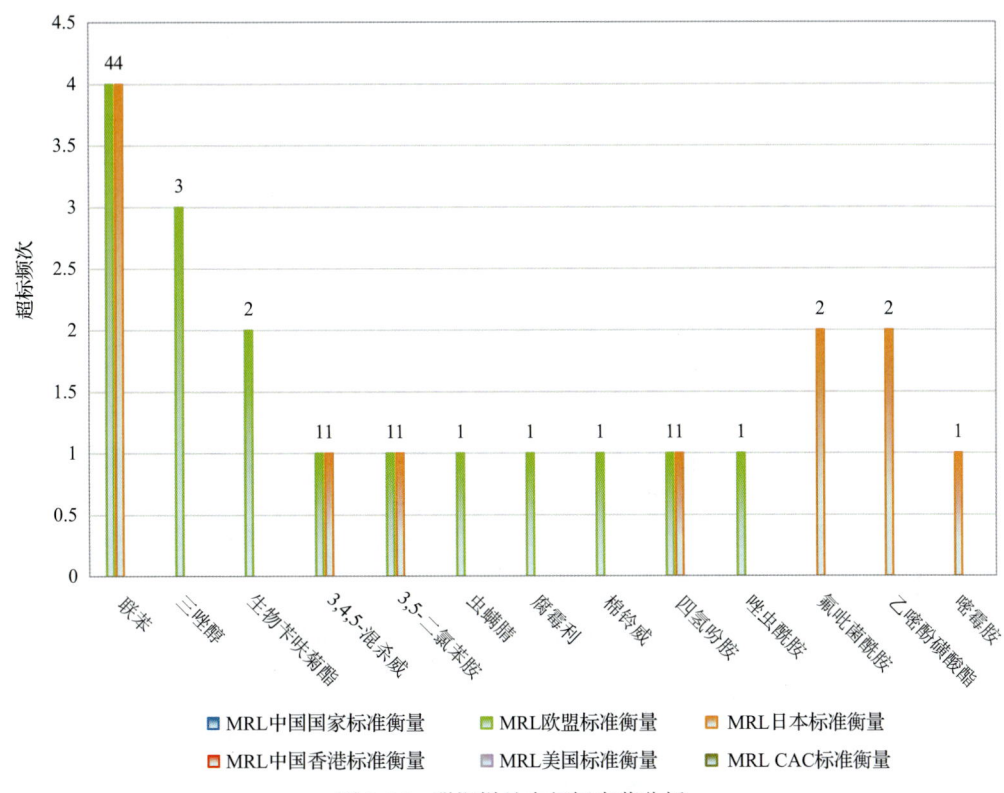

图 3-36 甜椒样品中超标农药分析

表 3-28 甜椒中农药残留超标情况明细表

样品总数	检出农药样品数	样品检出率(%)	检出农药品种总数
17	16	94.1	29

超标农药品种	超标农药频次	按照 MRL 中国国家标准、欧盟标准和日本标准衡量超标农药名称及频次	
中国国家标准	0	0	
欧盟标准	10	16	联苯(4),三唑醇(3),生物苄呋菊酯(2),3,4,5-混杀威(1),3,5-二氯苯胺(1),虫螨腈(1),腐霉利(1),棉铃威(1),四氢吩胺(1),唑虫酰胺(1)
日本标准	7	12	联苯(4),氟吡菌酰胺(2),乙嘧酚磺酸酯(2),3,4,5-混杀威(1),3,5-二氯苯胺(1),嘧霉胺(1),四氢吩胺(1)

3.4.3.3 生菜

这次共检测 15 例生菜样品,全部检出了农药残留,检出率为 100.0%,检出农药共计 27 种。其中威杀灵、多效唑、二苯胺、腐霉利和烯虫酯检出频次较高,分别检出了 6、5、5、5 和 5 次。生菜中农药检出品种和频次见图 3-37,超标农药见图 3-38 和表 3-29。

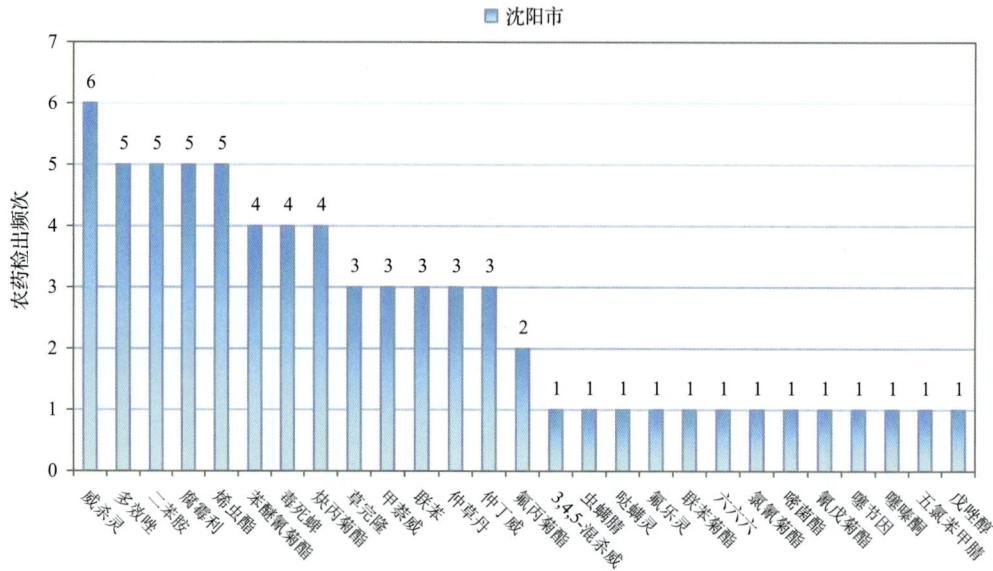

图 3-37　生菜样品检出农药品种和频次分析

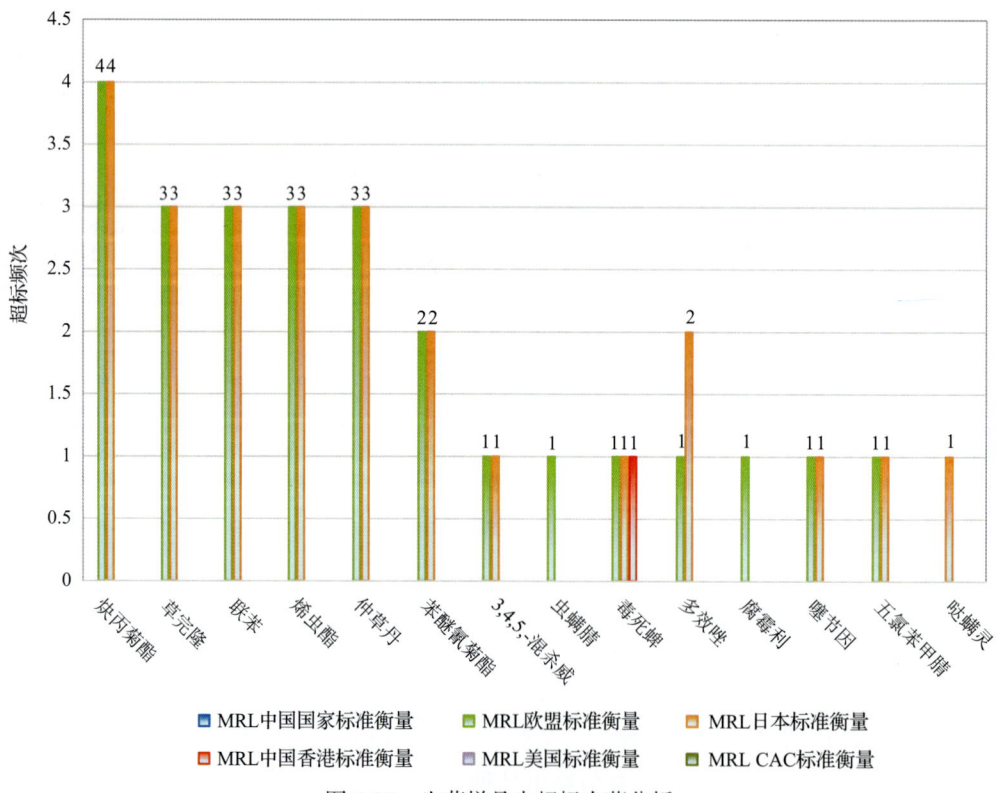

图 3-38　生菜样品中超标农药分析

表 3-29 生菜中农药残留超标情况明细表

样品总数 15			检出农药样品数 15	样品检出率(%) 100	检出农药品种总数 27
	超标农药品种	超标农药频次	按照 MRL 中国国家标准、欧盟标准和日本标准衡量超标农药名称及频次		
中国国家标准	0	0			
欧盟标准	13	25	炔丙菊酯(4),草完隆(3),联苯(3),烯虫酯(3),仲草丹(3),苯醚氰菊酯(2),3,4,5-混杀威(1),虫螨腈(1),毒死蜱(1),多效唑(1),腐霉利(1),噻节因(1),五氯苯甲腈(1)		
日本标准	12	25	炔丙菊酯(4),草完隆(3),联苯(3),烯虫酯(3),仲草丹(3),苯醚氰菊酯(2),多效唑(2),3,4,5-混杀威(1),哒螨灵(1),毒死蜱(1),噻节因(1),五氯苯甲腈(1)		

3.5 初步结论

3.5.1 沈阳市市售水果蔬菜按 MRL 中国国家标准和国际主要 MRL 标准衡量的合格率

本次侦测的 590 例样品中，153 例样品未检出任何残留农药，占样品总量的 25.9%，437 例样品检出不同水平、不同种类的残留农药，占样品总量的 74.1%。在这 437 例检出农药残留的样品中：

按照 MRL 中国国家标准衡量，有 425 例样品检出残留农药但含量没有超标，占样品总数的 72.0%，有 12 例样品检出了超标农药，占样品总数的 2.0%。

按照 MRL 欧盟标准衡量，有 171 例样品检出残留农药但含量没有超标，占样品总数的 29.0%，有 266 例样品检出了超标农药，占样品总数的 45.1%。

按照 MRL 日本标准衡量，有 193 例样品检出残留农药但含量没有超标，占样品总数的 32.7%，有 244 例样品检出了超标农药，占样品总数的 41.4%。

按照 MRL 中国香港标准衡量，有 427 例样品检出残留农药但含量没有超标，占样品总数的 72.4%，有 10 例样品检出了超标农药，占样品总数的 1.7%。

按照 MRL 日本标准衡量，有 430 例样品检出残留农药但含量没有超标，占样品总数的 72.9%，有 7 例样品检出了超标农药，占样品总数的 1.2%。

按照 MRL CAC 标准衡量，有 436 例样品检出残留农药但含量没有超标，占样品总数的 73.9%，有 1 例样品检出了超标农药，占样品总数的 0.2%。

3.5.2 沈阳市市售水果蔬菜中检出农药以中低微毒农药为主，占市场主体的 92.5%

这次侦测的 590 例样品包括调味料 1 种 10 例，食用菌 3 种 208 例，水果 18 种 27 例，蔬菜 28 种 345 例，共检出了 134 种农药，检出农药的毒性以中低微毒为主，详见表 3-30。

表 3-30 市场主体农药毒性分布

毒性	检出品种	占比(%)	检出频次	占比(%)
剧毒农药	4	3.0	11	0.8
高毒农药	6	4.5	38	2.6
中毒农药	49	36.6	539	37.3
低毒农药	54	40.3	477	33.0
微毒农药	21	15.7	380	26.3
中低微毒农药，品种占比 92.5%，频次占比 96.6%				

3.5.3 检出剧毒、高毒和禁用农药现象应该警醒

在此次侦测的 590 例样品中有 17 种蔬菜和 10 种水果的 71 例样品检出了 14 种 75 频次的剧毒和高毒或禁用农药，占样品总量的 12.0%。其中剧毒农药甲拌磷、乙拌磷和乙拌磷砜以及高毒农药猛杀威、兹克威和水胺硫磷检出频次较高。

按 MRL 中国国家标准衡量，剧毒农药甲拌磷，检出 6 次，超标 1 次；高毒农药水胺硫磷，检出 6 次，超标 2 次；按超标程度比较，橙中水胺硫磷超标 35.0 倍，豇豆中甲拌磷超标 1.7 倍，哈密瓜中甲胺磷超标 0.8 倍，芹菜中克百威超标 0.1 倍。

剧毒、高毒或禁用农药的检出情况及按照 MRL 中国国家标准衡量的超标情况见表 3-31。

表 3-31 剧毒、高毒或禁用农药的检出及超标明细

序号	农药名称	样品名称	检出频次	超标频次	最大超标倍数	超标率
1.1	乙拌磷*	芹菜	3	0	0	0.0%
2.1	乙拌磷砜*	胡萝卜	1	0	0	0.0%
3.1	异艾氏剂*	猕猴桃	1	0	0	0.0%
4.1	甲拌磷*▲	茼蒿	3	0	0	0.0%
4.2	甲拌磷*▲	豇豆	1	1	1.66	100.0%
4.3	甲拌磷*▲	芫荽	1	0	0	0.0%
4.4	甲拌磷*▲	萝卜	1	0	0	0.0%
5.1	三唑磷°	橙	1	0	0	0.0%
6.1	克百威°▲	芹菜	4	2	0.11	50.0%
6.2	克百威°▲	柠檬	1	0	0	0.0%
7.1	兹克威°	小白菜	4	0	0	0.0%
7.2	兹克威°	芹菜	4	0	0	0.0%
7.3	兹克威°	油麦菜	3	0	0	0.0%
7.4	兹克威°	苦苣	1	0	0	0.0%
8.1	水胺硫磷°▲	橙	2	2	34.97	100.0%

续表

序号	农药名称	样品名称	检出频次	超标频次	最大超标倍数	超标率
8.2	水胺硫磷◊▲	茼蒿	2	0	0	0.0%
8.3	水胺硫磷◊▲	柠檬	1	0	0	0.0%
8.4	水胺硫磷◊▲	苦瓜	1	0	0	0.0%
9.1	猛杀威◊	小油菜	4	0	0	0.0%
9.2	猛杀威◊	茄子	2	0	0	0.0%
9.3	猛杀威◊	韭菜	2	0	0	0.0%
9.4	猛杀威◊	香蕉	2	0	0	0.0%
9.5	猛杀威◊	橙	1	0	0	0.0%
9.6	猛杀威◊	苹果	1	0	0	0.0%
9.7	猛杀威◊	菠菜	1	0	0	0.0%
10.1	甲胺磷◊▲	哈密瓜	1	1	0.84	100.0%
11.1	六六六▲	生菜	1	0	0	0.0%
12.1	氟虫腈▲	樱桃番茄	1	0	0	0.0%
13.1	氰戊菊酯▲	李子	3	2	5.58	66.7%
13.2	氰戊菊酯▲	小油菜	2	0	0	0.0%
13.3	氰戊菊酯▲	枣	2	0	0	0.0%
13.4	氰戊菊酯▲	芫荽	2	0	0	0.0%
13.5	氰戊菊酯▲	生菜	1	0	0	0.0%
13.6	氰戊菊酯▲	苹果	1	0	0	0.0%
13.7	氰戊菊酯▲	萝卜	1	0	0	0.0%
13.8	氰戊菊酯▲	韭菜	1	0	0	0.0%
14.1	硫丹▲	西葫芦	4	0	0	0.0%
14.2	硫丹▲	黄瓜	2	0	0	0.0%
14.3	硫丹▲	小油菜	1	0	0	0.0%
14.4	硫丹▲	枣	1	0	0	0.0%
14.5	硫丹▲	桃	1	0	0	0.0%
14.6	硫丹▲	梨	1	0	0	0.0%
14.7	硫丹▲	豇豆	1	0	0	0.0%
合计			75	8		10.7%

注：超标倍数参照 MRL 中国国家标准衡量

这些超标的剧毒和高毒农药都是中国政府早有规定禁止在水果蔬菜中使用的，为什么还屡次被检出，应该引起警惕。

3.5.4 残留限量标准与先进国家或地区差距较大

1445 频次的检出结果与我国公布的《食品中农药最大残留限量》（GB 2763—2014）对比，有 238 频次能找到对应的 MRL 中国国家标准，占 16.5%；还有 1207 频次的侦测数据无相关 MRL 标准供参考，占 83.5%。

与国际上现行 MRL 标准对比发现：

有 1445 频次能找到对应的 MRL 欧盟标准，占 100.0%；

有 1445 频次能找到对应的 MRL 日本标准，占 100.0%；

有 369 频次能找到对应的 MRL 中国香港标准，占 25.5%；

有 334 频次能找到对应的 MRL 美国标准，占 23.1%；

有 210 频次能找到对应的 MRL CAC 标准，占 14.5%。

由上可见，MRL 中国国家标准与先进国家或地区标准还有很大差距，我们无标准，境外有标准，这就会导致我们在国际贸易中，处于受制于人的被动地位。

3.5.5 水果蔬菜单种样品检出 21~42 种农药残留，拷问农药使用的科学性

通过此次监测发现，柠檬、葡萄和橙是检出农药品种最多的 3 种水果，芹菜、甜椒和生菜是检出农药品种最多的 3 种蔬菜，从中检出农药品种及频次详见表 3-32。

表 3-32 单种样品检出农药品种及频次

样品名称	样品总数	检出农药样品数	检出率	检出农药品种数	检出农药(频次)
芹菜	16	16	100.0%	42	威杀灵(10),烯虫酯(8),二甲戊灵(7),啶酰菌胺(5),氟噻草胺(5),毒死蜱(4),氟吡菌酰胺(4),甲基立枯磷(4),克百威(4),喹螨醚(4),兹克威(4),多效唑(3),乙拌磷(3),除虫菊酯(2),呋草黄(2),腐霉利(2),己唑醇(2),嘧霉胺(2),噻嗪酮(2),戊唑醇(2),2,6-二硝基-3-甲氧基-4-叔丁基甲苯(1),3,4,5-混杀威(1),丙溴磷(1),哒螨灵(1),稻瘟灵(1),啶斑肟(1),二苯胺(1),氟丙菊酯(1),氟乐灵(1),甲霜灵(1),联苯菊酯(1),氯氰菊酯(1),醚菌酯(1),扑草净(1),噻菌灵(1),霜霉威(1),特草灵(1),五氯苯(1),五氯苯胺(1),五氯苯甲腈(1),五氯硝基苯(1),乙霉威(1)
甜椒	17	16	94.1%	29	二苯胺(8),氟吡菌酰胺(4),联苯(4),肟菌酯(4),粉唑醇(3),腐霉利(3),三唑醇(3),生物苄呋菊酯(3),烯虫酯(3),吡丙醚(2),虫螨腈(2),哒螨灵(2),呋草黄(2),联苯菊酯(2),乙嘧酚磺酸酯(2),3,4,5-混杀威(1),3,5-二氯苯胺(1),除虫菊酯(1),啶酰菌胺(1),环酯草醚(1),己唑醇(1),甲基嘧啶磷(1),嘧霉胺(1),棉铃威(1),三唑酮(1),四氟醚唑(1),四氢吩胺(1),戊唑醇(1),唑虫酰胺(1)

续表

样品名称	样品总数	检出农药样品数	检出率	检出农药品种数	检出农药(频次)
生菜	15	15	100.0%	27	威杀灵(6),多效唑(5),二苯胺(5),腐霉利(5),烯虫酯(5),苯醚氰菊酯(4),毒死蜱(4),炔丙菊酯(4),草完隆(3),甲萘威(3),联苯(3),仲草丹(3),仲丁威(3),氟丙菊酯(2),3,4,5-混杀威(1),虫螨腈(1),哒螨灵(1),氟乐灵(1),联苯菊酯(1),六六六(1),氯氰菊酯(1),嘧菌酯(1),氰戊菊酯(1),噻节因(1),噻嗪酮(1),五氯苯甲腈(1),戊唑醇(1)
柠檬	16	16	100.0%	26	毒死蜱(12),二苯胺(5),哒螨灵(3),棉铃威(3),杀螨酯(3),吡丙醚(2),环酯草醚(2),马拉硫磷(2),威杀灵(2),戊唑醇(2),新燕灵(2),氟吡菌酰胺(1),氟硅唑(1),腈菌唑(1),克百威(1),氯草敏(1),氯硝胺(1),嘧菌酯(1),灭除威(1),噻嗪酮(1),杀虫环(1),水胺硫磷(1),肟菌酯(1),乙霉威(1),莠去津(1),仲丁威(1)
葡萄	16	16	100.0%	23	威杀灵(12),嘧菌酯(8),腐霉利(7),氟丙菊酯(6),戊唑醇(6),二苯胺(5),嘧霉胺(5),己唑醇(3),嘧菌环酯(3),三唑醇(3),啶酰菌胺(2),3,5-二氯苯胺(1),稻瘟灵(1),多效唑(1),氟吡菌酰胺(1),氟硅唑(1),甲霜灵(1),腈菌唑(1),醚菌酯(1),杀螨酯(1),戊菌唑(1),溴丁酰草胺(1),仲丁灵(1)
橙	15	11	73.3%	21	生物苄呋菊酯(5),毒死蜱(4),氯磺隆(3),戊唑醇(3),2,6-二硝基-3-甲氧基-4-叔丁基甲苯(2),吡喃灵(2),丙溴磷(2),二甲戊灵(2),甲醚菊酯(2),联苯菊酯(2),水胺硫磷(2),3,4,5-混杀威(1),苯醚氰菊酯(1),吡丙醚(1),除虫菊素Ⅰ(1),二苯胺(1),猛杀威(1),嘧霉胺(1),炔螨特(1),三唑磷(1),肟菌酯(1)

上述6种水果蔬菜,检出农药21~42种,是多种农药综合防治,还是未严格实施农业良好管理规范(GAP),抑或根本就是乱施药,值得我们思考。

第4章 GC-Q-TOF/MS 侦测沈阳市市售水果蔬菜农药残留膳食暴露风险与预警风险评估

4.1 农药残留风险评估方法

4.1.1 沈阳市农药残留侦测数据分析与统计

庞国芳院士科研团队建立的农药残留高通量侦测技术以高分辨精确质量数（0.0001 m/z 为基准）为识别标准，采用 GC-Q-TOF/MS 技术对507种农药化学污染物进行侦测。

科研团队于2015年9月至2019年1月期间在沈阳市所属7个区的15个采样点，随机采集了590例水果蔬菜样品，采样点分布在超市，具体位置如图4-1所示，各月内水果蔬菜样品采集数量如表4-1所示。

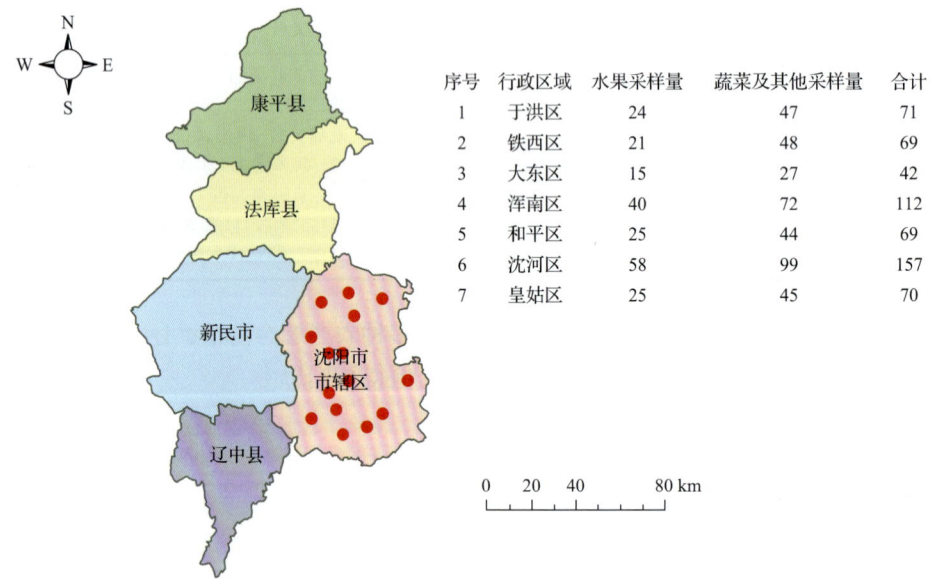

序号	行政区域	水果采样量	蔬菜及其他采样量	合计
1	于洪区	24	47	71
2	铁西区	21	48	69
3	大东区	15	27	42
4	浑南区	40	72	112
5	和平区	25	44	69
6	沈河区	58	99	157
7	皇姑区	25	45	70

图 4-1 GC-Q-TOF/MS 侦测沈阳市15个采样点590例样品分布示意图

表 4-1 沈阳市各月内采集水果蔬菜样品数

时间	样品数（例）
2015年9月	488
2019年1月	102

利用 GC-Q-TOF/MS 技术对590例样品中的农药进行侦测，侦测出残留农药134种，

1444 频次。侦测出农药残留水平如表 4-2 和图 4-2 所示。检出频次最高的前 10 种农药如表 4-3 所示。从侦测结果中可以看出，在水果蔬菜中农药残留普遍存在，且有些水果蔬菜存在高浓度的农药残留，这些可能存在膳食暴露风险，对人体健康产生危害，因此，为了定量地评价水果蔬菜中农药残留的风险程度，有必要对其进行风险评价。

表 4-2 侦测出农药的不同残留水平及其所占比例

残留水平 (μg/kg)	检出频次	占比 (%)
1~5（含）	536	37.1
5~10（含）	223	15.4
10~100（含）	564	39.1
100~1000（含）	109	7.5
>1000	12	0.8
合计	1444	100

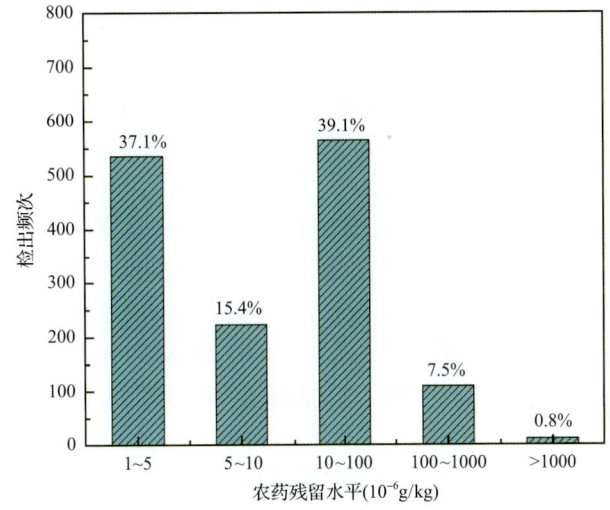

图 4-2 残留农药检出浓度频数分布图

表 4-3 检出频次最高的前 10 种农药列表

序号	农药	检出频次（次）
1	二苯胺	98
2	毒死蜱	76
3	威杀灵	74
4	烯虫酯	59
5	腐霉利	55
6	戊唑醇	52
7	氟丙菊酯	48
8	生物苄呋菊酯	45
9	哒螨灵	36
10	联苯菊酯	32

4.1.2 农药残留风险评价模型

对沈阳市水果蔬菜中农药残留分别开展暴露风险评估和预警风险评估。膳食暴露风险评估利用食品安全指数模型对水果蔬菜中的残留农药对人体可能产生的危害程度进行评价,该模型结合残留监测和膳食暴露评估评价化学污染物的危害;预警风险评价模型运用风险系数(risk index,R),风险系数综合考虑了危害物的超标率、施检频率及其本身敏感性的影响,能直观而全面地反映出危害物在一段时间内的风险程度。

4.1.2.1 食品安全指数模型

为了加强食品安全管理,《中华人民共和国食品安全法》第二章第十七条规定"国家建立食品安全风险评估制度,运用科学方法,根据食品安全风险监测信息、科学数据以及有关信息,对食品、食品添加剂、食品相关产品中生物性、化学性和物理性危害因素进行风险评估"[1],膳食暴露评估是食品危险度评估的重要组成部分,也是膳食安全性的衡量标准[2]。国际上最早研究膳食暴露风险评估的机构主要是 JMPR(FAO、WHO 农药残留联合会议),该组织自1995年就已制定了急性毒性物质的风险评估急性毒性农药残留摄入量的预测。1960年美国规定食品中不得加入致癌物质进而提出零阈值理论,渐渐零阈值理论发展成在一定概率条件下可接受风险的概念[3],后衍变为食品中每日允许最大摄入量(ADI),而国际食品农药残留法典委员会(CCPR)认为 ADI 不是独立风险评估的唯一标准[4],1995年 JMPR 开始研究农药急性膳食暴露风险评估,并对食品国际短期摄入量的计算方法进行了修正,亦对膳食暴露评估准则及评估方法进行了修正[5],2002 年,在对世界上现行的食品安全评价方法,尤其是国际公认的 CAC 的评价方法、全球环境监测系统/食品污染监测和评估规划(WHO GEMS/Food)及 FAO、WHO 食品添加剂联合专家委员会(JECFA)和 JMPR 对食品安全风险评估工作研究的基础之上,检验检疫食品安全管理的研究人员提出了结合残留监控和膳食暴露评估,以食品安全指数 IFS 计算食品中各种化学污染物对消费者的健康危害程度[6]。IFS 是表示食品安全状态的新方法,可有效地评价某种农药的安全性,进而评价食品中各种农药化学污染物对消费者健康的整体危害程度[7,8]。从理论上分析,IFS_c 可指出食品中的污染物 c 对消费者健康是否存在危害及危害的程度[9]。其优点在于操作简单且结果容易被接受和理解,不需要大量的数据来对结果进行验证,使用默认的标准假设或者模型即可[10,11]。

1) IFS_c 的计算

IFS_c 计算公式如下:

$$IFS_c = \frac{EDI_c \times f}{SI_c \times bw} \quad (4-1)$$

式中,c 为所研究的农药;EDI_c 为农药 c 的实际日摄入量估算值,等于 $\sum(R_i \times F_i \times E_i \times P_i)$ (i 为食品种类;R_i 为食品 i 中农药 c 的残留水平,mg/kg;F_i 为食品 i 的估计日消费量,g/(人·天);E_i 为食品 i 的可食用部分因子;P_i 为食品 i 的加工处理因子);SI_c 为安全摄入量，可采用每日允许最大摄入量 ADI；bw 为人平均体重，kg；f 为校正因子，如果安全摄入量采用 ADI，则 f 取 1。

$IFS_c \ll 1$，农药 c 对食品安全没有影响；$IFS_c \leqslant 1$，农药 c 对食品安全的影响可以接受；$IFS_c > 1$，农药 c 对食品安全的影响不可接受。

本次评价中：

$IFS_c \leqslant 0.1$，农药 c 对水果蔬菜安全没有影响；

$0.1 < IFS_c \leqslant 1$，农药 c 对水果蔬菜安全的影响可以接受；

$IFS_c > 1$，农药 c 对水果蔬菜安全的影响不可接受。

本次评价中残留水平 R_i 取值为中国检验检疫科学研究院庞国芳院士课题组利用以高分辨精确质量数（$0.0001 m/z$）为基准的 GC-Q-TOF/MS 测技术于 2015 年 9 月至 2019 年 1 月期间对沈阳市水果蔬菜农药残留的侦测结果，估计日消费量 F_i 取值 0.38 kg/（人·天），$E_i=1$，$P_i=1$，$f=1$，SI_c 采用《食品安全国家标准 食品中农药最大残留限量》（GB 2763—2016）中 ADI 值（具体数值见表 4-4），人平均体重（bw）取值 60 kg。

表 4-4 沈阳市水果蔬菜中侦测出农药的 ADI 值

序号	农药	ADI	序号	农药	ADI	序号	农药	ADI
1	醚菌酯	0.4	22	灭锈胺	0.05	43	西玛津	0.018
2	霜霉威	0.4	23	啶酰菌胺	0.04	44	稻瘟灵	0.016
3	马拉硫磷	0.3	24	扑草净	0.04	45	辛酰溴苯腈	0.015
4	仲丁灵	0.2	25	肟菌酯	0.04	46	五氯硝基苯	0.01
5	嘧菌酯	0.2	26	三唑酮	0.03	47	哒螨灵	0.01
6	嘧霉胺	0.2	27	三唑醇	0.03	48	噁霜灵	0.01
7	氯磺隆	0.2	28	丙溴磷	0.03	49	毒死蜱	0.01
8	萘乙酸	0.15	29	二甲戊灵	0.03	50	氟吡菌酰胺	0.01
9	丁草胺	0.1	30	嘧菌环胺	0.03	51	氯硝胺	0.01
10	吡丙醚	0.1	31	戊唑醇	0.03	52	炔螨特	0.01
11	噻菌灵	0.1	32	戊菌唑	0.03	53	粉唑醇	0.01
12	多效唑	0.1	33	生物苄呋菊酯	0.03	54	联苯菊酯	0.01
13	腐霉利	0.1	34	甲基嘧啶磷	0.03	55	螺螨酯	0.01
14	氟酰胺	0.09	35	甲氰菊酯	0.03	56	噻嗪酮	0.009
15	二苯胺	0.08	36	腈菌唑	0.03	57	甲萘威	0.008
16	甲霜灵	0.08	37	虫螨腈	0.03	58	氟硅唑	0.007
17	甲基立枯磷	0.07	38	氟乐灵	0.025	59	唑虫酰胺	0.006
18	仲丁威	0.06	39	噻节因	0.02	60	硫丹	0.006
19	异菌脲	0.06	40	氯氰菊酯	0.02	61	环酯草醚	0.0056
20	杀虫环	0.05	41	氰戊菊酯	0.02	62	六六六	0.005
21	氯菊酯	0.05	42	莠去津	0.02	63	喹螨醚	0.005

续表

序号	农药	ADI	序号	农药	ADI	序号	农药	ADI
64	己唑醇	0.005	88	兹克威	—	112	烯丙菊酯	—
65	烯唑醇	0.005	89	去乙基阿特拉津	—	113	烯虫炔酯	—
66	乙霉威	0.004	90	双苯酰草胺	—	114	烯虫酯	—
67	甲胺磷	0.004	91	叠氮津	—	115	特丁净	—
68	水胺硫磷	0.003	92	吡喃灵	—	116	特草灵	—
69	异丙威	0.002	93	呋草黄	—	117	猛杀威	—
70	三唑磷	0.001	94	呋菌胺	—	118	环草敌	—
71	克百威	0.001	95	啶斑肟	—	119	甲醚菊酯	—
72	禾草敌	0.001	96	四氟醚唑	—	120	硫虫畏	—
73	甲拌磷	0.0007	97	四氢吩胺	—	121	缅霉威	—
74	氟虫腈	0.0002	98	威杀灵	—	122	联苯	—
75	2,6-二氯苯甲酰胺	—	99	异艾氏剂	—	123	苯醚氰菊酯	—
76	2,6-二硝基-3-甲氧基-4-叔丁基甲苯	—	100	戊草丹	—	124	茚草酮	—
77	3,4,5-混杀威	—	101	新燕灵	—	125	茵草敌	—
78	3,5-二氯苯胺	—	102	杀螨特	—	126	草完隆	—
79	γ-氟氯氰菊酯	—	103	杀螨酯	—	127	菲	—
80	丁羟茴香醚	—	104	棉铃威	—	128	萘乙酰胺	—
81	乙嘧酚磺酸酯	—	105	氟丙菊酯	—	129	解草腈	—
82	乙拌磷	—	106	氟唑菌酰胺	—	130	避蚊胺	—
83	乙拌磷砜	—	107	氟噻草胺	—	131	邻苯二甲酰亚胺	—
84	五氯苯	—	108	氯草敏	—	132	间羟基联苯	—
85	五氯苯甲腈	—	109	溴丁酰草胺	—	133	除虫菊素 I	—
86	五氯苯胺	—	110	灭除威	—	134	除虫菊酯	—
87	仲草丹	—	111	炔丙菊酯	—			

注:"—"表示为国家标准中无 ADI 值规定;ADI 值单位为 mg/kg bw

2)计算 IFS_c 的平均值 $\overline{IFS}$,评价农药对食品安全的影响程度

以 $\overline{IFS}$ 评价各种农药对人体健康危害的总程度,评价模型见公式(4-2)。

$$\overline{IFS} = \frac{\sum_{i=1}^{n} IFS_c}{n} \tag{4-2}$$

$\overline{IFS} \ll 1$,所研究消费者人群的食品安全状态很好;$\overline{IFS} \leqslant 1$,所研究消费者人群的食品安全状态可以接受;$\overline{IFS} > 1$,所研究消费者人群的食品安全状态不可接受。

本次评价中：

$\overline{\text{IFS}} \leq 0.1$，所研究消费者人群的水果蔬菜安全状态很好；

$0.1 < \overline{\text{IFS}} \leq 1$，所研究消费者人群的水果蔬菜安全状态可以接受；

$\overline{\text{IFS}} > 1$，所研究消费者人群的水果蔬菜安全状态不可接受。

4.1.2.2 预警风险评估模型

2003 年，我国检验检疫食品安全管理的研究人员根据 WTO 的有关原则和我国的具体规定，结合危害物本身的敏感性、风险程度及其相应的施检频率，首次提出了食品中危害物风险系数 R 的概念[12]。R 是衡量一个危害物的风险程度大小最直观的参数，即在一定时期内其超标率或阳性检出率的高低，但受其施检频率的高低及其本身的敏感性(受关注程度)影响。该模型综合考察了农药在蔬菜中的超标率、施检频率及其本身敏感性，能直观而全面地反映出农药在一段时间内的风险程度[13]。

1) R 计算方法

危害物的风险系数综合考虑了危害物的超标率或阳性检出率、施检频率和其本身的敏感性影响，并能直观而全面地反映出危害物在一段时间内的风险程度。风险系数 R 的计算公式如式(4-3)：

$$R = aP + \frac{b}{F} + S \tag{4-3}$$

式中，P 为该种危害物的超标率；F 为危害物的施检频率；S 为危害物的敏感因子；a, b 分别为相应的权重系数。

本次评价中 $F=1$；$S=1$；$a=100$；$b=0.1$，对参数 P 进行计算，计算时首先判断是否为禁用农药，如果为非禁用农药，$P=$超标的样品数(侦测出的含量高于食品最大残留限量标准值，即 MRL)除以总样品数(包括超标、不超标、未侦测出)；如果为禁用农药，则侦测出即为超标，$P=$能侦测出的样品数除以总样品数。判断沈阳市水果蔬菜农药残留是否超标的标准限值 MRL 分别以 MRL 中国国家标准[14]和 MRL 欧盟标准作为对照，具体值列于本报告附表一中。

2) 评价风险程度

$R \leq 1.5$，受检农药处于低度风险；

$1.5 < R \leq 2.5$，受检农药处于中度风险；

$R > 2.5$，受检农药处于高度风险。

4.1.2.3 食品膳食暴露风险和预警风险评估应用程序的开发

1) 应用程序开发的步骤

为成功开发膳食暴露风险和预警风险评估应用程序，与软件工程师多次沟通讨论，逐步提出并描述清楚计算需求，开发了初步应用程序。为明确出不同水果蔬菜、不同农药、不同地域和不同季节的风险水平,向软件工程师提出不同的计算需求,软件工程师对计算需求进行逐一分析,经过反复的细节沟通,需求分析得到明确后,开始进行解决方案的设计,在保证需求的完整性、一致性的前提下,编写出程序代码,最后设计出满足需求的风险评估专用计算软件,并通过一系列的软件测试和改进,完成专用程序的开发。软件开发基本步骤见图4-3。

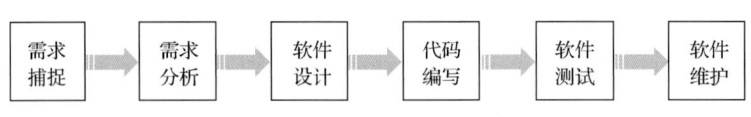

图4-3 专用程序开发总体步骤

2)膳食暴露风险评估专业程序开发的基本要求

首先直接利用公式(4-1),分别计算LC-Q-TOF/MS和GC-Q-TOF/MS仪器侦测出的各水果蔬菜样品中每种农药IFS_c,将结果列出。为考察超标农药和禁用农药的使用安全性,分别以我国《食品安全国家标准 食品中农药最大残留限量》(GB 2763—2016)和欧盟食品中农药最大残留限量(以下简称MRL中国国家标准和MRL欧盟标准)为标准,对侦测出的禁用农药和超标的非禁用农药IFS_c单独进行评价;按IFS_c大小列表,并找出IFS_c值排名前20的样本重点关注。

对不同水果蔬菜i中每一种侦测出的农药c的安全指数进行计算,多个样品时求平均值。若监测数据为该市多个月的数据,则逐月、逐季度分别列出每个月、每个季度内每一种水果蔬菜i对应的每一种农药c的IFS_c。

按农药种类,计算整个监测时间段内每种农药的IFS_c,不区分水果蔬菜。若侦测数据为该市多个月的数据,则需分别计算每个月、每个季度内每种农药的IFS_c。

3)预警风险评估专业程序开发的基本要求

分别以MRL中国国家标准和MRL欧盟标准,按公式(4-3)逐个计算不同水果蔬菜、不同农药的风险系数,禁用农药和非禁用农药分别列表。

为清楚了解各种农药的预警风险,不分时间,不分水果蔬菜,按禁用农药和非禁用农药分类,分别计算各种侦测出的农药全部侦测时段内风险系数。由于有MRL中国国家标准的农药种类太少,无法计算超标数,非禁用农药的风险系数只以MRL欧盟标准为标准,进行计算。若侦测数据为多个月的,则按月计算每个月、每个季度内每种禁用农药残留的风险系数和以MRL欧盟标准为标准的非禁用农药残留的风险系数。

4)风险程度评价专业应用程序的开发方法

采用Python计算机程序设计语言,Python是一个高层次地结合了解释性、编译性、互动性和面向对象的脚本语言。风险评价专用程序主要功能包括:分别读入每例样品LC-Q-TOF/MS和GC-Q-TOF/MS农药残留侦测数据,根据风险评价工作要求,依次对不同农药、不同食品、不同时间、不同采样点的IFS_c值和R值分别进行数据计算,筛选出禁用农药、超标农药(分别与MRL中国国家标准、MRL欧盟标准限值进行对比)单独重点分析,再分别对各农药、各水果蔬菜种类分类处理,设计出计算和排序程序,编写计算机代码，最后将生成的膳食暴露风险评估和超标风险评估定量计算结果列入设计好的各个表格中，并定性判断风险对目标的影响程度，直接用文字描述风险发生的高低，如"不可接受"、"可以接受"、"没有影响"、"高度风险"、"中度风险"、"低度风险"。

4.2 GC-Q-TOF/MS 侦测沈阳市市售水果蔬菜农药残留膳食暴露风险评估

4.2.1 每例水果蔬菜样品中农药残留安全指数分析

基于 2015 年 9 月至 2019 年 1 月期间农药残留侦测数据，发现在 590 例样品中侦测出农药 1444 频次，计算样品中每种残留农药的安全指数 IFS_c，并分析农药对样品安全的影响程度，结果详见附表二，农药残留对水果蔬菜样品安全的影响程度频次分布情况如图 4-4 所示。

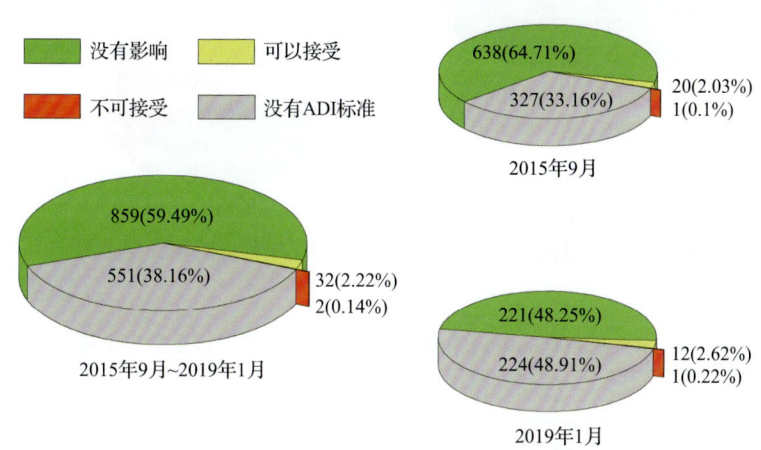

图 4-4 农药残留对水果蔬菜样品安全的影响程度频次分布图

由图 4-4 可以看出，农药残留对样品安全的影响不可接受的频次为 2，占 0.14%；农药残留对样品安全的影响可以接受的频次为 32，占 2.22%；农药残留对样品安全的没有影响的频次为 859，占 59.49%。分析发现，在 2015 年 9 月和 2019 年 1 月分别有 1 种农药对样品安全影响不可接受。表 4-5 为对水果蔬菜样品中安全指数不可接受的农药残留列表。

表 4-5 水果蔬菜样品中安全影响不可接受的农药残留列表

序号	样品编号	采样点	基质	农药	含量(mg/kg)	IFS_c
1	20150921-210100-QHDCIQ-NM-04A	***超市(沈阳重工店)	柠檬	水胺硫磷	0.5197	1.0971
2	20190101-210100-CAIQ-CZ-01A	***超市(长青店)	橙	水胺硫磷	0.7194	1.5187

部分样品残留禁用农药 8 种 44 频次，为了明确残留的禁用农药对样品安全的影响，分析侦测出禁用农药残留的样品安全指数，禁用农药残留对水果蔬菜样品安全的影响程度频次分布情况如图 4-5 所示，农药残留对样品安全的影响不可接受的频次为 2，占 4.55%；农药残留对样品安全的影响可以接受的频次为 10，占 22.73%；农药残留对样品安全没有影响的频次为 32，占 72.73%。分析发现，在 2015 年 9 月和 2019 年 1 月分别有 1 种禁用农药对样品安全影响不可接受。表 4-6 列出了水果蔬菜样品中侦测出的禁用农药残留不可接受的安全指数表。

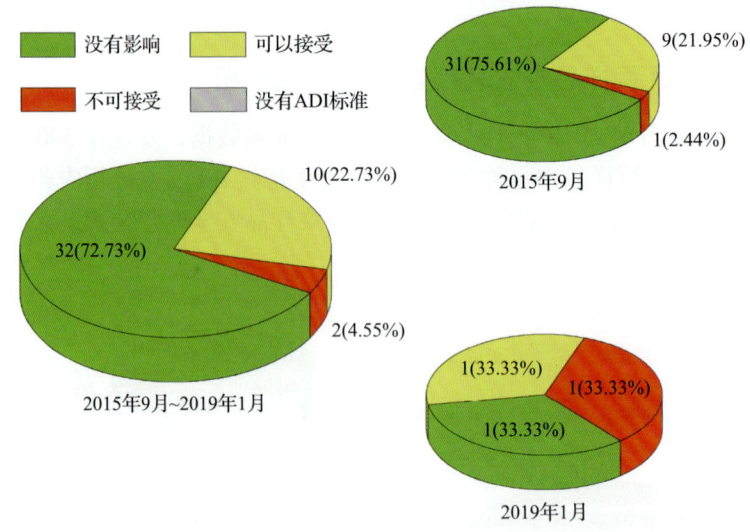

图 4-5 禁用农药对水果蔬菜样品安全影响程度的频次分布图

表 4-6 水果蔬菜样品中侦测出的禁用农药残留不可接受的安全指数表

序号	样品编号	采样点	基质	农药	含量(mg/kg)	IFS$_c$
1	20150921-210100-QHDCIQ-NM-04A	***超市(沈阳重工店)	柠檬	水胺硫磷	0.5197	1.0971
2	20190101-210100-CAIQ-CZ-01A	***超市(长青店)	橙	水胺硫磷	0.7194	1.5187

此外，本次侦测发现部分样品中非禁用农药残留量超过了 MRL 中国国家标准和欧盟标准，为了明确超标的非禁用农药对样品安全的影响，分析了非禁用农药残留超标的样品安全指数。

水果蔬菜残留量超过 MRL 中国国家标准的非禁用农药对水果蔬菜样品安全的影响程度频次分布情况如图 4-6 所示。可以看出侦测出超过 MRL 中国国家标准的非禁用农药共 5 频次，其中农药残留对样品安全的影响可以接受的频次为 3，占 60%；农药残留对样品安全没有影响的频次为 2，占 40%。表 4-7 为水果蔬菜样品中侦测出的非禁用农药残留安全指数表。

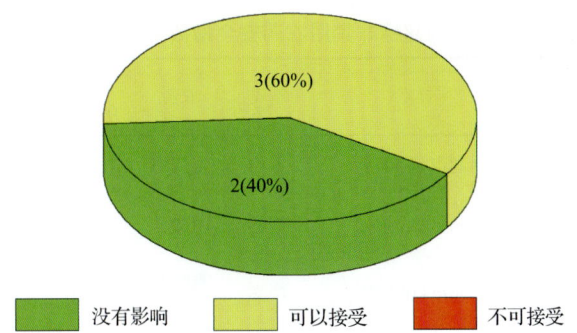

图 4-6 残留超标的非禁用农药对水果蔬菜样品安全的影响程度频次分布图(MRL 中国国家标准)

表 4-7 水果蔬菜样品中侦测出的非禁用农药残留安全指数表(MRL 中国国家标准)

序号	样品编号	采样点	基质	农药	含量(mg/kg)	中国国家标准	IFS$_c$	影响程度
1	20150922-210100-QHDCIQ-LE-06A	***超市(东陵店)	生菜	毒死蜱	0.9729	0.1	0.6162	可以接受
2	20150921-210100-QHDCIQ-JC-02A	***超市(于洪广场店)	韭菜	腐霉利	5.6274	0.2	0.3564	可以接受
3	20150922-210100-QHDCIQ-GP-06A	***超市(东陵店)	葡萄	己唑醇	0.1309	0.1	0.1658	可以接受
4	20190102-210100-CAIQ-MG-02A	***超市(和平店)	芒果	戊唑醇	0.2222	0.05	0.0469	没有影响
5	20150922-210100-QHDCIQ-CE-09A	***超市(浑南中店)	芹菜	毒死蜱	0.0637	0.05	0.0403	没有影响

残留量超过 MRL 欧盟标准的非禁用农药对水果蔬菜样品安全的影响程度频次分布情况如图 4-7 所示。可以看出超过 MRL 欧盟标准的非禁用农药共 438 频次,其中农药没有 ADI 标准的频次为 265,占 60.5%;农药残留对样品安全的影响可以接受的频次为 14,占 3.2%;农药残留对样品安全没有影响的频次为 159,占 36.3%。表 4-8 为水果蔬菜样品中残留的超标非禁用农药安全影响排名前 10 列表。

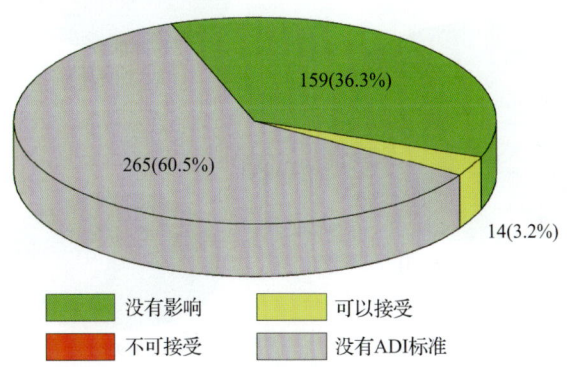

图 4-7 残留超标的非禁用农药对水果蔬菜样品安全的影响程度频次分布图(MRL 欧盟标准)

表 4-8 水果蔬菜样品中残留的超标非禁用农药安全指数排名前 10 列表(MRL 欧盟标准)

序号	样品编号	采样点	基质	农药	含量(mg/kg)	欧盟标准	IFS_c	影响程度
1	20150922-210100-QHDCIQ-LE-06A	***超市(东陵店)	生菜	毒死蜱	0.9729	0.05	0.6162	可以接受
2	20190102-210100-CAIQ-CE-04A	***超市(沈河店)	芹菜	哒螨灵	0.9444	0.05	0.5981	可以接受
3	20190102-210100-CAIQ-CE-02A	***超市(和平店)	芹菜	氟吡菌酰胺	0.9047	0.1	0.5730	可以接受
4	20190101-210100-CAIQ-CZ-01A	***超市(长青店)	橙	毒死蜱	0.5797	0.3	0.3671	可以接受
5	20150921-210100-QHDCIQ-JC-02A	***超市(于洪广场店)	韭菜	腐霉利	5.6274	0.02	0.3564	可以接受
6	20190101-210100-CAIQ-CZ-01A	***超市(长青店)	橙	三唑磷	0.0387	0.01	0.2451	可以接受
7	20190102-210100-CAIQ-CE-03A	***超市(沈阳百联购物中心店)	芹菜	氟吡菌酰胺	0.3418	0.1	0.2165	可以接受
8	20190102-210100-CAIQ-CE-04A	***超市(沈河店)	芹菜	氟吡菌酰胺	0.2933	0.1	0.1858	可以接受
9	20190101-210100-CAIQ-EP-01A	***超市(长青店)	茄子	异丙威	0.0584	0.01	0.1849	可以接受
10	20150922-210100-QHDCIQ-GP-06A	***超市(东陵店)	葡萄	己唑醇	0.1309	0.01	0.1658	可以接受

在 590 例样品中,153 例样品未侦测出农药残留,437 例样品中侦测出农药残留,计算每例有农药侦测出样品的 $\overline{IFS}$ 值,进而分析样品的安全状态,结果如图 4-8 所示(未侦测出农药的样品安全状态视为很好)。可以看出,1.19%的样品安全状态可以接受;87.8%的样品安全状态很好。表 4-9 列出了安全排名前 10 的水果蔬菜样品。

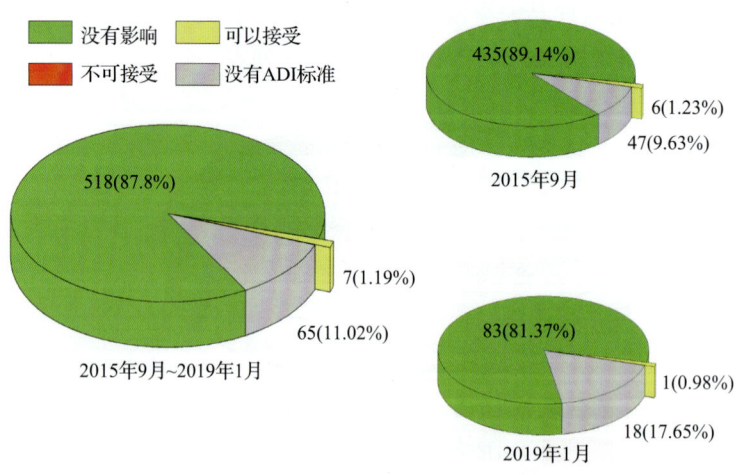

图 4-8 水果蔬菜样品安全状态分布图

表 4-9 水果蔬菜安全状态排名前 10 的样品列表

序号	样品编号	采样点	基质	$\overline{IFS}$	安全状态
1	20190101-210100-CAIQ-CZ-01A	***超市(长青店)	橙	0.2694	可以接受
2	20150921-210100-QHDCIQ-JD-02A	***超市(于洪广场店)	豇豆	0.2407	可以接受
3	20150922-210100-QHDCIQ-LZ-07A	***超市(和平店)	李子	0.2090	可以接受
4	20150922-210100-QHDCIQ-LE-06A	***超市(东陵店)	生菜	0.1852	可以接受
5	20150921-210100-QHDCIQ-TH-01A	***超市(于洪店)	茼蒿	0.1811	可以接受
6	20150921-210100-QHDCIQ-NM-04A	***超市(沈阳重工店)	柠檬	0.1589	可以接受
7	20150922-210100-QHDCIQ-TH-09A	***超市(浑南中店)	茼蒿	0.1020	可以接受
8	20190102-210100-CAIQ-CE-02A	***超市(和平店)	芹菜	0.0999	很好
9	20190102-210100-CAIQ-CE-04A	***超市(沈河店)	芹菜	0.0997	很好
10	20150922-210100-QHDCIQ-SN-10A	***超市(文化店)	樱桃番茄	0.0942	很好

4.2.2 单种水果蔬菜中农药残留安全指数分析

本次 50 种水果蔬菜中侦测出 134 种农药，检出频次为 1444 次，其中 60 种农药没有 ADI 标准，74 种农药存在 ADI 标准。大白菜、紫甘蓝和香菇 3 种蔬菜未侦测出任何农药，对其他的 47 种水果蔬菜按不同种类分别计算侦测出的具有 ADI 标准的各种农药的 IFS_c 值，农药残留对水果蔬菜的安全指数分布图如图 4-9 所示。

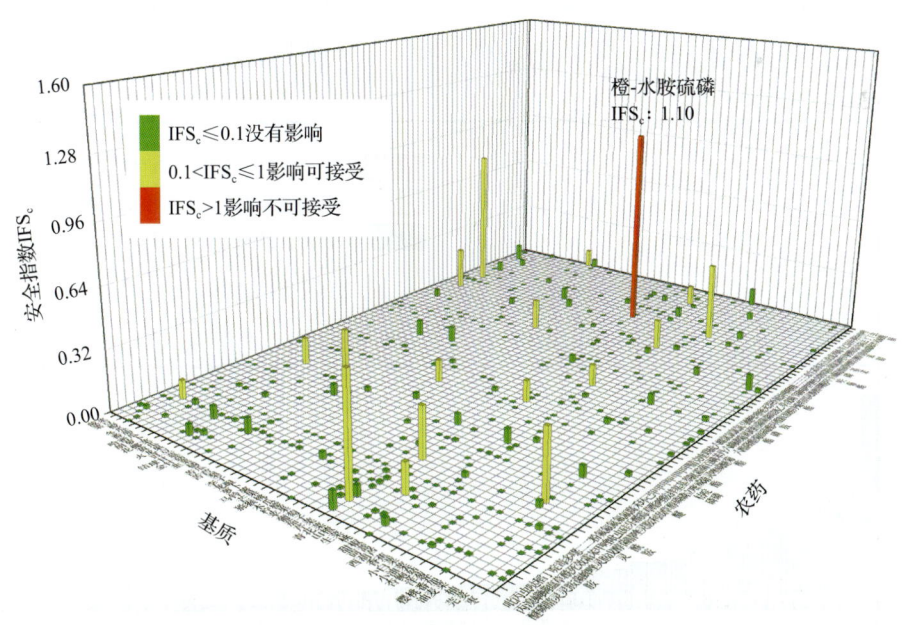

图 4-9 47 种水果蔬菜中 74 种残留农药的安全指数分布图

分析发现 1 种水果蔬菜(柠檬)中的水胺硫磷残留对食品安全影响不可接受，如表 4-10 所示。

表 4-10　单种水果蔬菜中安全影响不可接受的残留农药安全指数表

序号	基质	农药	检出频次	检出率(%)	IFS>1 的频次	IFS>1 的比例(%)	IFS$_c$
1	柠檬	水胺硫磷	1	1.89	1	1.89	1.0971

本次侦测中，47 种水果蔬菜和 134 种残留农药(包括没有 ADI 标准)共涉及 638 个分析样本，农药对单种水果蔬菜安全的影响程度分布情况如图 4-10 所示。可以看出，62.23%的样本中农药对水果蔬菜安全没有影响，2.66%的样本中农药对水果蔬菜安全的影响可以接受，0.16%的样本中农药对水果蔬菜安全的影响不可接受。

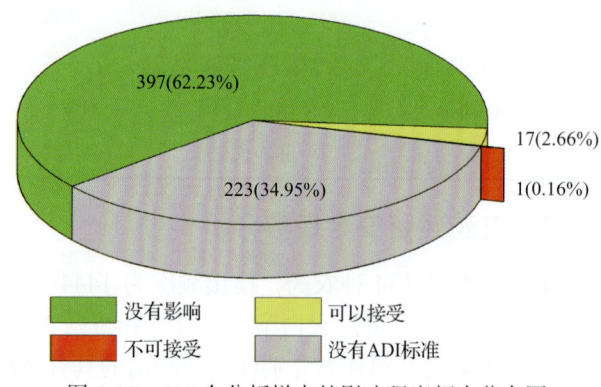

图 4-10　638 个分析样本的影响程度频次分布图

此外，分别计算 47 种水果蔬菜中所有侦测出农药 IFS$_c$ 的平均值 $\overline{\text{IFS}}$，分析每种水果蔬菜的安全状态，结果如图 4-11 所示，分析发现，47 种水果蔬菜的安全状态很好。

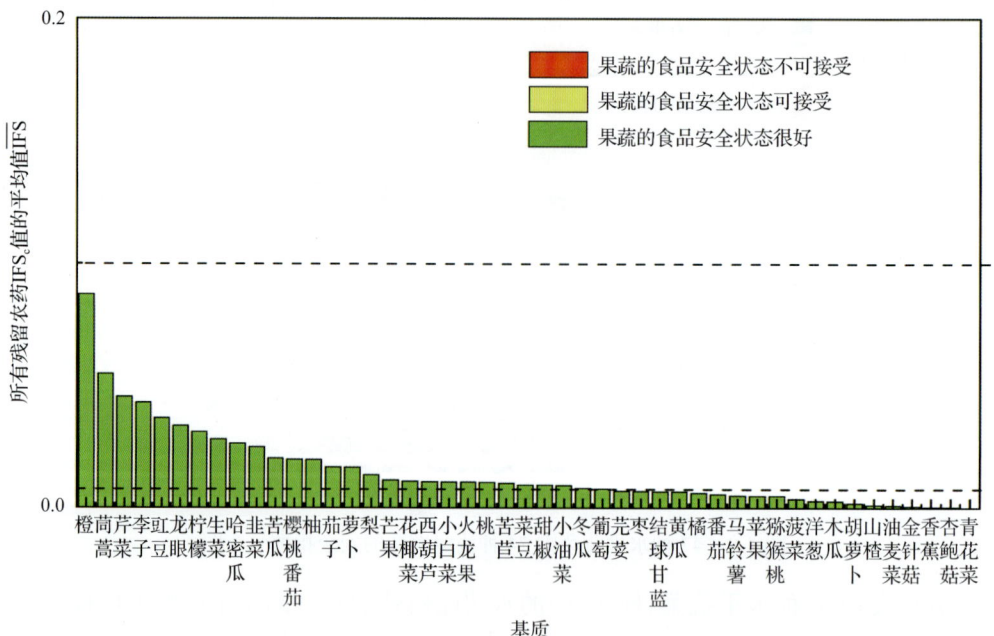

图 4-11　47 种水果蔬菜的 $\overline{\text{IFS}}$ 值和安全状态统计图

4.2.3 所有水果蔬菜中农药残留安全指数分析

计算所有水果蔬菜中 74 种农药的 $\overline{IFS_c}$ 值，结果如图 4-12 及表 4-11 所示。

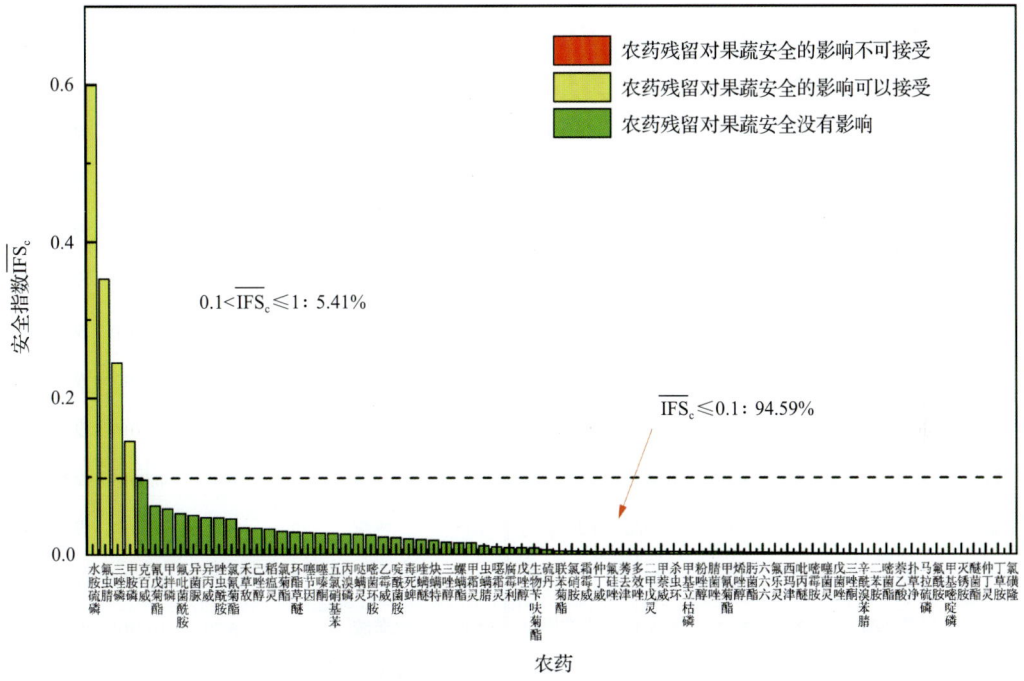

图 4-12　74 种残留农药对水果蔬菜的安全影响程度统计图

表 4-11　水果蔬菜中 74 种农药残留的安全指数表

序号	农药	检出频次	检出率(%)	IFS_c	影响程度	序号	农药	检出频次	检出率(%)	IFS_c	影响程度
1	水胺硫磷	6	0.42	0.6009	可以接受	13	禾草敌	1	0.07	0.0342	没有影响
2	氟虫腈	1	0.07	0.3515	可以接受	14	己唑醇	12	0.83	0.0339	没有影响
3	三唑磷	1	0.07	0.2451	可以接受	15	稻瘟灵	2	0.14	0.0333	没有影响
4	甲胺磷	1	0.07	0.1454	可以接受	16	氯菊酯	3	0.21	0.0299	没有影响
5	克百威	5	0.35	0.0955	没有影响	17	环酯草醚	7	0.48	0.0288	没有影响
6	氰戊菊酯	13	0.90	0.0631	没有影响	18	噻节因	1	0.07	0.0282	没有影响
7	甲拌磷	6	0.42	0.0591	没有影响	19	噻嗪酮	7	0.48	0.0278	没有影响
8	氟吡菌酰胺	27	1.87	0.0532	没有影响	20	五氯硝基苯	2	0.14	0.0275	没有影响
9	异菌脲	2	0.14	0.0507	没有影响	21	丙溴磷	4	0.28	0.0266	没有影响
10	异丙威	8	0.55	0.0482	没有影响	22	哒螨灵	36	2.49	0.0262	没有影响
11	唑虫酰胺	6	0.42	0.0477	没有影响	23	嘧菌环胺	5	0.35	0.0254	没有影响
12	氯氰菊酯	11	0.76	0.0465	没有影响	24	乙霉威	4	0.28	0.0226	没有影响

续表

序号	农药	检出频次	检出率(%)	IFS$_c$	影响程度	序号	农药	检出频次	检出率(%)	IFS$_c$	影响程度
25	啶酰菌胺	26	1.80	0.0216	没有影响	50	腈菌唑	7	0.48	0.0031	没有影响
26	毒死蜱	76	5.26	0.0202	没有影响	51	甲氰菊酯	3	0.21	0.0029	没有影响
27	喹螨醚	17	1.18	0.0193	没有影响	52	烯唑醇	3	0.21	0.0029	没有影响
28	炔螨特	3	0.21	0.0183	没有影响	53	肟菌酯	14	0.97	0.0026	没有影响
29	三唑醇	9	0.62	0.0160	没有影响	54	六六六	1	0.07	0.0024	没有影响
30	螺螨酯	5	0.35	0.0152	没有影响	55	氟乐灵	7	0.48	0.0021	没有影响
31	甲霜灵	17	1.18	0.0152	没有影响	56	西玛津	1	0.07	0.0020	没有影响
32	虫螨腈	18	1.25	0.0111	没有影响	57	吡丙醚	8	0.55	0.0020	没有影响
33	噁霜灵	2	0.14	0.0101	没有影响	58	嘧霉胺	24	1.66	0.0017	没有影响
34	腐霉利	55	3.81	0.0089	没有影响	59	噻菌灵	6	0.42	0.0016	没有影响
35	戊唑醇	52	3.60	0.0086	没有影响	60	戊菌唑	1	0.07	0.0015	没有影响
36	生物苄呋菊酯	45	3.12	0.0086	没有影响	61	三唑酮	2	0.14	0.0014	没有影响
37	硫丹	11	0.76	0.0060	没有影响	62	辛酰溴苯腈	1	0.07	0.0011	没有影响
38	联苯菊酯	32	2.22	0.0045	没有影响	63	二苯胺	98	6.79	0.0010	没有影响
39	氯硝胺	1	0.07	0.0041	没有影响	64	嘧菌酯	23	1.59	0.0008	没有影响
40	霜霉威	13	0.90	0.0039	没有影响	65	萘乙酸	7	0.48	0.0008	没有影响
41	仲丁威	31	2.15	0.0039	没有影响	66	扑草净	4	0.28	0.0008	没有影响
42	氟硅唑	12	0.83	0.0038	没有影响	67	马拉硫磷	5	0.35	0.0007	没有影响
43	莠去津	2	0.14	0.0036	没有影响	68	氟酰胺	4	0.28	0.0005	没有影响
44	多效唑	23	1.59	0.0036	没有影响	69	甲基嘧啶磷	1	0.07	0.0004	没有影响
45	二甲戊灵	15	1.04	0.0035	没有影响	70	灭锈胺	3	0.21	0.0003	没有影响
46	甲萘威	5	0.35	0.0035	没有影响	71	醚菌酯	15	1.04	0.0002	没有影响
47	杀虫环	1	0.07	0.0035	没有影响	72	仲丁灵	2	0.14	0.0001	没有影响
48	甲基立枯磷	4	0.28	0.0035	没有影响	73	丁草胺	1	0.07	0.0001	没有影响
49	粉唑醇	3	0.21	0.0032	没有影响	74	氯磺隆	3	0.21	0.0001	没有影响

分析发现，所有农药对水果蔬菜安全的影响均在没有影响和可接受的范围内，其中5.41%的农药对水果蔬菜安全的影响可以接受，94.59%的农药对水果蔬菜安全没有影响。

4.3 GC-Q-TOF/MS 侦测沈阳市市售水果蔬菜农药残留预警风险评估

基于沈阳市水果蔬菜样品中农药残留 GC-Q-TOF/MS 侦测数据，分析禁用农药的检出率，同时参照中华人民共和国国家标准 GB2763—2016 和欧盟农药最大残留限量（MRL）标准分析非禁用农药残留的超标率，并计算农药残留风险系数，分析单种水果蔬菜中农药残留以及所有水果蔬菜中农药残留的风险程度。

4.3.1 单种水果蔬菜中农药残留风险系数分析

4.3.1.1 单种水果蔬菜中禁用农药残留风险系数分析

侦测出的 134 种残留农药中有 8 种为禁用农药，且它们分布在 20 种水果蔬菜中，计算 20 种水果蔬菜中禁用农药的超标率，根据超标率计算风险系数 R，进而分析水果蔬菜中禁用农药的风险程度，结果如图 4-13 与表 4-12 所示。分析发现 8 种禁用农药在 20 种水果蔬菜中的残留处均于高度风险。

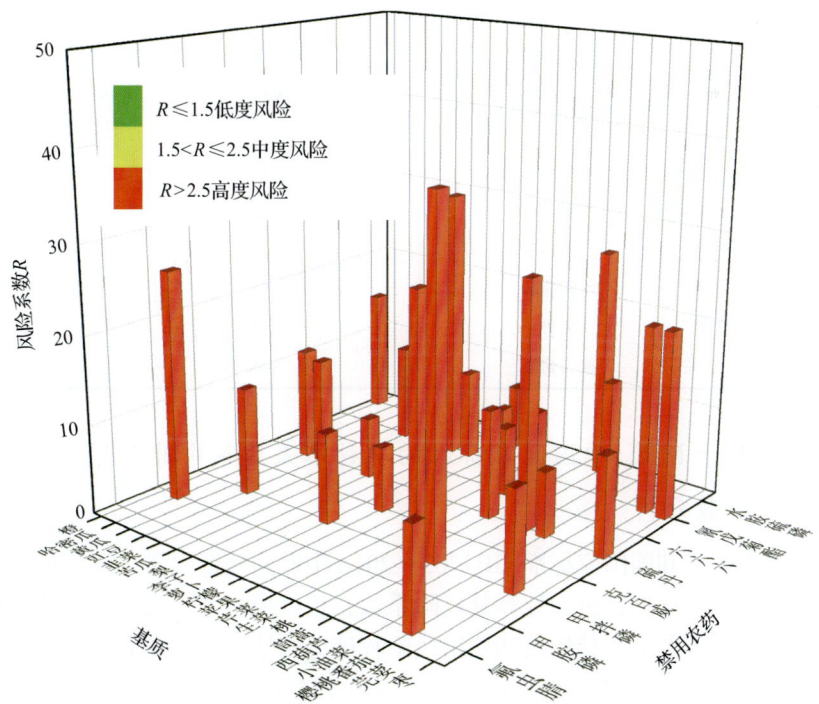

图 4-13 20 种水果蔬菜中 8 种禁用农药的风险系数分布图

表 4-12 20 种水果蔬菜中 8 种禁用农药的风险系数列表

序号	基质	农药	检出频次	检出率(%)	风险系数 R	风险程度
1	茼蒿	甲拌磷	3	37.50	38.60	高度风险
2	李子	氰戊菊酯	3	30.00	31.10	高度风险
3	西葫芦	硫丹	4	26.67	27.77	高度风险
4	哈密瓜	甲胺磷	1	25.00	26.10	高度风险
5	芹菜	克百威	4	25.00	26.10	高度风险
6	茼蒿	水胺硫磷	2	25.00	26.10	高度风险
7	枣	氰戊菊酯	2	20.00	21.10	高度风险
8	芫荽	氰戊菊酯	2	20.00	21.10	高度风险
9	橙	水胺硫磷	2	13.33	14.43	高度风险
10	小油菜	氰戊菊酯	2	12.50	13.60	高度风险
11	苦瓜	水胺硫磷	1	12.50	13.60	高度风险
12	黄瓜	硫丹	2	11.76	12.86	高度风险
13	桃	硫丹	1	11.11	12.21	高度风险
14	豇豆	甲拌磷	1	11.11	12.21	高度风险
15	豇豆	硫丹	1	11.11	12.21	高度风险
16	枣	硫丹	1	10.00	11.10	高度风险
17	樱桃番茄	氟虫腈	1	10.00	11.10	高度风险
18	芫荽	甲拌磷	1	10.00	11.10	高度风险
19	韭菜	氰戊菊酯	1	10.00	11.10	高度风险
20	萝卜	氰戊菊酯	1	9.09	10.19	高度风险
21	萝卜	甲拌磷	1	9.09	10.19	高度风险
22	生菜	六六六	1	6.67	7.77	高度风险
23	生菜	氰戊菊酯	1	6.67	7.77	高度风险
24	小油菜	硫丹	1	6.25	7.35	高度风险
25	柠檬	克百威	1	6.25	7.35	高度风险
26	柠檬	水胺硫磷	1	6.25	7.35	高度风险
27	梨	硫丹	1	5.88	6.98	高度风险
28	苹果	氰戊菊酯	1	5.88	6.98	高度风险

4.3.1.2 基于 MRL 中国国家标准的单种水果蔬菜中非禁用农药残留风险系数分析

参照中华人民共和国国家标准 GB2763—2016 中农药残留限量计算每种水果蔬菜中每种非禁用农药的超标率，进而计算其风险系数，根据风险系数大小判断残留农药的预警风险程度，水果蔬菜中非禁用农药残留风险程度分布情况如图 4-14 所示。

本次分析中,发现在 47 种水果蔬菜中侦测出 126 种残留非禁用农药,涉及样本 610 个，在 610 个样本中，0.82%处于高度风险，14.75%处于低度风险，此外发现有 515 个样本没有 MRL 中国国家标准值，无法判断其风险程度，有 MRL 中国国家标准值的 95 个样本涉及 32 种水果蔬菜中的 34 种非禁用农药，其风险系数 R 值如图 4-15 所示。

表 4-13 为非禁用农药残留处于高度风险的水果蔬菜列表。

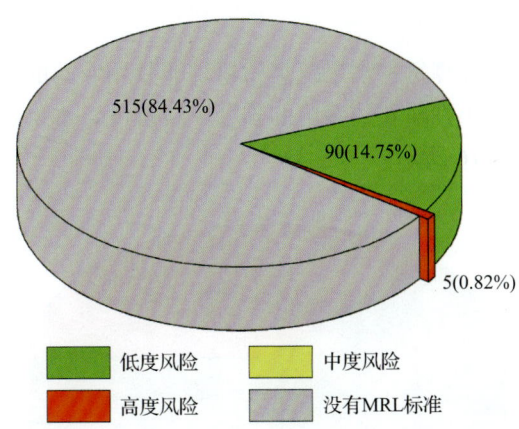

图 4-14 水果蔬菜中非禁用农药风险程度的频次分布图（MRL 中国国家标准）

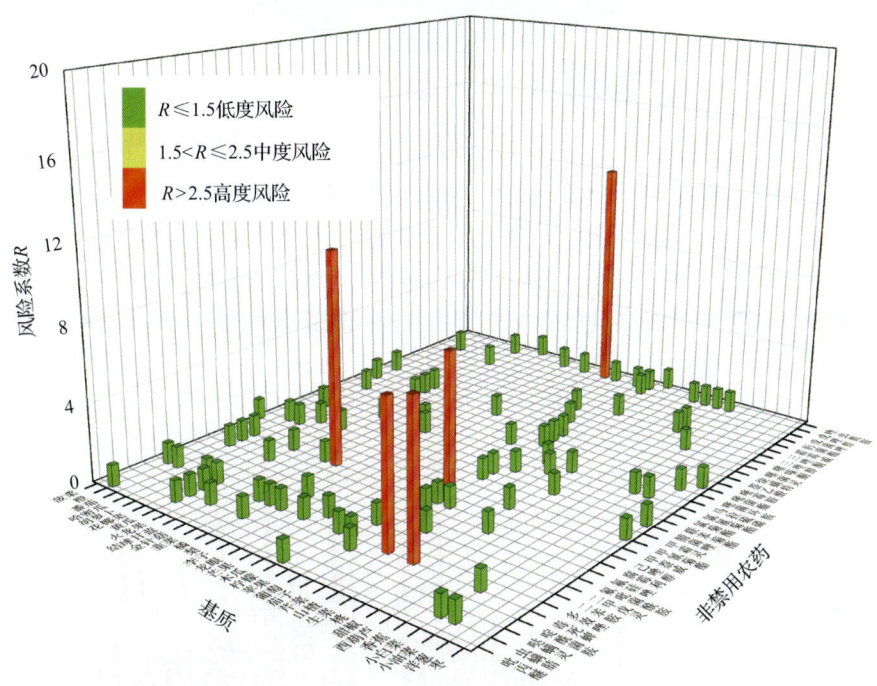

图 4-15 32 种水果蔬菜中 34 种非禁用农药的风险系数分布图（MRL 中国国家标准）

表 4-13 单种水果蔬菜中处于高度风险的非禁用农药风险系数表（MRL 中国国家标准）

序号	基质	农药	超标频次	超标率 $P(\%)$	风险系数 R
1	芒果	戊唑醇	1	11.11	12.21
2	韭菜	腐霉利	1	10.00	11.10
3	生菜	毒死蜱	1	6.67	7.77
4	芹菜	毒死蜱	1	6.25	7.35
5	葡萄	己唑醇	1	6.25	7.35

4.3.1.3 基于 MRL 欧盟标准的单种水果蔬菜中非禁用农药残留风险系数分析

参照 MRL 欧盟标准计算每种水果蔬菜中每种非禁用农药的超标率，进而计算其风险系数，根据风险系数大小判断农药残留的预警风险程度，水果蔬菜中非禁用农药残留风险程度分布情况如图 4-16 所示。

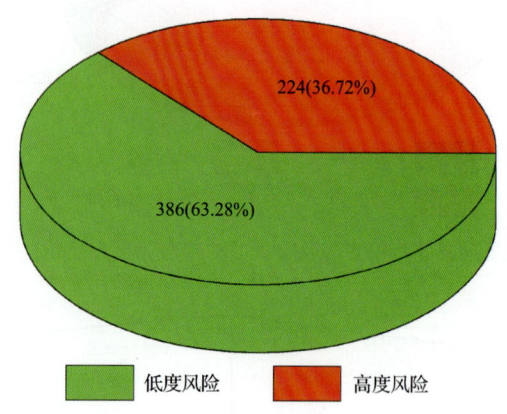

图 4-16　水果蔬菜中非禁用农药的风险程度频次分布图（MRL 欧盟标准）

本次分析中，发现在 47 种水果蔬菜中共侦测出 126 种非禁用农药，涉及样本 610 个，其中，36.72%处于高度风险，涉及 45 种水果蔬菜和 78 种农药；63.28%处于低度风险，涉及 46 种水果蔬菜和 96 种农药。单种水果蔬菜中的非禁用农药风险系数分布图如图 4-17 所示。单种水果蔬菜中处于高度风险的非禁用农药风险系数如图 4-18 和表 4-14 所示。

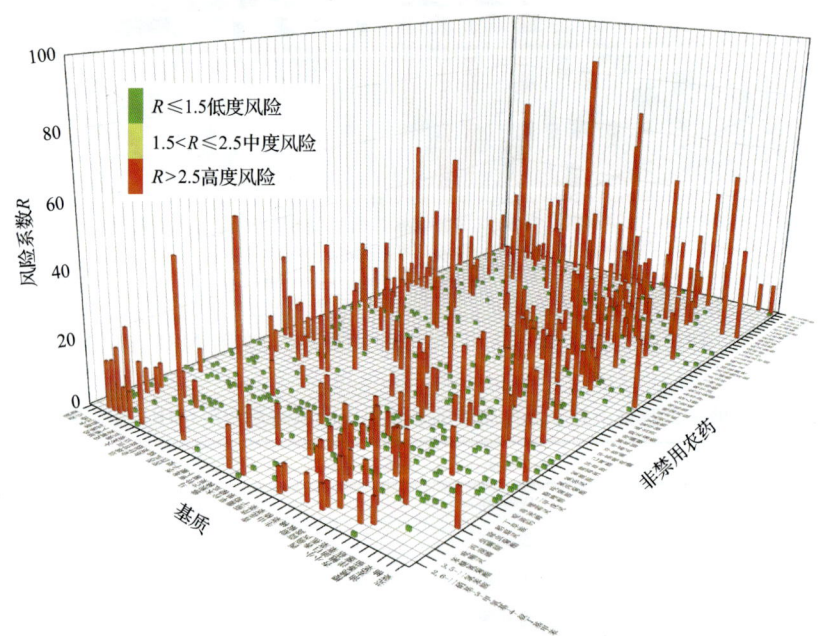

图 4-17　47 种水果蔬菜中 126 种非禁用农药的风险系数分布图（MRL 欧盟标准）

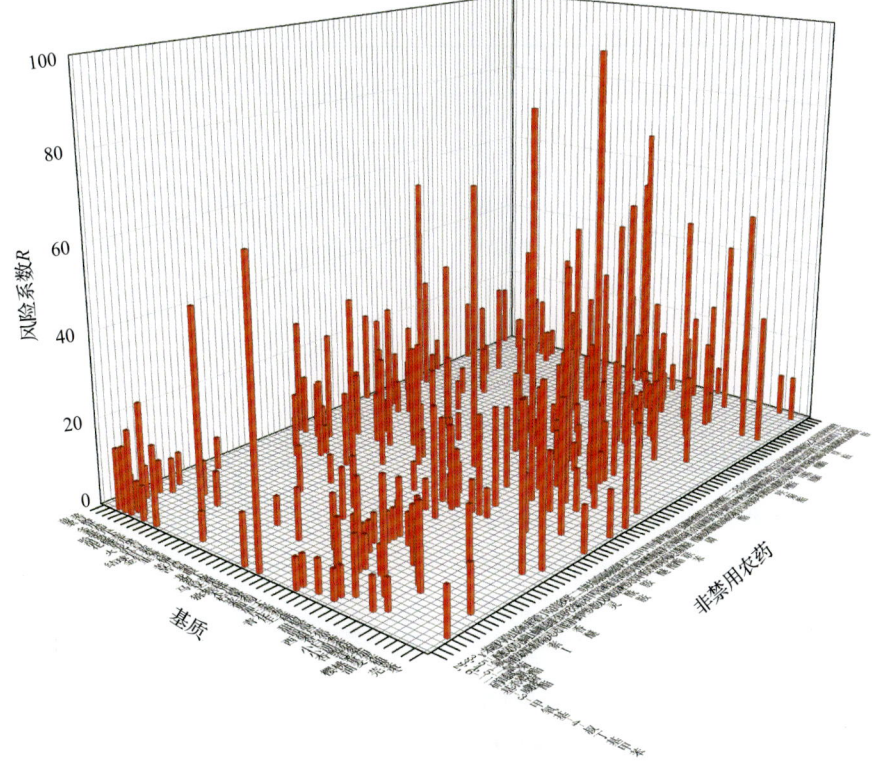

图 4-18 单种水果蔬菜中处于高度风险的非禁用农药的风险系数分布图（MRL 欧盟标准）

表 4-14 单种水果蔬菜中处于高度风险的非禁用农药的风险系数表（MRL 欧盟标准）

序号	基质	农药	超标频次	超标率 P(%)	风险系数 R
1	洋葱	联苯	3	100	101.10
2	茼蒿	间羟基联苯	7	87.50	88.60
3	枣	解草腈	7	70.00	71.10
4	木瓜	2,6-二硝基-3-甲氧基-4-叔丁基甲苯	2	66.67	67.77
5	木瓜	仲草丹	2	66.67	67.77
6	木瓜	联苯	2	66.67	67.77
7	油麦菜	烯虫酯	6	54.55	55.65
8	小白菜	喹螨醚	8	53.33	54.43
9	菜豆	生物苄呋菊酯	8	53.33	54.43
10	猕猴桃	仲丁威	9	52.94	54.04
11	芹菜	威杀灵	8	50.00	51.10
12	茼蒿	烯虫酯	4	50.00	51.10
13	韭菜	3,5-二氯苯胺	5	50.00	51.10
14	猕猴桃	威杀灵	8	47.06	48.16

续表

序号	基质	农药	超标频次	超标率 P(%)	风险系数 R
15	香蕉	茚草酮	5	41.67	42.77
16	芫荽	呋草黄	4	40.00	41.10
17	韭菜	灭除威	4	40.00	41.10
18	韭菜	腐霉利	4	40.00	41.10
19	柚	二苯胺	4	36.36	37.46
20	小白菜	醚菌酯	5	33.33	34.43
21	木瓜	烯丙菊酯	1	33.33	34.43
22	苦苣	烯虫酯	3	33.33	34.43
23	豇豆	烯虫酯	3	33.33	34.43
24	金针菇	解草腈	2	33.33	34.43
25	樱桃番茄	环酯草醚	3	30.00	31.10
26	芫荽	烯虫酯	3	30.00	31.10
27	龙眼	甲霜灵	2	28.57	29.67
28	青花菜	烯虫酯	3	27.27	28.37
29	小白菜	炔丙菊酯	4	26.67	27.77
30	橙	生物苄呋菊酯	4	26.67	27.77
31	生菜	炔丙菊酯	4	26.67	27.77
32	结球甘蓝	仲草丹	4	26.67	27.77
33	菜豆	甲醚菊酯	4	26.67	27.77
34	哈密瓜	3,4,5-混杀威	1	25.00	26.10
35	哈密瓜	甲氰菊酯	1	25.00	26.10
36	芹菜	氟吡菌酰胺	4	25.00	26.10
37	苦瓜	己唑醇	2	25.00	26.10
38	茼蒿	茚草酮	2	25.00	26.10
39	香蕉	避蚊胺	3	25.00	26.10
40	梨	生物苄呋菊酯	4	23.53	24.63
41	橘	联苯	4	23.53	24.63
42	甜椒	联苯	4	23.53	24.63
43	桃	己唑醇	2	22.22	23.32
44	桃	腐霉利	2	22.22	23.32
45	芒果	仲草丹	2	22.22	23.32
46	火龙果	四氢吩胺	3	21.43	22.53
47	胡萝卜	烯虫炔酯	3	21.43	22.53
48	花椰菜	灭除威	3	21.43	22.53

续表

序号	基质	农药	超标频次	超标率 P(%)	风险系数 R
49	菠菜	灭除威	3	21.43	22.53
50	小白菜	烯虫酯	3	20.00	21.10
51	樱桃番茄	生物苄呋菊酯	2	20.00	21.10
52	生菜	仲草丹	3	20.00	21.10
53	生菜	烯虫酯	3	20.00	21.10
54	生菜	联苯	3	20.00	21.10
55	生菜	草完隆	3	20.00	21.10
56	芫荽	马拉硫磷	2	20.00	21.10
57	菜豆	炔丙菊酯	3	20.00	21.10
58	小油菜	杀螨特	3	18.75	19.85
59	小油菜	虫螨腈	3	18.75	19.85
60	柠檬	杀螨酯	3	18.75	19.85
61	柠檬	棉铃威	3	18.75	19.85
62	番茄	2,6-二硝基-3-甲氧基-4-叔丁基甲苯	3	18.75	19.85
63	芹菜	氟噻草胺	3	18.75	19.85
64	葡萄	三唑醇	3	18.75	19.85
65	葡萄	腐霉利	3	18.75	19.85
66	青花菜	解草腈	2	18.18	19.28
67	橘	仲丁威	3	17.65	18.75
68	橘	棉铃威	3	17.65	18.75
69	甜椒	三唑醇	3	17.65	18.75
70	黄瓜	2,6-二硝基-3-甲氧基-4-叔丁基甲苯	3	17.65	18.75
71	黄瓜	腐霉利	3	17.65	18.75
72	金针菇	腐霉利	1	16.67	17.77
73	香蕉	棉铃威	2	16.67	17.77
74	冬瓜	2,6-二硝基-3-甲氧基-4-叔丁基甲苯	2	14.29	15.39
75	冬瓜	棉铃威	2	14.29	15.39
76	胡萝卜	仲草丹	2	14.29	15.39
77	胡萝卜	氟乐灵	2	14.29	15.39
78	花椰菜	仲草丹	2	14.29	15.39
79	花椰菜	解草腈	2	14.29	15.39
80	菠菜	仲丁威	2	14.29	15.39
81	菠菜	烯虫酯	2	14.29	15.39
82	小白菜	兹克威	2	13.33	14.43

续表

序号	基质	农药	超标频次	超标率P(%)	风险系数R
83	小白菜	棉铃威	2	13.33	14.43
84	小白菜	甲霜灵	2	13.33	14.43
85	小白菜	除虫菊素Ⅰ	2	13.33	14.43
86	橙	2,6-二硝基-3-甲氧基-4-叔丁基甲苯	2	13.33	14.43
87	橙	甲醚菊酯	2	13.33	14.43
88	生菜	苯醚氰菊酯	2	13.33	14.43
89	西葫芦	异丙威	2	13.33	14.43
90	西葫芦	生物苄呋菊酯	2	13.33	14.43
91	小油菜	多效唑	2	12.50	13.60
92	小油菜	猛杀威	2	12.50	13.60
93	小油菜	腐霉利	2	12.50	13.60
94	柠檬	新燕灵	2	12.50	13.60
95	番茄	唑虫酰胺	2	12.50	13.60
96	番茄	炔丙菊酯	2	12.50	13.60
97	番茄	甲醚菊酯	2	12.50	13.60
98	芹菜	兹克威	2	12.50	13.60
99	芹菜	嘧霉胺	2	12.50	13.60
100	芹菜	多效唑	2	12.50	13.60
101	芹菜	腐霉利	2	12.50	13.60
102	茼蒿	γ-氟氯氰菊酯	1	12.50	13.60
103	茼蒿	叠氮津	1	12.50	13.60
104	茼蒿	特丁净	1	12.50	13.60
105	茼蒿	马拉硫磷	1	12.50	13.60
106	猕猴桃	仲草丹	2	11.76	12.86
107	甜椒	生物苄呋菊酯	2	11.76	12.86
108	苹果	炔丙菊酯	2	11.76	12.86
109	苹果	除虫菊素Ⅰ	2	11.76	12.86
110	茄子	异丙威	2	11.76	12.86
111	桃	生物苄呋菊酯	1	11.11	12.21
112	芒果	2,6-二硝基-3-甲氧基-4-叔丁基甲苯	1	11.11	12.21
113	芒果	戊唑醇	1	11.11	12.21
114	芒果	毒死蜱	1	11.11	12.21
115	芒果	虫螨腈	1	11.11	12.21
116	芒果	解草腈	1	11.11	12.21

续表

序号	基质	农药	超标频次	超标率 P(%)	风险系数 R
117	苦苣	兹克威	1	11.11	12.21
118	苦苣	喹螨醚	1	11.11	12.21
119	豇豆	唑虫酰胺	1	11.11	12.21
120	豇豆	四氟醚唑	1	11.11	12.21
121	豇豆	炔丙菊酯	1	11.11	12.21
122	豇豆	解草腈	1	11.11	12.21
123	马铃薯	二苯胺	1	11.11	12.21
124	枣	γ-氟氯氰菊酯	1	10.00	11.10
125	枣	甲氰菊酯	1	10.00	11.10
126	枣	腐霉利	1	10.00	11.10
127	芫荽	仲丁威	1	10.00	11.10
128	芫荽	虫螨腈	1	10.00	11.10
129	韭菜	噁霜灵	1	10.00	11.10
130	杏鲍菇	解草腈	1	9.09	10.19
131	油麦菜	兹克威	1	9.09	10.19
132	萝卜	生物苄呋菊酯	1	9.09	10.19
133	青花菜	灭除威	1	9.09	10.19
134	冬瓜	3,4,5-混杀威	1	7.14	8.24
135	冬瓜	仲草丹	1	7.14	8.24
136	冬瓜	生物苄呋菊酯	1	7.14	8.24
137	冬瓜	草完隆	1	7.14	8.24
138	火龙果	异菌脲	1	7.14	8.24
139	火龙果	氯菊酯	1	7.14	8.24
140	火龙果	虫螨腈	1	7.14	8.24
141	胡萝卜	2,6-二硝基-3-甲氧基-4-叔丁基甲苯	1	7.14	8.24
142	胡萝卜	戊草丹	1	7.14	8.24
143	胡萝卜	棉铃威	1	7.14	8.24
144	胡萝卜	除虫菊素 I	1	7.14	8.24
145	菠菜	嘧霉胺	1	7.14	8.24
146	菠菜	威杀灵	1	7.14	8.24
147	菠菜	生物苄呋菊酯	1	7.14	8.24
148	小白菜	3,5-二氯苯胺	1	6.67	7.77
149	小白菜	五氯硝基苯	1	6.67	7.77
150	小白菜	嘧霉胺	1	6.67	7.77

续表

序号	基质	农药	超标频次	超标率 P(%)	风险系数 R
151	小白菜	缬霉威	1	6.67	7.77
152	橙	三唑磷	1	6.67	7.77
153	橙	丙溴磷	1	6.67	7.77
154	橙	毒死蜱	1	6.67	7.77
155	橙	炔螨特	1	6.67	7.77
156	橙	苯醚氰菊酯	1	6.67	7.77
157	橙	除虫菊素Ⅰ	1	6.67	7.77
158	生菜	3,4,5-混杀威	1	6.67	7.77
159	生菜	五氯苯甲腈	1	6.67	7.77
160	生菜	噻节因	1	6.67	7.77
161	生菜	多效唑	1	6.67	7.77
162	生菜	毒死蜱	1	6.67	7.77
163	生菜	腐霉利	1	6.67	7.77
164	生菜	虫螨腈	1	6.67	7.77
165	结球甘蓝	三唑醇	1	6.67	7.77
166	结球甘蓝	唑虫酰胺	1	6.67	7.77
167	菜豆	3,5-二氯苯胺	1	6.67	7.77
168	西葫芦	四氢吩胺	1	6.67	7.77
169	西葫芦	棉铃威	1	6.67	7.77
170	小油菜	γ-氟氯氰菊酯	1	6.25	7.35
171	柠檬	仲丁威	1	6.25	7.35
172	柠檬	杀虫环	1	6.25	7.35
173	柠檬	灭除威	1	6.25	7.35
174	番茄	3,4,5-混杀威	1	6.25	7.35
175	番茄	仲丁威	1	6.25	7.35
176	番茄	灭除威	1	6.25	7.35
177	番茄	甲氰菊酯	1	6.25	7.35
178	番茄	腐霉利	1	6.25	7.35
179	芹菜	2,6-二硝基-3-甲氧基-4-叔丁基甲苯	1	6.25	7.35
180	芹菜	3,4,5-混杀威	1	6.25	7.35
181	芹菜	丙溴磷	1	6.25	7.35
182	芹菜	乙拌磷	1	6.25	7.35
183	芹菜	二甲戊灵	1	6.25	7.35
184	芹菜	五氯硝基苯	1	6.25	7.35

续表

序号	基质	农药	超标频次	超标率 $P(\%)$	风险系数 R
185	芹菜	哒螨灵	1	6.25	7.35
186	芹菜	啶斑肟	1	6.25	7.35
187	芹菜	噻菌灵	1	6.25	7.35
188	芹菜	毒死蜱	1	6.25	7.35
189	芹菜	烯虫酯	1	6.25	7.35
190	芹菜	稻瘟灵	1	6.25	7.35
191	芹菜	霜霉威	1	6.25	7.35
192	葡萄	己唑醇	1	6.25	7.35
193	葡萄	杀螨酯	1	6.25	7.35
194	葡萄	氟硅唑	1	6.25	7.35
195	葡萄	溴丁酰草胺	1	6.25	7.35
196	葡萄	稻瘟灵	1	6.25	7.35
197	梨	嘧菌酯	1	5.88	6.98
198	梨	解草腈	1	5.88	6.98
199	梨	除虫菊素Ⅰ	1	5.88	6.98
200	橘	3,4,5-混杀威	1	5.88	6.98
201	橘	呋菌胺	1	5.88	6.98
202	猕猴桃	三唑醇	1	5.88	6.98
203	猕猴桃	戊唑醇	1	5.88	6.98
204	猕猴桃	腐霉利	1	5.88	6.98
205	甜椒	3,4,5-混杀威	1	5.88	6.98
206	甜椒	3,5-二氯苯胺	1	5.88	6.98
207	甜椒	唑虫酰胺	1	5.88	6.98
208	甜椒	四氢吩胺	1	5.88	6.98
209	甜椒	棉铃威	1	5.88	6.98
210	甜椒	腐霉利	1	5.88	6.98
211	甜椒	虫螨腈	1	5.88	6.98
212	苹果	炔螨特	1	5.88	6.98
213	苹果	甲醚菊酯	1	5.88	6.98
214	茄子	丁羟茴香醚	1	5.88	6.98
215	茄子	三唑醇	1	5.88	6.98
216	茄子	仲草丹	1	5.88	6.98
217	茄子	噁霜灵	1	5.88	6.98
218	茄子	烯丙菊酯	1	5.88	6.98

续表

序号	基质	农药	超标频次	超标率 P(%)	风险系数 R
219	茄子	腐霉利	1	5.88	6.98
220	黄瓜	仲丁威	1	5.88	6.98
221	黄瓜	仲草丹	1	5.88	6.98
222	黄瓜	环草敌	1	5.88	6.98
223	黄瓜	生物苄呋菊酯	1	5.88	6.98
224	黄瓜	除虫菊素 I	1	5.88	6.98

4.3.2 所有水果蔬菜中农药残留风险系数分析

4.3.2.1 所有水果蔬菜中禁用农药残留风险系数分析

在侦测出的 134 种农药中有 8 种为禁用农药，计算所有水果蔬菜中禁用农药的风险系数，结果如表 4-15 所示。禁用农药氰戊菊酯、硫丹处于高度风险，甲拌磷、克百威和水胺硫磷 3 种禁用农药处于中度风险，氟虫腈、六六六、甲胺磷 3 种禁用农药处于低度风险。

表 4-15 水果蔬菜中 8 种禁用农药的风险系数表

序号	农药	检出频次	检出率 P(%)	风险系数 R	风险程度
1	氰戊菊酯	13	2.20	3.30	高度风险
2	硫丹	11	1.86	2.96	高度风险
3	水胺硫磷	6	1.02	2.12	中度风险
4	甲拌磷	6	1.02	2.12	中度风险
5	克百威	5	0.85	1.95	中度风险
6	六六六	1	0.17	1.27	低度风险
7	氟虫腈	1	0.17	1.27	低度风险
8	甲胺磷	1	0.17	1.27	低度风险

4.3.2.2 所有水果蔬菜中非禁用农药残留风险系数分析

参照 MRL 欧盟标准计算所有水果蔬菜中每种非禁用农药残留的风险系数，结果如图 4-19 与表 4-16 所示。在侦测出的 126 种非禁用农药中，15 种农药(11.90%)残留处于高度风险，30 种农药(23.81%)残留处于中度风险，81 种农药(64.29%)残留处于低度风险。

第 4 章 GC-Q-TOF/MS 侦测沈阳市市售水果蔬菜农药残留膳食暴露风险与预警风险评估

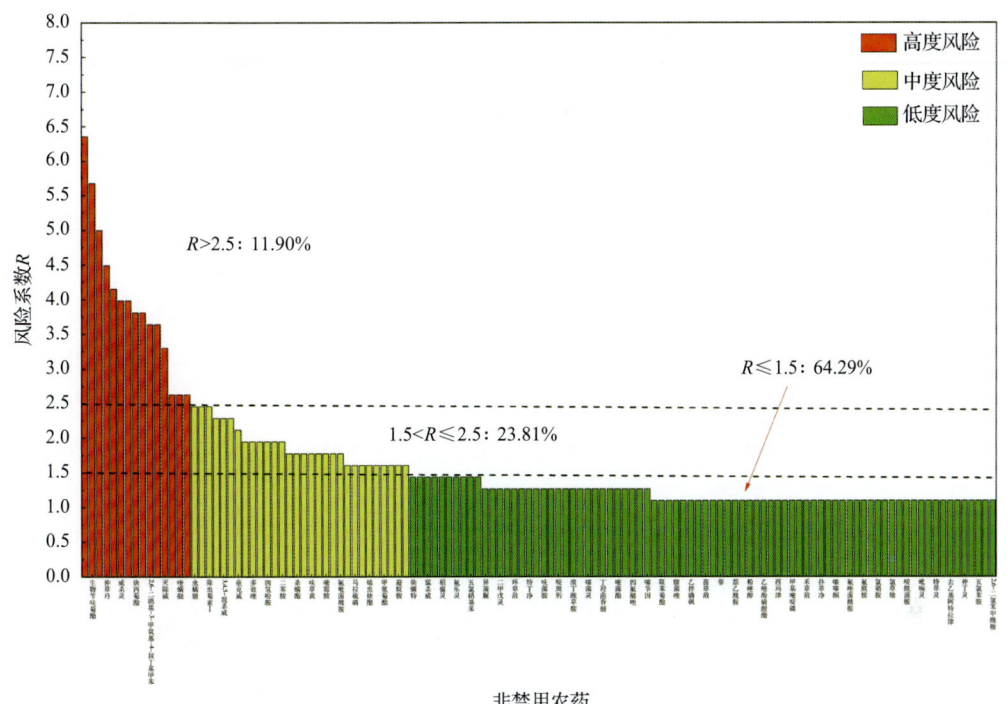

图 4-19 水果蔬菜中 126 种非禁用农药的风险程度统计图

表 4-16 水果蔬菜中 126 种非禁用农药的风险系数表

序号	农药	超标频次	超标率 P(%)	风险系数 R	风险程度
1	烯虫酯	31	5.25	6.35	高度风险
2	生物苄呋菊酯	27	4.58	5.68	高度风险
3	腐霉利	23	3.90	5.00	高度风险
4	仲草丹	20	3.39	4.49	高度风险
5	仲丁威	18	3.05	4.15	高度风险
6	威杀灵	17	2.88	3.98	高度风险
7	解草腈	17	2.88	3.98	高度风险
8	炔丙菊酯	16	2.71	3.81	高度风险
9	联苯	16	2.71	3.81	高度风险
10	2,6-二硝基-3-甲氧基-4-叔丁基甲苯	15	2.54	3.64	高度风险
11	棉铃威	15	2.54	3.64	高度风险
12	灭除威	13	2.20	3.30	高度风险
13	甲醚菊酯	9	1.53	2.63	高度风险
14	喹螨醚	9	1.53	2.63	高度风险
15	三唑醇	9	1.53	2.63	高度风险
16	虫螨腈	8	1.36	2.46	中度风险

续表

序号	农药	超标频次	超标率 P(%)	风险系数 R	风险程度
17	3,5-二氯苯胺	8	1.36	2.46	中度风险
18	除虫菊素Ⅰ	8	1.36	2.46	中度风险
19	茚草酮	7	1.19	2.29	中度风险
20	3,4,5-混杀威	7	1.19	2.29	中度风险
21	间羟基联苯	7	1.19	2.29	中度风险
22	兹克威	6	1.02	2.12	中度风险
23	唑虫酰胺	5	0.85	1.95	中度风险
24	多效唑	5	0.85	1.95	中度风险
25	醚菌酯	5	0.85	1.95	中度风险
26	四氢吩胺	5	0.85	1.95	中度风险
27	己唑醇	5	0.85	1.95	中度风险
28	二苯胺	5	0.85	1.95	中度风险
29	草完隆	4	0.68	1.78	中度风险
30	杀螨酯	4	0.68	1.78	中度风险
31	毒死蜱	4	0.68	1.78	中度风险
32	呋草黄	4	0.68	1.78	中度风险
33	异丙威	4	0.68	1.78	中度风险
34	嘧霉胺	4	0.68	1.78	中度风险
35	甲霜灵	4	0.68	1.78	中度风险
36	氟吡菌酰胺	4	0.68	1.78	中度风险
37	杀螨特	3	0.51	1.61	中度风险
38	马拉硫磷	3	0.51	1.61	中度风险
39	氟噻草胺	3	0.51	1.61	中度风险
40	烯虫炔酯	3	0.51	1.61	中度风险
41	环酯草醚	3	0.51	1.61	中度风险
42	甲氰菊酯	3	0.51	1.61	中度风险
43	苯醚氰菊酯	3	0.51	1.61	中度风险
44	避蚊胺	3	0.51	1.61	中度风险
45	γ-氟氯氰菊酯	3	0.51	1.61	中度风险
46	炔螨特	2	0.34	1.44	低度风险
47	烯丙菊酯	2	0.34	1.44	低度风险
48	猛杀威	2	0.34	1.44	低度风险
49	戊唑醇	2	0.34	1.44	低度风险
50	稻瘟灵	2	0.34	1.44	低度风险

续表

序号	农药	超标频次	超标率 $P(\%)$	风险系数 R	风险程度
51	新燕灵	2	0.34	1.44	低度风险
52	氟乐灵	2	0.34	1.44	低度风险
53	丙溴磷	2	0.34	1.44	低度风险
54	五氯硝基苯	2	0.34	1.44	低度风险
55	噁霜灵	2	0.34	1.44	低度风险
56	异菌脲	1	0.17	1.27	低度风险
57	五氯苯甲腈	1	0.17	1.27	低度风险
58	二甲戊灵	1	0.17	1.27	低度风险
59	戊草丹	1	0.17	1.27	低度风险
60	环草敌	1	0.17	1.27	低度风险
61	叠氮津	1	0.17	1.27	低度风险
62	特丁净	1	0.17	1.27	低度风险
63	乙拌磷	1	0.17	1.27	低度风险
64	呋菌胺	1	0.17	1.27	低度风险
65	哒螨灵	1	0.17	1.27	低度风险
66	啶斑肟	1	0.17	1.27	低度风险
67	氯菊酯	1	0.17	1.27	低度风险
68	溴丁酰草胺	1	0.17	1.27	低度风险
69	缬霉威	1	0.17	1.27	低度风险
70	噻菌灵	1	0.17	1.27	低度风险
71	霜霉威	1	0.17	1.27	低度风险
72	丁羟茴香醚	1	0.17	1.27	低度风险
73	杀虫环	1	0.17	1.27	低度风险
74	嘧菌酯	1	0.17	1.27	低度风险
75	三唑磷	1	0.17	1.27	低度风险
76	四氟醚唑	1	0.17	1.27	低度风险
77	氟硅唑	1	0.17	1.27	低度风险
78	噻节因	1	0.17	1.27	低度风险
79	除虫菊酯	0	0	1.10	低度风险
80	联苯菊酯	0	0	1.10	低度风险
81	肟菌酯	0	0	1.10	低度风险
82	腈菌唑	0	0	1.10	低度风险
83	乙霉威	0	0	1.10	低度风险
84	乙拌磷砜	0	0	1.10	低度风险

续表

序号	农药	超标频次	超标率 $P(\%)$	风险系数 R	风险程度
85	辛酰溴苯腈	0	0	1.10	低度风险
86	茵草敌	0	0	1.10	低度风险
87	莠去津	0	0	1.10	低度风险
88	菲	0	0	1.10	低度风险
89	邻苯二甲酰亚胺	0	0	1.10	低度风险
90	萘乙酰胺	0	0	1.10	低度风险
91	萘乙酸	0	0	1.10	低度风险
92	粉唑醇	0	0	1.10	低度风险
93	三唑酮	0	0	1.10	低度风险
94	乙嘧酚磺酸酯	0	0	1.10	低度风险
95	螺螨酯	0	0	1.10	低度风险
96	西玛津	0	0	1.10	低度风险
97	丁草胺	0	0	1.10	低度风险
98	甲基嘧啶磷	0	0	1.10	低度风险
99	五氯苯	0	0	1.10	低度风险
100	禾草敌	0	0	1.10	低度风险
101	戊菌唑	0	0	1.10	低度风险
102	扑草净	0	0	1.10	低度风险
103	异艾氏剂	0	0	1.10	低度风险
104	噻嗪酮	0	0	1.10	低度风险
105	氟丙菊酯	0	0	1.10	低度风险
106	氟唑菌酰胺	0	0	1.10	低度风险
107	嘧菌环胺	0	0	1.10	低度风险
108	氟酰胺	0	0	1.10	低度风险
109	氯氰菊酯	0	0	1.10	低度风险
110	氯硝胺	0	0	1.10	低度风险
111	氯磺隆	0	0	1.10	低度风险
112	氯草敏	0	0	1.10	低度风险
113	灭锈胺	0	0	1.10	低度风险
114	啶酰菌胺	0	0	1.10	低度风险
115	烯唑醇	0	0	1.10	低度风险
116	吡喃灵	0	0	1.10	低度风险
117	吡丙醚	0	0	1.10	低度风险
118	特草灵	0	0	1.10	低度风险

续表

序号	农药	超标频次	超标率 P(%)	风险系数 R	风险程度
119	双苯酰草胺	0	0	1.10	低度风险
120	去乙基阿特拉津	0	0	1.10	低度风险
121	甲基立枯磷	0	0	1.10	低度风险
122	仲丁灵	0	0	1.10	低度风险
123	甲萘威	0	0	1.10	低度风险
124	五氯苯胺	0	0	1.10	低度风险
125	硫虫畏	0	0	1.10	低度风险
126	2,6-二氯苯甲酰胺	0	0	1.10	低度风险

4.4 GC-Q-TOF/MS 侦测沈阳市市售水果蔬菜农药残留风险评估结论与建议

农药残留是影响水果蔬菜安全和质量的主要因素，也是我国食品安全领域备受关注的敏感话题和亟待解决的重大问题之一[15,16]。各种水果蔬菜均存在不同程度的农药残留现象，本研究主要针对沈阳市各类水果蔬菜存在的农药残留问题，基于 2015 年 9 月至 2019 年 1 月对沈阳市 590 例水果蔬菜样品中农药残留侦测得出的 1444 个侦测结果，分别采用食品安全指数模型和风险系数模型，开展水果蔬菜中农药残留的膳食暴露风险和预警风险评估。水果蔬菜样品取自超市，符合大众的膳食来源，风险评价时更具有代表性和可信度。

本研究力求通用简单地反映食品安全中的主要问题，且为管理部门和大众容易接受，为政府及相关管理机构建立科学的食品安全信息发布和预警体系提供科学的规律与方法，加强对农药残留的预警和食品安全重大事件的预防，控制食品风险。

4.4.1 沈阳市水果蔬菜中农药残留膳食暴露风险评价结论

1) 水果蔬菜样品中农药残留安全状态评价结论

采用食品安全指数模型，对 2015 年 9 月至 2019 年 1 月沈阳市水果蔬菜食品农药残留膳食暴露风险进行评价，根据 IFS_c 的计算结果发现，水果蔬菜中农药的 $\overline{IFS}$ 为 0.0325，说明沈阳市水果蔬菜总体处于很好的安全状态，但部分禁用农药、高残留农药在蔬菜、水果中仍有侦测出，导致膳食暴露风险的存在，成为不安全因素。

2) 单种水果蔬菜中农药膳食暴露风险不可接受情况评价结论

单种水果蔬菜中农药残留安全指数分析结果显示，农药对单种水果蔬菜安全影响不可接受($IFS_c>1$)的样本数共 2 个，占总样本数的 0.14%，2 个样本分别为柠檬和橙中的水胺硫磷，说明柠檬和橙中的水胺硫磷会对消费者身体健康造成较大的膳食暴露风险。水胺硫磷属于禁用的剧毒农药，且柠檬和橙均为较常见的水果，百姓日常食用量较大，长期食用大量残留水胺硫磷的柠檬和橙会对人体造成不可接受的影响。本次侦测发现水胺硫磷在柠檬和橙样品中多次并大量侦测出，是未严格实施农业良好管理规范（GAP），抑或是农药滥用，这应该引起相关管理部门的警惕，应加强对柠檬和橙中的水胺硫磷严格管控。

3）禁用农药膳食暴露风险评价

本次侦测发现部分水果蔬菜样品中有禁用农药残留，侦测出禁用农药 8 种，检出频次为 44，水果蔬菜样品中的禁用农药 IFS_c 计算结果表明，禁用农药残留膳食暴露风险不可接受的频次为 2，占 4.55%；可以接受的频次为 10，占 22.73%；没有影响的频次为 32，占 72.73%。对于水果蔬菜样品中所有农药而言，膳食暴露风险不可接受的频次为 2，仅占总体频次的 0.1%。可以看出，禁用农药的膳食暴露风险不可接受的比例远高于总体水平，这在一定程度上说明禁用农药更容易导致严重的膳食暴露风险。此外，膳食暴露风险不可接受的残留禁用农药均为水胺硫磷，因此，应该加强对禁用农药水胺硫磷的管控力度。为何在国家明令禁止禁用农药喷洒的情况下，还能在多种水果蔬菜中多次侦测出禁用农药残留并造成不可接受的膳食暴露风险，这应该引起相关部门的高度警惕，应该在禁止禁用农药喷洒的同时，严格管控禁用农药的生产和售卖，从根本上杜绝安全隐患。

4.4.2　沈阳市水果蔬菜中农药残留预警风险评价结论

1）单种水果蔬菜中禁用农药残留的预警风险评价结论

本次侦测过程中，在 20 种水果蔬菜中侦测出 8 种禁用农药，禁用农药为：硫丹、甲拌磷、氰戊菊酯、水胺硫磷、克百威、六六六、氟虫腈、甲胺磷，水果蔬菜为：哈密瓜、小油菜、李子、枣、柠檬、桃、梨、樱桃番茄、橙、生菜、芫荽、芹菜、苦瓜、苹果、茼蒿、萝卜、西葫芦、豇豆、韭菜、黄瓜，水果蔬菜中禁用农药的风险系数分析结果显示，8 种禁用农药在 20 种水果蔬菜中的残留均处于高度风险，说明在单种水果蔬菜中禁用农药的残留会导致较高的预警风险。

2）单种水果蔬菜中非禁用农药残留的预警风险评价结论

以 MRL 中国国家标准为标准，计算水果蔬菜中非禁用农药风险系数情况下，610 个样本中，5 个处于高度风险（0.82%），90 个处于低度风险（14.75%），515 个样本没有 MRL 中国国家标准（84.43%）。以 MRL 欧盟标准为标准，计算水果蔬菜中非禁用农药风险系数情况下，发现有 224 个处于高度风险（36.72%），386 个处于低度风险（63.28%）。基于两种 MRL 标准，评价的结果差异显著，可以看出 MRL 欧盟标准比中国国家标准更加严格和完善，过于宽松的 MRL 中国国家标准值能否有效保障人体的健康有待研究。

4.4.3　加强沈阳市水果蔬菜食品安全建议

我国食品安全风险评价体系仍不够健全，相关制度不够完善，多年来，由于农药用药次数多、用药量大或用药间隔时间短，产品残留量大，农药残留所造成的食品安全问题日益严峻,给人体健康带来了直接或间接的危害。据估计,美国与农药有关的癌症患者数约占全国癌症患者总数的 50%,中国更高。同样,农药对其他生物也会形成直接杀伤和慢性危害,植物中的农药可经过食物链逐级传递并不断蓄积,对人和动物构成潜在威胁,并影响生态系统。

基于本次农药残留侦测数据的风险评价结果,提出以下几点建议:

1) 加快食品安全标准制定步伐

我国食品标准中对农药每日允许最大摄入量 ADI 的数据严重缺乏,在本次评价所涉及的 134 种农药中,仅有 55.2% 的农药具有 ADI 值,而 44.8% 的农药中国尚未规定相应的 ADI 值,亟待完善。

我国食品中农药最大残留限量值的规定严重缺乏,对评估涉及的不同水果蔬菜中不同农药 638 个 MRL 值进行统计来看,我国仅制定出 115 个标准,标准完整率仅为 18.0%,欧盟的完整率达到 100%(表 4-17)。因此,中国更应加快 MRL 标准的制定步伐。

表 4-17 我国国家食品标准农药的 ADI、MRL 值与欧盟标准的数量差异

分类		中国 ADI	MRL 中国国家标准	MRL 欧盟标准
标准限值(个)	有	74	115	638
	无	60	523	0
总数(个)		134	638	638
无标准限值比例		37.8%	82.0%	0

此外,MRL 中国国家标准限值普遍高于欧盟标准限值,这些标准中共有 75 个高于欧盟。过高的 MRL 值难以保障人体健康,建议继续加强对限值基准和标准的科学研究,将农产品中的危险性减少到尽可能低的水平。

2) 加强农药的源头控制和分类监管

在沈阳市某些水果蔬菜中仍有禁用农药残留,利用 GC-Q-TOF/MS 技术侦测出 8 种禁用农药,检出频次为 44 次,残留禁用农药均存在较大的膳食暴露风险和预警风险。早已列入黑名单的禁用农药在我国并未真正退出,有些药物由于价格便宜、工艺简单,此类高毒农药一直生产和使用。建议在我国采取严格有效的控制措施,从源头控制禁用农药。

对于非禁用农药,在我国作为"田间地头"最典型单位的县级蔬果产地中,农药残留的侦测几乎缺失。建议根据农药的毒性,对高毒、剧毒、中毒农药实现分类管理,减少使用高毒和剧毒高残留农药,进行分类监管。

3) 加强残留农药的生物修复及降解新技术

市售果蔬中残留农药的品种多、频次高、禁用农药多次检出这一现状,说明了我国的田间土壤和水体因农药长期、频繁、不合理的使用而遭到严重污染。为此,建议中国相关部门出台相关政策,鼓励高校及科研院所积极开展分子生物学、酶学等研究,加强土壤、水体中残留农药的生物修复及降解新技术研究,切实加大农药监管力度,以控制

农药的面源污染问题。

综上所述,在本工作基础上,根据蔬菜残留危害,可进一步针对其成因提出和采取严格管理、大力推广无公害蔬菜种植与生产、健全食品安全控制技术体系、加强蔬菜食品质量检测体系建设和积极推行蔬菜食品质量追溯制度等相应对策。建立和完善食品安全综合评价指数与风险监测预警系统,对食品安全进行实时、全面的监控与分析,为我国的食品安全科学监管与决策提供新的技术支持,可实现各类检验数据的信息化系统管理,降低食品安全事故的发生。

长 春 市

第5章 LC-Q-TOF/MS 侦测长春市 458 例市售水果蔬菜样品农药残留报告

从长春市所属 4 个区，随机采集了 458 例水果蔬菜样品，使用液相色谱-四极杆飞行时间质谱(LC-Q-TOF/MS)对 565 种农药化学污染物进行示范侦测(7 种负离子模式 ESI 未涉及)。

5.1 样品种类、数量与来源

5.1.1 样品采集与检测

为了真实反映百姓餐桌上水果蔬菜中农药残留污染状况，本次所有检测样品均由检验人员于 2015 年 8 月至 2017 年 4 月期间，从长春市所属 9 个采样点(即 9 个超市)，以随机购买方式采集，总计 13 批 458 例样品，从中检出农药 78 种，931 频次。采样及监测概况见图 5-1 及表 5-1，样品及采样点明细见表 5-2 及表 5-3(侦测原始数据见附表 1)。

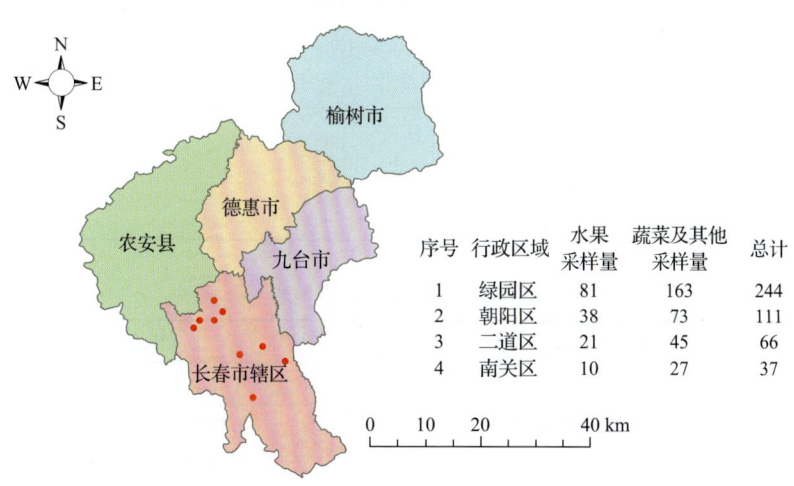

图 5-1 长春市所属 9 个采样点 458 例样品分布图

表 5-1 农药残留监测总体概况

采样地区	长春市所属 4 个区
采样点(超市)	9
样本总数	458
检出农药品种/频次	78/931
各采样点样本农药残留检出率范围	57.0%~73.7%

表 5-2 样品分类及数量

样品分类	样品名称(数量)	数量小计
1. 调味料		6
1) 叶类调味料	芫荽(6)	6
2. 食用菌		20
1) 蘑菇类	香菇(8),蘑菇(3),杏鲍菇(8),金针菇(1)	20
3. 水果		150
1) 仁果类水果	苹果(13),梨(13)	26
2) 核果类水果	桃(13),杏(1),李子(10),枣(7)	31
3) 浆果和其他小型水果	猕猴桃(7),草莓(4),葡萄(10)	21
4) 瓜果类水果	西瓜(3),哈密瓜(3),香瓜(12)	18
5) 热带和亚热带水果	香蕉(13),木瓜(2),火龙果(11),菠萝(3)	29
6) 柑橘类水果	柚(2),橘(11),柠檬(3),橙(9)	25
4. 蔬菜		282
1) 豆类蔬菜	豇豆(9),菜豆(13),食荚豌豆(1)	23
2) 鳞茎类蔬菜	韭菜(12),洋葱(3)	15
3) 叶菜类蔬菜	芹菜(10),苦苣(8),菠菜(9),小白菜(9),油麦菜(8),娃娃菜(2),生菜(9),小油菜(11),大白菜(8),茼蒿(8)	82
4) 芸薹属类蔬菜	结球甘蓝(12),花椰菜(3),青花菜(11),紫甘蓝(13),菜薹(4)	43
5) 茄果类蔬菜	番茄(13),甜椒(13),樱桃番茄(9),茄子(10)	45
6) 瓜类蔬菜	黄瓜(12),西葫芦(10),南瓜(2),苦瓜(10),冬瓜(11)	45
7) 根茎类和薯芋类蔬菜	胡萝卜(13),萝卜(12),马铃薯(4)	29
合计	1.调味料 1 种 2.食用菌 4 种 3.水果 20 种 4.蔬菜 32 种	458

表 5-3 长春市采样点信息

采样点序号	行政区域	采样点
超市(9)		
1	二道区	***超市(东盛店)
2	南关区	***超市(自由大路店)
3	朝阳区	***超市(红旗街万达店)
4	朝阳区	***超市(重庆路店)
5	绿园区	***超市(绿园店)
6	绿园区	***超市(普阳街店)
7	绿园区	***超市(长春店)
8	绿园区	***超市(锦江店)
9	绿园区	***超市(普阳街店)

5.1.2 检测结果

这次使用的检测方法是庞国芳院士团队最新研发的不需使用标准品对照,而以高分辨精确质量数(0.0001 m/z)为基准的 LC-Q-TOF/MS 检测技术,对于 458 例样品,每个样品均侦测了 565 种农药化学污染物的残留现状。通过本次侦测,在 458 例样品中共计检出农药化学污染物 78 种,检出 931 频次。

5.1.2.1 各采样点样品检出情况

统计分析发现 13 个采样点中,被测样品的农药检出率范围为 57.0%~73.7%。其中,***超市(普阳街店)的检出率最高,为 73.7%。***超市(长春店)的检出率最低,为 57.0%,见图 5-2。

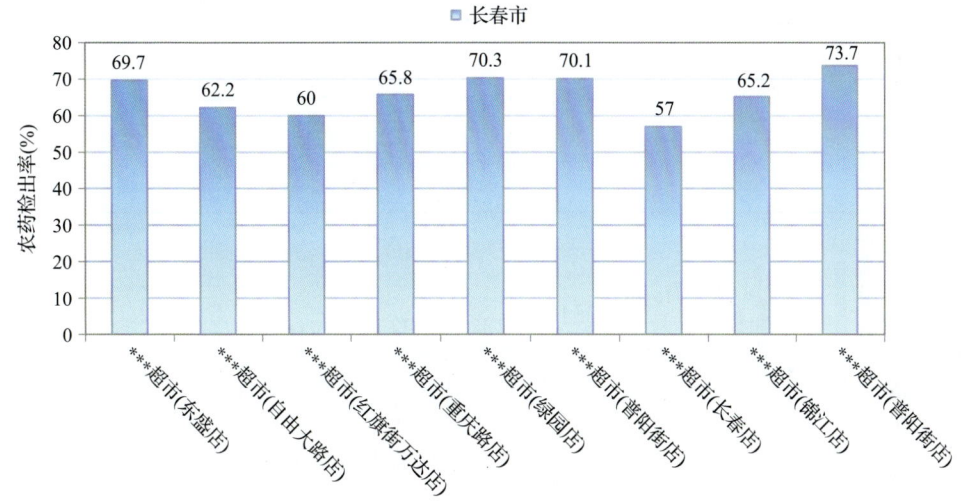

图 5-2 各采样点样品中的农药检出率

5.1.2.2 检出农药的品种总数与频次

统计分析发现,对于 458 例样品中 565 种农药化学污染物的侦测,共检出农药 931 频次,涉及农药 78 种,结果如图 5-3 所示。其中多菌灵检出频次最高,共检出 82 次。检出频次排名前 10 的农药如下:①多菌灵(82);②烯酰吗啉(79);③苯醚甲环唑(51);④戊唑醇(46);⑤吡虫啉(41);⑥抑霉唑(41);⑦霜霉威(40);⑧嘧菌酯(39);⑨啶虫脒(32);⑩噻虫嗪(28)。

由图 5-4 可见,葡萄、香瓜和桃这 3 种果蔬样品中检出的农药品种数较高,均超过 20 种,其中,葡萄检出农药品种最多,为 26 种。由图 5-5 可见,葡萄、枣、香瓜和桃这 4 种果蔬样品中的农药检出频次较高,均超过 50 次,其中,葡萄检出农药频次最高,为 73 次。

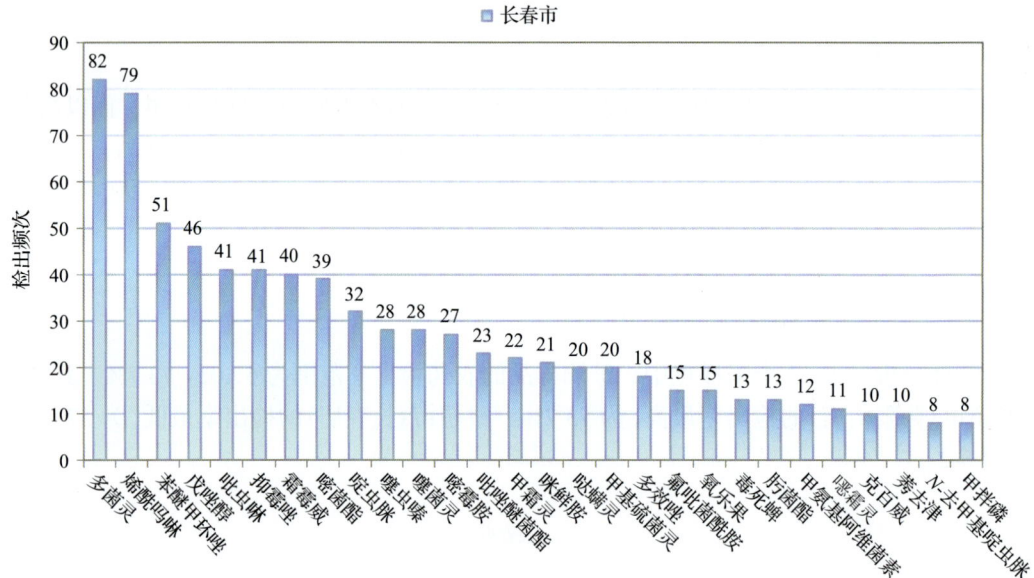

图 5-3 检出农药品种及频次(仅列出 8 频次及以上的数据)

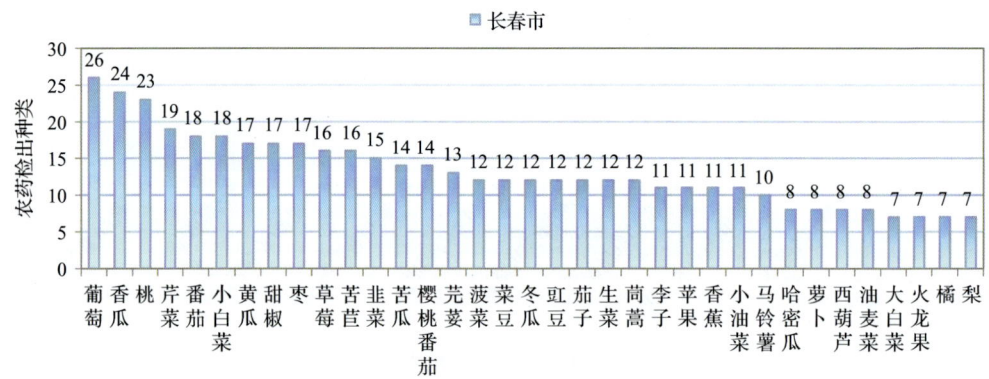

图 5-4 单种水果蔬菜检出农药的种类数(仅列出检出农药 7 种及以上的数据)

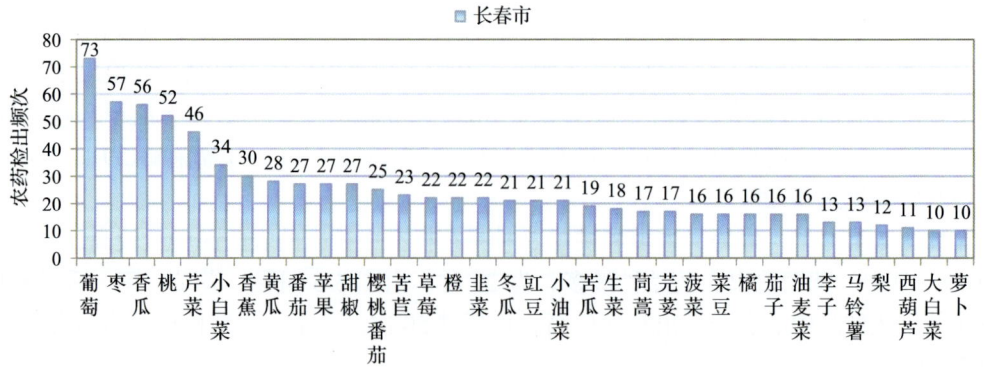

图 5-5 单种水果蔬菜检出农药频次(仅列出检出农药 10 频次及以上的数据)

5.1.2.3 单例样品农药检出种类与占比

对单例样品检出农药种类和频次进行统计发现，未检出农药的样品占总样品数的34.3%，检出1种农药的样品占总样品数的19.0%，检出2~5种农药的样品占总样品数的38.0%，检出6~10种农药的样品占总样品数的7.9%，检出大于10种农药的样品占总样品数的0.9%。每例样品中平均检出农药为2.0种，数据见表5-4及图5-6。

表5-4 单例样品检出农药品种占比

检出农药品种数	样品数量/占比(%)
未检出	157/34.3
1种	87/19.0
2~5种	174/38.0
6~10种	36/7.9
大于10种	4/0.9
单例样品平均检出农药品种	2.0种

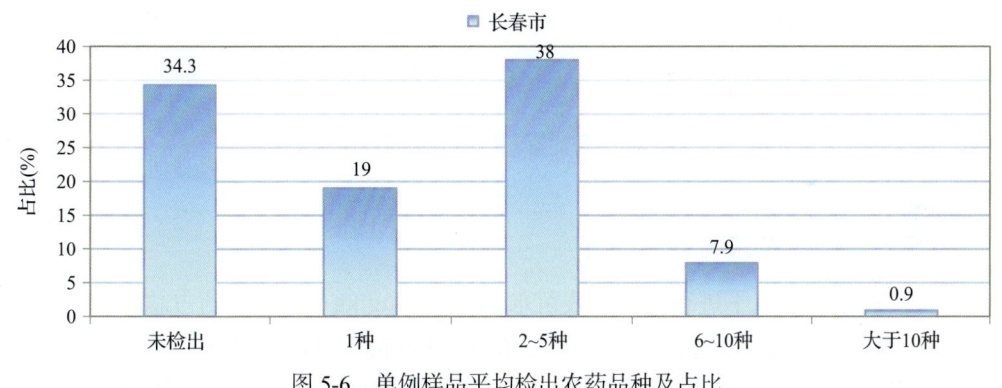

图5-6 单例样品平均检出农药品种及占比

5.1.2.4 检出农药类别与占比

所有检出农药按功能分类，包括杀菌剂、杀虫剂、植物生长调节剂、除草剂、驱避剂共5类。其中杀菌剂与杀虫剂为主要检出的农药类别，分别占总数的48.7%和38.5%，见表5-5及图5-7。

表5-5 检出农药所属类别/占比

农药类别	数量/占比(%)
杀菌剂	38/48.7
杀虫剂	30/38.5

续表

农药类别	数量/占比(%)
植物生长调节剂	6/7.7
除草剂	3/3.8
驱避剂	1/1.3

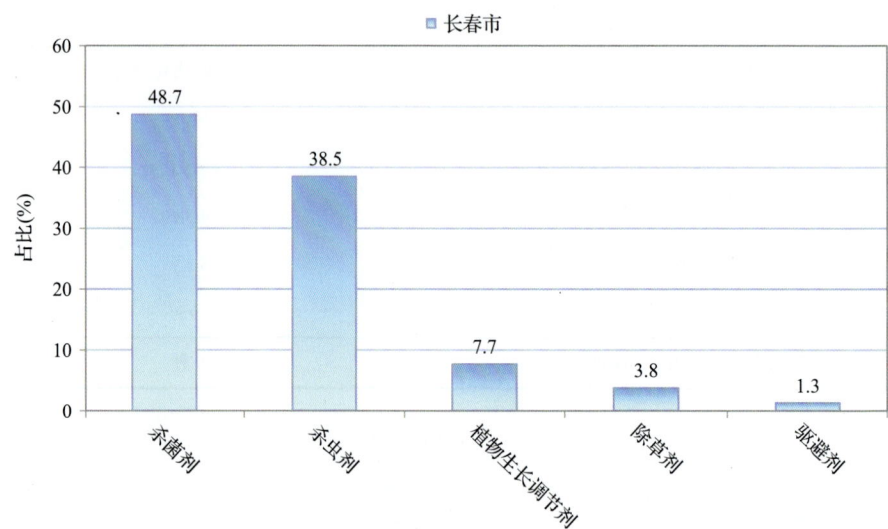

图 5-7　检出农药所属类别和占比

5.1.2.5　检出农药的残留水平

按检出农药残留水平进行统计，残留水平在 1~5 μg/kg（含）的农药占总数的 38.9%，在 5~10 μg/kg（含）的农药占总数的 13.9%，在 10~100 μg/kg（含）的农药占总数的 37.9%，在 100~1000 μg/kg（含）的农药占总数的 9.0%，在 >1000 μg/kg 的农药占总数的 0.3%。

由此可见，这次检测的 13 批 458 例水果蔬菜样品中农药多数处于较低残留水平。结果见表 5-6 及图 5-8，数据见附表 2。

表 5-6　农药残留水平/占比

残留水平(μg/kg)	检出频次数/占比(%)
1~5（含）	362/38.9
5~10（含）	129/13.9
10~100（含）	353/37.9
100~1000（含）	84/9.0
>1000	3/0.3

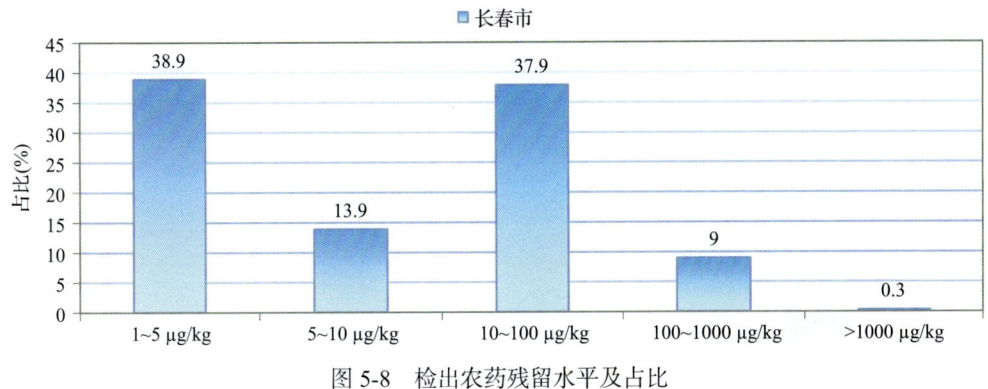

图 5-8 检出农药残留水平及占比

5.1.2.6 检出农药的毒性类别、检出频次和超标频次及占比

对这次检出的 78 种 931 频次的农药,按剧毒、高毒、中毒、低毒和微毒这五个毒性类别进行分类,从中可以看出,长春市目前普遍使用的农药为中低微毒农药,品种占 93.6%,频次占 95.9%。结果见表 5-7 及图 5-9。

表 5-7 检出农药毒性类别/占比

毒性分类	农药品种/占比(%)	检出频次/占比(%)	超标频次/超标率(%)
剧毒农药	2/2.6	9/1.0	3/33.3
高毒农药	3/3.8	29/3.1	11/37.9
中毒农药	32/41.0	426/45.8	7/1.6
低毒农药	28/35.9	228/24.5	0/0.0
微毒农药	13/16.7	239/25.7	0/0.0

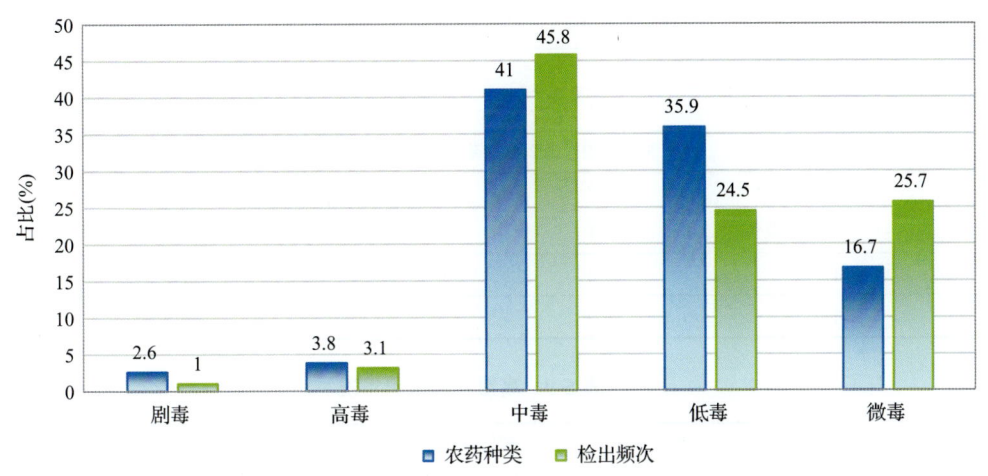

图 5-9 检出农药的毒性分类和占比

5.1.2.7 检出剧毒/高毒类农药的品种和频次

值得特别关注的是，在此次侦测的 458 例样品中有 12 种蔬菜 1 种调味料 3 种水果的 33 例样品检出了 5 种 38 频次的剧毒和高毒农药，占样品总量的 7.2%，详见图 5-10、表 5-8 及表 5-9。

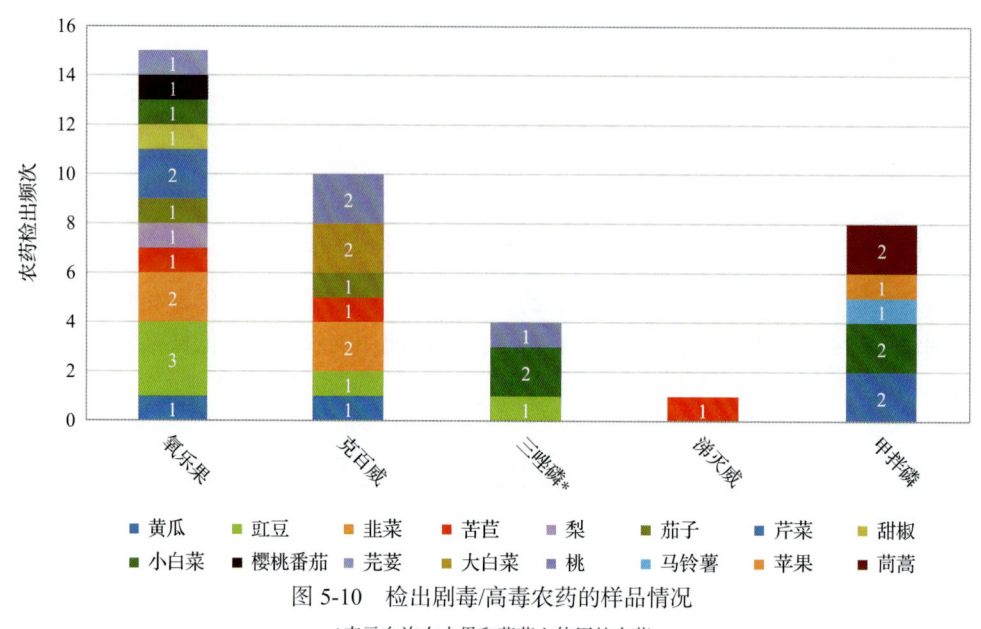

图 5-10 检出剧毒/高毒农药的样品情况

*表示允许在水果和蔬菜上使用的农药

表 5-8 剧毒农药检出情况

序号	农药名称	检出频次	超标频次	超标率
	从 1 种水果中检出 1 种剧毒农药，共计检出 1 次			
1	甲拌磷*	1	0	0.0%
	小计	1	0	超标率：0.0%
	从 5 种蔬菜中检出 2 种剧毒农药，共计检出 8 次			
1	甲拌磷*	7	2	28.6%
2	涕灭威*	1	1	100.0%
	小计	8	3	超标率：37.5%
	合计	9	3	超标率：33.3%

表 5-9 高毒农药检出情况

序号	农药名称	检出频次	超标频次	超标率
	从 2 种水果中检出 3 种高毒农药，共计检出 4 次			
1	克百威	2	0	0.0%
2	三唑磷	1	0	0.0%

序号	农药名称	检出频次	超标频次	超标率
3	氧乐果	1	0	0.0%
	小计	4	0	超标率：0.0%
	从 10 种蔬菜中检出 3 种高毒农药，共计检出 24 次			
1	氧乐果	13	8	61.5%
2	克百威	8	3	37.5%
3	三唑磷	3	0	0.0%
	小计	24	11	超标率：45.8%
	合计	28	11	超标率：39.3%

在检出的剧毒和高毒农药中，有 4 种是我国早已禁止在果树和蔬菜上使用的，分别是：克百威、甲拌磷、氧乐果和涕灭威。禁用农药的检出情况见表 5-10。

表 5-10 禁用农药检出情况

序号	农药名称	检出频次	超标频次	超标率
	从 3 种水果中检出 3 种禁用农药，共计检出 4 次			
1	克百威	2	0	0.0%
2	甲拌磷*	1	0	0.0%
3	氧乐果	1	0	0.0%
	小计	4	0	超标率：0.0%
	从 12 种蔬菜中检出 4 种禁用农药，共计检出 29 次			
1	氧乐果	13	8	61.5%
2	克百威	8	3	37.5%
3	甲拌磷*	7	2	28.6%
4	涕灭威*	1	1	100.0%
	小计	29	14	超标率：48.3%
	合计	33	14	超标率：42.4%

注：超标结果参考 MRL 中国国家标准计算

此次抽检的果蔬样品中，有 1 种水果 5 种蔬菜检出了剧毒农药，分别是：苹果中检出甲拌磷 1 次；小白菜中检出甲拌磷 2 次；芹菜中检出甲拌磷 2 次；苦苣中检出涕灭威 1 次；茼蒿中检出甲拌磷 2 次；马铃薯中检出甲拌磷 1 次。

样品中检出剧毒和高毒农药残留水平超过 MRL 中国国家标准的频次为 14 次，其中：小白菜检出氧乐果超标 1 次，检出甲拌磷超标 1 次；甜椒检出氧乐果超标 1 次；芹菜检出氧乐果超标 2 次，检出甲拌磷超标 1 次；苦苣检出涕灭威超标 1 次；豇豆检出氧乐果超标 2 次，检出克百威超标 1 次；韭菜检出克百威超标 2 次，检出氧乐果超标 2 次。本次检出结果表明，高毒、剧毒农药的使用现象依旧存在，详见表 5-11。

表 5-11 各样本中检出剧毒/高毒农药情况

样品名称	农药名称	检出频次	超标频次	检出浓度(μg/kg)
水果 3 种				
桃	克百威▲	2	0	4.0, 3.0
桃	三唑磷	1	0	1.4
梨	氧乐果▲	1	0	1.9
苹果	甲拌磷*▲	1	0	1.9
	小计	5	0	超标率：0.0%
蔬菜 12 种				
大白菜	克百威▲	2	0	1.4, 1.9
小白菜	三唑磷	2	0	30.6, 14.4
小白菜	氧乐果▲	1	1	248.3^a
小白菜	甲拌磷*▲	2	1	27.6^a, 8.8
樱桃番茄	氧乐果▲	1	0	1.2
甜椒	氧乐果▲	1	1	58.7^a
芹菜	氧乐果▲	2	2	190.6^a, 33.7^a
芹菜	甲拌磷*▲	2	1	2.7, 54.1^a
苦苣	克百威▲	1	0	2.4
苦苣	氧乐果▲	1	0	3.3
苦苣	涕灭威*▲	1	1	31.8^a
茄子	克百威▲	1	0	5.7
茄子	氧乐果▲	1	0	4.3
茼蒿	甲拌磷*▲	2	0	1.8, 4.1
豇豆	氧乐果▲	3	2	18.8, 49.4^a, 79.0^a
豇豆	克百威▲	1	1	46.1^a
豇豆	三唑磷	1	0	38.1
韭菜	克百威▲	2	2	30.1^a, 50.0^a
韭菜	氧乐果▲	2	2	169.2^a, 29.3^a
马铃薯	甲拌磷*▲	1	0	4.0
黄瓜	克百威▲	1	0	11.2
黄瓜	氧乐果▲	1	0	3.0
	小计	32	14	超标率：43.8%
	合计	37	14	超标率：37.8%

5.2 农药残留检出水平与最大残留限量标准对比分析

我国于 2014 年 3 月 20 日正式颁布并于 2014 年 8 月 1 日正式实施食品农药残留限量国家标准《食品中农药最大残留限量》(GB 2763—2014)。该标准包括 371 个农药条目，涉及最大残留限量(MRL)标准 3653 项。将 931 频次检出农药的浓度水平与 3653 项 MRL 中国国家标准进行核对，其中只有 328 频次的农药找到了对应的 MRL 标准，占 35.2%，还有 603 频次的侦测数据则无相关 MRL 标准供参考，占 64.8%。

将此次侦测结果与国际上现行 MRL 标准对比发现，在 931 频次的检出结果中有 931 频次的结果找到了对应的 MRL 欧盟标准，占 100.0%，其中，877 频次的结果有明确对应的 MRL 标准，占 94.2%，其余 54 频次按照欧盟一律标准判定，占 5.8%；有 931 频次的结果找到了对应的 MRL 日本标准，占 100.0%，其中，648 频次的结果有明确对应的 MRL 标准，占 69.6%，其余 283 频次按照日本一律标准判定，占 30.4%；有 538 频次的结果找到了对应的 MRL 中国香港标准，占 57.8%；有 536 频次的结果找到了对应的 MRL 美国标准，占 57.6%；有 384 频次的结果找到了对应的 MRL CAC 标准，占 41.2%（见图 5-11 和图 5-12，数据见附表 3 至附表 8）。

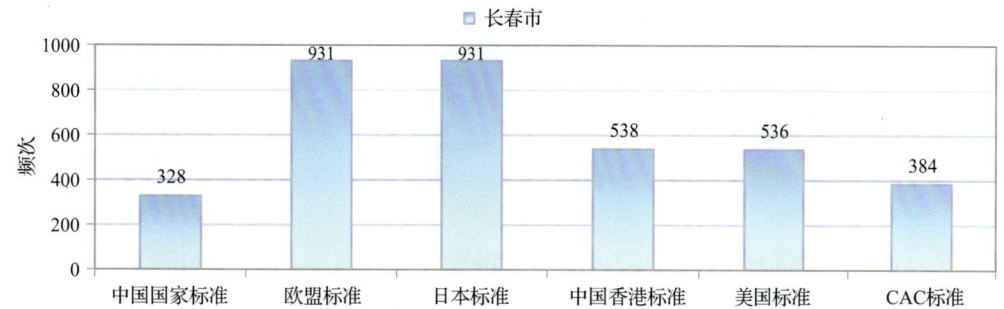

图 5-11　931 频次检出农药可用 MRL 中国国家标准、欧盟标准、日本标准、中国香港标准、美国标准、CAC 标准判定衡量的数量

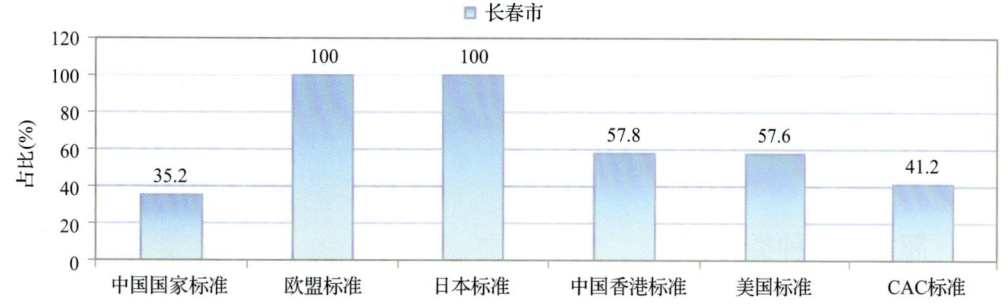

图 5-12　931 频次检出农药可用 MRL 中国国家标准、欧盟标准、日本标准、中国香港标准、美国标准、CAC 标准衡量的占比

5.2.1 超标农药样品分析

本次侦测的 458 例样品中,157 例样品未检出任何残留农药,占样品总量的 34.3%,301 例样品检出不同水平、不同种类的残留农药,占样品总量的 65.7%。在此,我们将本次侦测的农残检出情况与 MRL 中国国家标准、欧盟标准、日本标准、中国香港标准、美国标准和 CAC 标准这 6 大国际主流 MRL 标准进行对比分析,样品农残检出与超标情况见表 5-12、图 5-13 和图 5-14,详细数据见附表 9 至附表 14。

表 5-12 各 MRL 标准下样本农残检出与超标数量及占比

	中国国家标准 数量/占比(%)	欧盟标准 数量/占比(%)	日本标准 数量/占比(%)	中国香港标准 数量/占比(%)	美国标准 数量/占比(%)	CAC 标准 数量/占比(%)
未检出	157/34.3	157/34.3	157/34.3	157/34.3	157/34.3	157/34.3
检出未超标	282/61.6	233/50.9	220/48.0	286/62.4	294/64.2	298/65.1
检出超标	19/4.1	68/14.8	81/17.7	15/3.3	7/1.5	3/0.7

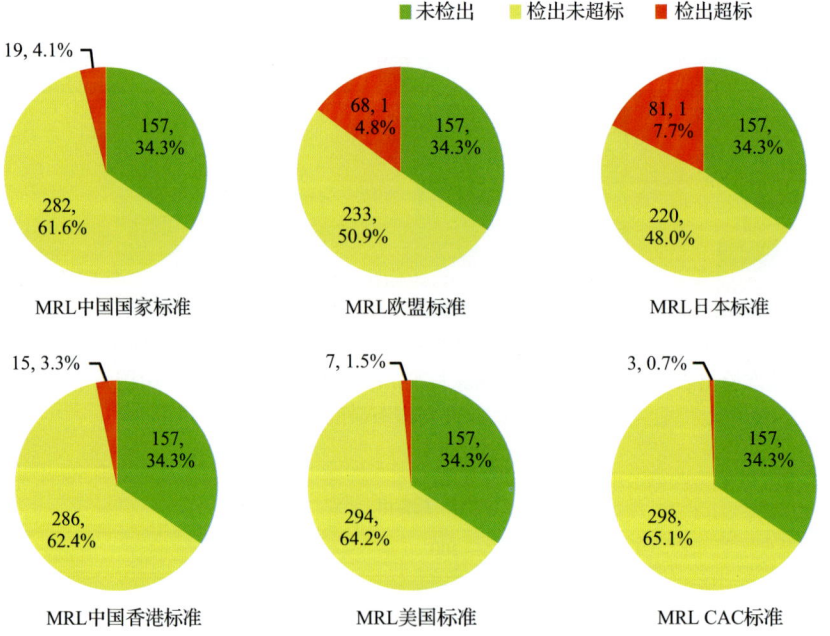

图 5-13 检出和超标样品比例情况

5.2.2 超标农药种类分析

按照 MRL 中国国家标准、欧盟标准、日本标准、中国香港标准、美国标准和 CAC 标准这 6 大国际主流 MRL 标准衡量,本次侦测检出的农药超标品种及频次情况见表 5-13。

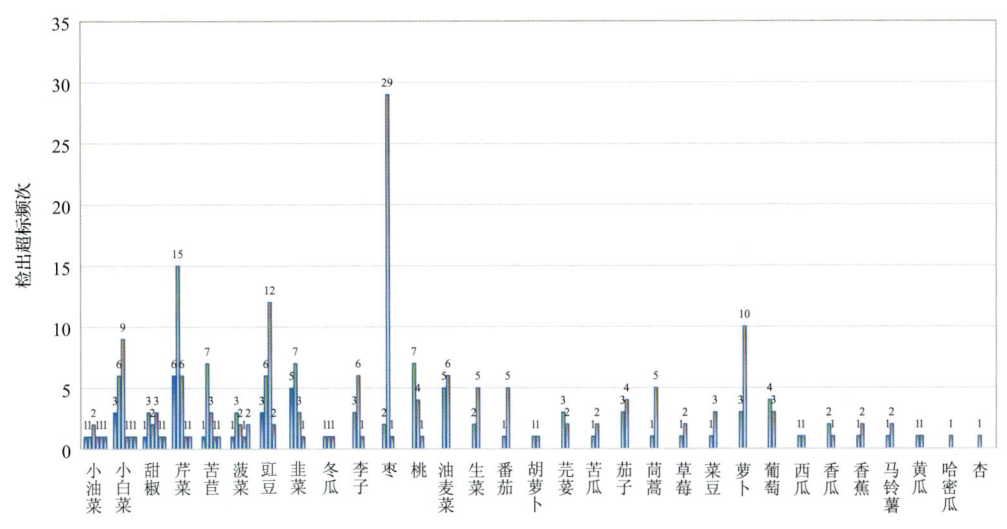

图 5-14　超过 MRL 中国国家标准、欧盟标准、日本标准、中国香港标准、美国标准和 CAC 标准结果在水果蔬菜中的分布

表 5-13　各 MRL 标准下超标农药品种及频次

	中国国家标准	欧盟标准	日本标准	中国香港标准	美国标准	CAC 标准
超标农药品种	6	34	44	7	6	2
超标农药频次	21	93	136	15	7	3

5.2.2.1　按 MRL 中国国家标准衡量

按 MRL 中国国家标准衡量，共有 6 种农药超标，检出 21 频次，分别为剧毒农药涕灭威和甲拌磷，高毒农药克百威和氧乐果，中毒农药乐果和毒死蜱。

按超标程度比较，芹菜中毒死蜱超标 12.2 倍，小白菜中氧乐果超标 11.4 倍，芹菜中氧乐果超标 8.5 倍，韭菜中氧乐果超标 7.5 倍，芹菜中甲拌磷超标 4.4 倍。检测结果见图 5-15 和附表 15。

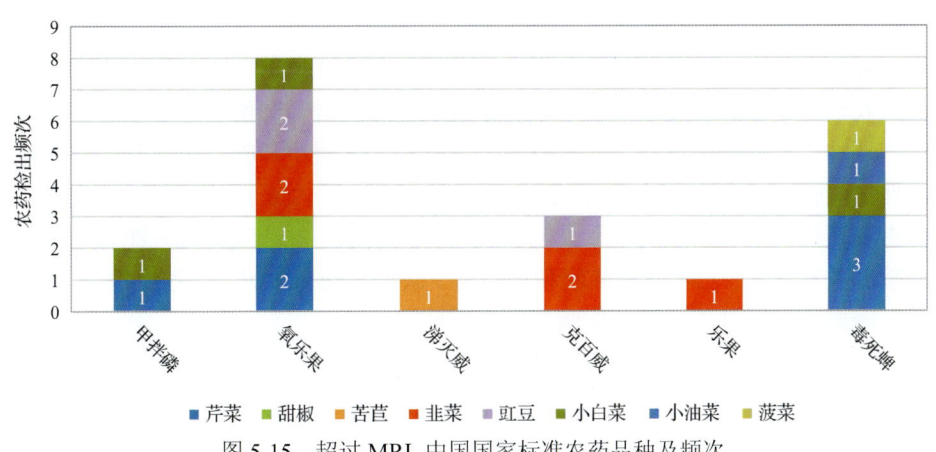

图 5-15　超过 MRL 中国国家标准农药品种及频次

5.2.2.2 按 MRL 欧盟标准衡量

按 MRL 欧盟标准衡量，共有 34 种农药超标，检出 93 频次，分别为剧毒农药涕灭威和甲拌磷，高毒农药克百威、三唑磷和氧乐果，中毒农药乐果、咪鲜胺、多效唑、毒死蜱、甲霜灵、三唑醇、甲氨基阿维菌素、稻瘟灵、噁霜灵、唑虫酰胺、啶虫脒、哒螨灵、抑霉唑、丙溴磷、异丙威和 N-去甲基啶虫脒，低毒农药矮壮素、灭蝇胺、扑草净、己唑醇、烯啶虫胺、莠去津、氟唑菌酰胺、双苯基脲和炔螨特，微毒农药多菌灵、吡唑醚菌酯、缬霉威和霜霉威。

按超标程度比较，小白菜中噁霜灵超标 74.1 倍，菜豆中唑虫酰胺超标 65.2 倍，油麦菜中多效唑超标 34.4 倍，小白菜中氧乐果超标 23.8 倍，芹菜中霜霉威超标 18.8 倍。检测结果见图 5-16 和附表 16。

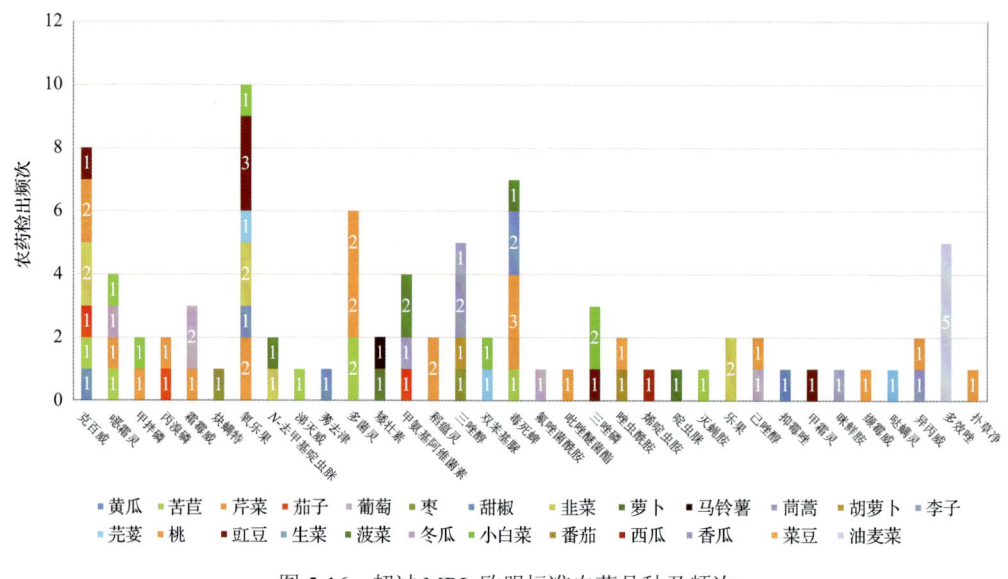

图 5-16 超过 MRL 欧盟标准农药品种及频次

5.2.2.3 按 MRL 日本标准衡量

按 MRL 日本标准衡量，共有 44 种农药超标，检出 136 频次，分别为剧毒农药涕灭威，高毒农药克百威、三唑磷和氧乐果，中毒农药粉唑醇、咪鲜胺、甲哌、多效唑、戊唑醇、三环唑、毒死蜱、甲霜灵、噻虫嗪、三唑醇、苯醚甲环唑、甲氨基阿维菌素、稻瘟灵、唑虫酰胺、啶虫脒、哒螨灵、抑霉唑、吡虫啉、异丙威、丙溴磷和 N-去甲基啶虫脒，低毒农药矮壮素、烯酰吗啉、氟吡菌酰胺、螺螨酯、氟环唑、莠去津、噻菌灵、氟唑菌酰胺、双苯基脲、乙嘧酚磺酸酯和炔螨特，微毒农药多菌灵、吡唑醚菌酯、乙嘧酚、缬霉威、嘧菌酯、甲基硫菌灵、肟菌酯和霜霉威。

按超标程度比较，草莓中乙嘧酚磺酸酯超标 74.7 倍，油麦菜中多效唑超标 69.8 倍，菜豆中唑虫酰胺超标 65.2 倍，菠菜中毒死蜱超标 48.9 倍，柠檬中甲基硫菌灵超标 44.4 倍。检测结果见图 5-17 和附表 17。

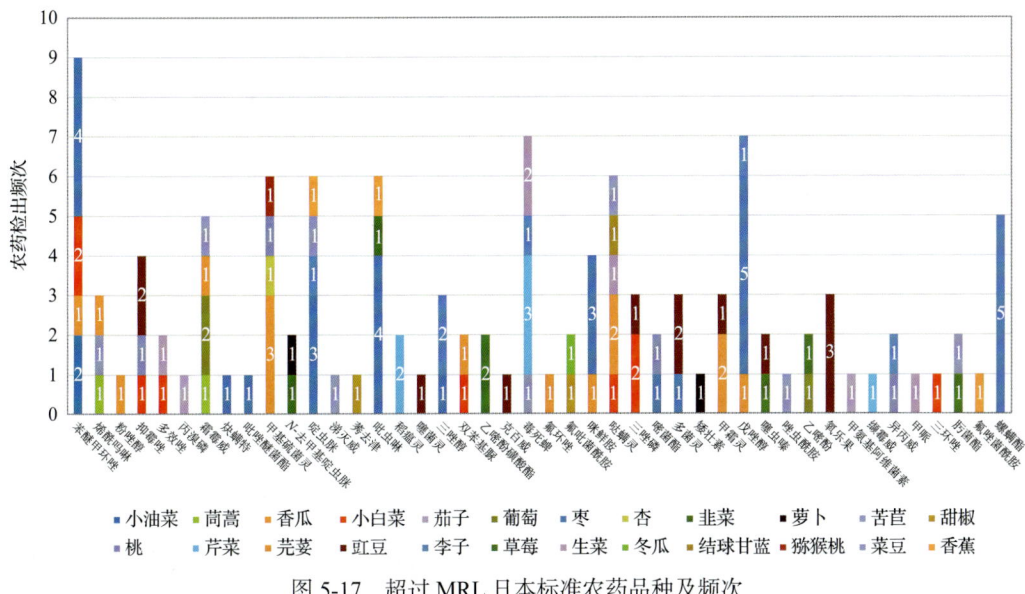

图 5-17 超过 MRL 日本标准农药品种及频次

5.2.2.4 按 MRL 中国香港标准衡量

按 MRL 中国香港标准衡量，共有 7 种农药超标，检出 15 频次，分别为中毒农药乐果、毒死蜱、噻虫嗪、甲氨基阿维菌素和啶虫脒，低毒农药吡蚜酮，微毒农药肟菌酯。

按超标程度比较，芹菜中毒死蜱超标 12.2 倍，萝卜中啶虫脒超标 8.0 倍，茄子中甲氨基阿维菌素超标 4.8 倍，菠菜中毒死蜱超标 4.0 倍，生菜中毒死蜱超标 3.8 倍。检测结果见图 5-18 和附表 18。

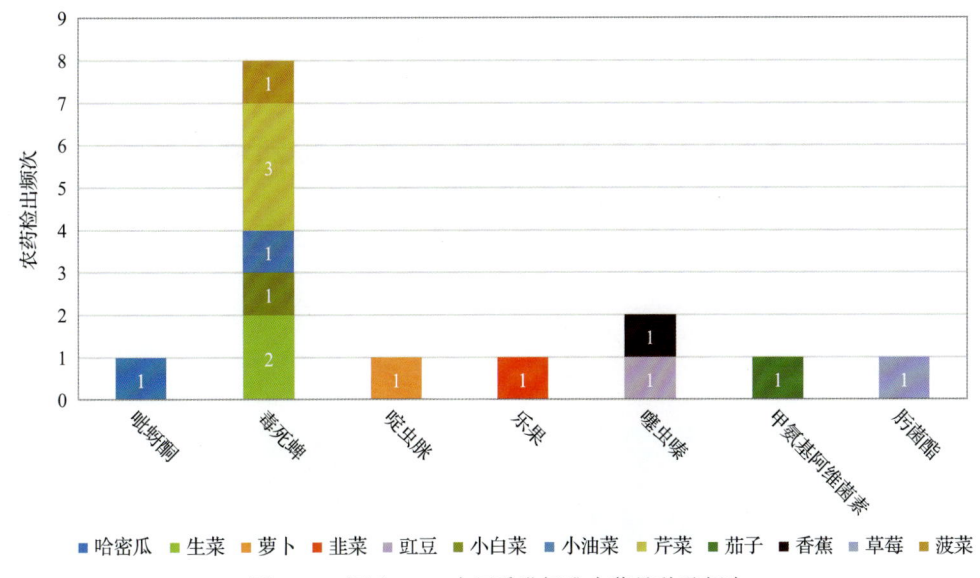

图 5-18 超过 MRL 中国香港标准农药品种及频次

5.2.2.5 按 MRL 美国标准衡量

按 MRL 美国标准衡量，共有 6 种农药超标，检出 7 频次，分别为中毒农药戊唑醇、毒死蜱、噻虫嗪、甲氨基阿维菌素和啶虫脒，低毒农药吡蚜酮。

按超标程度比较，萝卜中啶虫脒超标 8.0 倍，茄子中甲氨基阿维菌素超标 4.8 倍，苹果中毒死蜱超标 1.2 倍，桃中毒死蜱超标 0.7 倍，苹果中戊唑醇超标 0.5 倍。检测结果见图 5-19 和附表 19。

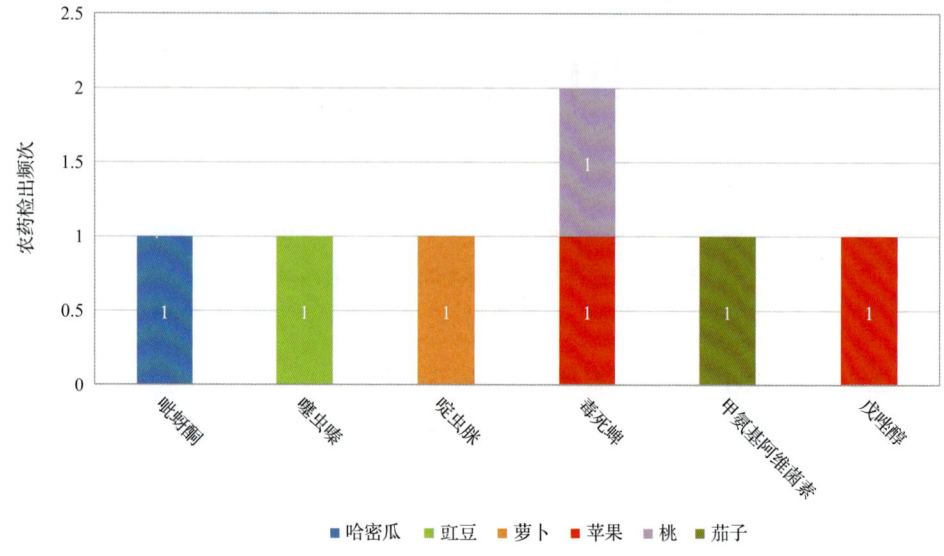

图 5-19 超过 MRL 美国标准农药品种及频次

5.2.2.6 按 MRL CAC 标准衡量

按 MRL CAC 标准衡量，共有 2 种农药超标，检出 3 频次，分别为中毒农药噻虫嗪和甲氨基阿维菌素。

按超标程度比较，茄子中甲氨基阿维菌素超标 4.8 倍，豇豆中噻虫嗪超标 1.5 倍，香蕉中噻虫嗪超标 0.6 倍。检测结果见图 5-20 和附表 20。

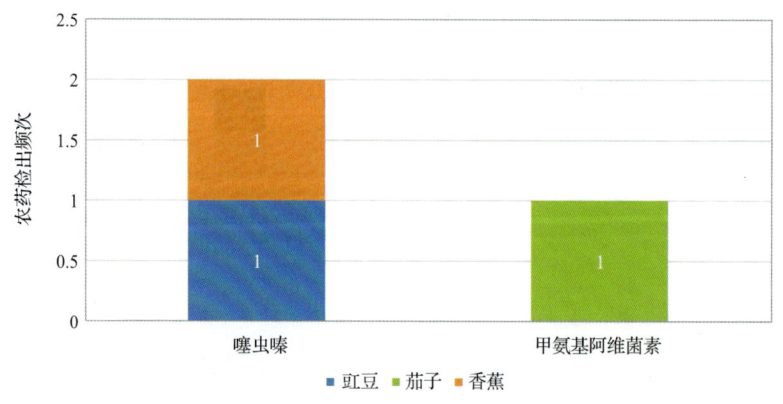

图 5-20 超过 MRL CAC 标准农药品种及频次

5.2.3　9个采样点超标情况分析

5.2.3.1　按MRL中国国家标准衡量

按MRL中国国家标准衡量，有6个采样点的样品存在不同程度的超标农药检出，其中***超市(绿园店)的超标率最高，为13.5%，如表5-14和图5-21所示。

表5-14　超过MRL中国国家标准水果蔬菜在不同采样点分布

点	采样点	样品总数	超标数量	超标率(%)	行政区域
1	***超市(重庆路店)	76	3	3.9	朝阳区
2	***超市(普阳街店)	67	4	6.0	绿园区
3	***超市(东盛店)	66	4	6.1	二道区
4	***超市(普阳街店)	38	1	2.6	绿园区
5	***超市(自由大路店)	37	2	5.4	南关区
6	***超市(绿园店)	37	5	13.5	绿园区

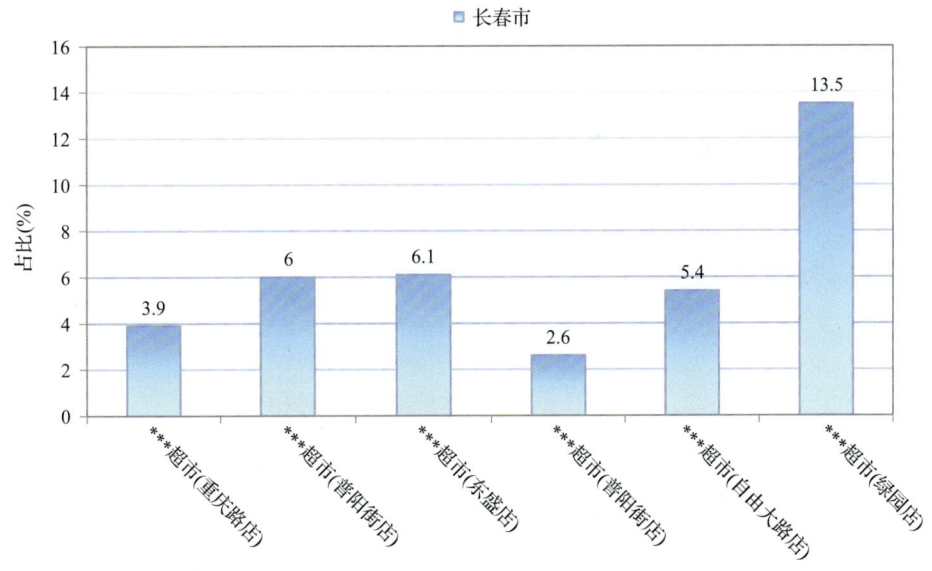

图5-21　超过MRL中国国家标准水果蔬菜在不同采样点分布

5.2.3.2　按MRL欧盟标准衡量

按MRL欧盟标准衡量，所有采样点的样品均存在不同程度的超标农药检出，其中***超市(普阳街店)的超标率最高，为19.4%，如表5-15和图5-22所示。

表 5-15 超过 MRL 欧盟标准水果蔬菜在不同采样点分布

	采样点	样品总数	超标数量	超标率(%)	行政区域
1	***超市(长春店)	79	6	7.6	绿园区
2	***超市(重庆路店)	76	14	18.4	朝阳区
3	***超市(普阳街店)	67	13	19.4	绿园区
4	***超市(东盛店)	66	12	18.2	二道区
5	***超市(普阳街店)	38	5	13.2	绿园区
6	***超市(自由大路店)	37	4	10.8	南关区
7	***超市(绿园店)	37	6	16.2	绿园区
8	***超市(红旗街万达店)	35	4	11.4	朝阳区
9	***超市(锦江店)	23	4	17.4	绿园区

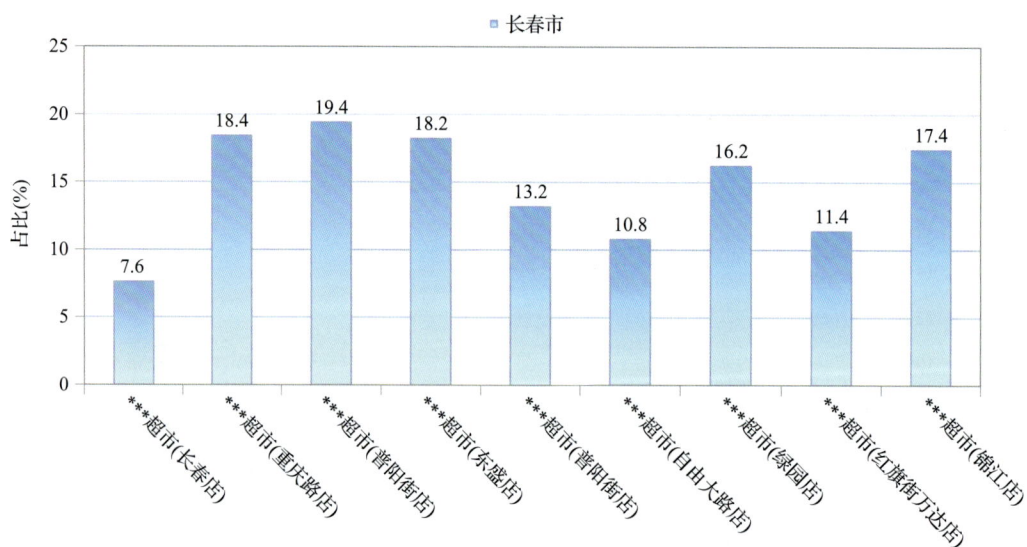

图 5-22 超过 MRL 欧盟标准水果蔬菜在不同采样点分布

5.2.3.3 按 MRL 日本标准衡量

按 MRL 日本标准衡量，所有采样点的样品均存在不同程度的超标农药检出，其中***超市(锦江店)的超标率最高，为 30.4%，如表 5-16 和图 5-23 所示。

5.2.3.4 按 MRL 中国香港标准衡量

按 MRL 中国香港标准衡量，有 8 个采样点的样品存在不同程度的超标农药检出，其中***超市(绿园店)的超标率最高，为 8.1%，如表 5-17 和图 5-24 所示。

表 5-16 超过 MRL 日本标准水果蔬菜在不同采样点分布

	采样点	样品总数	超标数量	超标率(%)	行政区域
1	***超市(长春店)	79	7	8.9	绿园区
2	***超市(重庆路店)	76	16	21.1	朝阳区
3	***超市(普阳街店)	67	16	23.9	绿园区
4	***超市(东盛店)	66	11	16.7	二道区
5	***超市(普阳街店)	38	7	18.4	绿园区
6	***超市(自由大路店)	37	5	13.5	南关区
7	***超市(绿园店)	37	4	10.8	绿园区
8	***超市(红旗街万达店)	35	8	22.9	朝阳区
9	***超市(锦江店)	23	7	30.4	绿园区

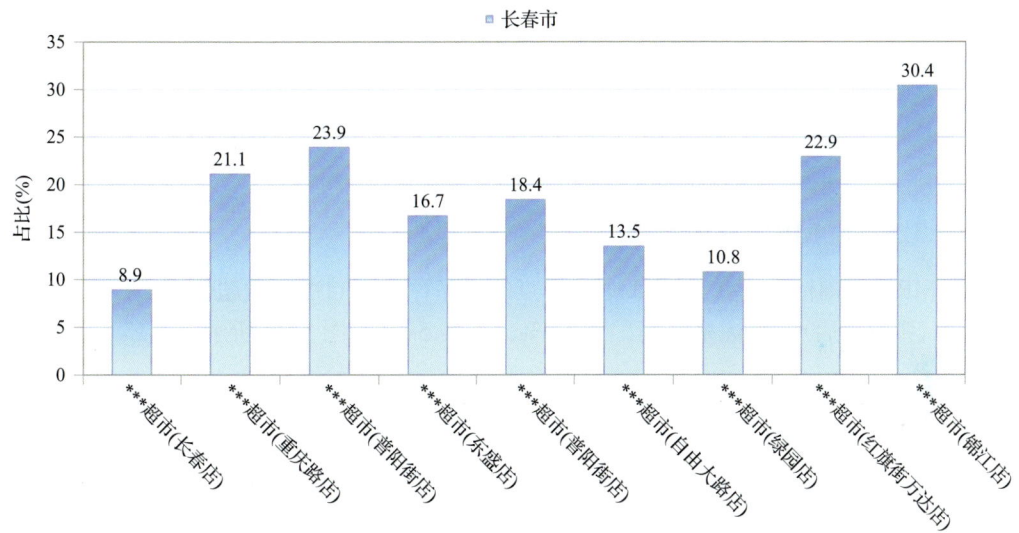

图 5-23 超过 MRL 日本标准水果蔬菜在不同采样点分布

表 5-17 超过 MRL 中国香港标准水果蔬菜在不同采样点分布

	采样点	样品总数	超标数量	超标率(%)	行政区域
1	***超市(长春店)	79	1	1.3	绿园区
2	***超市(重庆路店)	76	2	2.6	朝阳区
3	***超市(普阳街店)	67	5	7.5	绿园区
4	***超市(东盛店)	66	1	1.5	二道区
5	***超市(普阳街店)	38	1	2.6	绿园区
6	***超市(自由大路店)	37	1	2.7	南关区
7	***超市(绿园店)	37	3	8.1	绿园区
8	***超市(红旗街万达店)	35	1	2.9	朝阳区

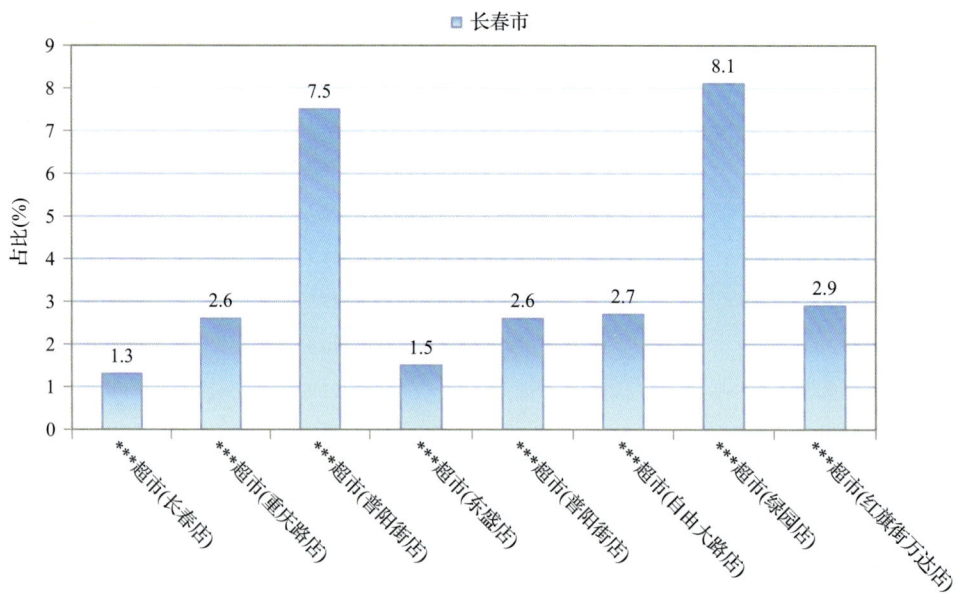

图 5-24 超过 MRL 中国香港标准水果蔬菜在不同采样点分布

5.2.3.5 按 MRL 美国标准衡量

按 MRL 美国标准衡量,有 5 个采样点的样品存在不同程度的超标农药检出,其中***超市(普阳街店)的超标率最高,为 5.3%,如表 5-18 和图 5-25 所示。

5.2.3.6 按 MRL CAC 标准衡量

按 MRL CAC 标准衡量,有 2 个采样点的样品存在不同程度的超标农药检出,其中***超市(普阳街店)的超标率最高,为 3.0%,如表 5-19 和图 5-26 所示。

表 5-18 超过 MRL 美国标准水果蔬菜在不同采样点分布

	采样点	样品总数	超标数量	超标率(%)	行政区域
1	***超市(长春店)	79	1	1.3	绿园区
2	***超市(重庆路店)	76	2	2.6	朝阳区
3	***超市(普阳街店)	67	1	1.5	绿园区
4	***超市(普阳街店)	38	2	5.3	绿园区
5	***超市(自由大路店)	37	1	2.7	南关区

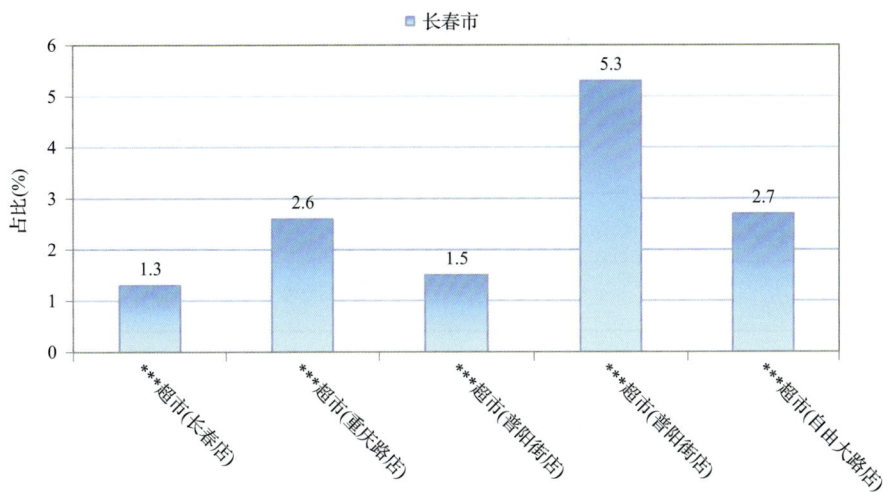

图 5-25 超过 MRL 美国标准水果蔬菜在不同采样点分布

表 5-19 超过 MRL CAC 标准水果蔬菜在不同采样点分布

	采样点	样品总数	超标数量	超标率(%)	行政区域
1	***超市(普阳街店)	67	2	3.0	绿园区
2	***超市(普阳街店)	38	1	2.6	绿园区

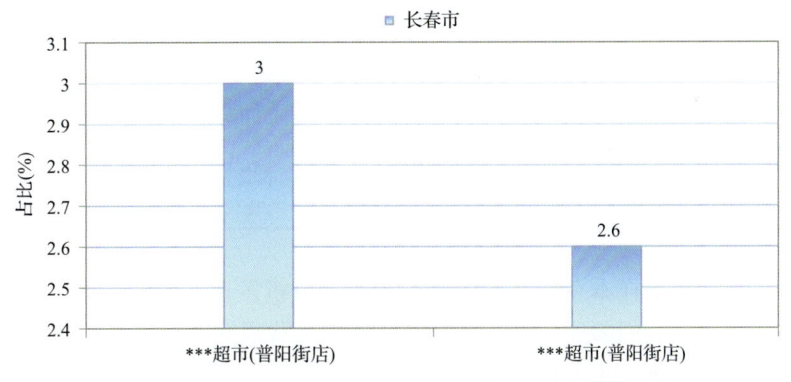

图 5-26 超过 MRL CAC 标准水果蔬菜在不同采样点分布

5.3 水果中农药残留分布

5.3.1 检出农药品种和频次排前 10 的水果

本次残留侦测的水果共 20 种，包括桃、猕猴桃、西瓜、香蕉、哈密瓜、木瓜、苹果、香瓜、杏、草莓、葡萄、梨、李子、枣、柚、橘、火龙果、柠檬、橙和菠萝。

根据检出农药品种及频次进行排名，将各项排名前 10 位的水果样品检出情况列表说明，详见表 5-20。

表 5-20　检出农药品种和频次排名前 10 的水果

检出农药品种排名前 10(品种)	①葡萄(26),②香瓜(24),③桃(23),④枣(17),⑤草莓(16),⑥李子(11),⑦苹果(11),⑧香蕉(11),⑨哈密瓜(8),⑩火龙果(7)
检出农药频次排名前 10(频次)	①葡萄(73),②枣(57),③香瓜(56),④桃(52),⑤香蕉(30),⑥苹果(27),⑦草莓(22),⑧橙(22),⑨橘(16),⑩李子(13)
检出禁用、高毒及剧毒农药品种排名前 10(品种)	①桃(2),②梨(1),③苹果(1)
检出禁用、高毒及剧毒农药频次排名前 10(频次)	①桃(3),②梨(1),③苹果(1)

5.3.2　超标农药品种和频次排前 10 的水果

鉴于欧盟和日本的 MRL 标准制定比较全面且覆盖率较高,我们参照 MRL 中国国家标准、欧盟标准和日本标准衡量水果样品中农残检出情况,将超标农药品种及频次排名前 10 的水果列表说明,详见表 5-21。

表 5-21　超标农药品种和频次排名前 10 的水果

超标农药品种排名前 10（农药品种数）	MRL 中国国家标准	
	MRL 欧盟标准	①桃(5),②葡萄(3),③李子(2),④香瓜(2),⑤枣(2),⑥草莓(1),⑦西瓜(1),⑧香蕉(1)
	MRL 日本标准	①枣(11),②香瓜(7),③李子(5),④桃(4),⑤草莓(3),⑥香蕉(3),⑦葡萄(2),⑧哈密瓜(1),⑨火龙果(1),⑩猕猴桃(1)
超标农药频次排名前 10（农药频次数）	MRL 中国国家标准	
	MRL 欧盟标准	①桃(7),②葡萄(4),③李子(3),④香瓜(2),⑤枣(2),⑥草莓(1),⑦西瓜(1),⑧香蕉(1)
	MRL 日本标准	①枣(29),②香瓜(10),③李子(6),④草莓(4),⑤桃(4),⑥葡萄(3),⑦香蕉(3),⑧柠檬(2),⑨哈密瓜(1),⑩火龙果(1)

通过对各品种水果样本总数及检出率进行综合分析发现,葡萄、香瓜和桃的残留污染最为严重,在此,我们参照 MRL 中国国家标准、欧盟标准和日本标准对这 3 种水果的农残检出情况进行进一步分析。

5.3.3　农药残留检出率较高的水果样品分析

5.3.3.1　葡萄

这次共检测 10 例葡萄样品,全部检出了农药残留,检出率为 100.0%,检出农药共计 26 种。其中嘧菌酯、嘧霉胺、戊唑醇、烯酰吗啉和苯醚甲环唑检出频次较高,分别检出了 9、8、6、6 和 5 次。葡萄中农药检出品种和频次见图 5-27,超标农药见图 5-28 和表 5-22。

5.3.3.2　香瓜

这次共检测 12 例香瓜样品,11 例样品中检出了农药残留,检出率为 91.7%,检出农药共计 24 种。其中烯酰吗啉、甲基硫菌灵、甲霜灵、咪鲜胺和嘧菌酯检出频次较高,分别检出了 8、5、4、4 和 4 次。香瓜中农药检出品种和频次见图 5-29,超标农药见图 5-30 和表 5-23。

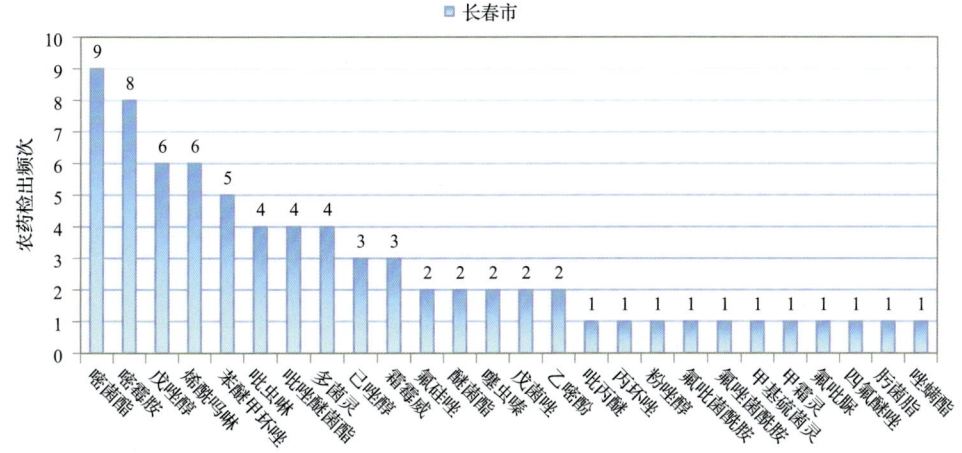

图 5-27　葡萄样品检出农药品种和频次分析

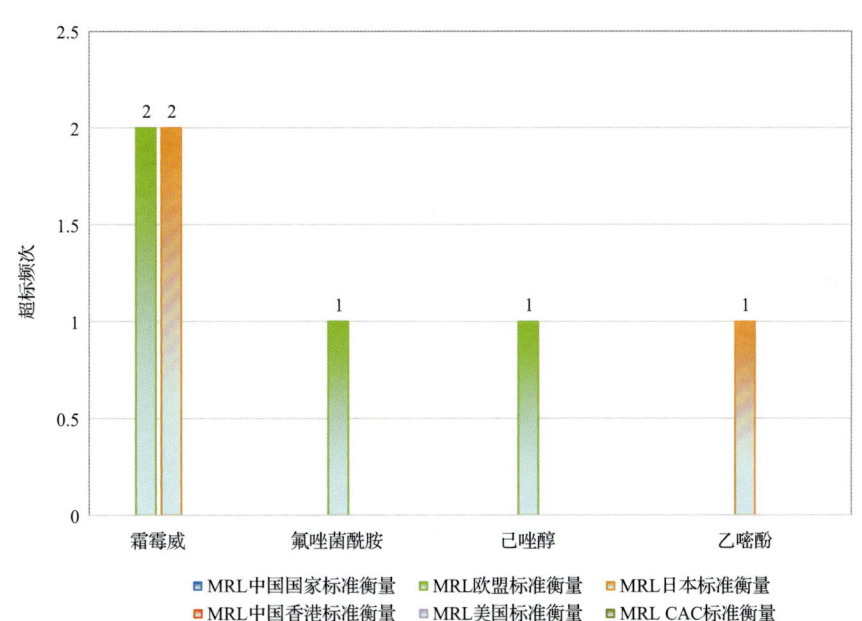

图 5-28　葡萄样品中超标农药分析

表 5-22　葡萄中农药残留超标情况明细表

样品总数		检出农药样品数	样品检出率(%)	检出农药品种总数
10		10	100	26
超标农药品种	超标农药频次	按照 MRL 中国国家标准、欧盟标准和日本标准衡量超标农药名称及频次		
中国国家标准	0	0		
欧盟标准	3	4	霜霉威(2),氟唑菌酰胺(1),己唑醇(1)	
日本标准	2	3	霜霉威(2),乙嘧酚(1)	

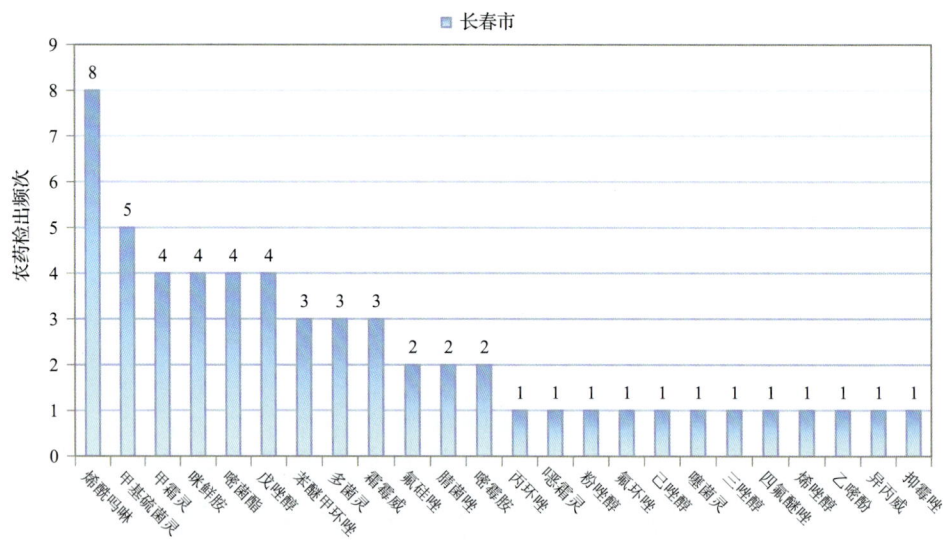

图 5-29 香瓜样品检出农药品种和频次分析

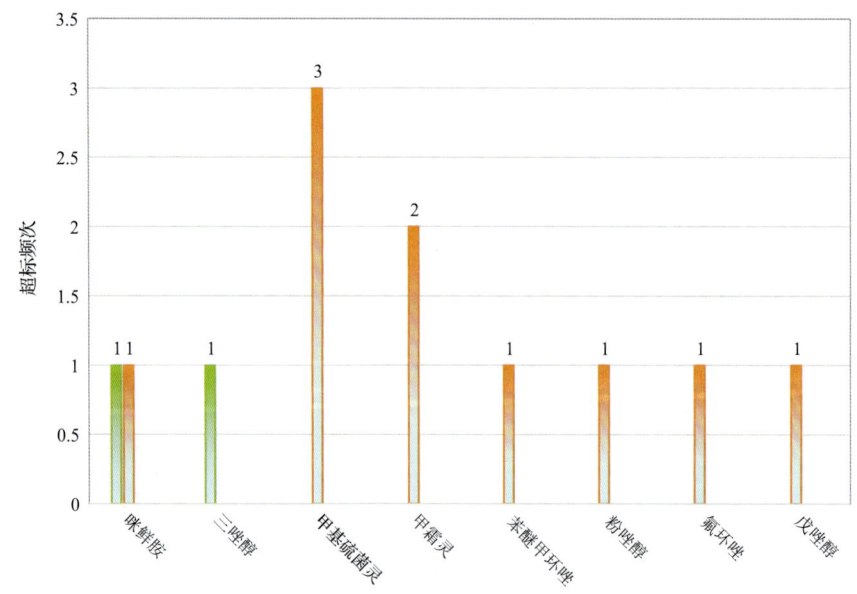

图 5-30 香瓜样品中超标农药分析

表 5-23 香瓜中农药残留超标情况明细表

样品总数		检出农药样品数	样品检出率(%)	检出农药品种总数
12		11	91.7	24
超标农药品种	超标农药频次	按照 MRL 中国国家标准、欧盟标准和日本标准衡量超标农药名称及频次		
中国国家标准	0	0		
欧盟标准	2	2	咪鲜胺(1),三唑醇(1)	
日本标准	7	10	甲基硫菌灵(3),甲霜灵(2),苯醚甲环唑(1),粉唑醇(1),氟环唑(1),咪鲜胺(1),戊唑醇(1)	

5.3.3.3 桃

这次共检测 13 例桃样品，全部检出了农药残留，检出率为 100.0%，检出农药共计 23 种。其中多菌灵、苯醚甲环唑、多效唑、吡虫啉和哒螨灵检出频次较高，分别检出了 8、7、4、3 和 3 次。桃中农药检出品种和频次见图 5-31，超标农药见图 5-32 和表 5-24。

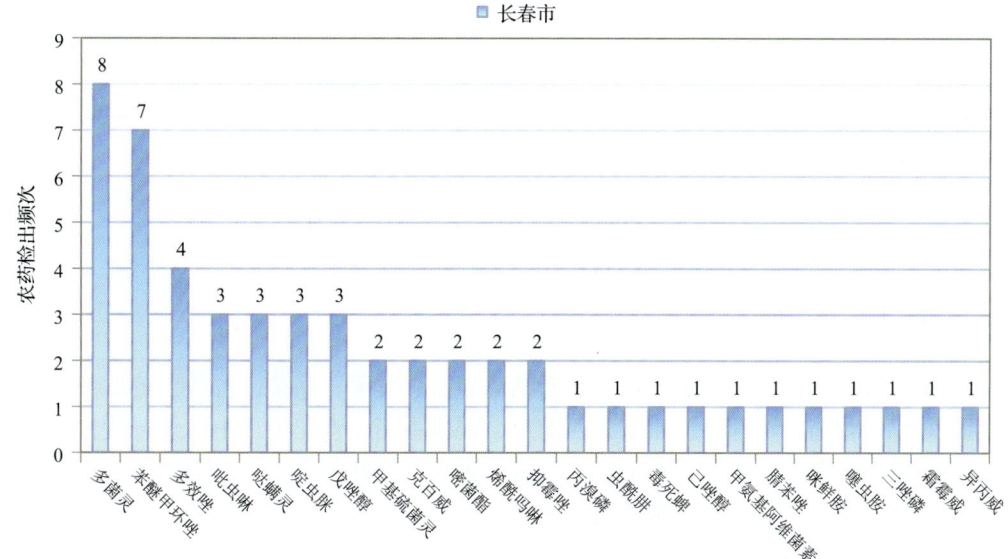

图 5-31 桃样品检出农药品种和频次分析

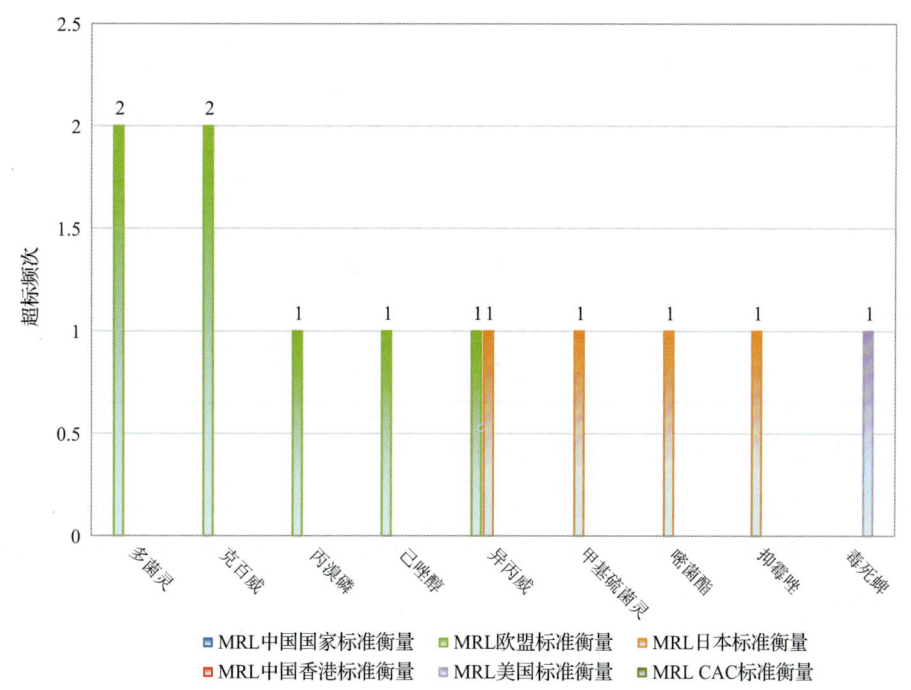

图 5-32 桃样品中超标农药分析

表 5-24 桃中农药残留超标情况明细表

样品总数	检出农药样品数	样品检出率(%)	检出农药品种总数
13	13	100	23
超标农药品种	超标农药频次	按照 MRL 中国国家标准、欧盟标准和日本标准衡量超标农药名称及频次	
中国国家标准 0	0		
欧盟标准 5	7	多菌灵(2),克百威(2),丙溴磷(1),己唑醇(1),异丙威(1)	
日本标准 4	4	甲基硫菌灵(1),嘧菌酯(1),异丙威(1),抑霉唑(1)	

5.4 蔬菜中农药残留分布

5.4.1 检出农药品种和频次排前 10 的蔬菜

本次残留侦测的蔬菜共 32 种,包括结球甘蓝、韭菜、芹菜、苦苣、黄瓜、洋葱、菠菜、豇豆、番茄、花椰菜、甜椒、西葫芦、樱桃番茄、青花菜、小白菜、紫甘蓝、油麦菜、胡萝卜、南瓜、萝卜、茄子、马铃薯、苦瓜、娃娃菜、生菜、小油菜、冬瓜、大白菜、菜豆、菜薹、食荚豌豆和茼蒿。

根据检出农药品种及频次进行排名,将各项排名前 10 位的蔬菜样品检出情况列表说明,详见表 5-25。

表 5-25 检出农药品种和频次排名前 10 的蔬菜

检出农药品种排名前 10(品种)	①芹菜(19),②番茄(18),③小白菜(18),④黄瓜(17),⑤甜椒(17),⑥苦苣(16),⑦韭菜(15),⑧苦瓜(14),⑨樱桃番茄(14),⑩菠菜(12)
检出农药频次排名前 10(频次)	①芹菜(46),②小白菜(34),③黄瓜(28),④番茄(27),⑤甜椒(27),⑥樱桃番茄(25),⑦苦苣(23),⑧韭菜(22),⑨冬瓜(21),⑩豇豆(21)
检出禁用、高毒及剧毒农药品种排名前 10(品种)	①豇豆(3),②苦苣(3),③小白菜(3),④黄瓜(2),⑤韭菜(2),⑥茄子(2),⑦芹菜(2),⑧大白菜(1),⑨马铃薯(1),⑩甜椒(1)
检出禁用、高毒及剧毒农药频次排名前 10(频次)	①豇豆(5),②小白菜(5),③韭菜(4),④芹菜(4),⑤苦苣(3),⑥大白菜(2),⑦黄瓜(2),⑧茄子(2),⑨茼蒿(2),⑩马铃薯(1)

5.4.2 超标农药品种和频次排前 10 的蔬菜

鉴于欧盟和日本的 MRL 标准制定比较全面且覆盖率较高,我们参照 MRL 中国国家标准、欧盟标准、日本标准衡量蔬菜样品中农残检出情况,将超标农药品种及频次排名前 10 的蔬菜列表说明,详见表 5-26。

表 5-26 超标农药品种和频次排名前 10 的蔬菜

超标农药品种排名前 10（农药品种数）	MRL 中国国家标准	①韭菜(3),②芹菜(3),③小白菜(3),④豇豆(2),⑤菠菜(1),⑥苦苣(1),⑦甜椒(1),⑧小油菜(1)
	MRL 欧盟标准	①芹菜(10),②苦苣(6),③小白菜(5),④豇豆(4),⑤韭菜(4),⑥萝卜(3),⑦茄子(3),⑧甜椒(3),⑨菠菜(2),⑩菜豆(1)
	MRL 日本标准	①豇豆(8),②小白菜(7),③菜豆(5),④生菜(4),⑤韭菜(3),⑥苦苣(3),⑦芹菜(3),⑧菠菜(2),⑨萝卜(2),⑩茄子(2)
超标农药频次排名前 10（农药频次数）	MRL 中国标准	①芹菜(6),②韭菜(5),③豇豆(4),④小白菜(3),⑤菠菜(1),⑥苦苣(1),⑦甜椒(1),⑧小油菜(1)
	MRL 欧盟标准	①芹菜(15),②韭菜(7),③苦苣(7),④豇豆(6),⑤小白菜(6),⑥油麦菜(5),⑦菠菜(3),⑧萝卜(3),⑨茄子(3),⑩甜椒(3)
	MRL 日本标准	①豇豆(12),②小白菜(9),③芹菜(6),④油麦菜(6),⑤菜豆(5),⑥生菜(5),⑦韭菜(3),⑧苦苣(3),⑨菠菜(2),⑩萝卜(2)

通过对各品种蔬菜样本总数及检出率进行综合分析发现，芹菜、小白菜和番茄的残留污染最为严重，在此，我们参照 MRL 中国国家标准、欧盟标准和日本标准对这 3 种蔬菜的农残检出情况进行进一步分析。

5.4.3 农药残留检出率较高的蔬菜样品分析

5.4.3.1 芹菜

这次共检测 10 例芹菜样品，9 例样品中检出了农药残留，检出率为 90.0%，检出农药共计 19 种。其中烯酰吗啉、多菌灵、苯醚甲环唑、吡虫啉和毒死蜱检出频次较高，分别检出了 7、6、5、4 和 3 次。芹菜中农药检出品种和频次见图 5-33，超标农药见图 5-34 和表 5-27。

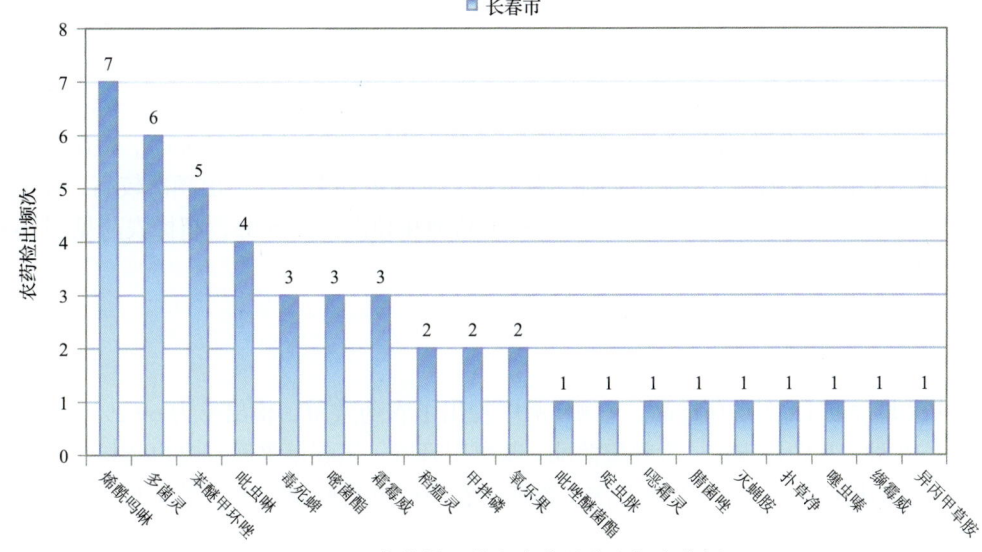

图 5-33 芹菜样品检出农药品种和频次分析

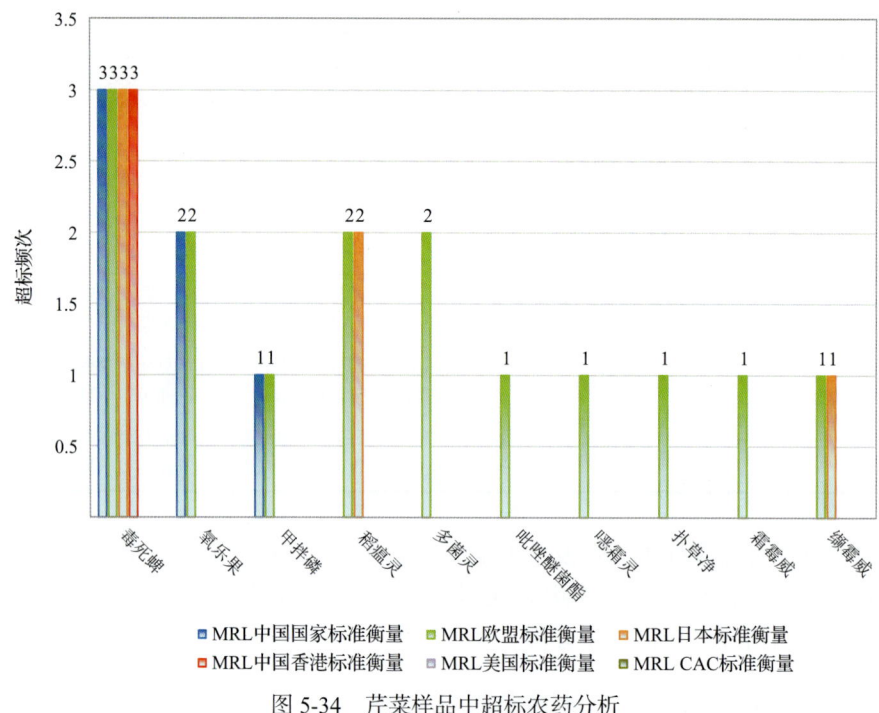

图 5-34 芹菜样品中超标农药分析

表 5-27 芹菜中农药残留超标情况明细表

样品总数		检出农药样品数	样品检出率(%)	检出农药品种总数
10		9	90	19
	超标农药品种	超标农药频次	按照 MRL 中国国家标准、欧盟标准和日本标准衡量超标农药名称及频次	
中国国家标准	3	6	毒死蜱(3),氧乐果(2),甲拌磷(1)	
欧盟标准	10	15	毒死蜱(3),稻瘟灵(2),多菌灵(2),氧乐果(2),吡唑醚菌酯(1),噁霜灵(1),甲拌磷(1),扑草净(1),霜霉威(1),缬霉威(1)	
日本标准	3	6	毒死蜱(3),稻瘟灵(2),缬霉威(1)	

5.4.3.2 小白菜

这次共检测 9 例小白菜样品，全部检出了农药残留，检出率为 100.0%，检出农药共计 18 种。其中烯酰吗啉、苯醚甲环唑、避蚊胺、哒螨灵和多效唑检出频次较高，分别检出了 8、3、2、2 和 2 次。小白菜中农药检出品种和频次见图 5-35，超标农药见图 5-36 和表 5-28。

5.4.3.3 番茄

这次共检测 13 例番茄样品，9 例样品中检出了农药残留，检出率为 69.2%，检出农药共计 18 种。其中霜霉威、吡唑醚菌酯、苯醚甲环唑、氟唑菌酰胺和噻虫嗪检出频次较高，分别检出了 4、3、2、2 和 2 次。番茄中农药检出品种和频次见图 5-37，超标农药见图 5-38 和表 5-29。

第5章 LC-Q-TOF/MS 侦测长春市 458 例市售水果蔬菜样品农药残留报告

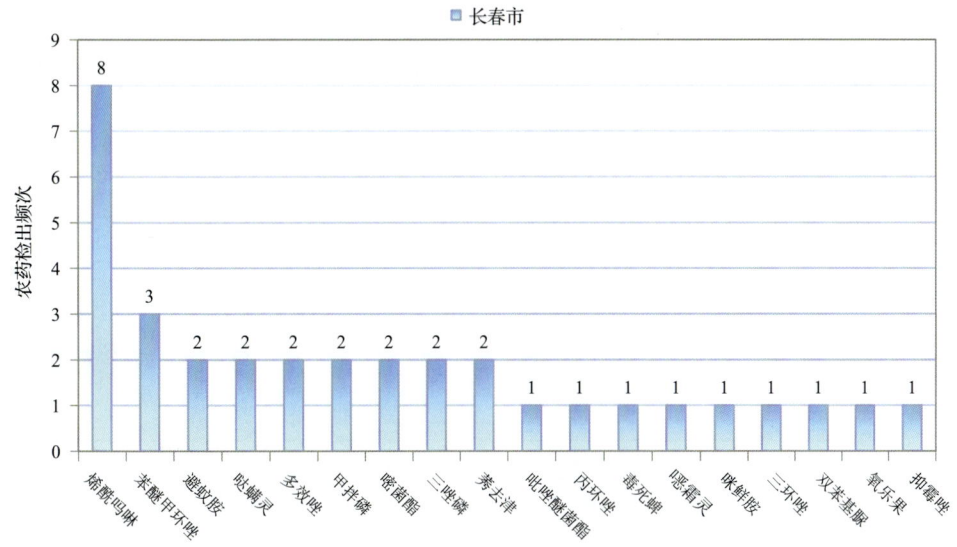

图 5-35 小白菜样品检出农药品种和频次分析

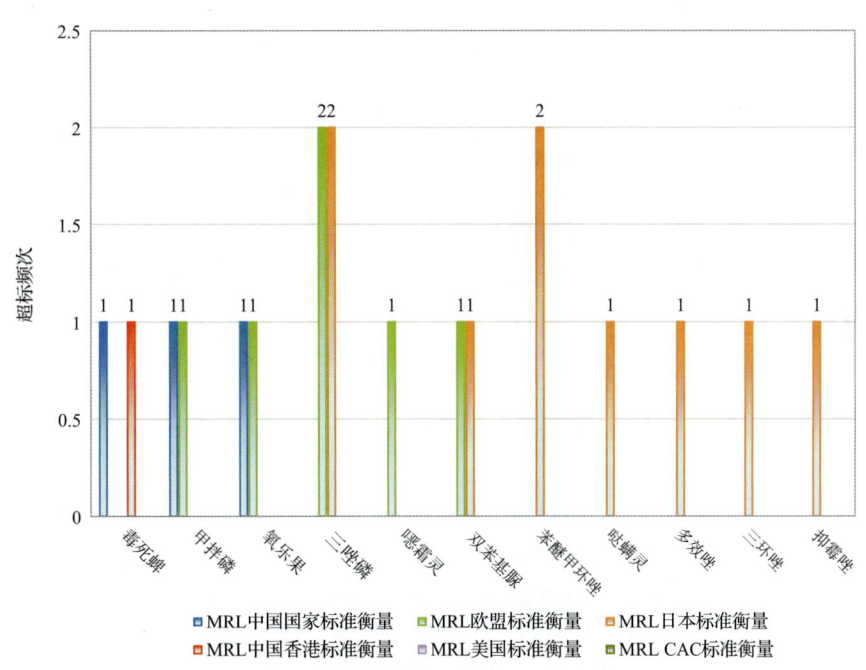

图 5-36 小白菜样品中超标农药分析

表 5-28 小白菜中农药残留超标情况明细表

样品总数		检出农药样品数	样品检出率(%)	检出农药品种总数
9		9	100	18
	超标农药品种	超标农药频次	按照 MRL 中国国家标准、欧盟标准和日本标准衡量超标农药名称及频次	
中国国家标准	3	3	毒死蜱(1),甲拌磷(1),氧乐果(1)	
欧盟标准	5	6	三唑磷(2),噁霜灵(1),甲拌磷(1),双苯基脲(1),氧乐果(1)	
日本标准	7	9	苯醚甲环唑(2),三唑磷(2),哒螨灵(1),多效唑(1),三环唑(1),双苯基脲(1),抑霉唑(1)	

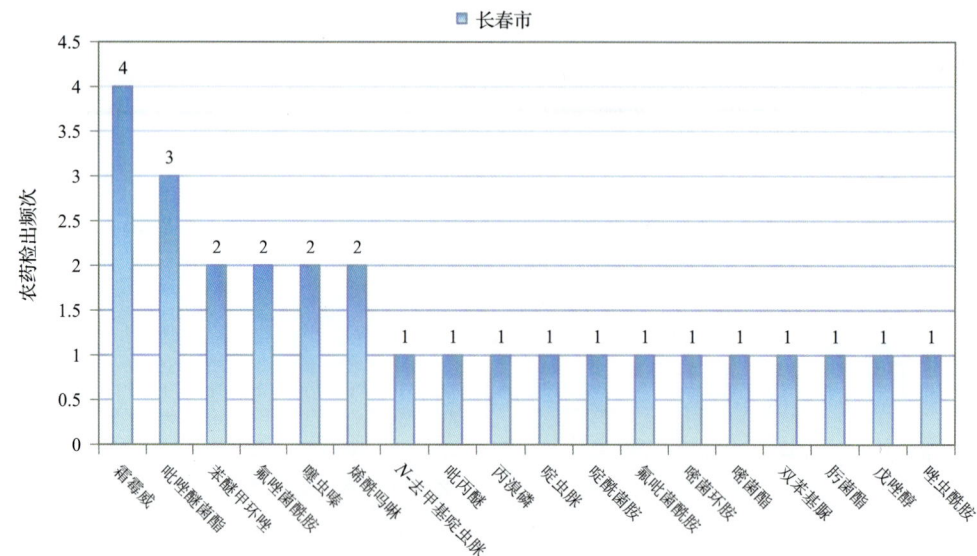

图 5-37 番茄样品检出农药品种和频次分析

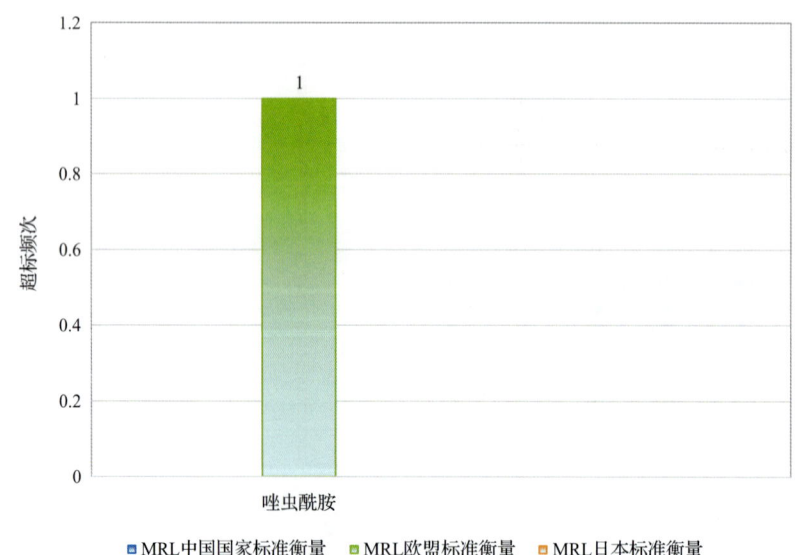

图 5-38 番茄样品中超标农药分析

表 5-29 番茄中农药残留超标情况明细表

样品总数		检出农药样品数	样品检出率(%)	检出农药品种总数
13		9	69.2	18
	超标农药品种	超标农药频次	按照 MRL 中国国家标准、欧盟标准和日本标准衡量超标农药名称及频次	
中国国家标准	0	0		
欧盟标准	1	1	唑虫酰胺(1)	
日本标准	0	0		

5.5 初步结论

5.5.1 长春市市售水果蔬菜按MRL中国国家标准和国际主要MRL标准衡量的合格率

本次侦测的458例样品中，157例样品未检出任何残留农药，占样品总量的34.3%，301例样品检出不同水平、不同种类的残留农药，占样品总量的65.7%。在这301例检出农药残留的样品中：

按照MRL中国国家标准衡量，有282例样品检出残留农药但含量没有超标，占样品总数的61.6%，有19例样品检出了超标农药，占样品总数的4.1%。

按照MRL欧盟标准衡量，有233例样品检出残留农药但含量没有超标，占样品总数的50.9%，有68例样品检出了超标农药，占样品总数的14.8%。

按照MRL日本标准衡量，有220例样品检出残留农药但含量没有超标，占样品总数的48.0%，有81例样品检出了超标农药，占样品总数的17.7%。

按照MRL中国香港标准衡量，有286例样品检出残留农药但含量没有超标，占样品总数的62.4%，有15例样品检出了超标农药，占样品总数的3.3%。

按照MRL美国标准衡量，有294例样品检出残留农药但含量没有超标，占样品总数的64.2%，有7例样品检出了超标农药，占样品总数的1.5%。

按照MRL CAC标准衡量，有298例样品检出残留农药但含量没有超标，占样品总数的65.1%，有3例样品检出了超标农药，占样品总数的0.7%。

5.5.2 长春市市售水果蔬菜中检出农药以中低微毒农药为主，占市场主体的93.6%

这次侦测的458例样品包括调味料1种6例，食用菌4种20例，水果20种150例，蔬菜32种282例，共检出了78种农药，检出农药的毒性以中低微毒为主，详见表5-30。

表5-30 市场主体农药毒性分布

毒性	检出品种	占比	检出频次	占比
剧毒农药	2	2.6%	9	1.0%
高毒农药	3	3.8%	29	3.1%
中毒农药	32	41.0%	426	45.8%
低毒农药	28	35.9%	228	24.5%
微毒农药	13	16.7%	239	25.7%

中低微毒农药，品种占比93.6%，频次占比95.9%

5.5.3 检出剧毒、高毒和禁用农药现象应该警醒

在此次侦测的 458 例样品中有 12 种蔬菜和 3 种水果的 33 例样品检出了 5 种 38 频次的剧毒和高毒或禁用农药,占样品总量的 7.2%。其中剧毒农药甲拌磷和涕灭威以及高毒农药氧乐果、克百威和三唑磷检出频次较高。

按 MRL 中国国家标准衡量,剧毒农药甲拌磷,检出 8 次,超标 2 次;涕灭威,检出 1 次,超标 1 次;高毒农药氧乐果,检出 15 次,超标 8 次;克百威,检出 10 次,超标 3 次;按超标程度比较,小白菜中氧乐果超标 11.4 倍,芹菜中氧乐果超标 8.5 倍,韭菜中氧乐果超标 7.5 倍,芹菜中甲拌磷超标 4.4 倍,豇豆中氧乐果超标 3.0 倍。

剧毒、高毒或禁用农药的检出情况及按照 MRL 中国国家标准衡量的超标情况见表 5-31。

表 5-31 剧毒、高毒或禁用农药的检出及超标明细

序号	农药名称	样品名称	检出频次	超标频次	最大超标倍数	超标率
1.1	涕灭威*▲	苦苣	1	1	0.06	100.0%
2.1	甲拌磷*▲	芹菜	2	1	4.41	50.0%
2.2	甲拌磷*▲	小白菜	2	1	1.76	50.0%
2.3	甲拌磷*▲	茼蒿	2	0	0	0.0%
2.4	甲拌磷*▲	苹果	1	0	0	0.0%
2.5	甲拌磷*▲	马铃薯	1	0	0	0.0%
3.1	三唑磷°	小白菜	2	0	0	0.0%
3.2	三唑磷°	桃	1	0	0	0.0%
3.3	三唑磷°	豇豆	1	0	0	0.0%
4.1	克百威°▲	韭菜	2	2	1.5	100.0%
4.2	克百威°▲	大白菜	2	0	0	0.0%
4.3	克百威°▲	桃	2	0	0	0.0%
4.4	克百威°▲	豇豆	1	1	1.31	100.0%
4.5	克百威°▲	苦苣	1	0	0	0.0%
4.6	克百威°▲	茄子	1	0	0	0.0%
4.7	克百威°▲	黄瓜	1	0	0	0.0%
5.1	氧乐果°▲	豇豆	3	2	2.95	66.7%
5.2	氧乐果°▲	芹菜	2	2	8.53	100.0%
5.3	氧乐果°▲	韭菜	2	2	7.46	100.0%
5.4	氧乐果°▲	小白菜	1	1	11.42	100.0%
5.5	氧乐果°▲	甜椒	1	1	1.94	100.0%
5.6	氧乐果°▲	梨	1	0	0	0.0%
5.7	氧乐果°▲	樱桃番茄	1	0	0	0.0%

							续表
序号	农药名称	样品名称	检出频次	超标频次	最大超标倍数	超标率
5.8	氧乐果◇▲	芫荽	1	0	0	0.0%
5.9	氧乐果◇▲	苦苣	1	0	0	0.0%
5.10	氧乐果◇▲	茄子	1	0	0	0.0%
5.11	氧乐果◇▲	黄瓜	1	0	0	0.0%
合计			38	14		36.8%

注：超标倍数参照 MRL 中国国家标准衡量

这些超标的剧毒和高毒农药都是中国政府早有规定禁止在水果蔬菜中使用的，为什么还屡次被检出，应该引起警惕。

5.5.4　残留限量标准与先进国家或地区差距较大

931 频次的检出结果与我国公布的《食品中农药最大残留限量》（GB 2763—2014）对比，有 328 频次能找到对应的 MRL 中国国家标准，占 35.2%；还有 603 频次的侦测数据无相关 MRL 标准供参考，占 64.8%。

与国际上现行 MRL 标准对比发现：

有 931 频次能找到对应的 MRL 欧盟标准，占 100.0%；

有 931 频次能找到对应的 MRL 日本标准，占 100.0%；

有 538 频次能找到对应的 MRL 中国香港标准，占 57.8%；

有 536 频次能找到对应的 MRL 美国标准，占 57.6%；

有 384 频次能找到对应的 MRL CAC 标准，占 41.2%。

由上可见，MRL 中国国家标准与先进国家或地区标准还有很大差距，我们无标准，境外有标准，这就会导致我们在国际贸易中，处于受制于人的被动地位。

5.5.5　水果蔬菜单种样品检出 18~26 种农药残留，拷问农药使用的科学性

通过此次监测发现，葡萄、香瓜和桃是检出农药品种最多的 3 种水果，芹菜、番茄和小白菜是检出农药品种最多的 3 种蔬菜，从中检出农药品种及频次详见表 5-32。

表 5-32　单种样品检出农药品种及频次

样品名称	样品总数	检出农药样品数	检出率	检出农药品种数	检出农药(频次)
芹菜	10	9	90.0%	19	烯酰吗啉(7),多菌灵(6),苯醚甲环唑(5),吡虫啉(4),毒死蜱(3),嘧菌酯(3),霜霉威(3),稻瘟灵(2),甲拌磷(2),氧乐果(2),吡唑醚菌酯(1),啶虫脒(1),噁霜灵(1),腈菌唑(1),灭蝇胺(1),扑草净(1),噻虫嗪(1),缬霉威(1),异丙甲草胺(1)
番茄	13	9	69.2%	18	霜霉威(4),吡唑醚菌酯(3),苯醚甲环唑(2),氟唑菌酰胺(2),噻虫嗪(2),烯酰吗啉(2),N-去甲基啶虫脒(1),吡丙醚(1),丙溴磷(1),啶虫脒(1),啶酰菌胺(1),氟吡菌酰胺(1),嘧菌环酯(1),嘧菌酯(1),双苯基脲(1),肟菌酯(1),戊唑醇(1),唑虫酰胺(1)

续表

样品名称	样品总数	检出农药样品数	检出率	检出农药品种数	检出农药(频次)
小白菜	9	9	100.0%	18	烯酰吗啉(8),苯醚甲环唑(3),避蚊胺(2),哒螨灵(2),多效唑(2),甲拌磷(2),嘧菌酯(2),三唑磷(2),莠去津(2),吡唑醚菌酯(1),丙环唑(1),毒死蜱(1),噁霜灵(1),咪鲜胺(1),三环唑(1),双苯基脲(1),氧乐果(1),抑霉唑(1)
葡萄	10	10	100.0%	26	嘧菌酯(9),嘧霉胺(8),戊唑醇(6),烯酰吗啉(6),苯醚甲环唑(5),吡虫啉(4),吡唑醚菌酯(4),多菌灵(4),己唑醇(3),霜霉威(3),氟硅唑(2),醚菌酯(2),噻虫嗪(2),戊菌唑(2),乙嘧酚(2),吡丙醚(1),丙环唑(1),粉唑醇(1),氟吡菌酰胺(1),氟唑菌酰胺(1),甲基硫菌灵(1),甲霜灵(1),氯吡脲(1),四氟醚唑(1),肟菌酯(1),唑螨酯(1)
香瓜	12	11	91.7%	24	烯酰吗啉(8),甲基硫菌灵(5),甲霜灵(4),咪鲜胺(4),嘧菌酯(4),戊唑醇(4),苯醚甲环唑(3),多菌灵(3),霜霉威(3),氟硅唑(2),腈菌唑(2),嘧霉胺(2),丙环唑(1),噁霜灵(1),粉唑醇(1),氟环唑(1),己唑醇(1),噻菌灵(1),三唑醇(1),四氟醚唑(1),烯唑醇(1),乙嘧酚(1),异丙威(1),抑霉唑(1)
桃	13	13	100.0%	23	多菌灵(8),苯醚甲环唑(7),多效唑(4),吡虫啉(3),哒螨灵(3),啶虫脒(3),戊唑醇(3),甲基硫菌灵(3),克百威(2),嘧菌酯(2),烯酰吗啉(2),抑霉唑(2),丙溴磷(1),虫酰肼(1),毒死蜱(1),己唑醇(1),甲氨基阿维菌素(1),腈苯唑(1),咪鲜胺(1),噻虫胺(1),三唑磷(1),霜霉威(1),异丙威(1)

上述 6 种水果蔬菜,检出农药 18~26 种,是多种农药综合防治,还是未严格实施农业良好管理规范(GAP),抑或根本就是乱施药,值得我们思考。

第6章 LC-Q-TOF/MS 侦测长春市市售水果蔬菜农药残留膳食暴露风险与预警风险评估

6.1 农药残留风险评估方法

6.1.1 长春市农药残留侦测数据分析与统计

庞国芳院士科研团队建立的农药残留高通量侦测技术以高分辨精确质量数（0.0001 m/z 为基准）为识别标准，采用 LC-Q-TOF/MS 技术对 565 种农药化学污染物进行侦测。

科研团队于 2015 年 8 月~2017 年 4 月在长春市所属 4 个区的 9 个采样点，随机采集了 458 例水果蔬菜样品，采样点分布在超市，具体位置如图 6-1 所示，各月内果蔬样品采集数量如表 6-1 所示。

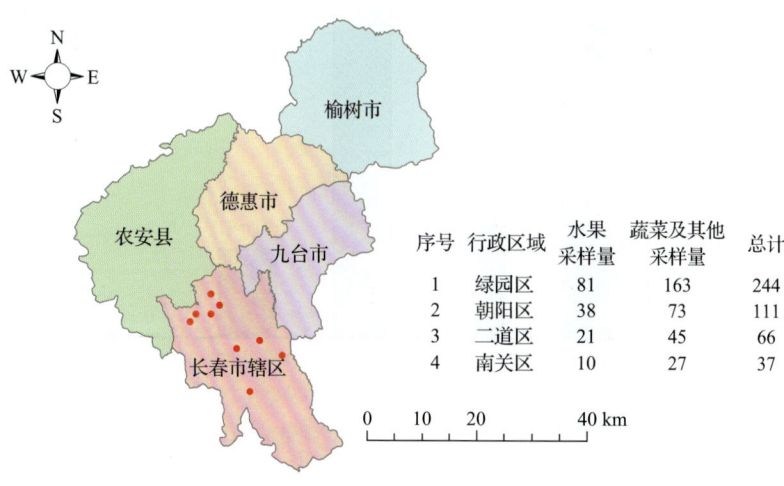

图 6-1 长春市所属 9 个采样点 458 例样品分布图

表 6-1 长春市各月内果蔬样品采集情况

时间	样品数(例)
2015 年 8 月	315
2017 年 4 月	143

利用LC-Q-TOF/MS技术对458例样品中的农药进行侦测,检出残留农药78种,931频次。检出农药残留水平如表6-2和图6-2所示。检出频次最高的前十种农药如表6-3所示。从检测结果中可以看出,在水果蔬菜中农药残留普遍存在,且有些水果蔬菜存在高浓度的农药残留,这些可能存在膳食暴露风险,对人体健康产生危害,因此,为了定量地评价水果蔬菜中农药残留的风险程度,有必要对其进行风险评价。

表6-2 检出农药的不同残留水平及其所占比例列表

残留水平(μg/kg)	检出频次	占比(%)
1~5(含)	362	38.9
5~10(含)	129	13.9
10~100(含)	353	37.9
100~1000(含)	84	9.0
>1000	3	0.3
合计	931	100

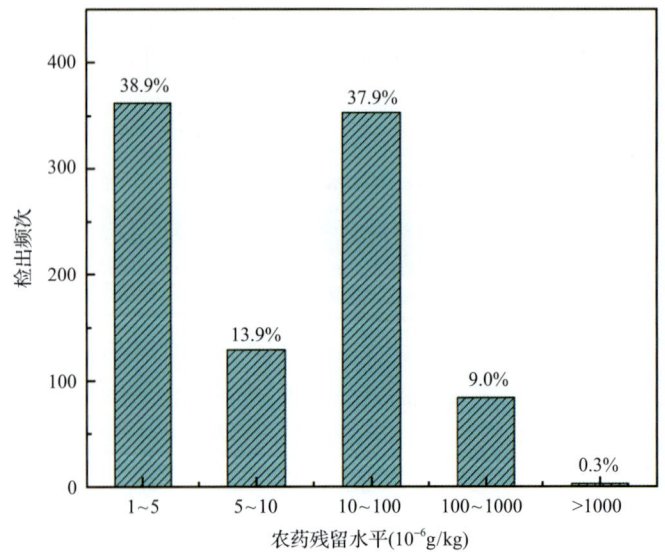

图6-2 残留农药检出浓度频数分布图

表6-3 检出频次最高的前十种农药列表

序号	农药	检出频次(次)
1	多菌灵	82
2	烯酰吗啉	79
3	苯醚甲环唑	51
4	戊唑醇	46

续表

序号	农药	检出频次(次)
5	吡虫啉	41
6	抑霉唑	41
7	霜霉威	40
8	嘧菌酯	39
9	啶虫脒	32
10	噻虫嗪	28

6.1.2 农药残留风险评价模型

对长春市水果蔬菜中农药残留分别开展暴露风险评估和预警风险评估。膳食暴露风险评估利用食品安全指数模型对水果蔬菜中的残留农药对人体可能产生的危害程度进行评价，该模型结合残留监测和膳食暴露评估评价化学污染物的危害；预警风险评价模型运用风险系数(risk index，R)，风险系数综合考虑了危害物的超标率、施检频率及其本身敏感性的影响，能直观而全面地反映出危害物在一段时间内的风险程度。

6.1.2.1 食品安全指数模型

为了加强食品安全管理，《中华人民共和国食品安全法》第二章第十七条规定"国家建立食品安全风险评估制度，运用科学方法，根据食品安全风险监测信息、科学数据以及有关信息，对食品、食品添加剂、食品相关产品中生物性、化学性和物理性危害因素进行风险评估"[1]，膳食暴露评估是食品危险度评估的重要组成部分，也是膳食安全性的衡量标准[2]。国际上最早研究膳食暴露风险评估的机构主要是 JMPR (FAO、WHO 农药残留联合会议)，该组织自 1995 年就已制定了急性毒性物质的风险评估急性毒性农药残留摄入量的预测。1960 年美国规定食品中不得加入致癌物质进而提出零阈值理论，渐渐零阈值理论发展成在一定概率条件下可接受风险的概念[3]，后衍变为食品中每日允许最大摄入量(ADI)，而国际食品农药残留法典委员会(CCPR)认为 ADI 不是独立风险评估的唯一标准[4]，1995 年 JMPR 开始研究农药急性膳食暴露风险评估，并对食品国际短期摄入量的计算方法进行了修正，亦对膳食暴露评估准则及评估方法进行了修正[5]。2002 年，在对世界上现行的食品安全评价方法，尤其是国际公认的 CAC 评价方法、全球环境监测系统/食品污染监测和评估规划(WHO GEMS/Food)及 FAO、WHO 食品添加剂联合专家委员会(JECFA)和 JMPR 对食品安全风险评估工作研究的基础之上，检验检疫食品安全管理的研究人员提出了结合残留监控和膳食暴露评估，以食品安全指数 IFS 计算食品中各种化学污染物对消费者的健康危害程度[6]。IFS 是表示食品安全状态的新方法，可有效地评价某种农药的安全性，进而评价食品中各种农药化学污染物对消费者健康的整体危害程度[7,8]。从理论上分析，IFS 可指出食品中的污染物 c 对消费者健康是否存在危害及危害的程度[9]。其优点在于操作简单且结果容易被接受和理解，不需要大量的数据来对结果进行验证，使用默认的标准假设或者模型即可[10,11]。

1) IFS_c 的计算

IFS_c 计算公式如下：

$$IFS_c = \frac{EDI_c \times f}{SI_c \times bw} \quad (6\text{-}1)$$

式中，c 为所研究的农药；EDI_c 为农药 c 的实际日摄入量估算值，等于 $\sum(R_i \times F_i \times E_i \times P_i)$（i 为食品种类；$R_i$ 为食品 i 中农药 c 的残留水平，mg/kg；F_i 为食品 i 的估计日消费量，g/(人·天)；E_i 为食品 i 的可食用部分因子；P_i 为食品 i 的加工处理因子）；SI_c 为安全摄入量，可采用每日允许最大摄入量 ADI；bw 为人平均体重，kg；f 为校正因子，如果安全摄入量采用 ADI，则 f 取 1。

$IFS_c \ll 1$，农药 c 对食品安全没有影响；$IFS_c \leq 1$，农药 c 对食品安全的影响可以接受；$IFS_c > 1$，农药 c 对食品安全的影响不可接受。

本次评价中：

$IFS_c \leq 0.1$，农药 c 对水果蔬菜安全没有影响；

$0.1 < IFS_c \leq 1$，农药 c 对水果蔬菜安全的影响可以接受；

$IFS_c > 1$，农药 c 对水果蔬菜安全的影响不可接受。

本次评价中残留水平 R_i 取值为中国检验检疫科学研究院庞国芳院士课题组利用以高分辨精确质量数(0.0001 m/z)为基准的 LC-Q-TOF/MS 技术于 2015~2017 年对长春市水果蔬菜农药残留的侦测结果，估计日消费量 F_i 取值 0.38 kg/(人·天)，E_i=1，P_i=1，f=1，SI_c 采用《食品安全国家标准 食品中农药最大残留限量》(GB 2763—2016)中 ADI 值（具体数值见表 6-4），人平均体重(bw)取值 60 kg。

表 6-4 长春市水果蔬菜中检出农药的 ADI 值

序号	农药	ADI	序号	农药	ADI	序号	农药	ADI
1	氧乐果	0.0003	14	噻嗪酮	0.009	27	氟环唑	0.02
2	甲氨基阿维菌素	0.0005	15	苯醚甲环唑	0.01	28	烯效唑	0.02
3	甲拌磷	0.0007	16	哒螨灵	0.01	29	莠去津	0.02
4	克百威	0.001	17	毒死蜱	0.01	30	吡蚜酮	0.03
5	三唑磷	0.001	18	噁霜灵	0.01	31	吡唑醚菌酯	0.03
6	敌百虫	0.002	19	粉唑醇	0.01	32	丙溴磷	0.03
7	乐果	0.002	20	氟吡菌酰胺	0.01	33	多菌灵	0.03
8	异丙威	0.002	21	螺螨酯	0.01	34	腈苯唑	0.03
9	涕灭威	0.003	22	咪鲜胺	0.01	35	腈菌唑	0.03
10	己唑醇	0.005	23	炔螨特	0.01	36	嘧菌环胺	0.03
11	烯唑醇	0.005	24	唑螨酯	0.01	37	三唑醇	0.03
12	唑虫酰胺	0.006	25	稻瘟灵	0.016	38	戊菌唑	0.03
13	氟硅唑	0.007	26	虫酰肼	0.02	39	戊唑醇	0.03

续表

序号	农药	ADI	序号	农药	ADI	序号	农药	ADI
40	抑霉唑	0.03	53	氟吡菌胺	0.08	66	醚菌酯	0.4
41	乙嘧酚	0.035	54	甲基硫菌灵	0.08	67	霜霉威	0.4
42	啶酰菌胺	0.04	55	甲霜灵	0.08	68	烯啶虫胺	0.53
43	扑草净	0.04	56	噻虫嗪	0.08	69	N-去甲基啶虫脒	—
44	三环唑	0.04	57	吡丙醚	0.1	70	吡虫啉脲	—
45	肟菌酯	0.04	58	多效唑	0.1	71	避蚊胺	—
46	矮壮素	0.05	59	噻虫胺	0.1	72	二甲嘧酚	—
47	乙基多杀菌素	0.05	60	噻菌灵	0.1	73	氟唑菌酰胺	—
48	吡虫啉	0.06	61	异丙甲草胺	0.1	74	甲哌	—
49	灭蝇胺	0.06	62	嘧菌酯	0.2	75	双苯基脲	—
50	丙环唑	0.07	63	嘧霉胺	0.2	76	四氟醚唑	—
51	啶虫脒	0.07	64	烯酰吗啉	0.2	77	缬霉威	—
52	氯吡脲	0.07	65	马拉硫磷	0.3	78	乙嘧酚磺酸酯	—

注："—"表示为国家标准中无 ADI 值规定；ADI 值单位为 mg/kg bw

2) 计算 IFS_c 的平均值 $\overline{IFS}$，评价农药对食品安全的影响程度

以 $\overline{IFS}$ 评价各种农药对人体健康危害的总程度，评价模型见公式(6-2)。

$$\overline{IFS} = \frac{\sum_{i=1}^{n} IFS_c}{n} \tag{6-2}$$

$\overline{IFS} \ll 1$，所研究消费者人群的食品安全状态很好；$\overline{IFS} \leqslant 1$，所研究消费者人群的食品安全状态可以接受；$\overline{IFS} > 1$，所研究消费者人群的食品安全状态不可接受。

本次评价中：

$\overline{IFS} \leqslant 0.1$，所研究消费者人群的水果蔬菜安全状态很好；

$0.1 < \overline{IFS} \leqslant 1$，所研究消费者人群的水果蔬菜安全状态可以接受；

$\overline{IFS} > 1$，所研究消费者人群的水果蔬菜安全状态不可接受。

6.1.2.2 预警风险评估模型

2003 年，我国检验检疫食品安全管理的研究人员根据 WTO 的有关原则和我国的具体规定，结合危害物本身的敏感性、风险程度及其相应的施检频率，首次提出了食品中危害物风险系数 R 的概念[12]。R 是衡量一个危害物的风险程度大小最直观的参数，即在一定时期内其超标率或阳性检出率的高低，但受其施检测率的高低及其本身的敏感性(受关注程度)影响。该模型综合考察了农药在蔬菜中的超标率、施检频率及其本身敏感性，能直观而全面地反映出农药在一段时间内的风险程度[13]。

1) R 计算方法

危害物的风险系数综合考虑了危害物的超标率或阳性检出率、施检频率和其本身的敏感性影响,并能直观而全面地反映出危害物在一段时间内的风险程度。风险系数 R 的计算公式如式(6-3):

$$R = aP + \frac{b}{F} + S \tag{6-3}$$

式中,P 为该种危害物的超标率;F 为危害物的施检频率;S 为危害物的敏感因子;a,b 分别为相应的权重系数。

本次评价中 $F=1$;$S=1$;$a=100$;$b=0.1$,对参数 P 进行计算,计算时首先判断是否为禁用农药,如果为非禁用农药,$P=$超标的样品数(侦测出的含量高于食品最大残留限量标准值,即 MRL)除以总样品数(包括超标、不超标、未检出);如果为禁用农药,则检出即为超标,$P=$能检出的样品数除以总样品数。判断长春市水果蔬菜农药残留是否超标的标准限值 MRL 分别以 MRL 中国国家标准[14]和 MRL 欧盟标准作为对照,具体值列于本报告附表一中。

2) 评价风险程度

$R \leqslant 1.5$,受检农药处于低度风险;
$1.5 < R \leqslant 2.5$,受检农药处于中度风险;
$R > 2.5$,受检农药处于高度风险。

6.1.2.3 食品膳食暴露风险和预警风险评估应用程序的开发

1) 应用程序开发的步骤

为成功开发膳食暴露风险和预警风险评估应用程序,与软件工程师多次沟通讨论,逐步提出并描述清楚计算需求,开发了初步应用程序。为明确出不同水果蔬菜、不同农药、不同地域和不同季节的风险水平,向软件工程师提出不同的计算需求,软件工程师对计算需求进行逐一分析,经过反复的细节沟通,需求分析得到明确后,开始进行解决方案的设计,在保证需求的完整性、一致性的前提下,编写出程序代码,最后设计出满足需求的风险评估专用计算软件,并通过一系列的软件测试和改进,完成专用程序的开发。软件开发基本步骤见图 6-3。

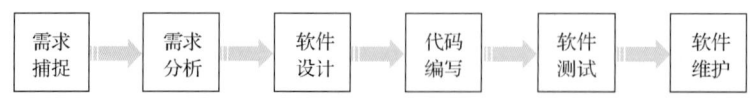

图 6-3 专用程序开发总体步骤

2) 膳食暴露风险评估专业程序开发的基本要求

首先直接利用公式(6-1),分别计算 LC-Q-TOF/MS 和 GC-Q-TOF/MS 仪器检出的各水果蔬菜样品中每种农药 IFS_c,将结果列出。为考察超标农药和禁用农药的使用安全性,分别以我国《食品安全国家标准 食品中农药最大残留限量》(GB 2763—2016)和欧盟食品中农药最大残留限量(以下简称 MRL 中国国家标准和 MRL 欧盟标准)为标准,对侦测出的禁用农药和超标的非禁用农药 IFS_c 单独进行评价;按 IFS_c 大小列表,并找出 IFS_c 值排名前 20 的样本重点关注。

对不同水果蔬菜 i 中每一种检出的农药 c 的安全指数进行计算,多个样品时求平均值。若监测数据为该市多个月的数据,则逐月、逐季度分别列出每个月、每个季度内每一种水果蔬菜 i 对应的每一种农药 c 的 IFS_c。

按农药种类,计算整个监测时间段内每种农药的 IFS_c,不区分水果蔬菜。若检测数据为该市多个月的数据,则需分别计算每个月、每个季度内每种农药的 IFS_c。

3) 预警风险评估专业程序开发的基本要求

分别以 MRL 中国国家标准和 MRL 欧盟标准,按公式(6-3)逐个计算不同水果蔬菜、不同农药的风险系数,禁用农药和非禁用农药分别列表。

为清楚了解各种农药的预警风险,不分时间,不分水果蔬菜,按禁用农药和非禁用农药分类,分别计算各种检出农药全部检测时段内风险系数。由于有 MRL 中国国家标准的农药种类太少,无法计算超标数,非禁用农药的风险系数只以 MRL 欧盟标准为标准,进行计算。若检测数据为多个月的,则按月计算每个月、每个季度内每种禁用农药残留的风险系数和以 MRL 欧盟标准为标准的非禁用农药残留的风险系数。

4) 风险程度评价专业应用程序的开发方法

采用 Python 计算机程序设计语言,Python 是一个高层次地结合了解释性、编译性、互动性和面向对象的脚本语言。风险评价专用程序主要功能包括：分别读入每例样品 LC-Q-TOF/MS 和 GC-Q-TOF/MS 农药残留检测数据,根据风险评价工作要求,依次对不同农药、不同食品、不同时间、不同采样点的 IFS_c 值和 R 值分别进行数据计算,筛选出禁用农药、超标农药(分别与 MRL 中国国家标准、MRL 欧盟标准限值进行对比)单独重点分析,再分别对各农药、各水果蔬菜种类分类处理,设计出计算和排序程序,编写计算机代码,最后将生成的膳食暴露风险评估和超标风险评估定量计算结果列入设计好的各个表格中,并定性判断风险对目标的影响程度,直接用文字描述风险发生的高低,如"不可接受"、"可以接受"、"没有影响"、"高度风险"、"中度风险"、"低度风险"。

6.2 LC-Q-TOF/MS 侦测长春市市售水果蔬菜农药残留膳食暴露风险评估

6.2.1 每例水果蔬菜样品中农药残留安全指数分析

基于农药残留侦测数据,发现在 458 例样品中检出农药 931 频次,计算样品中每种残留农药的安全指数 IFS_c,并分析农药对样品安全的影响程度,结果详见附表二,农药残留对水果蔬菜样品安全的影响程度频次分布情况如图 6-4 所示。

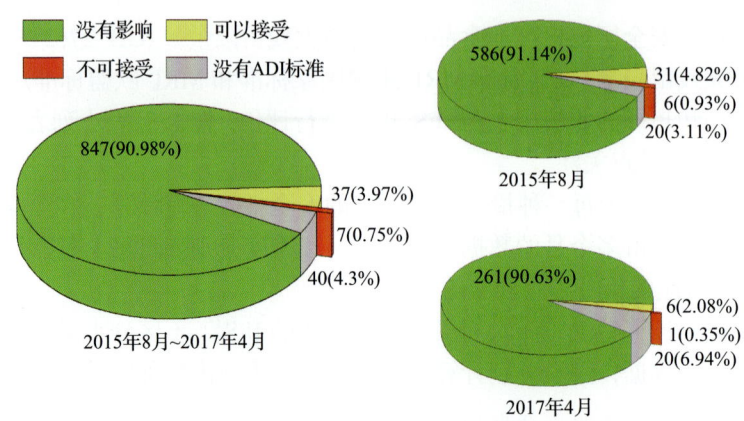

图 6-4 农药残留对水果蔬菜样品安全的影响程度频次分布图

由图 6-4 可以看出，农药残留对样品安全的影响不可接受的频次为 7，占 0.75%；农药残留对样品安全的影响可以接受的频次为 37，占 3.97%；农药残留对样品安全没有影响的频次为 847，占 90.98%。分析发现，在 2015 年 8 月和 2017 年 4 月内，各有一种农药对样品安全影响不可接受，分别是氧乐果和甲氨基阿维菌素，它们的检出频次分别为 1 和 6。表 6-5 为对水果蔬菜样品中安全指数不可接受的农药残留列表。

表 6-5 水果蔬菜样品中安全影响不可接受的农药残留列表

序号	样品编号	采样点	基质	农药	含量(mg/kg)	IFS_c
1	20150819-220100-QHDCIQ-PB-07A	***超市(东盛店)	小白菜	氧乐果	0.2483	5.2419
2	20150819-220100-QHDCIQ-CE-07A	***超市(东盛店)	芹菜	氧乐果	0.1906	4.0238
3	20150818-220100-QHDCIQ-JC-05A	***超市(重庆路店)	韭菜	氧乐果	0.1692	3.5720
4	20150819-220100-QHDCIQ-JD-08A	***超市(自由大路店)	豇豆	氧乐果	0.0790	1.6678
5	20170426-220100-QHDCIQ-EP-02A	***超市(普阳街店)	茄子	甲氨基阿维菌素	0.1150	1.4567
6	20150819-220100-QHDCIQ-PP-09A	***超市(绿园店)	甜椒	氧乐果	0.0587	1.2392
7	20150818-220100-QHDCIQ-JD-02A	***超市(普阳街店)	豇豆	氧乐果	0.0494	1.0429

部分样品侦测出禁用农药 4 种 34 频次，为了明确残留的禁用农药对样品安全的影响，分析检出禁用农药残留的样品安全指数，禁用农药残留对水果蔬菜样品安全的影响程度频次分布情况如图 6-5 所示，农药残留对样品安全的影响不可接受的频次为 6，占 17.65%；农药残留对样品安全的影响可以接受的频次为 9，占 26.47%；农药残留对样品安全没有影响的频次为 19，占 55.88%。分析发现，2015 年 8 月有禁用农药对样品安全影响不可接受，其频次为 6，占 23.08%；2017 年 4 月，禁用农药对样品安全的影响均在可以接受和没有影响的范围内。表 6-6 列出了水果蔬菜样品中侦测出的禁用农药残留不可接受的安全指数表。

第6章 LC-Q-TOF/MS侦测长春市市售水果蔬菜农药残留膳食暴露风险与预警风险评估

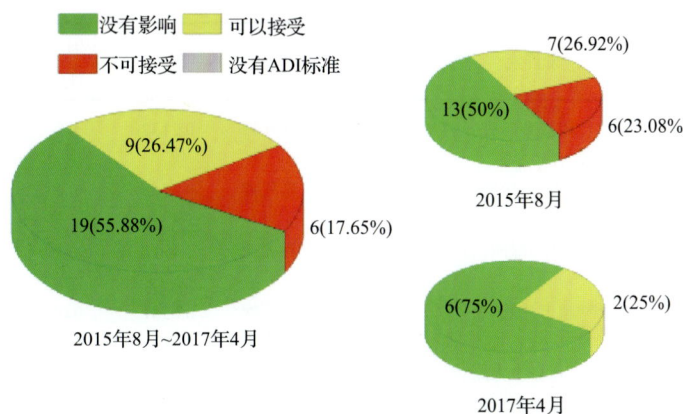

图 6-5　禁用农药对水果蔬菜样品安全影响程度的频次分布图

表 6-6　水果蔬菜样品中侦测出的禁用农药残留不可接受的安全指数表

序号	样品编号	采样点	基质	农药	含量(mg/kg)	IFS_c
1	20150819-220100-QHDCIQ-PB-07A	***超市(东盛店)	小白菜	氧乐果	0.2483	5.2419
2	20150819-220100-QHDCIQ-CE-07A	***超市(东盛店)	芹菜	氧乐果	0.1906	4.0238
3	20150818-220100-QHDCIQ-JC-05A	***超市(重庆路店)	韭菜	氧乐果	0.1692	3.5720
4	20150819-220100-QHDCIQ-JD-08A	***超市(自由大路店)	豇豆	氧乐果	0.0790	1.6678
5	20150819-220100-QHDCIQ-PP-09A	***超市(绿园店)	甜椒	氧乐果	0.0587	1.2392
6	20150818-220100-QHDCIQ-JD-02A	***超市(普阳街店)	豇豆	氧乐果	0.0494	1.0429

此外，本次侦测发现部分样品中非禁用农药残留量超过了 MRL 中国国家标准和欧盟标准，为了明确超标的非禁用农药对样品安全的影响，分析了非禁用农药残留超标的样品安全指数。分析了水果蔬菜残留量超过 MRL 中国国家标准的非禁用农药对水果蔬菜样品安全的影响程度频次分布情况，结果表明，检出超过 MRL 中国国家标准的非禁用农药共 9 频次，且农药残留对样品安全的影响均可以接受。表 6-7 为水果蔬菜样品中侦测出的非禁用农药残留安全指数表。

表 6-7　水果蔬菜样品中侦测出的非禁用农药残留安全指数表(MRL 中国国家标准)

序号	样品编号	采样点	基质	农药	含量(mg/kg)	中国国家标准	IFS_c	影响程度
1	20150819-220100-QHDCIQ-JC-09A	***超市(绿园店)	韭菜	乐果	0.2586	0.2	0.8189	可以接受
2	20150818-220100-QHDCIQ-BO-02A	***超市(普阳街店)	菠菜	毒死蜱	0.4987	0.1	0.3158	可以接受
3	20150818-220100-QHDCIQ-LE-06A	***超市(红旗街万达店)	生菜	毒死蜱	0.4814	0.1	0.3049	可以接受

续表

序号	样品编号	采样点	基质	农药	含量(mg/kg)	中国国家标准	IFS$_c$	影响程度
4	20150819-220100-QHDCIQ-LE-07A	***超市(东盛店)	生菜	毒死蜱	0.2132	0.1	0.1350	可以接受
5	20150818-220100-QHDCIQ-PB-05A	***超市(重庆路店)	小白菜	毒死蜱	0.3661	0.1	0.2319	可以接受
6	20150819-220100-QHDCIQ-CL-09A	***超市(绿园店)	小油菜	毒死蜱	0.1817	0.1	0.1151	可以接受
7	20150819-220100-QHDCIQ-CE-09A	***超市(绿园店)	芹菜	毒死蜱	0.6581	0.05	0.4168	可以接受
8	20150819-220100-QHDCIQ-CE-08A	***超市(自由大路店)	芹菜	毒死蜱	0.2432	0.05	0.1540	可以接受
9	20150818-220100-QHDCIQ-CE-02A	***超市(普阳街店)	芹菜	毒死蜱	0.2013	0.05	0.1275	可以接受

残留量超过 MRL 欧盟标准的非禁用农药对水果蔬菜样品安全的影响程度频次分布情况如图 6-6 所示。可以看出超过 MRL 欧盟标准的非禁用农药共 72 频次，其中农药没有 ADI 的频次为 8，占 11.11%；农药残留对样品安全不可接受的频次为 1，占 1.39%；农药残留对样品安全的影响可以接受的频次为 20，占 27.78%；农药残留对样品安全没有影响的频次为 43，占 59.72%。表 6-8 为水果蔬菜样品中不可接受的残留超标非禁用农药安全指数表。

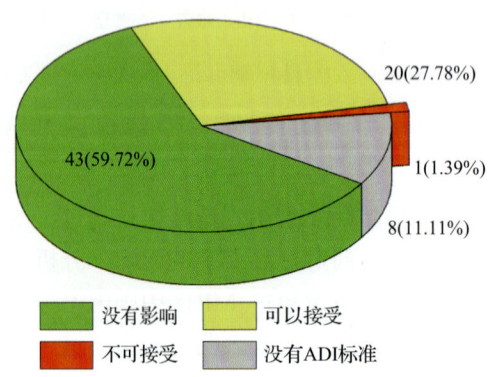

图 6-6 残留超标的非禁用农药对水果蔬菜样品安全的影响程度频次分布图(MRL 欧盟标准)

表 6-8 水果蔬菜样品中不可接受的残留超标非禁用农药安全指数表(MRL 欧盟标准)

序号	样品编号	采样点	基质	农药	含量(mg/kg)	欧盟标准	IFS$_c$
1	20170426-220100-QHDCIQ-EP-02A	***超市(普阳街店)	茄子	甲氨基阿维菌素	0.1150	0.02	1.4567

在 458 例样品中，157 例样品未侦测出农药残留，301 例样品中侦测出农药残留，计算每例有农药检出样品的 $\overline{\mathrm{IFS}}$ 值，进而分析样品的安全状态结果如图 6-7 所示（未检出农药的样品安全状态视为很好）。可以看出，0.87% 的样品安全状态不可接受；3.49% 的样品安全状态可以接受；94.76% 的样品安全状态很好。此外可以看出，2015 年 8 月有 4 例样品安全状态不可接受，有 4 例样品的残留农行没有 ADI 值，其他月份内的样品安全状态均在很好和可以接受的范围内。表 6-9 列出了安全状态不可接受的水果蔬菜样品。

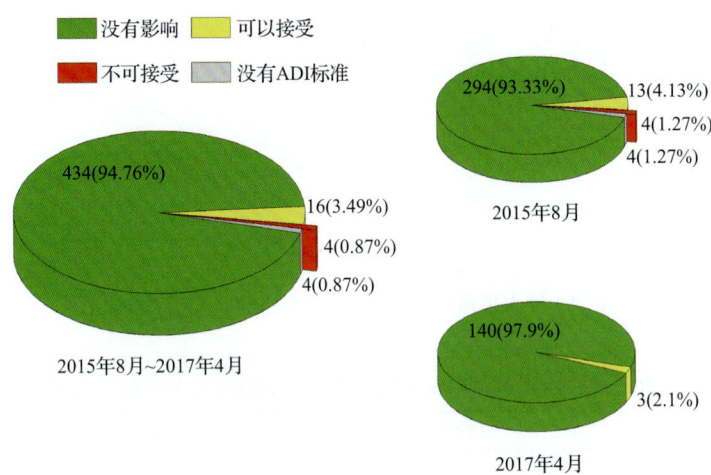

图 6-7　水果蔬菜样品安全状态分布图

表 6-9　水果蔬菜安全状态不可接受的样品列表

序号	样品编号	采样点	基质	$\overline{\mathrm{IFS}}$
1	20150818-220100-QHDCIQ-JC-05A	***超市(重庆路店)	韭菜	3.5720
2	20150819-220100-QHDCIQ-JD-08A	***超市(自由大路店)	豇豆	1.6678
3	20150819-220100-QHDCIQ-PP-09A	***超市(绿园店)	甜椒	1.2392
4	20150819-220100-QHDCIQ-PB-07A	***超市(东盛店)	小白菜	1.1447

6.2.2　单种水果蔬菜中农药残留安全指数分析

在 57 种水果蔬菜侦测出 78 种农药，检出频次为 931 次，其中 10 种农药没有 ADI 标准，68 种农药存在 ADI 标准。杏鲍菇、洋葱、花椰菜和菠萝 4 种水果蔬菜未侦测出任何农药，对其他的 53 种水果蔬菜按不同种类分别计算检出的具有 ADI 标准的各种农药的 $\mathrm{IFS_c}$ 值，农药残留对水果蔬菜的安全指数分布图如图 6-8 所示。

分析发现 6 种水果蔬菜（小白菜、芹菜、韭菜、豇豆、甜椒和茄子）中的氧乐果和甲氨基阿维菌素的残留对食品安全影响不可接受，如表 6-10 所示。

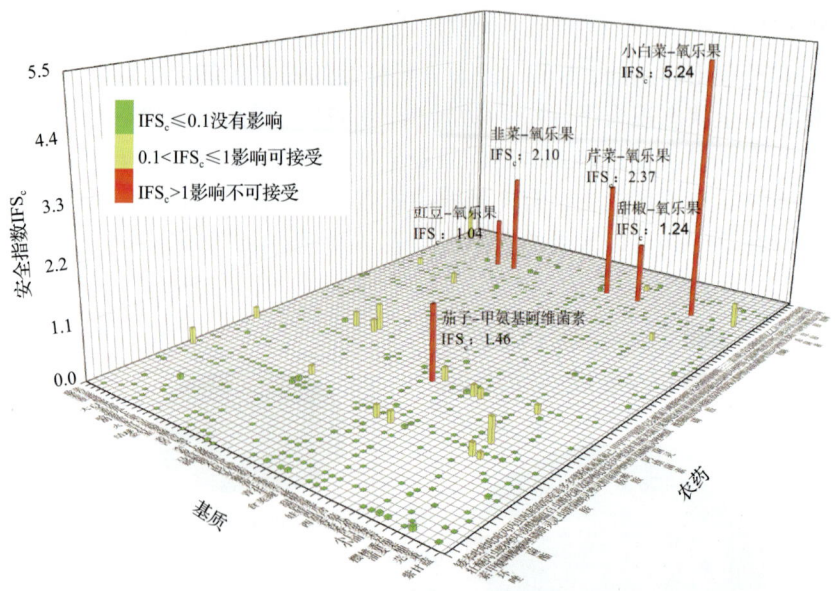

图 6-8 53 种水果蔬菜中 68 种残留农药的安全指数分布图

表 6-10 单种水果蔬菜中安全影响不可接受的残留农药安全指数表

序号	基质	农药	检出频次	检出率(%)	IFS>1 的频次	IFS>1 的比例(%)	IFS$_c$
1	小白菜	氧乐果	1	2.94	1	2.94	5.2419
2	芹菜	氧乐果	2	4.35	1	2.17	2.3676
3	韭菜	氧乐果	2	9.09	1	4.55	2.0953
4	茄子	甲氨基阿维菌素	1	6.25	1	6.25	1.4567
5	甜椒	氧乐果	1	3.70	1	3.70	1.2392
6	豇豆	氧乐果	3	14.29	2	14.29	1.0359

本次侦测中，53 种水果蔬菜和 78 种残留农药(包括没有 ADI 标准)共涉及 521 个分析样本，农药对单种水果蔬菜安全的影响程度分布情况如图 6-9 所示。可以看出，88.48%的样本中农药对水果蔬菜安全没有影响，4.03%的样本中农药对水果蔬菜安全的影响可以接受，1.15%的样本中农药对水果蔬菜安全的影响不可接受。

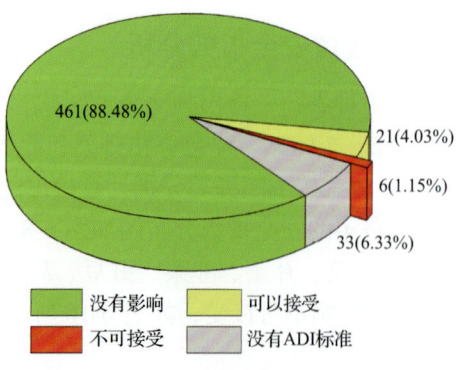

图 6-9 521 个分析样本的影响程度分布图

此外，分别计算 53 种水果蔬菜中所有检出农药 IFS_c 的平均值 $\overline{IFS}$，分析每种水果蔬菜的安全状态，结果如图 6-10 所示，分析发现，5 种水果蔬菜(9.43%)的安全状态可接受，48 种(90.6%)水果蔬菜的安全状态很好。

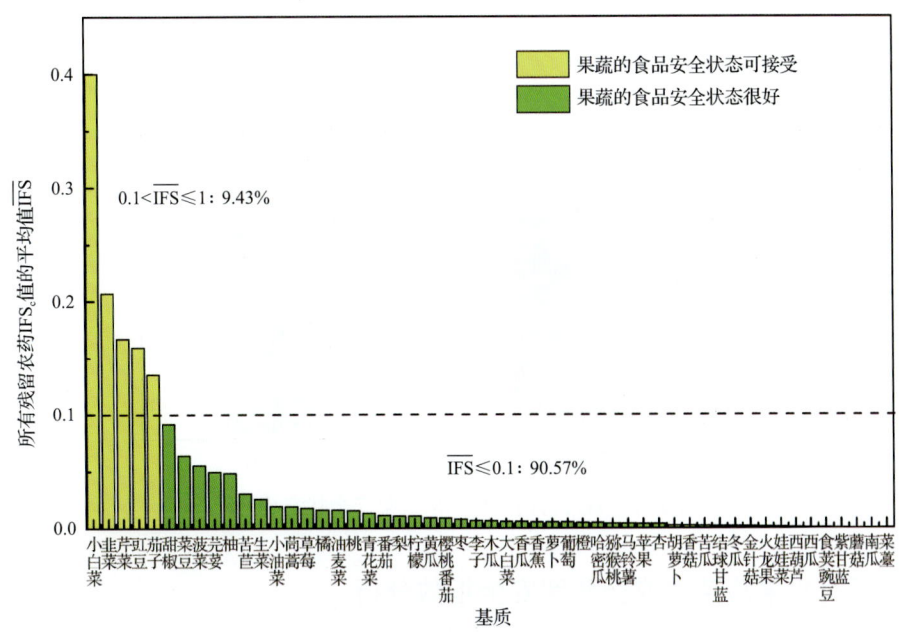

图 6-10 53 种水果蔬菜的 $\overline{IFS}$ 值和安全状态统计图

对每个月内每种水果蔬菜中农药的 IFS_c 进行分析，并计算每月内每种水果蔬菜的 $\overline{IFS}$ 值，以评价每种水果蔬菜的安全状态，结果如图 6-11 所示，可以看出，只有 2015 年

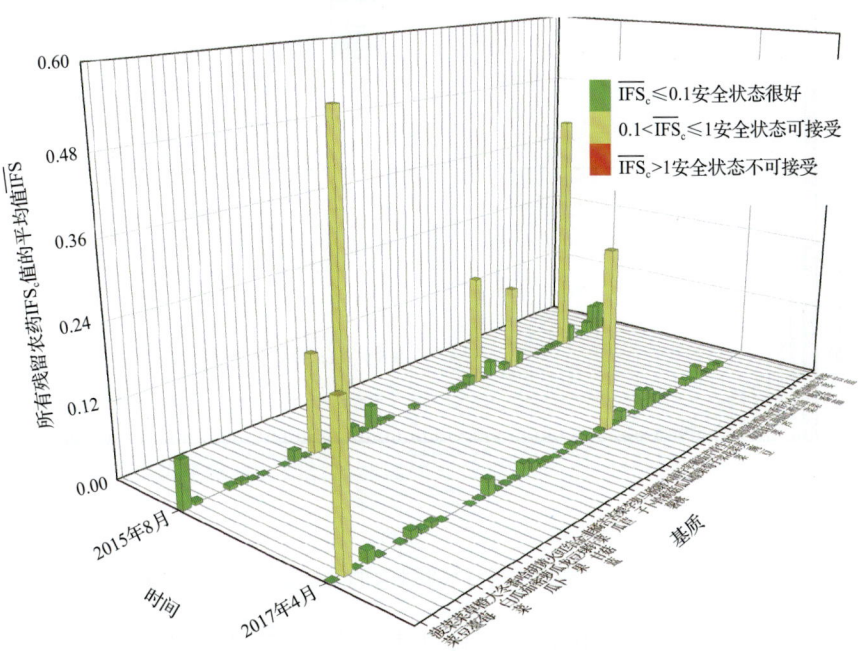

图 6-11 各月内每种水果蔬菜的 $\overline{IFS}$ 值与安全状态分布图

8月和2017年4月的任何果蔬的安全状态均处于很好和可以接受的范围内，各月份内单种水果蔬菜安全状态统计情况如图6-12所示。

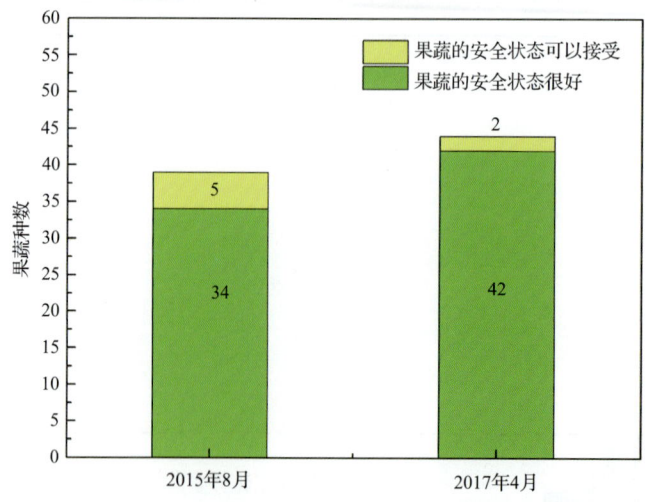

图6-12　各月份内单种水果蔬菜安全状态统计图

6.2.3　所有水果蔬菜中农药残留安全指数分析

计算所有水果蔬菜中68种农药的$\overline{\text{IFS}_c}$值，结果如图6-13及表6-11所示。

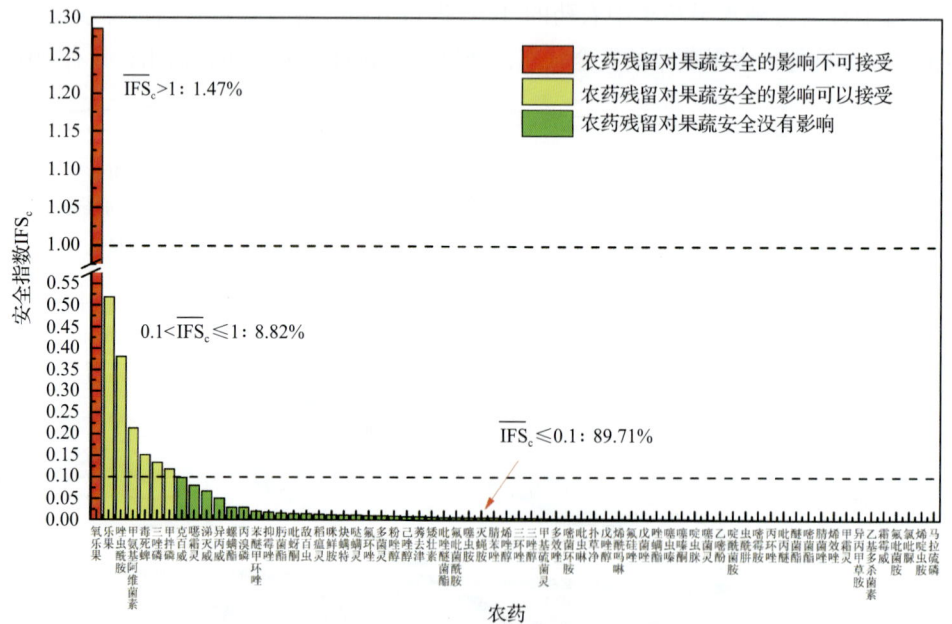

图6-13　68种残留农药对水果蔬菜的安全影响程度统计图

分析发现，只有氧乐果的$\overline{\text{IFS}_c}$大于1，其他农药的$\overline{\text{IFS}_c}$均小于1，说明氧乐果对水果蔬菜安全的影响不可接受，其他农药对水果蔬菜安全的影响均在没有影响和可接受的范围内，其中 8.82%的农药对水果蔬菜安全的影响可以接受，89.71%的农药对水果蔬菜安全的影响可以接受。

表 6-11　水果蔬菜中 68 种农药残留的安全指数表

序号	农药	检出频次	检出率/%	$\overline{IFS_c}$	影响程度	序号	农药	检出频次	检出率/%	$\overline{IFS_c}$	影响程度
1	氧乐果	15	1.61	1.2857	不可接受	35	三环唑	1	0.11	0.0057	没有影响
2	乐果	2	0.21	0.5187	可以接受	36	三唑醇	7	0.75	0.0054	没有影响
3	唑虫酰胺	2	0.21	0.3808	可以接受	37	甲基硫菌灵	20	2.15	0.0049	没有影响
4	甲氨基阿维菌素	12	1.29	0.2136	可以接受	38	多效唑	18	1.93	0.0045	没有影响
5	毒死蜱	13	1.40	0.1512	可以接受	39	嘧菌环胺	3	0.32	0.0044	没有影响
6	三唑磷	4	0.43	0.1338	可以接受	40	吡虫啉	41	4.40	0.0043	没有影响
7	甲拌磷	8	0.86	0.1188	可以接受	41	扑草净	1	0.11	0.0039	没有影响
8	克百威	10	1.07	0.0987	没有影响	42	戊唑醇	46	4.94	0.0038	没有影响
9	噁霜灵	11	1.18	0.0805	没有影响	43	烯酰吗啉	79	8.49	0.0036	没有影响
10	涕灭威	1	0.11	0.0671	没有影响	44	氟硅唑	7	0.75	0.0031	没有影响
11	异丙威	4	0.43	0.0511	没有影响	45	戊菌唑	2	0.21	0.0029	没有影响
12	螺螨酯	7	0.75	0.0298	没有影响	46	唑螨酯	1	0.11	0.0027	没有影响
13	丙溴磷	4	0.43	0.0298	没有影响	47	噻虫嗪	28	3.01	0.0026	没有影响
14	苯醚甲环唑	51	5.48	0.0209	没有影响	48	噻嗪酮	1	0.11	0.0026	没有影响
15	抑霉唑	41	4.40	0.0184	没有影响	49	啶虫脒	32	3.44	0.0025	没有影响
16	肟菌酯	13	1.40	0.0164	没有影响	50	噻菌灵	28	3.01	0.0020	没有影响
17	吡蚜酮	2	0.21	0.0156	没有影响	51	乙嘧酚	5	0.54	0.0018	没有影响
18	敌百虫	2	0.21	0.0155	没有影响	52	啶酰菌胺	1	0.11	0.0018	没有影响
19	稻瘟灵	2	0.21	0.0143	没有影响	53	虫酰肼	2	0.21	0.0016	没有影响
20	咪鲜胺	21	2.26	0.0130	没有影响	54	嘧霉胺	27	2.90	0.0013	没有影响
21	炔螨特	4	0.43	0.0123	没有影响	55	丙环唑	6	0.64	0.0011	没有影响
22	哒螨灵	20	2.15	0.0122	没有影响	56	吡丙醚	7	0.75	0.0010	没有影响
23	氟环唑	1	0.11	0.0110	没有影响	57	醚菌酯	3	0.32	0.0009	没有影响
24	多菌灵	82	8.81	0.0108	没有影响	58	嘧菌酯	39	4.19	0.0008	没有影响
25	粉唑醇	2	0.21	0.0102	没有影响	59	腈菌唑	6	0.64	0.0008	没有影响
26	己唑醇	6	0.64	0.0089	没有影响	60	烯效唑	1	0.11	0.0008	没有影响
27	莠去津	10	1.07	0.0087	没有影响	61	甲霜灵	22	2.36	0.0007	没有影响
28	矮壮素	5	0.54	0.0074	没有影响	62	异丙甲草胺	3	0.32	0.0006	没有影响
29	吡唑醚菌酯	23	2.47	0.0071	没有影响	63	乙基多杀菌素	2	0.21	0.0005	没有影响
30	氟吡菌酰胺	15	1.61	0.0070	没有影响	64	霜霉威	40	4.30	0.0004	没有影响
31	噻虫胺	7	0.75	0.0064	没有影响	65	氟吡菌胺	3	0.32	0.0004	没有影响
32	灭蝇胺	3	0.32	0.0063	没有影响	66	氯吡脲	1	0.11	0.0001	没有影响
33	腈苯唑	1	0.11	0.0059	没有影响	67	烯啶虫胺	2	0.21	0.0001	没有影响
34	烯唑醇	1	0.11	0.0058	没有影响	68	马拉硫磷	1	0.11	0.0000	没有影响

对每个月内所有水果蔬菜中残留农药的$\overline{IFS_c}$进行分析，结果如图6-14所示。分析发现，只有2015年8月的氧乐果对果蔬安全的影响不可接受，该月份的其他农药和其他月份的所有农药对果蔬安全的影响均处于没有影响和可以接受的范围内。每月内不同农药对水果蔬菜安全影响程度的统计如图6-15所示。

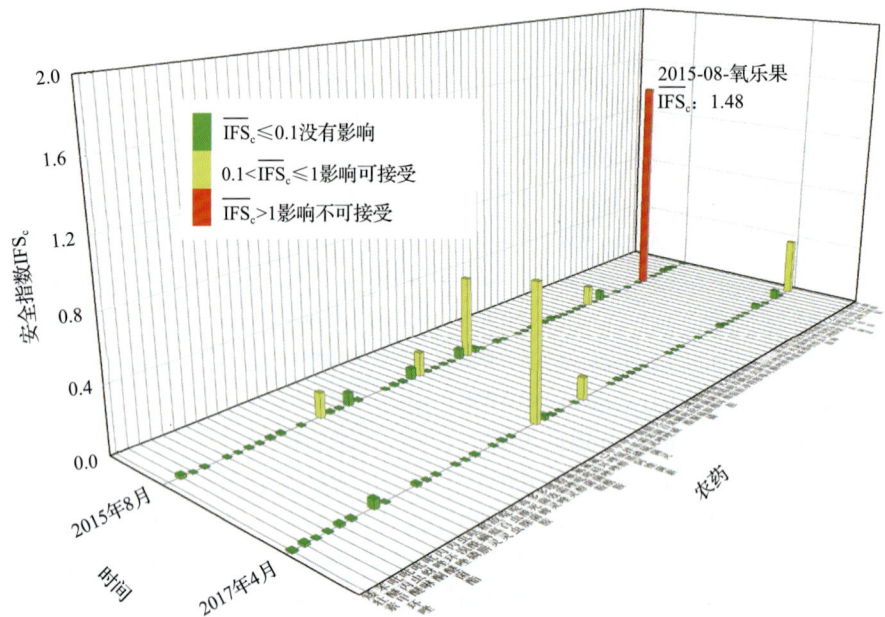

图6-14　各月份内水果蔬菜中每种残留农药的安全指数分布图

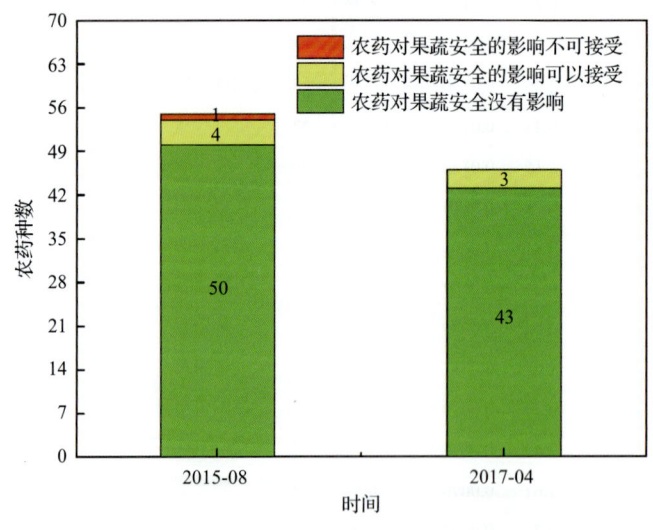

图6-15　各月份内农药对水果蔬菜安全影响程度的统计图

计算每个月内水果蔬菜的 $\overline{IFS}$，以分析每月内水果蔬菜的安全状态，结果如图 6-16 所示，可以看出，2015 年 8 月和 2017 年 4 月份的果蔬安全状态很好。

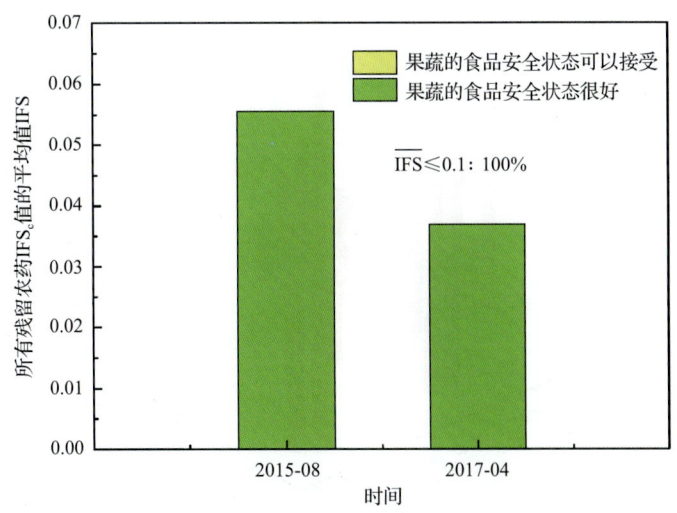

图 6-16 各月份内水果蔬菜的 $\overline{IFS}$ 值与安全状态统计图

6.3 LC-Q-TOF/MS 侦测长春市市售水果蔬菜农药残留预警风险评估

基于长春市水果蔬菜样品中农药残留 LC-Q-TOF/MS 侦测数据，分析禁用农药的检出率，同时参照中华人民共和国国家标准 GB2763—2016 和欧盟农药最大残留限量 (MRL) 标准分析非禁用农药残留的超标率，并计算农药残留风险系数。分析单种水果蔬菜中农药残留以及所有水果蔬菜中农药残留的风险程度。

6.3.1 单种水果蔬菜中农药残留风险系数分析

6.3.1.1 单种水果蔬菜中禁用农药残留风险系数分析

侦测出的 78 种残留农药中有 4 种为禁用农药，且它们分布在 16 种水果蔬菜中，计算 16 种水果蔬菜中禁用农药的超标率，根据超标率计算风险系数 R，进而分析水果蔬菜中禁用农药的风险程度，结果如图 6-17 与表 6-12 所示。分析发现 4 种禁用农药在 16 种水果蔬菜中的残留处均于高度风险。

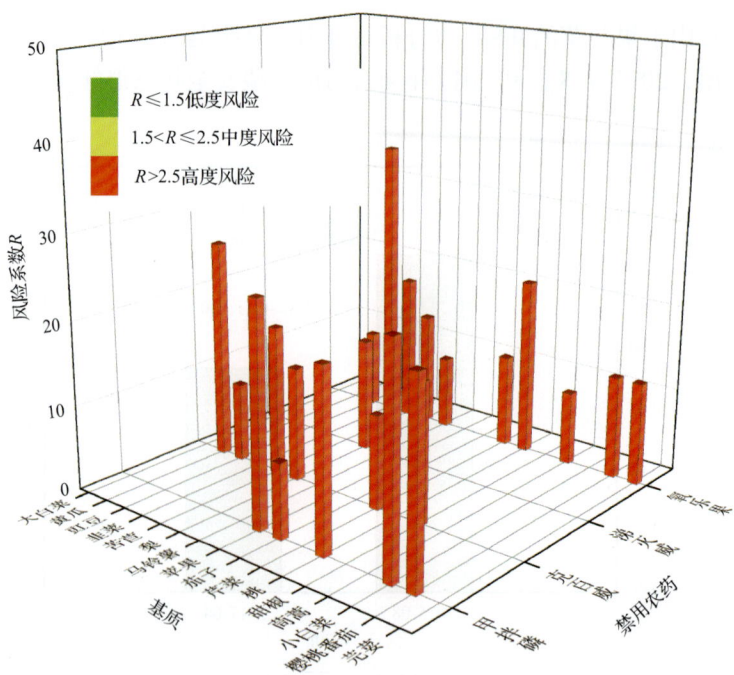

图 6-17　16 种水果蔬菜中 4 种禁用农药的风险系数分布图

表 6-12　16 种水果蔬菜中 4 种禁用农药的风险系数列表

序号	基质	农药	检出频次	检出率/%	风险系数 R	风险程度
1	豇豆	氧乐果	3	33.33	34.43	高度风险
2	大白菜	克百威	2	25.00	26.10	高度风险
3	马铃薯	甲拌磷	1	25.00	26.10	高度风险
4	茼蒿	甲拌磷	2	25.00	26.10	高度风险
5	小白菜	甲拌磷	2	22.22	23.32	高度风险
6	芹菜	氧乐果	2	20.00	21.10	高度风险
7	芹菜	甲拌磷	2	20.00	21.10	高度风险
8	韭菜	克百威	2	16.67	17.77	高度风险
9	韭菜	氧乐果	2	16.67	17.77	高度风险
10	芫荽	氧乐果	1	16.67	17.77	高度风险
11	桃	克百威	2	15.38	16.48	高度风险
12	苦苣	克百威	1	12.50	13.60	高度风险
13	苦苣	氧乐果	1	12.50	13.60	高度风险
14	苦苣	涕灭威	1	12.50	13.60	高度风险
15	豇豆	克百威	1	11.11	12.21	高度风险
16	小白菜	氧乐果	1	11.11	12.21	高度风险
17	樱桃番茄	氧乐果	1	11.11	12.21	高度风险
18	茄子	克百威	1	10.00	11.10	高度风险

续表

序号	基质	农药	检出频次	检出率/%	风险系数 R	风险程度
19	茄子	氧乐果	1	10.00	11.10	高度风险
20	黄瓜	克百威	1	8.33	9.43	高度风险
21	黄瓜	氧乐果	1	8.33	9.43	高度风险
22	梨	氧乐果	1	7.69	8.79	高度风险
23	苹果	甲拌磷	1	7.69	8.79	高度风险
24	甜椒	氧乐果	1	7.69	8.79	高度风险

6.3.1.2 基于MRL中国国家标准的单种水果蔬菜中非禁用农药残留风险系数分析

参照中华人民共和国国家标准GB2763—2016中农药残留限量计算每种水果蔬菜中每种非禁用农药的超标率，进而计算其风险系数，根据风险系数大小判断残留农药的预警风险程度，水果蔬菜中非禁用农药残留风险程度分布情况如图6-18所示。

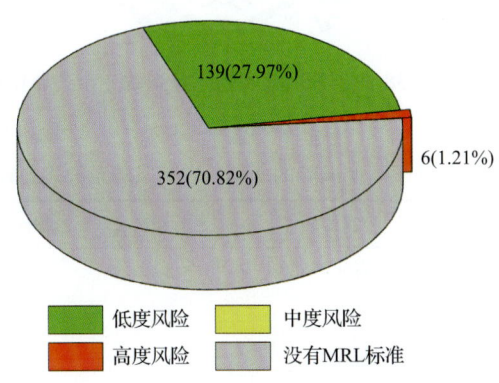

图6-18　水果蔬菜中非禁用农药风险程度的频次分布图（MRL中国国家标准）

本次分析中，发现在53种水果蔬菜中检出74种残留非禁用农药，涉及样本497个，在497个样本中，1.21%处于高度风险，27.97%处于低度风险，此外发现有352个样本没有MRL中国国家标准值，无法判断其风险程度，有MRL中国国家标准值的145个样本涉及43种水果蔬菜中的38种非禁用农药，其风险系数R值如图6-19所示。表6-13为非禁用农药残留处于高度风险的水果蔬菜列表。

6.3.1.3 基于MRL欧盟标准的单种水果蔬菜中非禁用农药残留风险系数分析

参照MRL欧盟标准计算每种水果蔬菜中每种非禁用农药的超标率，进而计算其风险系数，根据风险系数大小判断农药残留的预警风险程度，水果蔬菜中非禁用农药残留风险程度分布情况如图6-20所示。

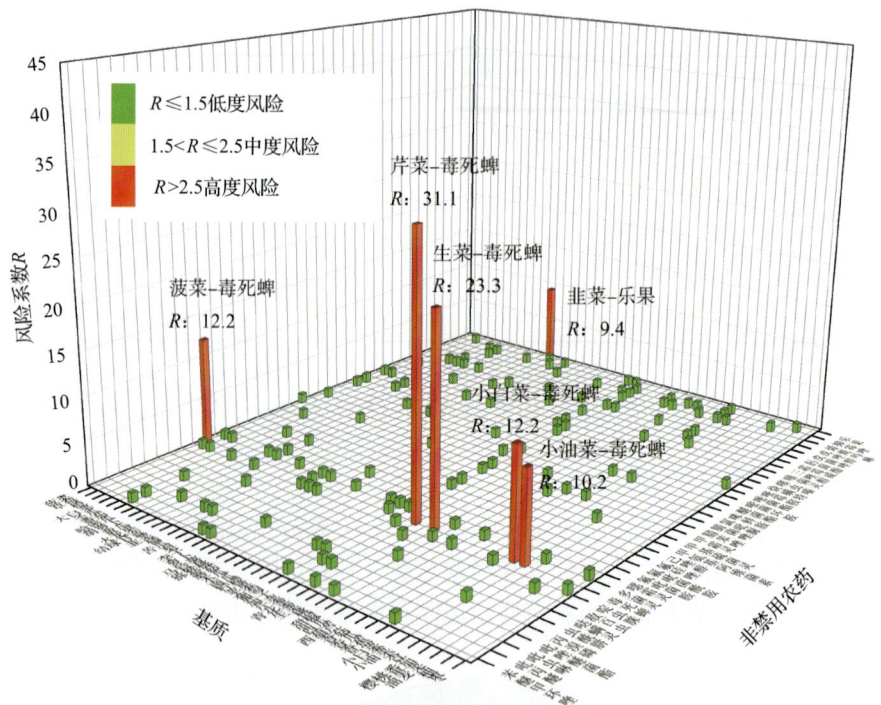

图 6-19　43 种水果蔬菜中 38 种非禁用农药的风险系数分布图（MRL 中国国家标准）

表 6-13　单种水果蔬菜中处于高度风险的非禁用农药风险系数表（MRL 中国国家标准）

序号	基质	农药	超标频次	超标率 $P(\%)$	风险系数 R
1	芹菜	毒死蜱	3	30.00	31.10
2	生菜	毒死蜱	2	22.22	23.32
3	菠菜	毒死蜱	1	11.11	12.21
4	小白菜	毒死蜱	1	11.11	12.21
5	小油菜	毒死蜱	1	9.09	10.19
6	韭菜	乐果	1	8.33	9.43

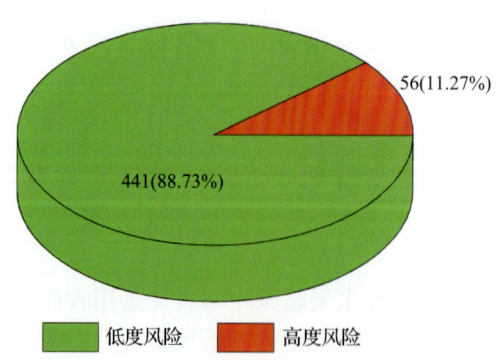

图 6-20　水果蔬菜中非禁用农药的风险程度频次分布图（MRL 欧盟标准）

本次分析中，发现在53种水果蔬菜中共侦测出74种非禁用农药，涉及样本497个，其中，11.27%处于高度风险，涉及53种水果蔬菜和68种农药；88.73%处于低度风险，涉及28种水果蔬菜和30种农药。单种水果蔬菜中的非禁用农药风险系数分布图如图6-21所示。单种水果蔬菜中处于高度风险的非禁用农药风险系数如图6-22和表6-14所示。

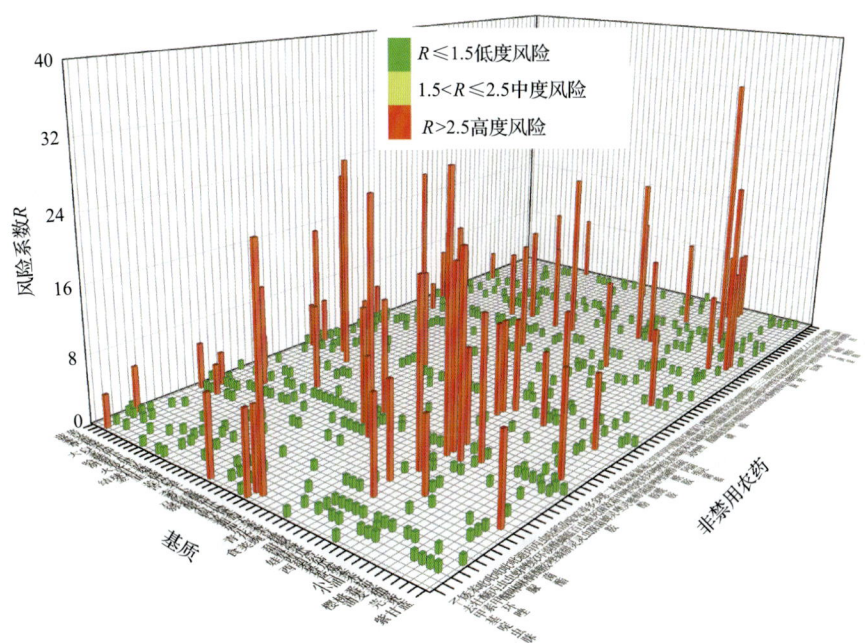

图6-21　53种水果蔬菜中74种非禁用农药的风险系数分布图（MRL欧盟标准）

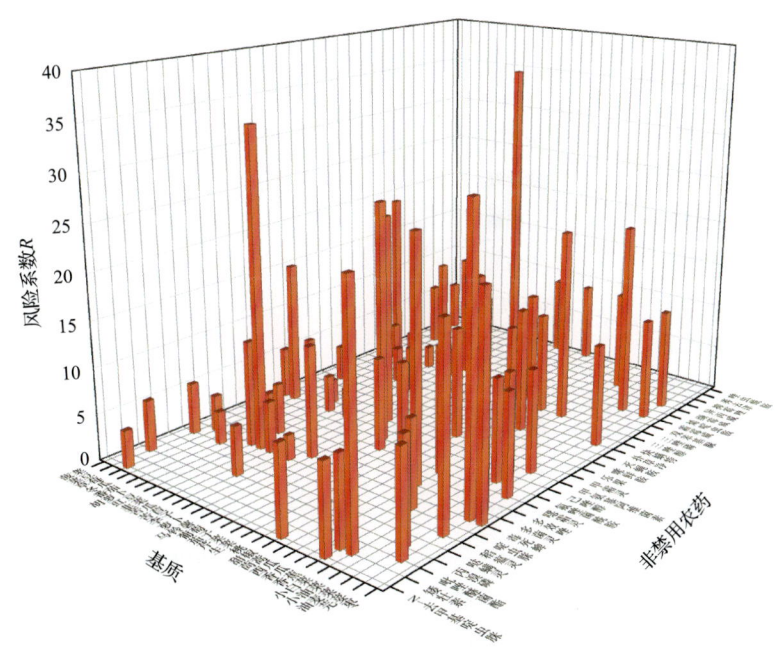

图6-22　单种水果蔬菜中处于高度风险的非禁用农药的风险系数分布图（MRL欧盟标准）

表 6-14 单种水果蔬菜中处于高度风险的非禁用农药的风险系数表（MRL 欧盟标准）

序号	基质	农药	超标频次	超标率 $P(\%)$	风险系数 R
1	油麦菜	多效唑	5	62.50	63.60
2	西瓜	烯啶虫胺	1	33.33	34.43
3	芹菜	毒死蜱	3	30.00	31.10
4	草莓	氟唑菌酰胺	1	25.00	26.10
5	苦苣	多菌灵	2	25.00	26.10
6	马铃薯	矮壮素	1	25.00	26.10
7	菠菜	甲氨基阿维菌素	2	22.22	23.32
8	生菜	毒死蜱	2	22.22	23.32
9	小白菜	三唑磷	2	22.22	23.32
10	李子	三唑醇	2	20.00	21.10
11	葡萄	霜霉威	2	20.00	21.10
12	芹菜	多菌灵	2	20.00	21.10
13	芹菜	稻瘟灵	2	20.00	21.10
14	韭菜	乐果	2	16.67	17.77
15	芫荽	双苯基脲	1	16.67	17.77
16	芫荽	哒螨灵	1	16.67	17.77
17	桃	多菌灵	2	15.38	16.48
18	枣	三唑醇	1	14.29	15.39
19	枣	炔螨特	1	14.29	15.39
20	苦苣	噁霜灵	1	12.50	13.60
21	苦苣	毒死蜱	1	12.50	13.60
22	苦苣	灭蝇胺	1	12.50	13.60
23	茼蒿	甲氨基阿维菌素	1	12.50	13.60
24	菠菜	毒死蜱	1	11.11	12.21
25	豇豆	三唑磷	1	11.11	12.21
26	豇豆	甲霜灵	1	11.11	12.21
27	小白菜	双苯基脲	1	11.11	12.21
28	小白菜	噁霜灵	1	11.11	12.21
29	苦瓜	三唑醇	1	10.00	11.10
30	李子	异丙威	1	10.00	11.10
31	葡萄	己唑醇	1	10.00	11.10
32	葡萄	氟唑菌酰胺	1	10.00	11.10
33	茄子	丙溴磷	1	10.00	11.10
34	茄子	甲氨基阿维菌素	1	10.00	11.10
35	芹菜	吡唑醚菌酯	1	10.00	11.10

续表

序号	基质	农药	超标频次	超标率 $P(\%)$	风险系数 R
36	芹菜	噁霜灵	1	10.00	11.10
37	芹菜	扑草净	1	10.00	11.10
38	芹菜	缬霉威	1	10.00	11.10
39	芹菜	霜霉威	1	10.00	11.10
40	冬瓜	噁霜灵	1	9.09	10.19
41	小油菜	丙溴磷	1	9.09	10.19
42	韭菜	N-去甲基啶虫脒	1	8.33	9.43
43	萝卜	N-去甲基啶虫脒	1	8.33	9.43
44	萝卜	啶虫脒	1	8.33	9.43
45	萝卜	矮壮素	1	8.33	9.43
46	香瓜	三唑醇	1	8.33	9.43
47	香瓜	咪鲜胺	1	8.33	9.43
48	菜豆	唑虫酰胺	1	7.69	8.79
49	番茄	唑虫酰胺	1	7.69	8.79
50	胡萝卜	三唑醇	1	7.69	8.79
51	桃	丙溴磷	1	7.69	8.79
52	桃	己唑醇	1	7.69	8.79
53	桃	异丙威	1	7.69	8.79
54	甜椒	抑霉唑	1	7.69	8.79
55	甜椒	莠去津	1	7.69	8.79
56	香蕉	氟唑菌酰胺	1	7.69	8.79

6.3.2 所有水果蔬菜中农药残留风险系数分析

6.3.2.1 所有水果蔬菜中禁用农药残留风险系数分析

在侦测出的 78 种农药中有 4 种为禁用农药，计算所有水果蔬菜中禁用农药的风险系数，结果如表 6-15 所示。禁用农药氧乐果、克百威和甲拌磷处于高度风险，涕灭威 1 种禁用农药处于低度风险。

表 6-15 水果蔬菜中 4 种禁用农药的风险系数表

序号	农药	检出频次	检出率 $P(\%)$	风险系数 R	风险程度
1	氧乐果	15	3.28	4.38	高度风险
2	克百威	10	2.18	3.28	高度风险
3	甲拌磷	8	1.75	2.85	高度风险
4	涕灭威	1	0.22	1.32	低度风险

对每个月内的禁用农药的风险系数进行分析，结果如图6-23和表6-16所示。

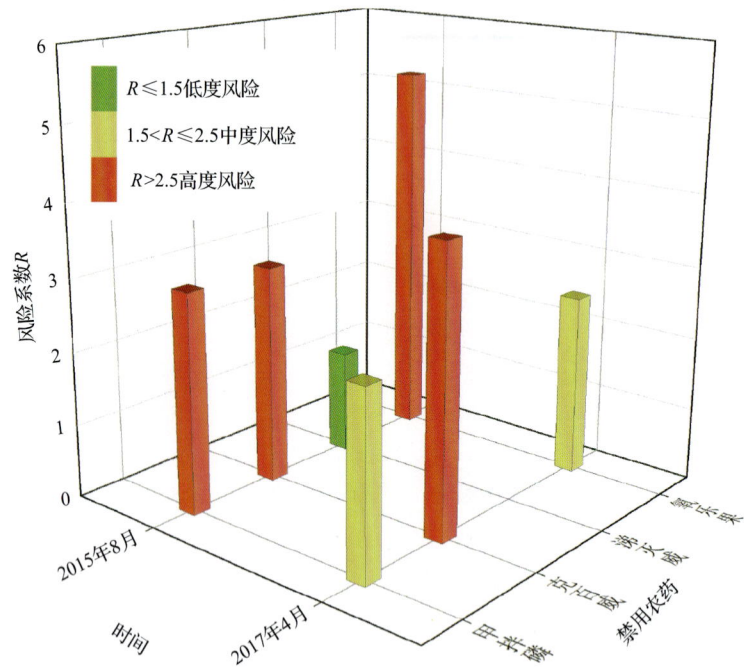

图6-23 各月份内水果蔬菜中禁用农药残留的风险系数分布图

表6-16 各月份内水果蔬菜中禁用农药的风险系数表

序号	年月	农药	检出频次	检出率P(%)	风险系数R	风险程度
1	2015年8月	氧乐果	13	4.13	5.23	高度风险
2	2017年4月	克百威	4	2.80	3.90	高度风险
3	2015年8月	甲拌磷	6	1.90	3.00	高度风险
4	2015年8月	克百威	6	1.90	3.00	高度风险
5	2017年4月	甲拌磷	2	1.40	2.50	中度风险
6	2017年4月	氧乐果	2	1.40	2.50	中度风险
7	2015年8月	涕灭威	1	0.32	1.42	低度风险

6.3.2.2 所有水果蔬菜中非禁用农药残留风险系数分析

参照MRL欧盟标准计算所有水果蔬菜中每种非禁用农药残留的风险系数，如图6-24与表6-17所示。在侦测出的74种非禁用农药中，1种农药(1.35%)残留处于高度风险，17种农药(22.97%)残留处于中度风险，56种农药(75.68%)残留处于低度风险。

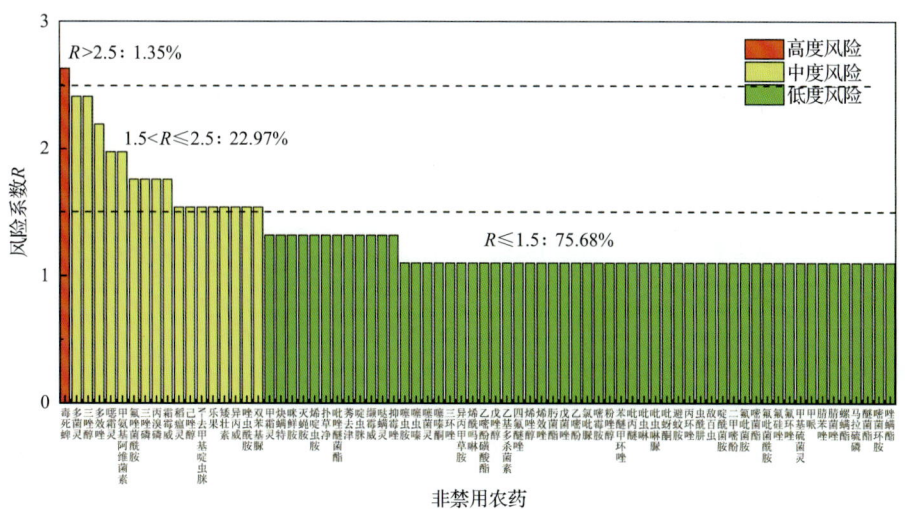

图 6-24 水果蔬菜中 74 种非禁用农药的风险程度统计图

表 6-17 水果蔬菜中 74 种非禁用农药的风险系数表

序号	农药	超标频次	超标率 $P(\%)$	风险系数 R	风险程度
1	毒死蜱	7	1.53	2.63	高度风险
2	多菌灵	6	1.31	2.41	中度风险
3	三唑醇	6	1.31	2.41	中度风险
4	多效唑	5	1.09	2.19	中度风险
5	噁霜灵	4	0.87	1.97	中度风险
6	甲氨基阿维菌素	4	0.87	1.97	中度风险
7	氟唑菌酰胺	3	0.66	1.76	中度风险
8	三唑磷	3	0.66	1.76	中度风险
9	丙溴磷	3	0.66	1.76	中度风险
10	霜霉威	3	0.66	1.76	中度风险
11	稻瘟灵	2	0.44	1.54	中度风险
12	己唑醇	2	0.44	1.54	中度风险
13	N-去甲基啶虫脒	2	0.44	1.54	中度风险
14	乐果	2	0.44	1.54	中度风险
15	矮壮素	2	0.44	1.54	中度风险
16	异丙威	2	0.44	1.54	中度风险
17	唑虫酰胺	2	0.44	1.54	中度风险
18	双苯基脲	2	0.44	1.54	中度风险
19	甲霜灵	1	0.22	1.32	低度风险
20	炔螨特	1	0.22	1.32	低度风险
21	咪鲜胺	1	0.22	1.32	低度风险
22	灭蝇胺	1	0.22	1.32	低度风险

续表

序号	农药	超标频次	超标率 $P(\%)$	风险系数 R	风险程度
23	烯啶虫胺	1	0.22	1.32	低度风险
24	扑草净	1	0.22	1.32	低度风险
25	吡唑醚菌酯	1	0.22	1.32	低度风险
26	莠去津	1	0.22	1.32	低度风险
27	啶虫脒	1	0.22	1.32	低度风险
28	缬霉威	1	0.22	1.32	低度风险
29	哒螨灵	1	0.22	1.32	低度风险
30	抑霉唑	1	0.22	1.32	低度风险
31	噻虫胺	0	0	1.10	低度风险
32	噻虫嗪	0	0	1.10	低度风险
33	噻菌灵	0	0	1.10	低度风险
34	噻嗪酮	0	0	1.10	低度风险
35	三环唑	0	0	1.10	低度风险
36	异丙甲草胺	0	0	1.10	低度风险
37	烯酰吗啉	0	0	1.10	低度风险
38	乙嘧酚磺酸酯	0	0	1.10	低度风险
39	戊唑醇	0	0	1.10	低度风险
40	乙基多杀菌素	0	0	1.10	低度风险
41	四氟醚唑	0	0	1.10	低度风险
42	烯唑醇	0	0	1.10	低度风险
43	烯效唑	0	0	1.10	低度风险
44	肟菌酯	0	0	1.10	低度风险
45	戊菌唑	0	0	1.10	低度风险
46	乙嘧酚	0	0	1.10	低度风险
47	氯吡脲	0	0	1.10	低度风险
48	嘧霉胺	0	0	1.10	低度风险
49	粉唑醇	0	0	1.10	低度风险
50	苯醚甲环唑	0	0	1.10	低度风险
51	吡丙醚	0	0	1.10	低度风险
52	吡虫啉	0	0	1.10	低度风险
53	吡虫啉脲	0	0	1.10	低度风险
54	吡蚜酮	0	0	1.10	低度风险
55	避蚊胺	0	0	1.10	低度风险
56	丙环唑	0	0	1.10	低度风险
57	虫酰肼	0	0	1.10	低度风险
58	敌百虫	0	0	1.10	低度风险

续表

序号	农药	超标频次	超标率 P(%)	风险系数 R	风险程度
59	啶酰菌胺	0	0	1.10	低度风险
60	二甲嘧酚	0	0	1.10	低度风险
61	氟吡菌胺	0	0	1.10	低度风险
62	嘧菌酯	0	0	1.10	低度风险
63	氟吡菌酰胺	0	0	1.10	低度风险
64	氟硅唑	0	0	1.10	低度风险
65	氟环唑	0	0	1.10	低度风险
66	甲基硫菌灵	0	0	1.10	低度风险
67	甲哌	0	0	1.10	低度风险
68	腈苯唑	0	0	1.10	低度风险
69	腈菌唑	0	0	1.10	低度风险
70	螺螨酯	0	0	1.10	低度风险
71	马拉硫磷	0	0	1.10	低度风险
72	醚菌酯	0	0	1.10	低度风险
73	嘧菌环胺	0	0	1.10	低度风险
74	唑螨酯	0	0	1.10	低度风险

对每个月份内的非禁用农药的风险系数分析，每月内非禁用农药风险程度分布图如图6-25所示。2个月份内处于高度风险的农药数排序为2015年8月(3)＞2017年4月(1)。2015年8月和2017年4月处于中度风险的农药数分别为10和13。

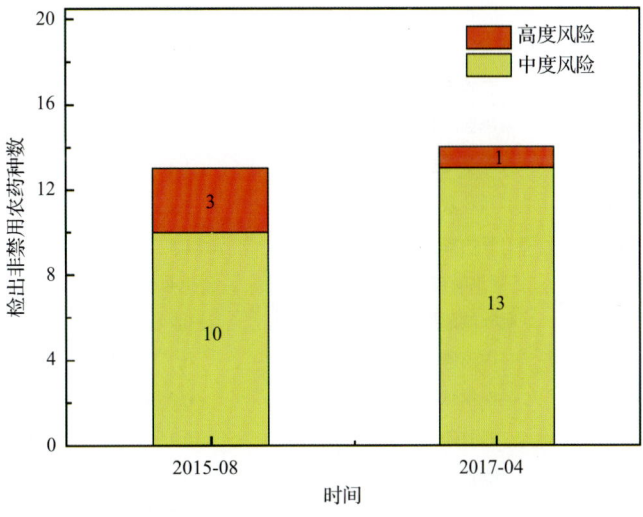

图6-25 各月份水果蔬菜中非禁用农药残留的风险程度分布图

2个月份内水果蔬菜中非禁用农药处于中度风险和高度风险的风险系数如图6-26和表6-18所示。

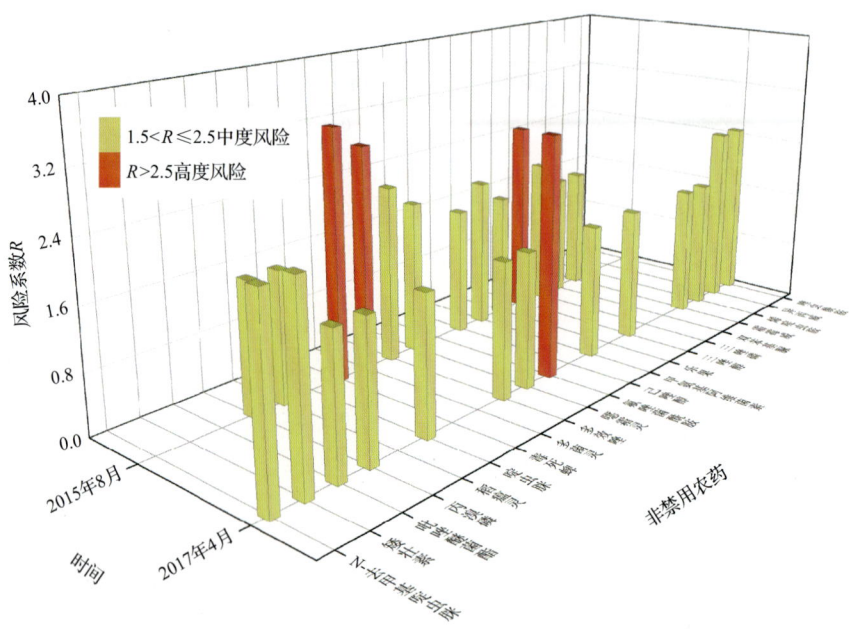

图 6-26 各月份水果蔬菜中非禁用农药处于中度风险和高度风险的风险系数分布图

表 6-18 各月份水果蔬菜中非禁用农药处于中度风险和高度风险的风险系数表

序号	年月	农药	超标频次	超标率 $P(\%)$	风险系数 R	风险程度
1	2015年8月	毒死蜱	7	2.22	3.32	高度风险
2	2015年8月	多菌灵	6	1.9	3	高度风险
3	2015年8月	三唑醇	5	1.59	2.69	高度风险
4	2015年8月	多效唑	4	1.27	2.37	中度风险
5	2015年8月	噁霜灵	3	0.95	2.05	中度风险
6	2015年8月	甲氨基阿维菌素	3	0.95	2.05	中度风险
7	2015年8月	三唑磷	3	0.95	2.05	中度风险
8	2017年4月	氟唑菌酰胺	3	2.1	3.2	高度风险
9	2017年4月	N-去甲基啶虫脒	2	1.4	2.5	中度风险
10	2017年4月	矮壮素	2	1.4	2.5	中度风险
11	2017年4月	异丙威	2	1.4	2.5	中度风险
12	2017年4月	唑虫酰胺	2	1.4	2.5	中度风险
13	2017年4月	吡唑醚菌酯	1	0.7	1.8	中度风险
14	2017年4月	丙溴磷	1	0.7	1.8	中度风险
15	2017年4月	啶虫脒	1	0.7	1.8	中度风险
16	2017年4月	多效唑	1	0.7	1.8	中度风险
17	2017年4月	噁霜灵	1	0.7	1.8	中度风险
18	2017年4月	甲氨基阿维菌素	1	0.7	1.8	中度风险
19	2017年4月	三唑醇	1	0.7	1.8	中度风险
20	2017年4月	霜霉威	1	0.7	1.8	中度风险
21	2017年4月	烯啶虫胺	1	0.7	1.8	中度风险

6.4 LC-Q-TOF/MS 侦测长春市市售水果蔬菜农药残留风险评估结论与建议

农药残留是影响水果蔬菜安全和质量的主要因素，也是我国食品安全领域备受关注的敏感话题和亟待解决的重大问题之一[15,16]。各种水果蔬菜均存在不同程度的农药残留现象，本研究主要针对长春市各类水果蔬菜存在的农药残留问题，基于 2015 年 8 月~2017 年 4 月对长春市 458 例水果蔬菜样品中农药残留侦测得出的 931 个侦测结果，分别采用食品安全指数模型和风险系数模型，开展水果蔬菜中农药残留的膳食暴露风险和预警风险评估。水果蔬菜样品取自超市，符合大众的膳食来源，风险评价时更具有代表性和可信度。

本研究力求通用简单地反映食品安全中的主要问题，且为管理部门和大众容易接受，为政府及相关管理机构建立科学的食品安全信息发布和预警体系提供科学的规律与方法，加强对农药残留的预警和食品安全重大事件的预防，控制食品安全风险。

6.4.1 长春市水果蔬菜中农药残留膳食暴露风险评价结论

1) 水果蔬菜样品中农药残留安全状态评价结论

采用食品安全指数模型，对 2015 年 8 月~2017 年 4 月期间长春市水果蔬菜食品农药残留膳食暴露风险进行评价，根据 IFS_c 的计算结果发现，水果蔬菜中农药的 $\overline{IFS}$ 为 0.0510，说明长春市水果蔬菜总体处于可以接受的安全状态，但部分禁用农药、高残留农药在蔬菜、水果中仍有检出，导致膳食暴露风险的存在，成为不安全因素。

2) 单种水果蔬菜中农药膳食暴露风险不可接受情况评价结论

单种水果蔬菜中农药残留安全指数分析结果显示，农药对单种水果蔬菜安全影响不可接受（$IFS_c>1$）的样本数共 6 个，占总样本数的 1.15%，6 个样本分别为小白菜、芹菜、韭菜、甜椒、豇豆中的氧乐果、茄子中的甲氨基阿维菌素，说明小白菜、芹菜、韭菜、甜椒、豇豆中的氧乐果以及茄子中的甲氨基阿维菌素会对消费者身体健康造成较大的膳食暴露风险。氧乐果属于禁用的剧毒农药，且小白菜、芹菜、韭菜、甜椒和豇豆均为较常见的水果蔬菜，百姓日常食用量较大，长期食用大量残留氧乐果的小白菜、芹菜、韭菜、甜椒和豇豆会对人体造成不可接受的影响，本次检测发现氧乐果在小白菜、芹菜、韭菜、甜椒、豇豆样品中以及甲氨基阿维菌素在茄子样品种多次并大量检出，是未严格实施农业良好管理规范（GAP），或是农药滥用，这应该引起相关管理部门的警惕，应加强对小白菜、芹菜、韭菜、甜椒、豇豆中氧乐果和茄子中甲氨基阿维菌素的严格管控。

3) 禁用农药膳食暴露风险评价

本次检测发现部分水果蔬菜样品中有禁用农药检出，检出禁用农药 4 种，检出频次为 40，水果蔬菜样品中的禁用农药 IFS_c 计算结果表明，禁用农药残留膳食暴露风险不可接受的频次为 4，占 10%；可以接受的频次为 17，占 42.5%；没有影响的频次为 19，占 47.5%。对于水果蔬菜样品中所有农药而言，膳食暴露风险不可接受的频次为 5，仅占总体频次的 0.75%。可以看出，禁用农药的膳食暴露风险不可接受的比例远高于总体水平，这在一定程度上说明禁用农药更容易导致严重的膳食暴露风险。此外，膳食暴露风险不可接受的残留禁用农药均为氧乐果，因此，应该加强对禁用农药氧乐果的管控力度。为何在国家明令禁止禁用农药喷洒的情况下，还能在多种水果蔬菜中多次检出禁用农药残留并造成不可接受的膳食暴露风险，这应该引起相关部门的高度警惕，应该在禁止禁用农药喷洒的同时，严格管控禁用农药的生产和售卖，从根本上杜绝安全隐患。

6.4.2 长春市水果蔬菜中农药残留预警风险评价结论

1) 单种水果蔬菜中禁用农药残留的预警风险评价结论

本次检测过程中，在 16 种水果蔬菜中检测超出 4 种禁用农药，禁用农药为：涕灭威、克百威、甲拌磷和氧乐果，水果蔬菜为：豇豆、大白菜、马铃薯、茼蒿、小白菜、芹菜、韭菜、芫荽、桃、苦苣、樱桃番茄、茄子、黄瓜、梨、苹果、甜椒，水果蔬菜中禁用农药的风险系数分析结果显示，4 种禁用农药在 16 种水果蔬菜中的残留均处于高度风险，说明在单种水果蔬菜中禁用农药的残留会导致较高的预警风险。

2) 单种水果蔬菜中非禁用农药残留的预警风险评价结论

以 MRL 中国国家标准为标准，计算水果蔬菜中非禁用农药风险系数情况下，497 个样本中，6 个处于高度风险(1.21%)，139 个处于低度风险(27.97%)，352 个样本没有 MRL 中国国家标准(70.82%)。以 MRL 欧盟标准为标准，计算水果蔬菜中非禁用农药风险系数情况下，发现有 56 个处于高度风险(11.27%)，441 个处于低度风险(88.73%)。基于两种 MRL 标准，评价的结果差异显著，可以看出 MRL 欧盟标准比中国国家标准更加严格和完善，过于宽松的 MRL 中国国家标准值能否有效保障人体的健康有待研究。

6.4.3 加强长春市水果蔬菜食品安全建议

我国食品安全风险评价体系仍不够健全，相关制度不够完善，多年来，由于农药用药次数多、用药量大或用药间隔时间短，产品残留量大，农药残留所造成的食品安全问题日益严峻，给人体健康带来了直接或间接的危害。据估计，美国与农药有关的癌症患者数约占全国癌症患者总数的 50%，中国更高。同样，农药对其他生物也会形成直接杀伤和慢性危害，植物中的农药可经过食物链逐级传递并不断蓄积，对人和动物构成潜在威胁，并影响生态系统。

基于本次农药残留侦测数据的风险评价结果，提出以下几点建议：

1) 加快食品安全标准制定步伐

我国食品标准中对农药每日允许最大摄入量 ADI 的数据严重缺乏，在本次评价所涉及的 78 种农药中，仅有 87.2%的农药具有 ADI 值，而 12.8%的农药中国尚未规定相应的 ADI 值，亟待完善。

我国食品中农药最大残留限量值的规定严重缺乏，对评估涉及的不同水果蔬菜中不同农药 521 个 MRL 限值进行统计来看，我国仅制定出 168 个标准，我国标准完整率仅为 32.2%，欧盟的完整率达到 100%（表 6-19）。因此，中国更应加快 MRL 标准的制定步伐。

此外，MRL 中国国家标准限值普遍高于欧盟标准限值，这些标准中共有 89 个高于欧盟。过高的 MRL 值难以保障人体健康，建议继续加强对限值基准和标准的科学研究，将农产品中的危险性减少到尽可能低的水平。

表 6-19 我国国家食品标准农药的 ADI、MRL 值与欧盟标准的数量差异

分类		中国 ADI	MRL 中国国家标准	MRL 欧盟标准
标准限值(个)	有	68	168	521
	无	10	353	0
总数(个)		78	521	521
无标准限值比例		12.8%	67.8%	0

2）加强农药的源头控制和分类监管

在长春市某些水果蔬菜中仍有禁用农药残留，利用 LC-Q-TOF/MS 技术侦测出 4 种禁用农药，检出频次为 40 次，残留禁用农药均存在较大的膳食暴露风险和预警风险。早已列入黑名单的禁用农药在我国并未真正退出，有些药物由于价格便宜、工艺简单，此类高毒农药一直生产和使用。建议在我国采取严格有效的控制措施，从源头控制禁用农药。

对于非禁用农药，在我国作为"田间地头"最典型单位的县级蔬果产地中，农药残留的检测几乎缺失。建议根据农药的毒性，对高毒、剧毒、中毒农药实现分类管理，减少使用高毒和剧毒高残留农药，进行分类监管。

3）加强残留农药的生物修复及降解新技术

市售果蔬中残留农药的品种多、频次高、禁用农药多次检出这一现状，说明了我国的田间土壤和水体因农药长期、频繁、不合理的使用而遭到严重污染。为此，建议中国相关部门出台相关政策，鼓励高校及科研院所积极开展分子生物学、酶学等研究，加强土壤、水体中残留农药的生物修复及降解新技术研究，切实加大农药监管力度，以控制农药的面源污染问题。

综上所述，在本工作基础上，根据蔬菜残留危害，可进一步针对其成因提出和采取严格管理、大力推广无公害蔬菜种植与生产、健全食品安全控制技术体系、加强蔬菜食品质量检测体系建设和积极推行蔬菜食品质量追溯制度等相应对策。建立和完善食品安全综合评价指数与风险监测预警系统，对食品安全进行实时、全面的监控与分析，为我国的食品安全科学监管与决策提供新的技术支持，可实现各类检验数据的信息化系统管理，降低食品安全事故的发生。

第 7 章　GC-Q-TOF/MS 侦测长春市 458 例市售水果蔬菜样品农药残留报告

从长春市所属 4 个区，随机采集了 458 例水果蔬菜样品，使用气相色谱-四极杆飞行时间质谱(GC-Q-TOF/MS)对 507 种农药化学污染物示范侦测。

7.1　样品种类、数量与来源

7.1.1　样品采集与检测

为了真实反映百姓餐桌上水果蔬菜中农药残留污染状况，本次所有检测样品均由检验人员于 2015 年 8 月至 2017 年 4 月期间，从长春市所属 9 个采样点(即 9 个超市)，以随机购买方式采集，总计 13 批 458 例样品，从中检出农药 98 种，1114 频次。采样及监测概况见图 7-1 及表 7-1，样品及采样点明细见表 7-2 及表 7-3(侦测原始数据见附表 1)。

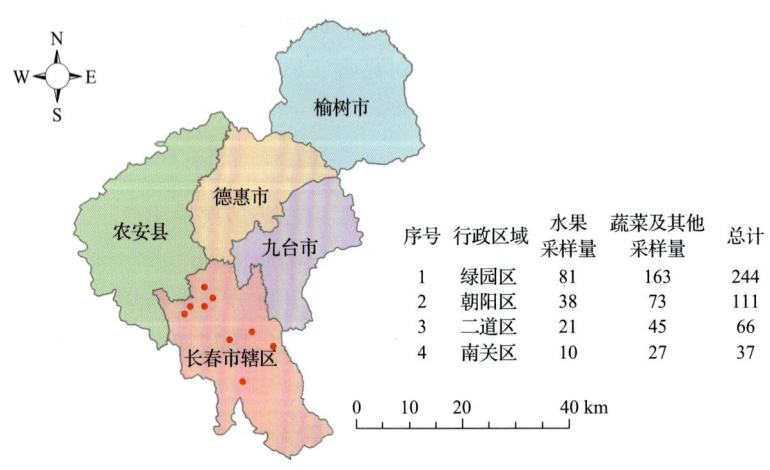

图 7-1　长春市所属 9 个采样点 458 例样品分布图

表 7-1　农药残留监测总体概况

采样地区	长春市所属 4 个区
采样点(超市)	9
样本总数	458
检出农药品种/频次	98/1114
各采样点样本农药残留检出率范围	80.3%~100.0%

表 7-2　样品分类及数量

样品分类	样品名称(数量)	数量小计
1. 调味料		6
1)叶类调味料	芫荽(6)	6
2. 水果		150
1)仁果类水果	苹果(13),梨(13)	26
2)核果类水果	桃(13),杏(1),李子(10),枣(7)	31
3)浆果和其他小型水果	猕猴桃(7),草莓(4),葡萄(10)	21
4)瓜果类水果	西瓜(3),哈密瓜(3),香瓜(12)	18
5)热带和亚热带水果	香蕉(13),木瓜(2),火龙果(11),菠萝(3)	29
6)柑橘类水果	柚(2),橘(11),柠檬(3),橙(9)	25
3. 食用菌		20
1)蘑菇类	香菇(8),蘑菇(3),杏鲍菇(8),金针菇(1)	20
4. 蔬菜		282
1)豆类蔬菜	豇豆(9),菜豆(13),食荚豌豆(1)	23
2)鳞茎类蔬菜	韭菜(12),洋葱(3)	15
3)叶菜类蔬菜	芹菜(10),苦苣(8),菠菜(9),小白菜(9),油麦菜(8),娃娃菜(2),生菜(9),小油菜(11),大白菜(8),茼蒿(8)	82
4)芸薹属类蔬菜	结球甘蓝(12),花椰菜(3),青花菜(11),紫甘蓝(3),菜薹(4)	43
5)瓜类蔬菜	黄瓜(12),西葫芦(10),南瓜(2),苦瓜(10),冬瓜(11)	45
6)茄果类蔬菜	番茄(13),甜椒(13),樱桃番茄(9),茄子(10)	45
7)根茎类和薯芋类蔬菜	胡萝卜(13),萝卜(12),马铃薯(4)	29
合计	1.调味料 1 种 2.水果 20 种 3.食用菌 4 种 4.蔬菜 32 种	458

表 7-3　长春市采样点信息

采样点序号	行政区域	采样点
超市(9)		
1	二道区	***超市(东盛店)
2	南关区	***超市(自由大路店)
3	朝阳区	***超市(红旗街万达店)
4	朝阳区	***超市(重庆路店)
5	绿园区	***超市(绿园店)
6	绿园区	***超市(普阳街店)
7	绿园区	***超市(长春店)
8	绿园区	***超市(锦江店)
9	绿园区	***超市(普阳街店)

7.1.2 检测结果

这次使用的检测方法是庞国芳院士团队最新研发的不需使用标准品对照,而以高分辨精确质量数(0.0001 m/z)为基准的GC-Q-TOF/MS检测技术,对于458例样品,每个样品均侦测了507种农药化学污染物的残留现状。通过本次侦测,在458例样品中共计检出农药化学污染物98种,检出1114频次。

7.1.2.1 各采样点样品检出情况

统计分析发现13个采样点中,被测样品的农药检出率范围为80.3%~100.0%。其中,***超市(锦江店)的检出率最高,为100.0%。***超市(重庆路店)的检出率最低,为80.3%,见图7-2。

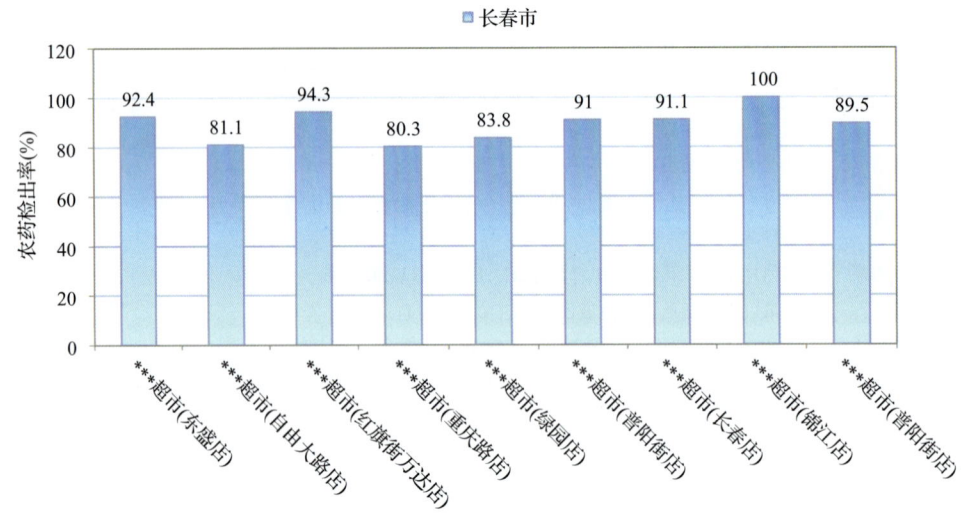

图7-2 各采样点样品中的农药检出率

7.1.2.2 检出农药的品种总数与频次

统计分析发现,对于458例样品中507种农药化学污染物的侦测,共检出农药1114频次,涉及农药98种,结果如图7-3所示。其中二苯胺检出频次最高,共检出210次。检出频次排名前10的农药如下:①二苯胺(210);②威杀灵(155);③毒死蜱(64);④除虫菊酯(45);⑤氟丙菊酯(40);⑥醚菌酯(36);⑦嘧霉胺(33);⑧哒螨灵(29);⑨腐霉利(27);⑩烯虫酯(26)。

由图7-4可见,草莓、葡萄、小油菜、芹菜、桃、香瓜、菜豆和番茄这8种果蔬样品中检出的农药品种数较高,均超过15种,其中,草莓、葡萄和小油菜检出农药品种最多,均为18种。由图7-5可见,桃、茼蒿和芹菜这3种果蔬样品中的农药检出频次较高,均超过40次,其中,桃和茼蒿检出农药频次最高,为47次。

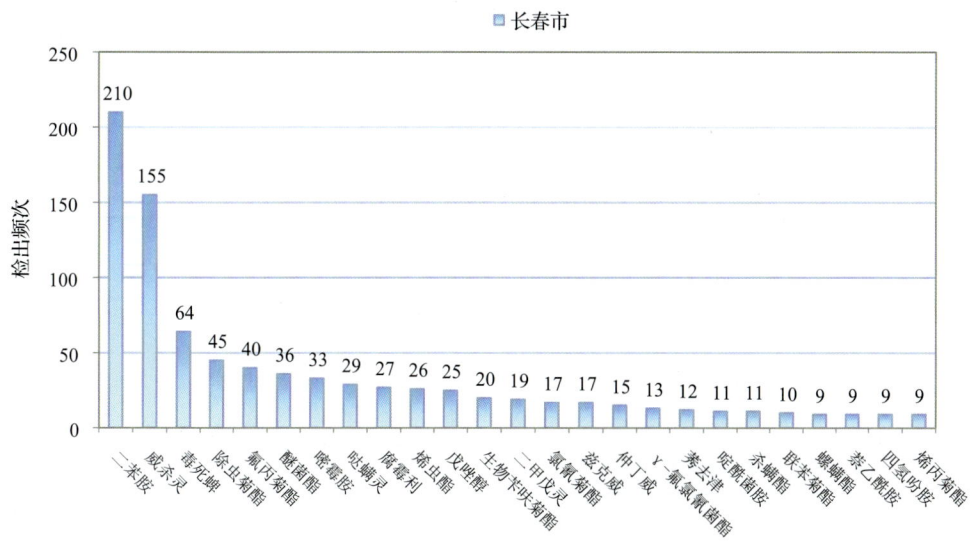

图 7-3 检出农药品种及频次（仅列出 9 频次及以上的数据）

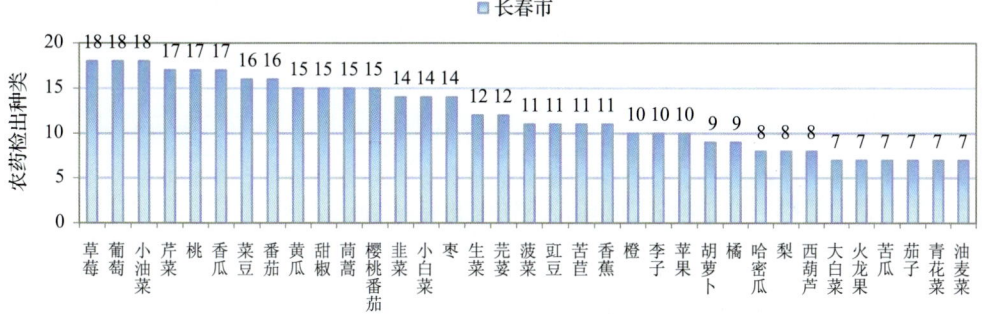

图 7-4 单种水果蔬菜检出农药的种类数（仅列出检出农药 7 种及以上的数据）

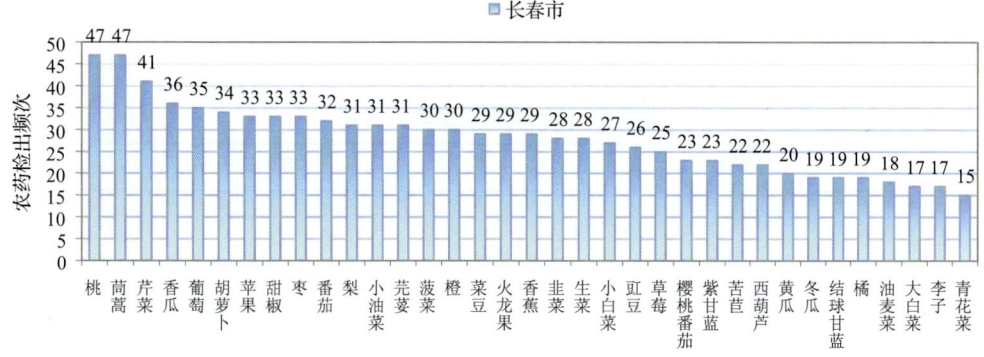

图 7-5 单种水果蔬菜检出农药频次（仅列出检出农药 15 频次及以上的数据）

7.1.2.3 单例样品农药检出种类与占比

对单例样品检出农药种类和频次进行统计发现，未检出农药的样品占总样品数的

11.4%，检出 1 种农药的样品占总样品数的 26.4%，检出 2~5 种农药的样品占总样品数的 54.8%，检出 6~10 种农药的样品占总样品数的 7.4%。每例样品中平均检出农药为 2.4 种，数据见表 7-4 及图 7-6。

表 7-4　单例样品检出农药品种占比

检出农药品种数	样品数量/占比(%)
未检出	52/11.4
1 种	121/26.4
2~5 种	251/54.8
6~10 种	34/7.4
单例样品平均检出农药品种	2.4 种

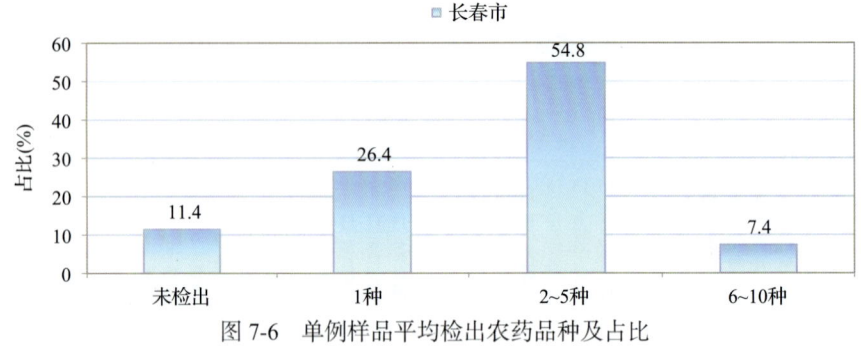

图 7-6　单例样品平均检出农药品种及占比

7.1.2.4　检出农药类别与占比

所有检出农药按功能分类，包括杀虫剂、杀菌剂、除草剂、植物生长调节剂、驱避剂、增效剂和其他共 7 类。其中杀虫剂与杀菌剂为主要检出的农药类别，分别占总数的 44.9%和 31.6%，见表 7-5 及图 7-7。

表 7-5　检出农药所属类别/占比

农药类别	数量/占比(%)
杀虫剂	44/44.9
杀菌剂	31/31.6
除草剂	17/17.3
植物生长调节剂	3/3.1
驱避剂	1/1.0
增效剂	1/1.0
其他	1/1.0

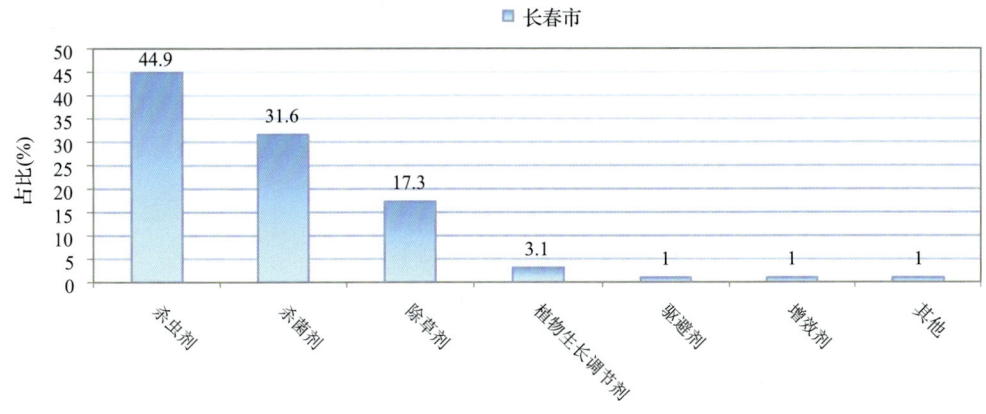

图 7-7　检出农药所属类别和占比

7.1.2.5　检出农药的残留水平

按检出农药残留水平进行统计，残留水平在 1~5 μg/kg（含）的农药占总数的 49.6%，在 5~10 μg/kg（含）的农药占总数的 15.6%，在 10~100 μg/kg（含）的农药占总数的 28.5%，在 100~1000 μg/kg（含）的农药占总数的 5.7%，在＞1000 μg/kg 的农药占总数的 0.6%。

由此可见，这次检测的 13 批 458 例水果蔬菜样品中农药多数处于较低残留水平。结果见表 7-6 及图 7-8，数据见附表 2。

表 7-6　农药残留水平/占比

残留水平（μg/kg）	检出频次数/占比（%）
1~5（含）	553/49.6
5~10（含）	174/15.6
10~100（含）	317/28.5
100~1000（含）	63/5.7
＞1000	7/0.6

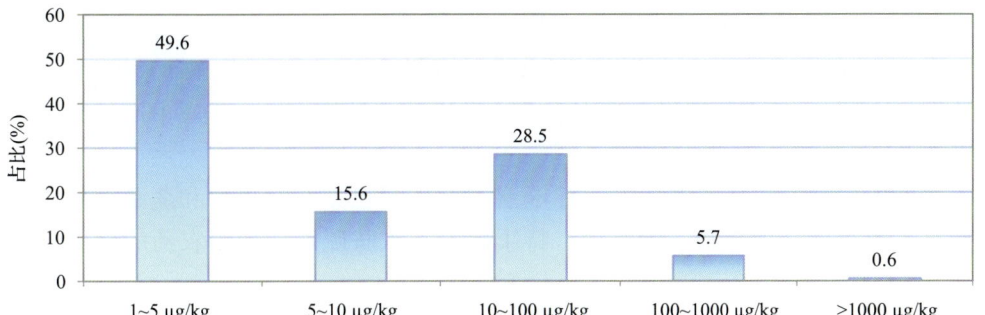

图 7-8　检出农药残留水平及占比

7.1.2.6 检出农药的毒性类别、检出频次和超标频次及占比

对这次检出的 98 种 1114 频次的农药，按剧毒、高毒、中毒、低毒和微毒这五个毒性类别进行分类，从中可以看出，长春市目前普遍使用的农药为中低微毒农药，品种占 90.8%，频次占 96.1%。结果见表 7-7 及图 7-9。

表 7-7 检出农药毒性类别/占比

毒性分类	农药品种/占比(%)	检出频次/占比(%)	超标频次/超标率(%)
剧毒农药	2/2.0	3/0.3	2/66.7
高毒农药	7/7.1	41/3.7	2/4.9
中毒农药	35/35.7	318/28.5	5/1.6
低毒农药	34/34.7	535/48.0	0/0.0
微毒农药	20/20.4	217/19.5	0/0.0

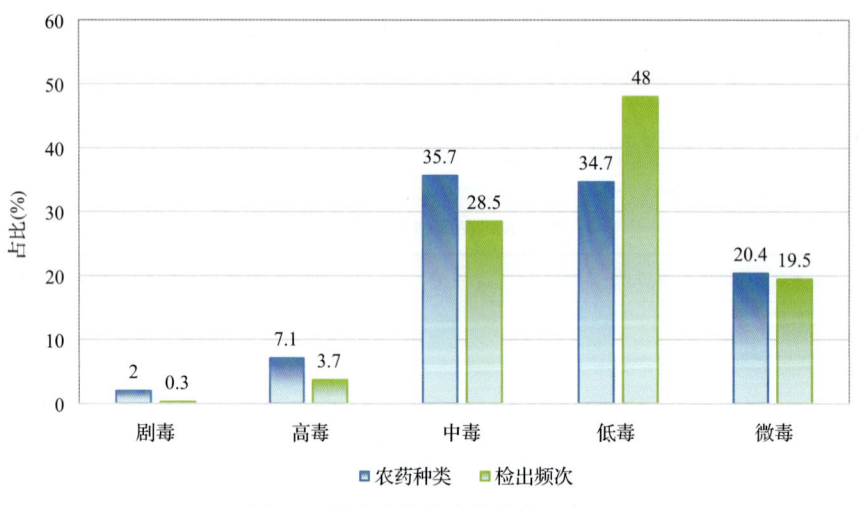

图 7-9 检出农药的毒性分类和占比

7.1.2.7 检出剧毒/高毒类农药的品种和频次

值得特别关注的是，在此次侦测的 458 例样品中有 13 种蔬菜 8 种水果的 42 例样品检出了 9 种 44 频次的剧毒和高毒农药，占样品总量的 9.2%，详见图 7-10、表 7-8 及表 7-9。

在检出的剧毒和高毒农药中，有 5 种是我国早已禁止在果树和蔬菜上使用的，分别是：克百威、甲拌磷、治螟磷、特丁硫磷和水胺硫磷。禁用农药的检出情况见表 7-10。

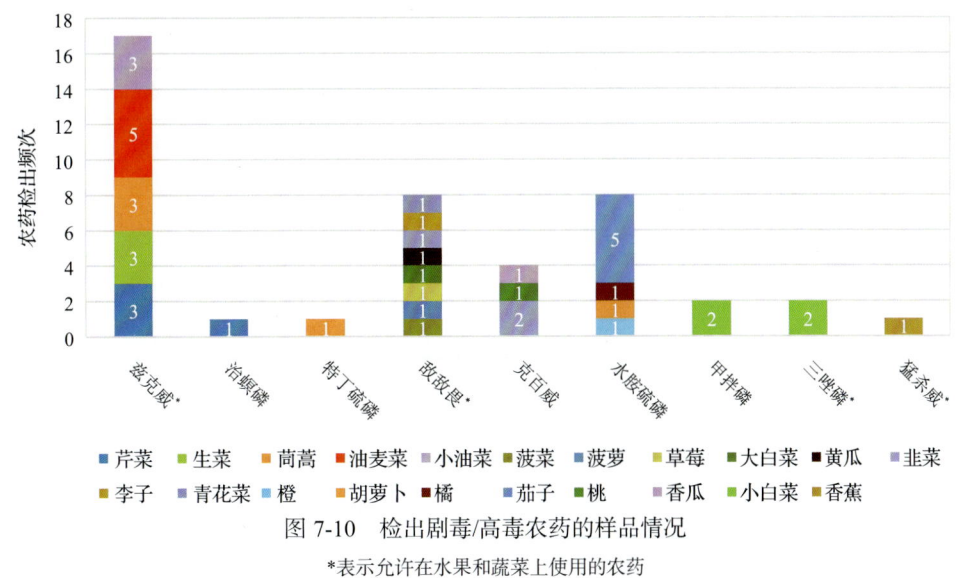

图 7-10 检出剧毒/高毒农药的样品情况

*表示允许在水果和蔬菜上使用的农药

表 7-8 剧毒农药检出情况

序号	农药名称	检出频次	超标频次	超标率
	水果中未检出剧毒农药			
	小计	0	0	超标率：0.0%
	从 2 种蔬菜中检出 2 种剧毒农药，共计检出 3 次			
1	甲拌磷*	2	2	100.0%
2	特丁硫磷*	1	0	0.0%
	小计	3	2	超标率：66.7%
	合计	3	2	超标率：66.7%

表 7-9 高毒农药检出情况

序号	农药名称	检出频次	超标频次	超标率
	从 8 种水果中检出 4 种高毒农药，共计检出 8 次			
1	敌敌畏	3	0	0.0%
2	克百威	2	1	50.0%
3	水胺硫磷	2	0	0.0%
4	猛杀威	1	0	0.0%
	小计	8	1	超标率：12.5%
	从 13 种蔬菜中检出 6 种高毒农药，共计检出 33 次			
1	兹克威	17	0	0.0%

续表

序号	农药名称	检出频次	超标频次	超标率
2	水胺硫磷	6	0	0.0%
3	敌敌畏	5	0	0.0%
4	克百威	2	1	50.0%
5	三唑磷	2	0	0.0%
6	治螟磷	1	0	0.0%
	小计	33	1	超标率：3.0%
	合计	41	2	超标率：4.9%

表 7-10 禁用农药检出情况

序号	农药名称	检出频次	超标频次	超标率
从 5 种水果中检出 3 种禁用农药，共计检出 9 次				
1	硫丹	5	0	0.0%
2	克百威	2	1	50.0%
3	水胺硫磷	2	0	0.0%
	小计	9	1	超标率：11.1%
从 7 种蔬菜中检出 7 种禁用农药，共计检出 16 次				
1	水胺硫磷	6	0	0.0%
2	硫丹	3	0	0.0%
3	甲拌磷*	2	2	100.0%
4	克百威	2	1	50.0%
5	氰戊菊酯	1	0	0.0%
6	特丁硫磷*	1	0	0.0%
7	治螟磷	1	0	0.0%
	小计	16	3	超标率：18.8%
	合计	25	4	超标率：16.0%

注：超标结果参考 MRL 中国国家标准计算

此次抽检的果蔬样品中，有 2 种蔬菜检出了剧毒农药，分别是：小白菜中检出甲拌磷 2 次；茼蒿中检出特丁硫磷 1 次。

样品中检出剧毒和高毒农药残留水平超过 MRL 中国国家标准的频次为 4 次，其中：桃检出克百威超标 1 次；小白菜检出甲拌磷超标 2 次；韭菜检出克百威超标 1 次。本次检出结果表明，高毒、剧毒农药的使用现象依旧存在，详见表 7-11。

表 7-11 各样本中检出剧毒/高毒农药情况

样品名称	农药名称	检出频次	超标频次	检出浓度(µg/kg)
水果 8 种				
李子	敌敌畏	1	0	4.0
桃	克百威▲	1	1	39.4^a
橘	水胺硫磷▲	1	0	3.0
橙	水胺硫磷▲	1	0	16.2
草莓	敌敌畏	1	0	7.7
菠萝	敌敌畏	1	0	38.5
香瓜	克百威▲	1	0	6.3
香蕉	猛杀威	1	0	1.2
	小计	8	1	超标率：12.5%
蔬菜 13 种				
大白菜	敌敌畏	1	0	10.1
小油菜	兹克威	3	0	1.8, 5.7, 6.1
小白菜	三唑磷	2	0	6.5, 2.6
小白菜	甲拌磷*▲	2	2	39.1^a, 33.0^a
油麦菜	兹克威	5	0	5.2, 10.9, 2.3, 10.0, 21.6
生菜	兹克威	3	0	22.3, 20.0, 45.4
胡萝卜	水胺硫磷▲	1	0	8.7
芹菜	兹克威	3	0	24.5, 10.2, 24.8
芹菜	治螟磷▲	1	0	2.2
茄子	水胺硫磷▲	5	0	39.3, 6.4, 109.4, 6.4, 38.6
茼蒿	兹克威	3	0	67.9, 9.5, 29.6
茼蒿	特丁硫磷*▲	1	0	5.4
菠菜	敌敌畏	1	0	1.2
青花菜	敌敌畏	1	0	9.6
韭菜	克百威▲	2	1	18.4, 61.3^a
韭菜	敌敌畏	1	0	5.3
黄瓜	敌敌畏	1	0	3.5
	小计	36	3	超标率：8.3%
	合计	44	4	超标率：9.1%

7.2 农药残留检出水平与最大残留限量标准对比分析

我国于 2014 年 3 月 20 日正式颁布并于 2014 年 8 月 1 日正式实施食品农药残留限量国家标准《食品中农药最大残留限量》(GB 2763—2014)。该标准包括 371 个农药条目，涉及最大残留限量(MRL)标准 3653 项。将 1114 频次检出农药的浓度水平与 3653 项 MRL 中国国家标准进行核对，其中只有 175 频次的农药找到了对应的 MRL，占 15.7%，还有 939 频次的侦测数据则无相关 MRL 标准供参考，占 84.3%。

将此次侦测结果与国际上现行 MRL 对比发现，在 1114 频次的检出结果中有 1114 频次的结果找到了对应的 MRL 欧盟标准，占 100.0%，其中，780 频次的结果有明确对应的 MRL，占 70.0%，其余 334 频次按照欧盟一律标准判定，占 30.0%；有 1114 频次的结果找到了对应的 MRL 日本标准，占 100.0%，其中，590 频次的结果有明确对应的 MRL，占 53.0%，其余 524 频次按照日本一律标准判定，占 47.0%；有 297 频次的结果找到了对应的 MRL 中国香港标准，占 26.7%；有 238 频次的结果找到了对应的 MRL 美国标准，占 21.4%；有 155 频次的结果找到了对应的 MRL CAC 标准，占 13.9%（见图 7-11 和图 7-12，数据见附表 3 至附表 8）。

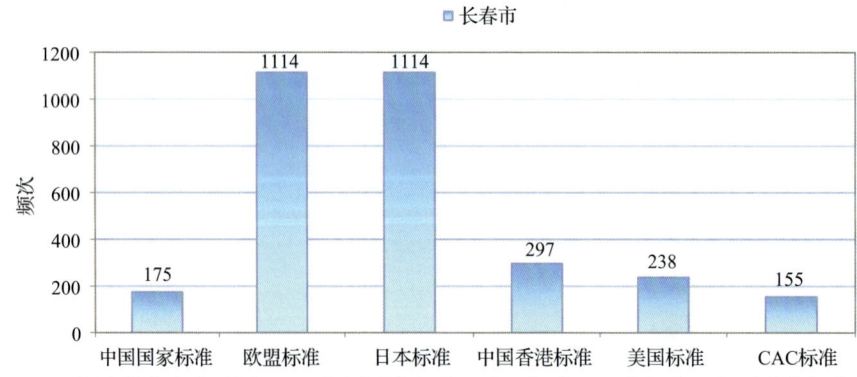

图 7-11 1114 频次检出农药可用 MRL 中国国家标准、欧盟标准、日本标准、中国香港标准、美国标准、CAC 标准判定衡量的数量

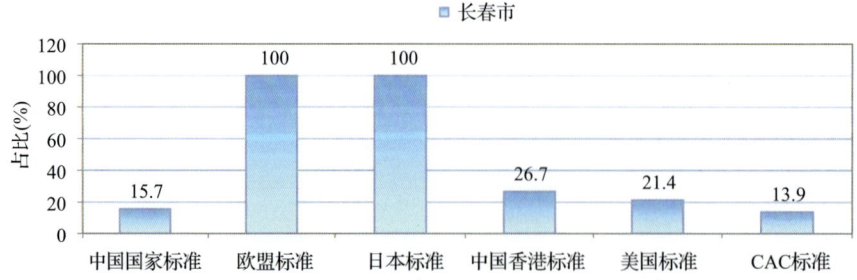

图 7-12 1114 频次检出农药可用 MRL 中国国家标准、欧盟标准、日本标准、中国香港标准、美国标准、CAC 标准衡量的占比

7.2.1 超标农药样品分析

本次侦测的 458 例样品中，52 例样品未检出任何残留农药，占样品总量的 11.4%，406 例样品检出不同水平、不同种类的残留农药，占样品总量的 88.6%。在此，我们将本次侦测的农残检出情况与 MRL 中国国家标准、欧盟标准、日本标准、中国香港标准、美国标准和 CAC 标准这 6 大国际主流 MRL 标准进行对比分析，样品农残检出与超标情况见表 7-12、图 7-13 和图 7-14，详细数据见附表 9 至附表 14。

7.2.2 超标农药种类分析

按照 MRL 中国国家标准、欧盟标准、日本标准、中国香港标准、美国标准和 CAC 标准这 6 大国际主流 MRL 标准衡量，本次侦测检出的农药超标品种及频次情况见表 7-13。

表 7-12 各 MRL 标准下样本农残检出与超标数量及占比

	中国国家标准 数量/占比(%)	欧盟标准 数量/占比(%)	日本标准 数量/占比(%)	中国香港标准 数量/占比(%)	美国标准 数量/占比(%)	CAC 标准 数量/占比(%)
未检出	52/11.4	52/11.4	52/11.4	52/11.4	52/11.4	52/11.4
检出未超标	397/86.7	246/53.7	270/59.0	398/86.9	403/88.0	405/88.4
检出超标	9/2.0	160/34.9	136/29.7	8/1.7	3/0.7	1/0.2

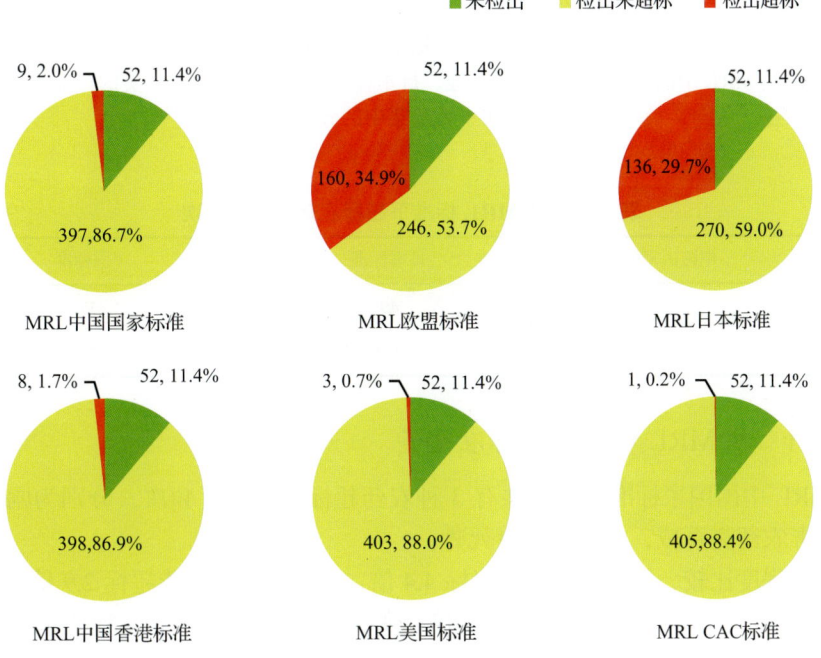

图 7-13 检出和超标样品比例情况

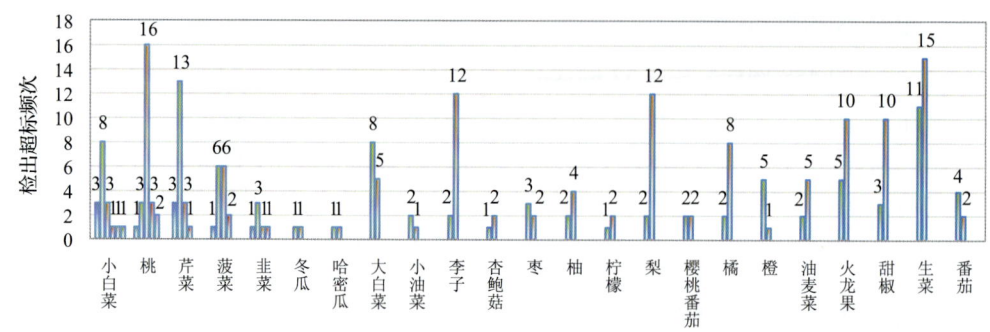

图 7-14-1 超过 MRL 中国国家标准、欧盟标准、日本标准、中国香港标准、美国标准和 CAC 标准结果在水果蔬菜中的分布

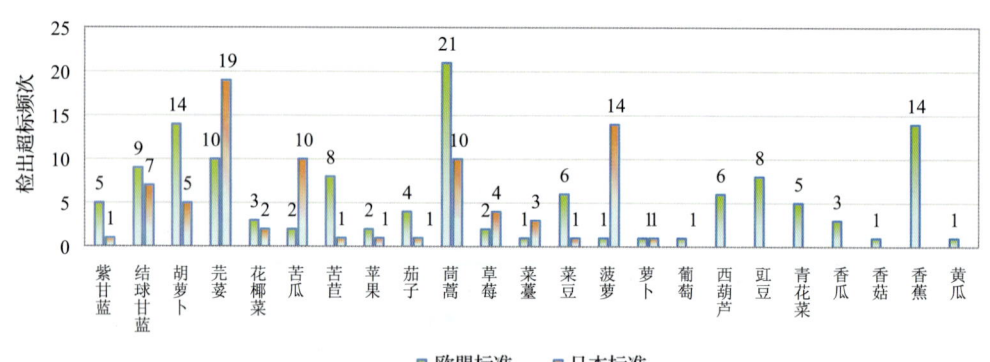

图 7-14-2 超过 MRL 中国国家标准、欧盟标准、日本标准、中国香港标准、美国标准和 CAC 标准结果在水果蔬菜中的分布

表 7-13 各 MRL 标准下超标农药品种及频次

	中国国家标准	欧盟标准	日本标准	中国香港标准	美国标准	CAC 标准
超标农药品种	3	52	49	1	1	1
超标农药频次	9	218	204	8	3	1

7.2.2.1 按 MRL 中国国家标准衡量

按 MRL 中国国家标准衡量，共有 3 种农药超标，检出 9 频次，分别为剧毒农药甲拌磷，高毒农药克百威，中毒农药毒死蜱。

按超标程度比较，菠菜中毒死蜱超标 4.4 倍，小白菜中甲拌磷超标 2.9 倍，韭菜中克百威超标 2.1 倍，芹菜中毒死蜱超标 1.8 倍，桃中克百威超标 1.0 倍。检测结果见图 7-15 和附表 15。

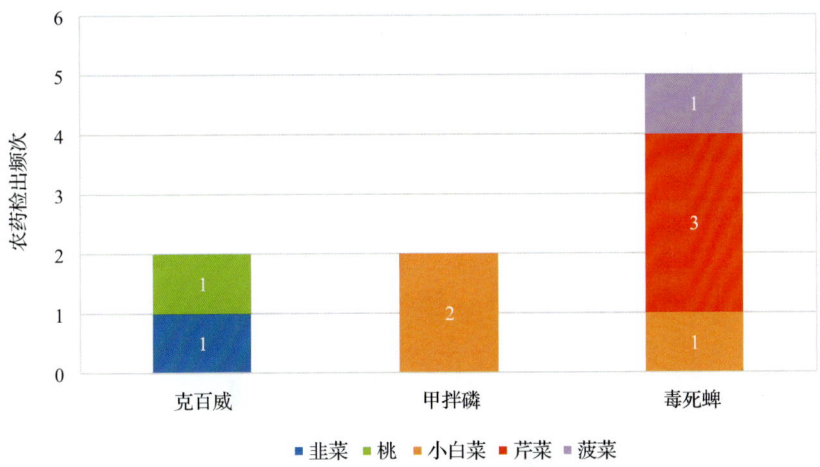

图 7-15　超过 MRL 中国国家标准农药品种及频次

7.2.2.2　按 MRL 欧盟标准衡量

按 MRL 欧盟标准衡量，共有 52 种农药超标，检出 218 频次，分别为剧毒农药甲拌磷，高毒农药克百威、水胺硫磷、兹克威和敌敌畏，中毒农药仲丁威、毒死蜱、硫丹、甲萘威、甲氰菊酯、三唑醇、γ-氟氯氰菊酯、虫螨腈、噁霜灵、唑虫酰胺、哒螨灵、氯氰菊酯、丙溴磷、异丙威、苯醚氰菊酯、棉铃威、氰戊菊酯和烯丙菊酯，低毒农药二苯胺、扑草净、避蚊胺、己唑醇、西玛通、五氯苯甲腈、莠去津、四氢吩胺、氟唑菌酰胺、威杀灵、呋草黄、杀螨酯、芬螨酯、苯虫醚、炔螨特、3,5-二氯苯胺和间羟基联苯，微毒农药萘乙酰胺、氟丙菊酯、腐霉利、解草腈、啶氧菌酯、百菌清、氟乐灵、生物苄呋菊酯、氟酰胺、醚菌酯、烯虫酯和霜霉威。

按超标程度比较，大白菜中醚菌酯超标 202.6 倍，豇豆中仲丁威超标 50.6 倍，菠菜中 γ-氟氯氰菊酯超标 43.0 倍，香蕉中避蚊胺超标 34.1 倍，橘中杀螨酯超标 33.5 倍。检测结果见图 7-16 和附表 16。

7.2.2.3　按 MRL 日本标准衡量

按 MRL 日本标准衡量，共有 49 种农药超标，检出 204 频次，分别为剧毒农药特丁硫磷，高毒农药水胺硫磷和兹克威，中毒农药联苯菊酯、仲丁威、多效唑、戊唑醇、毒死蜱、甲氰菊酯、三唑酮、γ-氟氯氰菊酯、虫螨腈、除虫菊酯、唑虫酰胺、麦穗宁、双甲脒、二甲戊灵、哒螨灵、氯氰菊酯、异丙威、苯醚氰菊酯和烯丙菊酯，低毒农药二苯胺、螺螨酯、避蚊胺、西玛通、五氯苯甲腈、莠去津、四氢吩胺、呋草黄、氟唑菌酰胺、威杀灵、芬螨酯、杀螨酯、苯虫醚、乙嘧酚磺酸酯、炔螨特、3,5-二氯苯胺和间羟基联苯，微毒农药萘乙酰胺、腐霉利、解草腈、啶氧菌酯、生物苄呋菊酯、肟菌酯、氟酰胺、醚菌酯、烯虫酯和霜霉威。

按超标程度比较，胡萝卜中萘乙酰胺超标 125.6 倍，菠菜中毒死蜱超标 53.0 倍，豇豆中仲丁威超标 50.6 倍，菠菜中 γ-氟氯氰菊酯超标 43.0 倍，香蕉中避蚊胺超标 34.1 倍。检测结果见图 7-17 和附表 17。

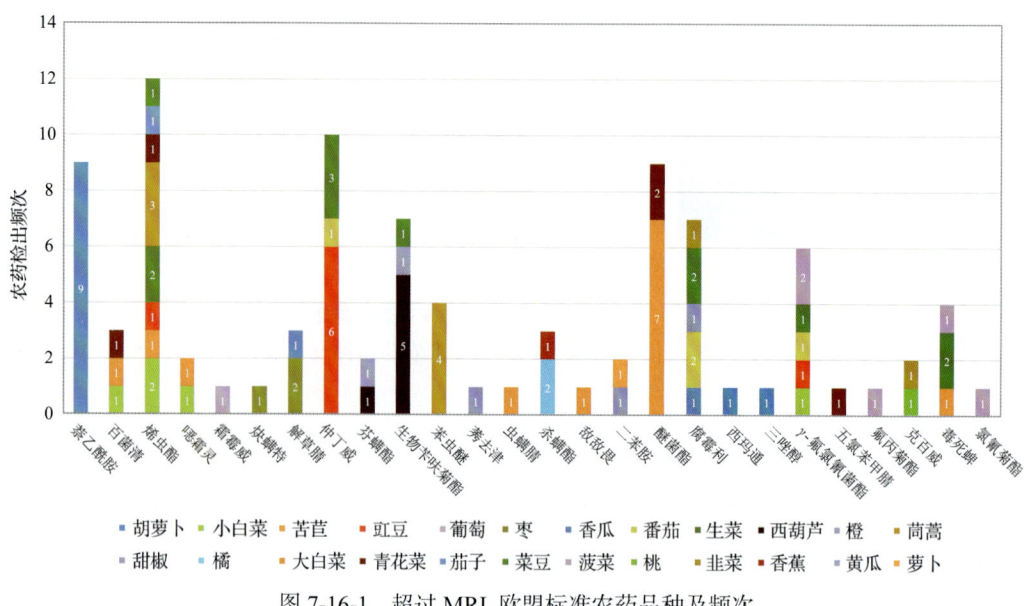

图 7-16-1　超过 MRL 欧盟标准农药品种及频次

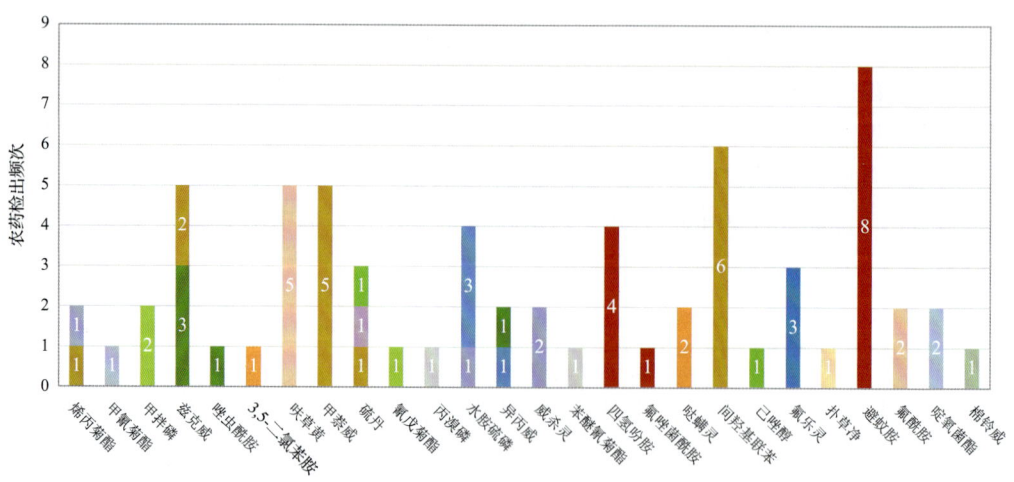

图 7-16-2　超过 MRL 欧盟标准农药品种及频次

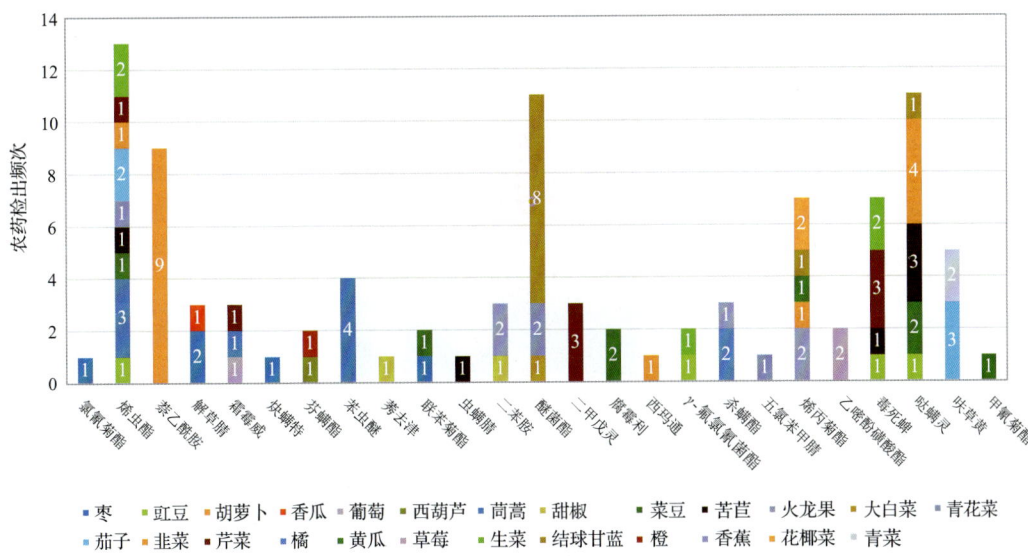

图 7-17-1　超过 MRL 日本标准农药品种及频次

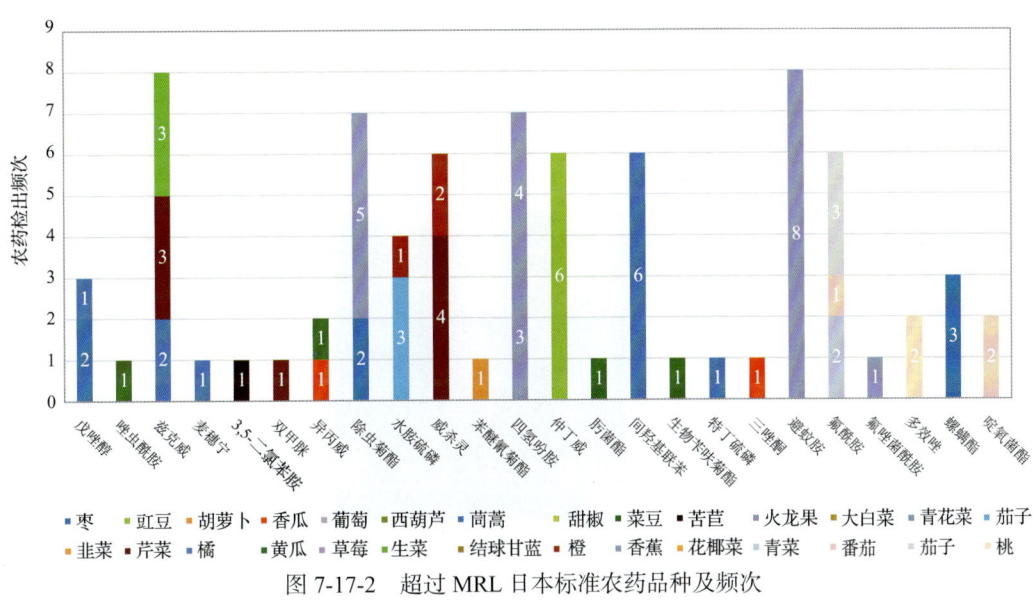

图 7-17-2　超过 MRL 日本标准农药品种及频次

7.2.2.4　按 MRL 中国香港标准衡量

按 MRL 中国香港标准衡量，有 1 种农药超标，检出 8 频次，为中毒农药毒死蜱。

按超标程度比较，菠菜中毒死蜱超标 4.4 倍，生菜中毒死蜱超标 3.2 倍，芹菜中毒死蜱超标 1.8 倍，豇豆中毒死蜱超标 0.6 倍，小白菜中毒死蜱超标 0.3 倍。检测结果见图 7-18 和附表 18。

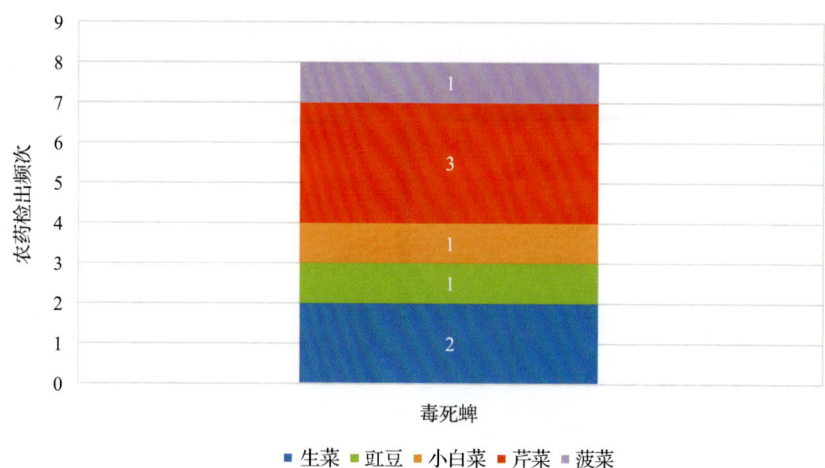

图 7-18　超过 MRL 中国香港标准农药品种及频次

7.2.2.5　按 MRL 美国标准衡量

按 MRL 美国标准衡量，有 1 种农药超标，检出 3 频次，为中毒农药毒死蜱。

按超标程度比较，苹果中毒死蜱超标 1.2 倍，桃中毒死蜱超标 0.2 倍。检测结果见图 7-19 和附表 19。

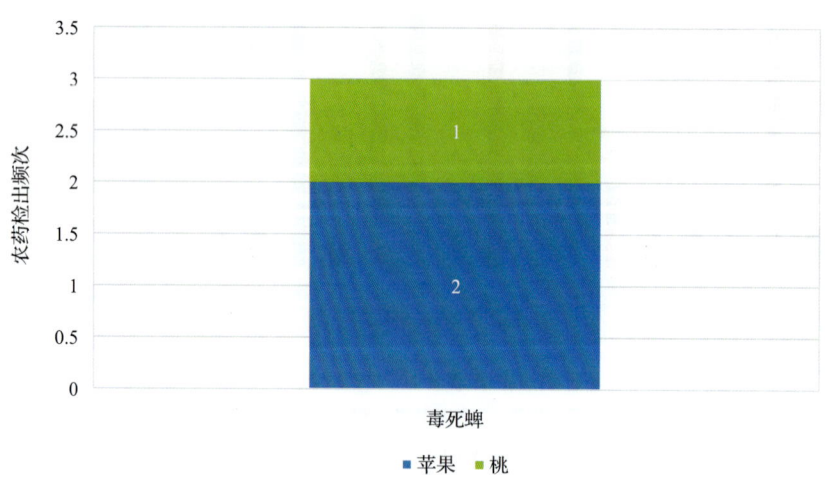

图 7-19　超过 MRL 美国标准农药品种及频次

7.2.2.6　按 MRL CAC 标准衡量

按 MRL CAC 标准衡量，有 1 种农药超标，检出 1 频次，为中毒农药氯氰菊酯。按超标程度比较，菠菜中氯氰菊酯超标 0.7 倍。检测结果见图 7-20 和附表 20。

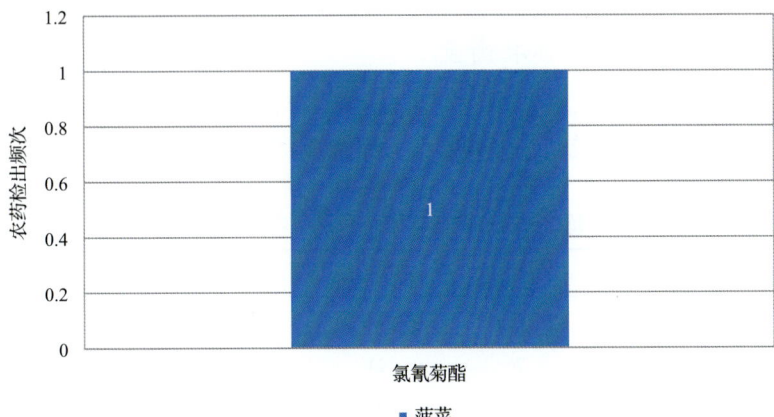

图 7-20　超过 MRL CAC 标准农药品种及频次

7.2.3　9 个采样点超标情况分析

7.2.3.1　按 MRL 中国国家标准衡量

按 MRL 中国国家标准衡量，有 5 个采样点的样品存在不同程度的超标农药检出，其中***超市（绿园店）的超标率最高，为 5.4%，如表 7-14 和图 7-21 所示。

表 7-14　超过 MRL 中国国家标准水果蔬菜在不同采样点分布

点	采样点	样品总数	超标数量	超标率(%)	行政区域
1	***超市(重庆路店)	76	2	2.6	朝阳区
2	***超市(普阳街店)	67	3	4.5	绿园区
3	***超市(东盛店)	66	1	1.5	二道区
4	***超市(自由大路店)	37	1	2.7	南关区
5	***超市(绿园店)	37	2	5.4	绿园区

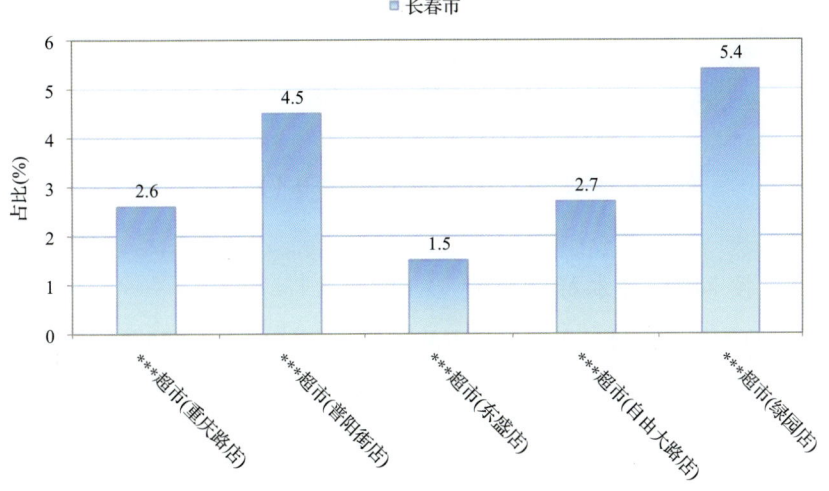

图 7-21　超过 MRL 中国国家标准水果蔬菜在不同采样点分布

7.2.3.2 按 MRL 欧盟标准衡量

按 MRL 欧盟标准衡量，所有采样点的样品均存在不同程度的超标农药检出，其中***超市(锦江店)的超标率最高，为 43.5%，如表 7-15 和图 7-22 所示。

表 7-15 超过 MRL 欧盟标准水果蔬菜在不同采样点分布

采样点		样品总数	超标数量	超标率(%)	行政区域
1	***超市(长春店)	79	23	29.1	绿园区
2	***超市(重庆路店)	76	21	27.6	朝阳区
3	***超市(普阳街店)	67	23	34.3	绿园区
4	***超市(东盛店)	66	27	40.9	二道区
5	***超市(普阳街店)	38	13	34.2	绿园区
6	***超市(自由大路店)	37	13	35.1	南关区
7	***超市(绿园店)	37	15	40.5	绿园区
8	***超市(红旗街万达店)	35	15	42.9	朝阳区
9	***超市(锦江店)	23	10	43.5	绿园区

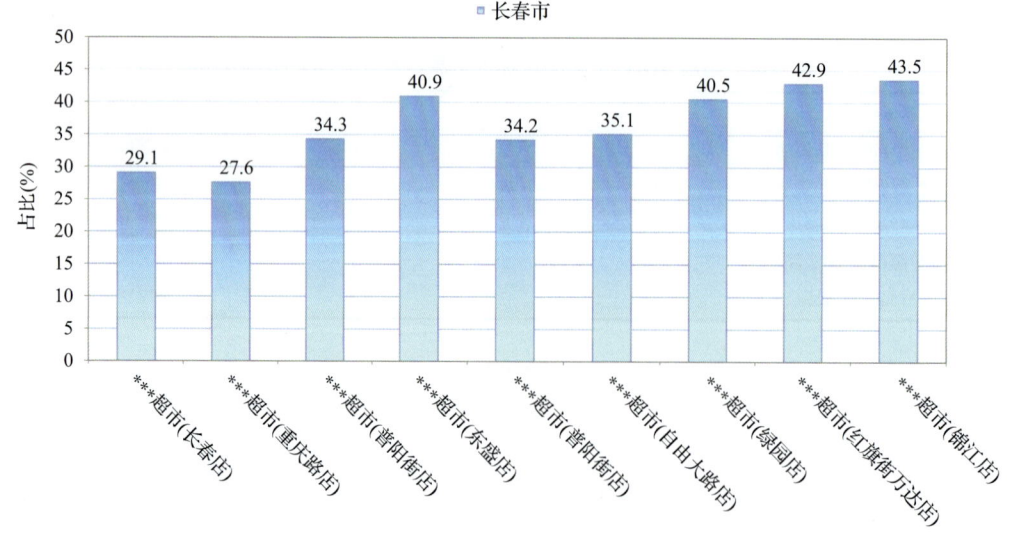

图 7-22 超过 MRL 欧盟标准水果蔬菜在不同采样点分布

7.2.3.3 按 MRL 日本标准衡量

按 MRL 日本标准衡量，所有采样点的样品均存在不同程度的超标农药检出，其中***超市(锦江店)的超标率最高，为 47.8%，如表 7-16 和图 7-23 所示。

表 7-16 超过 MRL 日本标准水果蔬菜在不同采样点分布

	采样点	样品总数	超标数量	超标率(%)	行政区域
1	***超市(长春店)	79	19	24.1	绿园区
2	***超市(重庆路店)	76	19	25.0	朝阳区
3	***超市(普阳街店)	67	17	25.4	绿园区
4	***超市(东盛店)	66	19	28.8	二道区
5	***超市(普阳街店)	38	11	28.9	绿园区
6	***超市(自由大路店)	37	13	35.1	南关区
7	***超市(绿园店)	37	12	32.4	绿园区
8	***超市(红旗街万达店)	35	15	42.9	朝阳区
9	***超市(锦江店)	23	11	47.8	绿园区

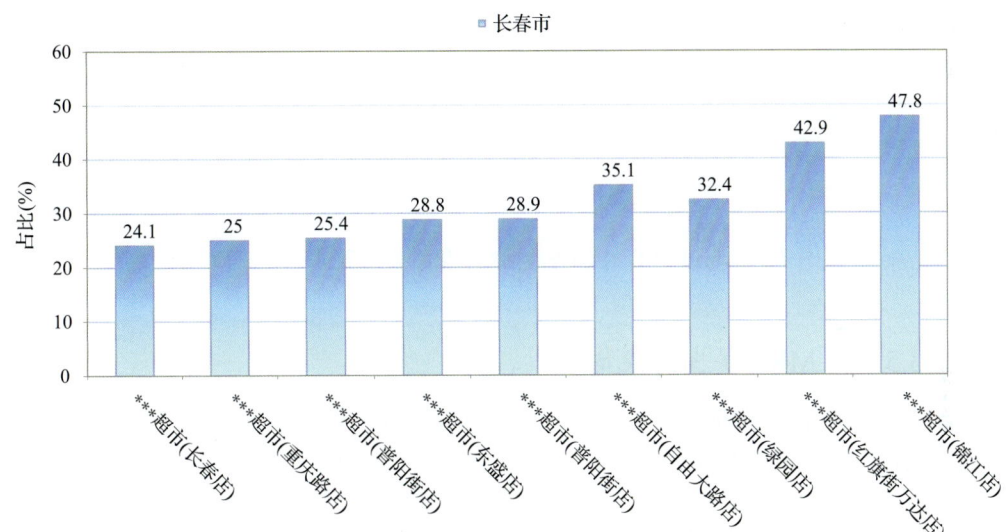

图 7-23 超过 MRL 日本标准水果蔬菜在不同采样点分布

7.2.3.4 按 MRL 中国香港标准衡量

按 MRL 中国香港标准衡量,有 6 个采样点的样品存在不同程度的超标农药检出,其中***超市(普阳街店)和***超市(东盛店)的超标率最高,为 3.0%,如表 7-17 和图 7-24 所示。

表 7-17 超过 MRL 中国香港标准水果蔬菜在不同采样点分布

	采样点	样品总数	超标数量	超标率(%)	行政区域
1	***超市(重庆路店)	76	1	1.3	朝阳区
2	***超市(普阳街店)	67	2	3.0	绿园区
3	***超市(东盛店)	66	2	3.0	二道区

续表

	采样点	样品总数	超标数量	超标率(%)	行政区域
4	***超市(自由大路店)	37	1	2.7	南关区
5	***超市(绿园店)	37	1	2.7	绿园区
6	***超市(红旗街万达店)	35	1	2.9	朝阳区

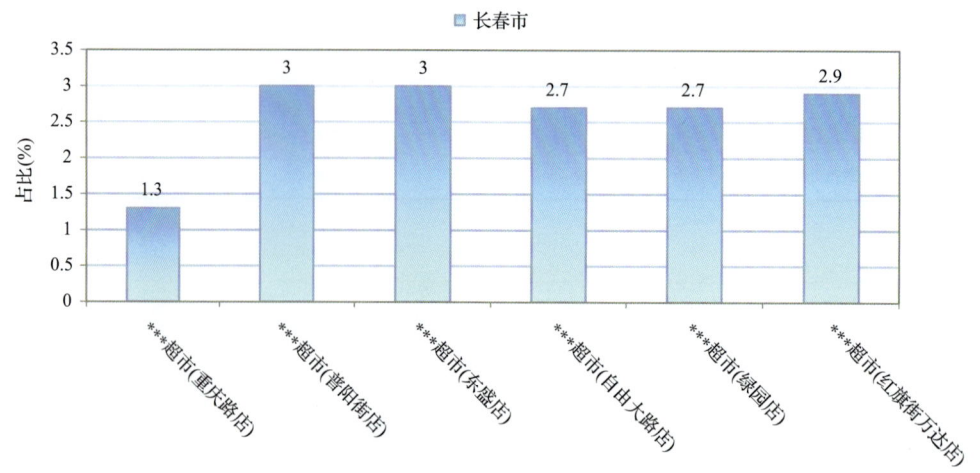

图 7-24　超过 MRL 中国香港标准水果蔬菜在不同采样点分布

7.2.3.5　按 MRL 美国标准衡量

按 MRL 美国标准衡量，有 2 个采样点的样品存在不同程度的超标农药检出，其中***超市(普阳街店)的超标率最高，为 5.3%，如表 7-18 和图 7-25 所示。

表 7-18　超过 MRL 美国标准水果蔬菜在不同采样点分布

	采样点	样品总数	超标数量	超标率(%)	行政区域
1	***超市(普阳街店)	38	2	5.3	绿园区
2	***超市(自由大路店)	37	1	2.7	南关区

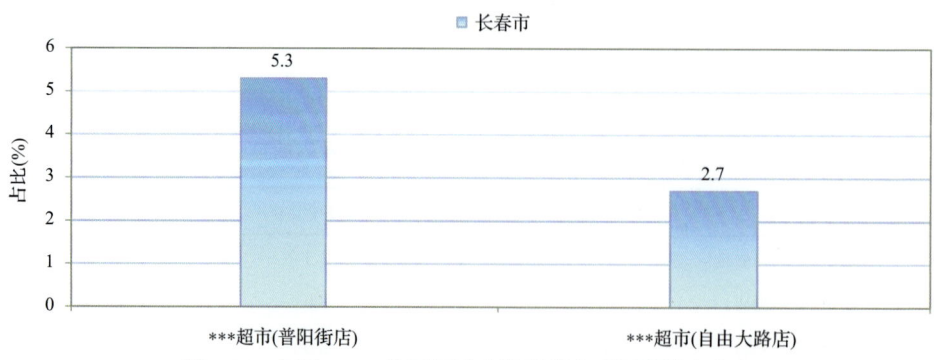

图 7-25　超过 MRL 美国标准水果蔬菜在不同采样点分布

7.2.3.6 按 MRL CAC 标准衡量

按 MRL CAC 标准衡量,有 1 个采样点的样品存在超标农药检出,超标率为 1.5%,如表 7-19 和图 7-26 所示。

表 7-19 超过 MRL CAC 标准水果蔬菜在不同采样点分布

采样点		样品总数	超标数量	超标率(%)	行政区域
1	***超市(东盛店)	66	1	1.5	二道区

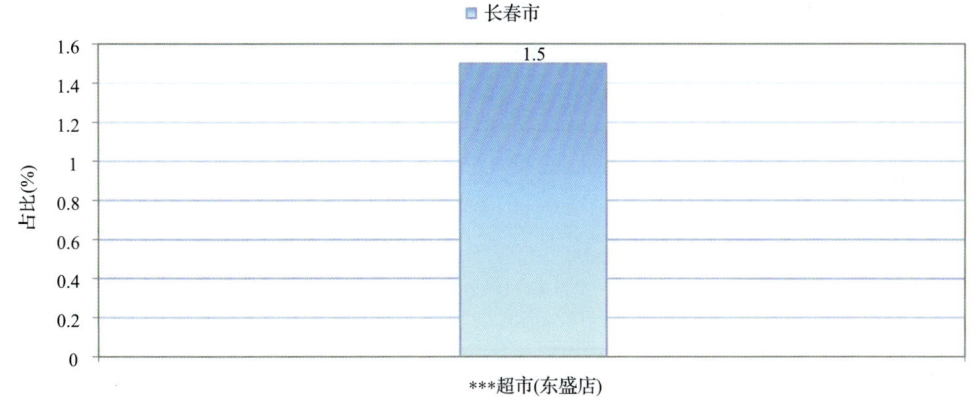

图 7-26 超过 MRL CAC 标准水果蔬菜在不同采样点分布

7.3 水果中农药残留分布

7.3.1 检出农药品种和频次排前 10 的水果

本次残留侦测的水果共 20 种,包括桃、猕猴桃、西瓜、香蕉、哈密瓜、木瓜、苹果、香瓜、杏、草莓、葡萄、梨、李子、枣、柚、橘、火龙果、柠檬、橙和菠萝。

根据检出农药品种及频次进行排名,将各项排名前 10 位的水果样品检出情况列表说明,详见表 7-20。

表 7-20 检出农药品种和频次排名前 10 的水果

检出农药品种排名前 10(品种)	①草莓(18),②葡萄(18),③桃(17),④香瓜(17),⑤枣(14),⑥香蕉(11),⑦橙(10),⑧李子(10),⑨苹果(10),⑩橘(9)
检出农药频次排名前 10(频次)	①桃(47),②香瓜(36),③葡萄(35),④苹果(33),⑤枣(33),⑥梨(31),⑦橙(30),⑧火龙果(29),⑨香蕉(29),⑩草莓(25)
检出禁用、高毒及剧毒农药品种排名前 10(品种)	①草莓(2),②桃(2),③菠萝(1),④橙(1),⑤橘(1),⑥李子(1),⑦香瓜(1),⑧香蕉(1)
检出禁用、高毒及剧毒农药频次排名前 10(频次)	①桃(5),②草莓(2),③菠萝(1),④橙(1),⑤橘(1),⑥李子(1),⑦香瓜(1),⑧香蕉(1)

7.3.2　超标农药品种和频次排前10的水果

鉴于MRL欧盟标准和日本标准制定比较全面且覆盖率较高，我们参照MRL中国国家标准、欧盟标准、日本标准衡量水果样品中农残检出情况，将超标农药品种及频次排名前10的水果列表说明，详见表7-21。

表7-21　超标农药品种和频次排名前10的水果

超标农药品种排名前10（农药品种数）	MRL中国国家标准	桃(1)
	MRL欧盟标准	①橙(4)，②香蕉(4)，③桃(3)，④香瓜(3)，⑤草莓(2)，⑥火龙果(2)，⑦李子(2)，⑧枣(2)，⑨菠萝(1)，⑩哈密瓜(1)
	MRL日本标准	①枣(7)，②火龙果(4)，③李子(4)，④香蕉(4)，⑤橙(3)，⑥香瓜(3)，⑦草莓(1)，⑧哈密瓜(1)，⑨橘(1)，⑩葡萄(1)
超标农药频次排名前10（农药频次数）	MRL中国国家标准	桃(1)
	MRL欧盟标准	①香蕉(14)，②橙(5)，③火龙果(5)，④桃(3)，⑤香瓜(3)，⑥枣(3)，⑦草莓(2)，⑧橘(2)，⑨梨(2)，⑩李子(2)
	MRL日本标准	①香蕉(14)，②火龙果(12)，③枣(12)，④李子(5)，⑤橙(4)，⑥香瓜(3)，⑦草莓(2)，⑧橘(2)，⑨柚(2)，⑩哈密瓜(1)

通过对各品种水果样本总数及检出率进行综合分析发现，葡萄、桃和香瓜的残留污染最为严重，在此，我们参照MRL中国国家标准、欧盟标准、日本标准对这3种水果的农残检出情况进行进一步分析。

7.3.3　农药残留检出率较高的水果样品分析

7.3.3.1　葡萄

这次共检测10例葡萄样品，全部检出了农药残留，检出率为100.0%，检出农药共计18种。其中嘧霉胺、二苯胺、醚菌酯、戊菌唑和己唑醇检出频次较高，分别检出了7、6、3、3和2次。葡萄中农药检出品种和频次见图7-27，超标农药见图7-28和表7-22。

7.3.3.2　桃

这次共检测13例桃样品，11例样品中检出了农药残留，检出率为84.6%，检出农药共计17种。其中威杀灵、毒死蜱、除虫菊酯、硫丹和γ-氟氯氰菊酯检出频次较高，分别检出了9、8、5、4和3次。桃中农药检出品种和频次见图7-29，超标农药见图7-30和表7-23。

第7章 GC-Q-TOF/MS 侦测长春市 458 例市售水果蔬菜样品农药残留报告

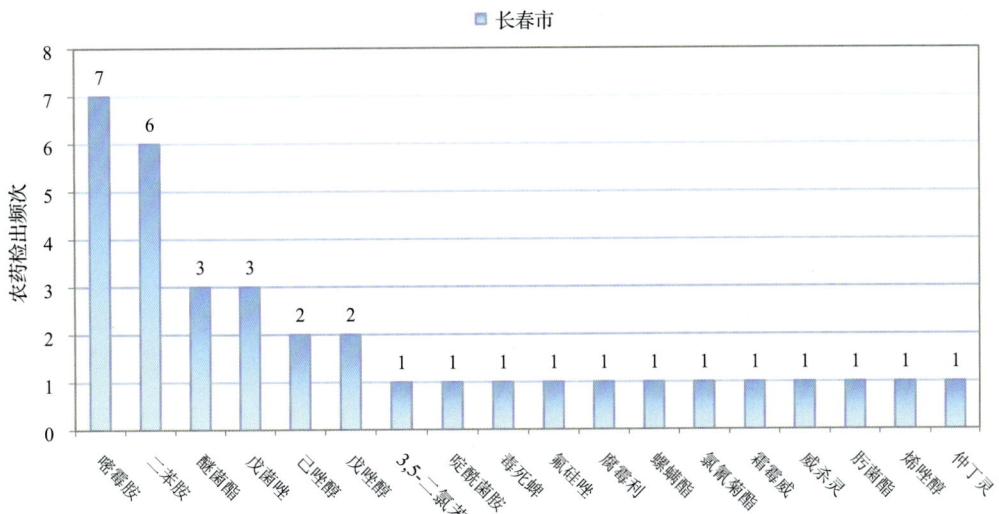

图 7-27 葡萄样品检出农药品种和频次分析

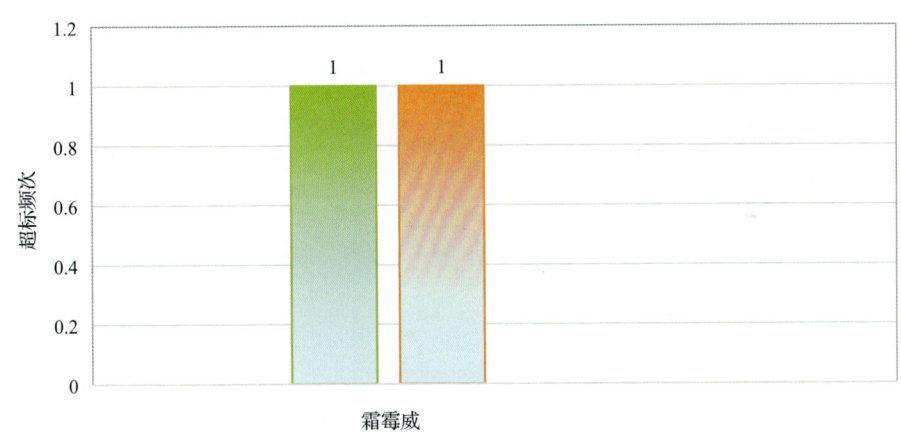

图 7-28 葡萄样品中超标农药分析

表 7-22 葡萄中农药残留超标情况明细表

样品总数		检出农药样品数	样品检出率(%)	检出农药品种总数
10		10	100	18
	超标农药品种	超标农药频次	按照 MRL 中国国家标准、欧盟标准和日本标准衡量超标农药名称及频次	
中国国家标准	0	0		
欧盟标准	1	1	霜霉威(1)	
日本标准	1	1	霜霉威(1)	

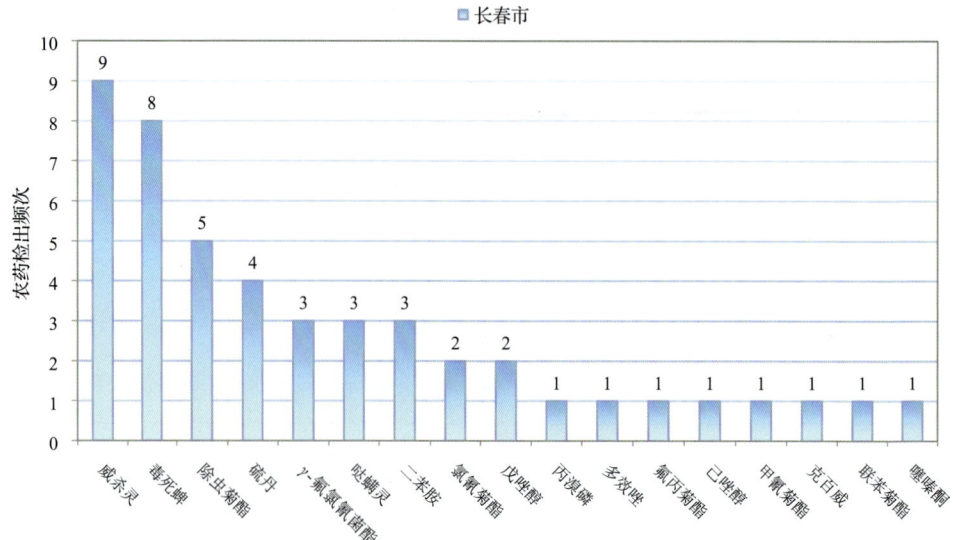

图 7-29 桃样品检出农药品种和频次分析

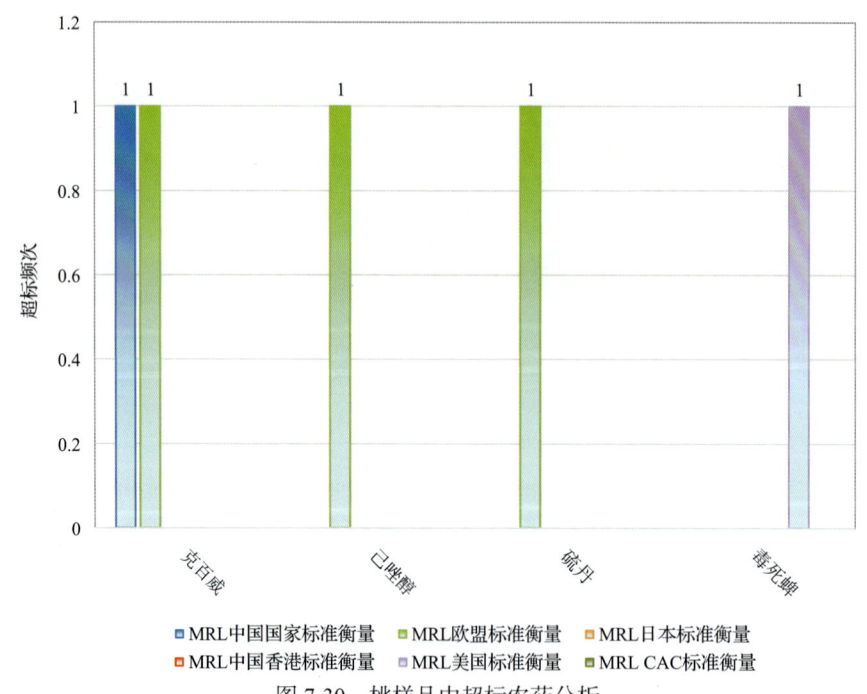

图 7-30 桃样品中超标农药分析

表 7-23 桃中农药残留超标情况明细表

样品总数		检出农药样品数	样品检出率(%)	检出农药品种总数
13		11	84.6	17
	超标农药品种	超标农药频次	按照 MRL 中国国家标准、欧盟标准和日本标准衡量超标农药名称及频次	
中国国家标准	1	1	克百威(1)	
欧盟标准	3	3	己唑醇(1),克百威(1),硫丹(1)	
日本标准	0	0		

7.3.3.3 香瓜

这次共检测 12 例香瓜样品,11 例样品中检出了农药残留,检出率为 91.7%,检出农药共计 17 种。其中除虫菊酯、二苯胺、威杀灵、腐霉利和嘧霉胺检出频次较高,分别检出了 7、4、4、3 和 3 次。香瓜中农药检出品种和频次见图 7-31,超标农药见图 7-32 和表 7-24。

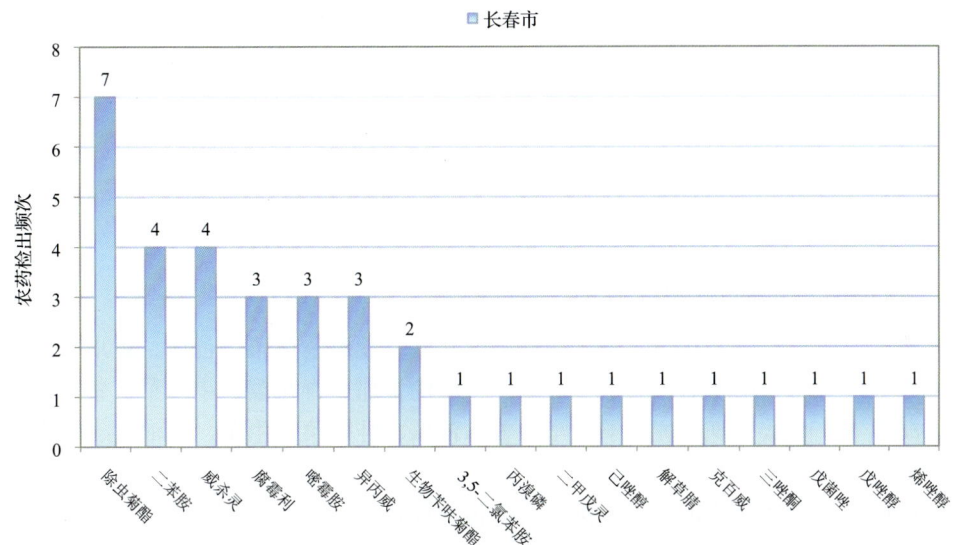

图 7-31 香瓜样品检出农药品种和频次分析

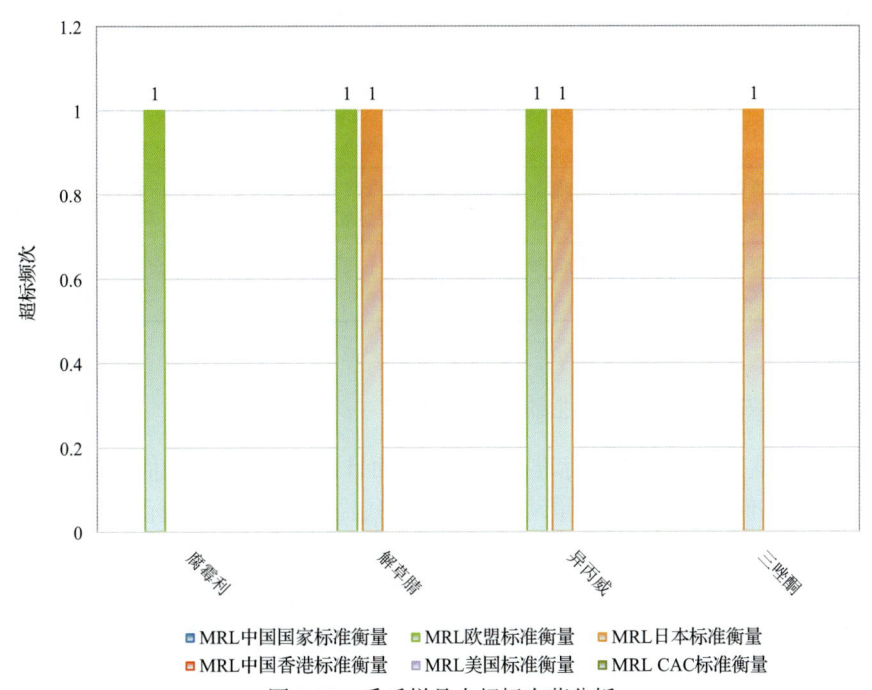

图 7-32 香瓜样品中超标农药分析

表 7-24　香瓜中农药残留超标情况明细表

样品总数		检出农药样品数	样品检出率(%)	检出农药品种总数
12		11	91.7	17
超标农药品种	超标农药频次	按照MRL中国国家标准、欧盟标准和日本标准衡量超标农药名称及频次		
中国国家标准	0	0		
欧盟标准	3	3	腐霉利(1),解草腈(1),异丙威(1)	
日本标准	3	3	解草腈(1),三唑酮(1),异丙威(1)	

7.4　蔬菜中农药残留分布

7.4.1　检出农药品种和频次排前 10 的蔬菜

本次残留侦测的蔬菜共 32 种，包括结球甘蓝、韭菜、芹菜、苦苣、黄瓜、洋葱、菠菜、豇豆、番茄、花椰菜、甜椒、西葫芦、樱桃番茄、青花菜、小白菜、紫甘蓝、油麦菜、胡萝卜、南瓜、萝卜、茄子、马铃薯、苦瓜、娃娃菜、生菜、小油菜、冬瓜、大白菜、菜豆、菜薹、食荚豌豆和茼蒿。

根据检出农药品种及频次进行排名，将各项排名前 10 位的蔬菜样品检出情况列表说明，详见表 7-25。

表 7-25　检出农药品种和频次排名前 10 的蔬菜

检出农药品种排名前10(品种)	①小油菜(18),②芹菜(17),③菜豆(16),④番茄(16),⑤黄瓜(15),⑥甜椒(15),⑦茼蒿(15),⑧樱桃番茄(15),⑨韭菜(14),⑩小白菜(14)
检出农药频次排名前10(频次)	①茼蒿(47),②芹菜(41),③胡萝卜(34),④甜椒(33),⑤番茄(32),⑥小油菜(31),⑦菠菜(30),⑧菜豆(29),⑨韭菜(28),⑩生菜(28)
检出禁用、高毒及剧毒农药品种排名前10(品种)	①茼蒿(3),②小白菜(3),③菠菜(2),④韭菜(2),⑤茄子(2),⑥芹菜(2),⑦大白菜(1),⑧胡萝卜(1),⑨黄瓜(1),⑩青花菜(1)
检出禁用、高毒及剧毒农药频次排名前10(频次)	①茄子(6),②茼蒿(5),③小白菜(5),④油麦菜(5),⑤芹菜(4),⑥韭菜(3),⑦生菜(3),⑧小油菜(3),⑨菠菜(2),⑩大白菜(1)

7.4.2　超标农药品种和频次排前 10 的蔬菜

鉴于 MRL 欧盟标准和日本标准制定比较全面且覆盖率较高，我们参照 MRL 中国国家标准、欧盟标准、日本标准衡量蔬菜样品中农残检出情况，将超标农药品种及频次排名前 10 的蔬菜列表说明，详见表 7-26。

通过对各品种蔬菜样本总数及检出率进行综合分析发现，小油菜、芹菜和番茄的残留污染最为严重，在此，我们参照 MRL 中国国家标准、欧盟标准、日本标准对这 3 种蔬菜的农残检出情况进行进一步分析。

表 7-26　超标农药品种和频次排名前 10 的蔬菜

超标农药品种排名前 10（农药品种数）	MRL 中国国家标准	①小白菜(2),②菠菜(1),③韭菜(1),④芹菜(1)
	MRL 欧盟标准	①苦苣(7),②芹菜(6),③茼蒿(6),④小白菜(6),⑤菠菜(5),⑥菜豆(5),⑦生菜(5),⑧胡萝卜(4),⑨青花菜(4),⑩番茄(3)
	MRL 日本标准	①菜豆(8),②茼蒿(8),③芹菜(7),④豇豆(5),⑤苦苣(5),⑥生菜(4),⑦结球甘蓝(3),⑧韭菜(3),⑨青花菜(3),⑩菠菜(2)
超标农药频次排名前 10（农药频次数）	MRL 中国国家标准	①芹菜(3),②小白菜(3),③菠菜(1),④韭菜(1)
	MRL 欧盟标准	①茼蒿(21),②胡萝卜(14),③芹菜(13),④生菜(11),⑤结球甘蓝(9),⑥大白菜(8),⑦豇豆(8),⑧苦苣(8),⑨小白菜(8),⑩菠菜(6)
	MRL 日本标准	①茼蒿(19),②芹菜(16),③菜豆(10),④胡萝卜(10),⑤豇豆(10),⑥结球甘蓝(10),⑦生菜(8),⑧苦苣(7),⑨韭菜(6),⑩茄子(5)

7.4.3　农药残留检出率较高的蔬菜样品分析

7.4.3.1　小油菜

这次共检测 11 例小油菜样品，全部检出了农药残留，检出率为 100.0%，检出农药共计 18 种。其中氟丙菊酯、苯醚氰菊酯、二苯胺、兹克威和 γ-氟氯氰菌酯检出频次较高，分别检出了 5、4、3、3 和 2 次。小油菜中农药检出品种和频次见图 7-33，超标农药见图 7-34 和表 7-27。

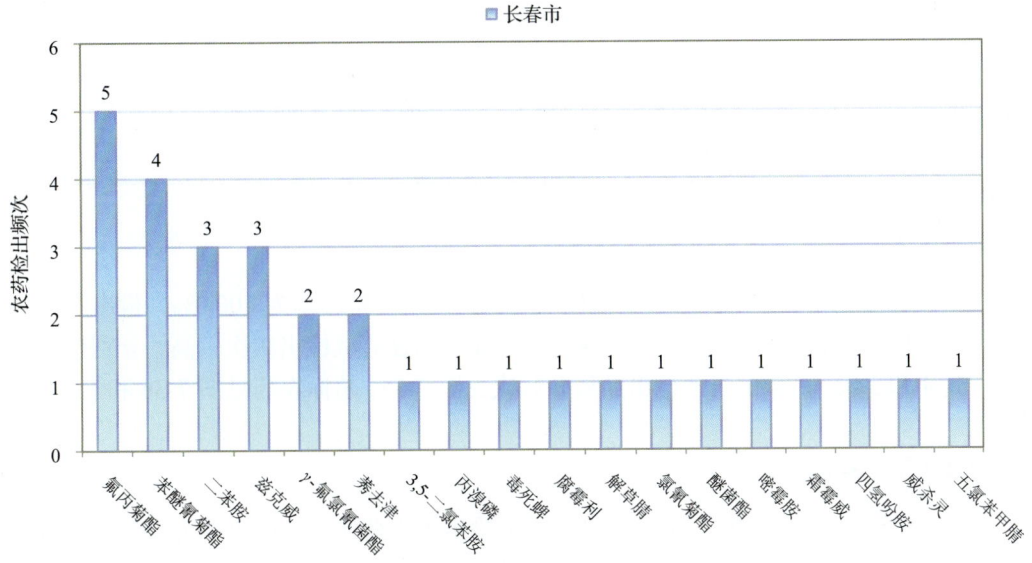

图 7-33　小油菜样品检出农药品种和频次分析

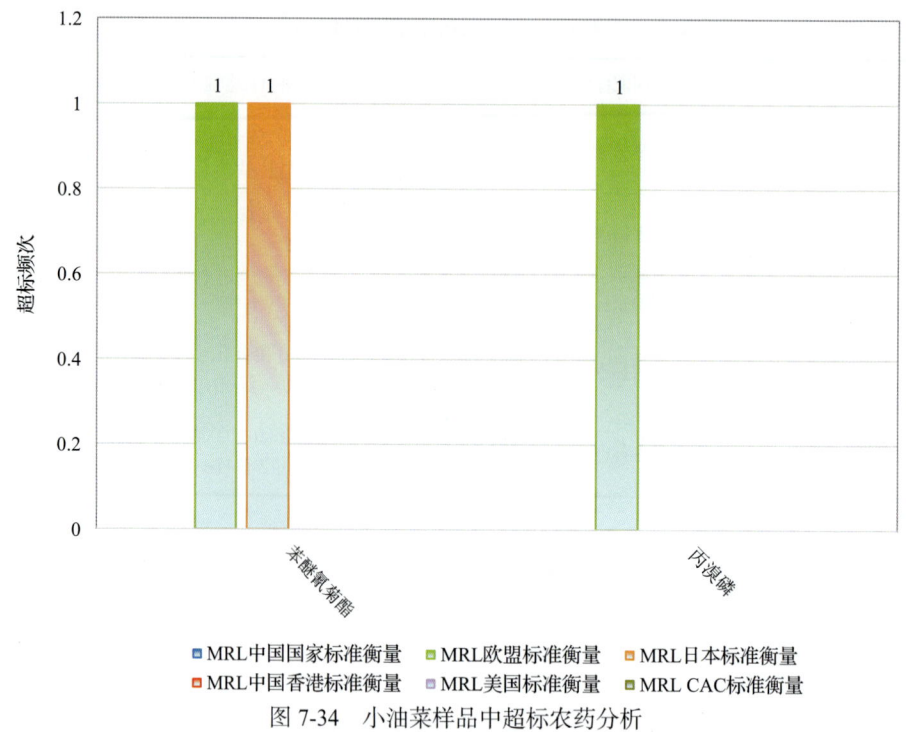

图 7-34 小油菜样品中超标农药分析

表 7-27 小油菜中农药残留超标情况明细表

样品总数		检出农药样品数	样品检出率(%)	检出农药品种总数
11		11	100	18
超标农药品种	超标农药频次	按照 MRL 中国国家标准、欧盟标准和日本标准衡量超标农药名称及频次		
中国国家标准	0	0		
欧盟标准	2	2	苯醚氰菊酯(1),丙溴磷(1)	
日本标准	1	1	苯醚氰菊酯(1)	

7.4.3.2 芹菜

这次共检测 10 例芹菜样品，全部检出了农药残留，检出率为 100.0%，检出农药共计 17 种。其中二苯胺、威杀灵、二甲戊灵、毒死蜱和兹克威检出频次较高，分别检出了 8、7、5、4 和 3 次。芹菜中农药检出品种和频次见图 7-35，超标农药见图 7-36 和表 7-28。

7.4.3.3 番茄

这次共检测 13 例番茄样品，10 例样品中检出了农药残留，检出率为 76.9%，检出农药共计 16 种。其中除虫菊酯、二苯胺、威杀灵、腐霉利和啶酰菌胺检出频次较高，分别检出了 5、5、5、3 和 2 次。番茄中农药检出品种和频次见图 37，超标农药见图 7-38 和表 7-29。

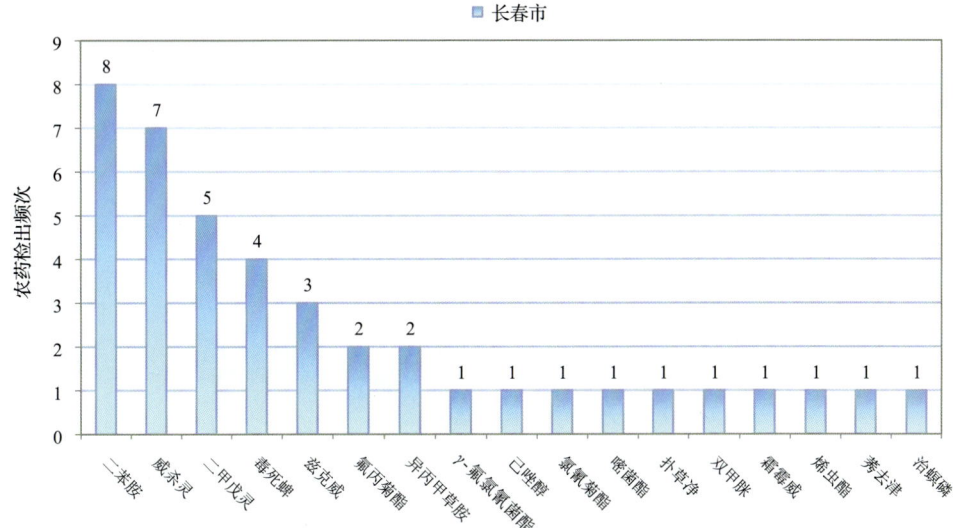

图 7-35　芹菜样品检出农药品种和频次分析

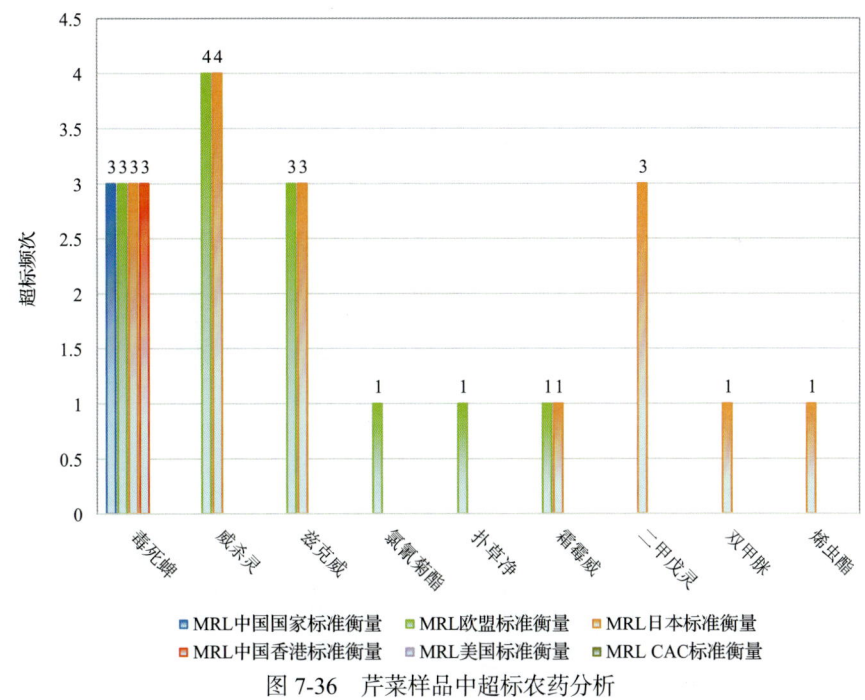

图 7-36　芹菜样品中超标农药分析

表 7-28　芹菜中农药残留超标情况明细表

样品总数		检出农药样品数	样品检出率(%)	检出农药品种总数
10		10	100	17
	超标农药品种	超标农药频次	按照 MRL 中国国家标准、欧盟标准和日本标准衡量超标农药名称及频次	
中国国家标准	1	3	毒死蜱(3)	
欧盟标准	6	13	威杀灵(4),毒死蜱(3),兹克威(3),氯氰菊酯(1),扑草净(1),霜霉威(1)	
日本标准	7	16	威杀灵(4),毒死蜱(3),二甲戊灵(3),兹克威(3),双甲脒(1),霜霉威(1),烯虫酯(1)	

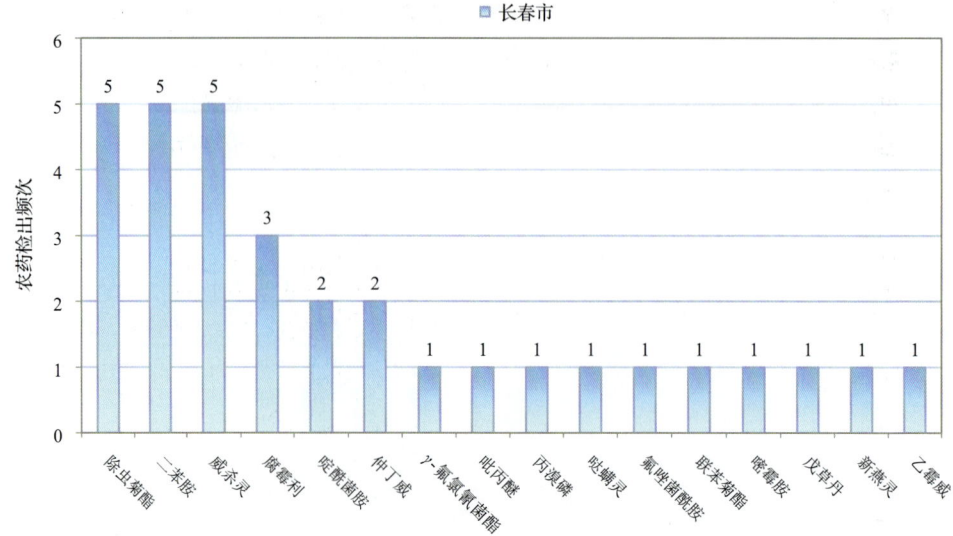

图 7-37 番茄样品检出农药品种和频次分析

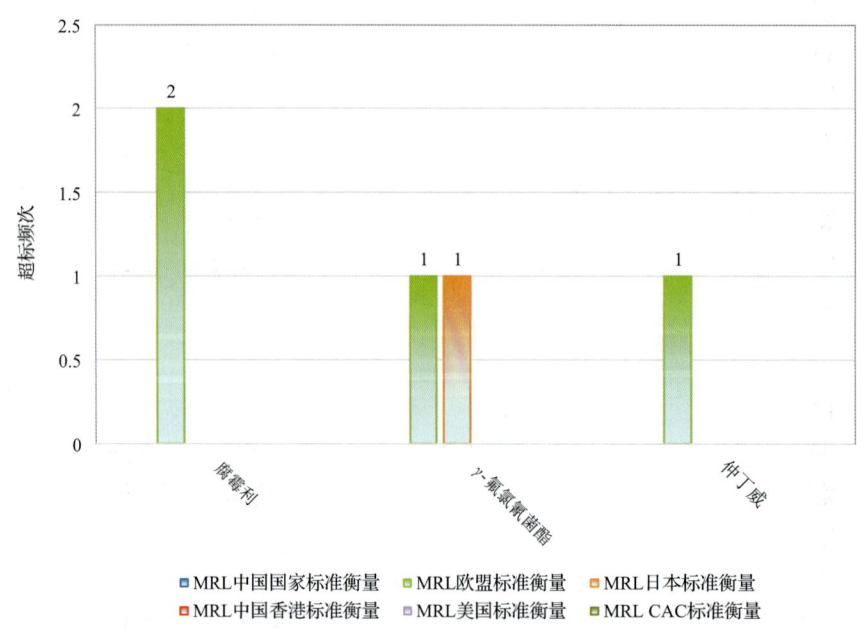

图 7-38 番茄样品中超标农药分析

表 7-29 番茄中农药残留超标情况明细表

样品总数		检出农药样品数	样品检出率(%)	检出农药品种总数
13		10	76.9	16
超标农药品种	超标农药频次	按照 MRL 中国国家标准、欧盟标准和日本标准衡量超标农药名称及频次		
中国国家标准	0	0		
欧盟标准	3	4	腐霉利(2),γ-氟氯氰菊酯(1),仲丁威(1)	
日本标准	1	1	γ-氟氯氰菊酯(1)	

7.5 初步结论

7.5.1 长春市市售水果蔬菜按 MRL 中国国家标准和国际主要 MRL 标准衡量的合格率

本次侦测的 458 例样品中，52 例样品未检出任何残留农药，占样品总量的 11.4%，406 例样品检出不同水平、不同种类的残留农药，占样品总量的 88.6%。在这 406 例检出农药残留的样品中：

按照 MRL 中国国家标准衡量，有 397 例样品检出残留农药但含量没有超标，占样品总数的 86.7%，有 9 例样品检出了超标农药，占样品总数的 2.0%。

按照 MRL 欧盟标准衡量，有 246 例样品检出残留农药但含量没有超标，占样品总数的 53.7%，有 160 例样品检出了超标农药，占样品总数的 34.9%。

按照 MRL 日本标准衡量，有 270 例样品检出残留农药但含量没有超标，占样品总数的 59.0%，有 136 例样品检出了超标农药，占样品总数的 29.7%。

按照 MRL 中国香港标准衡量，有 398 例样品检出残留农药但含量没有超标，占样品总数的 86.9%，有 8 例样品检出了超标农药，占样品总数的 1.7%。

按照 MRL 美国标准衡量，有 403 例样品检出残留农药但含量没有超标，占样品总数的 88.0%，有 3 例样品检出了超标农药，占样品总数的 0.7%。

按照 MRL CAC 标准衡量，有 405 例样品检出残留农药但含量没有超标，占样品总数的 88.4%，有 1 例样品检出了超标农药，占样品总数的 0.2%。

7.5.2 长春市市售水果蔬菜中检出农药以中低微毒农药为主，占市场主体的 90.8%

这次侦测的 458 例样品包括调味料 1 种 6 例，水果 20 种 150 例，食用菌 4 种 20 例，蔬菜 32 种 282 例，共检出了 98 种农药，检出农药的毒性以中低微毒为主，详见表 7-30。

表 7-30 市场主体农药毒性分布

毒性	检出品种	占比	检出频次	占比
剧毒农药	2	2.0%	3	0.3%
高毒农药	7	7.1%	41	3.7%
中毒农药	35	35.7%	318	28.5%
低毒农药	34	34.7%	535	48.0%
微毒农药	20	20.4%	217	19.5%
中低微毒农药，品种占比 90.8%，，频次占比 96.1%				

7.5.3 检出剧毒、高毒和禁用农药现象应该警醒

在此次侦测的 458 例样品中有 13 种蔬菜和 8 种水果的 50 例样品检出了 11 种 53 频

次的剧毒和高毒或禁用农药，占样品总量的 10.9%。其中剧毒农药甲拌磷和特丁硫磷以及高毒农药兹克威、敌敌畏和水胺硫磷检出频次较高。

按 MRL 中国国家标准衡量，剧毒农药甲拌磷，检出 2 次，超标 2 次；高毒农药按超标程度比较，小白菜中甲拌磷超标 2.9 倍，韭菜中克百威超标 2.1 倍，桃中克百威超标 1.0 倍。

剧毒、高毒或禁用农药的检出情况及按照 MRL 中国国家标准衡量的超标情况见表 7-31。

表 7-31 剧毒、高毒或禁用农药的检出及超标明细

序号	农药名称	样品名称	检出频次	超标频次	最大超标倍数	超标率
1.1	特丁硫磷*▲	茼蒿	1	0	0	0.0%
2.1	甲拌磷*▲	小白菜	2	2	2.91	100.0%
3.1	三唑磷°	小白菜	2	0	0	0.0%
4.1	克百威°▲	韭菜	2	1	2.07	50.0%
4.2	克百威°▲	桃	1	1	0.97	100.0%
4.3	克百威°▲	香瓜	1	0	0	0.0%
5.1	兹克威°	油麦菜	5	0	0	0.0%
5.2	兹克威°	小油菜	3	0	0	0.0%
5.3	兹克威°	生菜	3	0	0	0.0%
5.4	兹克威°	芹菜	3	0	0	0.0%
5.5	兹克威°	茼蒿	3	0	0	0.0%
6.1	敌敌畏°	大白菜	1	0	0	0.0%
6.2	敌敌畏°	李子	1	0	0	0.0%
6.3	敌敌畏°	草莓	1	0	0	0.0%
6.4	敌敌畏°	菠菜	1	0	0	0.0%
6.5	敌敌畏°	菠萝	1	0	0	0.0%
6.6	敌敌畏°	青花菜	1	0	0	0.0%
6.7	敌敌畏°	韭菜	1	0	0	0.0%
6.8	敌敌畏°	黄瓜	1	0	0	0.0%
7.1	水胺硫磷°▲	茄子	5	0	0	0.0%
7.2	水胺硫磷°▲	橘	1	0	0	0.0%
7.3	水胺硫磷°▲	橙	1	0	0	0.0%
7.4	水胺硫磷°▲	胡萝卜	1	0	0	0.0%
8.1	治螟磷°▲	芹菜	1	0	0	0.0%
9.1	猛杀威°	香蕉	1	0	0	0.0%
10.1	氰戊菊酯▲	小白菜	1	0	0	0.0%
11.1	硫丹▲	桃	4	0	0	0.0%

序号	农药名称	样品名称	检出频次	超标频次	最大超标倍数	超标率
11.2	硫丹▲	茄子	1	0	0	0.0%
11.3	硫丹▲	茼蒿	1	0	0	0.0%
11.4	硫丹▲	草莓	1	0	0	0.0%
11.5	硫丹▲	菠菜	1	0	0	0.0%
合计			53	4		7.5%

注：超标倍数参照 MRL 中国国家标准衡量

这些超标的剧毒和高毒农药都是中国政府早有规定禁止在水果蔬菜中使用的，为什么还屡次被检出，应该引起警惕。

7.5.4　残留限量标准与先进国家或地区差距较大

1114 频次的检出结果与我国公布的《食品中农药最大残留限量》（GB 2763—2014）对比，有 175 频次能找到对应的 MRL 中国国家标准，占 15.7%；还有 939 频次的侦测数据无相关 MRL 标准供参考，占 84.3%。

与国际上现行 MRL 标准对比发现：

有 1114 频次能找到对应的 MRL 欧盟标准，占 100.0%；

有 1114 频次能找到对应的 MRL 日本标准，占 100.0%；

有 297 频次能找到对应的 MRL 中国香港标准，占 26.7%；

有 238 频次能找到对应的 MRL 美国标准，占 21.4%；

有 155 频次能找到对应的 MRL CAC 标准，占 13.9%。

由上可见，MRL 中国国家标准与先进国家或地区标准还有很大差距，我们无标准，境外有标准，这就会导致我们在国际贸易中，处于受制于人的被动地位。

7.5.5　水果蔬菜单种样品检出 16~18 种农药残留，拷问农药使用的科学性

通过此次监测发现，草莓、葡萄和桃是检出农药品种最多的 3 种水果，小油菜、芹菜和菜豆是检出农药品种最多的 3 种蔬菜，从中检出农药品种及频次详见表 7-32。

表 7-32　单种样品检出农药品种及频次

样品名称	样品总数	检出农药样品数	检出率	检出农药种数	检出农药(频次)
小油菜	11	11	100.0%	18	氟丙菊酯(5),苯醚氰菊酯(4),二苯胺(3),兹克威(3),γ-氟氯氰菊酯(2),莠去津(2),3,5-二氯苯胺(1),丙溴磷(1),毒死蜱(1),腐霉利(1),解草腈(1),氯氰菊酯(1),醚菌酯(1),嘧菌胺(1),霜霉威(1),四氢吩胺(1),威杀灵(1),五氯苯甲腈(1)
芹菜	10	10	100.0%	17	二苯胺(8),威杀灵(7),二甲戊灵(5),毒死蜱(4),兹克威(3),氟丙菊酯(2),异丙甲草胺(2),γ-氟氯氰菊酯(1),己唑醇(1),氯氰菊酯(1),嘧菌酯(1),扑草净(1),双甲脒(1),霜霉威(1),烯虫酯(1),莠去津(1),治螟磷(1)

续表

样品名称	样品总数	检出农药样品数	检出率	检出农药品种数	检出农药(频次)
菜豆	13	12	92.3%	16	威杀灵(8),二苯胺(5),哒螨灵(2),腐霉利(2),苯醚氰菊酯(1),啶酰菌胺(1),甲霜灵(1),联苯菊酯(1),嘧霉胺(1),灭除威(1),生物苄呋菊酯(1),肟菌酯(1),戊唑醇(1),烯虫酯(1),异丙威(1),唑虫酰胺(1)
草莓	4	4	100.0%	18	增效醚(4),二苯胺(3),多效唑(2),乙嘧酚磺酸酯(2),吡螨胺(1),敌敌畏(1),啶酰菌胺(1),氟唑菌酰胺(1),腐霉利(1),己唑醇(1),硫丹(1),螺螨酯(1),醚菌酯(1),嘧菌环胺(1),嘧霉胺(1),肟菌酯(1),烯丙菊酯(1),异噁唑草酮(1)
葡萄	10	10	100.0%	18	嘧霉胺(7),二苯胺(6),醚菌酯(3),戊菌唑(3),己唑醇(2),戊唑醇(2),3,5-二氯苯胺(1),啶酰菌胺(1),毒死蜱(1),氟硅唑(1),腐霉利(1),螺螨酯(1),氯氰菊酯(1),霜霉威(1),威杀灵(1),肟菌酯(1),烯唑醇(1),仲丁灵(1)
桃	13	11	84.6%	17	威杀灵(9),毒死蜱(8),除虫菊酯(5),硫丹(4),γ-氟氯氰菊酯(3),哒螨灵(3),二苯胺(3),氯氰菊酯(2),戊唑醇(2),丙溴磷(1),多效唑(1),氟丙菊酯(1),己唑醇(1),甲氰菊酯(1),克百威(1),联苯菊酯(1),噻嗪酮(1)

上述 6 种水果蔬菜,检出农药 16~18 种,是多种农药综合防治,还是未严格实施农业良好管理规范(GAP),抑或根本就是乱施药,值得我们思考。

第8章 GC-Q-TOF/MS 侦测长春市市售水果蔬菜农药残留膳食暴露风险与预警风险评估

8.1 农药残留风险评估方法

8.1.1 长春市农药残留侦测数据分析与统计

庞国芳院士科研团队建立的农药残留高通量侦测技术以高分辨精确质量数（0.0001 m/z 为基准）为识别标准，采用 GC-Q-TOF/MS 技术对 507 种农药化学污染物进行侦测。

科研团队于 2015 年 8 月~2017 年 4 月在长春市所属 4 个区的 9 个采样点，随机采集了 458 例水果蔬菜样品，采样点分布在超市，具体位置如图 8-1 所示，各月内果蔬样品采集数量如表 8-1 所示。

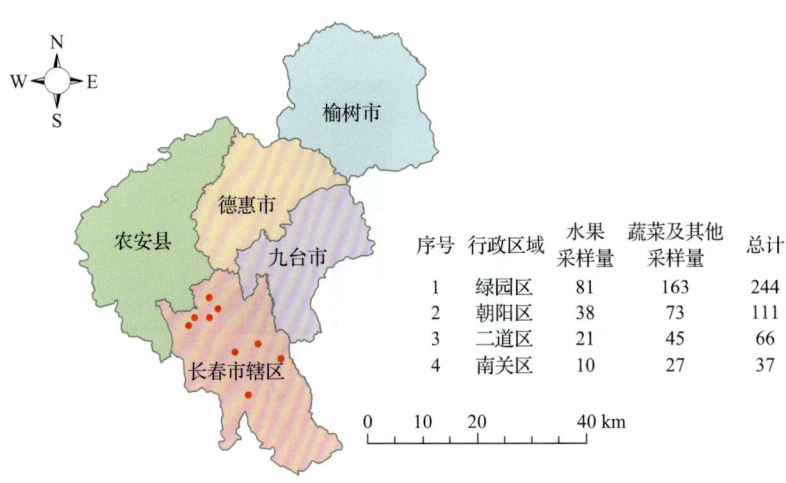

图 8-1 长春市所属 9 个采样点 458 例样品分布图

表 8-1 长春市各月内果蔬样品采集情况

时间	样品数(例)
2015 年 8 月	315
2017 年 4 月	143

利用 GC-Q-TOF/MS 技术对 458 例样品中的农药进行侦测,检出残留农药 98 种,1114 频次。检出农药残留水平如表 8-2 和图 8-2 所示。检出频次最高的前十种农药如表 8-3 所示。从检测结果中可以看出,在水果蔬菜中农药残留普遍存在,且有些水果蔬菜存在高浓度的农药残留,这些可能存在膳食暴露风险,对人体健康产生危害,因此,为了定量地评价水果蔬菜中农药残留的风险程度,有必要对其进行风险评价。

表 8-2　检出农药的不同残留水平及其所占比例

残留水平(μg/kg)	检出频次	占比(%)
1~5(含)	553	49.6
5~10(含)	174	15.6
10~100(含)	317	28.5
100~1000(含)	63	5.7
>1000	7	0.6
合计	1114	100

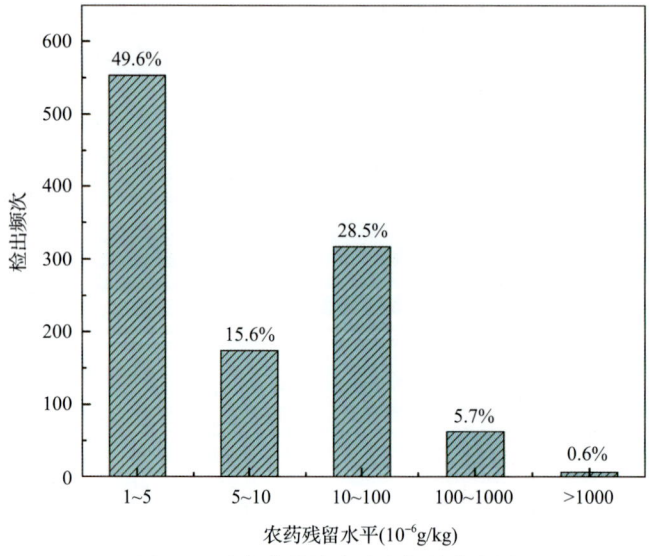

图 8-2　残留农药检出浓度频数分布图

表 8-3　检出频次最高的前十种农药列表

序号	农药	检出频次(次)
1	二苯胺	210
2	威杀灵	155
3	毒死蜱	64
4	除虫菊酯	45
5	氟丙菊酯	40

续表

序号	农药	检出频次(次)
6	醚菌酯	36
7	嘧霉胺	33
8	哒螨灵	29
9	腐霉利	27
10	烯虫酯	26

8.1.2 农药残留风险评价模型

对长春市水果蔬菜中农药残留分别开展暴露风险评估和预警风险评估。膳食暴露风险评估利用食品安全指数模型对水果蔬菜中的残留农药对人体可能产生的危害程度进行评价，该模型结合残留监测和膳食暴露评估评价化学污染物的危害；预警风险评价模型运用风险系数(risk index，R)，风险系数综合考虑了危害物的超标率、施检频率及其本身敏感性的影响，能直观而全面地反映出危害物在一段时间内的风险程度。

8.1.2.1 食品安全指数模型

为了加强食品安全管理，《中华人民共和国食品安全法》第二章第十七条规定"国家建立食品安全风险评估制度，运用科学方法，根据食品安全风险监测信息、科学数据以及有关信息，对食品、食品添加剂、食品相关产品中生物性、化学性和物理性危害因素进行风险评估"[1]，膳食暴露评估是食品危险度评估的重要组成部分，也是膳食安全性的衡量标准[2]。国际上最早研究膳食暴露风险评估的机构主要是 JMPR(FAO、WHO 农药残留联合会议)，该组织自 1995 年就已制定了急性毒性物质的风险评估急性毒性农药残留摄入量的预测。1960 年美国规定食品中不得加入致癌物质进而提出零阈值理论，渐渐零阈值理论发展成在一定概率条件下可接受风险的概念[3]，后衍变为食品中每日允许最大摄入量(ADI)，而国际食品农药残留法典委员会(CCPR)认为 ADI 不是独立风险评估的唯一标准[4]，1995 年 JMPR 开始研究农药急性膳食暴露风险评估，并对食品国际短期摄入量的计算方法进行了修正，亦对膳食暴露评估准则及评估方法进行了修正[5]，2002 年，在对世界上现行的食品安全评价方法，尤其是国际公认的 CAC 评价方法、全球环境监测系统/食品污染监测和评估规划(WHO GEMS/Food)及 FAO、WHO 食品添加剂联合专家委员会(JECFA)和 JMPR 对食品安全风险评估工作研究的基础之上，检验检疫食品安全管理的研究人员提出了结合残留监控和膳食暴露评估，以食品安全指数 IFS 计算食品中各种化学污染物对消费者的健康危害程度[6]。IFS 是表示食品安全状态的新方法，可有效地评价某种农药的安全性，进而评价食品中各种农药化学污染物对消费者健康的整体危害程度[7,8]。从理论上分析，IFS_c 可指出食品中的污染物 c 对消费者健康是否存在危害及危害的程度[9]。其优点在于操作简单且结果容易被接受和理解，不需要大量的数据来对结果进行验证，使用默认的标准假设或者模型即可[10,11]。

1) IFS_c 的计算

IFS_c 计算公式如下：

$$IFS_c = \frac{EDI_c \times f}{SI_c \times bw} \quad (8-1)$$

式中，c 为所研究的农药；EDI_c 为农药 c 的实际日摄入量估算值，等于 $\sum(R_i \times F_i \times E_i \times P_i)$（i 为食品种类；$R_i$ 为食品 i 中农药 c 的残留水平，mg/kg；F_i 为食品 i 的估计日消费量，g/(人·天)；E_i 为食品 i 的可食用部分因子；P_i 为食品 i 的加工处理因子）；SI_c 为安全摄入量，可采用每日允许最大摄入量 ADI；bw 为人平均体重，kg；f 为校正因子，如果安全摄入量采用 ADI，则 f 取 1。

$IFS_c \ll 1$，农药 c 对食品安全没有影响；$IFS_c \leqslant 1$，农药 c 对食品安全的影响可以接受；$IFS_c > 1$，农药 c 对食品安全的影响不可接受。

本次评价中：

$IFS_c \leqslant 0.1$，农药 c 对水果蔬菜安全没有影响；

$0.1 < IFS_c \leqslant 1$，农药 c 对水果蔬菜安全的影响可以接受；

$IFS_c > 1$，农药 c 对水果蔬菜安全的影响不可接受。

本次评价中残留水平 R_i 取值为中国检验检疫科学研究院庞国芳院士课题组利用以高分辨精确质量数（0.0001 *m/z*）为基准的 GC-Q-TOF/MS 技术于 2015~2017 年对长春市水果蔬菜农药残留的侦测结果，估计日消费量 F_i 取值 0.38 kg/(人·天)，$E_i=1$，$P_i=1$，f=1，SI_c 采用《食品安全国家标准 食品中农药最大残留限量》（GB 2763—2016）中 ADI 值（具体数值见表 8-4），人平均体重（bw）取值 60 kg。

表 8-4 长春市水果蔬菜中检出农药的 ADI 值

序号	农药	ADI	序号	农药	ADI	序号	农药	ADI
1	特丁硫磷	0.0006	13	喹螨醚	0.005	25	螺螨酯	0.01
2	甲拌磷	0.0007	14	烯唑醇	0.005	26	炔螨特	0.01
3	克百威	0.001	15	硫丹	0.006	27	双甲脒	0.01
4	三唑磷	0.001	16	唑虫酰胺	0.006	28	西玛津	0.018
5	治螟磷	0.001	17	氟硅唑	0.007	29	百菌清	0.02
6	乙硫磷	0.002	18	甲萘威	0.008	30	氯氰菊酯	0.02
7	异丙威	0.002	19	噻嗪酮	0.009	31	氰戊菊酯	0.02
8	丁苯吗啉	0.003	20	哒螨灵	0.01	32	莠去津	0.02
9	水胺硫磷	0.003	21	毒死蜱	0.01	33	氟乐灵	0.025
10	敌敌畏	0.004	22	噁霜灵	0.01	34	西草净	0.025
11	乙霉威	0.004	23	氟吡菌酰胺	0.01	35	丙溴磷	0.03
12	己唑醇	0.005	24	联苯菊酯	0.01	36	虫螨腈	0.03

续表

序号	农药	ADI	序号	农药	ADI	序号	农药	ADI
37	二甲戊灵	0.03	58	嘧菌酯	0.2	79	麦穗宁	—
38	甲氰菊酯	0.03	59	嘧霉胺	0.2	80	猛杀威	—
39	嘧菌环胺	0.03	60	增效醚	0.2	81	棉铃威	—
40	三唑醇	0.03	61	仲丁灵	0.2	82	灭除威	—
41	三唑酮	0.03	62	醚菌酯	0.4	83	萘乙酰胺	—
42	生物苄呋菊酯	0.03	63	霜霉威	0.4	84	杀螨酯	—
43	戊菌唑	0.03	64	3,5-二氯苯胺	—	85	双苯酰草胺	—
44	戊唑醇	0.03	65	γ-氟氯氰菊酯	—	86	四氢吩胺	—
45	啶酰菌胺	0.04	66	苯虫醚	—	87	威杀灵	—
46	扑草净	0.04	67	苯醚氰菊酯	—	88	五氯苯胺	—
47	肟菌酯	0.04	68	吡螨胺	—	89	五氯苯甲腈	—
48	仲丁威	0.06	69	避蚊胺	—	90	戊草丹	—
49	二苯胺	0.08	70	草完隆	—	91	西玛通	—
50	甲霜灵	0.08	71	除虫菊酯	—	92	烯丙菊酯	—
51	啶氧菌酯	0.09	72	芬螨酯	—	93	烯虫酯	—
52	氟酰胺	0.09	73	呋草黄	—	94	新燕灵	—
53	吡丙醚	0.1	74	氟丙菊酯	—	95	乙嘧酚磺酸酯	—
54	多效唑	0.1	75	氟唑菌酰胺	—	96	异噁唑草酮	—
55	腐霉利	0.1	76	甲醚菊酯	—	97	仲草丹	—
56	噻菌灵	0.1	77	间羟基联苯	—	98	兹克威	—
57	异丙甲草胺	0.1	78	解草腈	—			

注："—"表示为国家标准中无 ADI 值规定；ADI 值单位为 mg/kg bw

2) 计算 IFS_c 的平均值 $\overline{IFS}$，评价农药对食品安全的影响程度

以 $\overline{IFS}$ 评价各种农药对人体健康危害的总程度，评价模型见公式(8-2)。

$$\overline{IFS} = \frac{\sum_{i=1}^{n} IFS_c}{n} \tag{8-2}$$

$\overline{IFS} \ll 1$，所研究消费者人群的食品安全状态很好；$\overline{IFS} \leqslant 1$，所研究消费者人群的食品安全状态可以接受；$\overline{IFS} > 1$，所研究消费者人群的食品安全状态不可接受。

本次评价中：

$\overline{IFS} \leqslant 0.1$，所研究消费者人群的水果蔬菜安全状态很好；

$0.1 < \overline{IFS} \leqslant 1$，所研究消费者人群的水果蔬菜安全状态可以接受；

$\overline{IFS} > 1$，所研究消费者人群的水果蔬菜安全状态不可接受。

8.1.2.2 预警风险评估模型

2003年,我国检验检疫食品安全管理的研究人员根据WTO的有关原则和我国的具体规定,结合危害物本身的敏感性、风险程度及其相应的施检频率,首次提出了食品中危害物风险系数 R 的概念[12]。R 是衡量一个危害物的风险程度大小最直观的参数,即在一定时期内其超标率或阳性检出率的高低,但受其施检测率的高低及其本身的敏感性(受关注程度)影响。该模型综合考察了农药在蔬菜中的超标率、施检频率及其本身敏感性,能直观而全面地反映出农药在一段时间内的风险程度[13]。

1) R 计算方法

危害物的风险系数综合考虑了危害物的超标率或阳性检出率、施检频率和其本身的敏感性影响,并能直观而全面地反映出危害物在一段时间内的风险程度。风险系数 R 的计算公式如式(8-3):

$$R = aP + \frac{b}{F} + S \qquad (8-3)$$

式中,P 为该种危害物的超标率;F 为危害物的施检频率;S 为危害物的敏感因子;a,b 分别为相应的权重系数。

本次评价中 $F=1$;$S=1$;$a=100$;$b=0.1$,对参数 P 进行计算,计算时首先判断是否为禁用农药,如果为非禁用农药,$P=$超标的样品数(侦测出的含量高于食品最大残留限量标准值,即MRL)除以总样品数(包括超标、不超标、未检出);如果为禁用农药,则检出即为超标,$P=$能检出的样品数除以总样品数。判断长春市水果蔬菜农药残留是否超标的标准限值MRL分别以MRL中国国家标准[14]和MRL欧盟标准作为对照,具体值列于本报告附表一中。

2) 评价风险程度

$R \leqslant 1.5$,受检农药处于低度风险;

$1.5 < R \leqslant 2.5$,受检农药处于中度风险;

$R > 2.5$,受检农药处于高度风险。

8.1.2.3 食品膳食暴露风险和预警风险评估应用程序的开发

1) 应用程序开发的步骤

为成功开发膳食暴露风险和预警风险评估应用程序,与软件工程师多次沟通讨论,逐步提出并描述清楚计算需求,开发了初步应用程序。为明确出不同水果蔬菜、不同农药、不同地域和不同季节的风险水平,向软件工程师提出不同的计算需求,软件工程师对计算需求进行逐一分析,经过反复的细节沟通,需求分析得到明确后,开始进行解决方案的设计,在保证需求的完整性、一致性的前提下,编写出程序代码,最后设计出满足需求的风险评估专用计算软件,并通过一系列的软件测试和改进,完成专用程序的开发。软件开发基本步骤见图 8-3。

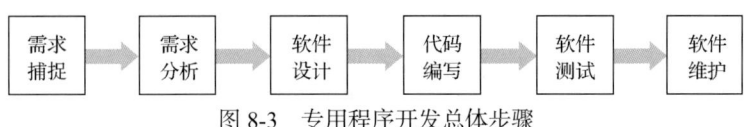

图 8-3 专用程序开发总体步骤

2) 膳食暴露风险评估专业程序开发的基本要求

首先直接利用公式(8-1)，分别计算 LC-Q-TOF/MS 和 GC-Q-TOF/MS 仪器检出的各水果蔬菜样品中每种农药 IFS_c，将结果列出。为考察超标农药和禁用农药的使用安全性，分别以我国《食品安全国家标准 食品中农药最大残留限量》(GB 2763—2016)和欧盟食品中农药最大残留限量(以下简称 MRL 中国国家标准和 MRL 欧盟标准)为标准，对侦测出的禁用农药和超标的非禁用农药 IFS_c 单独进行评价；按 IFS_c 大小列表，并找出 IFS_c 值排名前 20 的样本重点关注。

对不同水果蔬菜 i 中每一种检出的农药 c 的安全指数进行计算，多个样品时求平均值。若监测数据为该市多个月的数据，则逐月、逐季度分别列出每个月、每个季度内每一种水果蔬菜 i 对应的每一种农药 c 的 IFS_c。

按农药种类，计算整个监测时间段内每种农药的 IFS_c，不区分水果蔬菜。若检测数据为该市多个月的数据，则需分别计算每个月、每个季度内每种农药的 IFS_c。

3) 预警风险评估专业程序开发的基本要求

分别以 MRL 中国国家标准和 MRL 欧盟标准，按公式(8-3)逐个计算不同水果蔬菜、不同农药的风险系数，禁用农药和非禁用农药分别列表。

为清楚了解各种农药的预警风险，不分时间，不分水果蔬菜，按禁用农药和非禁用农药分类，分别计算各种检出农药全部检测时段内风险系数。由于有 MRL 中国国家标准的农药种类太少，无法计算超标数，非禁用农药的风险系数只以 MRL 欧盟标准为标准，进行计算。若检测数据为多个月的，则按月计算每个月、每个季度内每种禁用农药残留的风险系数和以 MRL 欧盟标准为标准的非禁用农药残留的风险系数。

4) 风险程度评价专业应用程序的开发方法

采用 Python 计算机程序设计语言，Python 是一个高层次地结合了解释性、编译性、互动性和面向对象的脚本语言。风险评价专用程序主要功能包括：分别读入每例样品 GC-Q-TOF/MS 和 GC-Q-TOF/MS 农药残留检测数据，根据风险评价工作要求，依次对不同农药、不同食品、不同时间、不同采样点的 IFS_c 值和 R 值分别进行数据计算，筛选出禁用农药、超标农药(分别与 MRL 中国国家标准、MRL 欧盟标准限值进行对比)单独重点分析，再分别对各农药、各水果蔬菜种类分类处理，设计出计算和排序程序，编写计算机代码，最后将生成的膳食暴露风险评估和超标风险评估定量计算结果列入设计好的各个表格中，并定性判断风险对目标的影响程度，直接用文字描述风险发生的高低，如"不可接受"、"可以接受"、"没有影响"、"高度风险"、"中度风险"、"低度风险"。

8.2 GC-Q-TOF/MS 侦测长春市市售水果蔬菜农药残留膳食暴露风险评估

8.2.1 每例水果蔬菜样品中农药残留安全指数分析

基于农药残留侦测数据，发现在 458 例样品中检出农药 1114 频次，计算样品中每种残留农药的安全指数 IFS_c，并分析农药对样品安全的影响程度，结果详见附表二，农药残留对水果蔬菜样品安全的影响程度频次分布情况如图 8-4 所示。

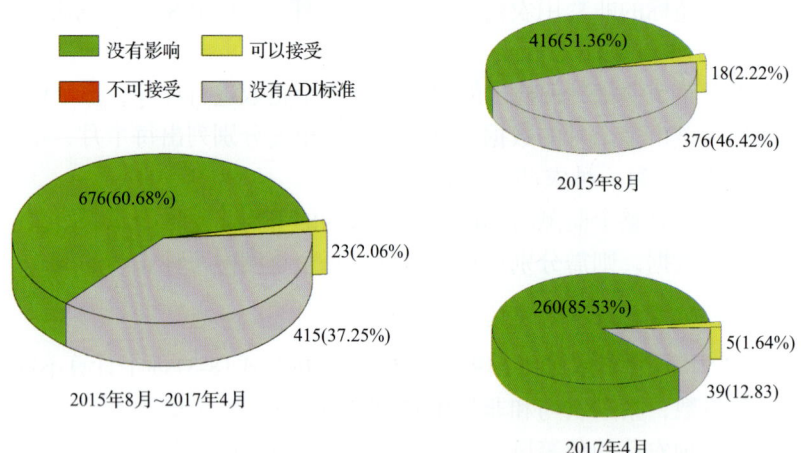

图 8-4　农药残留对水果蔬菜样品安全的影响程度频次分布图

由图 8-4 可以看出，农药残留对样品安全的影响可以接受的频次为 23，占 2.06%；农药残留对样品安全的没有影响的频次为 676，占 60.68%；没有 ADI 的农药检出频次为 415，占 37.25%。分析发现，在 2015 年 8 月内，农药残留对样品安全的影响可以接受的频次为 18，占 2.22%；农药残留对样品安全的没有影响的频次为 416，占 51.36%。在 2017 年 4 月内，农药残留对样品安全的影响可以接受的频次为 5，占 1.64%；农药残留对样品安全的没有影响的频次为 260，占 85.53%。表 8-5 为水果蔬菜样品中安全指数排名前 10 的农药残留列表。

表 8-5　水果蔬菜样品中安全影响指数排名前 10 的农药列表

序号	样品编号	采样点	基质	农药	含量(mg/kg)	IFS_c	影响程度
1	20150818-220100-QHDCIQ-DJ-06A	***超市(红旗街万达店)	菜豆	异丙威	0.2210	0.6998	可以接受
2	20150818-220100-QHDCIQ-BO-01A	***超市(普阳街店)	菠菜	硫丹	0.5416	0.5717	可以接受
3	20170425-220100-QHDCIQ-JC-05A	***超市(重庆路店)	韭菜	克百威	0.0613	0.3882	可以接受
4	20150819-220100-QHDCIQ-BO-07A	***超市(东盛店)	菠菜	氯氰菊酯	1.1933	0.3779	可以接受

续表

序号	样品编号	采样点	基质	农药	含量(mg/kg)	IFS$_c$	影响程度
5	20150819-220100-QHDCIQ-PB-09A	***超市(绿园店)	小白菜	甲拌磷	0.0391	0.3538	可以接受
6	20150818-220100-QHDCIQ-BO-02A	***超市(普阳街店)	菠菜	毒死蜱	0.5402	0.3421	可以接受
7	20150818-220100-QHDCIQ-TH-06A	***超市(红旗街万达店)	茼蒿	硫丹	0.2871	0.3031	可以接受
8	20150818-220100-QHDCIQ-PB-02A	***超市(普阳街店)	小白菜	甲拌磷	0.0330	0.2986	可以接受
9	20150818-220100-QHDCIQ-PE-04A	***超市(锦江店)	梨	螺螨酯	0.4258	0.2697	可以接受
10	20150818-220100-QHDCIQ-KJ-02A	***超市(普阳街店)	苦苣	噁霜灵	0.4223	0.2675	可以接受

部分样品侦测出禁用农药 7 种 25 频次，为了明确残留的禁用农药对样品安全的影响，分析检出禁用农药残留的样品安全指数，禁用农药残留对水果蔬菜样品安全的影响程度频次分布情况如图 8-5 所示，农药残留对样品安全的影响可以接受的频次为 9，占 36.0%；农药残留对样品安全没有影响的频次为 16，占 64.0%。由图中可以看出，2015 年 8 月和 2017 年 4 月的水果蔬菜中均侦测出禁用农药残留，而且这 7 种禁用农药对水果蔬菜样品的安全影响均处于没有影响和可以接受状态。表 8-6 列出了水果蔬菜样品中侦测出的残留禁用农药的安全指数表。

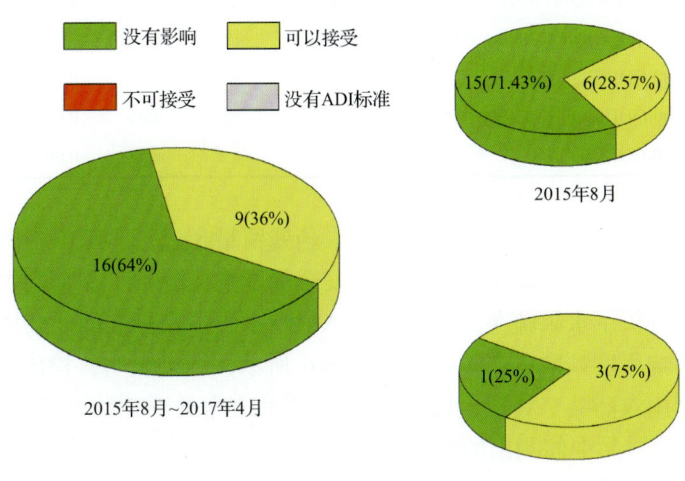

图 8-5 禁用农药对水果蔬菜样品安全影响程度的频次分布图

表 8-6 水果蔬菜样品中侦测出的残留禁用农药的安全指数表

序号	样品编号	采样点	基质	农药	含量(mg/kg)	IFS$_c$	影响程度
1	20150818-220100-QHDCIQ-BO-01A	***超市(普阳街店)	菠菜	硫丹	0.5416	0.5717	可以接受
2	20170425-220100-QHDCIQ-JC-05A	***超市(重庆路店)	韭菜	克百威	0.0613	0.3882	可以接受
3	20150819-220100-QHDCIQ-PB-09A	***超市(绿园店)	小白菜	甲拌磷	0.0391	0.3538	可以接受
4	20150818-220100-QHDCIQ-TH-06A	***超市(红旗街万达店)	茼蒿	硫丹	0.2871	0.3031	可以接受

续表

序号	样品编号	采样点	基质	农药	含量(mg/kg)	IFS$_c$	影响程度
5	20150818-220100-QHDCIQ-PB-02A	***超市（普阳街店）	小白菜	甲拌磷	0.0330	0.2986	可以接受
6	20150818-220100-QHDCIQ-PH-02A	***超市（普阳街店）	桃	硫丹	0.2380	0.2512	可以接受
7	20170426-220100-QHDCIQ-PH-07A	***超市（东盛店）	桃	克百威	0.0394	0.2495	可以接受
8	20150818-220100-QHDCIQ-EP-04A	***超市（锦江店）	茄子	水胺硫磷	0.1094	0.2310	可以接受
9	20170426-220100-QHDCIQ-JC-02A	***超市（普阳街店）	韭菜	克百威	0.0184	0.1165	可以接受
10	20150819-220100-QHDCIQ-EP-07A	***超市（东盛店）	茄子	水胺硫磷	0.0393	0.0830	没有影响
11	20150818-220100-QHDCIQ-EP-02A	***超市（普阳街店）	茄子	水胺硫磷	0.0386	0.0815	没有影响
12	20150818-220100-QHDCIQ-TH-01A	***超市（普阳街店）	茼蒿	特丁硫磷	0.0054	0.0570	没有影响
13	20150818-220100-QHDCIQ-XG-06A	***超市（红旗街万达店）	香瓜	克百威	0.0063	0.0399	没有影响
14	20150818-220100-QHDCIQ-PH-22A	***超市（普阳街店）	桃	硫丹	0.0366	0.0386	没有影响
15	20150819-220100-QHDCIQ-PB-08A	***超市（自由大路店）	小白菜	氰戊菊酯	0.1195	0.0378	没有影响
16	20150818-220100-QHDCIQ-CZ-04A	***隆超市（锦江店）	橙	水胺硫磷	0.0162	0.0342	没有影响
17	20150819-220100-QHDCIQ-HU-08A	***超市（自由大路店）	胡萝卜	水胺硫磷	0.0087	0.0184	没有影响
18	20150819-220100-QHDCIQ-CE-09A	***超市（绿园店）	芹菜	治螟磷	0.0022	0.0139	没有影响
19	20150818-220100-QHDCIQ-EP-03A	***超市（长春店）	茄子	水胺硫磷	0.0064	0.0135	没有影响
20	20150819-220100-QHDCIQ-EP-09A	***超市（绿园店）	茄子	水胺硫磷	0.0064	0.0135	没有影响
21	20170425-220100-QHDCIQ-ST-05A	***超市（重庆店）	草莓	硫丹	0.0084	0.0089	没有影响
22	20150819-220100-QHDCIQ-OR-08A	***超市（自由大路店）	橘	水胺硫磷	0.0030	0.0063	没有影响
23	20150818-220100-QHDCIQ-PH-01A	***超市（普阳街店）	桃	硫丹	0.0041	0.0043	没有影响
24	20150818-220100-QHDCIQ-PH-03A	***超市（长春店）	桃	硫丹	0.0036	0.0038	没有影响
25	20150818-220100-QHDCIQ-EP-04A	***超市（锦江店）	茄子	硫丹	0.0033	0.0035	没有影响

此外，本次侦测发现部分样品中非禁用农药残留量超过了 MRL 中国国家标准和欧盟标准，为了明确超标的非禁用农药对样品安全的影响，分析了非禁用农药残留超标的样品安全指数。分析了水果蔬菜残留量超过 MRL 中国国家标准的非禁用农药对水果蔬菜样品安全的影响程度频次分布情况，如图 8-6 所示，结果表明，检出超过 MRL 中国国家标准的非禁用农药共 7 频次，且农药残留对样品安全的影响均可以接受和没有影响。表 8-7 为水果蔬菜样品中侦测出的非禁用农药残留安全指数表。

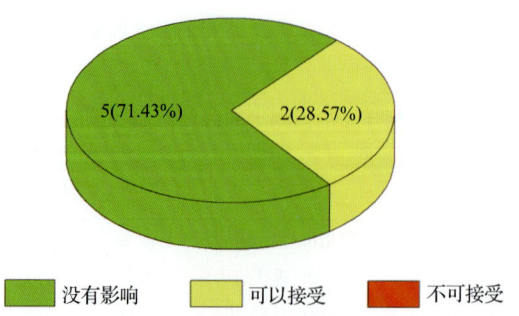

图 8-6 残留超标的非禁用农药对水果蔬菜样品安全的影响程度频次分布图（MRL 中国国家标准）

表 8-7　水果蔬菜样品中侦测出的非禁用农药残留安全指数表（**MRL 中国国家标准**）

序号	样品编号	采样点	基质	农药	含量(mg/kg)	中国国家标准	IFS_c	影响程度
1	20150818-220100-QHDCIQ-BO-02A	***超市(普阳街店)	菠菜	毒死蜱	0.5402	0.1	0.3421	可以接受
2	20150818-220100-QHDCIQ-LE-06A	***超市(红旗街万达店)	生菜	毒死蜱	0.4186	0.1	0.2651	可以接受
3	20150819-220100-QHDCIQ-CE-09A	***超市(绿园店)	芹菜	毒死蜱	0.1377	0.05	0.0872	没有影响
4	20150818-220100-QHDCIQ-PB-05A	***超市(重庆路店)	小白菜	毒死蜱	0.1340	0.1	0.0849	没有影响
5	20150819-220100-QHDCIQ-LE-07A	***超市(东盛店)	生菜	毒死蜱	0.1232	0.1	0.0780	没有影响
6	20150818-220100-QHDCIQ-CE-02A	***超市(普阳街店)	芹菜	毒死蜱	0.0946	0.05	0.0599	没有影响
7	20150819-220100-QHDCIQ-CE-08A	***超市(自由大路店)	芹菜	毒死蜱	0.0769	0.05	0.0487	没有影响

残留量超过 MRL 欧盟标准的非禁用农药对水果蔬菜样品安全的影响程度频次分布情况如图 8-7 所示。可以看出，超过 MRL 欧盟标准的非禁用农药 206 频次，其中农药没有 ADI 的频次为 100，占 48.54%；农药残留对样品安全的影响可以接受的频次为 11，占 5.34%；农药残留对样品安全没有影响的频次为 95，占 46.12%。表 8-8 为水果蔬菜样品中安全指数排名前 10 的残留超标非禁用农药列表。

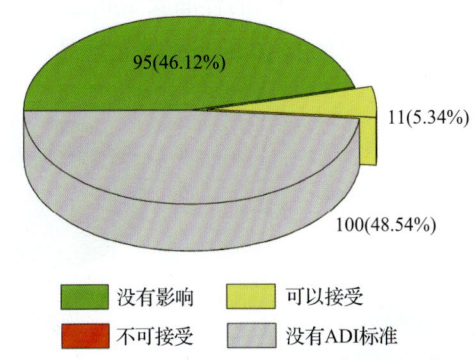

图 8-7　残留超标的非禁用农药对水果蔬菜样品安全的影响程度频次分布图(MRL 欧盟标准)

表 8-8　水果蔬菜样品中安全指数排名前 **10** 的残留超标非禁用农药列表（**MRL 欧盟标准**）

序号	样品编号	采样点	基质	农药	含量(mg/kg)	中国国家标准	IFS_c	影响程度
1	20150818-220100-QHDCIQ-DJ-06A	***超市(红旗街万达店)	菜豆	异丙威	0.2210	0.01	0.6998	可以接受
2	20150819-220100-QHDCIQ-BO-07A	***超市(东盛店)	菠菜	氯氰菊酯	1.1933	0.7	0.3779	可以接受
3	20150818-220100-QHDCIQ-BO-02A	***超市(普阳街店)	菠菜	毒死蜱	0.5402	0.05	0.3421	可以接受

续表

序号	样品编号	采样点	基质	农药	含量(mg/kg)	中国国家标准	$\overline{IFS}_c$	影响程度
4	20150818-220100-QHDCIQ-KJ-02A	***超市(普阳街店)	苦苣	噁霜灵	0.4223	0.05	0.2675	可以接受
5	20150818-220100-QHDCIQ-LE-06A	***超市(红旗街万达店)	生菜	毒死蜱	0.4186	0.05	0.2651	可以接受
6	20150819-220100-QHDCIQ-TH-08A	***超市(自由大路店)	茼蒿	甲萘威	0.2138	0.01	0.1693	可以接受
7	20170425-220100-QHDCIQ-LZ-05A	***超市(重庆路店)	李子	异丙威	0.0420	0.01	0.1330	可以接受
8	20150819-220100-QHDCIQ-PB-07A	***超市(东盛店)	小白菜	噁霜灵	0.2006	0.01	0.1270	可以接受
9	20170426-220100-QHDCIQ-XG-02A	***超市(普阳街店)	香瓜	异丙威	0.0327	0.01	0.1036	可以接受
10	20150818-220100-QHDCIQ-TH-03A	***超市(长春店)	茼蒿	甲萘威	0.1300	0.01	0.1029	可以接受

在458例样品中，52例样品未侦测出农药残留，406例样品中侦测出农药残留，计算每例有农药检出样品的$\overline{IFS}$值，进而分析样品的安全状态结果如图8-8所示(未检出农药的样品安全状态视为很好)，可以看出，2.4%的样品安全状态可以接受；84.5%的样品安全状态很好；13.1%的样品没有ADI值。此外可以看出，2015年8月，2.86%的样品安全状态可以接受；79.05%的样品安全状态很好；18.1%的样品没有ADI值。2017年4月，1.4%的样品安全状态可以接受；96.5%的样品安全状态很好；2.1%的样品没有ADI值。表8-9列出了安全指数$\overline{IFS}$值排名前10的水果蔬菜样品。

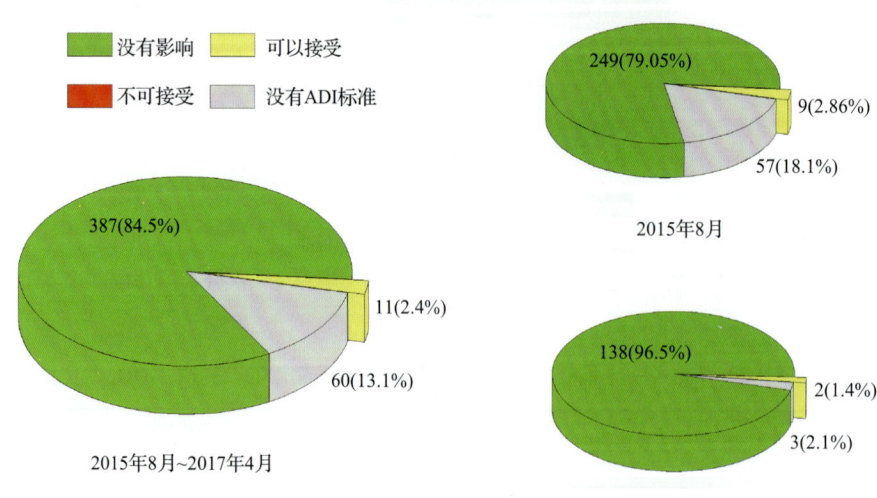

图8-8 水果蔬菜样品安全状态分布图

表 8-9　水果蔬菜安全指数 IFS 排名前 10 的样品列表

序号	样品编号	采样点	基质	$\overline{IFS}$	影响程度
1	20150818-220100-QHDCIQ-DJ-06A	***超市(红旗街万达店)	菜豆	0.3728	可以接受
2	20150819-220100-QHDCIQ-BO-07A	***超市(东盛店)	菠菜	0.1899	可以接受
3	20150818-220100-QHDCIQ-BO-02A	***超市(普阳街店)	菠菜	0.1769	可以接受
4	20150819-220100-QHDCIQ-TH-08A	***超市(自由大路店)	茼蒿	0.1693	可以接受
5	20150818-220100-QHDCIQ-BO-01A	***超市(普阳街店)	菠菜	0.1490	可以接受
6	20150818-220100-QHDCIQ-LE-06A	***超市(红旗街万达店)	生菜	0.1326	可以接受
7	20170425-220100-QHDCIQ-JC-05A	***超市(重庆路店)	韭菜	0.1297	可以接受
8	20150818-220100-QHDCIQ-PB-01A	***超市(普阳街店)	小白菜	0.1278	可以接受
9	20170426-220100-QHDCIQ-PH-07A	***超市(东盛店)	桃	0.1249	可以接受
10	20150818-220100-QHDCIQ-PB-02A	***超市(普阳街店)	小白菜	0.1121	可以接受

8.2.2　单种水果蔬菜中农药残留安全指数分析

在 57 种水果蔬菜侦测出 98 种农药，检出频次为 1114 次，其中 35 种农药没有 ADI 标准，63 种农药存在 ADI 标准。杏、金针菇和食荚豌豆 3 种水果蔬菜未侦测出任何农药，对其他的 54 种水果蔬菜按不同种类分别计算检出的具有 ADI 标准的各种农药的 IFS_c 值，农药残留对水果蔬菜的安全指数分布图如图 8-9 所示。

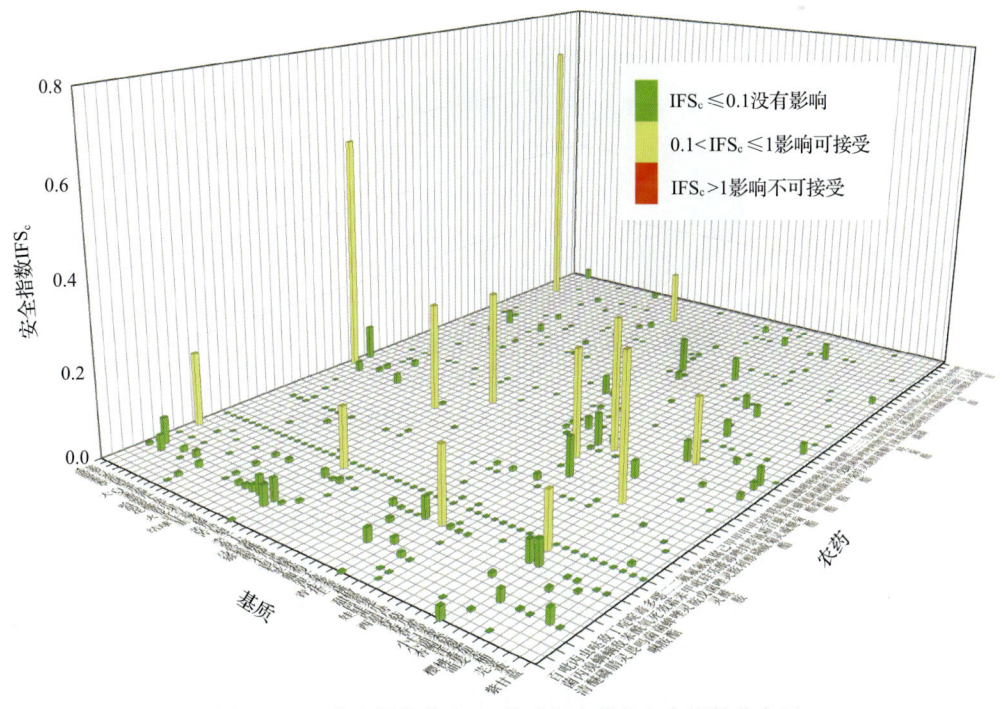

图 8-9　54 种水果蔬菜中 63 种残留农药的安全指数分布图

分析发现 54 种水果蔬菜中的 63 种农药的残留对食品安全影响均处于可以接受和很好状态，如表 8-10 所示。

表 8-10　单种水果蔬菜中安全指数表排名前 10 的残留农药列表

序号	基质	农药	检出频次	检出率(%)	IFS>1 的频次	IFS>1 的比例(%)	IFS$_c$	影响程度
1	菜豆	异丙威	1	3.4483	0	0	0.6998	可以接受
2	菠菜	硫丹	1	3.3333	0	0	0.5717	可以接受
3	小白菜	甲拌磷	2	7.4074	0	0	0.3262	可以接受
4	茼蒿	硫丹	1	2.1277	0	0	0.3031	可以接受
5	梨	螺螨酯	1	3.2258	0	0	0.2697	可以接受
6	韭菜	克百威	2	7.1429	0	0	0.2524	可以接受
7	桃	克百威	1	2.1277	0	0	0.2495	可以接受
8	菠菜	毒死蜱	2	6.6667	0	0	0.1727	可以接受
9	生菜	毒死蜱	2	7.1429	0	0	0.1716	可以接受
10	小油菜	氯氰菊酯	1	3.2258	0	0	0.1539	可以接受

本次侦测中，54 种水果蔬菜和 98 种残留农药(包括没有 ADI 标准)共涉及 489 个分析样本，农药对单种水果蔬菜安全的影响程度分布情况如图 8-10 所示。可以看出，65.03%的样本中农药对水果蔬菜安全没有影响，2.66%的样本中农药对水果蔬菜安全的影响可以接受，32.31%的样本中农药没有 ADI 标准。

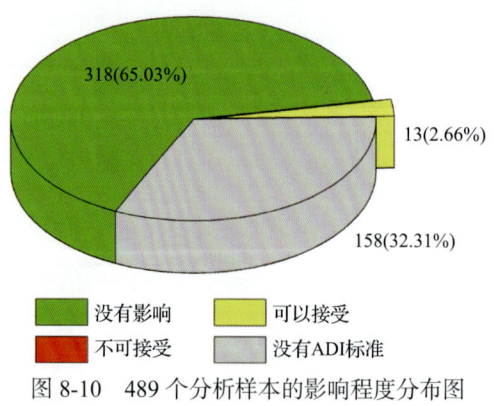

图 8-10　489 个分析样本的影响程度分布图

此外，分别计算 54 种水果蔬菜中所有检出农药 IFS$_c$ 的平均值 $\overline{IFS}$，分析每种水果蔬菜的安全状态，结果如图 8-11 所示，分析发现，1 种水果蔬菜(1.85%)的安全状态可接受，53 种(98.15%)水果蔬菜的安全状态很好。

对每个月内每种水果蔬菜中农药的 IFS$_c$ 进行分析，并计算每月内每种水果蔬菜的 $\overline{IFS}$ 值，以评价每种水果蔬菜的安全状态，结果如图 8-12 所示，可以看出，2015 年 8 月和 2017 年 4 月的任何果蔬的安全状态均处于很好和可以接受的范围内，各月份内单种水果蔬菜安全状态统计情况如图 8-13 所示。

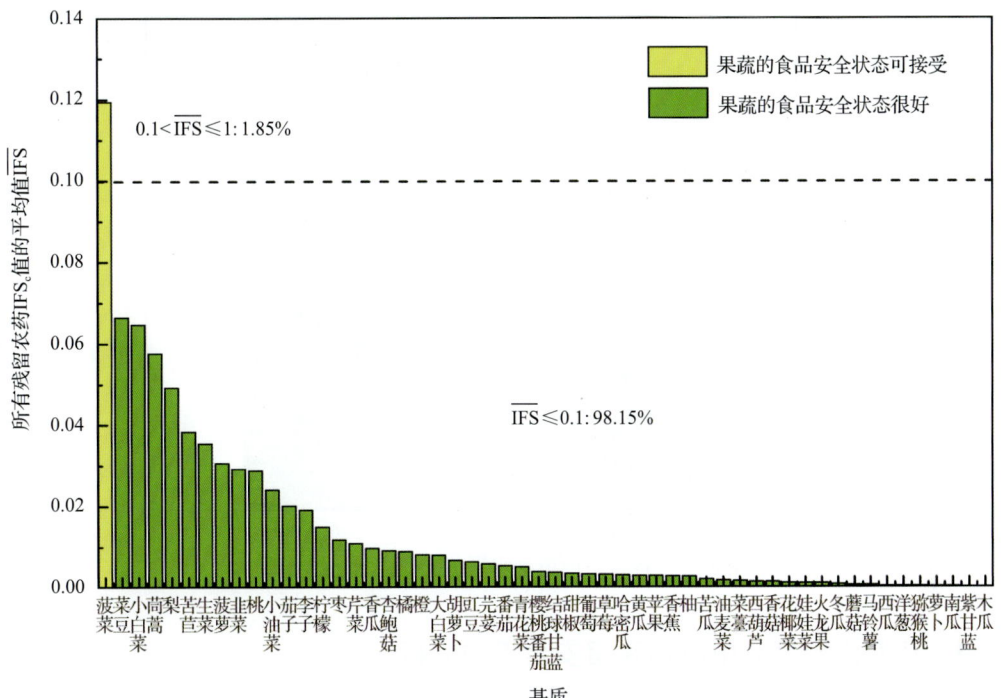

图 8-11　54 种水果蔬菜的 $\overline{IFS}$ 值和安全状态统计图

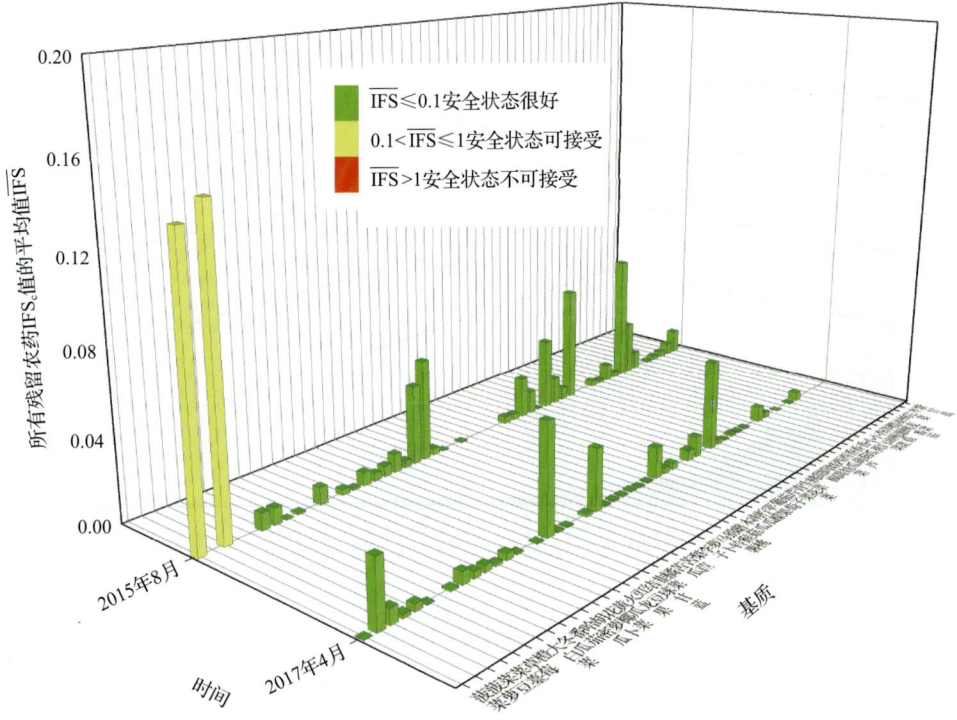

图 8-12　各月内每种水果蔬菜的 $\overline{IFS}$ 值与安全状态分布图

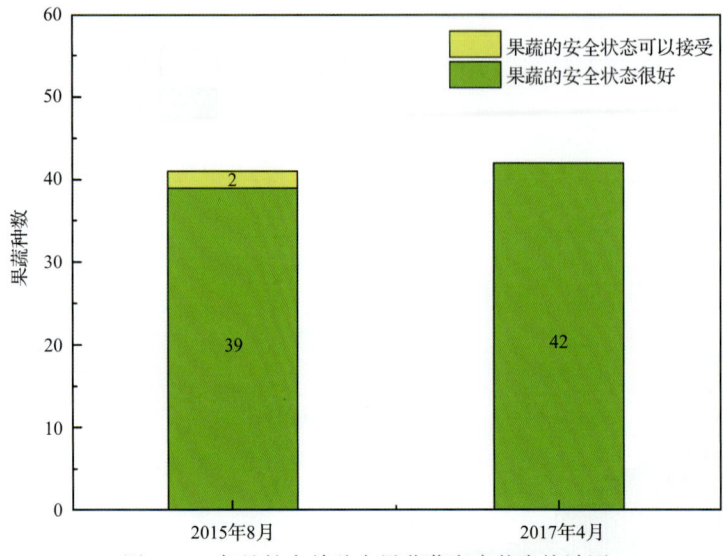

图 8-13　各月份内单种水果蔬菜安全状态统计图

8.2.3　所有水果蔬菜中农药残留安全指数分析

计算所有水果蔬菜中 63 种农药的 $\overline{IFS_c}$ 值，结果如图 8-14 及表 8-11 所示。

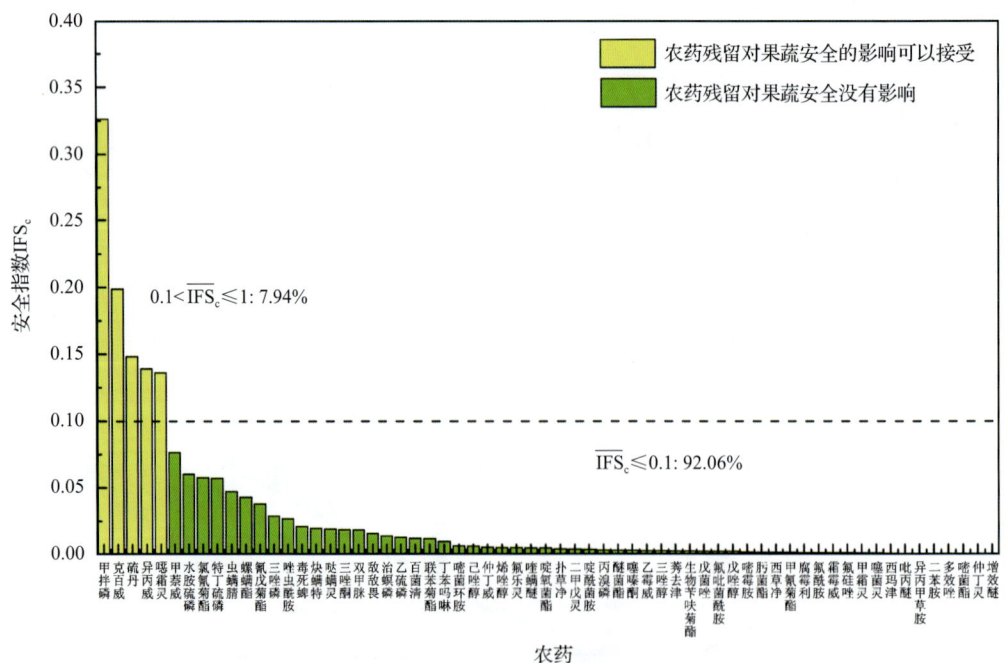

图 8-14　63 种残留农药对水果蔬菜的安全影响程度统计图

分析发现，63 种农药对水果蔬菜安全的影响均在没有影响和可以接受的范围内，其中 7.94% 的农药对水果蔬菜安全的影响可以接受，92.06% 的农药对水果蔬菜安全的影响很好。

表 8-11 水果蔬菜中 63 种农药残留的安全指数表

序号	农药	检出频次	检出率(%)	$\overline{IFS_c}$	影响程度	序号	农药	检出频次	检出率(%)	$\overline{IFS_c}$	影响程度
1	甲拌磷	2	0.0044	0.3262	可以接受	33	扑草净	1	0.09	0.0044	没有影响
2	克百威	4	0.0040	0.1986	可以接受	34	二甲戊灵	19	1.71	0.0040	没有影响
3	硫丹	8	0.0039	0.1481	可以接受	35	啶酰菌胺	11	0.99	0.0039	没有影响
4	异丙威	7	0.0034	0.1390	可以接受	36	丙溴磷	5	0.45	0.0034	没有影响
5	噁霜灵	3	0.0032	0.1361	可以接受	37	醚菌酯	36	3.23	0.0032	没有影响
6	甲萘威	6	0.0032	0.0764	没有影响	38	噻嗪酮	2	0.18	0.0032	没有影响
7	水胺硫磷	8	0.0030	0.0602	没有影响	39	乙霉威	2	0.18	0.0030	没有影响
8	氯氰菊酯	17	0.0029	0.0573	没有影响	40	三唑醇	1	0.09	0.0029	没有影响
9	特丁硫磷	1	0.0027	0.0570	没有影响	41	莠去津	12	1.08	0.0027	没有影响
10	虫螨腈	1	0.0027	0.0470	没有影响	42	生物苄呋菊酯	20	1.80	0.0027	没有影响
11	螺螨酯	9	0.0026	0.0428	没有影响	43	戊菌唑	6	0.54	0.0026	没有影响
12	氰戊菊酯	1	0.0026	0.0378	没有影响	44	氟吡菌酰胺	3	0.27	0.0026	没有影响
13	三唑磷	2	0.0025	0.0288	没有影响	45	戊唑醇	25	2.24	0.0025	没有影响
14	唑虫酰胺	1	0.0019	0.0267	没有影响	46	嘧霉胺	33	2.96	0.0019	没有影响
15	毒死蜱	64	0.0017	0.0211	没有影响	47	肟菌酯	6	0.54	0.0017	没有影响
16	炔螨特	5	0.0016	0.0196	没有影响	48	西草净	1	0.09	0.0016	没有影响
17	哒螨灵	29	0.0016	0.0192	没有影响	49	甲氰菊酯	2	0.18	0.0016	没有影响
18	三唑酮	2	0.0015	0.0187	没有影响	50	腐霉利	27	2.42	0.0015	没有影响
19	双甲脒	1	0.0014	0.0184	没有影响	51	氟酰胺	6	0.54	0.0014	没有影响
20	敌敌畏	8	0.0014	0.0158	没有影响	52	霜霉威	6	0.54	0.0014	没有影响
21	治螟磷	1	0.0014	0.0139	没有影响	53	氟硅唑	1	0.09	0.0014	没有影响
22	乙硫磷	1	0.0012	0.0130	没有影响	54	甲霜灵	3	0.27	0.0012	没有影响
23	百菌清	3	0.0011	0.0123	没有影响	55	噻菌灵	8	0.72	0.0011	没有影响
24	联苯菊酯	10	0.0010	0.0119	没有影响	56	西玛津	1	0.09	0.0010	没有影响
25	丁苯吗啉	1	0.0007	0.0097	没有影响	57	吡丙醚	4	0.36	0.0007	没有影响
26	嘧菌环胺	2	0.0004	0.0065	没有影响	58	异丙甲草胺	3	0.27	0.0004	没有影响
27	己唑醇	7	0.0003	0.0064	没有影响	59	二苯胺	210	18.85	0.0003	没有影响
28	仲丁威	15	0.0003	0.0054	没有影响	60	多效唑	7	0.63	0.0003	没有影响
29	烯唑醇	3	0.0002	0.0053	没有影响	61	嘧菌酯	2	0.18	0.0002	没有影响
30	氟乐灵	5	0.0001	0.0052	没有影响	62	仲丁灵	2	0.18	0.0001	没有影响
31	喹螨醚	1	0.0001	0.0051	没有影响	63	增效醚	4	0.36	0.0001	没有影响
32	啶氧菌酯	2	0.0044	0.0051	没有影响	64	扑草净	1	0.09	0.0044	没有影响

对每个月内所有水果蔬菜中残留农药的 $\overline{IFS}_c$ 进行分析,结果如图 8-15 所示。分析发现,2015 年 8 月和 2017 年 4 月的所有农药对果蔬安全的影响均处于没有影响和可以接受的范围内。每月内不同农药对水果蔬菜安全影响程度的统计如图 8-16 所示。

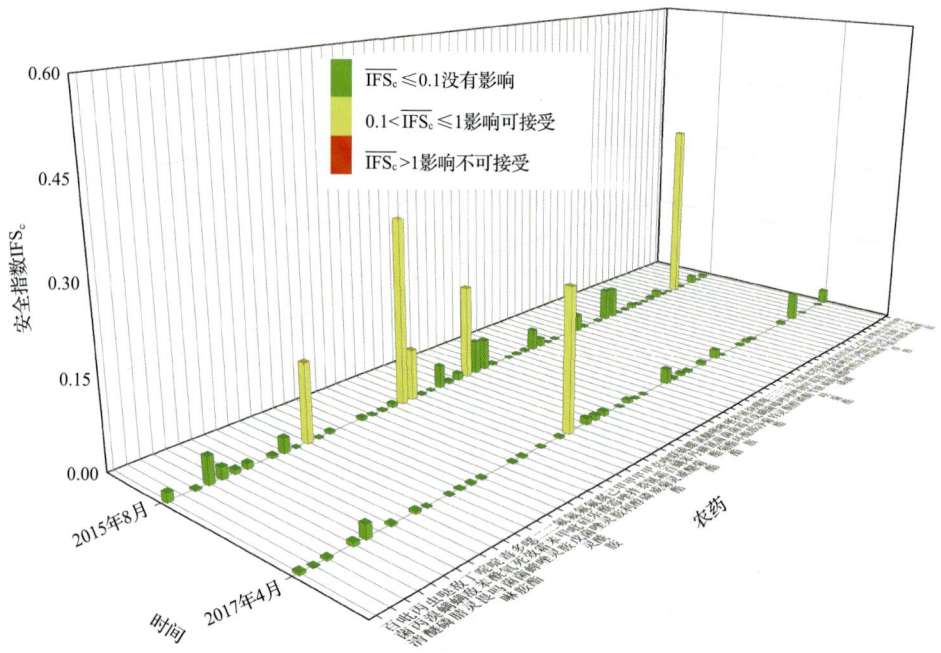

图 8-15　各月份内水果蔬菜中每种残留农药的安全指数分布图

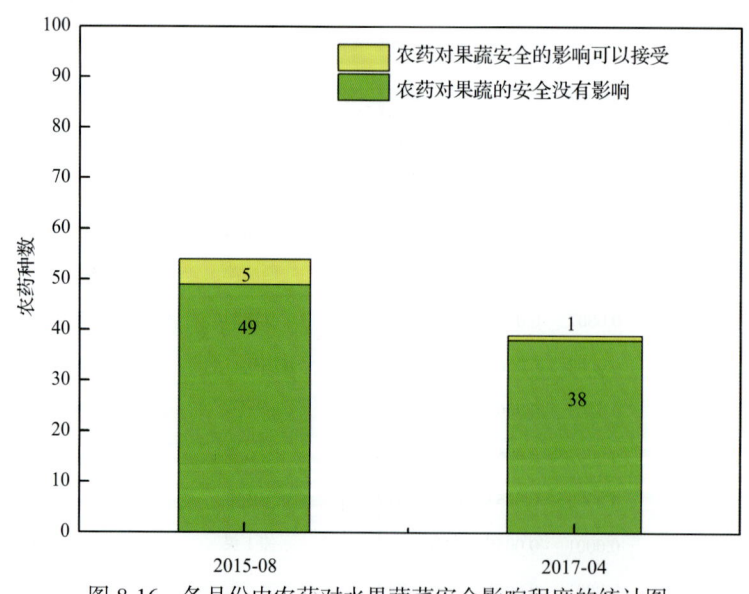

图 8-16　各月份内农药对水果蔬菜安全影响程度的统计图

计算每个月内水果蔬菜的 $\overline{IFS}$,以分析每月内水果蔬菜的安全状态,结果如图 8-17

所示，可以看出，2015年8月和2017年4月份的水果蔬菜安全状态很好。

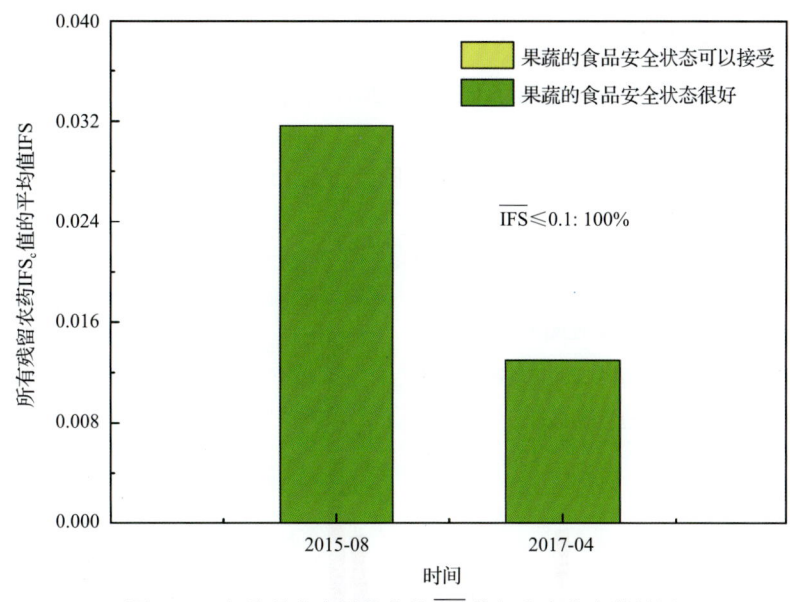

图 8-17　各月份内水果蔬菜的 $\overline{IFS}$ 值与安全状态统计图

8.3　GC-Q-TOF/MS 侦测长春市市售水果蔬菜农药残留预警风险评估

基于长春市水果蔬菜样品中农药残留 GC-Q-TOF/MS 侦测数据，分析禁用农药的检出率，同时参照中华人民共和国国家标准 GB2763—2016 和欧盟农药最大残留限量（MRL）标准分析非禁用农药残留的超标率，并计算农药残留风险系数。分析单种水果蔬菜中农药残留以及所有水果蔬菜中农药残留的风险程度。

8.3.1　单种水果蔬菜中农药残留风险系数分析

8.3.1.1　单种水果蔬菜中禁用农药残留风险系数分析

侦测出的 98 种残留农药中有 7 种为禁用农药，且它们分布在 12 种水果蔬菜中，计算 12 种水果蔬菜中禁用农药的超标率，根据超标率计算风险系数 R，进而分析水果蔬菜中禁用农药的风险程度，结果如图 8-18 与表 8-12 所示。分析发现 7 种禁用农药在 12 种水果蔬菜中的残留处均于高度风险。

8.3.1.2 基于 MRL 中国国家标准的单种水果蔬菜中非禁用农药残留风险系数分析

参照中华人民共和国国家标准 GB2763—2016 中农药残留限量计算每种水果蔬菜中每种非禁用农药的超标率，进而计算其风险系数，根据风险系数大小判断残留农药的预警风险程度，水果蔬菜中非禁用农药残留风险程度分布情况如图 8-19 所示。

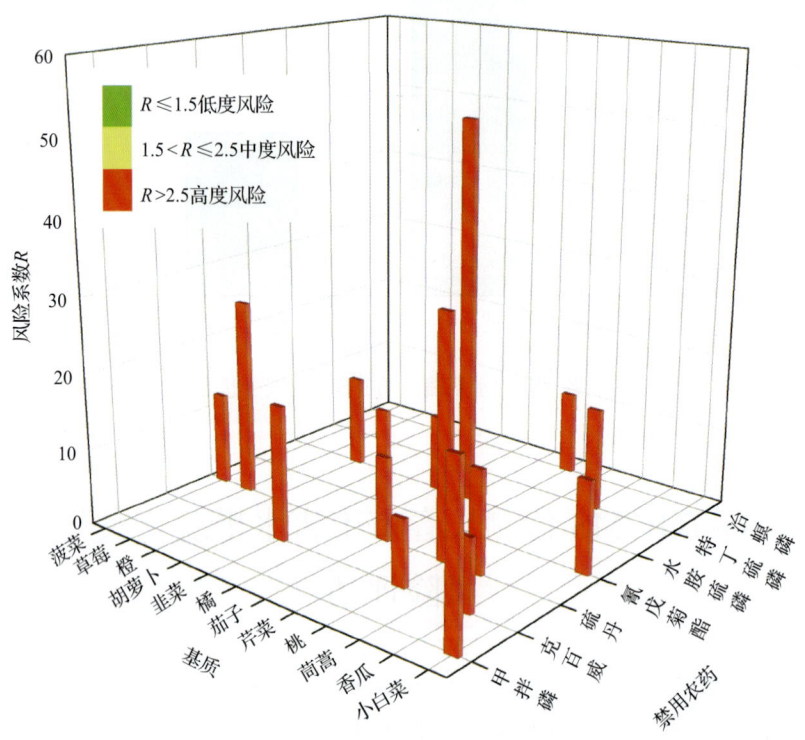

图 8-18 12 种水果蔬菜中 7 种禁用农药的风险系数分布图

表 8-12 12 种水果蔬菜中 7 种禁用农药的风险系数列表

序号	基质	农药	检出频次	检出率/(%)	风险系数 R	风险程度
1	茄子	水胺硫磷	5	50	51.1	高度风险
2	桃	硫丹	4	30.77	31.87	高度风险
3	草莓	硫丹	1	25	26.1	高度风险
4	小白菜	甲拌磷	2	22.22	23.32	高度风险
5	韭菜	克百威	2	16.67	17.77	高度风险
6	茼蒿	特丁硫磷	1	12.5	13.6	高度风险
7	茼蒿	硫丹	1	12.5	13.6	高度风险
8	菠菜	硫丹	1	11.11	12.21	高度风险
9	橙	水胺硫磷	1	11.11	12.21	高度风险

续表

序号	基质	农药	检出频次	检出率/(%)	风险系数 R	风险程度
10	小白菜	氰戊菊酯	1	11.11	12.21	高度风险
11	茄子	硫丹	1	10	11.1	高度风险
12	芹菜	治螟磷	1	10	11.1	高度风险
13	橘	水胺硫磷	1	9.09	10.19	高度风险
14	香瓜	克百威	1	8.33	9.43	高度风险
15	胡萝卜	水胺硫磷	1	7.69	8.79	高度风险
16	桃	克百威	1	7.69	8.79	高度风险

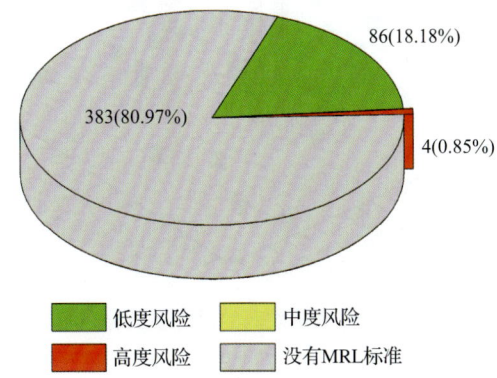

图 8-19 水果蔬菜中非禁用农药风险程度的频次分布图(MRL 中国国家标准)

本次分析中,发现在 54 种水果蔬菜中检出 91 种残留非禁用农药,涉及样本 473 个,在 473 个样本中,0.85%处于高度风险,18.18%处于低度风险,此外发现有 383 个样本没有 MRL 中国国家标准值,无法判断其风险程度,有 MRL 中国国家标准值的 90 个样本涉及 33 种水果蔬菜中的 29 种非禁用农药,其风险系数 R 值如图 8-20 所示。表 8-13 为非禁用农药残留处于高度风险的水果蔬菜列表。

8.3.1.3 基于 MRL 欧盟标准的单种水果蔬菜中非禁用农药残留风险系数分析

参照 MRL 欧盟标准计算每种水果蔬菜中每种非禁用农药的超标率,进而计算其风险系数,根据风险系数大小判断农药残留的预警风险程度,水果蔬菜中非禁用农药残留风险程度分布情况如图 8-21 所示。

本次分析中,发现在 54 种水果蔬菜中共侦测出 91 种非禁用农药,涉及样本 473 个,其中,22.83%处于高度风险,涉及 34 种水果蔬菜和 34 种农药;77.17%处于低度风险,涉及 40 种水果蔬菜和 54 种农药。单种水果蔬菜中的非禁用农药风险系数分布图如图 8-22 所示。单种水果蔬菜中处于高度风险的非禁用农药风险系数如图 8-23 和表 8-14 所示。

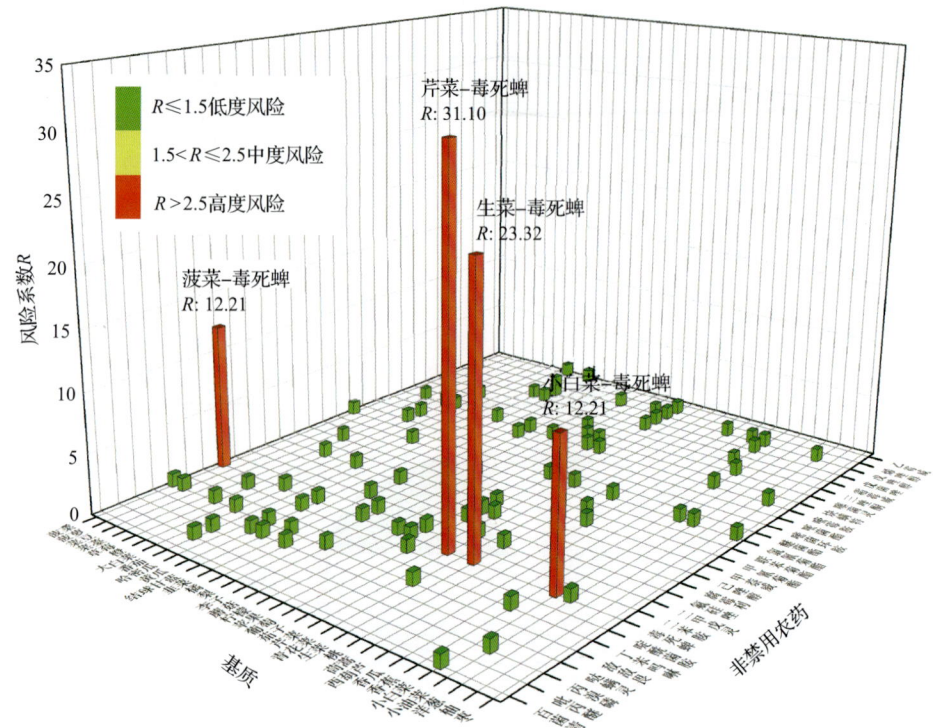

图 8-20 33 种水果蔬菜中 29 种非禁用农药的风险系数分布图（MRL 中国国家标准）

表 8-13 单种水果蔬菜中处于高度风险的非禁用农药风险系数表（**MRL 中国国家标准**）

序号	基质	农药	超标频次	超标率 $P(\%)$	风险系数 R
1	芹菜	毒死蜱	3	30.00	31.10
2	生菜	毒死蜱	2	22.22	23.32
3	小白菜	毒死蜱	1	11.11	12.21
4	菠菜	毒死蜱	1	11.11	12.21

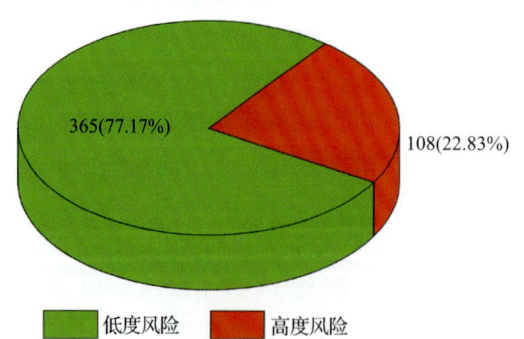

图 8-21 水果蔬菜中非禁用农药的风险程度频次分布图（MRL 欧盟标准）

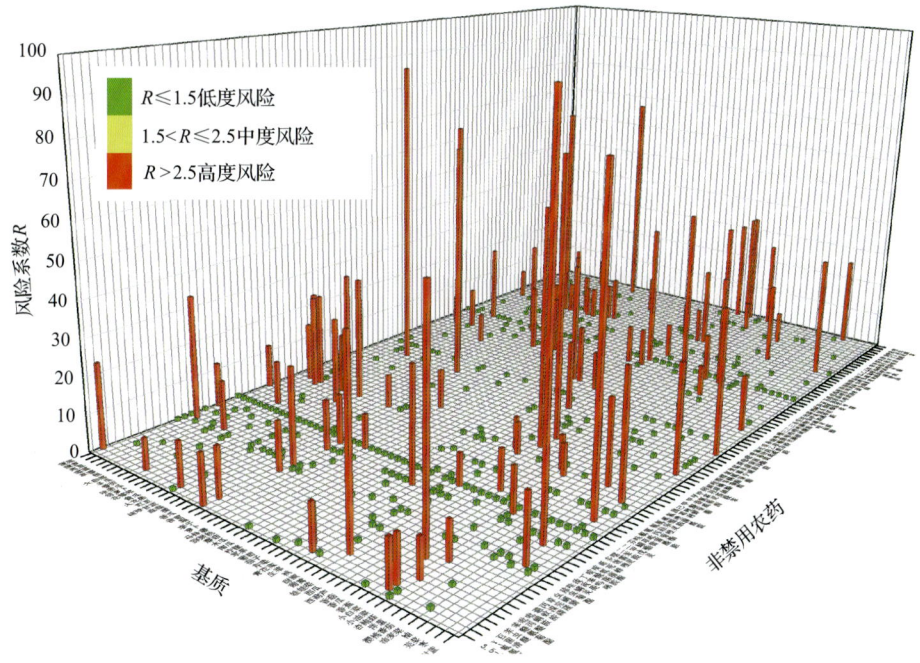

图 8-22　54 种水果蔬菜中 91 种非禁用农药的风险系数分布图（MRL 欧盟标准）

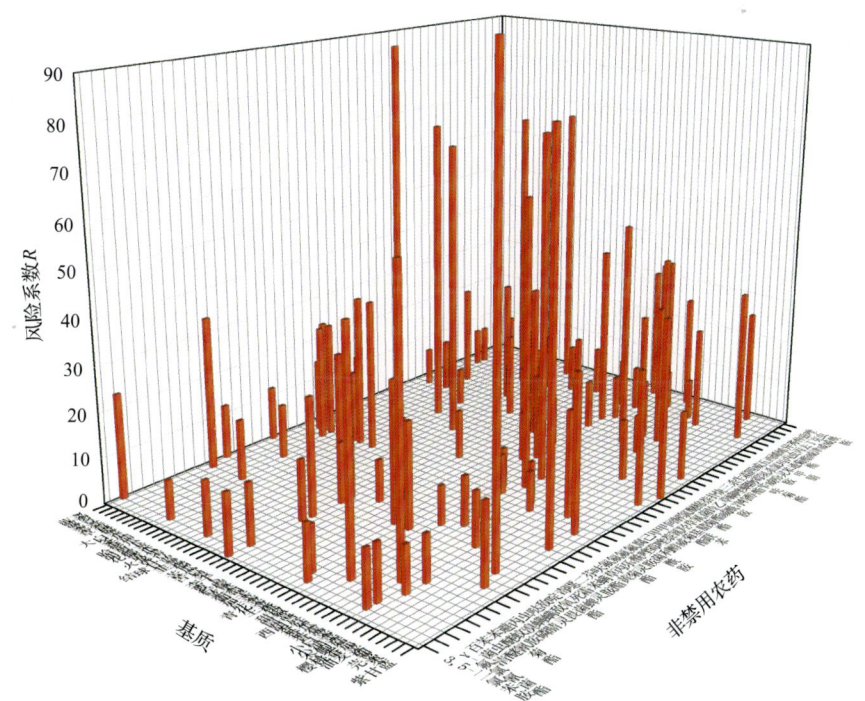

图 8-23　单种水果蔬菜中处于高度风险的非禁用农药的风险系数分布图（MRL 欧盟标准）

表 8-14 单种水果蔬菜中处于高度风险的非禁用农药的风险系数表(MRL 欧盟标准)

序号	基质	农药	超标频次	超标率 $P(\%)$	风险系数 R
1	柚	啶氧菌酯	2	100.00	101.10
2	大白菜	醚菌酯	7	87.50	88.60
3	芫荽	呋草黄	5	83.33	84.43
4	茼蒿	间羟基联苯	6	75.00	76.10
5	胡萝卜	萘乙酰胺	9	69.23	70.33
6	花椰菜	烯丙菊酯	2	66.67	67.77
7	豇豆	仲丁威	6	66.67	67.77
8	结球甘蓝	醚菌酯	8	66.67	67.77
9	茼蒿	甲萘威	5	62.50	63.60
10	香蕉	避蚊胺	8	61.54	62.64
11	茼蒿	苯虫醚	4	50.00	51.10
12	西葫芦	生物苄呋菊酯	5	50.00	51.10
13	芹菜	威杀灵	4	40.00	41.10
14	紫甘蓝	醚菌酯	5	38.46	39.56
15	茼蒿	烯虫酯	3	37.50	38.60
16	菠萝	敌敌畏	1	33.33	34.43
17	哈密瓜	腐霉利	1	33.33	34.43
18	花椰菜	腐霉利	1	33.33	34.43
19	柠檬	炔螨特	1	33.33	34.43
20	生菜	仲丁威	3	33.33	34.43
21	生菜	兹克威	3	33.33	34.43
22	芫荽	氟酰胺	2	33.33	34.43
23	芫荽	烯虫酯	2	33.33	34.43
24	香蕉	四氢吩胺	4	30.77	31.87
25	芹菜	兹克威	3	30.00	31.10
26	芹菜	毒死蜱	3	30.00	31.10
27	枣	解草腈	2	28.57	29.67
28	火龙果	四氢吩胺	3	27.27	28.37
29	菜薹	腐霉利	1	25.00	26.10
30	草莓	氟唑菌酰胺	1	25.00	26.10
31	草莓	腐霉利	1	25.00	26.10
32	苦苣	哒螨灵	2	25.00	26.10
33	茼蒿	兹克威	2	25.00	26.10
34	油麦菜	兹克威	2	25.00	26.10
35	胡萝卜	氟乐灵	3	23.08	24.18

续表

序号	基质	农药	超标频次	超标率 $P(\%)$	风险系数 R
36	菠菜	γ-氟氯氰菊酯	2	22.22	23.32
37	橙	威杀灵	2	22.22	23.32
38	生菜	毒死蜱	2	22.22	23.32
39	生菜	烯虫酯	2	22.22	23.32
40	小白菜	烯虫酯	2	22.22	23.32
41	樱桃番茄	腐霉利	2	22.22	23.32
42	火龙果	烯丙菊酯	2	18.18	19.28
43	橘	杀螨酯	2	18.18	19.28
44	青花菜	醚菌酯	2	18.18	19.28
45	芫荽	哒螨灵	1	16.67	17.77
46	菜豆	腐霉利	2	15.38	16.48
47	番茄	腐霉利	2	15.38	16.48
48	梨	生物苄呋菊酯	2	15.38	16.48
49	苹果	炔螨特	2	15.38	16.48
50	枣	炔螨特	1	14.29	15.39
51	大白菜	敌敌畏	1	12.50	13.60
52	苦苣	3,5-二氯苯胺	1	12.50	13.60
53	苦苣	噁霜灵	1	12.50	13.60
54	苦苣	毒死蜱	1	12.50	13.60
55	苦苣	烯虫酯	1	12.50	13.60
56	苦苣	百菌清	1	12.50	13.60
57	苦苣	虫螨腈	1	12.50	13.60
58	香菇	四氢吩胺	1	12.50	13.60
59	杏鲍菇	棉铃威	1	12.50	13.60
60	菠菜	毒死蜱	1	11.11	12.21
61	菠菜	氟丙菊酯	1	11.11	12.21
62	菠菜	氯氰菊酯	1	11.11	12.21
63	橙	生物苄呋菊酯	1	11.11	12.21
64	橙	芬螨酯	1	11.11	12.21
65	豇豆	γ-氟氯氰菊酯	1	11.11	12.21
66	豇豆	烯虫酯	1	11.11	12.21
67	生菜	γ-氟氯氰菊酯	1	11.11	12.21
68	小白菜	γ-氟氯氰菊酯	1	11.11	12.21
69	小白菜	噁霜灵	1	11.11	12.21
70	小白菜	百菌清	1	11.11	12.21
71	苦瓜	烯虫酯	1	10.00	11.10

续表

序号	基质	农药	超标频次	超标率 P(%)	风险系数 R
72	苦瓜	生物苄呋菊酯	1	10.00	11.10
73	李子	异丙威	1	10.00	11.10
74	李子	甲氰菊酯	1	10.00	11.10
75	葡萄	霜霉威	1	10.00	11.10
76	茄子	烯虫酯	1	10.00	11.10
77	芹菜	扑草净	1	10.00	11.10
78	芹菜	氯氰菊酯	1	10.00	11.10
79	芹菜	霜霉威	1	10.00	11.10
80	西葫芦	芬螨酯	1	10.00	11.10
81	冬瓜	腐霉利	1	9.09	10.19
82	青花菜	五氯苯甲腈	1	9.09	10.19
83	青花菜	烯虫酯	1	9.09	10.19
84	青花菜	百菌清	1	9.09	10.19
85	小油菜	丙溴磷	1	9.09	10.19
86	小油菜	苯醚氰菊酯	1	9.09	10.19
87	黄瓜	烯丙菊酯	1	8.33	9.43
88	结球甘蓝	烯丙菊酯	1	8.33	9.43
89	韭菜	烯丙菊酯	1	8.33	9.43
90	韭菜	腐霉利	1	8.33	9.43
91	萝卜	二苯胺	1	8.33	9.43
92	香瓜	异丙威	1	8.33	9.43
93	香瓜	腐霉利	1	8.33	9.43
94	香瓜	解草腈	1	8.33	9.43
95	菜豆	唑虫酰胺	1	7.69	8.79
96	菜豆	异丙威	1	7.69	8.79
97	菜豆	烯虫酯	1	7.69	8.79
98	菜豆	生物苄呋菊酯	1	7.69	8.79
99	番茄	γ-氟氯氰菊酯	1	7.69	8.79
100	番茄	仲丁威	1	7.69	8.79
101	胡萝卜	三唑醇	1	7.69	8.79
102	胡萝卜	西玛通	1	7.69	8.79
103	桃	己唑醇	1	7.69	8.79
104	甜椒	二苯胺	1	7.69	8.79
105	甜椒	腐霉利	1	7.69	8.79
106	甜椒	莠去津	1	7.69	8.79
107	香蕉	杀螨酯	1	7.69	8.79
108	香蕉	氟唑菌酰胺	1	7.69	8.79

8.3.2 所有水果蔬菜中农药残留风险系数分析

8.3.2.1 所有水果蔬菜中禁用农药残留风险系数分析

在侦测出的 98 种农药中有 7 种为禁用农药,计算所有水果蔬菜中禁用农药的风险系数,结果如表 8-15 所示。禁用农药硫丹和水胺硫磷处于高度风险,克百威和甲拌磷 2 种禁用农药处于中度风险,氰戊菊酯、特丁硫磷和治螟磷 3 种禁用农药处于低度风险。

表 8-15 水果蔬菜中 7 种禁用农药的风险系数表

序号	农药	检出频次	检出率 P(%)	风险系数 R	风险程度
1	硫丹	8	1.75	2.85	高度风险
2	水胺硫磷	8	1.75	2.85	高度风险
3	克百威	4	0.87	1.97	中度风险
4	甲拌磷	2	0.44	1.54	中度风险
5	氰戊菊酯	1	0.22	1.32	低度风险
6	特丁硫磷	1	0.22	1.32	低度风险
7	治螟磷	1	0.22	1.32	低度风险

对每个月内的禁用农药的风险系数进行分析,结果如图 8-24 和表 8-16 所示。

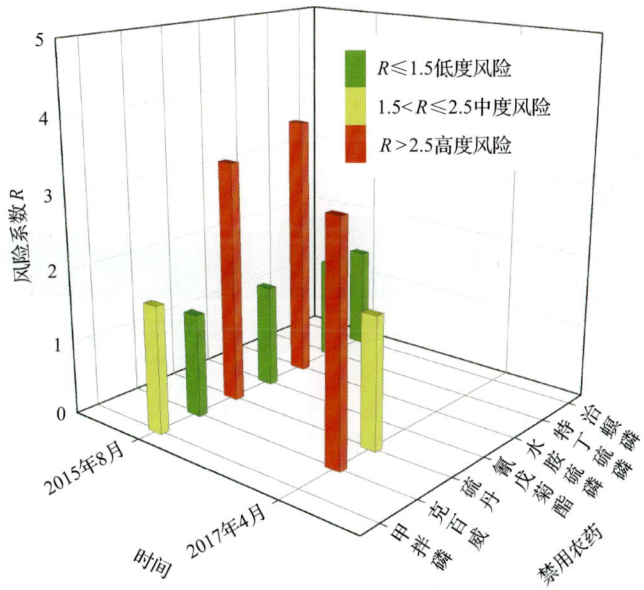

图 8-24 各月份内水果蔬菜中禁用农药残留的风险系数分布图

表 8-16　各月份内水果蔬菜中禁用农药的风险系数表

序号	年月	农药	检出频次	检出率 $P(\%)$	风险系数 R	风险程度
1	2015年8月	甲拌磷	2	0.63	1.73	中度风险
2	2015年8月	克百威	1	0.32	1.42	低度风险
3	2017年4月	克百威	3	2.10	3.20	高度风险
4	2015年8月	硫丹	7	2.22	3.32	高度风险
5	2017年4月	硫丹	1	0.70	1.80	中度风险
6	2015年8月	氰戊菊酯	1	0.32	1.42	低度风险
7	2015年8月	水胺硫磷	8	2.54	3.64	高度风险
8	2015年8月	特丁硫磷	1	0.32	1.42	低度风险
9	2015年8月	治螟磷	1	0.32	1.42	低度风险

8.3.2.2　所有水果蔬菜中非禁用农药残留风险系数分析

参照 MRL 欧盟标准计算所有水果蔬菜中每种非禁用农药残留的风险系数，如图 8-25 与表 8-17 所示。在侦测出的 91 种非禁用农药中，11 种农药(12.09%)残留处于高度风险，22 种农药(24.18%)残留处于中度风险，58 种农药(63.73%)残留处于低度风险。

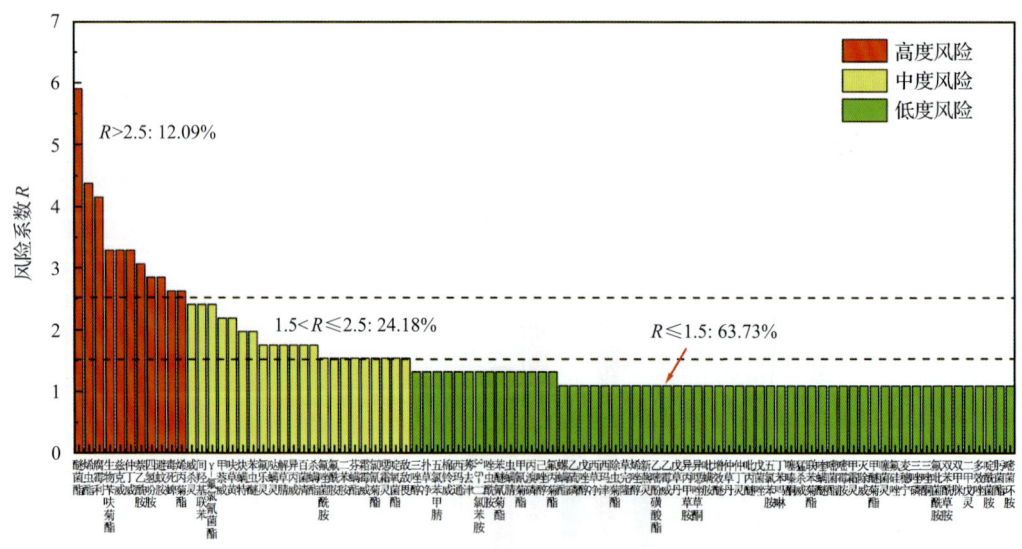

图 8-25　水果蔬菜中 91 种非禁用农药的风险程度统计图

表 8-17　水果蔬菜中 91 种非禁用农药的风险系数表

序号	农药	超标频次	超标率 $P(\%)$	风险系数 R	风险程度
1	醚菌酯	22	4.80	5.90	高度风险
2	烯虫酯	15	3.28	4.38	高度风险
3	腐霉利	14	3.06	4.16	高度风险

续表

序号	农药	超标频次	超标率 $P(\%)$	风险系数 R	风险程度
4	生物苄呋菊酯	10	2.18	3.28	高度风险
5	兹克威	10	2.18	3.28	高度风险
6	仲丁威	10	2.18	3.28	高度风险
7	萘乙酰胺	9	1.97	3.07	高度风险
8	四氢吩胺	8	1.75	2.85	高度风险
9	避蚊胺	8	1.75	2.85	高度风险
10	毒死蜱	7	1.53	2.63	高度风险
11	烯丙菊酯	7	1.53	2.63	高度风险
12	威杀灵	6	1.31	2.41	中度风险
13	间羟基联苯	6	1.31	2.41	中度风险
14	γ-氟氯氰菊酯	6	1.31	2.41	中度风险
15	甲萘威	5	1.09	2.19	中度风险
16	呋草黄	5	1.09	2.19	中度风险
17	炔螨特	4	0.87	1.97	中度风险
18	苯虫醚	4	0.87	1.97	中度风险
19	氟乐灵	3	0.66	1.76	中度风险
20	哒螨灵	3	0.66	1.76	中度风险
21	解草腈	3	0.66	1.76	中度风险
22	异丙威	3	0.66	1.76	中度风险
23	百菌清	3	0.66	1.76	中度风险
24	杀螨酯	3	0.66	1.76	中度风险
25	氟唑菌酰胺	2	0.44	1.54	中度风险
26	氟酰胺	2	0.44	1.54	中度风险
27	二苯胺	2	0.44	1.54	中度风险
28	芬螨酯	2	0.44	1.54	中度风险
29	霜霉威	2	0.44	1.54	中度风险
30	氯氰菊酯	2	0.44	1.54	中度风险
31	噁霜灵	2	0.44	1.54	中度风险
32	啶氧菌酯	2	0.44	1.54	中度风险
33	敌敌畏	2	0.44	1.54	中度风险
34	三唑醇	1	0.22	1.32	低度风险
35	扑草净	1	0.22	1.32	低度风险
36	五氯苯甲腈	1	0.22	1.32	低度风险
37	棉铃威	1	0.22	1.32	低度风险
38	西玛通	1	0.22	1.32	低度风险
39	莠去津	1	0.22	1.32	低度风险

续表

序号	农药	超标频次	超标率 $P(\%)$	风险系数 R	风险程度
40	3,5-二氯苯胺	1	0.22	1.32	低度风险
41	唑虫酰胺	1	0.22	1.32	低度风险
42	苯醚氰菊酯	1	0.22	1.32	低度风险
43	虫螨腈	1	0.22	1.32	低度风险
44	甲氰菊酯	1	0.22	1.32	低度风险
45	丙溴磷	1	0.22	1.32	低度风险
46	己唑醇	1	0.22	1.32	低度风险
47	氟丙菊酯	1	0.22	1.32	低度风险
48	螺螨酯	0	0	1.10	低度风险
49	乙硫磷	0	0	1.10	低度风险
50	戊唑醇	0	0	1.10	低度风险
51	西草净	0	0	1.10	低度风险
52	西玛津	0	0	1.10	低度风险
53	除虫菊酯	0	0	1.10	低度风险
54	草完隆	0	0	1.10	低度风险
55	烯唑醇	0	0	1.10	低度风险
56	新燕灵	0	0	1.10	低度风险
57	乙嘧酚磺酸酯	0	0	1.10	低度风险
58	乙霉威	0	0	1.10	低度风险
59	戊草丹	0	0	1.10	低度风险
60	异丙甲草胺	0	0	1.10	低度风险
61	异䓬唑草酮	0	0	1.10	低度风险
62	吡螨胺	0	0	1.10	低度风险
63	增效醚	0	0	1.10	低度风险
64	仲草丹	0	0	1.10	低度风险
65	仲丁灵	0	0	1.10	低度风险
66	吡丙醚	0	0	1.10	低度风险
67	戊菌唑	0	0	1.10	低度风险
68	五氯苯胺	0	0	1.10	低度风险
69	丁苯吗啉	0	0	1.10	低度风险
70	噻嗪酮	0	0	1.10	低度风险
71	猛杀威	0	0	1.10	低度风险
72	联苯菊酯	0	0	1.10	低度风险
73	喹螨醚	0	0	1.10	低度风险
74	嘧菌酯	0	0	1.10	低度风险
75	嘧霉胺	0	0	1.10	低度风险

续表

序号	农药	超标频次	超标率 $P(\%)$	风险系数 R	风险程度
76	甲霜灵	0	0	1.10	低度风险
77	灭除威	0	0	1.10	低度风险
78	甲醚菊酯	0	0	1.10	低度风险
79	噻菌灵	0	0	1.10	低度风险
80	氟硅唑	0	0	1.10	低度风险
81	麦穗宁	0	0	1.10	低度风险
82	三唑磷	0	0	1.10	低度风险
83	三唑酮	0	0	1.10	低度风险
84	氟吡菌酰胺	0	0	1.10	低度风险
85	双苯酰草胺	0	0	1.10	低度风险
86	双甲脒	0	0	1.10	低度风险
87	二甲戊灵	0	0	1.10	低度风险
88	多效唑	0	0	1.10	低度风险
89	啶酰菌胺	0	0	1.10	低度风险
90	肟菌酯	0	0	1.10	低度风险
91	嘧菌环胺	0	0	1.10	低度风险

对每个月份内的非禁用农药的风险系数分析，每月内非禁用农药风险程度分布图如图 8-26 所示。2 个月份内处于高度风险的农药数排序为 2015 年 8 月(13)＞2017 年 4 月(2)。2015 年 8 月和 2017 年 4 月处于中度风险的农药种数分别为 14 和 11；处于低度风险的农药数分别为 50 和 37。

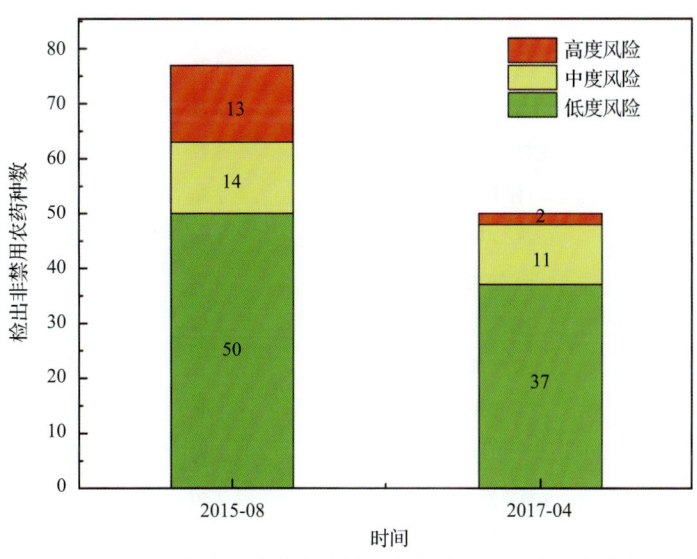

图 8-26 各月份水果蔬菜中非禁用农药残留的风险程度分布图

2个月份内水果蔬菜中非禁用农药处于中度风险和高度风险的风险系数如图 8-27 和表 8-18 所示。

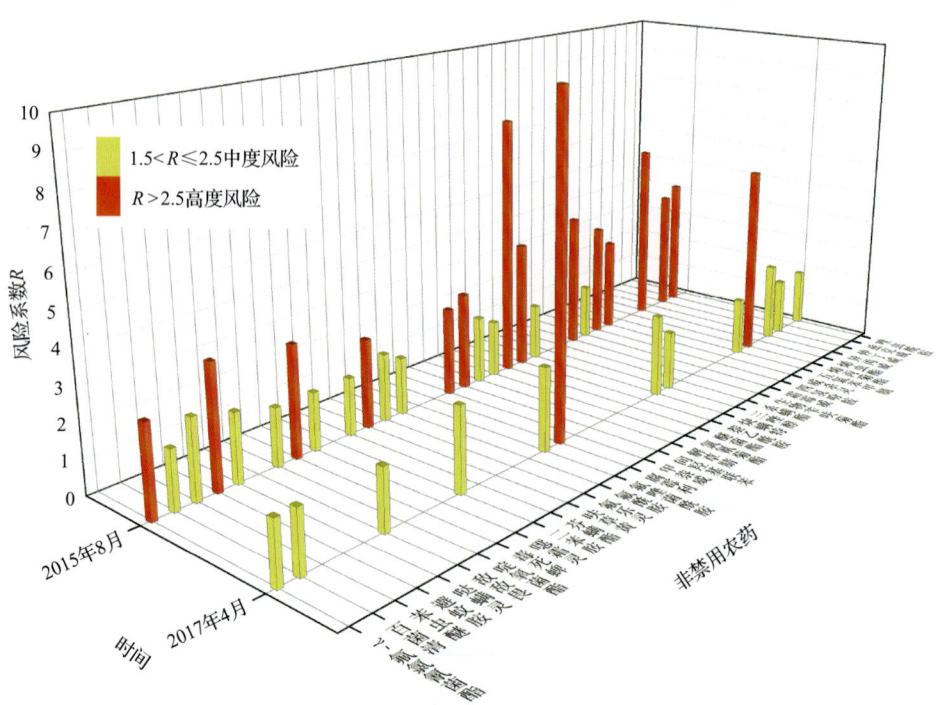

图 8-27　各月份水果蔬菜中非禁用农药处于中度风险和高度风险的风险系数分布图

表 8-18　各月份水果蔬菜中非禁用农药处于中度风险和高度风险的风险系数表

序号	年月	农药	超标频次	超标率 $P(\%)$	风险系数 R	风险程度
1	2015 年 8 月	醚菌酯	22	6.98	8.08	高度风险
2	2015 年 8 月	烯虫酯	15	4.76	5.86	高度风险
3	2015 年 8 月	兹克威	10	3.17	4.27	高度风险
4	2015 年 8 月	生物苄呋菊酯	10	3.17	4.27	高度风险
5	2015 年 8 月	仲丁威	9	2.86	3.96	高度风险
6	2015 年 8 月	萘乙酰胺	9	2.86	3.96	高度风险
7	2015 年 8 月	四氢吩胺	8	2.54	3.64	高度风险
8	2015 年 8 月	避蚊胺	8	2.54	3.64	高度风险
9	2015 年 8 月	毒死蜱	7	2.22	3.32	高度风险
10	2015 年 8 月	威杀灵	6	1.90	3.00	高度风险
11	2015 年 8 月	间羟基联苯	6	1.90	3.00	高度风险
12	2015 年 8 月	γ-氟氯氰菊酯	5	1.59	2.69	高度风险
13	2015 年 8 月	呋草黄	5	1.59	2.69	高度风险
14	2015 年 8 月	甲萘威	5	1.59	2.69	高度风险

续表

序号	年月	农药	超标频次	超标率 $P(\%)$	风险系数 R	风险程度
15	2015 年 8 月	苯虫醚	4	1.27	2.37	中度风险
16	2015 年 8 月	哒螨灵	3	0.95	2.05	中度风险
17	2015 年 8 月	杀螨酯	3	0.95	2.05	中度风险
18	2015 年 8 月	氟乐灵	3	0.95	2.05	中度风险
19	2015 年 8 月	解草腈	3	0.95	2.05	中度风险
20	2015 年 8 月	啶氧菌酯	2	0.63	1.73	中度风险
21	2015 年 8 月	噁霜灵	2	0.63	1.73	中度风险
22	2015 年 8 月	氟酰胺	2	0.63	1.73	中度风险
23	2015 年 8 月	氯氰菊酯	2	0.63	1.73	中度风险
24	2015 年 8 月	炔螨特	2	0.63	1.73	中度风险
25	2015 年 8 月	百菌清	2	0.63	1.73	中度风险
26	2015 年 8 月	芬螨酯	2	0.63	1.73	中度风险
27	2015 年 8 月	霜霉威	2	0.63	1.73	中度风险
28	2017 年 4 月	腐霉利	13	9.09	10.19	高度风险
29	2017 年 4 月	烯丙菊酯	7	4.90	6.00	高度风险
30	2017 年 4 月	二苯胺	2	1.40	2.50	中度风险
31	2017 年 4 月	异丙威	2	1.40	2.50	中度风险
32	2017 年 4 月	氟唑菌酰胺	2	1.40	2.50	中度风险
33	2017 年 4 月	炔螨特	2	1.40	2.50	中度风险
34	2017 年 4 月	γ-氟氯氰菊酯	1	0.70	1.80	中度风险
35	2017 年 4 月	三唑醇	1	0.70	1.80	中度风险
36	2017 年 4 月	五氯苯甲腈	1	0.70	1.80	中度风险
37	2017 年 4 月	仲丁威	1	0.70	1.80	中度风险
38	2017 年 4 月	唑虫酰胺	1	0.70	1.80	中度风险
39	2017 年 4 月	敌敌畏	1	0.70	1.80	中度风险
40	2017 年 4 月	百菌清	1	0.70	1.80	中度风险

8.4 GC-Q-TOF/MS 侦测长春市市售水果蔬菜农药残留风险评估结论与建议

农药残留是影响水果蔬菜安全和质量的主要因素，也是我国食品安全领域备受关注的敏感话题和亟待解决的重大问题之一[15,16]。各种水果蔬菜均存在不同程度的农药残留现象，本研究主要针对长春市各类水果蔬菜存在的农药残留问题，基于 2015 年 8 月~2017 年 4 月对长春市 458 例水果蔬菜样品中农药残留侦测得出的 1114 个侦测结果，分别采用食品安全指数模型和风险系数模型,开展水果蔬菜中农药残留的膳食暴露风险和预警风险评估。水果蔬菜样品取自超市,符合大众的膳食来源,风险评价时更具有代表性和可信度。

本研究力求通用简单地反映食品安全中的主要问题,且为管理部门和大众容易接受,为政府及相关管理机构建立科学的食品安全信息发布和预警体系提供科学的规律与方法,加强对农药残留的预警和食品安全重大事件的预防,控制食品风险。

8.4.1 长春市水果蔬菜中农药残留膳食暴露风险评价结论

1) 水果蔬菜样品中农药残留安全状态评价结论

采用食品安全指数模型,对 2015 年 8 月~2017 年 4 月期间长春市水果蔬菜食品农药残留膳食暴露风险进行评价,根据 IFS_c 的计算结果发现,水果蔬菜中农药的 $\overline{IFS}$ 为 0.0262,说明长春市水果蔬菜总体处于可以接受的安全状态,但部分禁用农药、高残留农药在蔬菜、水果中仍有检出,导致膳食暴露风险的存在,成为不安全因素。

2) 单种水果蔬菜中农药膳食暴露风险不可接受情况评价结论

单种水果蔬菜中农药残留安全指数分析结果显示,在单种果蔬中未发现膳食暴露风险不可接受的残留农药,检测出的残留农药对单种果蔬安全的影响均在可以接受和没有影响的范围内,说明长春市的果蔬中虽检出农药残留,但残留农药不会造成膳食暴露风险或造成的膳食暴露风险可以接受。

3) 禁用农药膳食暴露风险评价

本次检测发现部分水果蔬菜样品中有禁用农药检出,检出禁用农药 7 种,检出频次为 25,水果蔬菜样品中的禁用农药 IFS_c 计算结果表明,禁用农药残留膳食暴露风险均可以接受或者没有影响;可以接受的频次为 9,占 36.0%;没有影响的频次为 16,占 64.0%。对于水果蔬菜样品中所有农药而言,膳食暴露风险均可以接受或者没有影响;可以接受的频次为 23,占 2.06%;没有影响的频次为 676,占 60.68%。虽然残留禁用农药没有造成不可接受的膳食暴露风险,但为何在国家明令禁止禁用农药喷洒的情况下,还能在多种果蔬中多次检出禁用农药残留,这应该引起相关部门的高度警惕,应该在禁止禁用农药喷洒的同时,严格管控禁用农药的生产和售卖,从根本上杜绝安全隐患。

8.4.2 长春市水果蔬菜中农药残留预警风险评价结论

1) 单种水果蔬菜中禁用农药残留的预警风险评价结论

本次检测过程中,在 12 种水果蔬菜中检测超出 7 种禁用农药,禁用农药为:硫丹、水胺硫磷、克百威、治螟磷、特丁硫磷、氰戊菊酯和甲拌磷,水果蔬菜为:菠菜、草莓、橙、胡萝卜、韭菜、橘、茄子、芹菜、桃、茼蒿、香瓜、小白菜,水果蔬菜中禁用农药的风险系数分析结果显示,7 种禁用农药在 12 种水果蔬菜中的残留均处于高度风险,说明在单种水果蔬菜中禁用农药的残留会导致较高的预警风险。

2) 单种水果蔬菜中非禁用农药残留的预警风险评价结论

以 MRL 中国国家标准为标准,计算水果蔬菜中非禁用农药风险系数情况下,473

个样本中，4 个处于高度风险(0.85%)，86 个处于低度风险(18.18%)，383 个样本没有 MRL 中国国家标准(80.97%)。以 MRL 欧盟标准为标准，计算水果蔬菜中非禁用农药风险系数情况下，发现有 108 个处于高度风险(22.83%)，365 个处于低度风险(77.17%)。基于两种 MRL 标准，评价的结果差异显著，可以看出 MRL 欧盟标准比中国国家标准更加严格和完善，过于宽松的 MRL 中国国家标准值能否有效保障人体的健康有待研究。

8.4.3 加强长春市水果蔬菜食品安全建议

我国食品安全风险评价体系仍不够健全，相关制度不够完善，多年来，由于农药用药次数多、用药量大或用药间隔时间短，产品残留量大，农药残留所造成的食品安全问题日益严峻，给人体健康带来了直接或间接的危害。据估计，美国与农药有关的癌症患者数约占全国癌症患者总数的 50%，中国更高。同样，农药对其他生物也会形成直接杀伤和慢性危害，植物中的农药可经过食物链逐级传递并不断蓄积，对人和动物构成潜在威胁，并影响生态系统。

基于本次农药残留侦测数据的风险评价结果，提出以下几点建议：

1) 加快食品安全标准制定步伐

我国食品标准中对农药每日允许最大摄入量 ADI 的数据严重缺乏，在本次评价所涉及的 98 种农药中，仅有 64.3%的农药具有 ADI 值，而 35.7%的农药中国尚未规定相应的 ADI 值，亟待完善。

我国食品中农药最大残留限量值的规定严重缺乏，对评估涉及的不同水果蔬菜中不同农药 489 个 MRL 限值进行统计来看，我国仅制定出 101 个标准，我国标准完整率仅为 20.6%，欧盟的完整率达到 100%(表 8-19)。因此，中国更应加快 MRL 标准的制定步伐。

此外，MRL 中国国家标准限值普遍高于欧盟标准限值，这些标准中共有 57 个高于欧盟。过高的 MRL 值难以保障人体健康，建议继续加强对限值基准和标准的科学研究，将农产品中的危险性减少到尽可能低的水平。

表 8-19 我国国家食品标准农药的 ADI、MRL 值与欧盟标准的数量差异

分类		中国 ADI	MRL 中国国家标准	MRL 欧盟标准
标准限值(个)	有	63	101	489
	无	35	388	0
总数(个)		98	489	489
无标准限值比例(%)		35.7	20.6	0

2) 加强农药的源头控制和分类监管

在长春市某些水果蔬菜中仍有禁用农药残留，利用 GC-Q-TOF/MS 技术侦测出 7 种禁用农药，检出频次为 25 次，残留禁用农药均存在较大的膳食暴露风险和预警风险。早已列入黑名单的禁用农药在我国并未真正退出，有些药物由于价格便宜、工艺简单，此类高毒农药一直生产和使用。建议在我国采取严格有效的控制措施，从源头控制禁用

农药。

对于非禁用农药，在我国作为"田间地头"最典型单位的县级蔬果产地中，农药残留的检测几乎缺失。建议根据农药的毒性，对高毒、剧毒、中毒农药实现分类管理，减少使用高毒和剧毒高残留农药，进行分类监管。

3) 加强残留农药的生物修复及降解新技术

市售果蔬中残留农药的品种多、频次高、禁用农药多次检出这一现状，说明了我国的田间土壤和水体因农药长期、频繁、不合理的使用而遭到严重污染。为此，建议中国相关部门出台相关政策，鼓励高校及科研院所积极开展分子生物学、酶学等研究，加强土壤、水体中残留农药的生物修复及降解新技术研究，切实加大农药监管力度，以控制农药的面源污染问题。

综上所述，在本工作基础上，根据蔬菜残留危害，可进一步针对其成因提出和采取严格管理、大力推广无公害蔬菜种植与生产、健全食品安全控制技术体系、加强蔬菜食品质量检测体系建设和积极推行蔬菜食品质量追溯制度等相应对策。建立和完善食品安全综合评价指数与风险监测预警系统，对食品安全进行实时、全面的监控与分析，为我国的食品安全科学监管与决策提供新的技术支持，可实现各类检验数据的信息化系统管理，降低食品安全事故的发生。

哈尔滨市

第9章 LC-Q-TOF/MS 侦测哈尔滨市 633 例市售水果蔬菜样品农药残留报告

从哈尔滨市所属 7 个区，随机采集了 633 例水果蔬菜样品，使用液相色谱-四极杆飞行时间质谱(LC-Q-TOF/MS)对 565 种农药化学污染物进行示范侦测(7 种负离子模式 ESI- 未涉及)。

9.1 样品种类、数量与来源

9.1.1 样品采集与检测

为了真实反映百姓餐桌上水果蔬菜中农药残留污染状况，本次所有检测样品均由检验人员于 2015 年 7 月至 2016 年 9 月期间，从哈尔滨市所属 23 个采样点(即 23 个超市)以随机购买方式采集，总计 26 批 633 例样品，从中检出农药 79 种，1357 频次。采样及监测概况见图 9-1 及表 9-1，样品及采样点明细见表 9-2 及表 9-3(侦测原始数据见附表 1)。

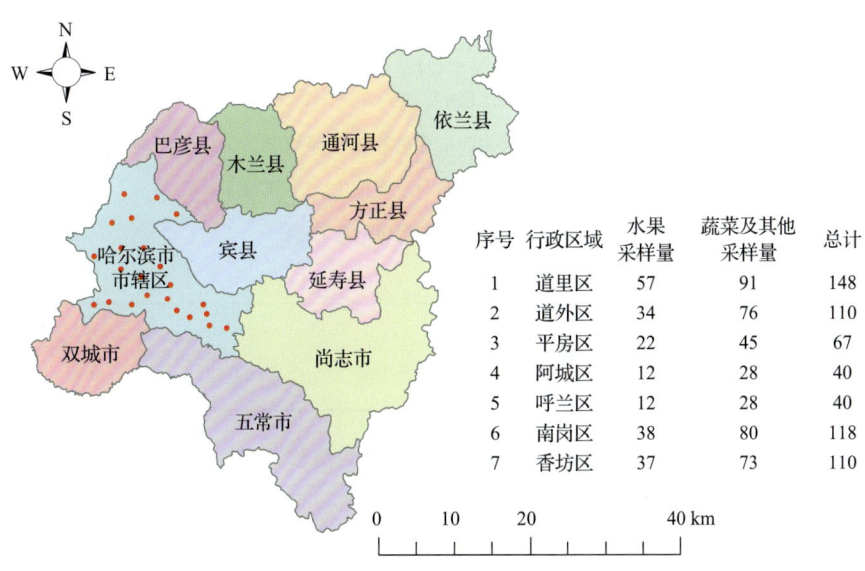

图 9-1 哈尔滨市所属 23 个采样点 633 例样品分布图

表 9-1　农药残留监测总体概况

采样地区	哈尔滨市所属 7 个区
采样点(超市)	23
样本总数	633
检出农药品种/频次	79/1357
各采样点样本农药残留检出率范围	50.0% ~ 88.0%

表 9-2　样品分类及数量

样品分类	样品名称(数量)	数量小计
1. 水果		212
1) 仁果类水果	苹果(27), 梨(25)	52
2) 核果类水果	桃(26), 李子(9), 枣(1)	36
3) 浆果和其他小型水果	猕猴桃(5), 葡萄(24)	29
4) 瓜果类水果	香瓜(9)	9
5) 热带和亚热带水果	香蕉(9), 荔枝(6), 芒果(7), 火龙果(8), 菠萝(15)	45
6) 柑橘类水果	柚(8), 柠檬(9), 橙(24)	41
2. 食用菌		20
1) 蘑菇类	香菇(4), 杏鲍菇(9), 金针菇(7)	20
3. 蔬菜		401
1) 豆类蔬菜	菜豆(26)	26
2) 鳞茎类蔬菜	韭菜(6)	6
3) 叶菜类蔬菜	芹菜(23), 苦苣(5), 菠菜(24), 油麦菜(9), 小白菜(8), 生菜(23), 茼蒿(22), 大白菜(14), 小油菜(9)	137
4) 芸薹属类蔬菜	结球甘蓝(20), 花椰菜(9), 青花菜(20), 菜薹(3)	52
5) 瓜类蔬菜	黄瓜(28), 西葫芦(8), 南瓜(4), 冬瓜(23), 苦瓜(3), 丝瓜(3)	69
6) 茄果类蔬菜	番茄(27), 甜椒(27), 樱桃番茄(19), 茄子(24)	97
7) 根茎类和薯芋类蔬菜	胡萝卜(10), 萝卜(4)	14
合计	1.水果 16 种 2.食用菌 3 种 3.蔬菜 27 种	633

表 9-3　哈尔滨市采样点信息

采样点序号	行政区域	采样点
超市(23)		
1	南岗区	***超市(南岗店)
2	南岗区	***超市(南岗店)
3	南岗区	***超市(西大直街店)

续表

采样点序号	行政区域	采样点
超市(23)		
4	南岗区	***超市(中山店)
5	呼兰区	***超市(呼兰店)
6	呼兰区	***超市(呼兰店)
7	平房区	***超市(平房区)
8	平房区	***超市(平房区店)
9	道外区	***超市(道外店)
10	道外区	***超市(永平店)
11	道外区	***超市(先锋路)
12	道里区	***超市(金安国际店)
13	道里区	***超市(中央商城店)
14	道里区	***超市
15	道里区	***超市(新阳路店)
16	道里区	***超市(友谊路)
17	道里区	***超市(哈尔滨总店)
18	阿城区	***超市
19	阿城区	***超市
20	香坊区	***超市(香坊店)
21	香坊区	***超市(中环店)
22	香坊区	***超市(乐松店)
23	香坊区	***超市(香坊店)

9.1.2 检测结果

这次使用的检测方法是庞国芳院士团队最新研发的不需使用标准品对照，而以高分辨精确质量数(0.0001 m/z)为基准的 LC-Q-TOF/MS 检测技术，对于 633 例样品，每个样品均侦测了 565 种农药化学污染物的残留现状。通过本次侦测，在 633 例样品中共计检出农药化学污染物 79 种，检出 1357 频次。

9.1.2.1 各采样点样品检出情况

统计分析发现 23 个采样点中，被测样品的农药检出率范围为 50.0%~88.0%。其中，***超市(哈尔滨总店)的检出率最高，为 88.0%。***超市(先锋路)的检出率最低，为 50.0%，见图 9-2。

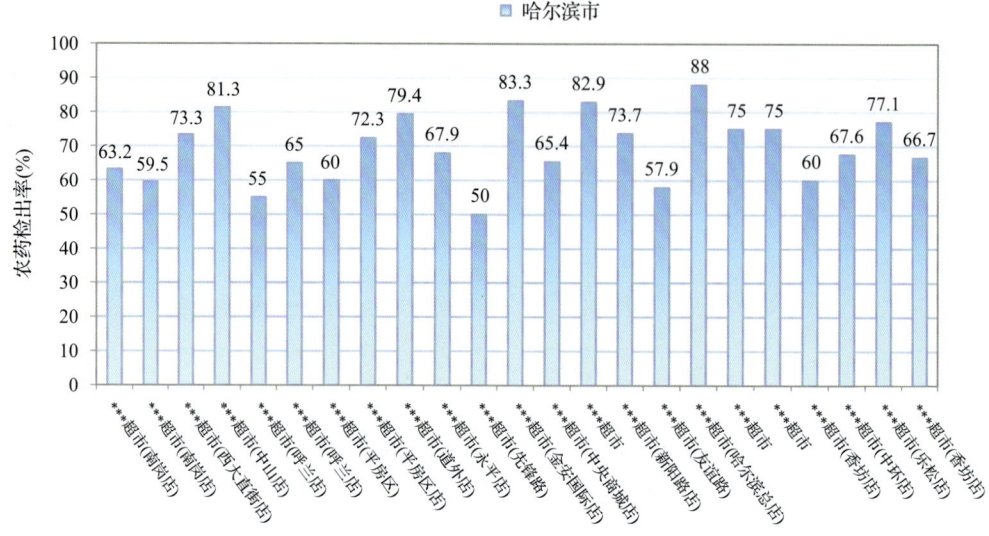

图 9-2 各采样点样品中的农药检出率(%)

9.1.2.2 检出农药的品种总数与频次

统计分析发现,对于 633 例样品中 565 种农药化学污染物的侦测,共检出农药 1357 频次,涉及农药 79 种,结果如图 9-3 所示。其中多菌灵检出频次最高,共检出 142 次。检出频次排名前 10 的农药如下:①多菌灵(142);②抑霉唑(93);③啶虫脒(89);④嘧霉胺(65);⑤烯酰吗啉(65);⑥苯醚甲环唑(55);⑦噻菌灵(54);⑧矮壮素(50);⑨甲霜灵(49);⑩嘧菌酯(43)。

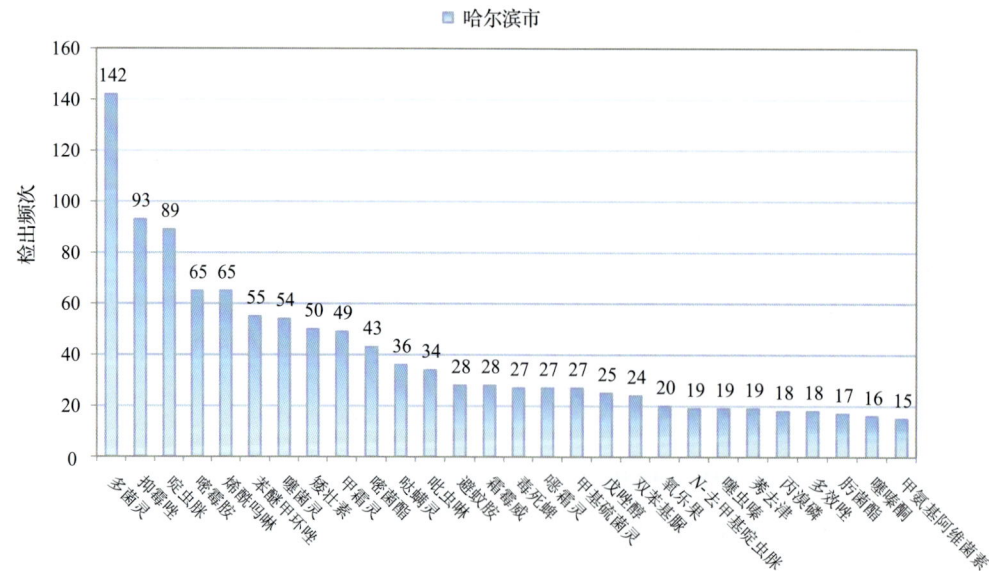

图 9-3 检出农药品种及频次(仅列出 15 频次及以上的数据)

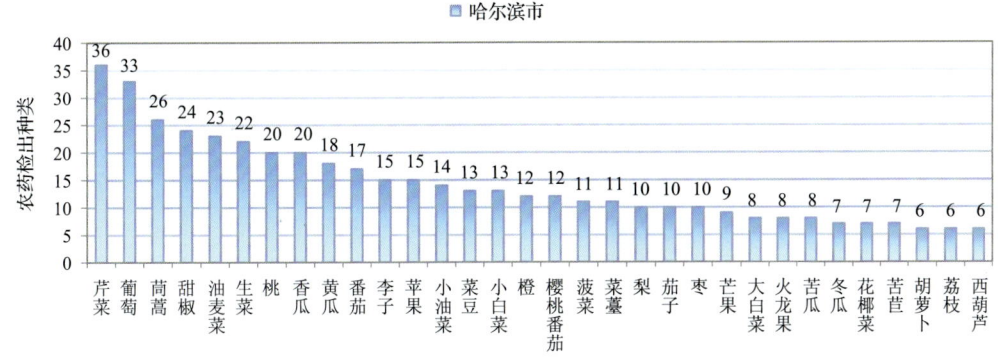

图 9-4 单种水果蔬菜检出农药的种类数(仅列出检出农药 6 种及以上的数据)

由图 9-4 可见,芹菜、葡萄和茼蒿这 3 种果蔬样品中检出的农药品种数较高,均超过 25 种,其中,芹菜检出农药品种最多,为 36 种。由图 9-5 可见,葡萄、芹菜和桃这 3 种果蔬样品中的农药检出频次较高,均超过 100 次,其中,葡萄检出农药频次最高,为 173 次。

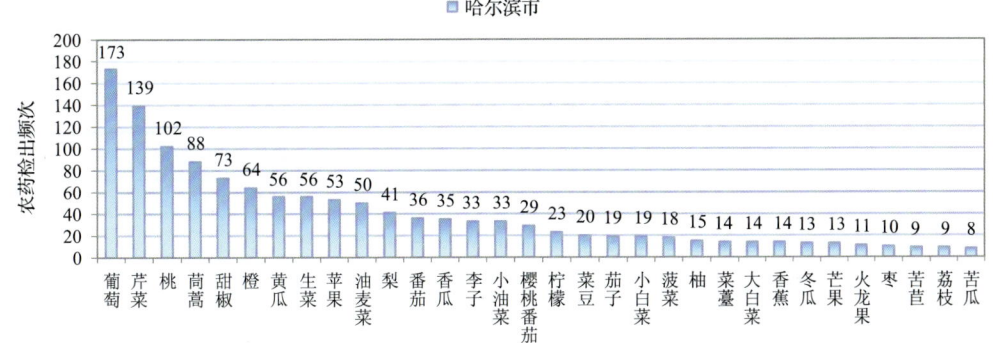

图 9-5 单种水果蔬菜检出农药频次(仅列出检出农药 8 频次及以上的数据)

9.1.2.3 单例样品农药检出种类与占比

对单例样品检出农药种类和频次进行统计发现,未检出农药的样品占总样品数的 29.5%,检出 1 种农药的样品占总样品数的 21.5%,检出 2~5 种农药的样品占总样品数的 40.6%,检出 6~10 种农药的样品占总样品数的 7.1%,检出大于 10 种农药的样品占总样品数的 1.3%。每例样品中平均检出农药为 2.1 种,数据见表 9-4 及图 9-6。

表 9-4 单例样品检出农药品种占比

检出农药品种数	样品数量/占比(%)
未检出	187/29.5
1 种	136/21.5
2~5 种	257/40.6
6~10 种	45/7.1
大于 10 种	8/1.3
单例样品平均检出农药品种	2.1 种

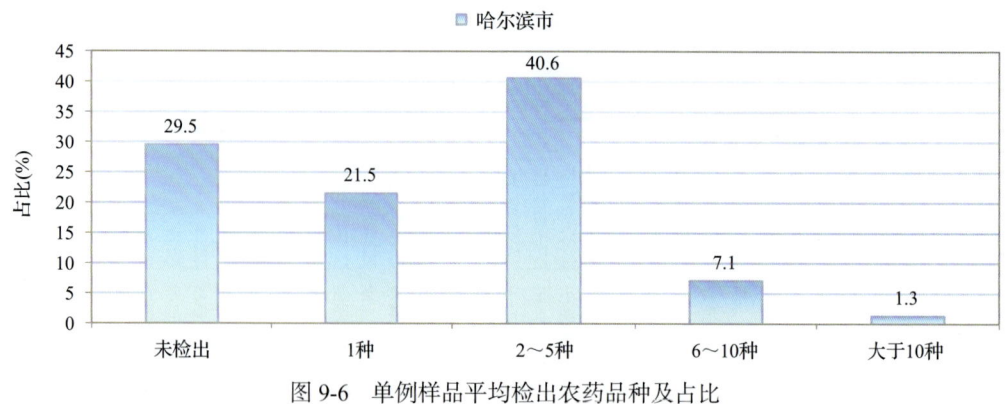

图 9-6 单例样品平均检出农药品种及占比

9.1.2.4 检出农药类别与占比

所有检出农药按功能分类，包括杀虫剂、杀菌剂、除草剂、植物生长调节剂、驱避剂、增效剂共 6 类。其中杀虫剂与杀菌剂为主要检出的农药类别，分别占总数的 44.3% 和 41.8%，见表 9-5 及图 9-7。

表 9-5 检出农药所属类别/占比

农药类别	数量/占比(%)
杀虫剂	35/44.3
杀菌剂	33/41.8
除草剂	5/6.3
植物生长调节剂	4/5.1
驱避剂	1/1.3
增效剂	1/1.3

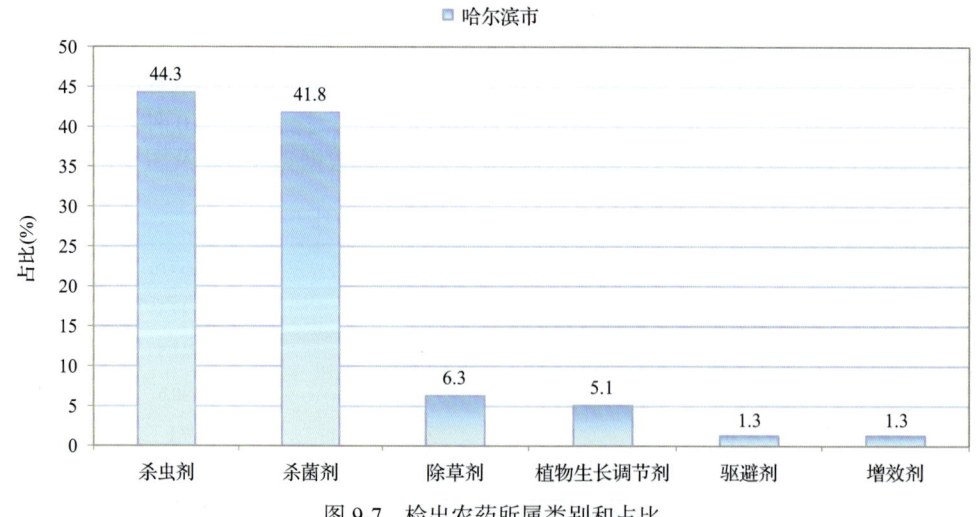

图 9-7 检出农药所属类别和占比

9.1.2.5 检出农药的残留水平

按检出农药残留水平进行统计，残留水平在 1～5 μg/kg（含）的农药占总数的 35.2%，在 5～10 μg/kg（含）的农药占总数的 12.3%，在 10～100 μg/kg（含）的农药占总数的 36.9%，在 100～1000 μg/kg（含）的农药占总数的 14.1%，在＞1000 μg/kg 的农药占总数的 1.4%。

由此可见，这次检测的 26 批 633 例水果蔬菜样品中农药多数处于中高残留水平。结果见表 9-6 及图 9-8，数据见附表 2。

表 9-6 农药残留水平/占比

残留水平(μg/kg)	检出频次数/占比(%)
1～5（含）	478/35.2
5～10（含）	167/12.3
10～100（含）	501/36.9
100～1000（含）	192/14.1
＞1000	19/1.4

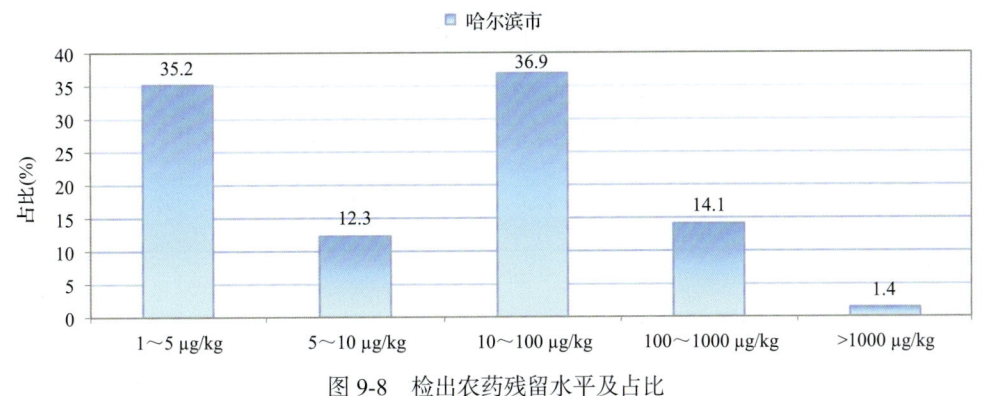

图 9-8 检出农药残留水平及占比

9.1.2.6 检出农药的毒性类别、检出频次和超标频次及占比

对这次检出的 79 种 1357 频次的农药，按剧毒、高毒、中毒、低毒和微毒这五个毒性类别进行分类，从中可以看出，哈尔滨市目前普遍使用的农药为中低微毒农药，品种占 89.8%，频次占 95.5%。结果见表 9-7 及图 9-9。

表 9-7 检出农药毒性类别/占比

毒性分类	农药品种/占比(%)	检出频次/占比(%)	超标频次/超标率(%)
剧毒农药	1/1.3	11/0.8	9/81.8
高毒农药	7/8.9	50/3.7	15/30.0
中毒农药	34/43.0	626/46.1	8/1.3
低毒农药	25/31.6	385/28.4	0/0.0
微毒农药	12/15.2	285/21.0	0/0.0

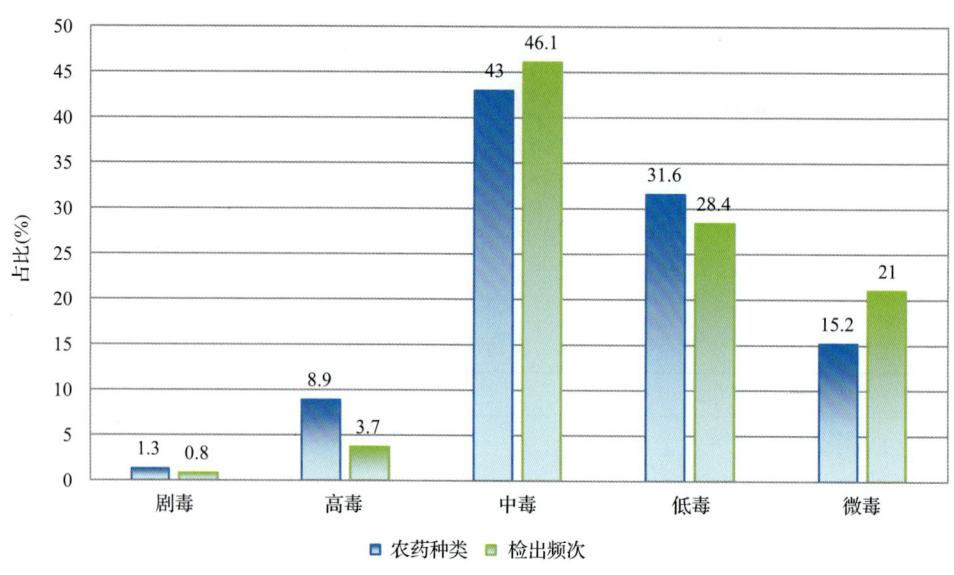

图 9-9 检出农药的毒性分类和占比

9.1.2.7 检出剧毒/高毒类农药的品种和频次

值得特别关注的是，在此次侦测的 633 例样品中有 13 种蔬菜 3 种水果 1 种食用菌的 51 例样品检出了 8 种 61 频次的剧毒和高毒农药，占样品总量的 8.1%，详见图 9-10、表 9-8 及表 9-9。

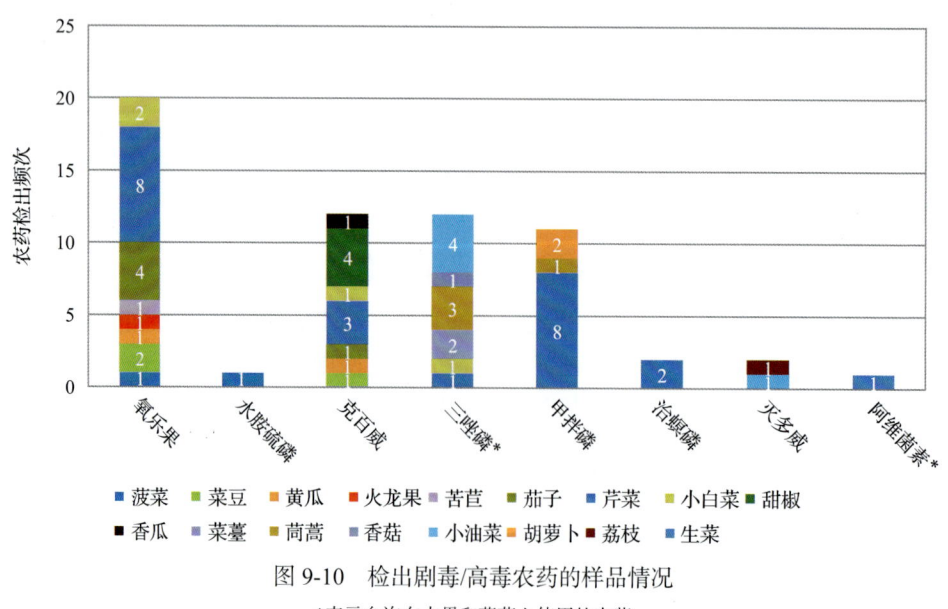

图 9-10 检出剧毒/高毒农药的样品情况

*表示允许在水果和蔬菜上使用的农药

表 9-8 剧毒农药检出情况

序号	农药名称	检出频次	超标频次	超标率
	水果中未检出剧毒农药			
	小计	0	0	超标率：0.0%
	从 3 种蔬菜中检出 1 种剧毒农药，共计检出 11 次			
1	甲拌磷*	11	9	81.8%
	小计	11	9	超标率：81.8%
	合计	11	9	超标率：81.8%

表 9-9 高毒农药检出情况

序号	农药名称	检出频次	超标频次	超标率
	从 3 种水果中检出 3 种高毒农药，共计检出 3 次			
1	克百威	1	0	0.0%
2	灭多威	1	0	0.0%
3	氧乐果	1	0	0.0%
	小计	3	0	超标率：0.0%
	从 12 种蔬菜中检出 7 种高毒农药，共计检出 46 次			
1	氧乐果	19	14	73.7%
2	克百威	11	1	9.1%
3	三唑磷	11	0	0.0%
4	治螟磷	2	0	0.0%
5	阿维菌素	1	0	0.0%
6	灭多威	1	0	0.0%
7	水胺硫磷	1	0	0.0%
	小计	46	15	超标率：32.6%
	合计	49	15	超标率：30.6%

在检出的剧毒和高毒农药中，有 6 种是我国早已禁止在果树和蔬菜上使用的，分别是：克百威、甲拌磷、治螟磷、氧乐果、灭多威和水胺硫磷。禁用农药的检出情况见表 9-10。

此次抽检的果蔬样品中，有 3 种蔬菜检出了剧毒农药，分别是：胡萝卜中检出甲拌磷 2 次；芹菜中检出甲拌磷 8 次；茼蒿中检出甲拌磷 1 次。

表 9-10 禁用农药检出情况

序号	农药名称	检出频次	超标频次	超标率
从 3 种水果中检出 3 种禁用农药，共计检出 3 次				
1	克百威	1	0	0.0%
2	灭多威	1	0	0.0%
3	氧乐果	1	0	0.0%
	小计	3	0	超标率：0.0%
从 11 种蔬菜中检出 6 种禁用农药，共计检出 45 次				
1	氧乐果	19	14	73.7%
2	甲拌磷*	11	9	81.8%
3	克百威	11	1	9.1%
4	治螟磷	2	0	0.0%
5	灭多威	1	0	0.0%
6	水胺硫磷	1	0	0.0%
	小计	45	24	超标率：53.3%
	合计	48	24	超标率：50.0%

注：超标结果参考 MRL 中国国家标准计算

样品中检出剧毒和高毒农药残留水平超过 MRL 中国国家标准的频次为 24，其中：小白菜检出氧乐果超标 2 次；甜椒检出克百威超标 1 次；胡萝卜检出甲拌磷超标 2 次；芹菜检出氧乐果超标 6 次，检出甲拌磷超标 7 次；茄子检出氧乐果超标 3 次；菜豆检出氧乐果超标 1 次；菠菜检出氧乐果超标 1 次；黄瓜检出氧乐果超标 1 次。本次检出结果表明，高毒、剧毒农药的使用现象依旧存在。详见表 9-11。

表 9-11 各样本中检出剧毒/高毒农药情况

样品名称	农药名称	检出频次	超标频次	检出浓度(μg/kg)
水果 3 种				
火龙果	氧乐果▲	1	0	11.7
荔枝	灭多威▲	1	0	7.4
香瓜	克百威▲	1	0	2.6
	小计	3	0	超标率：0.0%
蔬菜 13 种				
小油菜	三唑磷	4	0	56.2, 59.4, 500.7, 91.6
小油菜	灭多威▲	1	0	58.7

续表

样品名称	农药名称	检出频次	超标频次	检出浓度(μg/kg)
小白菜	氧乐果▲	2	2	232.3^a, 103.2^a
小白菜	三唑磷	1	0	50.4
小白菜	克百威▲	1	0	1.2
甜椒	克百威▲	4	1	6.4, 6.9, 4.3, 169.5^a
生菜	阿维菌素	1	0	10.0
胡萝卜	甲拌磷*▲	2	2	44.7^a, 21.0^a
芹菜	氧乐果▲	8	6	53.3^a, 72.4^a, 393.3^a, 68.2^a, 2.0, 9.1, 31.1^a, 36.1^a
芹菜	克百威▲	3	0	1.6, 1.0, 1.3
芹菜	治螟磷▲	2	0	5.4, 4.7
芹菜	三唑磷	1	0	1.1
芹菜	甲拌磷*▲	8	7	26.9^a, 125.9^a, 74.4^a, 11.6^a, 103.3^a, 72.1^a, 8.5, 13.1^a
苦苣	氧乐果▲	1	0	6.0
茄子	氧乐果▲	4	3	3.1, 59.3^a, 44.5^a, 74.7^a
茄子	克百威▲	1	0	1.3
茼蒿	三唑磷	3	0	2.6, 240.2, 236.5
茼蒿	甲拌磷*▲	1	0	3.5
菜薹	三唑磷	2	0	98.1, 9.9
菜豆	氧乐果▲	2	1	54.0^a, 3.3
菜豆	克百威▲	1	0	2.3
菠菜	氧乐果▲	1	1	60.3^a
菠菜	水胺硫磷▲	1	0	151.5
黄瓜	氧乐果▲	1	1	30.8^a
黄瓜	克百威▲	1	0	3.1
	小计	57	24	超标率：42.1%
	合计	60	24	超标率：40.0%

9.2 农药残留检出水平与最大残留限量标准对比分析

我国于 2014 年 3 月 20 日正式颁布并于 2014 年 8 月 1 日正式实施食品农药残留限量国家标准《食品中农药最大残留限量》(GB 2763—2014)。该标准包括 371 个农药条目,涉及最大残留限量(MRL)标准 3653 项。将 1357 频次检出农药的浓度水平与 3653 项 MRL 中国国家标准进行核对,其中只有 522 频次的农药找到了对应的 MRL 标准,占 38.5%,还有 835 频次的侦测数据则无相关 MRL 标准供参考,占 61.5%。

将此次侦测结果与国际上现行 MRL 标准对比发现,在 1357 频次的检出结果中有 1357 频次的结果找到了对应的 MRL 欧盟标准,占 100.0%,其中,1216 频次的结果有明确对应的 MRL,占 89.6%,其余 141 频次按照欧盟一律标准判定,占 10.4%;有 1357 频次的结果找到了对应的 MRL 日本标准,占 100.0%,其中,1026 频次的结果有明确对应的 MRL,占 75.6%,其余 331 频次按照日本一律标准判定,占 24.4%;有 715 频次的结果找到了对应的 MRL 中国香港标准,占 52.7%;有 680 频次的结果找到了对应的 MRL 美国标准,占 50.1%;有 600 频次的结果找到了对应的 MRL CAC 标准,占 44.2%(见图 9-11 和图 9-12,数据见附表 3 至附表 8)。

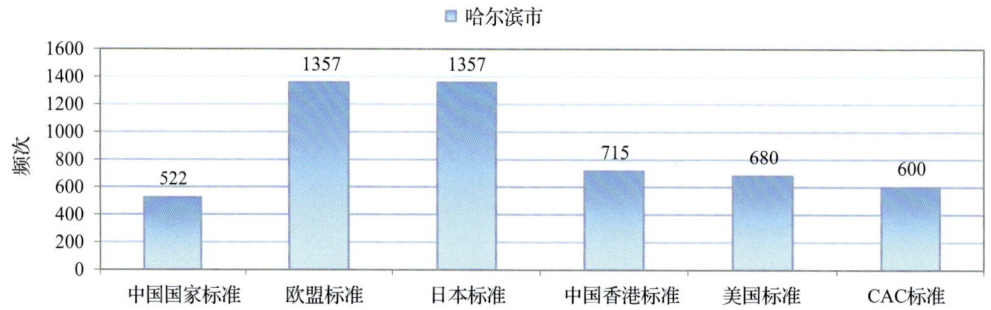

图 9-11 1357 频次检出农药可用 MRL 中国国家标准、欧盟标准、日本标准、中国香港标准、美国标准、CAC 标准判定衡量的数量

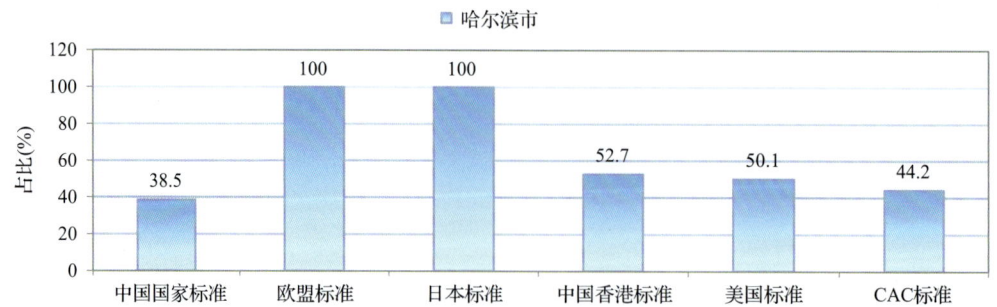

图 9-12 1357 频次检出农药可用 MRL 中国国家标准、欧盟标准、日本标准、中国香港标准、美国标准、CAC 标准衡量的占比

9.2.1 超标农药样品分析

本次侦测的 633 例样品中,187 例样品未检出任何残留农药,占样品总量的 29.5%,446 例样品检出不同水平、不同种类的残留农药,占样品总量的 70.5%。在此,我们将本次侦测的农残检出情况与 MRL 中国国家标准、欧盟标准、日本标准、中国香港标准、美国标准和 CAC 标准这 6 大国际主流 MRL 标准进行对比分析,样品农残检出与超标情况见表 9-12、图 9-13 和图 9-14,详细数据见附表 9 至附表 14。

表 9-12 各 MRL 标准下样本农残检出与超标数量及占比

	中国国家标准 数量/占比(%)	欧盟标准 数量/占比(%)	日本标准 数量/占比(%)	中国香港标准 数量/占比(%)	美国标准 数量/占比(%)	CAC 标准 数量/占比(%)
未检出	187/29.5	187/29.5	187/29.5	187/29.5	187/29.5	187/29.5
检出未超标	416/65.7	314/49.6	316/49.9	437/69.0	429/67.8	443/70.0
检出超标	30/4.7	132/20.9	130/20.5	9/1.4	17/2.7	3/0.5

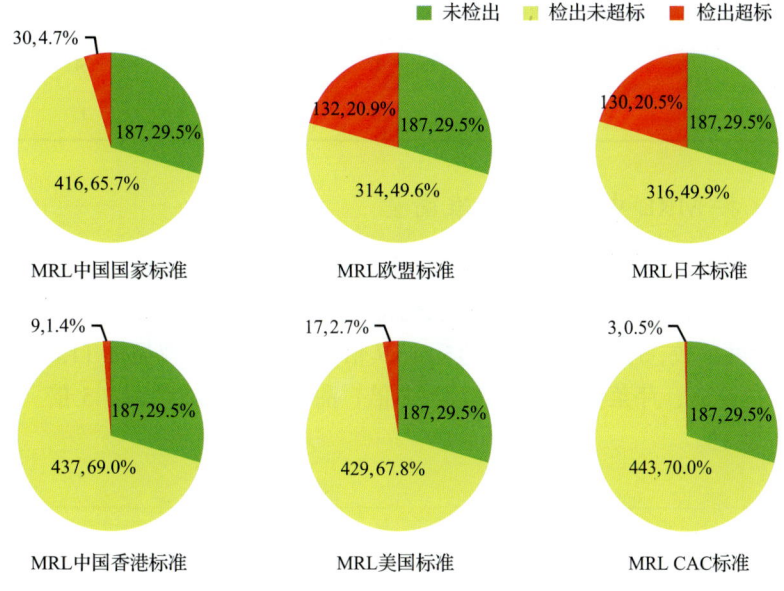

图 9-13 检出和超标样品比例情况

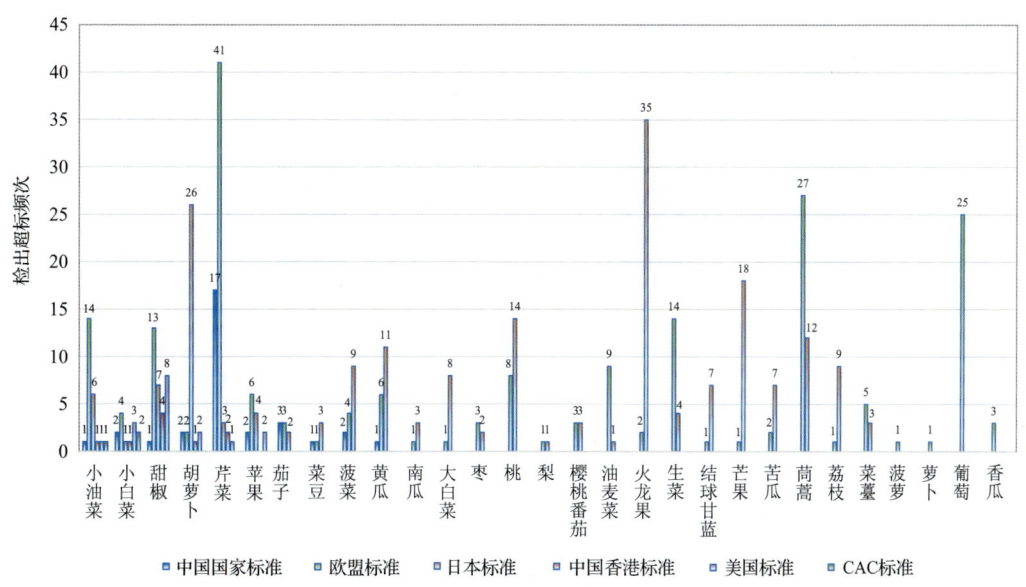

图 9-14 超过 MRL 中国国家标准、欧盟标准、日本标准、中国香港标准、
美国标准和 CAC 标准结果在水果蔬菜中的分布

9.2.2 超标农药种类分析

按照 MRL 中国国家标准、欧盟标准、日本标准、中国香港标准、美国标准和 CAC 标准这 6 大国际主流 MRL 标准衡量，本次侦测检出的农药超标品种及频次情况见表 9-13。

表 9-13 各 MRL 标准下超标农药品种及频次

	中国国家标准	欧盟标准	日本标准	中国香港标准	美国标准	CAC 标准
超标农药品种	5	43	47	2	4	2
超标农药频次	32	203	199	9	17	3

9.2.2.1 按 MRL 中国国家标准衡量

按 MRL 中国国家标准衡量，共有 5 种农药超标，检出 32 频次，分别为剧毒农药甲拌磷，高毒农药克百威和氧乐果，中毒农药毒死蜱和丙溴磷。

按超标程度比较，芹菜中氧乐果超标 18.7 倍，芹菜中甲拌磷超标 11.6 倍，小白菜中氧乐果超标 10.6 倍，芹菜中毒死蜱超标 9.1 倍，甜椒中克百威超标 7.5 倍。检测结果见图 9-15 和附表 15。

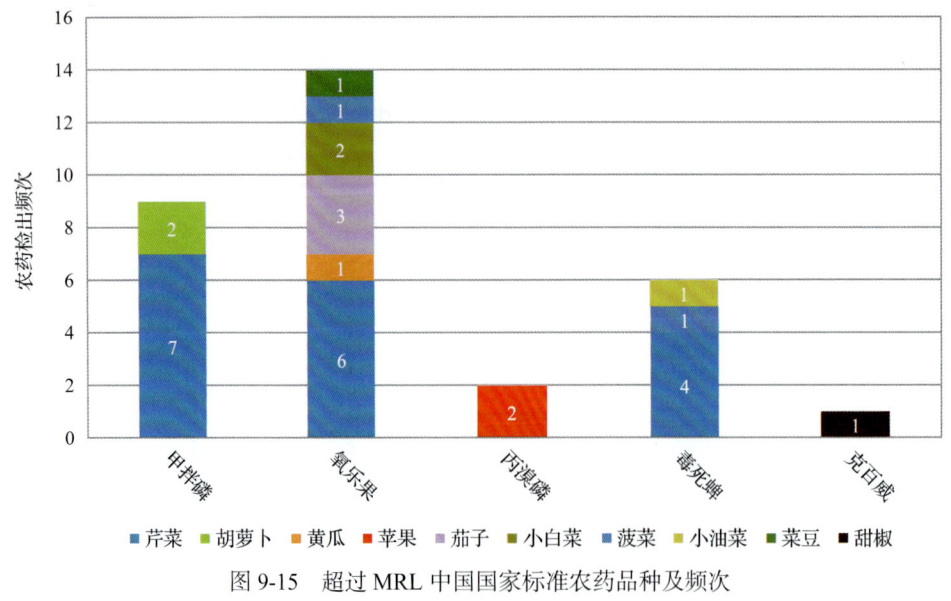

图 9-15 超过 MRL 中国国家标准农药品种及频次

9.2.2.2 按 MRL 欧盟标准衡量

按 MRL 欧盟标准衡量，共有 43 种农药超标，检出 203 频次，分别为剧毒农药甲拌磷，高毒农药灭多威、克百威、三唑磷、水胺硫磷和氧乐果，中毒农药乐果、敌百虫、多效唑、毒死蜱、烯唑醇、甲霜灵、噻虫嗪、炔丙菊酯、三唑醇、甲氨基阿维菌素、噁霜灵、唑虫酰胺、啶虫脒、仲丁灵、氟硅唑、二甲戊灵、哒螨灵、抑霉唑、丙溴磷和 N-去甲基啶虫脒，低毒农药矮壮素、嘧霉胺、氟吗啉、避蚊胺、己唑醇、烯啶虫胺、去乙基阿特拉津、双苯基脲、马拉硫磷和炔螨特，微毒农药多菌灵、吡唑醚菌酯、嘧菌酯、增效醚、啶氧菌酯、甲基硫菌灵和霜霉威。

按超标程度比较，葡萄中三唑醇超标 315.1 倍，甜椒中克百威超标 83.8 倍，茼蒿中丙溴磷超标 83.7 倍，小油菜中三唑磷超标 49.1 倍，茼蒿中唑虫酰胺超标 46.4 倍。检测结果见图 9-16 和附表 16。

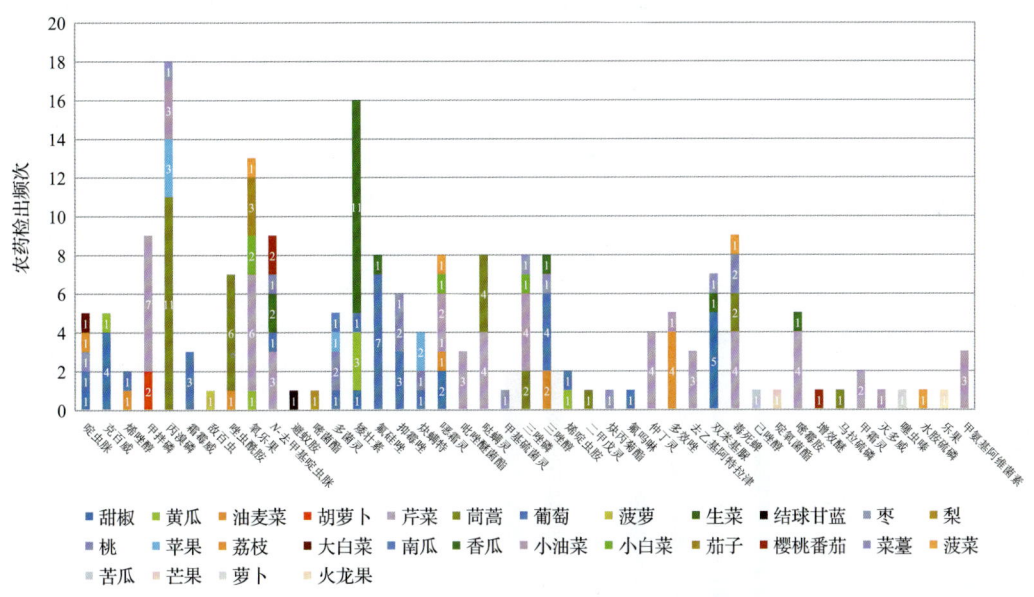

图 9-16　超过 MRL 欧盟标准农药品种及频次

9.2.2.3　按 MRL 日本标准衡量

按 MRL 日本标准衡量，共有 47 种农药超标，检出 199 频次，分别为高毒农药三唑磷、水胺硫磷和氧乐果，中毒农药乐果、粉唑醇、咪鲜胺、多效唑、戊唑醇、毒死蜱、甲霜灵、烯唑醇、噻虫嗪、三唑酮、三唑醇、炔丙菊酯、苯醚甲环唑、茚虫威、丙环唑、唑虫酰胺、啶虫脒、氟硅唑、腈菌唑、二甲戊灵、哒螨灵、仲丁灵、抑霉唑、吡虫啉、丙溴磷和 N-去甲基啶虫脒，低毒农药矮壮素、烯酰吗啉、嘧霉胺、喹禾灵、氟吗啉、虫酰肼、避蚊胺、莠去津、唑嘧菌胺、去乙基阿特拉津、双苯基脲、马拉硫磷、噻嗪酮和炔螨特，微毒农药多菌灵、啶氧菌酯、甲基硫菌灵和霜霉威。

按超标程度比较，柠檬中甲基硫菌灵超标 534.4 倍，小油菜中多效唑超标 79.7 倍，油麦菜中多效唑超标 62.6 倍，小油菜中三唑磷超标 49.1 倍，茼蒿中唑虫酰胺超标 46.4 倍。检测结果见图 9-17 和附表 17。

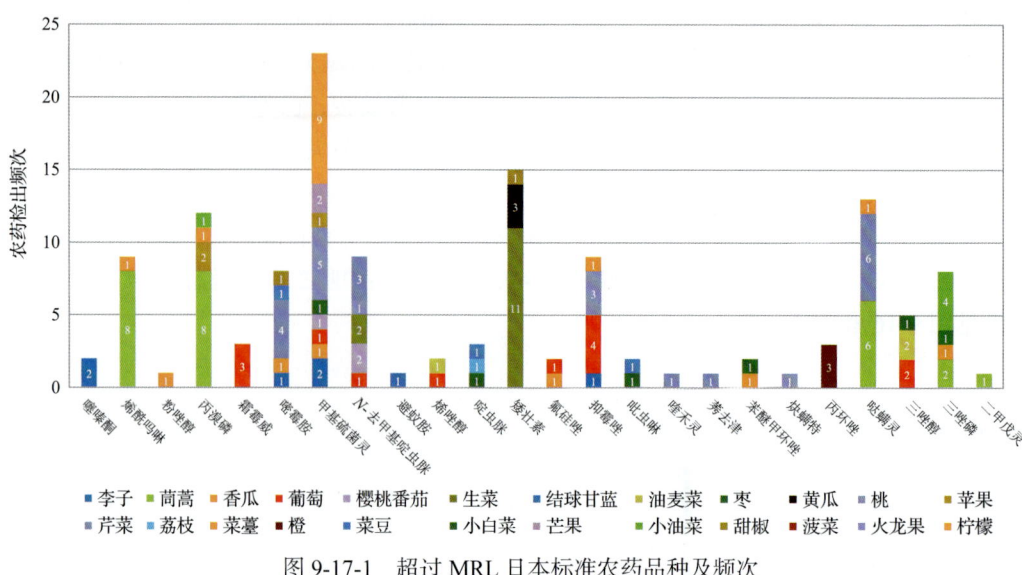

图 9-17-1　超过 MRL 日本标准农药品种及频次

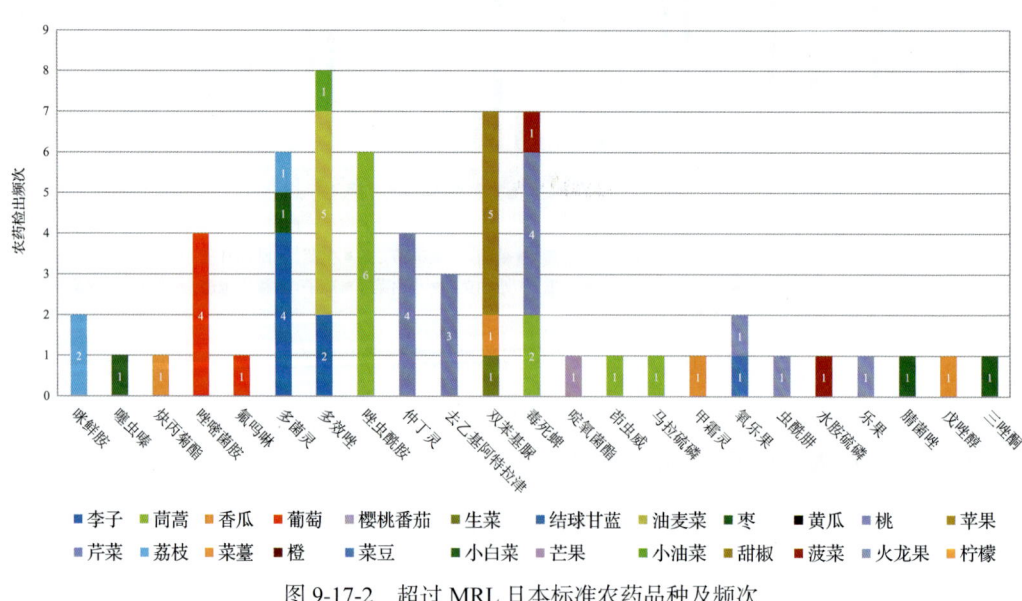

图 9-17-2　超过 MRL 日本标准农药品种及频次

9.2.2.4　按 MRL 中国香港标准衡量

按 MRL 中国香港标准衡量，共有 2 种农药超标，检出 9 频次，分别为中毒农药毒死蜱和啶虫脒。

按超标程度比较，芹菜中毒死蜱超标 9.1 倍，茼蒿中毒死蜱超标 2.6 倍，甜椒中啶虫脒超标 1.6 倍，小油菜中毒死蜱超标 0.3 倍。检测结果见图 9-18 和附表 18。

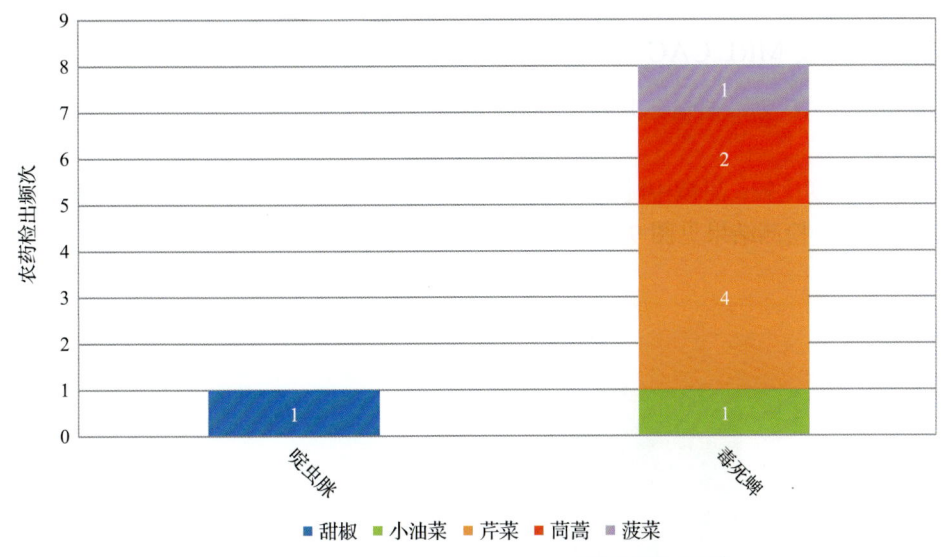

图 9-18　超过 MRL 中国香港标准农药品种及频次

9.2.2.5　按 MRL 美国标准衡量

按 MRL 美国标准衡量，共有 4 种农药超标，检出 17 频次，分别为中毒农药戊唑醇、毒死蜱、噻虫嗪和啶虫脒。

按超标程度比较，桃中毒死蜱超标 5.6 倍，梨中毒死蜱超标 3.2 倍，葡萄中啶虫脒超标 2.0 倍，甜椒中啶虫脒超标 1.6 倍，萝卜中噻虫嗪超标 1.5 倍。检测结果见图 9-19 和附表 19。

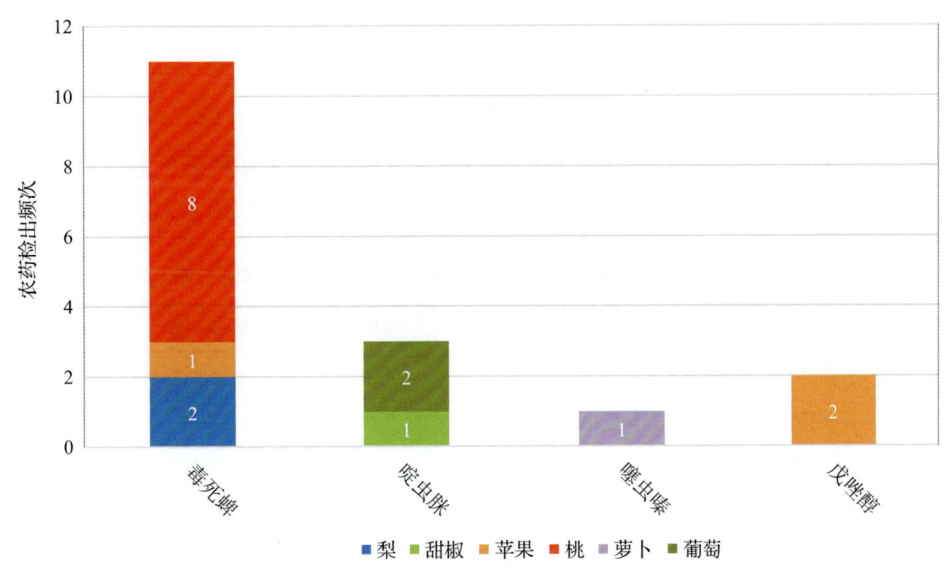

图 9-19　超过 MRL 美国标准农药品种及频次

9.2.2.6 按 MRL CAC 标准衡量

按 MRL CAC 标准衡量，共有 2 种农药超标，检出 3 频次，分别为中毒农药啶虫脒和氟硅唑。

按超标程度比较，甜椒中啶虫脒超标 1.6 倍，葡萄中啶虫脒超标 1.1 倍，葡萄中氟硅唑超标 0.1 倍。检测结果见图 9-20 和附表 20。

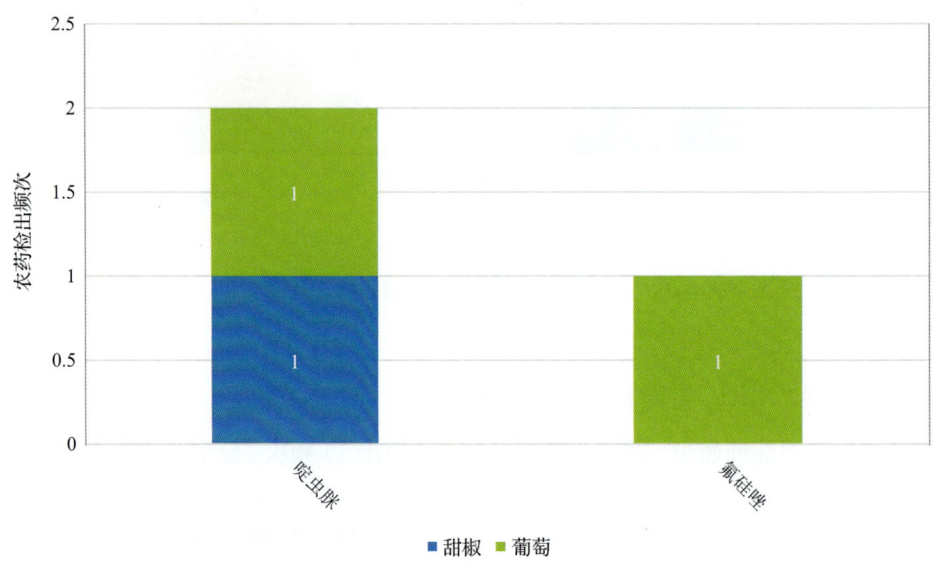

图 9-20　超过 MRL CAC 标准农药品种及频次

9.2.3　23 个采样点超标情况分析

9.2.3.1　按 MRL 中国国家标准衡量

按 MRL 中国国家标准衡量，有 20 个采样点的样品存在不同程度的超标农药检出，其中***超市和***超市的超标率最高，均为 10.0%，如表 9-14 和图 9-21 所示。

表 9-14　超过 MRL 中国国家标准水果蔬菜在不同采样点分布

采样点		样品总数	超标数量	超标率(%)	行政区域
1	***超市(永平店)	56	1	1.8	道外区
2	***超市(平房区店)	47	3	6.4	平房区
3	***超市(南岗店)	37	2	5.4	南岗区
4	***超市	35	1	2.9	道里区
5	***超市(乐松店)	35	1	2.9	香坊区
6	***超市(道外店)	34	2	5.9	道外区
7	***超市(中环店)	34	2	5.9	香坊区

续表

采样点	样品总数	超标数量	超标率(%)	行政区域
8 ***超市(中山店)	32	2	6.2	南岗区
9 ***超市(西大直街店)	30	1	3.3	南岗区
10 ***超市(中央商城店)	26	1	3.8	道里区
11 ***超市(哈尔滨总店)	25	2	8.0	道里区
12 ***超市(金安国际店)	24	2	8.3	道里区
13 ***超市(香坊店)	21	1	4.8	香坊区
14 ***超市	20	2	10.0	阿城区
15 ***超市	20	2	10.0	阿城区
16 ***超市(呼兰店)	20	1	5.0	呼兰区
17 ***超市(先锋路)	20	1	5.0	道外区
18 ***超市(呼兰店)	20	1	5.0	呼兰区
19 ***超市(新阳路店)	19	1	5.3	道里区
20 ***超市(友谊路)	19	1	5.3	道里区

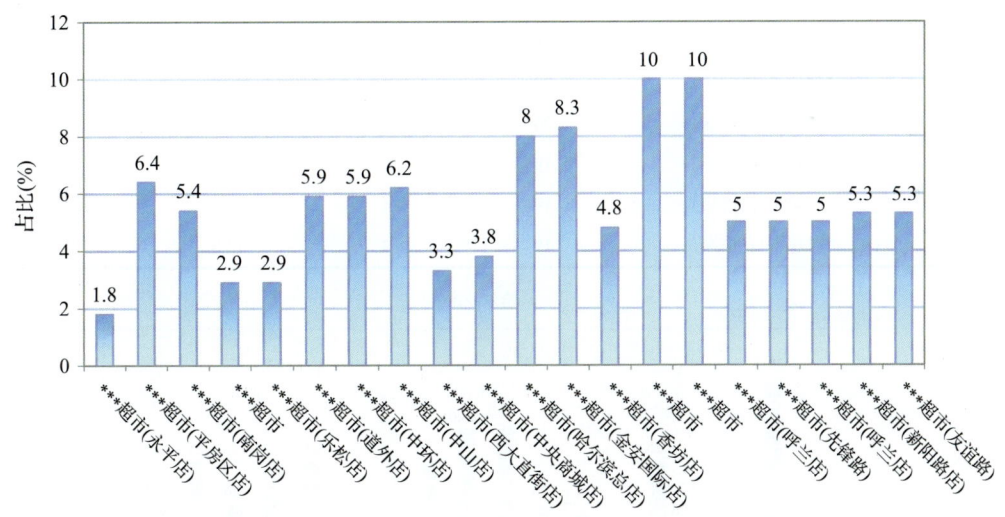

图 9-21　超过 MRL 中国国家标准水果蔬菜在不同采样点分布

9.2.3.2　按 MRL 欧盟标准衡量

按 MRL 欧盟标准衡量，所有采样点的样品均存在不同程度的超标农药检出，其中***超市(乐松店)的超标率最高，为 34.3%，如表 9-15 和图 9-22 所示。

表 9-15 超过 MRL 欧盟标准水果蔬菜在不同采样点分布

采样点		样品总数	超标数量	超标率(%)	行政区域
1	***超市(永平店)	56	9	16.1	道外区
2	***超市(平房区店)	47	8	17.0	平房区
3	***超市(南岗店)	37	6	16.2	南岗区
4	***超市	35	5	14.3	道里区
5	***超市(乐松店)	35	12	34.3	香坊区
6	***超市(道外店)	34	6	17.6	道外区
7	***超市(中环店)	34	6	17.6	香坊区
8	***超市(中山店)	32	8	25.0	南岗区
9	***超市(西大直街店)	30	4	13.3	南岗区
10	***超市(中央商城店)	26	5	19.2	道里区
11	***超市(哈尔滨总店)	25	5	20.0	道里区
12	***超市(金安国际店)	24	7	29.2	道里区
13	***超市(香坊店)	21	6	28.6	香坊区
14	***超市	20	5	25.0	阿城区
15	***超市	20	6	30.0	阿城区
16	***超市(呼兰店)	20	4	20.0	呼兰区
17	***超市(先锋路)	20	5	25.0	道外区
18	***超市(香坊店)	20	5	25.0	香坊区
19	***超市(呼兰店)	20	4	20.0	呼兰区
20	***超市(平房区)	20	5	25.0	平房区
21	***超市(新阳路店)	19	4	21.1	道里区
22	***超市(南岗店)	19	4	21.1	南岗区
23	***超市(友谊路)	19	3	15.8	道里区

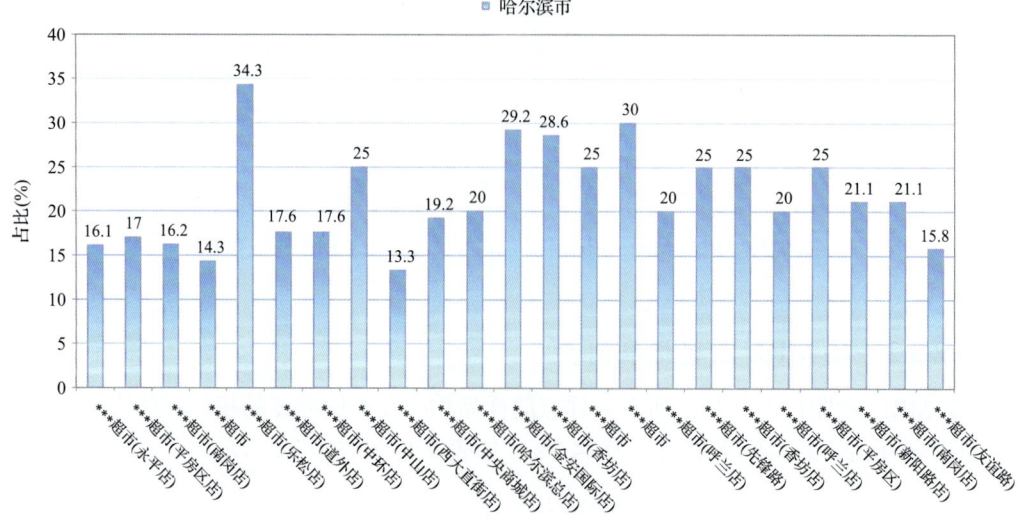

图 9-22 超过 MRL 欧盟标准水果蔬菜在不同采样点分布

9.2.3.3 按 MRL 日本标准衡量

按 MRL 日本标准衡量，所有采样点的样品均存在不同程度的超标农药检出，其中***超市(哈尔滨总店)的超标率最高，为 32.0%，如表 9-16 和图 9-23 所示。

表 9-16　超过 MRL 日本标准水果蔬菜在不同采样点分布

采样点		样品总数	超标数量	超标率(%)	行政区域
1	***超市(永平店)	56	8	14.3	道外区
2	***超市(平房区店)	47	10	21.3	平房区
3	***超市(南岗店)	37	5	13.5	南岗区
4	***超市	35	8	22.9	道里区
5	***超市(乐松店)	35	11	31.4	香坊区
6	***超市(道外店)	34	6	17.6	道外区
7	***超市(中环店)	34	5	14.7	香坊区
8	***超市(中山店)	32	7	21.9	南岗区
9	***超市(西大直街店)	30	2	6.7	南岗区
10	***超市(中央商城店)	26	7	26.9	道里区
11	***超市(哈尔滨总店)	25	8	32.0	道里区
12	***超市(金安国际店)	24	5	20.8	道里区
13	***超市(香坊店)	21	2	9.5	香坊区
14	***超市	20	5	25.0	阿城区
15	***超市	20	6	30.0	阿城区
16	***超市(呼兰店)	20	6	30.0	呼兰区
17	***超市(先锋路)	20	4	20.0	道外区
18	***超市(香坊店)	20	5	25.0	香坊区
19	***超市(呼兰店)	20	4	20.0	呼兰区
20	***超市(平房区)	20	6	30.0	平房区
21	***超市(新阳路店)	19	3	15.8	道里区
22	***超市(南岗店)	19	4	21.1	南岗区
23	***超市(友谊路)	19	3	15.8	道里区

9.2.3.4 按 MRL 中国香港标准衡量

按 MRL 中国香港标准衡量，有 8 个采样点的样品存在不同程度的超标农药检出，其中***超市的超标率最高，为 5.0%，如表 9-17 和图 9-24 所示。

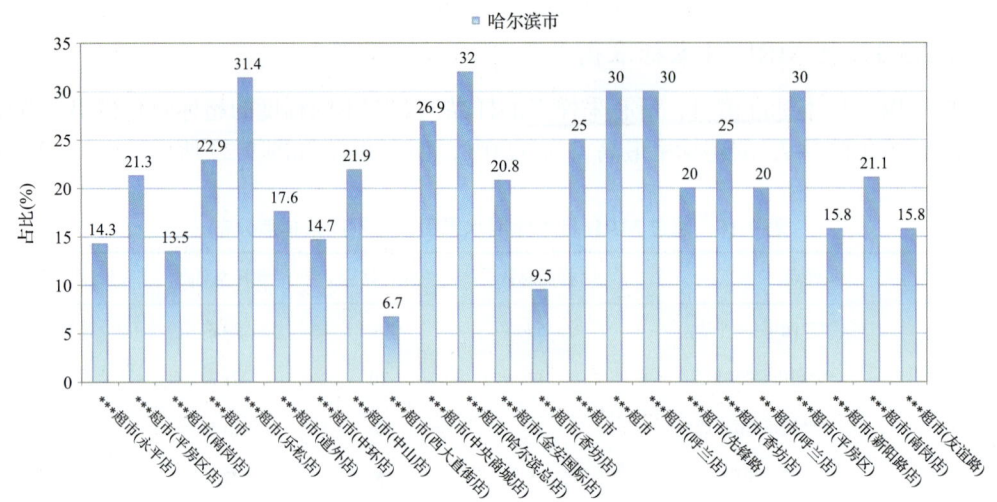

图 9-23 超过 MRL 日本标准水果蔬菜在不同采样点分布

表 9-17 超过 MRL 中国香港标准水果蔬菜在不同采样点分布

	采样点	样品总数	超标数量	超标率(%)	行政区域
1	***超市(永平店)	56	1	1.8	道外区
2	***超市(平房区店)	47	2	4.3	平房区
3	***超市(乐松店)	35	1	2.9	香坊区
4	***超市(道外店)	34	1	2.9	道外区
5	***超市(中环店)	34	1	2.9	香坊区
6	***超市(中山店)	32	1	3.1	南岗区
7	***超市(哈尔滨总店)	25	1	4.0	道里区
8	***超市	20	1	5.0	阿城区

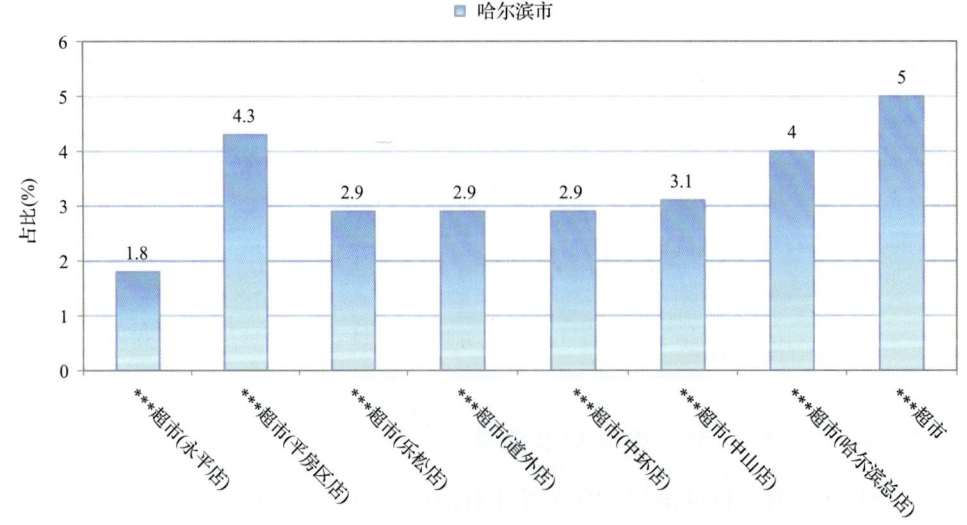

图 9-24 超过 MRL 中国香港标准水果蔬菜在不同采样点分布

9.2.3.5 按 MRL 美国标准衡量

按 MRL 美国标准衡量，有 12 个采样点的样品存在不同程度的超标农药检出，其中 ***超市（香坊店）的超标率最高，为 15.0%，如表 9-18 和图 9-25 所示。

表 9-18 超过 MRL 美国标准水果蔬菜在不同采样点分布

	采样点	样品总数	超标数量	超标率（%）	行政区域
1	***超市（永平店）	56	1	1.8	道外区
2	***超市（平房区店）	47	2	4.3	平房区
3	***超市（中环店）	34	1	2.9	香坊区
4	***超市（中山店）	32	1	3.1	南岗区
5	***超市（中央商城店）	26	2	7.7	道里区
6	***超市（哈尔滨总店）	25	1	4.0	道里区
7	***超市（金安国际店）	24	1	4.2	道里区
8	***超市（香坊店）	21	1	4.8	香坊区
9	***超市	20	1	5.0	阿城区
10	***超市（香坊店）	20	3	15.0	香坊区
11	***超市（呼兰店）	20	1	5.0	呼兰区
12	***超市（平房区）	20	2	10.0	平房区

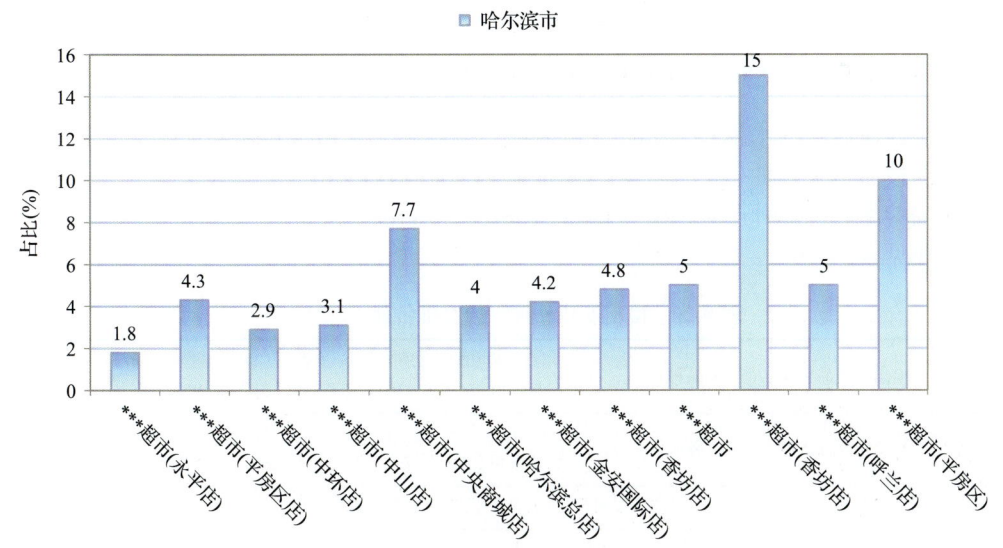

图 9-25 超过 MRL 美国标准水果蔬菜在不同采样点分布

9.2.3.6 按 MRL CAC 标准衡量

按 MRL CAC 标准衡量，有 3 个采样点的样品存在不同程度的超标农药检出，其中 ***超市（香坊店）的超标率最高，为 5.0%，如表 9-19 和图 9-26 所示。

表 9-19 超过 MRL CAC 标准水果蔬菜在不同采样点分布

采样点		样品总数	超标数量	超标率(%)	行政区域
1	***超市(永平店)	56	1	1.8	道外区
2	***超市(哈尔滨总店)	25	1	4.0	道里区
3	***超市(香坊店)	20	1	5.0	香坊区

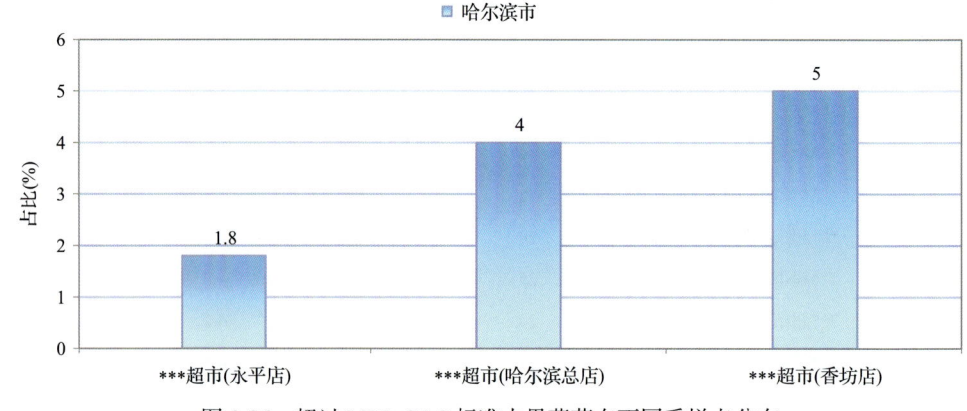

图 9-26 超过 MRL CAC 标准水果蔬菜在不同采样点分布

9.3 水果中农药残留分布

9.3.1 检出农药品种和频次排前 10 的水果

本次残留侦测的水果共 16 种，包括桃、猕猴桃、香蕉、苹果、香瓜、葡萄、梨、李子、荔枝、芒果、柚、枣、柠檬、火龙果、菠萝和橙。

根据检出农药品种及频次进行排名，将各项排名前 10 位的水果样品检出情况列表说明，详见表 9-20。

表 9-20 检出农药品种和频次排名前 10 的水果

检出农药品种排名前 10(品种)	①葡萄(33)、②桃(20)、③香瓜(20)、④李子(15)、⑤苹果(15)、⑥橙(12)、⑦梨(10)、⑧枣(10)、⑨芒果(9)、⑩火龙果(8)
检出农药频次排名前 10(频次)	①葡萄(173)、②桃(102)、③橙(64)、④苹果(53)、⑤梨(41)、⑥香瓜(35)、⑦李子(33)、⑧柠檬(23)、⑨柚(15)、⑩香蕉(14)
检出禁用、高毒及剧毒农药品种排名前 10(品种)	①火龙果(1)、②荔枝(1)、③香瓜(1)
检出禁用、高毒及剧毒农药频次排名前 10(频次)	①火龙果(1)、②荔枝(1)、③香瓜(1)

9.3.2 超标农药品种和频次排前 10 的水果

鉴于 MRL 欧盟标准和日本标准制定比较全面且覆盖率较高，我们参照 MRL 中国国家标准、欧盟标准和日本标准衡量水果样品中农残检出情况，将超标农药品种及频次排名前 10 的水果列表说明，详见表 9-21。

表 9-21 超标农药品种和频次排名前 10 的水果

超标农药品种排名前 10（农药品种数）	MRL 中国国家标准	①苹果(1)
	MRL 欧盟标准	①葡萄(12)，②桃(5)，③苹果(3)，④香瓜(3)，⑤枣(3)，⑥火龙果(2)，⑦菠萝(1)，⑧梨(1)，⑨荔枝(1)，⑩芒果(1)
	MRL 日本标准	①葡萄(9)，②枣(9)，③香瓜(7)，④李子(6)，⑤桃(5)，⑥荔枝(3)，⑦火龙果(2)，⑧芒果(2)，⑨苹果(2)，⑩橙(1)
超标农药频次排名前 10（农药频次数）	MRL 中国国家标准	①苹果(2)
	MRL 欧盟标准	①葡萄(25)，②桃(8)，③苹果(6)，④香瓜(3)，⑤枣(3)，⑥火龙果(2)，⑦菠萝(1)，⑧梨(1)，⑨荔枝(1)，⑩芒果(1)
	MRL 日本标准	①葡萄(18)，②李子(12)，③桃(11)，④柠檬(9)，⑤枣(9)，⑥香瓜(7)，⑦荔枝(4)，⑧橙(3)，⑨芒果(3)，⑩苹果(3)

通过对各品种水果样本总数及检出率进行综合分析发现，葡萄、桃和苹果的残留污染最为严重，在此，我们参照 MRL 中国国家标准、欧盟标准和日本标准对这 3 种水果的农残检出情况进行进一步分析。

9.3.3 农药残留检出率较高的水果样品分析

9.3.3.1 葡萄

这次共检测 24 例葡萄样品，23 例样品中检出了农药残留，检出率为 95.8%，检出农药共计 33 种。其中嘧菌酯、多菌灵、嘧霉胺、烯酰吗啉和苯醚甲环唑检出频次较高，分别检出了 16、15、15、14 和 13 次。葡萄中农药检出品种和频次见图 9-27，超标农药见图 9-28 和表 9-22。

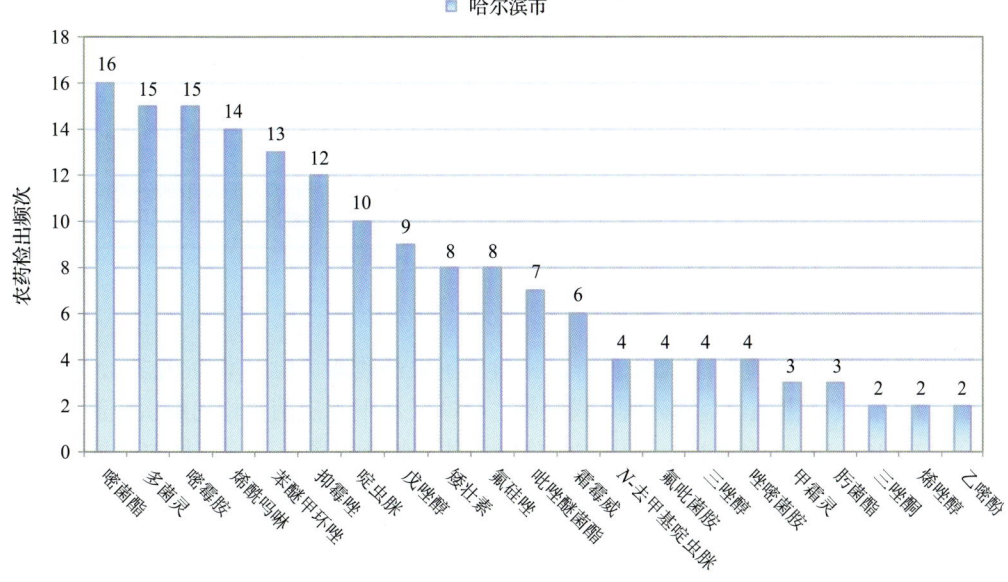

图 9-27 葡萄样品检出农药品种和频次分析（仅列出 2 频次及以上的数据）

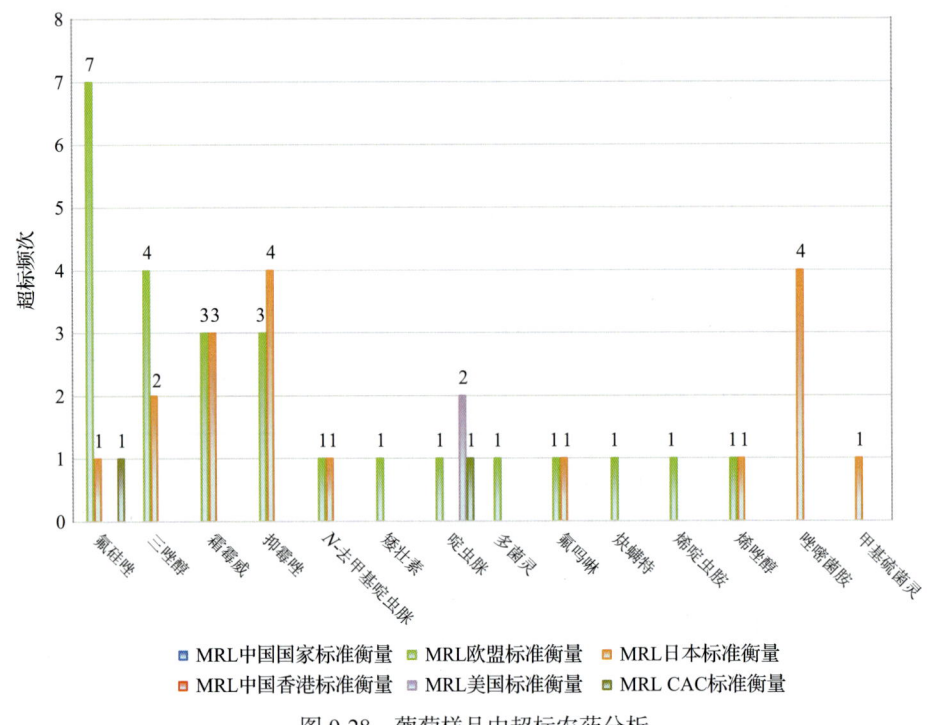

图 9-28 葡萄样品中超标农药分析

表 9-22 葡萄中农药残留超标情况明细表

样品总数 24		检出农药样品数 23	样品检出率（%） 95.8	检出农药品种总数 33
	超标农药品种	超标农药频次	按照 MRL 中国标准、欧盟标准和日本标准衡量超标农药名称及频次	
中国国家标准	0	0		
欧盟标准	12	25	氟硅唑(7)，三唑醇(4)，霜霉威(3)，抑霉唑(3)，N-去甲基啶虫脒(1)，矮壮素(1)，啶虫脒(1)，多菌灵(1)，氟咯啉(1)，炔螨特(1)，烯啶虫胺(1)，烯唑醇(1)	
日本标准	9	18	抑霉唑(4)，唑嘧菌胺(4)，霜霉威(3)，三唑醇(2)，N-去甲基啶虫脒(1)，氟硅唑(1)，氟咯啉(1)，甲基硫菌灵(1)，烯唑醇(1)	

9.3.3.2 桃

这次共检测 26 例桃样品，24 例样品中检出了农药残留，检出率为 92.3%，检出农药共计 20 种。其中多菌灵、毒死蜱、戊唑醇、哒螨灵和甲基硫菌灵检出频次较高，分别检出了 22、10、10、8 和 8 次。桃中农药检出品种和频次见图 9-29，超标农药见图 9-30 和表 9-23。

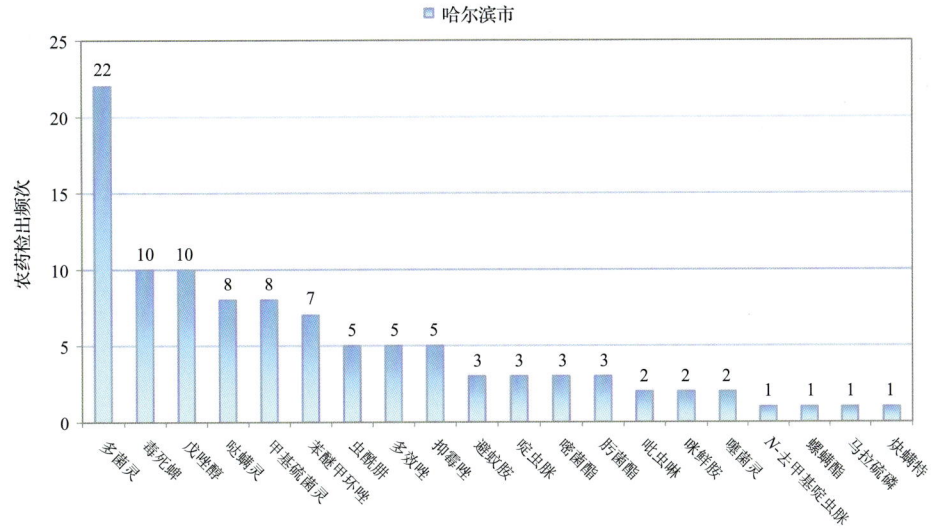

图 9-29 桃样品检出农药品种和频次分析

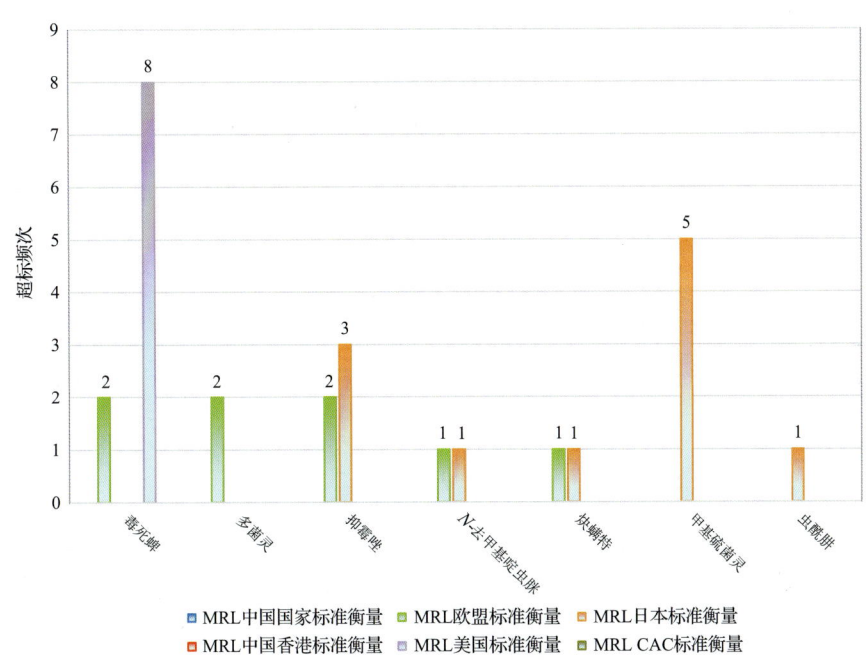

图 9-30 桃样品中超标农药分析

表 9-23 桃中农药残留超标情况明细表

样品总数		检出农药样品数	样品检出率(%)	检出农药品种总数
26		24	92.3	20
	超标农药品种	超标农药频次	按照 MRL 中国国家标准、欧盟标准和日本标准衡量超标农药名称及频次	
中国国家标准	0	0		
欧盟标准	5	8	毒死蜱(2)，多菌灵(2)，抑霉唑(2)，N-去甲基啶虫脒(1)，炔螨特(1)	
日本标准	5	11	甲基硫菌灵(5)，抑霉唑(3)，N-去甲基啶虫脒(1)，虫酰肼(1)，炔螨特(1)	

9.3.3.3 苹果

这次共检测 27 例苹果样品，24 例样品中检出了农药残留，检出率为 88.9%，检出农药共计 15 种。其中多菌灵、啶虫脒、戊唑醇、丙溴磷和螺螨酯检出频次较高，分别检出了 19、7、4、3 和 3 次。苹果中农药检出品种和频次见图 9-31，超标农药见图 9-32 和表 9-24。

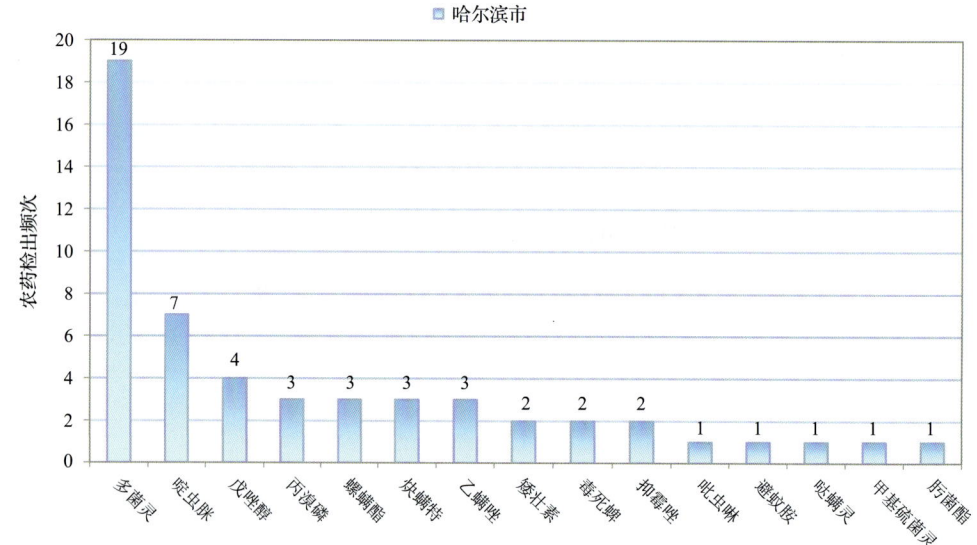

图 9-31　苹果样品检出农药品种和频次分析

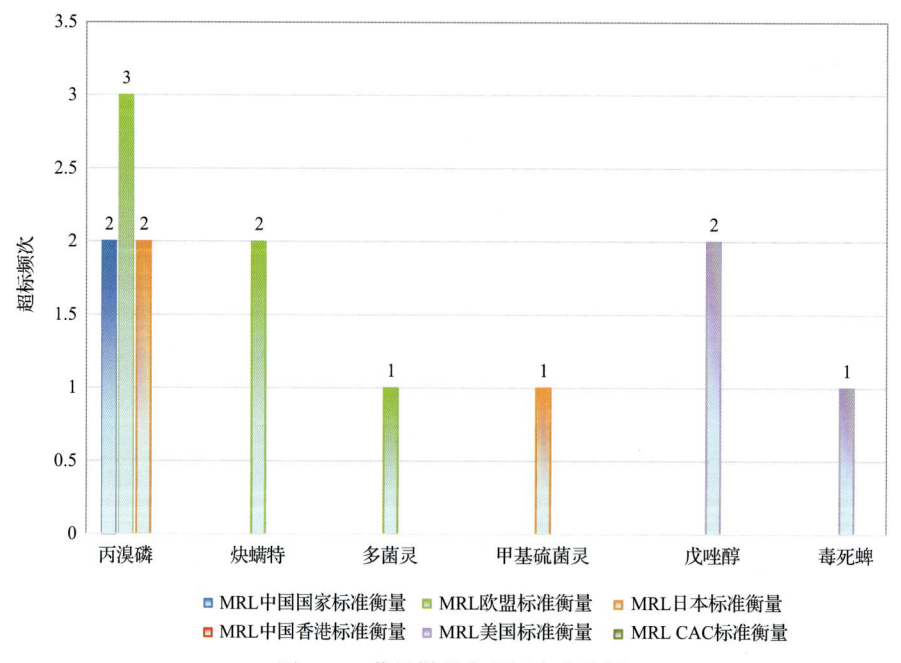

图 9-32　苹果样品中超标农药分析

表 9-24　苹果中农药残留超标情况明细表

样品总数	检出农药样品数	样品检出率(%)	检出农药品种总数
27	24	88.9	15

	超标农药品种	超标农药频次	按照 MRL 中国国家标准、欧盟标准和日本标准衡量超标农药名称及频次
中国国家标准	1	2	丙溴磷(2)
欧盟标准	3	6	丙溴磷(3), 炔螨特(2), 多菌灵(1)
日本标准	2	3	丙溴磷(2), 甲基硫菌灵(1)

9.4　蔬菜中农药残留分布

9.4.1　检出农药品种和频次排前 10 的蔬菜

本次残留侦测的蔬菜共 27 种,包括韭菜、黄瓜、芹菜、结球甘蓝、苦苣、花椰菜、菠菜、番茄、甜椒、西葫芦、樱桃番茄、青花菜、胡萝卜、油麦菜、小白菜、南瓜、茄子、萝卜、冬瓜、菜豆、生菜、茼蒿、大白菜、菜薹、小油菜、苦瓜和丝瓜。

根据检出农药品种及频次进行排名,将各项排名前 10 位的蔬菜样品检出情况列表说明,详见表 9-25。

表 9-25　检出农药品种和频次排名前 10 的蔬菜

检出农药品种排名前10(品种)	①芹菜(36), ②茼蒿(26), ③甜椒(24), ④油麦菜(23), ⑤生菜(22), ⑥黄瓜(18), ⑦番茄(17), ⑧小油菜(14), ⑨菜豆(13), ⑩小白菜(13)
检出农药频次排名前10(频次)	①芹菜(139), ②茼蒿(88), ③甜椒(73), ④黄瓜(56), ⑤生菜(56), ⑥油麦菜(50), ⑦番茄(36), ⑧小油菜(33), ⑨樱桃番茄(29), ⑩菜豆(20)
检出禁用、高毒及剧毒农药品种排名前10(品种)	①芹菜(5), ②小白菜(3), ③菠菜(2), ④菜豆(2), ⑤黄瓜(2), ⑥茄子(2), ⑦茼蒿(2), ⑧小油菜(2), ⑨菜薹(1), ⑩胡萝卜(1)
检出禁用、高毒及剧毒农药频次排名前10(频次)	①芹菜(22), ②茄子(5), ③小油菜(5), ④甜椒(4), ⑤茼蒿(4), ⑥小白菜(4), ⑦菜豆(3), ⑧菠菜(2), ⑨菜薹(2), ⑩胡萝卜(2)

9.4.2　超标农药品种和频次排前 10 的蔬菜

鉴于 MRL 欧盟标准和日本标准制定比较全面且覆盖率较高,我们参照 MRL 中国国家标准、欧盟标准和日本标准衡量蔬菜样品中农残检出情况,将超标农药品种及频次排名前 10 的蔬菜列表说明,详见表 9-26。

表 9-26　超标农药品种和频次排名前 10 的蔬菜

超标农药品种排名前 10（农药品种数）	MRL 中国国家标准	①芹菜(3), ②菠菜(2), ③菜豆(1), ④胡萝卜(1), ⑤黄瓜(1), ⑥茄子(1), ⑦甜椒(1), ⑧小白菜(1), ⑨小油菜(1)
	MRL 欧盟标准	①芹菜(11), ②茼蒿(7), ③小油菜(6), ④菜薹(5), ⑤甜椒(5), ⑥油麦菜(5), ⑦菠菜(4), ⑧黄瓜(4), ⑨生菜(3), ⑩小白菜(3)
	MRL 日本标准	①茼蒿(9), ②芹菜(8), ③菜薹(7), ④菜豆(4), ⑤生菜(3), ⑥甜椒(3), ⑦小油菜(3), ⑧油麦菜(3), ⑨菠菜(2), ⑩樱桃番茄(2)

超标农药频次排名前10（农药频次数）	MRL 中国国家标准	①芹菜(17)、②茄子(3)、③菠菜(2)、④胡萝卜(2)、⑤小白菜(2)、⑥菜豆(1)、⑦黄瓜(1)、⑧甜椒(1)、⑨小油菜(1)
	MRL 欧盟标准	①芹菜(41)、②茼蒿(27)、③生菜(14)、④小油菜(14)、⑤甜椒(13)、⑥油麦菜(9)、⑦黄瓜(6)、⑧菜豆(5)、⑨菠菜(4)、⑩小白菜(4)
	MRL 日本标准	①茼蒿(35)、②芹菜(26)、③生菜(14)、④油麦菜(8)、⑤菜薹(7)、⑥甜椒(7)、⑦小油菜(6)、⑧菜豆(4)、⑨黄瓜(3)、⑩樱桃番茄(3)

通过对各品种蔬菜样本总数及检出率进行综合分析发现，芹菜、茼蒿和甜椒的残留污染最为严重，在此，我们参照 MRL 中国国家标准、欧盟标准和日本标准对这 3 种蔬菜的农残检出情况进行进一步分析。

9.4.3 农药残留检出率较高的蔬菜样品分析

9.4.3.1 芹菜

这次共检测 23 例芹菜样品，22 例样品中检出了农药残留，检出率为 95.7%，检出农药共计 36 种。其中苯醚甲环唑、啶虫脒、甲拌磷、氧乐果和哒螨灵检出频次较高，分别检出了 12、12、8、8 和 7 次。芹菜中农药检出品种和频次见图 9-33，超标农药见图 9-34 和表 9-27。

9.4.3.2 茼蒿

这次共检测 22 例茼蒿样品，全部检出了农药残留，检出率为 100.0%，检出农药共计 26 种。其中烯酰吗啉、丙溴磷、嘧霉胺、哒螨灵和啶虫脒检出频次较高，分别检出了 12、11、7、6 和 6 次。茼蒿中农药检出品种和频次见图 9-35，超标农药见图 9-36 和表 9-28。

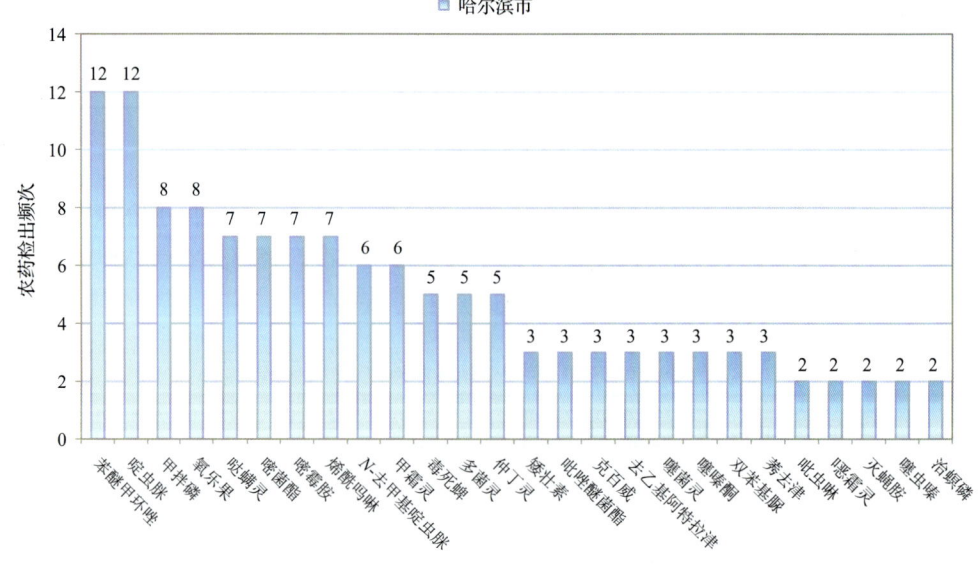

图 9-33 芹菜样品检出农药品种和频次分析(仅列出 2 频次及以上的数据)

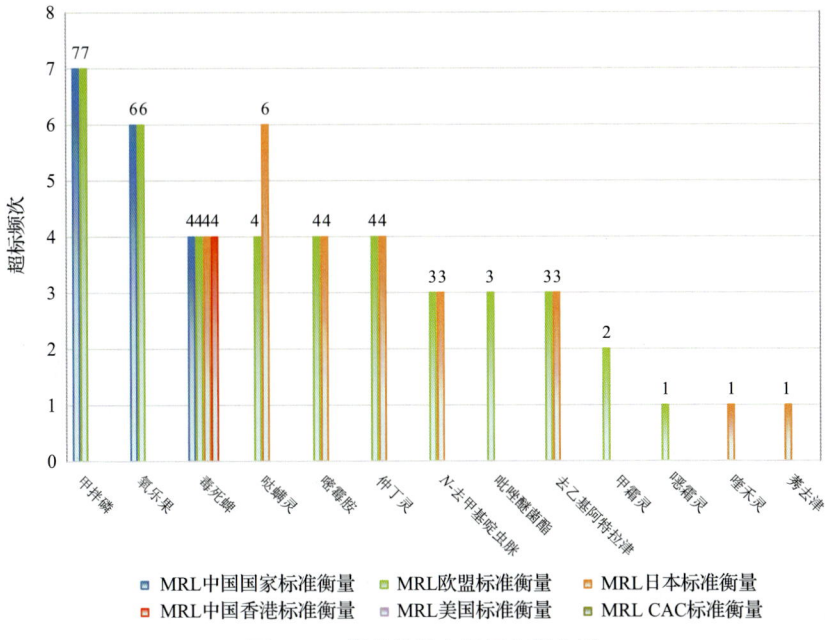

图 9-34 芹菜样品中超标农药分析

表 9-27 芹菜中农药残留超标情况明细表

样品总数 23			检出农药样品数 22 样品检出率(%)95.7 检出农药品种总数 36
	超标农药品种	超标农药频次	按照 MRL 中国国家标准、欧盟标准和日本标准衡量超标农药名称及频次
中国国家标准	3	17	甲拌磷(7)，氧乐果(6)，毒死蜱(4)
欧盟标准	11	41	甲拌磷(7)，氧乐果(6)，哒螨灵(4)，毒死蜱(4)，嘧霉胺(4)，仲丁灵(4)，N-去甲基啶虫脒(3)，吡唑醚菌酯(3)，去乙基阿特拉津(3)，甲霜灵(2)，噁霜灵(1)
日本标准	8	26	哒螨灵(6)，毒死蜱(4)，嘧霉胺(4)，仲丁灵(4)，N-去甲基啶虫脒(3)，去乙基阿特拉津(3)，喹禾灵(1)，莠去津(1)

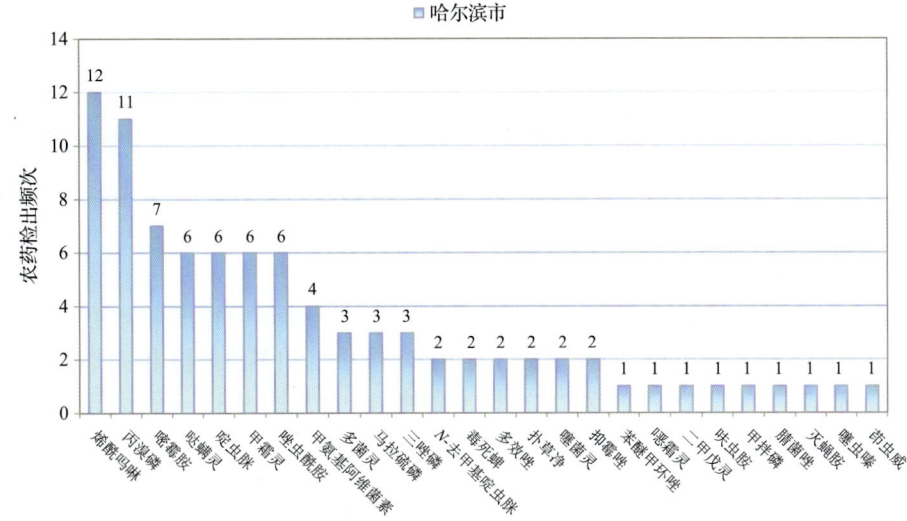

图 9-35 茼蒿样品检出农药品种和频次分析

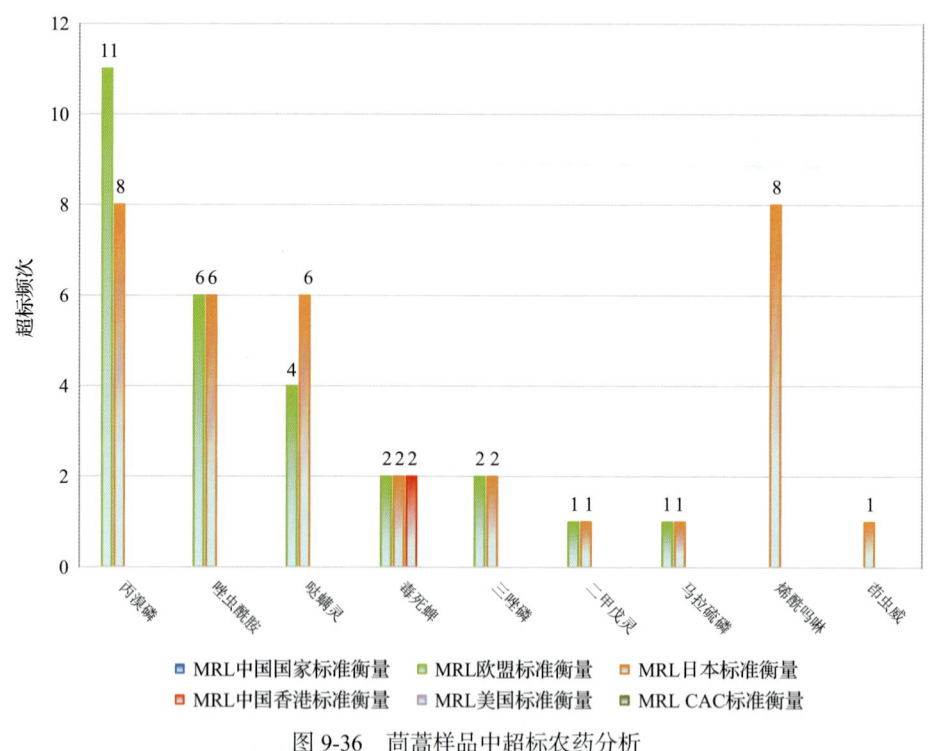

图 9-36 茼蒿样品中超标农药分析

表 9-28 茼蒿中农药残留超标情况明细表

样品总数		检出农药样品数	样品检出率(%)	检出农药品种总数
22		22	100	26
	超标农药品种	超标农药频次	按照 MRL 中国国家标准、欧盟标准和日本标准衡量超标农药名称及频次	
中国国家标准	0	0		
欧盟标准	7	27	丙溴磷(11)、唑虫酰胺(6)、哒螨灵(4)、毒死蜱(2)、三唑磷(2)、二甲戊灵(1)、马拉硫磷(1)	
日本标准	9	35	丙溴磷(8)、烯酰吗啉(8)、哒螨灵(6)、唑虫酰胺(6)、毒死蜱(2)、三唑磷(2)、二甲戊灵(1)、马拉硫磷(1)、茚虫威(1)	

9.4.3.3 甜椒

这次共检测 27 例甜椒样品，23 例样品中检出了农药残留，检出率为 85.2%，检出农药共计 24 种。其中矮壮素、双苯基脲、啶虫脒、吡虫啉和多菌灵检出频次较高，分别检出了 8、8、7、6 和 5 次。甜椒中农药检出品种和频次见图 9-37，超标农药见图 9-38 和表 9-29。

第 9 章　LC-Q-TOF/MS 侦测哈尔滨市 633 例市售水果蔬菜样品农药残留报告

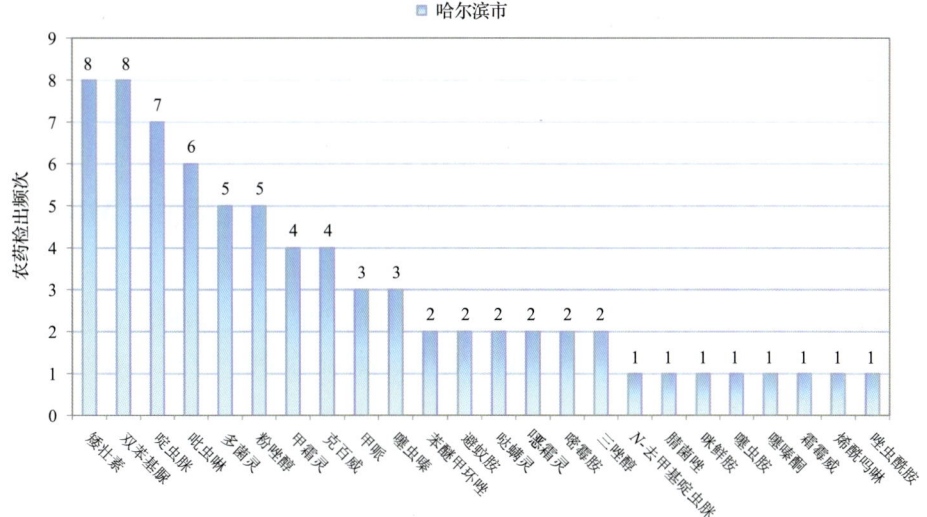

图 9-37　甜椒样品检出农药品种和频次分析

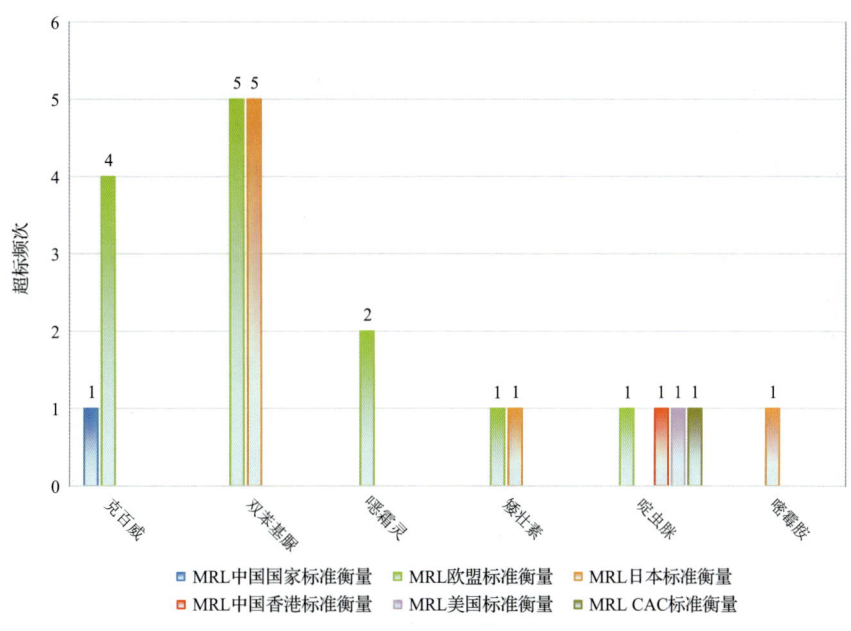

图 9-38　甜椒样品中超标农药分析

表 9-29　甜椒中农药残留超标情况明细表

样品总数		检出农药样品数	样品检出率(%)	检出农药品种总数
27		23	85.2	24
	超标农药品种	超标农药频次	按照 MRL 中国国家标准、欧盟标准和日本标准衡量超标农药名称及频次	
中国国家标准	1	1	克百威(1)	
欧盟标准	5	13	双苯基脲(5),克百威(4),噁霜灵(2),矮壮素(1),啶虫脒(1)	
日本标准	3	7	双苯基脲(5),矮壮素(1),嘧霉胺(1)	

9.5 初步结论

9.5.1 哈尔滨市市售水果蔬菜按 MRL 中国国家标准和国际主要 MRL 标准衡量的合格率

本次侦测的 633 例样品中，187 例样品未检出任何残留农药，占样品总量的 29.5%，446 例样品检出不同水平、不同种类的残留农药，占样品总量的 70.5%。在这 446 例检出农药残留的样品中：

按照 MRL 中国国家标准衡量，有 416 例样品检出残留农药但含量没有超标，占样品总数的 65.7%，有 30 例样品检出了超标农药，占样品总数的 4.7%。

按照 MRL 欧盟标准衡量，有 314 例样品检出残留农药但含量没有超标，占样品总数的 49.6%，有 132 例样品检出了超标农药，占样品总数的 20.9%。

按照 MRL 日本标准衡量，有 316 例样品检出残留农药但含量没有超标，占样品总数的 49.9%，有 130 例样品检出了超标农药，占样品总数的 20.5%。

按照 MRL 中国香港标准衡量，有 437 例样品检出残留农药但含量没有超标，占样品总数的 69.0%，有 9 例样品检出了超标农药，占样品总数的 1.4%。

按照 MRL 美国标准衡量，有 429 例样品检出残留农药但含量没有超标，占样品总数的 67.8%，有 17 例样品检出了超标农药，占样品总数的 2.7%。

按照 MRL CAC 标准衡量，有 443 例样品检出残留农药但含量没有超标，占样品总数的 70.0%，有 3 例样品检出了超标农药，占样品总数的 0.5%。

9.5.2 哈尔滨市市售水果蔬菜中检出农药以中低微毒农药为主，占市场主体的 89.9%

这次侦测的 633 例样品包括食用菌 3 种 212 例，水果 16 种 20 例，蔬菜 27 种 401 例，共检出了 79 种农药，检出农药的毒性以中低微毒为主，详见表 9-30。

表 9-30 市场主体农药毒性分布

毒性	检出品种	占比	检出频次	占比
剧毒农药	1	1.3%	11	0.8%
高毒农药	7	8.9%	50	3.7%
中毒农药	34	43.0%	626	46.1%
低毒农药	25	31.6%	385	28.4%
微毒农药	12	15.2%	285	21.0%

中低微毒农药，品种占比 89.9%，频次占比 95.5%

9.5.3 检出剧毒、高毒和禁用农药现象应该警醒

在此次侦测的 633 例样品中有 13 种蔬菜和 3 种水果的 51 例样品检出了 8 种 61 频次的剧毒和高毒或禁用农药，占样品总量的 8.1%。其中剧毒农药甲拌磷以及高毒农药氧乐果、克百威和三唑磷检出频次较高。

按 MRL 中国国家标准衡量，剧毒农药甲拌磷，检出 11 次，超标 9 次；高毒农药氧乐果，检出 20 次，超标 14 次；克百威，检出 12 次，超标 1 次；按超标程度比较，芹菜中氧乐果超标 18.7 倍，芹菜中甲拌磷超标 11.6 倍，小白菜中氧乐果超标 10.6 倍，甜椒中克百威超标 7.5 倍，胡萝卜中甲拌磷超标 3.5 倍。

剧毒、高毒或禁用农药的检出情况及按照 MRL 中国国家标准衡量的超标情况见表 9-31。

表 9-31 剧毒、高毒或禁用农药的检出及超标明细

序号	农药名称	样品名称	检出频次	超标频次	最大超标倍数	超标率
1.1	甲拌磷*▲	芹菜	8	7	11.59	87.5%
1.2	甲拌磷*▲	胡萝卜	2	2	3.47	100.0%
1.3	甲拌磷*▲	茼蒿	1	0	0	0.0%
2.1	三唑磷°	小油菜	4	0	0	0.0%
2.2	三唑磷°	茼蒿	3	0	0	0.0%
2.3	三唑磷°	菜薹	2	0	0	0.0%
2.4	三唑磷°	小白菜	1	0	0	0.0%
2.5	三唑磷°	芹菜	1	0	0	0.0%
2.6	三唑磷°	香菇	1	0	0	0.0%
3.1	克百威°▲	甜椒	4	1	7.475	25.0%
3.2	克百威°▲	芹菜	3	0	0	0.0%
3.3	克百威°▲	小白菜	1	0	0	0.0%
3.4	克百威°▲	茄子	1	0	0	0.0%
3.5	克百威°▲	菜豆	1	0	0	0.0%
3.6	克百威°▲	香瓜	1	0	0	0.0%
3.7	克百威°▲	黄瓜	1	0	0	0.0%
4.1	氧乐果°▲	芹菜	8	6	18.67	75.0%
4.2	氧乐果°▲	茄子	4	3	2.74	75.0%
4.3	氧乐果°▲	小白菜	2	2	10.65	100.0%
4.4	氧乐果°▲	菜豆	2	1	1.7	50.0%
4.5	氧乐果°▲	菠菜	1	1	2.02	100.0%
4.6	氧乐果°▲	黄瓜	1	1	0.54	100.0%
4.7	氧乐果°▲	火龙果	1	0	0	0.0%

续表

序号	农药名称	样品名称	检出频次	超标频次	最大超标倍数	超标率
4.8	氧乐果°▲	苦苣	1	0	0	0.0%
5.1	水胺硫磷°▲	菠菜	1	0	0	0.0%
6.1	治螟磷°▲	芹菜	2	0	0	0.0%
7.1	灭多威°▲	小油菜	1	0	0	0.0%
7.2	灭多威°▲	荔枝	1	0	0	0.0%
8.1	阿维菌素°	生菜	1	0	0	0.0%
合计			61	24		39.3%

注：超标倍数参照 MRL 中国国家标准衡量

这些超标的剧毒和高毒农药都是中国政府早有规定禁止在水果蔬菜中使用的，为什么还屡次被检出，应该引起警惕。

9.5.4 残留限量标准与先进国家或地区差距较大

1357 频次的检出结果与我国公布的《食品中农药最大残留限量》（GB 2763—2014）对比，有 522 频次能找到对应的 MRL 中国国家标准，占 38.5%；还有 835 频次的侦测数据无相关 MRL 标准供参考，占 61.5%。

与国际上现行 MRL 标准对比发现：

有 1357 频次能找到对应的 MRL 欧盟标准，占 100.0%；

有 1357 频次能找到对应的 MRL 日本标准，占 100.0%；

有 715 频次能找到对应的 MRL 中国香港标准，占 52.7%；

有 680 频次能找到对应的 MRL 美国标准，占 50.1%；

有 600 频次能找到对应的 MRL CAC 标准，占 44.2%。

由上可见，MRL 中国国家标准与先进国家或地区标准还有很大差距，我们无标准，境外有标准，这就会导致我们在国际贸易中，处于受制于人的被动地位。

9.5.5 水果蔬菜单种样品检出 20～36 种农药残留，拷问农药使用的科学性

通过此次监测发现，葡萄、桃和香瓜是检出农药品种最多的 3 种水果，芹菜、茼蒿和甜椒是检出农药品种最多的 3 种蔬菜，从中检出农药品种及频次详见表 9-32。

表 9-32 单种样品检出农药品种及频次

样品名称	样品总数	检出农药样品数	检出率	检出农药品种数	检出农药(频次)
芹菜	23	22	95.7%	36	苯醚甲环唑(12), 啶虫脒(12), 甲拌磷(8), 氧乐果(8), 哒螨灵(7), 嘧菌酯(7), 嘧霉胺(7), 烯酰吗啉(7), N-去甲基啶虫脒(6), 甲霜灵(6), 毒死蜱(5), 多菌灵(5), 仲丁灵(5), 矮壮素(3), 吡唑醚菌酯(3), 克百威(3), 去乙基阿特拉津(3), 噻菌灵(3), 噻嗪酮(3), 双苯基脲(3), 莠去津(3), 吡虫啉(2), 噁霜灵(2), 灭蝇胺(2), 噻虫嗪(2), 治螟磷(2), 避蚊胺(1), 丙环唑(1), 呋虫胺(1), 喹禾灵(1), 马拉硫磷(1), 咪鲜胺(1), 扑草净(1), 三唑磷(1), 三唑酮(1), 戊唑醇(1)

续表

样品名称	样品总数	检出农药样品数	检出率	检出农药品种数	检出农药(频次)
茼蒿	22	22	100.0%	26	烯酰吗啉(12),丙溴磷(11),嘧霉胺(7),哒螨灵(6),啶虫脒(6),甲霜灵(6),唑虫酰胺(6),甲氨基阿维菌素(4),多菌灵(3),马拉硫磷(3),三唑磷(3),N-去甲基啶虫脒(3),毒死蜱(2),多效唑(2),扑草净(2),噻菌灵(2),抑霉唑(2),苯醚甲环唑(1),噁霜灵(1),二甲戊灵(1),呋虫胺(1),甲拌磷(1),腈菌唑(1),灭蝇胺(1),噻虫嗪(1),茚虫威(1)
甜椒	27	23	85.2%	24	矮壮素(8),双苯基脲(8),啶虫脒(7),吡虫啉(6),多菌灵(5),粉唑醇(5),甲霜灵(4),克百威(4),甲哌(3),噻虫嗪(3),苯醚甲环唑(2),避蚊胺(2),哒螨灵(2),噁霜灵(2),嘧霉胺(2),三唑酮(2),N-去甲基啶虫脒(1),腈菌唑(1),咪鲜胺(1),噻虫胺(1),噻嗪酮(1),霜霉威(1),烯酰吗啉(1),唑虫酰胺(1)
葡萄	24	23	95.8%	33	嘧菌酯(16),多菌灵(15),嘧霉胺(15),烯酰吗啉(14),苯醚甲环唑(13),抑霉唑(12),啶虫脒(10),戊唑醇(9),矮壮素(8),氟硅唑(8),吡唑醚菌酯(7),霜霉威(6),N-去甲基啶虫脒(4),氟吡菌胺(4),三唑醇(4),唑嘧菌胺(4),甲霜灵(3),肟菌酯(2),三唑酮(2),烯唑醇(2),乙嘧酚(2),吡虫啉(1),氟吗啉(1),己唑醇(1),甲氨基阿维菌素(1),甲基硫菌灵(1),腈菌唑(1),咪鲜胺(1),炔螨特(1),噻嗪酮(1),烯啶虫胺(1),乙嘧酚磺酸酯(1),莠去津(1)
桃	26	24	92.3%	20	多菌灵(22),毒死蜱(10),戊唑醇(10),哒螨灵(8),甲基硫菌灵(8),苯醚甲环唑(7),虫酰肼(5),多效唑(5),抑霉唑(5),避蚊胺(3),啶虫脒(3),嘧菌酯(3),肟菌酯(3),吡虫啉(2),咪鲜胺(2),噻菌灵(2),N-去甲基啶虫脒(1),螺螨酯(1),马拉硫磷(1),炔螨特(1)
香瓜	9	8	88.9%	20	甲霜灵(5),霜霉威(3),烯酰吗啉(3),抑霉唑(3),苯醚甲环唑(2),多菌灵(2),嘧菌酯(2),嘧霉胺(2),莠去津(2),啶虫脒(1),粉唑醇(1),氟硅唑(1),甲基硫菌灵(1),甲哌(1),克百威(1),咪鲜胺(1),三环唑(1),三唑醇(1),三唑酮(1),戊唑醇(1)

上述 6 种水果蔬菜,检出农药 20~36 种,是多种农药综合防治,还是未严格实施农业良好管理规范(GAP),抑或根本就是乱施药,值得我们思考。

第10章 LC-Q-TOF/MS 侦测哈尔滨市市售水果蔬菜农药残留膳食暴露风险与预警风险评估

10.1 农药残留风险评估方法

10.1.1 哈尔滨市农药残留侦测数据分析与统计

庞国芳院士科研团队建立的农药残留高通量侦测技术以高分辨精确质量数（0.0001 m/z 为基准）为识别标准，采用 LC-Q-TOF/MS 技术对 544 种农药化学污染物进行侦测。

科研团队于 2015 年 7 月～2016 年 9 月在哈尔滨市所属 7 个区的 23 个采样点，随机采集了 633 例水果蔬菜样品，采样点分布在超市，具体位置如图 10-1 所示，各月内水果蔬菜样品采集数量如表 10-1 所示。

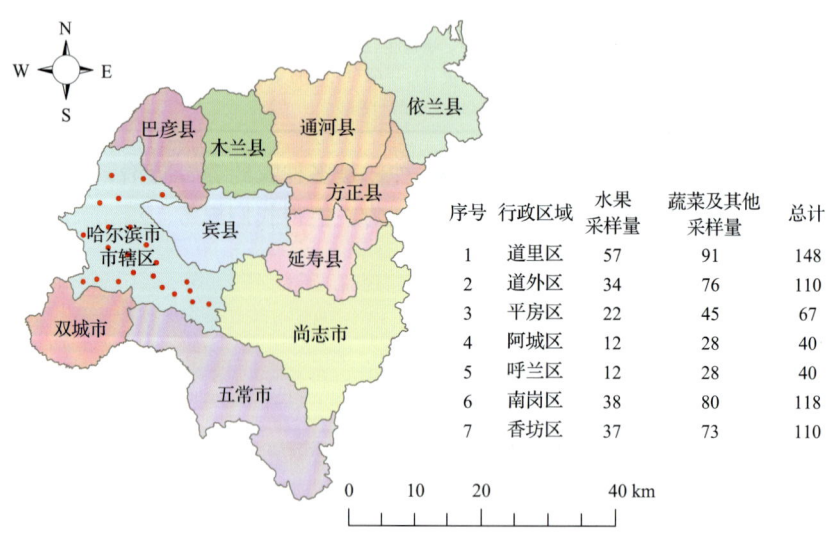

图 10-1　LC-Q-TOF/MS 侦测哈尔滨市 23 个采样点 633 例样品分布示意图

序号	行政区域	水果采样量	蔬菜及其他采样量	总计
1	道里区	57	91	148
2	道外区	34	76	110
3	平房区	22	45	67
4	阿城区	12	28	40
5	呼兰区	12	28	40
6	南岗区	38	80	118
7	香坊区	37	73	110

表 10-1　哈尔滨市各月内采集水果蔬菜样品数列表

时间	样品数(例)
2015 年 7 月	335
2016 年 9 月	298

第10章 LC-Q-TOF/MS 侦测哈尔滨市市售水果蔬菜农药残留膳食暴露风险与预警风险评估

利用 LC-Q-TOF/MS 技术对 633 例样品中的农药进行侦测，侦测出残留农药 79 种，1357 频次。侦测出农药残留水平如表 10-2 和图 10-2 所示。检出频次最高的前 10 种农药如表 10-3 所示。从侦测结果中可以看出，在水果蔬菜中农药残留普遍存在，且有些水果蔬菜存在高浓度的农药残留，这些可能存在膳食暴露风险，对人体健康产生危害，因此，为了定量地评价水果蔬菜中农药残留的风险程度，有必要对其进行风险评价。

表 10-2　侦测出农药的不同残留水平及其所占比例列表

残留水平(μg/kg)	检出频次	占比(%)
1~5(含)	478	35.2
5~10(含)	167	12.3
10~100(含)	501	36.9
100~1000(含)	192	14.2
>1000	19	1.4
合计	1357	100

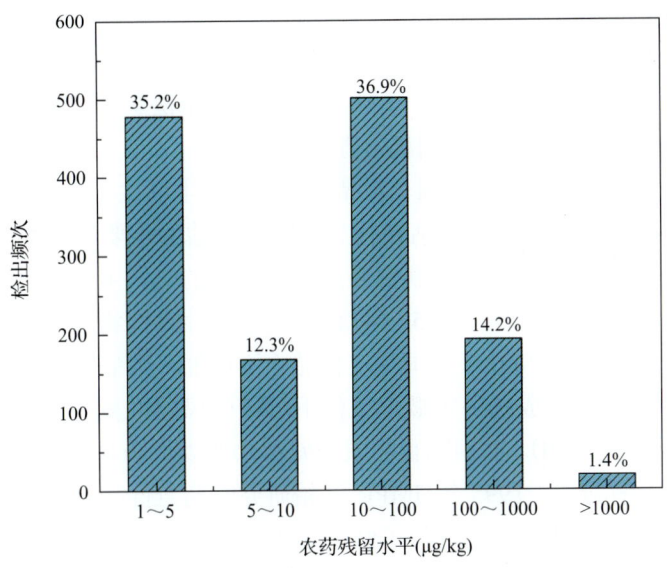

图 10-2　残留农药检出浓度频数分布图

表 10-3　检出频次最高的前 10 种农药列表

序号	农药	检出频次(次)
1	多菌灵	142
2	抑霉唑	93
3	啶虫脒	89
4	嘧霉胺	65
5	烯酰吗啉	65

续表

序号	农药	检出频次(次)
6	苯醚甲环唑	55
7	噻菌灵	54
8	矮壮素	50
9	甲霜灵	49
10	嘧菌酯	43

10.1.2 农药残留风险评价模型

对哈尔滨市水果蔬菜中农药残留分别开展暴露风险评估和预警风险评估。膳食暴露风险评估利用食品安全指数模型以水果蔬菜中的残留农药对人体可能产生的危害程度进行评价，该模型结合残留监测和膳食暴露评估评价化学污染物的危害；预警风险评价模型运用风险系数(risk index，R)，风险系数综合考虑了危害物的超标率、施检频率及其本身敏感性的影响，能直观而全面地反映出危害物在一段时间内的风险程度。

10.1.2.1 食品安全指数模型

为了加强食品安全管理，《中华人民共和国食品安全法》第二章第十七条规定"国家建立食品安全风险评估制度，运用科学方法，根据食品安全风险监测信息、科学数据以及有关信息，对食品、食品添加剂、食品相关产品中生物性、化学性和物理性危害因素进行风险评估"[1]，膳食暴露评估是食品危险度评估的重要组成部分，也是膳食安全性的衡量标准[2]。国际上最早研究膳食暴露风险评估的机构主要是JMPR(FAO、WHO农药残留联合会议)，该组织自1995年就已制定了急性毒性物质的风险评估急性毒性农药残留摄入量的预测。1960年美国规定食品中不得加入致癌物质进而提出零阈值理论，渐渐零阈值理论发展成在一定概率条件下可接受风险的概念[3]，后衍变为食品中每日允许最大摄入量(ADI)，而国际食品农药残留法典委员会(CCPR)认为ADI不是独立风险评估的唯一标准[4]，1995年JMPR开始研究农药急性膳食暴露风险评估，并对食品国际短期摄入量的计算方法进行了修正，亦对膳食暴露评估准则及评估方法进行了修正[5]，2002年，在对世界上现行的食品安全评价方法，尤其是国际公认的CAC的评价方法、全球环境监测系统/食品污染监测和评估规划(WHO GEMS/Food)及FAO、WHO食品添加剂联合专家委员会(JECFA)和JMPR对食品安全风险评估工作研究的基础之上，检验检疫食品安全管理的研究人员提出了结合残留监控和膳食暴露评估，以食品安全指数IFS计算食品中各种化学污染物对消费者的健康危害程度[6]。IFS是表示食品安全状态的新方法，可有效地评价某种农药的安全性，进而评价食品中各种农药化学污染物对消费者健康的整体危害程度[7,8]。从理论上分析，IFS_c可指出食品中的污染物c对消费者健康是否存在危害及危害的程度[9]。其优点在于操作简单且结果容易被接受和理解，不需要大量的数据来对结果进行验证，使用默认的标准假设或者模型即可[10,11]。

1) $\mathrm{IFS_c}$ 的计算

$\mathrm{IFS_c}$ 计算公式如下：

$$\mathrm{IFS_c} = \frac{\mathrm{EDI_c} \times f}{\mathrm{SI_c} \times \mathrm{bw}} \tag{10-1}$$

式中，c 为所研究的农药；$\mathrm{EDI_c}$ 为农药 c 的实际日摄入量估算值，等于 $\Sigma(R_i \times F_i \times E_i \times P_i)$（i 为食品种类；$R_i$ 为食品 i 中农药 c 的残留水平，mg/kg；F_i 为食品 i 的估计日消费量，g/(人·天)；E_i 为食品 i 的可食用部分因子；P_i 为食品 i 的加工处理因子）；$\mathrm{SI_c}$ 为安全摄入量，可采用每日允许最大摄入量 ADI；bw 为人平均体重，kg；f 为校正因子，如果安全摄入量采用 ADI，则 f 取 1。

$\mathrm{IFS_c} \ll 1$，农药 c 对食品安全没有影响；$\mathrm{IFS_c} \leq 1$，农药 c 对食品安全的影响可以接受；$\mathrm{IFS_c} > 1$，农药 c 对食品安全的影响不可接受。

本次评价中：

$\mathrm{IFS_c} \leq 0.1$，农药 c 对水果蔬菜安全没有影响；

$0.1 < \mathrm{IFS_c} \leq 1$，农药 c 对水果蔬菜安全的影响可以接受；

$\mathrm{IFS_c} > 1$，农药 c 对水果蔬菜安全的影响不可接受。

本次评价中残留水平 R_i 取值为中国检验检疫科学研究院庞国芳院士课题组利用以高分辨精确质量数（0.0001 m/z）为基准的 LC-Q-TOF/MS 侦测技术于 2015 年 7 月～2016 年 9 月对哈尔滨市水果蔬菜农药残留的侦测结果，估计日消费量 F_i 取值 0.38 kg/(人·天)，$E_i=1$，$P_i=1$，$f=1$，$\mathrm{SI_c}$ 采用《食品安全国家标准　食品中农药最大残留限量》(GB 2763—2016) 中 ADI 值（具体数值见表 10-4），人平均体重 (bw) 取值 60 kg。

2) 计算 $\mathrm{IFS_c}$ 的平均值 $\overline{\mathrm{IFS}}$，评价农药对食品安全的影响程度

以 $\overline{\mathrm{IFS}}$ 评价各种农药对人体健康危害的总程度，评价模型见公式 (10-2)。

$$\overline{\mathrm{IFS}} = \frac{\sum_{i=1}^{n}\mathrm{IFS_c}}{n} \tag{10-2}$$

$\overline{\mathrm{IFS}} \ll 1$，所研究消费者人群的食品安全状态很好；$\overline{\mathrm{IFS}} \leq 1$，所研究消费者人群的食品安全状态可以接受；$\overline{\mathrm{IFS}} > 1$，所研究消费者人群的食品安全状态不可接受。

本次评价中：

$\overline{\mathrm{IFS}} \leq 0.1$，所研究消费者人群的水果蔬菜安全状态很好；

$0.1 < \overline{\mathrm{IFS}} \leq 1$，所研究消费者人群的水果蔬菜安全状态可以接受；

$\overline{\mathrm{IFS}} > 1$，所研究消费者人群的水果蔬菜安全状态不可接受。

表 10-4 哈尔滨市水果蔬菜中侦测出农药的 ADI 值

序号	农药	ADI	序号	农药	ADI	序号	农药	ADI
1	氧乐果	0.0003	28	虫酰肼	0.02	55	啶氧菌酯	0.09
2	甲氨基阿维菌素	0.0005	29	氟环唑	0.02	56	吡丙醚	0.1
3	甲拌磷	0.0007	30	灭多威	0.02	57	多效唑	0.1
4	喹禾灵	0.0009	31	莠去津	0.02	58	噻虫胺	0.1
5	克百威	0.001	32	吡唑醚菌酯	0.03	59	噻菌灵	0.1
6	三唑磷	0.001	33	丙溴磷	0.03	60	氟吗啉	0.16
7	治螟磷	0.001	34	多菌灵	0.03	61	呋虫胺	0.2
8	阿维菌素	0.002	35	二甲戊灵	0.03	62	嘧菌酯	0.2
9	敌百虫	0.002	36	腈菌唑	0.03	63	嘧霉胺	0.2
10	乐果	0.002	37	三唑醇	0.03	64	烯酰吗啉	0.2
11	水胺硫磷	0.003	38	三唑酮	0.03	65	增效醚	0.2
12	噻唑磷	0.004	39	戊唑醇	0.03	66	仲丁灵	0.2
13	己唑醇	0.005	40	抑霉唑	0.03	67	马拉硫磷	0.3
14	烯唑醇	0.005	41	乙嘧酚	0.035	68	霜霉威	0.4
15	唑虫酰胺	0.006	42	扑草净	0.04	69	烯啶虫胺	0.53
16	氟硅唑	0.007	43	三环唑	0.04	70	唑嘧菌胺	10
17	噻嗪酮	0.009	44	肟菌酯	0.04	71	N-去甲基啶虫脒	—
18	苯醚甲环唑	0.01	45	矮壮素	0.05	72	吡虫啉脲	—
19	哒螨灵	0.01	46	乙螨唑	0.05	73	避蚊胺	—
20	毒死蜱	0.01	47	吡虫啉	0.06	74	甲哌	—
21	噁霜灵	0.01	48	灭蝇胺	0.06	75	麦穗宁	—
22	粉唑醇	0.01	49	丙环唑	0.07	76	去乙基阿特拉津	—
23	氟吡菌酰胺	0.01	50	啶虫脒	0.07	77	炔丙菊酯	—
24	螺螨酯	0.01	51	氟吡菌胺	0.08	78	双苯基脲	—
25	咪鲜胺	0.01	52	甲基硫菌灵	0.08	79	乙嘧酚磺酸酯	—
26	炔螨特	0.01	53	甲霜灵	0.08			
27	茚虫威	0.01	54	噻虫嗪	0.08			

注："—"表示为国家标准中无 ADI 值规定；ADI 值单位为 mg/kg bw

10.1.2.2 预警风险评估模型

2003年，我国检验检疫食品安全管理的研究人员根据WTO的有关原则和我国的具体规定，结合危害物本身的敏感性、风险程度及其相应的施检频率，首次提出了食品中危害物风险系数 R 的概念[12]。R 是衡量一个危害物的风险程度大小最直观的参数，即在一定时期内其超标率或阳性检出率的高低，但受其施检频率的高低及其本身的敏感性(受关注程度)影响。该模型综合考察了农药在蔬菜中的超标率、施检频率及其本身敏感性，能直观而全面地反映出农药在一段时间内的风险程度[13]。

1) R 计算方法

危害物的风险系数综合考虑了危害物的超标率或阳性检出率、施检频率和其本身的敏感性影响，并能直观而全面地反映出危害物在一段时间内的风险程度。风险系数 R 的计算公式如式(10-3)：

$$R = aP + \frac{b}{F} + S \tag{10-3}$$

式中 P 为该种危害物的超标率；F 为危害物的施检频率；S 为危害物的敏感因子；a, b 分别为相应的权重系数。

本次评价中 $F=1$；$S=1$；$a=100$；$b=0.1$，对参数 P 进行计算，计算时首先判断是否为禁用农药，如果为非禁用农药，$P=$超标的样品数(侦测出的含量高于食品最大残留限量标准值，即 MRL)除以总样品数(包括超标、不超标、未侦测出)；如果为禁用农药，则侦测出即为超标，$P=$能侦测出的样品数除以总样品数。判断哈尔滨市水果蔬菜农药残留是否超标的标准限值 MRL 分别以 MRL 中国国家标准[14]和 MRL 欧盟标准作为对照，具体值列于附表一中。

2) 评价风险程度

$R \leqslant 1.5$，受检农药处于低度风险；
$1.5 < R \leqslant 2.5$，受检农药处于中度风险；
$R > 2.5$，受检农药处于高度风险。

10.1.2.3 食品膳食暴露风险和预警风险评估应用程序的开发

1) 应用程序开发的步骤

为成功开发膳食暴露风险和预警风险评估应用程序，与软件工程师多次沟通讨论，逐步提出并描述清楚计算需求，开发了初步应用程序。为明确出不同水果蔬菜、不同农药、不同地域和不同季节的风险水平，向软件工程师提出不同的计算需求，软件工程师对计算需求进行逐一分析，经过反复的细节沟通，需求分析得到明确后，开始进行解决方案的设计，在保证需求的完整性、一致性的前提下，编写出程序代码，最后设计出满足需求的风险评估专用计算软件，并通过一系列的软件测试和改进，完成专用程序的开发。软件开发基本步骤见图 10-3。

图 10-3　专用程序开发总体步骤

2) 膳食暴露风险评估专业程序开发的基本要求

首先直接利用公式(10-1)，分别计算 LC-Q-TOF/MS 和 GC-Q-TOF/MS 仪器侦测出的各水果蔬菜样品中每种农药 IFS_c，将结果列出。为考察超标农药和禁用农药的使用安全性，分别以我国《食品安全国家标准　食品中农药最大残留限量》(GB 2763—2016)和欧盟食品中农药最大残留限量(以下简称 MRL 中国国家标准和 MRL 欧盟标准)为标准，对侦测出的禁用农药和超标的非禁用农药 IFS_c 单独进行评价；按 IFS_c 大小列表，并找出 IFS_c 值排名前 20 的样本重点关注。

对不同水果蔬菜 i 中每一种侦测出的农药 c 的安全指数进行计算，多个样品时求平均值。若监测数据为该市多个月的数据，则逐月、逐季度分别列出每个月、每个季度内每一种水果蔬菜 i 对应的每一种农药 c 的 IFS_c。

按农药种类，计算整个监测时间段内每种农药的 IFS_c，不区分水果蔬菜。若侦测数据为该市多个月的数据，则需分别计算每个月、每个季度内每种农药的 IFS_c。

3) 预警风险评估专业程序开发的基本要求

分别以 MRL 中国国家标准和 MRL 欧盟标准，按公式(10-3)逐个计算不同水果蔬菜、不同农药的风险系数，禁用农药和非禁用农药分别列表。

为清楚了解各种农药的预警风险，不分时间，不分水果蔬菜，按禁用农药和非禁用农药分类，分别计算各种侦测出的农药全部侦测时段内风险系数。由于有 MRL 中国国家标准的农药种类太少，无法计算超标数，非禁用农药的风险系数只以 MRL 欧盟标准为标准，进行计算。若侦测数据为多个月的，则按月计算每个月、每个季度内每种禁用农药残留的风险系数和以 MRL 欧盟标准为标准的非禁用农药残留的风险系数。

4) 风险程度评价专业应用程序的开发方法

采用 Python 计算机程序设计语言，Python 是一个高层次地结合了解释性、编译性、互动性和面向对象的脚本语言。风险评价专用程序主要功能包括：分别读入每例样品 LC-Q-TOF/MS 和 GC-Q-TOF/MS 农药残留侦测数据，根据风险评价工作要求，依次对不同农药、不同食品、不同时间、不同采样点的 IFS_c 值和 R 值分别进行数据计算，筛选出禁用农药、超标农药(分别与 MRL 中国国家标准、MRL 欧盟标准限值进行对比)单独重点分析，再分别对各农药、各水果蔬菜种类分类处理，设计出计算和排序程序，编写计算机代码，最后将生成的膳食暴露风险评估和超标风险评估定量计算结果列入设计好的各个表格中，并定性判断风险对目标的影响程度，直接用文字描述风险发生的高低，如"不可接受"、"可以接受"、"没有影响"、"高度风险"、"中度风险"、"低度风险"。

10.2 LC-Q-TOF/MS 侦测哈尔滨市市售水果蔬菜农药残留膳食暴露风险评估

10.2.1 每例水果蔬菜样品中农药残留安全指数分析

基于农药残留侦测数据，发现在 633 例样品中侦测出农药 1357 频次，计算样品中每种残留农药的安全指数 IFS_c，并分析农药对样品安全的影响程度，结果详见附表二，农药残留对水果蔬菜样品安全的影响程度频次分布情况如图 10-4 所示。

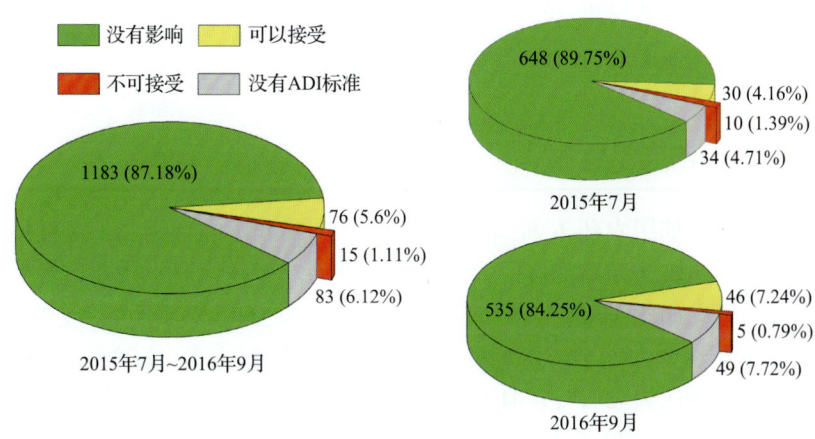

图 10-4 农药残留对水果蔬菜样品安全的影响程度频次分布图

由图 10-4 可以看出，农药残留对样品安全的影响不可接受的频次为 15，占 1.11%；农药残留对样品安全的影响可以接受的频次为 76，占 5.6%；农药残留对样品安全没有影响的频次为 1183，占 87.18%。分析发现，两个月内侦测出的农药不可接受的频次排序为：2015 年 7 月（10）＞2016 年 9 月（5），此外，残留农药对样品安全影响为不可接受的频次在两个月均有出现。表 10-5 为对水果蔬菜样品中安全指数不可接受的农药残留列表。

表 10-5 水果蔬菜样品中安全影响不可接受的农药残留列表

序号	样品编号	采样点	基质	农药	含量(mg/kg)	IFS_c
1	20150715-230100-QHDCIQ-CE-08A	***超市(道外店)	芹菜	氧乐果	0.3933	8.3030
2	20150715-230100-QHDCIQ-PB-08A	***超市(道外店)	小白菜	氧乐果	0.2323	4.9041
3	20150715-230100-QHDCIQ-CL-08A	***超市(道外店)	小油菜	三唑磷	0.5007	3.1711
4	20150716-230100-QHDCIQ-PB-11A	***超市(中环店)	小白菜	氧乐果	0.1032	2.1787

续表

序号	样品编号	采样点	基质	农药	含量(mg/kg)	IFS$_c$
5	20160908-230100-QHDCIQ-EP-24A	***超市(香坊店)	茄子	氧乐果	0.0747	1.5770
6	20160909-230100-QHDCIQ-CE-16A	***超市(友谊路)	芹菜	氧乐果	0.0724	1.5284
7	20160909-230100-QHDCIQ-TH-22A	***超市(平房区)	茼蒿	三唑磷	0.2402	1.5213
8	20160909-230100-QHDCIQ-TH-23A	***超市(香坊店)	茼蒿	三唑磷	0.2365	1.4978
9	20160907-230100-QHDCIQ-CE-21A	***超市(南岗店)	芹菜	氧乐果	0.0682	1.4398
10	20150715-230100-QHDCIQ-BO-06A	***超市(西大直街店)	菠菜	氧乐果	0.0603	1.2730
11	20150715-230100-QHDCIQ-EP-52A	***超市(中山店)	茄子	氧乐果	0.0593	1.2519
12	20150715-230100-QHDCIQ-DJ-21A	***超市(中央商城店)	菜豆	氧乐果	0.0540	1.1400
13	20150715-230100-QHDCIQ-CE-01A	***超市(金安国际店)	芹菜	甲拌磷	0.1259	1.1391
14	20150715-230100-QHDCIQ-CE-04A	***超市	芹菜	氧乐果	0.0533	1.1252
15	20150715-230100-QHDCIQ-PP-03A	***超市(哈尔滨总店)	甜椒	克百威	0.1695	1.0735

部分样品侦测出禁用农药 6 种 48 频次，为了明确残留的禁用农药对样品安全的影响，分析侦测出禁用农药残留的样品安全指数，禁用农药残留对水果蔬菜样品安全的影响程度频次分布情况如图 10-5 所示，农药残留对样品安全的影响不可接受的频次为 12，占 25%；农药残留对样品安全的影响可以接受的频次为 16，占 33.33%；农药残留对样品安全没有影响的频次为 20，占 41.67%。由图中可以看出两个月内侦测出的禁用农药不可接受的频次排序为：2015 年 7 月(9)＞2016 年 9 月(3)，表 10-6 列出了水果蔬菜样品中侦测出的禁用农药残留不可接受的安全指数表。

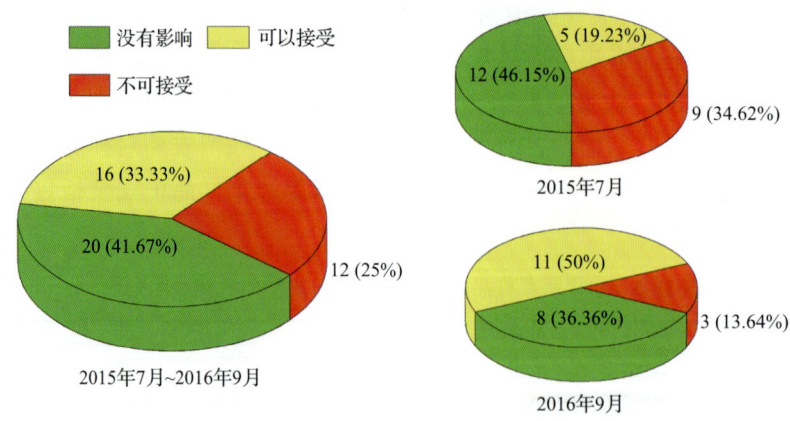

图 10-5　禁用农药对水果蔬菜样品安全影响程度的频次分布图

此外，本次侦测发现部分样品中非禁用农药残留量超过了 MRL 中国国家标准和欧盟标准，为了明确超标的非禁用农药对样品安全的影响，分析了非禁用农药残留超标的样品安全指数。

表 10-6 水果蔬菜样品中侦测出的禁用农药残留不可接受的安全指数表

序号	样品编号	采样点	基质	农药	含量(mg/kg)	IFS_c
1	20150715-230100-QHDCIQ-CE-08A	***超市(道外店)	芹菜	氧乐果	0.3933	8.3030
2	20150715-230100-QHDCIQ-PB-08A	***超市(道外店)	小白菜	氧乐果	0.2323	4.9041
3	20150716-230100-QHDCIQ-PB-11A	***超市(中环店)	小白菜	氧乐果	0.1032	2.1787
4	20160908-230100-QHDCIQ-EP-24A	***超市(香坊店)	茄子	氧乐果	0.0747	1.5770
5	20160909-230100-QHDCIQ-CE-16A	***超市(友谊路)	芹菜	氧乐果	0.0724	1.5284
6	20160907-230100-QHDCIQ-CE-21A	***超市(南岗店)	芹菜	氧乐果	0.0682	1.4398
7	20150715-230100-QHDCIQ-BO-06A	***超市(西大直街店)	菠菜	氧乐果	0.0603	1.2730
8	20150715-230100-QHDCIQ-EP-52A	***超市(中山店)	茄子	氧乐果	0.0593	1.2519
9	20150715-230100-QHDCIQ-DJ-21A	***超市(中央商城店)	菜豆	氧乐果	0.0540	1.1400
10	20150715-230100-QHDCIQ-CE-01A	***超市(金安国际店)	芹菜	甲拌磷	0.1259	1.1391
11	20150715-230100-QHDCIQ-CE-04A	***超市	芹菜	氧乐果	0.0533	1.1252
12	20150715-230100-QHDCIQ-PP-03A	***超市(哈尔滨总店)	甜椒	克百威	0.1695	1.0735

水果蔬菜残留量超过 MRL 中国国家标准的非禁用农药对水果蔬菜样品安全的影响程度频次分布情况如图 10-6 所示。可以看出侦测出超过 MRL 中国国家标准的非禁用农药共 9 频次,其中农药残留对样品安全的影响可以接受的频次为 4,占 44.44%;农药残留对样品安全没有影响的频次为 5,占 55.56%。表 10-7 为水果蔬菜样品中侦测出的非禁用农药残留安全指数表。

残留量超过 MRL 欧盟标准的非禁用农药对水果蔬菜样品安全的影响程度频次分布情况如图 10-7 所示。可以看出超过 MRL 欧盟标准的非禁用农药共 172 频次,其中农药没有 ADI 标准的频次为 34,占 19.77%;农药残留对样品安全不可接受的频次为 3,占 1.74%;农药残留对样品安全的影响可以接受的频次为 21,占 12.21%;农药残留对样品安全没有影响的频次为 114,占 66.28%。表 10-8 为水果蔬菜样品中不可接受的残留超标非禁用农药安全指数表。

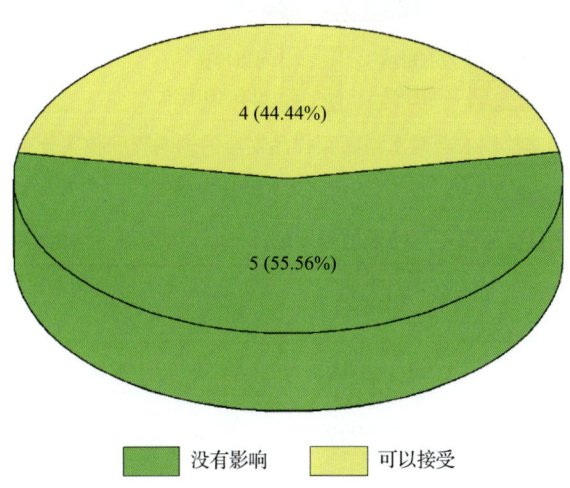

图 10-6 残留超标的非禁用农药对水果蔬菜样品安全的影响程度频次分布图(MRL 中国国家标准)

表 10-7 水果蔬菜样品中侦测出的非禁用农药残留安全指数表（MRL 中国国家标准）

序号	样品编号	采样点	基质	农药	含量(mg/kg)	中国国家标准	IFS$_c$	影响程度
1	20160909-230100-QHDCIQ-CE-13A	***超市	芹菜	毒死蜱	0.5029	0.05	0.3185	可以接受
2	20150716-230100-QHDCIQ-GP-10A	***超市(乐松店)	葡萄	苯醚甲环唑	0.5007	0.5	0.3171	可以接受
3	20150716-230100-QHDCIQ-CE-09A	***超市(平房区店)	芹菜	毒死蜱	0.3459	0.05	0.2191	可以接受
4	20150716-230100-QHDCIQ-CE-11A	***超市(中环店)	芹菜	毒死蜱	0.3314	0.05	0.2099	可以接受
5	20150716-230100-QHDCIQ-CL-09A	***超市(平房区店)	小油菜	毒死蜱	0.1287	0.1	0.0815	没有影响
6	20160909-230100-QHDCIQ-AP-13A	***超市	苹果	丙溴磷	0.351	0.05	0.0741	没有影响
7	20150715-230100-QHDCIQ-BO-05A	***超市(中山店)	菠菜	毒死蜱	0.1021	0.1	0.0647	没有影响
8	20160910-230100-QHDCIQ-AP-12A	***超市	苹果	丙溴磷	0.2457	0.05	0.0519	没有影响
9	20150716-230100-QHDCIQ-CE-10A	***超市(乐松店)	芹菜	毒死蜱	0.0797	0.05	0.0505	没有影响

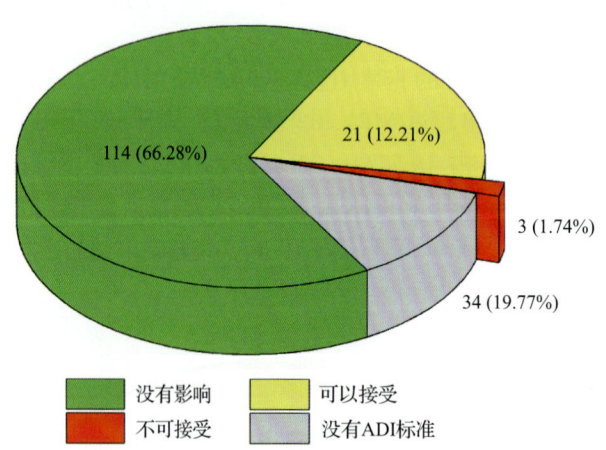

图 10-7 残留超标的非禁用农药对水果蔬菜样品安全的影响程度频次分布图（MRL 欧盟标准）

表 10-8 对水果蔬菜样品中不可接受的残留超标非禁用农药安全指数表（MRL 欧盟标准）

序号	样品编号	采样点	基质	农药	含量(mg/kg)	欧盟标准	IFS$_c$
1	20150715-230100-QHDCIQ-CL-08A	***超市(道外店)	小油菜	三唑磷	0.5007	0.01	3.1711
2	20160909-230100-QHDCIQ-TH-22A	***超市(平房区)	茼蒿	三唑磷	0.2402	0.01	1.5213
3	20160909-230100-QHDCIQ-TH-23A	***超市(香坊店)	茼蒿	三唑磷	0.2365	0.01	1.4978

在 633 例样品中，187 例样品未侦测出农药残留，446 例样品中侦测出农药残留，计算每例有农药侦测出样品的 $\overline{\text{IFS}}$ 值，进而分析样品的安全状态结果如图 10-8 所示（未侦测出农药的样品安全状态视为很好）。可以看出，0.63%的样品安全状态不可接受；6.48%的样品安全状态可以接受；90.52%的样品安全状态很好。此外，可以看出 2015 年 7 月和 2016 年 9 月分别有 3 例和 1 例样品安全状态不可接受，其他样品安全状态均在很好和可以接受的范围内。表 10-9 列出了安全状态不可接受的水果蔬菜样品。

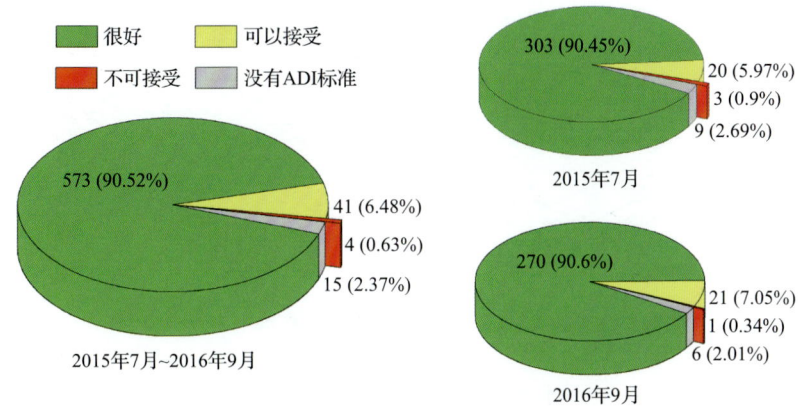

图 10-8　水果蔬菜样品安全状态分布图

表 10-9　水果蔬菜安全状态不可接受的样品列表

序号	样品编号	采样点	基质	$\overline{\text{IFS}}$
1	20160908-230100-QHDCIQ-EP-24A	***超市（香坊店）	茄子	1.5770
2	20150715-230100-QHDCIQ-CE-08A	***超市（道外店）	芹菜	1.3884
3	20150715-230100-QHDCIQ-PB-08A	***超市（道外店）	小白菜	1.2269
4	20150715-230100-QHDCIQ-DJ-21A	***超市（中央商城店）	菜豆	1.1400

10.2.2　单种水果蔬菜中农药残留安全指数分析

本次 46 种水果蔬菜侦测出 79 种农药，检出频次为 1357 次，其中 9 种农药没有 ADI 标准，70 种农药存在 ADI 标准。猕猴桃未侦测出任何农药，对其他的 45 种水果蔬菜按不同种类分别计算侦测出的具有 ADI 标准的各种农药的 IFS_c 值，农药残留对水果蔬菜的安全指数分布图如图 10-9 所示。

分析发现 5 种水果蔬菜（小白菜、芹菜、菠菜、小油菜、茼蒿）中的 2 种农药残留（氧乐果、三唑磷）对食品安全影响不可接受，如表 10-10 所示。

本次侦测中，45 种水果蔬菜和 79 种残留农药（包括没有 ADI 标准）共涉及 504 个分析样本，农药对单种水果蔬菜安全的影响程度分布情况如图 10-10 所示。可以看出，85.52%的样本中农药对水果蔬菜安全没有影响，4.56%的样本中农药对水果蔬菜安全的影响可以接受，0.99%的样本中农药对水果蔬菜安全的影响不可接受。

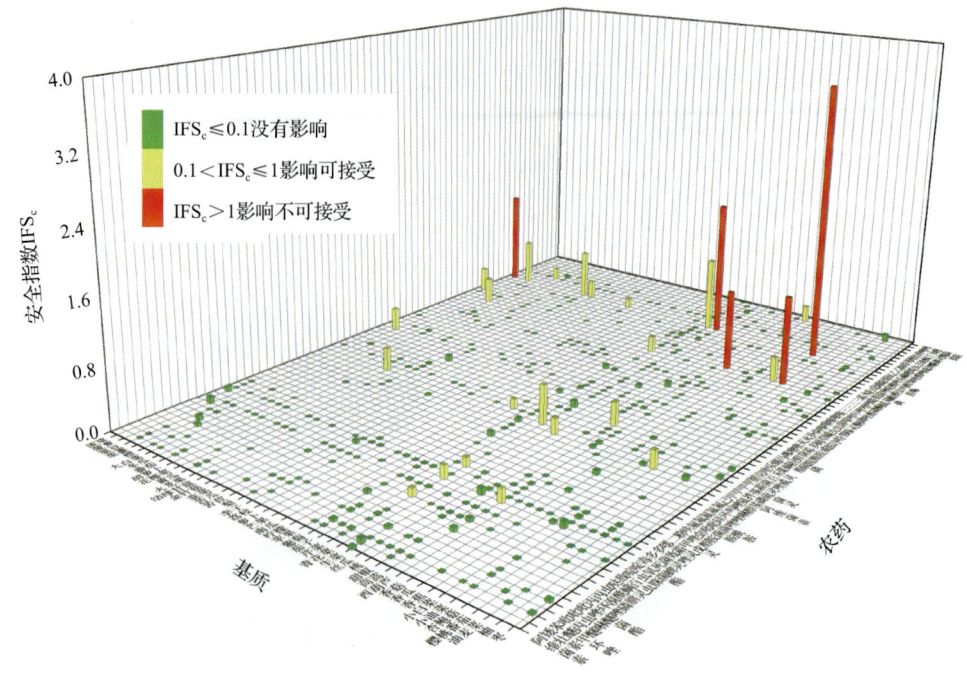

图 10-9 45 种水果蔬菜中 70 种残留农药的安全指数分布图

表 10-10 单种水果蔬菜中安全影响不可接受的残留农药安全指数表

序号	基质	农药	检出频次	检出率(%)	IFS>1 的频次	IFS>1 的比例(%)	IFS$_c$
1	小白菜	氧乐果	2	10.53	2	10.53	3.5414
2	芹菜	氧乐果	8	5.76	4	2.88	1.7562
3	菠菜	氧乐果	1	5.56	1	5.56	1.2730
4	小油菜	三唑磷	4	12.12	1	3.03	1.1208
5	茼蒿	三唑磷	3	3.41	2	2.27	1.0119

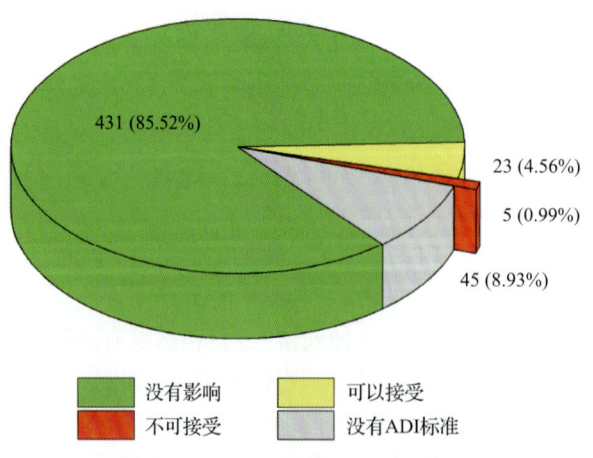

图 10-10 504 个分析样本的影响程度频次分布图

此外，分别计算 45 种水果蔬菜中所有侦测出农药 IFS_c 的平均值 $\overline{IFS}$，分析每种水果蔬菜的安全状态，结果如图 10-11 所示，分析发现，5 种水果蔬菜(11.11%)的安全状态可接受，40 种(88.89%)水果蔬菜的安全状态很好。

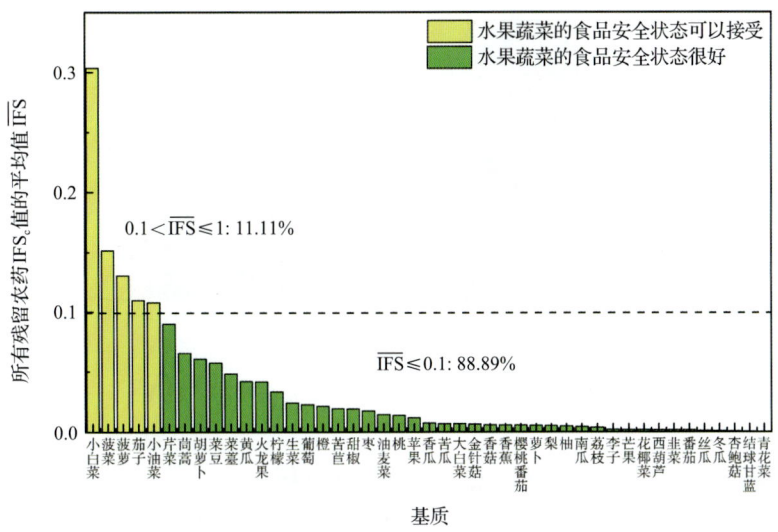

图 10-11　45 种水果蔬菜的 $\overline{IFS}$ 值和安全状态统计图

对每个月内每种水果蔬菜中农药的 IFS_c 进行分析，并计算每月内每种水果蔬菜的 $\overline{IFS}$ 值，以评价每种水果蔬菜的安全状态，结果如图 10-12 所示，可以看出，两个月的所有水果蔬菜的安全状态均处于很好和可以接受的范围内，各月份内单种水果蔬菜安全状态统计情况如图 10-13 所示。

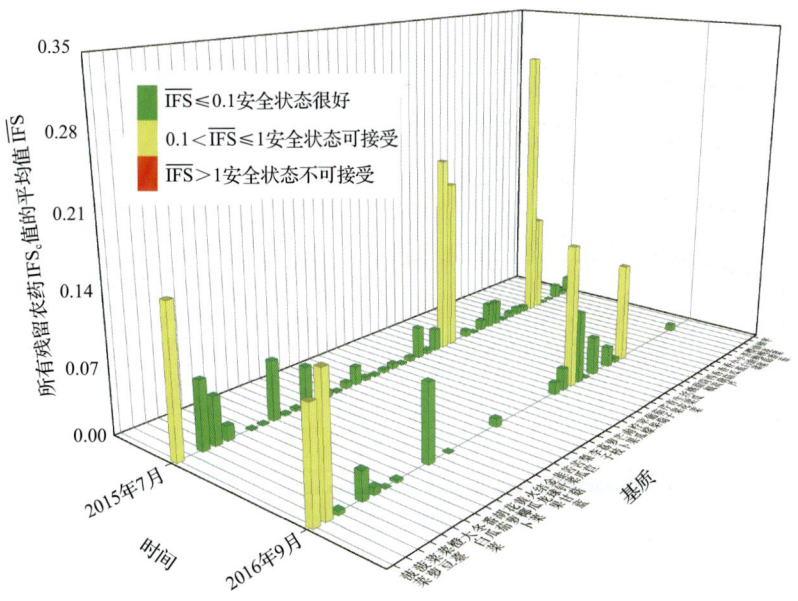

图 10-12　各月内每种水果蔬菜的 $\overline{IFS}$ 值与安全状态分布图

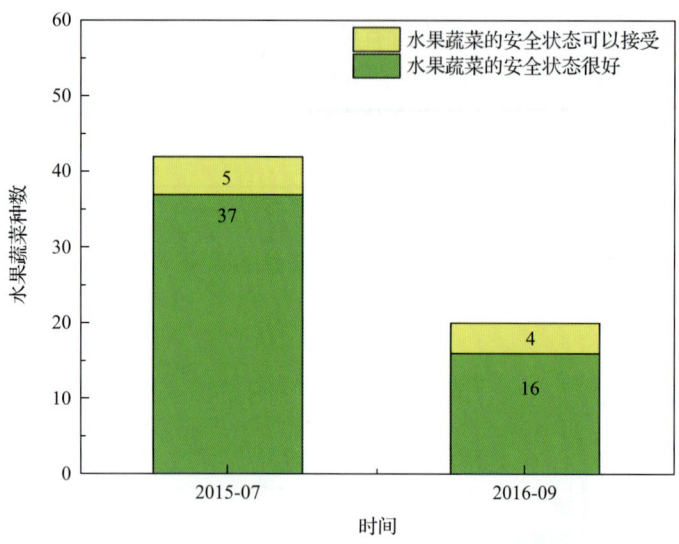

图 10-13　各月份内单种水果蔬菜安全状态统计图

10.2.3　所有水果蔬菜中农药残留安全指数分析

计算所有水果蔬菜中 70 种农药的 $\overline{IFS_c}$ 值，结果如图 10-14 及表 10-11 所示。

分析发现，只有氧乐果的 $\overline{IFS_c}$ 大于 1，其他农药的 $\overline{IFS_c}$ 均小于 1，说明氧乐果对水果蔬菜安全的影响不可接受，其他农药对水果蔬菜安全的影响均在没有影响和可以接受的范围内，其中 8.57% 的农药对水果蔬菜安全的影响可以接受，90.00% 的农药对水果蔬菜安全没有影响。

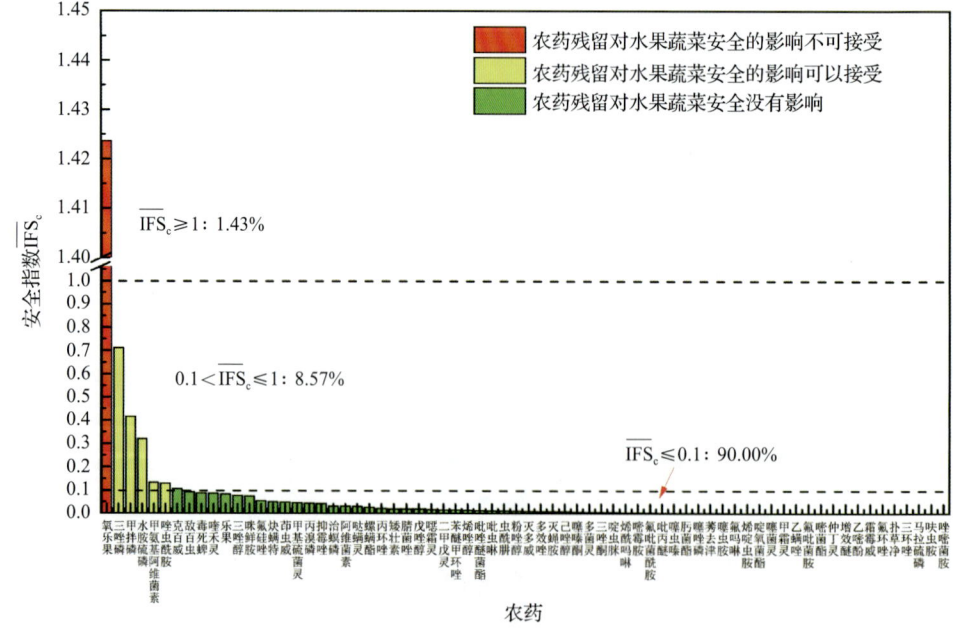

图 10-14　70 种残留农药对水果蔬菜的安全影响程度统计图

表 10-11 水果蔬菜中 70 种农药残留的安全指数表

序号	农药	检出频次	检出率(%)	$\overline{IFS_c}$	影响程度	序号	农药	检出频次	检出率(%)	$\overline{IFS_c}$	影响程度
1	氧乐果	20	1.47	1.4236	不可接受	36	灭多威	2	0.15	0.0105	没有影响
2	三唑磷	12	0.88	0.7115	可以接受	37	多效唑	18	1.33	0.0090	没有影响
3	甲拌磷	11	0.81	0.4154	可以接受	38	灭蝇胺	10	0.74	0.0084	没有影响
4	水胺硫磷	1	0.07	0.3198	可以接受	39	己唑醇	4	0.29	0.0082	没有影响
5	甲氨基阿维菌素	15	1.11	0.1329	可以接受	40	噻嗪酮	16	1.18	0.0079	没有影响
6	唑虫酰胺	11	0.81	0.1289	可以接受	41	多菌灵	142	10.46	0.0067	没有影响
7	克百威	12	0.88	0.1063	可以接受	42	三唑酮	10	0.74	0.0063	没有影响
8	敌百虫	1	0.07	0.0928	没有影响	43	啶虫脒	89	6.56	0.0060	没有影响
9	毒死蜱	27	1.99	0.0874	没有影响	44	烯酰吗啉	65	4.79	0.0049	没有影响
10	喹禾灵	1	0.07	0.0866	没有影响	45	嘧霉胺	65	4.79	0.0048	没有影响
11	乐果	1	0.07	0.0827	没有影响	46	氟吡菌酰胺	3	0.22	0.0033	没有影响
12	三唑醇	12	0.88	0.0767	没有影响	47	吡丙醚	3	0.22	0.0031	没有影响
13	咪鲜胺	13	0.96	0.0743	没有影响	48	噻虫嗪	19	1.40	0.0028	没有影响
14	氟硅唑	10	0.74	0.0547	没有影响	49	肟菌酯	17	1.25	0.0024	没有影响
15	炔螨特	5	0.37	0.0504	没有影响	50	噻唑磷	1	0.07	0.0024	没有影响
16	茚虫威	2	0.15	0.0488	没有影响	51	莠去津	19	1.40	0.0021	没有影响
17	甲基硫菌灵	27	1.99	0.0461	没有影响	52	噻虫胺	2	0.15	0.0020	没有影响
18	丙溴磷	18	1.33	0.0435	没有影响	53	氟吗啉	4	0.29	0.0019	没有影响
19	抑霉唑	93	6.85	0.0427	没有影响	54	烯啶虫胺	2	0.15	0.0019	没有影响
20	治螟磷	2	0.15	0.0320	没有影响	55	啶氧菌酯	1	0.07	0.0019	没有影响
21	阿维菌素	1	0.07	0.0317	没有影响	56	噻菌灵	54	3.98	0.0017	没有影响
22	哒螨灵	36	2.65	0.0308	没有影响	57	甲霜灵	49	3.61	0.0017	没有影响
23	螺螨酯	4	0.29	0.0275	没有影响	58	乙螨唑	3	0.22	0.0015	没有影响
24	丙环唑	6	0.44	0.0215	没有影响	59	氟吡菌胺	4	0.29	0.0011	没有影响
25	矮壮素	50	3.68	0.0201	没有影响	60	嘧菌酯	43	3.17	0.0010	没有影响
26	腈菌唑	9	0.66	0.0196	没有影响	61	仲丁灵	5	0.37	0.0008	没有影响
27	戊唑醇	25	1.84	0.0192	没有影响	62	增效醚	1	0.07	0.0006	没有影响
28	噁霜灵	27	1.99	0.0168	没有影响	63	乙嘧酚	3	0.22	0.0006	没有影响
29	二甲戊灵	1	0.07	0.0164	没有影响	64	霜霉威	28	2.06	0.0005	没有影响
30	苯醚甲环唑	55	4.05	0.0163	没有影响	65	氟环唑	1	0.07	0.0004	没有影响
31	烯唑醇	3	0.22	0.0148	没有影响	66	扑草净	9	0.66	0.0004	没有影响
32	吡唑醚菌酯	13	0.96	0.0130	没有影响	67	三环唑	1	0.07	0.0003	没有影响
33	吡虫啉	34	2.51	0.0128	没有影响	68	马拉硫磷	5	0.37	0.0002	没有影响
34	虫酰肼	5	0.37	0.0117	没有影响	69	呋虫胺	2	0.15	0.0001	没有影响
35	粉唑醇	7	0.52	0.0116	没有影响	70	唑嘧菌胺	4	0.29	0.0000	没有影响

对每个月内所有水果蔬菜中残留农药的$\overline{IFS}_c$进行分析，结果如图10-15所示。分析发现，2015年7月的氧乐果、2016年9月的三唑磷对水果蔬菜安全的影响不可接受，该两个月份的其他农药和对水果蔬菜安全的影响均处于没有影响和可以接受的范围内。每月内不同农药对水果蔬菜安全影响程度的统计如图10-16所示。

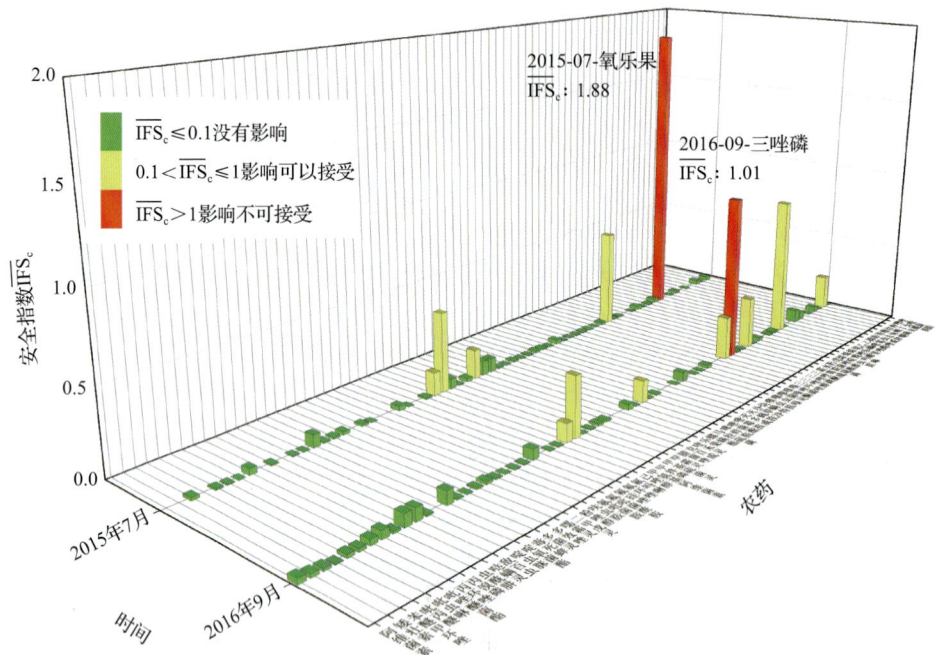

图10-15　各月份内水果蔬菜中每种残留农药的安全指数分布图

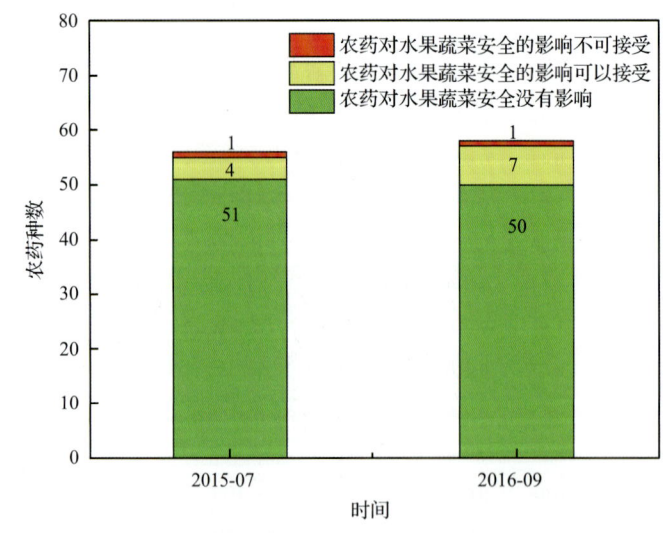

图10-16　各月份内农药对水果蔬菜安全影响程度的统计图

计算每个月内水果蔬菜的$\overline{IFS}$，以分析每月内水果蔬菜的安全状态，结果如图10-17所示，可以看出，两个月的水果蔬菜安全状态均很好。

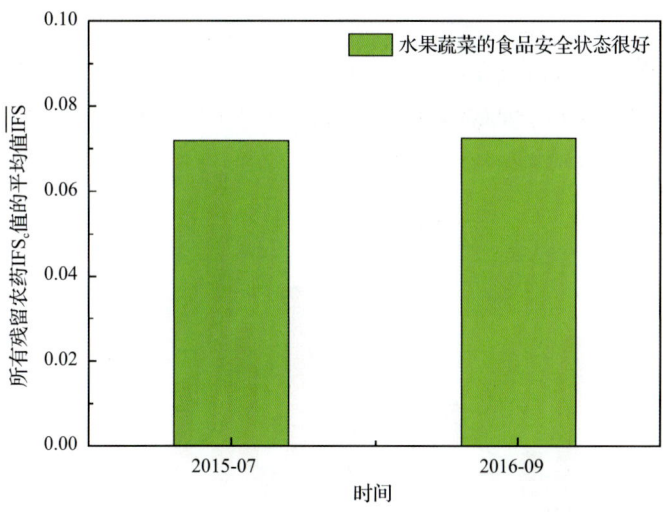

图 10-17　各月份内水果蔬菜的 $\overline{\text{IFS}}$ 值与安全状态统计图

10.3　LC-Q-TOF/MS 侦测哈尔滨市市售水果蔬菜农药残留预警风险评估

基于哈尔滨市水果蔬菜样品中农药残留 LC-Q-TOF/MS 侦测数据，分析禁用农药的检出率，同时参照中华人民共和国国家标准 GB2763—2016 和欧盟农药最大残留限量 (MRL) 标准分析非禁用农药残留的超标率，并计算农药残留风险系数。分析单种水果蔬菜中农药残留以及所有水果蔬菜中农药残留的风险程度。

10.3.1　单种水果蔬菜中农药残留风险系数分析

10.3.1.1　单种水果蔬菜中禁用农药残留风险系数分析

侦测出的 79 种残留农药中有 6 种为禁用农药，14 种水果蔬菜中检出禁用农药，计算 14 种水果蔬菜中禁用农药的超标率，根据超标率计算风险系数 R，进而分析水果蔬菜中禁用农药的风险程度，结果如图 10-18 与表 10-12 所示。分析发现 6 种禁用农药在 14 种水果蔬菜中的残留均处于高度风险。

10.3.1.2　基于 MRL 中国国家标准的单种水果蔬菜中非禁用农药残留风险系数分析

参照中华人民共和国国家标准 GB 2763—2016 中农药残留限量计算每种水果蔬菜中每种非禁用农药的超标率，进而计算其风险系数，根据风险系数大小判断残留农药的预警风险程度，水果蔬菜中非禁用农药残留风险程度分布情况如图 10-19 所示。

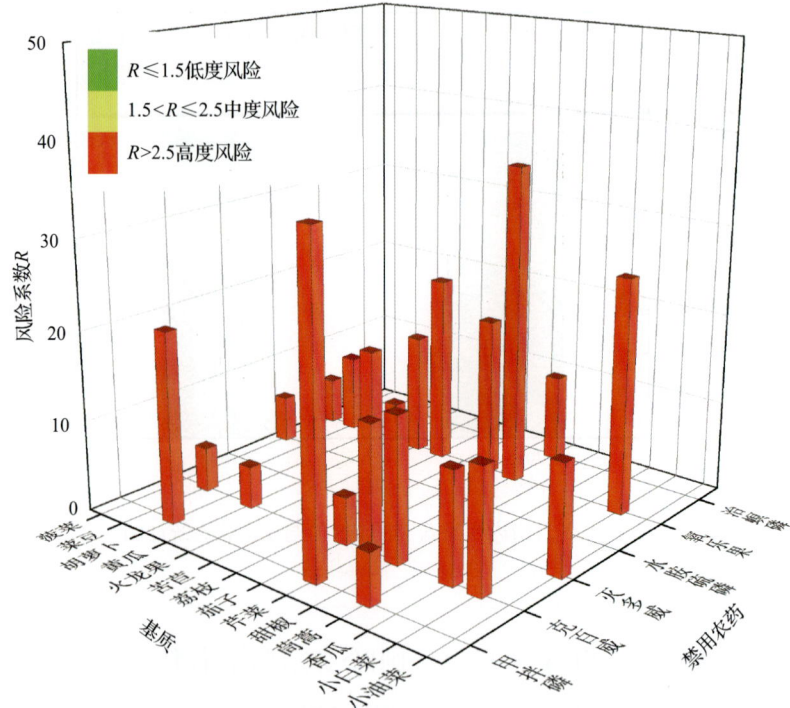

图 10-18 14 种水果蔬菜中 6 种禁用农药的风险系数分布图

表 10-12 14 种水果蔬菜中 6 种禁用农药的风险系数列表

序号	基质	农药	检出频次	检出率(%)	风险系数 R	风险程度
1	菠菜	氧乐果	1	4.17	5.27	高度风险
2	菠菜	水胺硫磷	1	4.17	5.27	高度风险
3	菜豆	克百威	1	3.85	4.95	高度风险
4	菜豆	氧乐果	2	7.69	8.79	高度风险
5	胡萝卜	甲拌磷	2	20.00	21.10	高度风险
6	黄瓜	克百威	1	3.57	4.67	高度风险
7	黄瓜	氧乐果	1	3.57	4.67	高度风险
8	火龙果	氧乐果	1	12.50	13.60	高度风险
9	苦苣	氧乐果	1	20.00	21.10	高度风险
10	荔枝	灭多威	1	16.67	17.77	高度风险
11	茄子	克百威	1	4.17	5.27	高度风险
12	茄子	氧乐果	4	16.67	17.77	高度风险
13	芹菜	克百威	3	13.04	14.14	高度风险
14	芹菜	氧乐果	8	34.78	35.88	高度风险
15	芹菜	治螟磷	2	8.70	9.80	高度风险
16	芹菜	甲拌磷	8	34.78	35.88	高度风险
17	甜椒	克百威	4	14.81	15.91	高度风险

续表

序号	基质	农药	检出频次	检出率(%)	风险系数 R	风险程度
18	茼蒿	甲拌磷	1	4.55	5.65	高度风险
19	香瓜	克百威	1	11.11	12.21	高度风险
20	小白菜	克百威	1	12.50	13.60	高度风险
21	小白菜	氧乐果	2	25.00	26.10	高度风险
22	小油菜	灭多威	1	11.11	12.21	高度风险

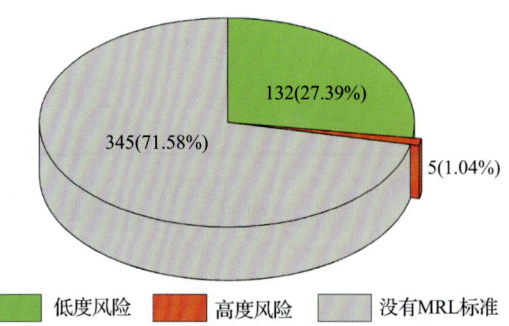

图 10-19　水果蔬菜中非禁用农药风险程度的频次分布图（MRL 中国国家标准）

本次分析中，发现在 45 种水果蔬菜中侦测出 73 种残留非禁用农药，涉及样本 482 个，在 482 个样本中，1.04%处于高度风险，27.39%处于低度风险，此外发现有 345 个样本没有 MRL 中国国家标准值，无法判断其风险程度，有 MRL 中国国家标准值的 137 个样本涉及 32 种水果蔬菜中的 36 种非禁用农药，其风险系数 R 值如图 10-20 所示。

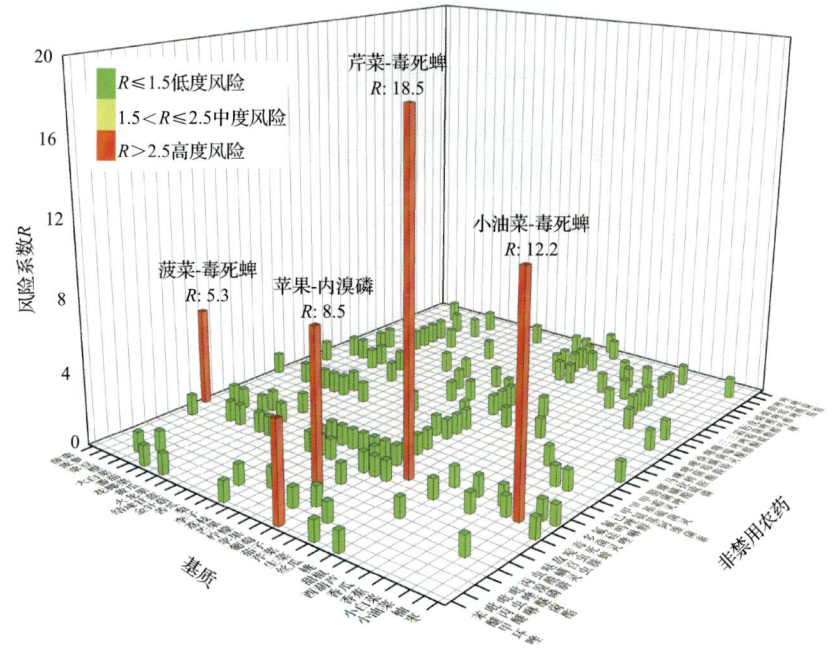

图 10-20　32 种水果蔬菜中 36 种非禁用农药的风险系数分布图（MRL 中国国家标准）

表 10-13 为非禁用农药残留处于高度风险的水果蔬菜列表。

表 10-13　单种水果蔬菜中处于高度风险的非禁用农药风险系数表（MRL 中国国家标准）

序号	基质	农药	超标频次	超标率 P(%)	风险系数 R
1	菠菜	毒死蜱	1	4.17	5.27
2	苹果	丙溴磷	2	7.41	8.51
3	葡萄	苯醚甲环唑	1	4.17	5.27
4	芹菜	毒死蜱	4	17.39	18.49
5	小油菜	毒死蜱	1	11.11	12.21

10.3.1.3　基于 MRL 欧盟标准的单种水果蔬菜中非禁用农药残留风险系数分析

参照 MRL 欧盟标准计算每种水果蔬菜中每种非禁用农药的超标率，进而计算其风险系数，根据风险系数大小判断农药残留的预警风险程度，水果蔬菜中非禁用农药残留风险程度分布情况如图 10-21 所示。

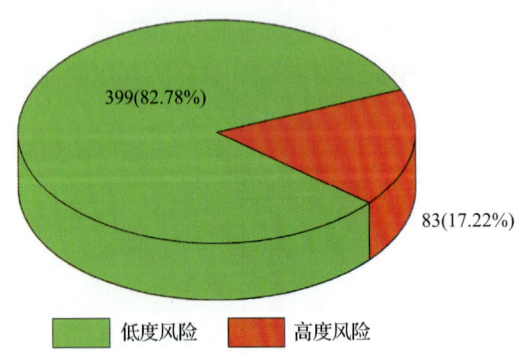

图 10-21　水果蔬菜中非禁用农药的风险程度频次分布图（MRL 欧盟标准）

本次分析中，发现在 45 种水果蔬菜中共侦测出 73 种非禁用农药，涉及样本 482 个，其中，17.22%处于高度风险，涉及 26 种水果蔬菜和 38 种农药；82.78%处于低度风险，涉及 45 种水果蔬菜和 61 种农药。单种水果蔬菜中的非禁用农药风险系数分布图如图 10-22 所示。单种水果蔬菜中处于高度风险的非禁用农药风险系数如图 10-23 和表 10-14 所示。

第 10 章 LC-Q-TOF/MS 侦测哈尔滨市市售水果蔬菜农药残留膳食暴露风险与预警风险评估 ·341·

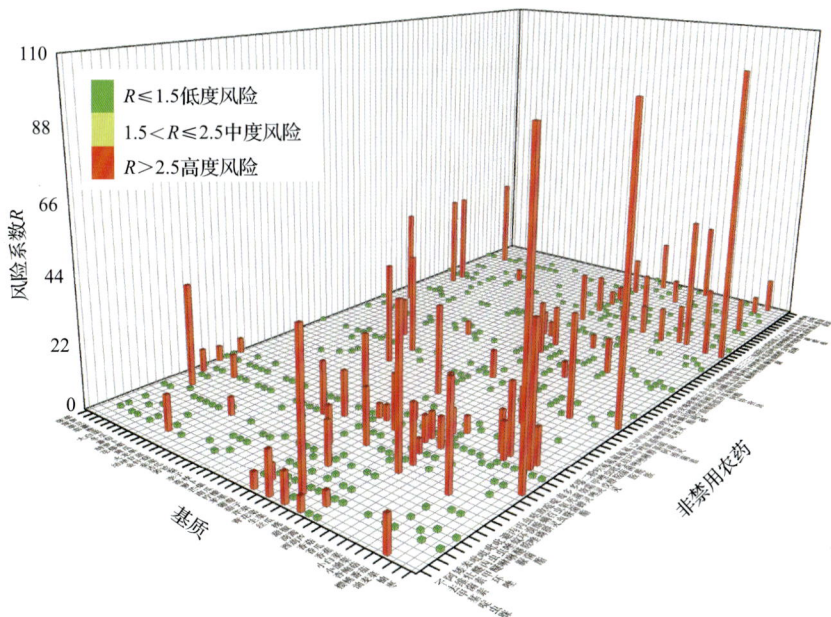

图 10-22 45 种水果蔬菜中 73 种非禁用农药的风险系数分布图（MRL 欧盟标准）

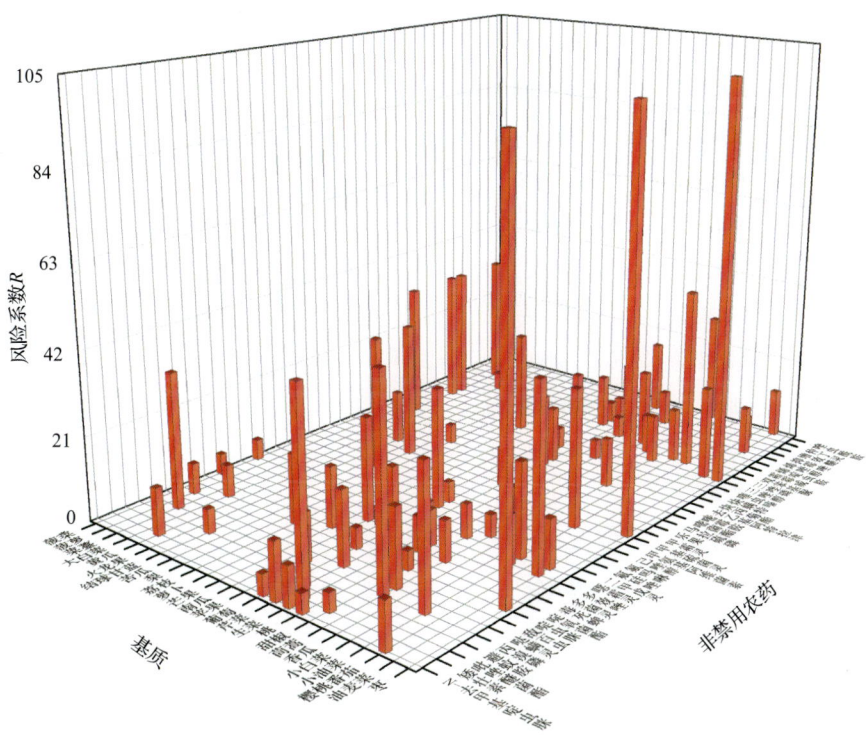

图 10-23 单种水果蔬菜中处于高度风险的非禁用农药的风险系数分布图（MRL 欧盟标准）

表 10-14　单种水果蔬菜中处于高度风险的非禁用农药的风险系数表（MRL 欧盟标准）

序号	基质	农药	超标频次	超标率 $P(\%)$	风险系数 R
1	枣	三唑醇	1	100	101.10
2	枣	啶虫脒	1	100	101.10
3	枣	甲基硫菌灵	1	100	101.10
4	茼蒿	丙溴磷	11	50.00	51.10
5	生菜	矮壮素	11	47.83	48.93
6	小油菜	三唑磷	4	44.44	45.54
7	油麦菜	多效唑	4	44.44	45.54
8	菜薹	三唑磷	1	33.33	34.43
9	菜薹	丙溴磷	1	33.33	34.43
10	菜薹	双苯基脲	1	33.33	34.43
11	菜薹	抑霉唑	1	33.33	34.43
12	菜薹	炔丙菊酯	1	33.33	34.43
13	苦瓜	己唑醇	1	33.33	34.43
14	苦瓜	甲霜灵	1	33.33	34.43
15	小油菜	丙溴磷	3	33.33	34.43
16	小油菜	甲氨基阿维菌素	3	33.33	34.43
17	葡萄	氟硅唑	7	29.17	30.27
18	茼蒿	唑虫酰胺	6	27.27	28.37
19	萝卜	噻虫嗪	1	25.00	26.10
20	南瓜	多菌灵	1	25.00	26.10
21	小油菜	噁霜灵	2	22.22	23.32
22	油麦菜	三唑醇	2	22.22	23.32
23	甜椒	双苯基脲	5	18.52	19.62
24	茼蒿	哒螨灵	4	18.18	19.28
25	芹菜	仲丁灵	4	17.39	18.49
26	芹菜	哒螨灵	4	17.39	18.49
27	芹菜	嘧霉胺	4	17.39	18.49
28	芹菜	毒死蜱	4	17.39	18.49
29	荔枝	啶虫脒	1	16.67	17.77
30	葡萄	三唑醇	4	16.67	17.77
31	芒果	啶氧菌酯	1	14.29	15.39
32	芹菜	N-去甲基啶虫脒	3	13.04	14.14
33	芹菜	去乙基阿特拉津	3	13.04	14.14

续表

序号	基质	农药	超标频次	超标率 $P(\%)$	风险系数 R
34	芹菜	吡唑醚菌酯	3	13.04	14.14
35	火龙果	乐果	1	12.50	13.60
36	葡萄	抑霉唑	3	12.50	13.60
37	葡萄	霜霉威	3	12.50	13.60
38	小白菜	三唑磷	1	12.50	13.60
39	小白菜	噁霜灵	1	12.50	13.60
40	苹果	丙溴磷	3	11.11	12.21
41	香瓜	三唑醇	1	11.11	12.21
42	香瓜	嘧霉胺	1	11.11	12.21
43	香瓜	氟硅唑	1	11.11	12.21
44	小油菜	多效唑	1	11.11	12.21
45	油麦菜	唑虫酰胺	1	11.11	12.21
46	油麦菜	噁霜灵	1	11.11	12.21
47	油麦菜	烯唑醇	1	11.11	12.21
48	黄瓜	矮壮素	3	10.71	11.81
49	樱桃番茄	N-去甲基啶虫脒	2	10.53	11.63
50	茼蒿	三唑磷	2	9.09	10.19
51	茼蒿	毒死蜱	2	9.09	10.19
52	芹菜	甲霜灵	2	8.70	9.80
53	生菜	N-去甲基啶虫脒	2	8.70	9.80
54	桃	多菌灵	2	7.69	8.79
55	桃	抑霉唑	2	7.69	8.79
56	桃	毒死蜱	2	7.69	8.79
57	苹果	炔螨特	2	7.41	8.51
58	甜椒	噁霜灵	2	7.41	8.51
59	大白菜	啶虫脒	1	7.14	8.24
60	菠萝	敌百虫	1	6.67	7.77
61	樱桃番茄	增效醚	1	5.26	6.36
62	结球甘蓝	避蚊胺	1	5.00	6.10
63	茼蒿	二甲戊灵	1	4.55	5.65
64	茼蒿	马拉硫磷	1	4.55	5.65
65	芹菜	噁霜灵	1	4.35	5.45
66	生菜	双苯基脲	1	4.35	5.45
67	菠菜	噁霜灵	1	4.17	5.27

续表

序号	基质	农药	超标频次	超标率 $P(\%)$	风险系数 R
68	菠菜	毒死蜱	1	4.17	5.27
69	葡萄	N-去甲基啶虫脒	1	4.17	5.27
70	葡萄	啶虫脒	1	4.17	5.27
71	葡萄	多菌灵	1	4.17	5.27
72	葡萄	氟吗啉	1	4.17	5.27
73	葡萄	炔螨特	1	4.17	5.27
74	葡萄	烯唑醇	1	4.17	5.27
75	葡萄	烯啶虫胺	1	4.17	5.27
76	葡萄	矮壮素	1	4.17	5.27
77	梨	嘧菌酯	1	4.00	5.10
78	桃	N-去甲基啶虫脒	1	3.85	4.95
79	桃	炔螨特	1	3.85	4.95
80	苹果	多菌灵	1	3.70	4.80
81	甜椒	啶虫脒	1	3.70	4.80
82	甜椒	矮壮素	1	3.70	4.80
83	黄瓜	烯啶虫胺	1	3.57	4.67

10.3.2 所有水果蔬菜中农药残留风险系数分析

10.3.2.1 所有水果蔬菜中禁用农药残留风险系数分析

在侦测出的 79 种农药中有 6 种为禁用农药，计算所有水果蔬菜中禁用农药的风险系数，结果如表 10-15 所示。氧乐果、克百威和甲拌磷 3 种禁用农药处于高度风险，灭多威、治螟磷和水胺硫磷 3 种禁用农药处于低度风险。

表 10-15 水果蔬菜中 6 种禁用农药的风险系数表

序号	农药	检出频次	检出率 $P(\%)$	风险系数 R	风险程度
1	氧乐果	20	3.16	4.26	高度风险
2	克百威	12	1.90	3.00	高度风险
3	甲拌磷	11	1.74	2.84	高度风险
4	灭多威	2	0.32	1.42	低度风险
5	治螟磷	2	0.32	1.42	低度风险
6	水胺硫磷	1	0.16	1.26	低度风险

对每个月内的禁用农药的风险系数进行分析，结果如图 10-24 和表 10-16 所示。

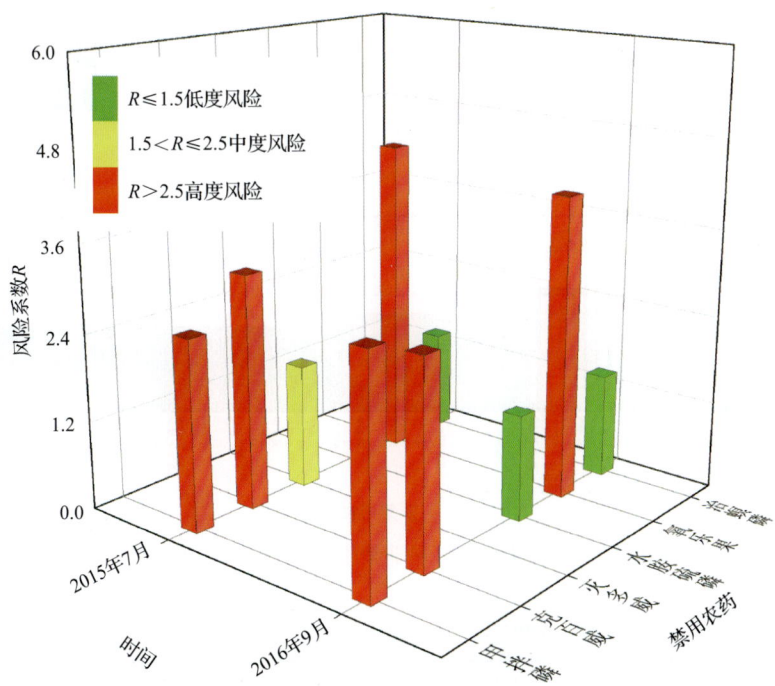

图 10-24　各月份内水果蔬菜中禁用农药残留的风险系数分布图

表 10-16　各月份内水果蔬菜中禁用农药的风险系数表

序号	年月	农药	检出频次	检出率 $P(\%)$	风险系数 R	风险程度
1	2015 年 7 月	氧乐果	11	3.28	4.38	高度风险
2	2015 年 7 月	克百威	7	2.09	3.19	高度风险
3	2015 年 7 月	甲拌磷	5	1.49	2.59	高度风险
4	2015 年 7 月	灭多威	2	0.60	1.70	中度风险
5	2015 年 7 月	治螟磷	1	0.30	1.40	低度风险
6	2016 年 9 月	氧乐果	9	3.02	4.12	高度风险
7	2016 年 9 月	甲拌磷	6	2.01	3.11	高度风险
8	2016 年 9 月	克百威	5	1.68	2.78	高度风险
9	2016 年 9 月	水胺硫磷	1	0.34	1.44	低度风险
10	2016 年 9 月	治螟磷	1	0.34	1.44	低度风险

10.3.2.2　所有水果蔬菜中非禁用农药残留风险系数分析

参照 MRL 欧盟标准计算所有水果蔬菜中每种非禁用农药残留的风险系数,如图 10-25 与表 10-17 所示。在侦测出的 73 种非禁用农药中,4 种农药(5.48%)残留处于高度风险,19 种农药(26.03%)残留处于中度风险,50 种农药(68.49%)残留处于低度风险。

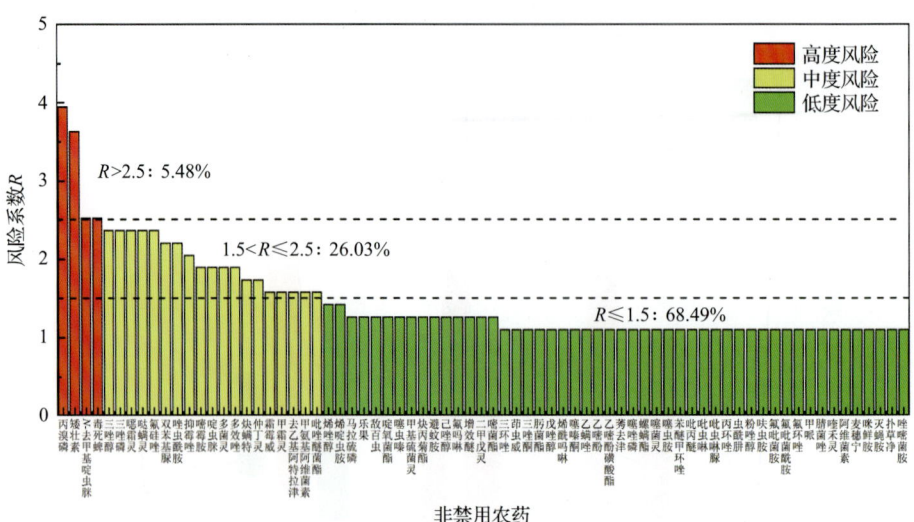

图 10-25　水果蔬菜中 73 种非禁用农药的风险程度统计图

表 10-17　水果蔬菜中 73 种非禁用农药的风险系数表

序号	农药	超标频次	超标率 P(%)	风险系数 R	风险程度
1	丙溴磷	18	2.84	3.94	高度风险
2	矮壮素	16	2.53	3.63	高度风险
3	N-去甲基啶虫脒	9	1.42	2.52	高度风险
4	毒死蜱	9	1.42	2.52	高度风险
5	三唑醇	8	1.26	2.36	中度风险
6	三唑磷	8	1.26	2.36	中度风险
7	噁霜灵	8	1.26	2.36	中度风险
8	哒螨灵	8	1.26	2.36	中度风险
9	氟硅唑	8	1.26	2.36	中度风险
10	双苯基脲	7	1.11	2.21	中度风险
11	唑虫酰胺	7	1.11	2.21	中度风险
12	抑霉唑	6	0.95	2.05	中度风险
13	嘧霉胺	5	0.79	1.89	中度风险
14	啶虫脒	5	0.79	1.89	中度风险
15	多菌灵	5	0.79	1.89	中度风险
16	多效唑	5	0.79	1.89	中度风险
17	炔螨特	4	0.63	1.73	中度风险
18	仲丁灵	4	0.63	1.73	中度风险
19	霜霉威	3	0.47	1.57	中度风险
20	甲霜灵	3	0.47	1.57	中度风险

续表

序号	农药	超标频次	超标率 $P(\%)$	风险系数 R	风险程度
21	去乙基阿特拉津	3	0.47	1.57	中度风险
22	甲氨基阿维菌素	3	0.47	1.57	中度风险
23	吡唑醚菌酯	3	0.47	1.57	中度风险
24	烯唑醇	2	0.32	1.42	低度风险
25	烯啶虫胺	2	0.32	1.42	低度风险
26	马拉硫磷	1	0.16	1.26	低度风险
27	乐果	1	0.16	1.26	低度风险
28	敌百虫	1	0.16	1.26	低度风险
29	啶氧菌酯	1	0.16	1.26	低度风险
30	噻虫嗪	1	0.16	1.26	低度风险
31	甲基硫菌灵	1	0.16	1.26	低度风险
32	炔丙菊酯	1	0.16	1.26	低度风险
33	避蚊胺	1	0.16	1.26	低度风险
34	己唑醇	1	0.16	1.26	低度风险
35	氟吗啉	1	0.16	1.26	低度风险
36	增效醚	1	0.16	1.26	低度风险
37	二甲戊灵	1	0.16	1.26	低度风险
38	嘧菌酯	1	0.16	1.26	低度风险
39	三环唑	0	0	1.10	低度风险
40	茚虫威	0	0	1.10	低度风险
41	三唑酮	0	0	1.10	低度风险
42	肟菌酯	0	0	1.10	低度风险
43	戊唑醇	0	0	1.10	低度风险
44	烯酰吗啉	0	0	1.10	低度风险
45	噻嗪酮	0	0	1.10	低度风险
46	乙螨唑	0	0	1.10	低度风险
47	乙嘧酚	0	0	1.10	低度风险
48	乙嘧酚磺酸酯	0	0	1.10	低度风险
49	莠去津	0	0	1.10	低度风险
50	噻唑磷	0	0	1.10	低度风险
51	螺螨酯	0	0	1.10	低度风险
52	噻菌灵	0	0	1.10	低度风险
53	噻虫胺	0	0	1.10	低度风险
54	苯醚甲环唑	0	0	1.10	低度风险

续表

序号	农药	超标频次	超标率 P(%)	风险系数 R	风险程度
55	吡丙醚	0	0	1.10	低度风险
56	吡虫啉	0	0	1.10	低度风险
57	吡虫啉脲	0	0	1.10	低度风险
58	丙环唑	0	0	1.10	低度风险
59	虫酰肼	0	0	1.10	低度风险
60	粉唑醇	0	0	1.10	低度风险
61	呋虫胺	0	0	1.10	低度风险
62	氟吡菌胺	0	0	1.10	低度风险
63	氟吡菌酰胺	0	0	1.10	低度风险
64	氟环唑	0	0	1.10	低度风险
65	甲哌	0	0	1.10	低度风险
66	腈菌唑	0	0	1.10	低度风险
67	喹禾灵	0	0	1.10	低度风险
68	阿维菌素	0	0	1.10	低度风险
69	麦穗宁	0	0	1.10	低度风险
70	咪鲜胺	0	0	1.10	低度风险
71	灭蝇胺	0	0	1.10	低度风险
72	扑草净	0	0	1.10	低度风险
73	唑嘧菌胺	0	0	1.10	低度风险

对每个月份内的非禁用农药的风险系数分析，每月内非禁用农药风险程度分布图如图 10-26 所示。2 个月份内处于高度风险的农药数分别为 8 种和 7 种。

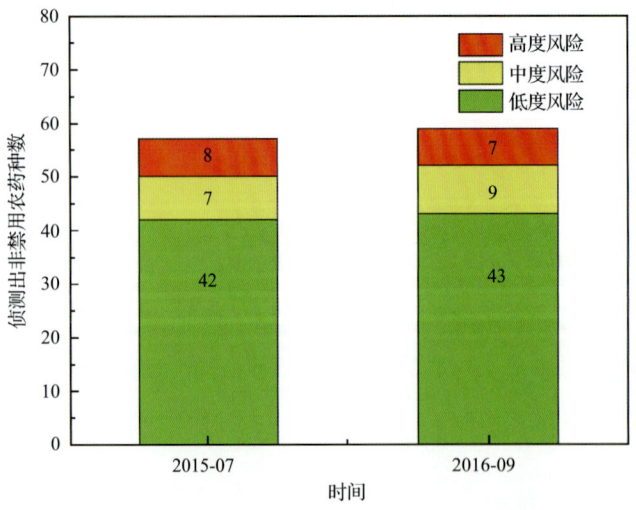

图 10-26　各月份水果蔬菜中非禁用农药残留的风险程度分布图

2 个月份内水果蔬菜中非禁用农药处于中度风险和高度风险的风险系数如图 10-27 和表 10-18 所示。

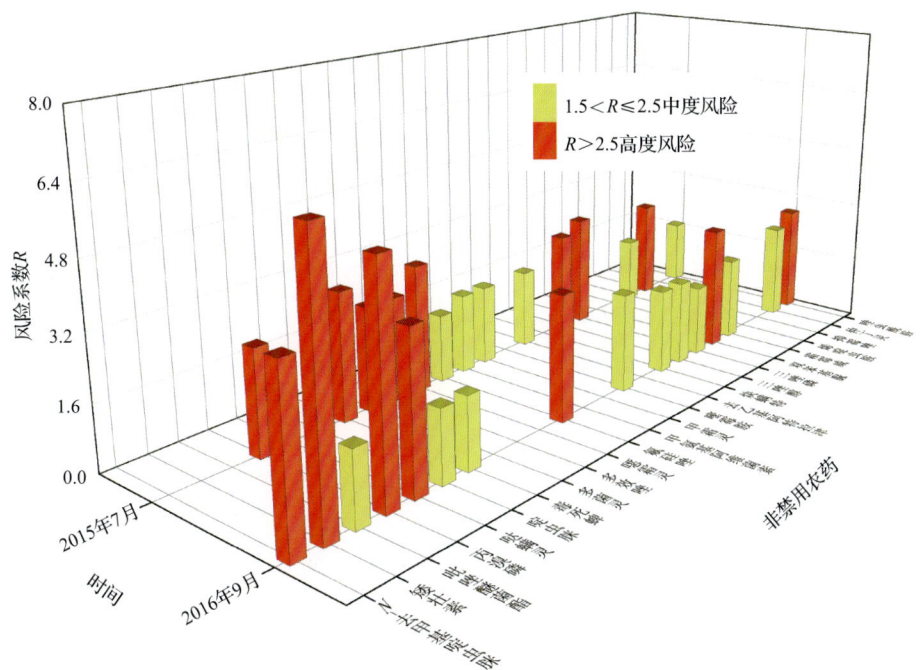

图 10-27 各月份水果蔬菜中非禁用农药处于中度风险和高度风险的风险系数分布图

表 10-18 各月份水果蔬菜中非禁用农药处于中度风险和高度风险的风险系数表

序号	年月	农药	超标频次	超标率 $P(\%)$	风险系数 R	风险程度
1	2015年7月	毒死蜱	7	2.09	3.19	高度风险
2	2015年7月	噁霜灵	7	2.09	3.19	高度风险
3	2015年7月	三唑磷	6	1.79	2.89	高度风险
4	2015年7月	丙溴磷	5	1.49	2.59	高度风险
5	2015年7月	多菌灵	5	1.49	2.59	高度风险
6	2015年7月	多效唑	5	1.49	2.59	高度风险
7	2015年7月	三唑醇	5	1.49	2.59	高度风险
8	2015年7月	抑霉唑	5	1.49	2.59	高度风险
9	2015年7月	啶虫脒	3	0.90	2.00	中度风险
10	2015年7月	甲氨基阿维菌素	3	0.90	2.00	中度风险
11	2015年7月	甲霜灵	3	0.90	2.00	中度风险
12	2015年7月	去乙基阿特拉津	3	0.90	2.00	中度风险
13	2015年7月	氟硅唑	2	0.60	1.70	中度风险

续表

序号	年月	农药	超标频次	超标率 P(%)	风险系数 R	风险程度
14	2015年7月	烯啶虫胺	2	0.60	1.70	中度风险
15	2015年7月	唑虫酰胺	2	0.60	1.70	中度风险
16	2016年9月	矮壮素	16	5.37	6.47	高度风险
17	2016年9月	丙溴磷	13	4.36	5.46	高度风险
18	2016年9月	N-去甲基啶虫脒	9	3.02	4.12	高度风险
19	2016年9月	哒螨灵	8	2.68	3.78	高度风险
20	2016年9月	氟硅唑	6	2.01	3.11	高度风险
21	2016年9月	双苯基脲	6	2.01	3.11	高度风险
22	2016年9月	唑虫酰胺	5	1.68	2.78	高度风险
23	2016年9月	嘧霉胺	4	1.34	2.44	中度风险
24	2016年9月	仲丁灵	4	1.34	2.44	中度风险
25	2016年9月	炔螨特	3	1.01	2.11	中度风险
26	2016年9月	三唑醇	3	1.01	2.11	中度风险
27	2016年9月	霜霉威	3	1.01	2.11	中度风险
28	2016年9月	吡唑醚菌酯	2	0.67	1.77	中度风险
29	2016年9月	啶虫脒	2	0.67	1.77	中度风险
30	2016年9月	毒死蜱	2	0.67	1.77	中度风险
31	2016年9月	三唑磷	2	0.67	1.77	中度风险

10.4 LC-Q-TOF/MS 侦测哈尔滨市市售水果蔬菜农药残留风险评估结论与建议

农药残留是影响水果蔬菜安全和质量的主要因素，也是我国食品安全领域备受关注的敏感话题和亟待解决的重大问题之一[15,16]。各种水果蔬菜均存在不同程度的农药残留现象，本研究主要针对哈尔滨市各类水果蔬菜存在的农药残留问题，基于2015年7月~2016年9月对哈尔滨市633例水果蔬菜样品中农药残留侦测得出的1357个侦测结果，分别采用食品安全指数模型和风险系数模型，开展水果蔬菜中农药残留的膳食暴露风险和预警风险评估。水果蔬菜样品取自超市，符合大众的膳食来源，风险评价时更具有代表性和可信度。

本研究力求通用简单地反映食品安全中的主要问题，且为管理部门和大众容易接受，为政府及相关管理机构建立科学的食品安全信息发布和预警体系提供科学的规律与

10.4.1 哈尔滨市水果蔬菜中农药残留膳食暴露风险评价结论

1) 水果蔬菜样品中农药残留安全状态评价结论

采用食品安全指数模型，对 2015 年 7 月~2016 年 9 月期间哈尔滨市水果蔬菜食品农药残留膳食暴露风险进行评价，根据 IFS_c 的计算结果发现，水果蔬菜中农药的 $\overline{IFS}$ 为 0.0635，说明哈尔滨市水果蔬菜总体处于很好的安全状态，但部分禁用农药、高残留农药在蔬菜、水果中仍有侦测出，导致膳食暴露风险的存在，成为不安全因素。

2) 单种水果蔬菜中农药膳食暴露风险不可接受情况评价结论

单种水果蔬菜中农药残留安全指数分析结果显示，农药对单种水果蔬菜安全影响不可接受（$IFS_c>1$）的样本数共 5 个，占总样本数的 0.99%，5 个样本分别为小白菜中的氧乐果、芹菜中的氧乐果、菠菜中的氧乐果、小油菜中的三唑磷、茼蒿中的三唑磷，说明韭菜、草莓和芹菜中的氧乐果会对消费者身体健康造成较大的膳食暴露风险。氧乐果和三唑磷属于禁用的剧毒农药，且小白菜、芹菜、菠菜、小油菜和茼蒿均为较常见的蔬菜，百姓日常食用量较大，长期食用大量残留氧乐果的小白菜、芹菜、菠菜和三唑磷的小油菜、茼蒿会对人体造成不可接受的影响，本次侦测发现氧乐果、三唑磷在小白菜、芹菜、菠菜、小油菜和茼蒿样品中多次并大量侦测出，是未严格实施农业良好管理规范（GAP），抑或是农药滥用，这应该引起相关管理部门的警惕，应加强对小白菜、芹菜、菠菜中的氧乐果，小油菜和茼蒿中的三唑磷严格管控。

3) 禁用农药膳食暴露风险评价

本次侦测发现部分水果蔬菜样品中有禁用农药侦测，侦测出禁用农药 6 种，检出频次为 48，水果蔬菜样品中的禁用农药 IFS_c 计算结果表明，禁用农药残留膳食暴露风险不可接受的频次为 12，占 25%；可以接受的频次为 16，占 33.33%；没有影响的频次为 20，占 41.67%。对于水果蔬菜样品中所有农药而言，膳食暴露风险不可接受的频次为 15，仅占总体频次的 1.11%。可以看出，禁用农药的膳食暴露风险不可接受的比例远高于总体水平，这在一定程度上说明禁用农药更容易导致严重的膳食暴露风险。此外，膳食暴露风险不可接受的残留禁用农药为氧乐果、甲拌磷、克百威。因此，应该加强对禁用农药氧乐果、甲拌磷、克百威的管控力度。为何在国家明令禁止禁用农药喷洒的情况下，还能在多种水果蔬菜中多次侦测出禁用农药残留并造成不可接受的膳食暴露风险，这应该引起相关部门的高度警惕，应该在禁止禁用农药喷洒的同时，严格管控禁用农药的生产和售卖，从根本上杜绝安全隐患。

10.4.2 哈尔滨市水果蔬菜中农药残留预警风险评价结论

1) 单种水果蔬菜中禁用农药残留的预警风险评价结论

本次侦测过程中，在 14 种水果蔬菜中侦测超出 6 种禁用农药，禁用农药为：氧乐果、水胺硫磷、克百威、甲拌磷、灭多威、治螟磷，水果蔬菜为：菠菜、菜豆、胡萝卜、黄瓜、火龙果、苦苣、荔枝、茄子、芹菜、甜椒、茼蒿、香瓜、小白菜、小油菜，水果蔬菜中禁用农药的风险系数分析结果显示，6种禁用农药在14种水果蔬菜中的残留均处于高度风险，说明在单种水果蔬菜中禁用农药的残留会导致较高的预警风险。

2) 单种水果蔬菜中非禁用农药残留的预警风险评价结论

以 MRL 中国国家标准为标准，计算水果蔬菜中非禁用农药风险系数情况下，482个样本中，5个处于高度风险(1.04%)，132个处于低度风险(27.39%)，345个样本没有 MRL 中国国家标准(71.58%)。以 MRL 欧盟标准为标准，计算水果蔬菜中非禁用农药风险系数情况下，发现有83个处于高度风险(17.22%)，399个处于低度风险(82.78%)。基于两种 MRL 标准，评价的结果差异显著，可以看出 MRL 欧盟标准比中国国家标准更加严格和完善，过于宽松的 MRL 中国国家标准值能否有效保障人体的健康有待研究。

10.4.3 加强哈尔滨市水果蔬菜食品安全建议

我国食品安全风险评价体系仍不够健全，相关制度不够完善，多年来，由于农药用药次数多、用药量大或用药间隔时间短，产品残留量大，农药残留所造成的食品安全问题日益严峻，给人体健康带来了直接或间接的危害。据估计，美国与农药有关的癌症患者数约占全国癌症患者总数的50%，中国更高。同样，农药对其他生物也会形成直接杀伤和慢性危害，植物中的农药可经过食物链逐级传递并不断蓄积，对人和动物构成潜在威胁，并影响生态系统。

基于本次农药残留侦测数据的风险评价结果，提出以下几点建议：

1) 加快食品安全标准制定步伐

我国食品标准中对农药每日允许最大摄入量 ADI 的数据严重缺乏，在本次评价所涉及的79种农药中，仅有88.6%的农药具有 ADI 值，而11.4%的农药中国尚未规定相应的 ADI 值，亟待完善。

我国食品中农药最大残留限量值的规定严重缺乏，对评估涉及的不同水果蔬菜中不同农药504个 MRL 限值进行统计来看，我国仅制定出159个标准，我国标准完整率仅为31.5%，欧盟的完整率达到100%(表10-19)。因此，中国更应加快 MRL 标准的制定步伐。

表 10-19 我国国家食品标准农药的 ADI、MRL 值与欧盟标准的数量差异

分类		中国 ADI	MRL 中国国家标准	MRL 欧盟标准
标准限值(个)	有	70	159	504
	无	9	345	0
总数(个)		79	504	504
无标准限值比例(%)		11.4	68.5	0

此外，MRL 中国国家标准限值普遍高于欧盟标准限值，这些标准中共有97个高于欧盟。过高的 MRL 值难以保障人体健康，建议继续加强对限值基准和标准的科学研究，将农产品中的危险性减少到尽可能低的水平。

2)加强农药的源头控制和分类监管

在哈尔滨市某些水果蔬菜中仍有禁用农药残留,利用 LC-Q-TOF/MS 技术侦测出 6 种禁用农药,检出频次为 48 次,残留禁用农药均存在较大的膳食暴露风险和预警风险。早已列入黑名单的禁用农药在我国并未真正退出,有些药物由于价格便宜、工艺简单,此类高毒农药一直生产和使用。建议在我国采取严格有效的控制措施,从源头控制禁用农药。

对于非禁用农药,在我国作为"田间地头"最典型单位的县级蔬果产地中,农药残留的侦测几乎缺失。建议根据农药的毒性,对高毒、剧毒、中毒农药实现分类管理,减少使用高毒和剧毒高残留农药,进行分类监管。

3)加强残留农药的生物修复及降解新技术

市售果蔬中残留农药的品种多、频次高、禁用农药多次检出这一现状,说明了我国的田间土壤和水体因农药长期、频繁、不合理的使用而遭到严重污染。为此,建议中国相关部门出台相关政策,鼓励高校及科研院所积极开展分子生物学、酶学等研究,加强土壤、水体中残留农药的生物修复及降解新技术研究,切实加大农药监管力度,以控制农药的面源污染问题。

综上所述,在本工作基础上,根据蔬菜残留危害,可进一步针对其成因提出和采取严格管理、大力推广无公害蔬菜种植与生产、健全食品安全控制技术体系、加强蔬菜食品质量检测体系建设和积极推行蔬菜食品质量追溯制度等相应对策。建立和完善食品安全综合评价指数与风险监测预警系统,对食品安全进行实时、全面的监控与分析,为我国的食品安全科学监管与决策提供新的技术支持,可实现各类检验数据的信息化系统管理,降低食品安全事故的发生。

第 11 章　GC-Q-TOF/MS 侦测哈尔滨市 545 例市售水果蔬菜样品农药残留报告

从哈尔滨市所属 7 个区，随机采集了 545 例水果蔬菜样品，使用气相色谱-四极杆飞行时间质谱(GC-Q-TOF/MS)对 507 种农药化学污染物示范侦测。

11.1　样品种类、数量与来源

11.1.1　样品采集与检测

为了真实反映百姓餐桌上水果蔬菜中农药残留污染状况，本次所有检测样品均由检验人员于 2015 年 7 月至 2016 年 9 月期间，从哈尔滨市所属 23 个采样点(即 23 个超市)，以随机购买方式采集，总计 23 批 545 例样品，从中检出农药 114 种，1341 频次。采样及监测概况见图 11-1 及表 11-1，样品及采样点明细见表 11-2 及表 11-3(侦测原始数据见附表 1)。

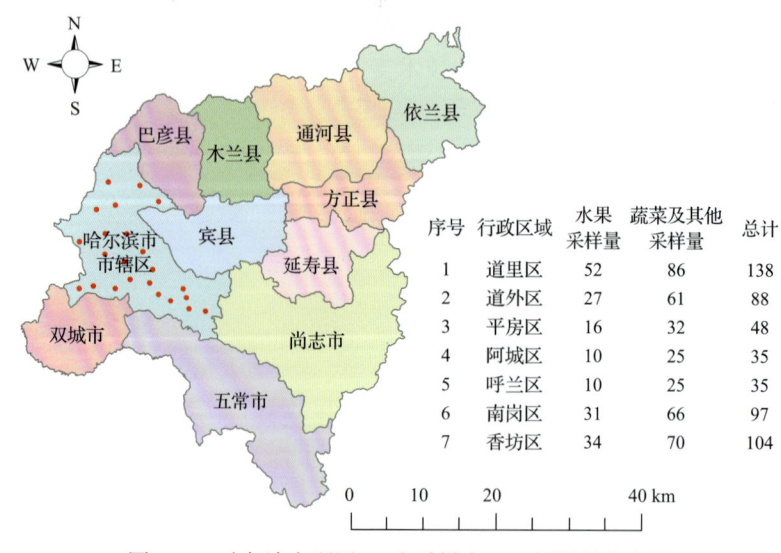

序号	行政区域	水果采样量	蔬菜及其他采样量	总计
1	道里区	52	86	138
2	道外区	27	61	88
3	平房区	16	32	48
4	阿城区	10	25	35
5	呼兰区	10	25	35
6	南岗区	31	66	97
7	香坊区	34	70	104

图 11-1　哈尔滨市所属 23 个采样点 545 例样品分布图

表 11-1　农药残留监测总体概况

采样地区	哈尔滨市所属 7 个区
采样点(超市)	23
样本总数	545
检出农药品种/频次	114/1341
各采样点样本农药残留检出率范围	70.6% ~ 100.0%

表 11-2 样品分类及数量

样品分类	样品名称(数量)	数量小计
1. 水果		180
1) 仁果类水果	苹果(11), 梨(22)	33
2) 核果类水果	桃(23), 李子(9), 枣(1)	33
3) 浆果和其他小型水果	猕猴桃(5), 葡萄(20)	25
4) 瓜果类水果	香瓜(9)	9
5) 热带和亚热带水果	香蕉(9), 荔枝(6), 芒果(7), 火龙果(8), 菠萝(12)	42
6) 柑橘类水果	柚(8), 柠檬(9), 橙(21)	38
2. 食用菌		20
1) 蘑菇类	香菇(4), 杏鲍菇(9), 金针菇(7)	20
3. 蔬菜		345
1) 豆类蔬菜	菜豆(23)	23
2) 鳞茎类蔬菜	韭菜(6)	6
3) 叶菜类蔬菜	芹菜(20), 苦苣(5), 菠菜(21), 油麦菜(9), 小白菜(8), 生菜(20), 茼蒿(19), 大白菜(12), 小油菜(9)	123
4) 芸薹属类蔬菜	结球甘蓝(17), 花椰菜(9), 青花菜(17), 菜薹(3)	46
5) 瓜类蔬菜	黄瓜(24), 西葫芦(8), 南瓜(4), 冬瓜(9), 苦瓜(3), 丝瓜(3)	51
6) 茄果类蔬菜	番茄(20), 甜椒(24), 樱桃番茄(17), 茄子(21)	82
7) 根茎类和薯芋类蔬菜	胡萝卜(10), 萝卜(4)	14
合计	1.水果 16 种 2.食用菌 3 种 3.蔬菜 27 种	545

表 11-3 哈尔滨市采样点信息

采样点序号	行政区域	采样点
超市(23)		
1	南岗区	***超市(南岗店)
2	南岗区	***超市(南岗店)
3	南岗区	***超市(西大直街店)
4	南岗区	***超市(中山店)
5	呼兰区	***超市(呼兰店)
6	呼兰区	***超市(呼兰店)
7	平房区	***超市(平房区)
8	平房区	***超市(平房区店)
9	道外区	***超市(道外店)

续表

采样点序号	行政区域	采样点
超市(23)		
10	道外区	***超市(永平店)
11	道外区	***超市(先锋路)
12	道里区	***超市(金安国际店)
13	道里区	***超市(中央商城店)
14	道里区	***超市
15	道里区	***超市(新阳路店)
16	道里区	***超市(友谊路)
17	道里区	***超市(哈尔滨总店)
18	阿城区	***超市
19	阿城区	***超市
20	香坊区	***超市(香坊店)
21	香坊区	***超市(中环店)
22	香坊区	***超市(乐松店)
23	香坊区	***超市(香坊店)

11.1.2 检测结果

这次使用的检测方法是庞国芳院士团队最新研发的不需使用标准品对照，而以高分辨精确质量数(0.0001 m/z)为基准的GC-Q-TOF/MS检测技术，对于545例样品，每个样品均侦测了507种农药化学污染物的残留现状。通过本次侦测，在545例样品中共计检出农药化学污染物114种，检出1341频次。

11.1.2.1 各采样点样品检出情况

统计分析发现23个采样点中，被测样品的农药检出率范围为70.6%～100.0%。其中，***超市的检出率最高，为100.0%。***超市(道外店)的检出率最低，为70.6%，见图11-2。

11.1.2.2 检出农药的品种总数与频次

统计分析发现，对于545例样品中507种农药化学污染物的侦测，共检出农药1341频次，涉及农药114种，结果如图11-3所示。其中除虫菊酯检出频次最高，共检出106次。检出频次排名前10的农药如下：①除虫菊酯(106)；②烯虫酯(90)；③毒死蜱(85)；④γ-氟氯氰菊酯(75)；⑤威杀灵(69)；⑥氯氰菊酯(58)；⑦嘧霉胺(48)；⑧二苯胺(46)；⑨哒螨灵(41)；⑩新燕灵(37)。

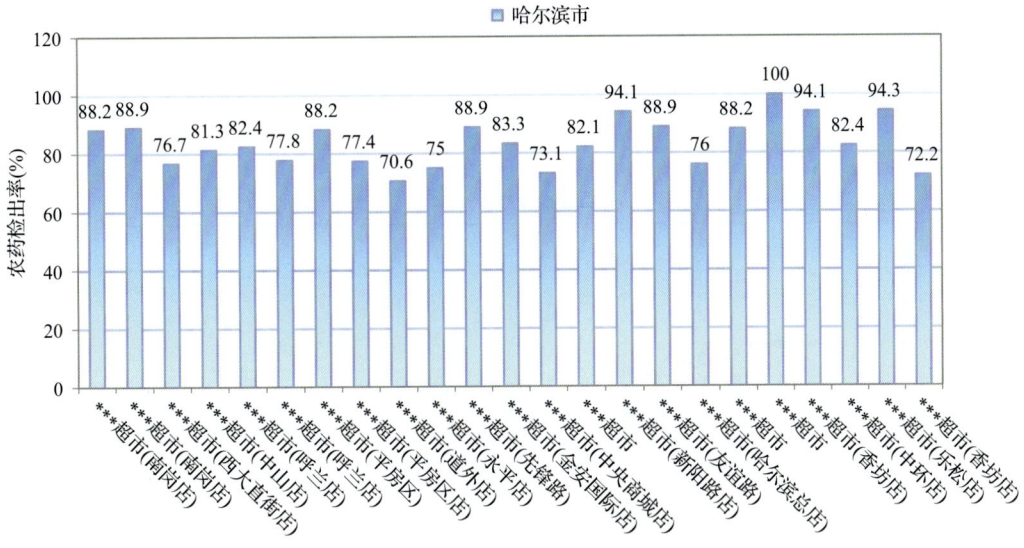

图 11-2 各采样点样品中的农药检出率

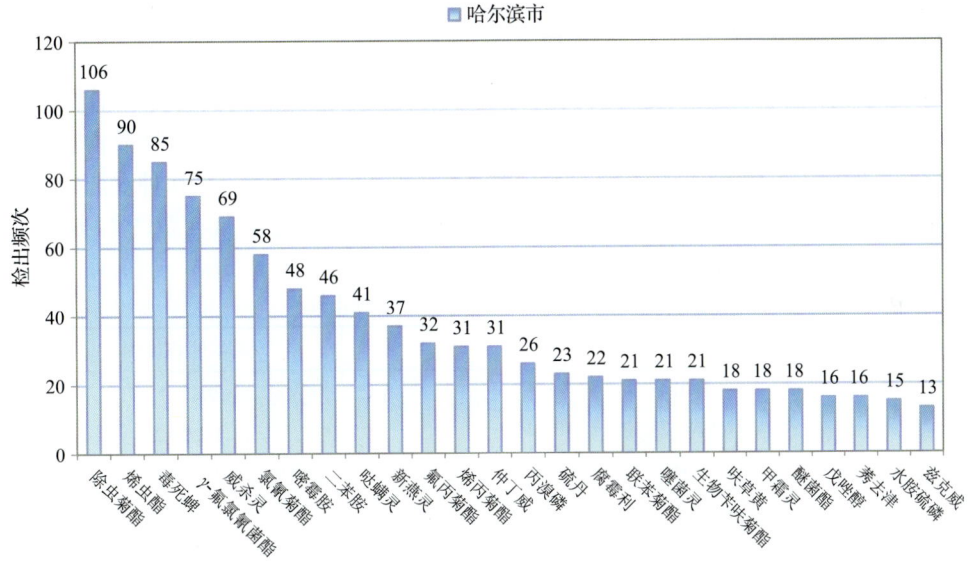

图 11-3 检出农药品种及频次（仅列出 13 频次及以上的数据）

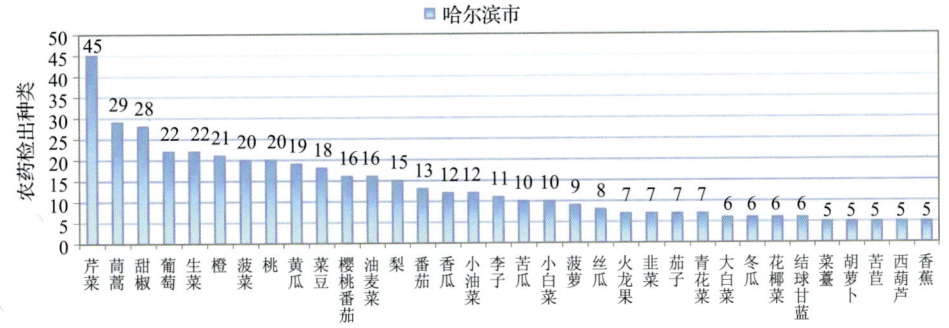

图 11-4 单种水果蔬菜检出农药的种类数（仅列出检出农药 5 种及以上的数据）

由图 11-4 可见，芹菜、茼蒿和甜椒这 3 种果蔬样品中检出的农药品种数较高，均超过 25 种，其中，芹菜检出农药品种最多，为 45 种。由图 11-5 可见，芹菜、茼蒿和甜椒这 3 种果蔬样品中的农药检出频次较高，均超过 100 次，其中，芹菜检出农药频次最高，为 162 次。

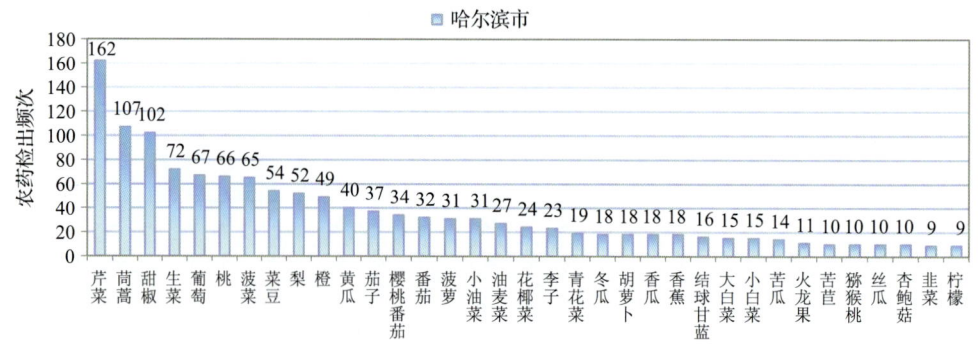

图 11-5 单种水果蔬菜检出农药频次（仅列出检出农药 9 频次及以上的数据）

11.1.2.3 单例样品农药检出种类与占比

对单例样品检出农药种类和频次进行统计发现，未检出农药的样品占总样品数的 17.4%，检出 1 种农药的样品占总样品数的 24.2%，检出 2~5 种农药的样品占总样品数的 49.4%，检出 6~10 种农药的样品占总样品数的 8.1%，检出大于 10 种农药的样品占总样品数的 0.9%。每例样品中平均检出农药为 2.5 种，数据见表 11-4 及图 11-6。

表 11-4 单例样品检出农药品种占比

检出农药品种数	样品数量/占比（%）
未检出	95/17.4
1 种	132/24.2
2~5 种	269/49.4
6~10 种	44/8.1
大于 10 种	5/0.9
单例样品平均检出农药品种	2.5 种

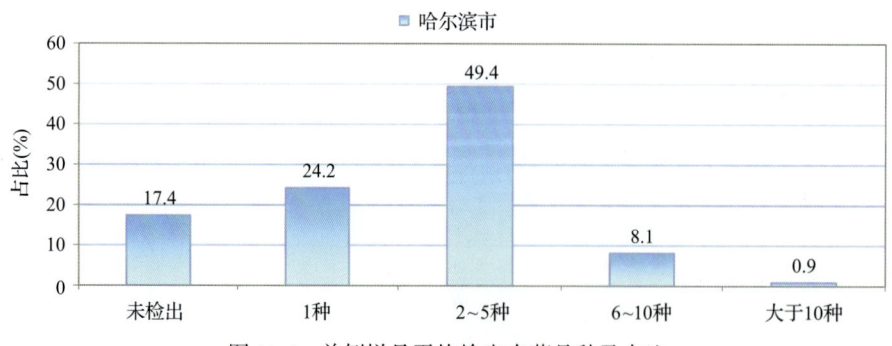

图 11-6 单例样品平均检出农药品种及占比

11.1.2.4 检出农药类别与占比

所有检出农药按功能分类，包括杀虫剂、杀菌剂、除草剂、植物生长调节剂、驱避剂、增效剂和其他共 7 类。其中杀虫剂与杀菌剂为主要检出的农药类别，分别占总数的 48.2% 和 30.7%，见表 11-5 及图 11-7。

表 11-5 检出农药所属类别/占比

农药类别	数量/占比(%)
杀虫剂	55/48.2
杀菌剂	35/30.7
除草剂	19/16.7
植物生长调节剂	2/1.8
驱避剂	1/0.9
增效剂	1/0.9
其他	1/0.9

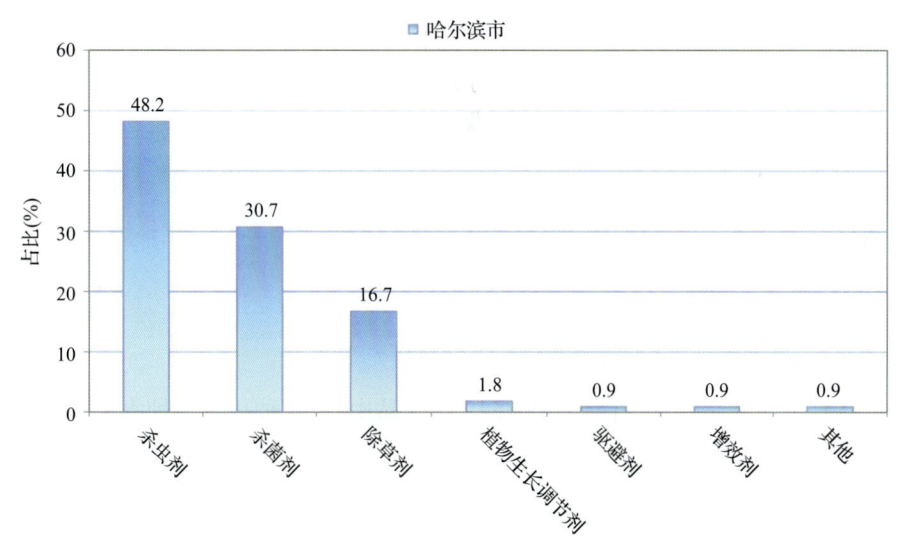

图 11-7 检出农药所属类别和占比

11.1.2.5 检出农药的残留水平

按检出农药残留水平进行统计，残留水平在 1~5 μg/kg（含）的农药占总数的 37.7%，在 5~10 μg/kg（含）的农药占总数的 13.6%，在 10~100 μg/kg（含）的农药占总数的 39.4%，在 100~1000 μg/kg（含）的农药占总数的 8.1%，在 >1000 μg/kg 的农药占总数的 1.1%。

由此可见，这次检测的 23 批 545 例水果蔬菜样品中农药多数处于较低残留水平。结果见表 11-6 及图 11-8，数据见附表 2。

表 11-6　农药残留水平及占比

残留水平(μg/kg)	检出频次数/占比(%)
1～5(含)	506/37.7
5～10(含)	183/13.6
10～100(含)	528/39.4
100～1000(含)	109/8.1
>1000(含)	15/1.1

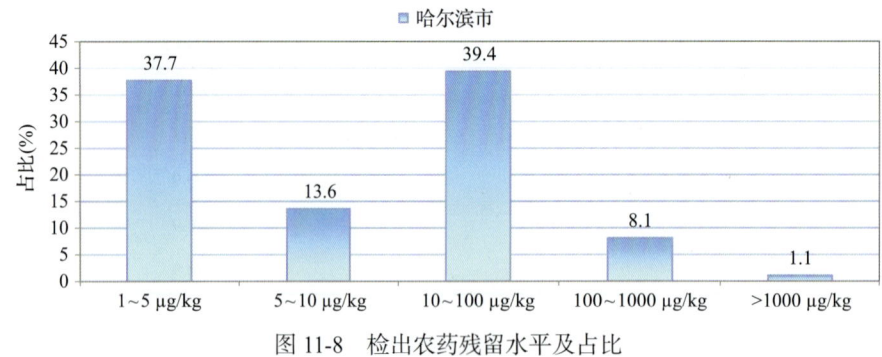

图 11-8　检出农药残留水平及占比

11.1.2.6　检出农药的毒性类别、检出频次和超标频次及占比

对这次检出的 114 种 1341 频次的农药，按剧毒、高毒、中毒、低毒和微毒这五个毒性类别进行分类，从中可以看出，哈尔滨市目前普遍使用的农药为中低微毒农药，品种占 87.7%，频次占 94.1%。结果见表 11-7 及图 11-9。

11.1.2.7　检出剧毒/高毒类农药的品种和频次

值得特别关注的是，在此次侦测的 545 例样品中有 14 种蔬菜 5 种水果的 72 例样品检出了 14 种 79 频次的剧毒和高毒农药，占样品总量的 13.2%，详见图 11-10、表 11-8 及表 11-9。

表 11-7　检出农药毒性类别及占比

毒性分类	农药品种/占比(%)	检出频次/占比(%)	超标频次/超标率(%)
剧毒农药	3/2.6	6/0.4	3/50.0
高毒农药	11/9.6	73/5.4	15/20.5
中毒农药	38/33.3	634/47.3	8/1.3
低毒农药	43/37.7	387/28.9	0/0.0
微毒农药	19/16.7	241/18.0	0/0.0

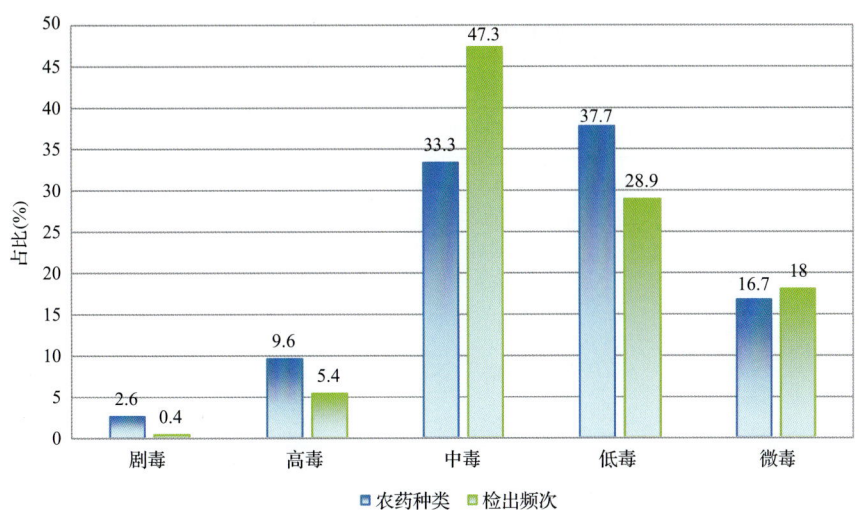

图 11-9　检出农药的毒性分类和占比

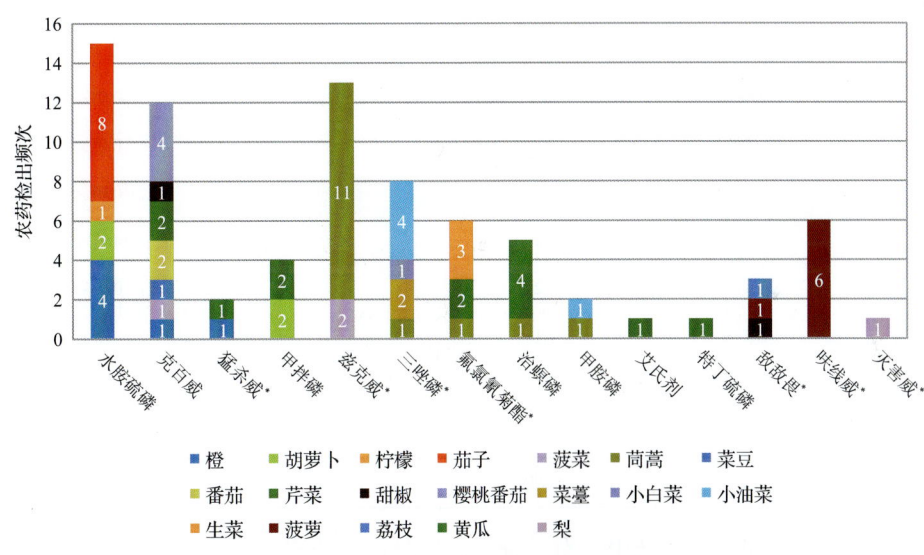

图 11-10　检出剧毒/高毒农药的样品情况

*表示允许在水果和蔬菜上使用的农药

表 11-8　剧毒农药检出情况

序号	农药名称	检出频次	超标频次	超标率
		水果中未检出剧毒农药		
	小计	0	0	超标率：0.0%
		从 2 种蔬菜中检出 3 种剧毒农药，共计检出 6 次		
1	甲拌磷*	4	3	75.0%
2	艾氏剂*	1	0	0.0%
3	特丁硫磷*	1	0	0.0%
	小计	6	3	超标率：50.0%
	合计	6	3	超标率：50.0%

表 11-9 高毒农药检出情况

序号	农药名称	检出频次	超标频次	超标率
从 5 种水果中检出 6 种高毒农药，共计检出 16 次				
1	呋线威	6	0	0.0%
2	水胺硫磷	5	4	80.0%
3	敌敌畏	2	0	0.0%
4	克百威	1	0	0.0%
5	猛杀威	1	0	0.0%
6	灭害威	1	0	0.0%
	小计	16	4	超标率：25.0%
从 14 种蔬菜中检出 9 种高毒农药，共计检出 57 次				
1	兹克威	13	0	0.0%
2	克百威	11	8	72.7%
3	水胺硫磷	10	0	0.0%
4	三唑磷	8	0	0.0%
5	氟氯氰菊酯	6	0	0.0%
6	治螟磷	5	3	60.0%
7	甲胺磷	2	0	0.0%
8	敌敌畏	1	0	0.0%
9	猛杀威	1	0	0.0%
	小计	57	11	超标率：19.3%
	合计	73	15	超标率：20.5%

在检出的剧毒和高毒农药中，有 7 种是我国早已禁止在果树和蔬菜上使用的，分别是：克百威、艾氏剂、甲拌磷、治螟磷、甲胺磷、特丁硫磷和水胺硫磷。禁用农药的检出情况见表 11-10。

表 11-10 禁用农药检出情况

序号	农药名称	检出频次	超标频次	超标率
从 5 种水果中检出 4 种禁用农药，共计检出 18 次				
1	硫丹	9	0	0.0%
2	水胺硫磷	5	4	80.0%
3	氰戊菊酯	3	2	66.7%
4	克百威	1	0	0.0%
	小计	18	6	超标率：33.3%

续表

序号	农药名称	检出频次	超标频次	超标率
从 12 种蔬菜中检出 10 种禁用农药，共计检出 51 次				
1	硫丹	14	0	0.0%
2	克百威	11	8	72.7%
3	水胺硫磷	10	0	0.0%
4	治螟磷	5	3	60.0%
5	甲拌磷*	4	3	75.0%
6	甲胺磷	2	0	0.0%
7	氰戊菊酯	2	0	0.0%
8	艾氏剂*	1	0	0.0%
9	除草醚	1	0	0.0%
10	特丁硫磷*	1	0	0.0%
	小计	51	14	超标率：27.5%
	合计	69	20	超标率：29.0%

注：超标结果参考 MRL 中国国家标准计算

此次抽检的果蔬样品中，有 2 种蔬菜检出了剧毒农药，分别是：胡萝卜中检出甲拌磷 2 次；芹菜中检出特丁硫磷 1 次，检出艾氏剂 1 次，检出甲拌磷 2 次。

样品中检出剧毒和高毒农药残留水平超过 MRL 中国国家标准的频次为 18 次，其中：橙检出水胺硫磷超标 4 次；樱桃番茄检出克百威超标 4 次；甜椒检出克百威超标 1 次；番茄检出克百威超标 2 次；胡萝卜检出甲拌磷超标 1 次；芹菜检出治螟磷超标 3 次，检出克百威超标 1 次，检出甲拌磷超标 2 次。本次检出结果表明，高毒、剧毒农药的使用现象依旧存在。详见表 11-11。

表 11-11　各样本中检出剧毒/高毒农药情况

样品名称	农药名称	检出频次	超标频次	检出浓度(μg/kg)
水果 5 种				
柠檬	水胺硫磷▲	1	0	23.1
梨	灭害威	1	0	14.4
橙	水胺硫磷▲	4	4	44.5^a, 176.5^a, 23.5^a, 85.0^a
橙	克百威▲	1	0	3.1
橙	猛杀威	1	0	8.8
荔枝	敌敌畏	1	0	24.0
菠萝	呋线威	6	0	6.8, 8.8, 11.2, 7.1, 4.9, 4.5
菠萝	敌敌畏	1	0	4.3
	小计	16	4	超标率：25.0%

续表

样品名称	农药名称	检出频次	超标频次	检出浓度(μg/kg)
蔬菜14种				
小油菜	三唑磷	4	0	38.9, 361.9, 572.5, 3.0
小油菜	甲胺磷▲	1	0	1.3
小白菜	三唑磷	1	0	30.5
樱桃番茄	克百威▲	4	4	84.0^a, 117.5^a, 300.9^a, 39.1^a
甜椒	克百威▲	1	1	87.0^a
甜椒	敌敌畏	1	0	4.0
生菜	氟氯氰菊酯	3	0	419.3, 405.3, 162.9
番茄	克百威▲	2	2	28.6^a, 39.0^a
胡萝卜	水胺硫磷▲	2	0	3.1, 1.6
胡萝卜	甲拌磷*▲	2	1	14.7^a, 6.1
芹菜	治螟磷▲	4	3	10.6^a, 11.5^a, 12.1^a, 1.0
芹菜	克百威▲	2	1	30.1^a, 11.3
芹菜	氟氯氰菊酯	2	0	91.1, 69.6
芹菜	甲拌磷*▲	2	2	14.9^a, 23.6^a
芹菜	特丁硫磷*▲	1	0	1.1
芹菜	艾氏剂*▲	1	0	2.7
茄子	水胺硫磷▲	8	0	10.2, 7.9, 99.7, 30.6, 19.6, 199.7, 26.3, 16.2
茼蒿	兹克威	11	0	7.6, 19.6, 12.9, 14.5, 7.3, 31.8, 1.6, 31.1, 87.1, 39.1, 90.5
茼蒿	三唑磷	1	0	1.2
茼蒿	氟氯氰菊酯	1	0	85.1
茼蒿	治螟磷▲	1	0	1.6
茼蒿	甲胺磷▲	1	0	1.1
菜薹	三唑磷	2	0	11.8, 11.2
菜豆	克百威▲	1	0	7.3
菠菜	兹克威	2	0	1.6, 1.5
菠菜	克百威▲	1	0	2.6
黄瓜	猛杀威	1	0	21.5
	小计	63	14	超标率：22.2%
	合计	79	18	超标率：22.8%

11.2　农药残留检出水平与最大残留限量标准对比分析

我国于2014年3月20日正式颁布并于2014年8月1日正式实施食品农药残留限量国家标准《食品中农药最大残留限量》（GB 2763—2014）。该标准包括371个农药条目，涉及最大残留限量（MRL）标准3653项。将1341频次检出农药的浓度水平与3653项MRL中国国家标准进行核对，其中只有261频次的农药找到了对应的MRL，占19.5%，还有1080频次的侦测数据则无相关MRL标准供参考，占80.5%。

将此次侦测结果与国际上现行MRL标准对比发现，在1341频次的检出结果中有1341频次的结果找到了对应的MRL欧盟标准，占100.0%，其中，910频次的结果有明确对应的MRL，占67.9%，其余431频次按照欧盟一律标准判定，占32.1%；有1341频次的结果找到了对应的MRL日本标准，占100.0%，其中，705频次的结果有明确对应的MRL，占52.6%，其余636频次按照日本一律标准判定，占47.4%；有469频次的结果找到了对应的MRL中国香港标准，占35.0%；有391频次的结果找到了对应的MRL美国标准，占29.2%；有251频次的结果找到了对应的MRL CAC标准，占18.7%（见图11-11和图11-12，数据见附表3至附表8）。

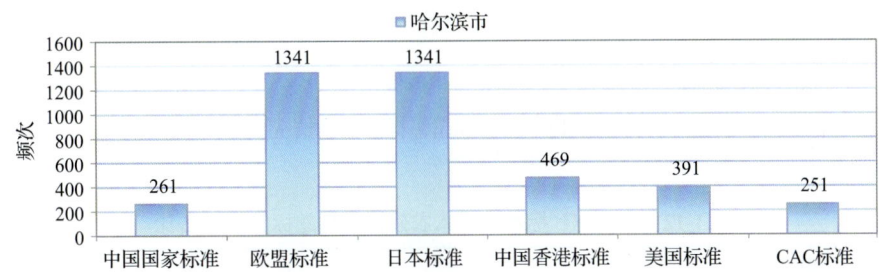

图11-11　1341频次检出农药可用MRL中国国家标准、欧盟标准、日本标准、中国香港标准、美国标准、CAC标准判定衡量的数量

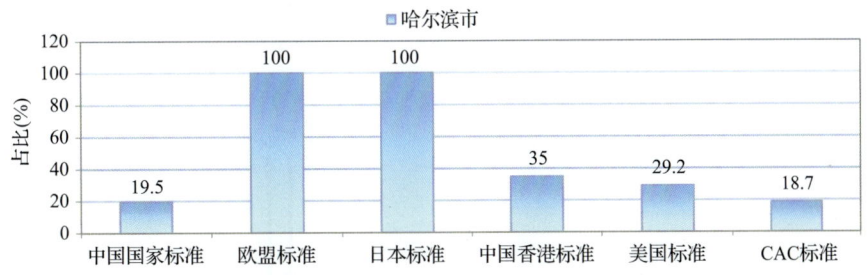

图11-12　1341频次检出农药可用MRL中国国家标准、欧盟标准、日本标准、中国香港标准、美国标准、CAC标准衡量的占比

11.2.1　超标农药样品分析

本次侦测的545例样品中，95例样品未检出任何残留农药，占样品总量的17.4%，450例样品检出不同水平、不同种类的残留农药，占样品总量的82.6%。在此，我们将本次侦测的农残检出情况与MRL中国国家标准、欧盟标准、日本标准、中国香港标准、美国标准和CAC标准这6大国际主流MRL标准进行对比分析，样品农残检出与超标情况见表11-12、图11-13和图11-14，详细数据见附表9至附表14。

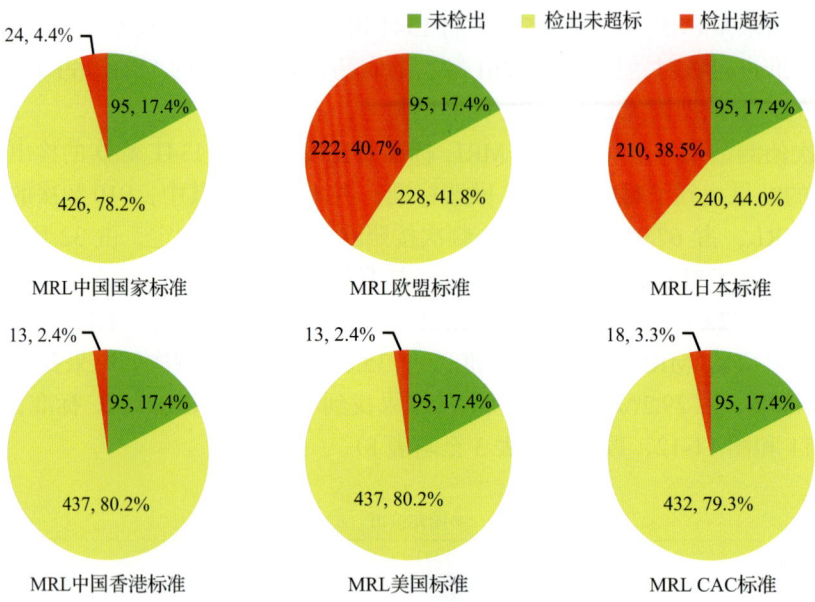

图 11-13 检出和超标样品比例情况

表 11-12 各 MRL 标准下样本农残检出与超标数量及占比

	中国国家标准 数量/占比(%)	欧盟标准 数量/占比(%)	日本标准 数量/占比(%)	中国香港标准 数量/占比(%)	美国标准 数量/占比(%)	CAC 标准 数量/占比(%)
未检出	95/17.4	95/17.4	95/17.4	95/17.4	95/17.4	95/17.4
检出未超标	426/78.2	228/41.8	240/44.0	437/80.2	437/80.2	432/79.3
检出超标	24/4.4	222/40.7	210/38.5	13/2.4	13/2.4	18/3.3

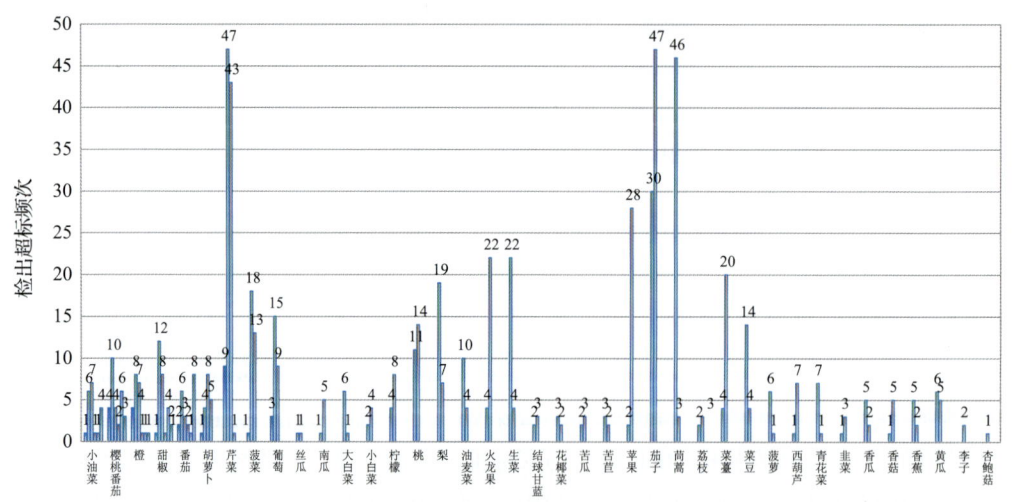

图 11-14 超过 MRL 中国国家标准、欧盟标准、日本标准、中国香港标准、美国标准和 CAC 标准结果在水果蔬菜中的分布

11.2.2 超标农药种类分析

按照 MRL 中国国家标准、欧盟标准、日本标准、中国香港标准、美国标准和 CAC 标准这 6 大国际主流 MRL 标准衡量,本次侦测检出的农药超标品种及频次情况见表 11-13。

表 11-13 各 MRL 标准下超标农药品种及频次

	中国国家标准	欧盟标准	日本标准	中国香港标准	美国标准	CAC 标准
超标农药品种	8	60	52	3	4	2
超标农药频次	26	346	316	13	13	18

11.2.2.1 按 MRL 中国国家标准衡量

按 MRL 中国国家标准衡量,共有 8 种农药超标,检出 26 频次,分别为剧毒农药甲拌磷,高毒农药治螟磷、克百威和水胺硫磷,中毒农药毒死蜱、二甲戊灵、氯氰菊酯和氰戊菊酯。

按超标程度比较,樱桃番茄中克百威超标 14.0 倍,橙中水胺硫磷超标 7.8 倍,芹菜中毒死蜱超标 3.9 倍,甜椒中克百威超标 3.4 倍,葡萄中氰戊菊酯超标 2.6 倍。检测结果见图 11-15 和附表 15。

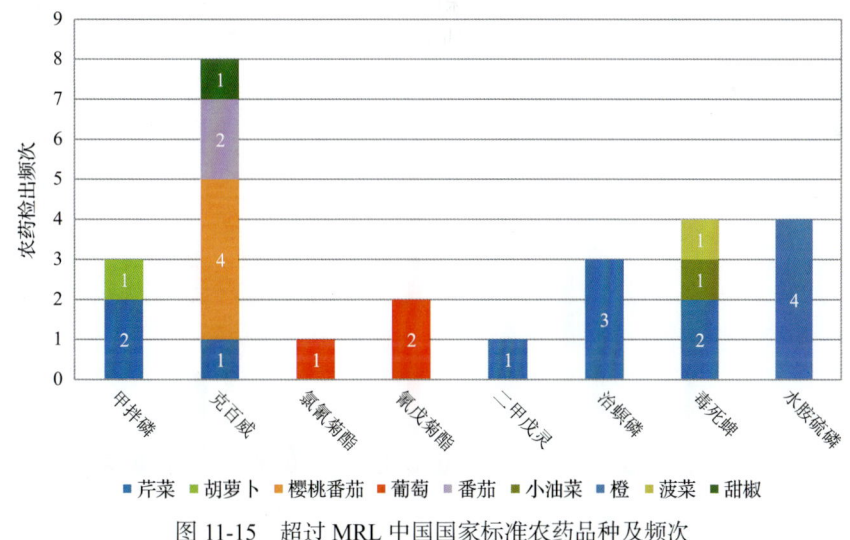

图 11-15 超过 MRL 中国国家标准农药品种及频次

11.2.2.2 按 MRL 欧盟标准衡量

按 MRL 欧盟标准衡量,共有 60 种农药超标,检出 346 频次,分别为剧毒农药甲拌磷,高毒农药猛杀威、治螟磷、克百威、三唑磷、水胺硫磷、兹克威、氟氯氰菊酯、敌敌畏、呋线威和灭害威,中毒农药氯菊酯、多效唑、仲丁威、毒死蜱、烯唑醇、硫丹、甲霜灵、甲萘威、喹螨醚、甲氰菊酯、三唑醇、γ-氟氯氰菌酯、速灭威、唑虫酰胺、仲丁灵、二甲戊灵、哒螨灵、氯氰菊酯、丙溴磷、棉铃威、氰戊菊酯和烯丙菊酯,低毒农药嘧霉胺、茚草酮、2,3,5,6-四氯苯胺、避蚊胺、己唑醇、五氯苯甲腈、四氢吩胺、莠去通、新燕灵、甲醚菊酯、威杀灵、去乙基阿特拉津、杀螨酯、特草灵、芬螨酯、炔螨特、特丁净、间羟基联苯和五氯苯胺，微毒农药萘乙酰胺、腐霉利、五氯硝基苯、增效醚、解草腈、生物苄呋菊酯、醚菌酯和烯虫酯。

按超标程度比较，桃中 γ-氟氯氰菊酯超标 174.4 倍，樱桃番茄中克百威超标 149.4 倍，茼蒿中特丁净超标 108.0 倍，芹菜中 γ-氟氯氰菊酯超标 107.0 倍，茼蒿中间羟基联苯超标 101.5 倍。检测结果见图 11-16 和附表 16。

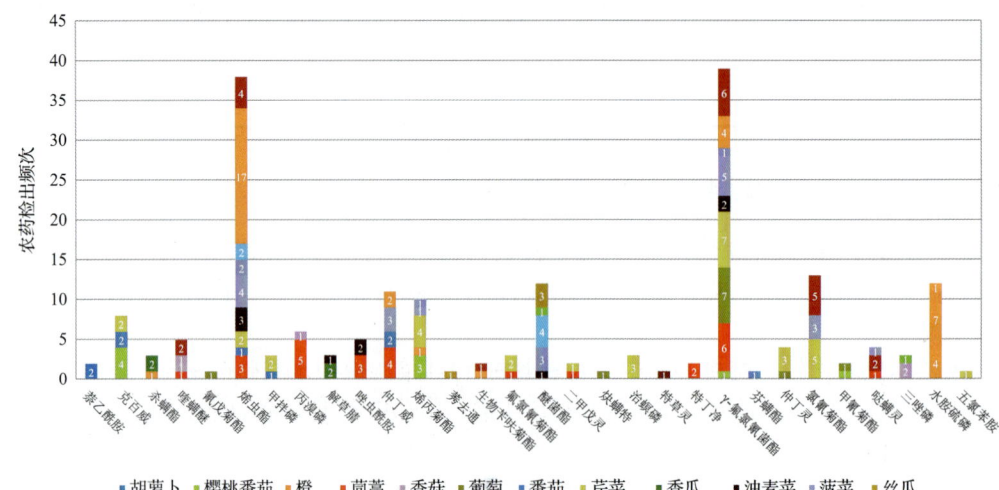

图 11-16-1　超过 MRL 欧盟标准农药品种及频次

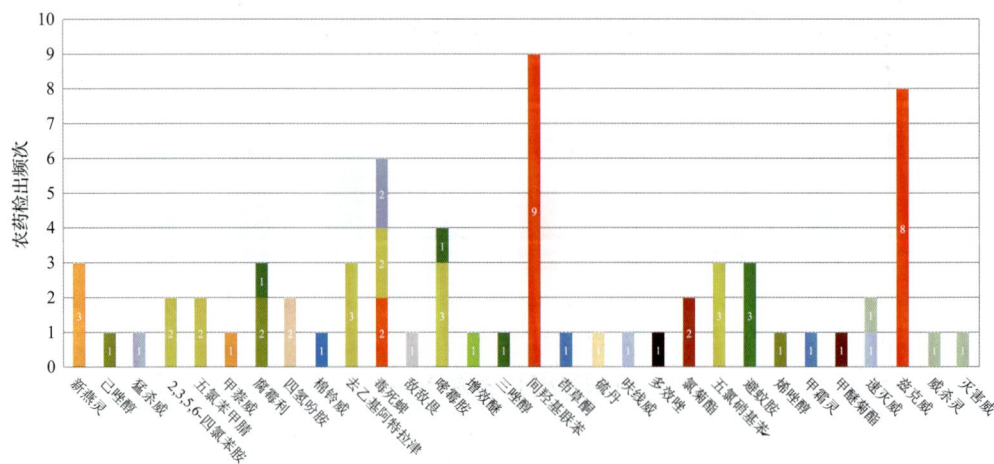

图 11-16-2　超过 MRL 欧盟标准农药品种及频次

11.2.2.3　按 MRL 日本标准衡量

按 MRL 日本标准衡量，共有 52 种农药超标，检出 316 频次，分别为高毒农药猛杀威、治螟磷、三唑磷、水胺硫磷、兹克威、氟氯氰菊酯、敌敌畏和灭害威，中毒农药联苯菊酯、多效唑、毒死蜱、甲霜灵、烯唑醇、甲氰菊酯、γ-氟氯氰菌酯、喹螨醚、除虫菊酯、唑虫酰胺、速灭威、麦穗宁、二甲戊灵、哒螨灵、仲丁灵、棉铃威、氯氰菊酯、丙溴磷和烯丙菊酯，低毒农药苘草酮、嘧霉胺、喹禾灵、2,3,5,6-四氯苯胺、避蚊胺、五氯苯甲腈、四氢吩胺、莠去通、新燕灵、甲醚菊酯、威杀灵、去乙基阿特拉津、马拉硫磷、特草灵、芬螨酯、杀螨酯、特丁净、间羟基联苯和五氯苯胺，微毒农药萘乙酰胺、解草腈、生物苄呋菊酯、啶酰菌胺、醚菌酯和烯虫酯。

按超标程度比较，苦瓜中甲霜灵超标 188.2 倍，桃中 γ-氟氯氰菌酯超标 174.4 倍，茼蒿中特丁净超标 108.0 倍，芹菜中 γ-氟氯氰菌酯超标 107.0 倍，茼蒿中间羟基联苯超标 101.5 倍。检测结果见图 11-17 和附表 17。

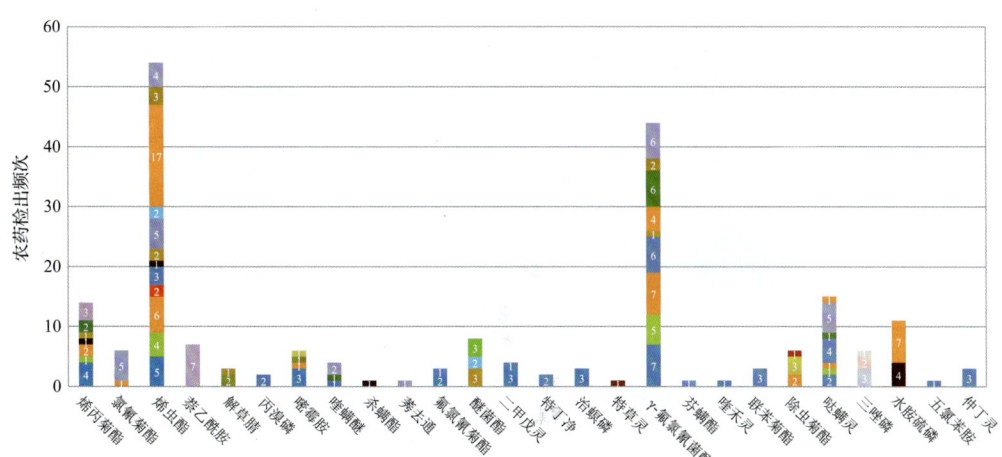

图 11-17-1　超过 MRL 日本标准农药品种及频次

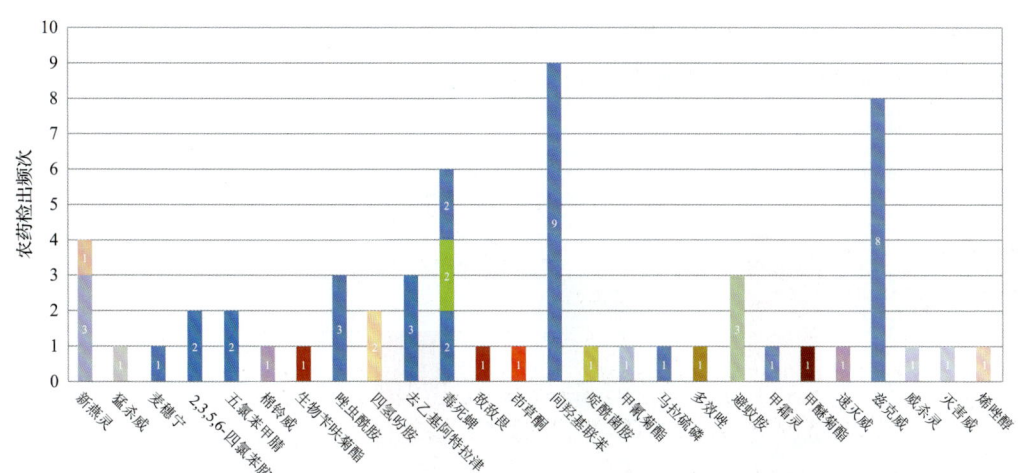

图 11-17-2　超过 MRL 日本标准农药品种及频次

11.2.2.4 按 MRL 中国香港标准衡量

按 MRL 中国香港标准衡量，共有 3 种农药超标，检出 13 频次，分别为中毒农药毒死蜱、除虫菊酯和氯氰菊酯。

按超标程度比较，生菜中氯氰菊酯超标 7.4 倍，芹菜中毒死蜱超标 3.9 倍，茼蒿中毒死蜱超标 2.7 倍，菠菜中毒死蜱超标 2.2 倍，葡萄中氯氰菊酯超标 1.0 倍。检测结果见图 11-18 和附表 18。

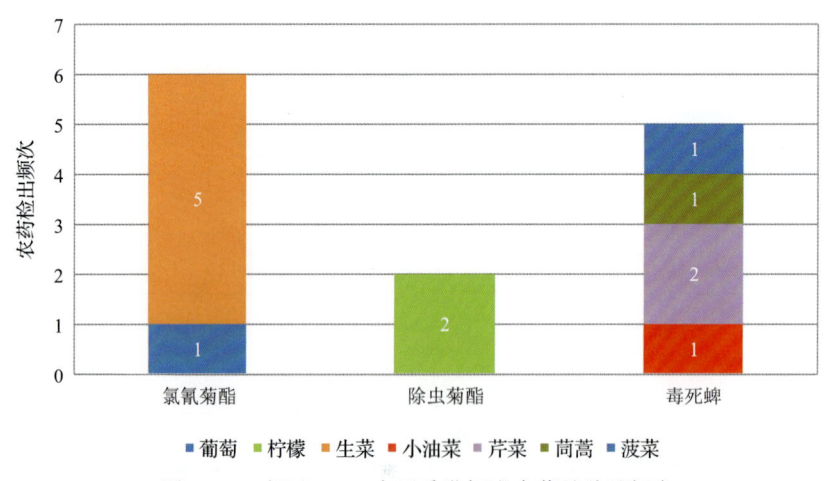

图 11-18 超过 MRL 中国香港标准农药品种及频次

11.2.2.5 按 MRL 美国标准衡量

按 MRL 美国标准衡量，共有 4 种农药超标，检出 13 频次，分别为中毒农药毒死蜱、甲霜灵、γ-氟氯氰菌酯和氯氰菊酯。

按超标程度比较，桃中毒死蜱超标 4.1 倍，生菜中氯氰菊酯超标 3.2 倍，桃中 γ-氟氯氰菌酯超标 2.5 倍，梨中毒死蜱超标 0.9 倍，苦瓜中甲霜灵超标 0.9 倍。检测结果见图 11-19 和附表 19。

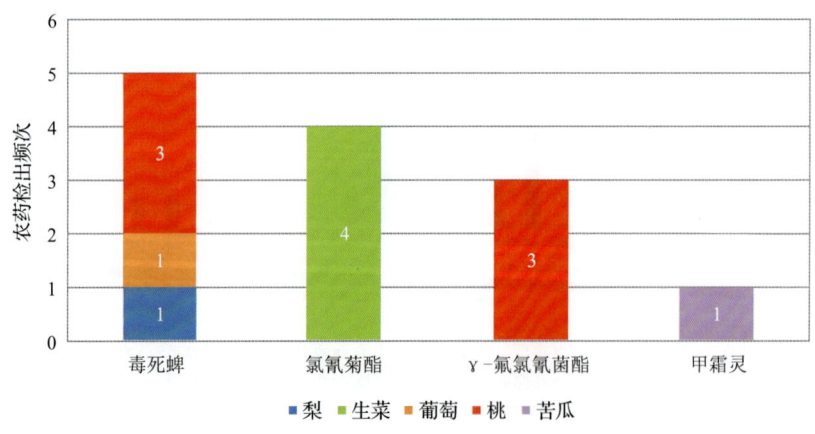

图 11-19 超过 MRL 美国标准农药品种及频次

11.2.2.6 按 MRL CAC 标准衡量

按 MRL CAC 标准衡量,共有 2 种农药超标,检出 18 频次,分别为中毒农药除虫菊酯和氯氰菊酯。

按超标程度比较,生菜中氯氰菊酯超标 23.1 倍,菠菜中氯氰菊酯超标 1.5 倍,葡萄中氯氰菊酯超标 1.0 倍,番茄中除虫菊酯超标 0.4 倍,柠檬中除虫菊酯超标 0.2 倍。检测结果见图 11-20 和附表 20。

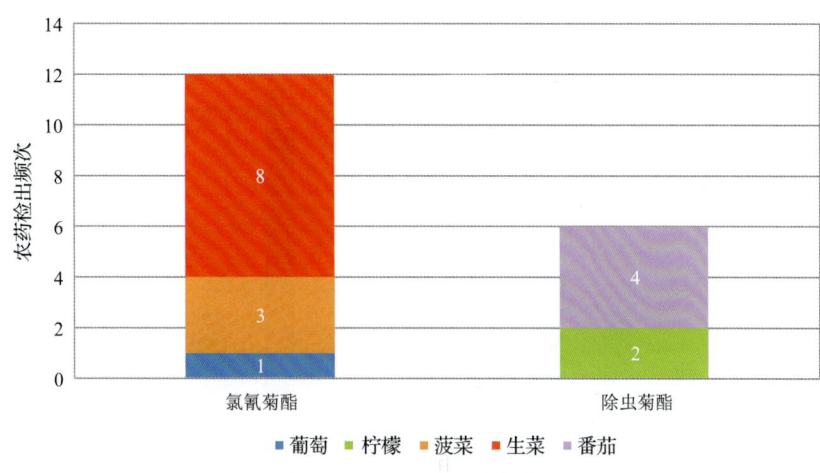

图 11-20 超过 MRL CAC 标准农药品种及频次

11.2.3 23 个采样点超标情况分析

11.2.3.1 按 MRL 中国国家标准衡量

按 MRL 中国国家标准衡量,有 13 个采样点的样品存在不同程度的超标农药检出,其中***超市(平房区)的超标率最高,为 23.5%,如表 11-14 和图 11-21 所示。

表 11-14 超过 MRL 中国国家标准水果蔬菜在不同采样点分布

	采样点	样品总数	超标数量	超标率(%)	行政区域
1	***超市(中环店)	34	1	2.9	香坊区
2	***超市(平房区店)	31	2	6.5	平房区
3	***超市(哈尔滨总店)	25	1	4.0	道里区
4	***超市(金安国际店)	24	2	8.3	道里区
5	***超市(南岗店)	18	2	11.1	南岗区
6	***超市(呼兰店)	18	4	22.2	呼兰区
7	***超市	18	2	11.1	阿城区
8	***超市(香坊店)	18	1	5.6	香坊区

续表

	采样点	样品总数	超标数量	超标率(%)	行政区域
9	***超市(平房区)	17	4	23.5	平房区
10	***超市(新阳路店)	17	1	5.9	道里区
11	***超市	17	1	5.9	阿城区
12	***超市(香坊店)	17	1	5.9	香坊区
13	***超市(呼兰店)	17	2	11.8	呼兰区

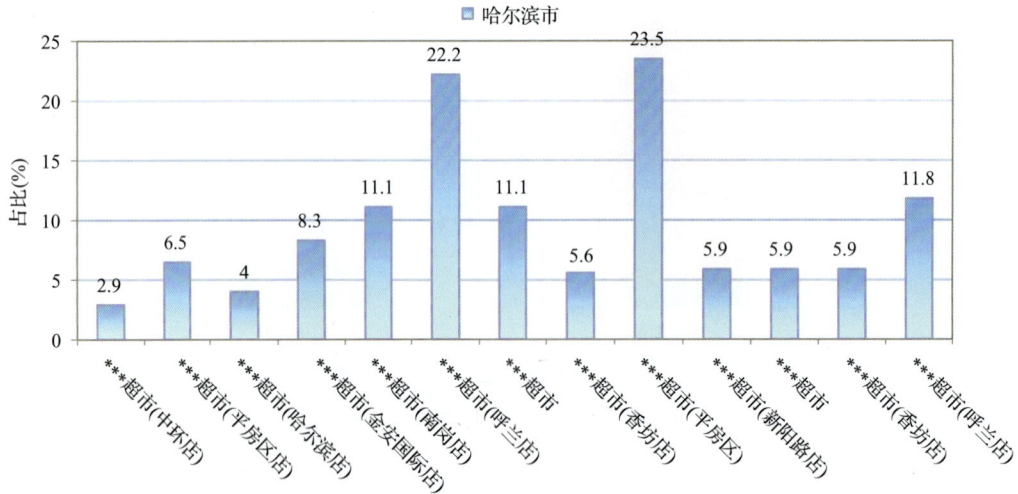

图 11-21 超过 MRL 中国国家标准水果蔬菜在不同采样点分布

11.2.3.2 按 MRL 欧盟标准衡量

按 MRL 欧盟标准衡量，所有采样点的样品均存在不同程度的超标农药检出，其中***超市的超标率最高，为 88.9%，如表 11-15 和图 11-22 所示。

表 11-15 超过 MRL 欧盟标准水果蔬菜在不同采样点分布

	采样点	样品总数	超标数量	超标率(%)	行政区域
1	***超市(永平店)	36	15	41.7	道外区
2	***超市(乐松店)	35	13	37.1	香坊区
3	***超市(中环店)	34	10	29.4	香坊区
4	***超市(道外店)	34	8	23.5	道外区
5	***超市(中山店)	32	11	34.4	南岗区
6	***超市(平房区店)	31	15	48.4	平房区
7	***超市(西大直街店)	30	3	10.0	南岗区
8	***超市	28	6	21.4	道里区

续表

	采样点	样品总数	超标数量	超标率(%)	行政区域
9	***超市(中央商城店)	26	4	15.4	道里区
10	***超市(哈尔滨总店)	25	7	28.0	道里区
11	***超市(金安国际店)	24	13	54.2	道里区
12	***超市(友谊路)	18	8	44.4	道里区
13	***超市(南岗店)	18	11	61.1	南岗区
14	***超市(呼兰店)	18	11	61.1	呼兰区
15	***超市(先锋路)	18	9	50.0	道外区
16	***超市	18	16	88.9	阿城区
17	***超市(香坊店)	18	7	38.9	香坊区
18	***超市(平房区)	17	9	52.9	平房区
19	***超市(新阳路店)	17	11	64.7	道里区
20	***超市	17	10	58.8	阿城区
21	***超市(香坊店)	17	7	41.2	香坊区
22	***超市(南岗店)	17	9	52.9	南岗区
23	***超市(呼兰店)	17	9	52.9	呼兰区

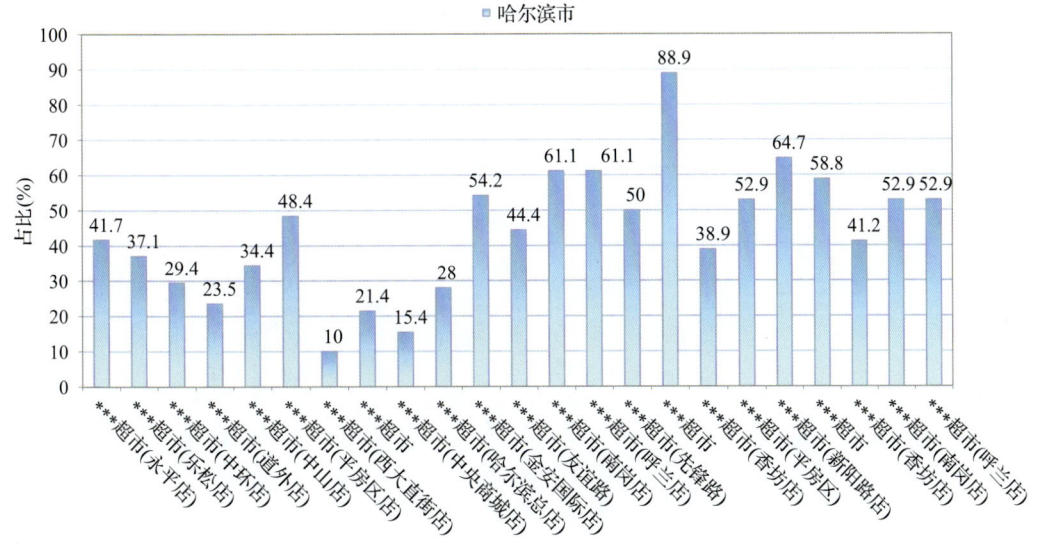

图 11-22 超过 MRL 欧盟标准水果蔬菜在不同采样点分布

11.2.3.3 按 MRL 日本标准衡量

按 MRL 日本标准衡量,所有采样点的样品均存在不同程度的超标农药检出,其中***超市的超标率最高,为 77.8%,如表 11-16 和图 11-23 所示。

表 11-16　超过 MRL 日本标准水果蔬菜在不同采样点分布

	采样点	样品总数	超标数量	超标率(%)	行政区域
1	***超市(永平店)	36	10	27.8	道外区
2	***超市(乐松店)	35	12	34.3	香坊区
3	***超市(中环店)	34	12	35.3	香坊区
4	***超市(道外店)	34	7	20.6	道外区
5	***超市(中山店)	32	13	40.6	南岗区
6	***超市(平房区店)	31	14	45.2	平房区
7	***超市(西大直街店)	30	4	13.3	南岗区
8	***超市	28	6	21.4	道里区
9	***超市(中央商城店)	26	2	7.7	道里区
10	***超市(哈尔滨总店)	25	8	32.0	道里区
11	***超市(金安国际店)	24	13	54.2	道里区
12	***超市(友谊路)	18	8	44.4	道里区
13	***超市(南岗店)	18	8	44.4	南岗区
14	***超市(呼兰店)	18	11	61.1	呼兰区
15	***超市(先锋路)	18	8	44.4	道外区
16	***超市	18	14	77.8	阿城区
17	***超市(香坊店)	18	6	33.3	香坊区
18	***超市(平房区)	17	9	52.9	平房区
19	***超市(新阳路店)	17	11	64.7	道里区
20	***超市	17	9	52.9	阿城区
21	***超市(香坊店)	17	8	47.1	香坊区
22	***超市(南岗店)	17	8	47.1	南岗区
23	***超市(呼兰店)	17	9	52.9	呼兰区

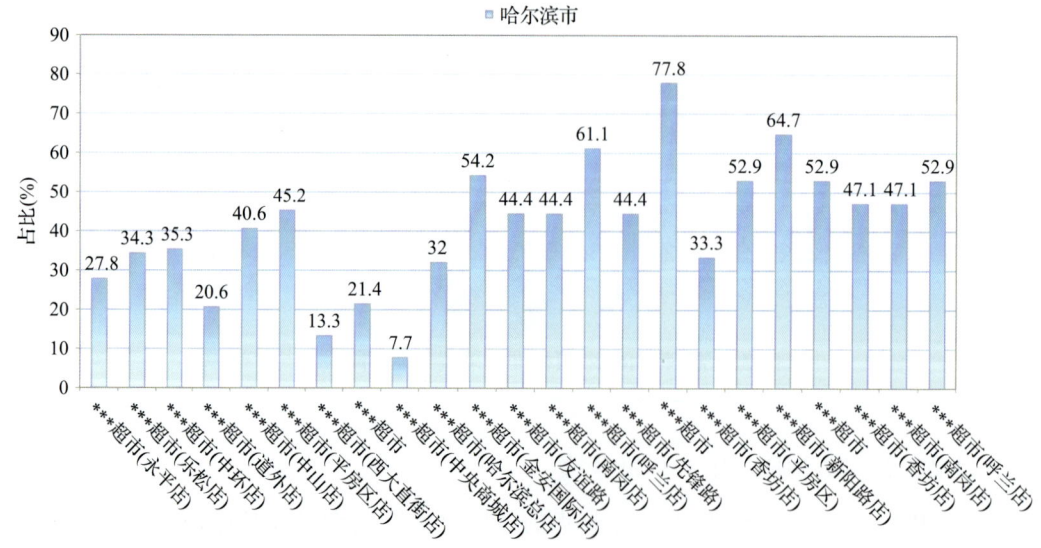

图 11-23　超过 MRL 日本标准水果蔬菜在不同采样点分布

11.2.3.4 按 MRL 中国香港标准衡量

按 MRL 中国香港标准衡量，有 10 个采样点的样品存在不同程度的超标农药检出，其中***超市(呼兰店)的超标率最高，为 11.1%，如表 11-17 和图 11-24 所示。

表 11-17 超过 MRL 中国香港标准水果蔬菜在不同采样点分布

	采样点	样品总数	超标数量	超标率(%)	行政区域
1	***超市(永平店)	36	1	2.8	道外区
2	***超市(中环店)	34	1	2.9	香坊区
3	***超市(中山店)	32	1	3.1	南岗区
4	***超市(平房区店)	31	3	9.7	平房区
5	***超市(友谊路)	18	1	5.6	道里区
6	***超市(南岗店)	18	1	5.6	南岗区
7	***超市(呼兰店)	18	2	11.1	呼兰区
8	***超市	18	1	5.6	阿城区
9	***超市(新阳路店)	17	1	5.9	道里区
10	***超市	17	1	5.9	阿城区

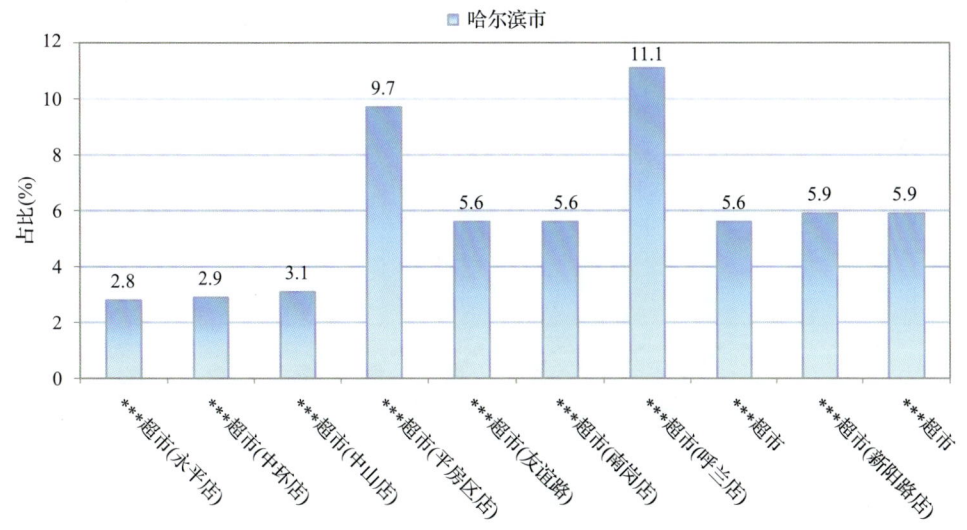

图 11-24 超过 MRL 中国香港标准水果蔬菜在不同采样点分布

11.2.3.5 按 MRL 美国标准衡量

按 MRL 美国标准衡量，有 11 个采样点的样品存在不同程度的超标农药检出，其中***超市的超标率最高，为 11.8%，如表 11-18 和图 11-25 所示。

表 11-18 超过 MRL 美国标准水果蔬菜在不同采样点分布

	采样点	样品总数	超标数量	超标率(%)	行政区域
1	***超市(永平店)	36	1	2.8	道外区
2	***超市(乐松店)	35	1	2.9	香坊区
3	***超市(友谊路)	18	1	5.6	道里区
4	***超市(先锋路)	18	1	5.6	道外区
5	***超市	18	2	11.1	阿城区
6	***超市(香坊店)	18	1	5.6	香坊区
7	***超市(平房区)	17	1	5.9	平房区
8	***超市(新阳路店)	17	1	5.9	道里区
9	***超市	17	2	11.8	阿城区
10	***超市(香坊店)	17	1	5.9	香坊区
11	***超市(南岗店)	17	1	5.9	南岗区

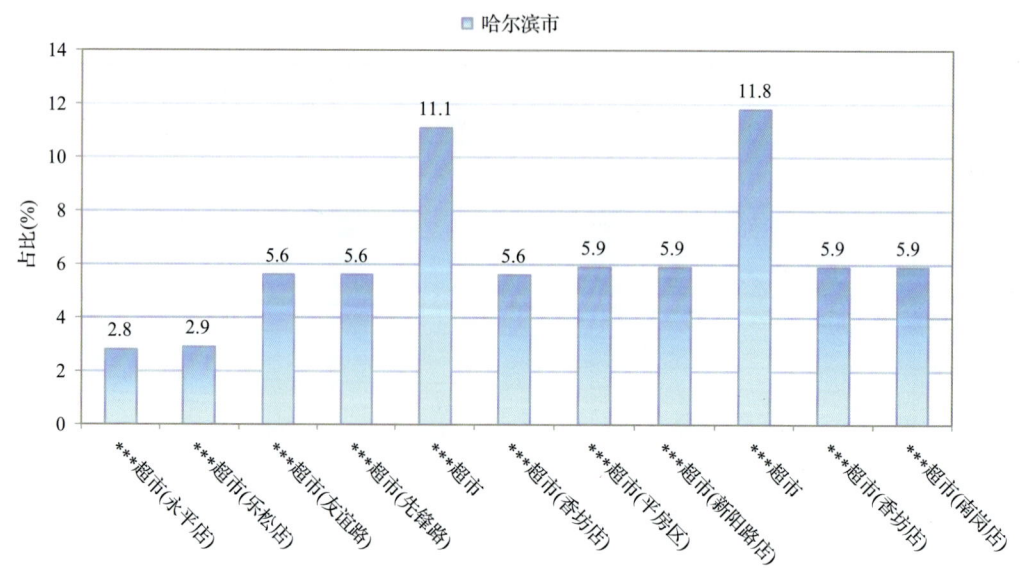

图 11-25 超过 MRL 美国标准水果蔬菜在不同采样点分布

11.2.3.6 按 MRL CAC 标准衡量

按 MRL CAC 标准衡量,有 13 个采样点的样品存在不同程度的超标农药检出,其中***超市(新阳路店)和***超市的超标率最高,为 11.8%,如表 11-19 和图 11-26 所示。

表 11-19 超过 MRL CAC 标准水果蔬菜在不同采样点分布

	采样点	样品总数	超标数量	超标率(%)	行政区域
1	***超市(道外店)	34	1	2.9	道外区
2	***超市(中山店)	32	2	6.2	南岗区
3	***超市(平房区店)	31	1	3.2	平房区
4	***超市	28	1	3.6	道里区
5	***超市(哈尔滨总店)	25	1	4.0	道里区
6	***超市(友谊路)	18	1	5.6	道里区
7	***超市(呼兰店)	18	2	11.1	呼兰区
8	***超市	18	2	11.1	阿城区
9	***超市(平房区)	17	1	5.9	平房区
10	***超市(新阳路店)	17	2	11.8	道里区
11	***超市	17	2	11.8	阿城区
12	***超市(香坊店)	17	1	5.9	香坊区
13	***超市(呼兰店)	17	1	5.9	呼兰区

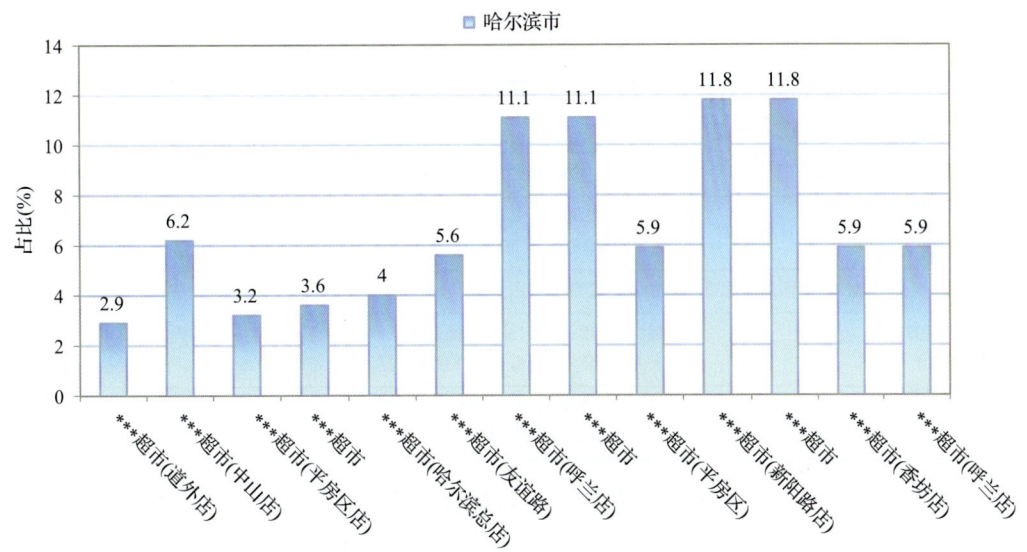

图 11-26 超过 MRL CAC 标准水果蔬菜在不同采样点分布

11.3 水果中农药残留分布

11.3.1 检出农药品种和频次排前 10 的水果

本次残留侦测的水果共 16 种,包括桃、猕猴桃、香蕉、苹果、香瓜、葡萄、梨、李子、荔枝、芒果、柚、枣、柠檬、火龙果、菠萝和橙。

根据检出农药品种及频次进行排名,将各项排名前 10 位的水果样品检出情况列表说明,详见表 11-20。

表 11-20　检出农药品种和频次排名前 10 的水果

检出农药品种排名前 10(品种)	①葡萄(22),②橙(21),③桃(20),④梨(15),⑤香瓜(12),⑥李子(11),⑦菠萝(9),⑧火龙果(7),⑨香蕉(5),⑩芒果(4)
检出农药频次排名前 10(频次)	①葡萄(67),②桃(66),③梨(52),④橙(49),⑤菠萝(31),⑥李子(23),⑦香瓜(18),⑧香蕉(18),⑨火龙果(11),⑩猕猴桃(10)
检出禁用、高毒及剧毒农药品种排名前 10(品种)	①橙(3),②菠萝(2),③葡萄(2),④桃(2),⑤梨(1),⑥荔枝(1),⑦柠檬(1),⑧香瓜(1)
检出禁用、高毒及剧毒农药频次排名前 10(频次)	①菠萝(7),②桃(7),③橙(6),④葡萄(4),⑤梨(1),⑥荔枝(1),⑦柠檬(1),⑧香瓜(1)

11.3.2　超标农药品种和频次排前 10 的水果

鉴于 MRL 欧盟标准和日本标准制定比较全面且覆盖率较高,我们参照 MRL 中国国家标准、欧盟标准和日本标准衡量水果样品中农残检出情况,将超标农药品种及频次排名前 10 的水果列表说明,详见表 11-21。

表 11-21　超标农药品种和频次排名前 10 的水果

超标农药品种排名前 10(农药品种数)	MRL 中国国家标准	①葡萄(2),②橙(1)
	MRL 欧盟标准	①葡萄(8),②梨(6),③橙(5),④桃(5),⑤菠萝(4),⑥香瓜(4),⑦火龙果(2),⑧荔枝(2),⑨柠檬(2),⑩苹果(2)
	MRL 日本标准	①梨(5),②橙(4),③李子(3),④荔枝(3),⑤葡萄(3),⑥菠萝(2),⑦火龙果(2),⑧柠檬(2),⑨苹果(2),⑩桃(2)
超标农药频次排名前 10(农药频次数)	MRL 中国国家标准	①橙(4),②葡萄(3)
	MRL 欧盟标准	①梨(19),②葡萄(15),③桃(11),④橙(8),⑤菠萝(6),⑥香瓜(5),⑦香蕉(5),⑧火龙果(4),⑨柠檬(4),⑩荔枝(2)
	MRL 日本标准	①梨(14),②葡萄(9),③桃(8),④橙(7),⑤李子(5),⑥香蕉(5),⑦菠萝(4),⑧火龙果(4),⑨柠檬(4),⑩荔枝(3)

通过对各品种水果样本总数及检出率进行综合分析发现,葡萄、橙和桃的残留污染最为严重,在此,我们参照 MRL 中国国家标准、欧盟标准和日本标准对这 3 种水果的农残检出情况进行进一步分析。

11.3.3　农药残留检出率较高的水果样品分析

11.3.3.1　葡萄

这次共检测 20 例葡萄样品,19 例样品中检出了农药残留,检出率为 95.0%,检出农药共计 22 种。其中嘧霉胺、γ-氟氯氰菊酯、毒死蜱、腐霉利和联苯菊酯检出频次较高,分别检出了 14、7、5、4 和 4 次。葡萄中农药检出品种和频次见图 11-27,超标农药见图 11-28 和表 11-22。

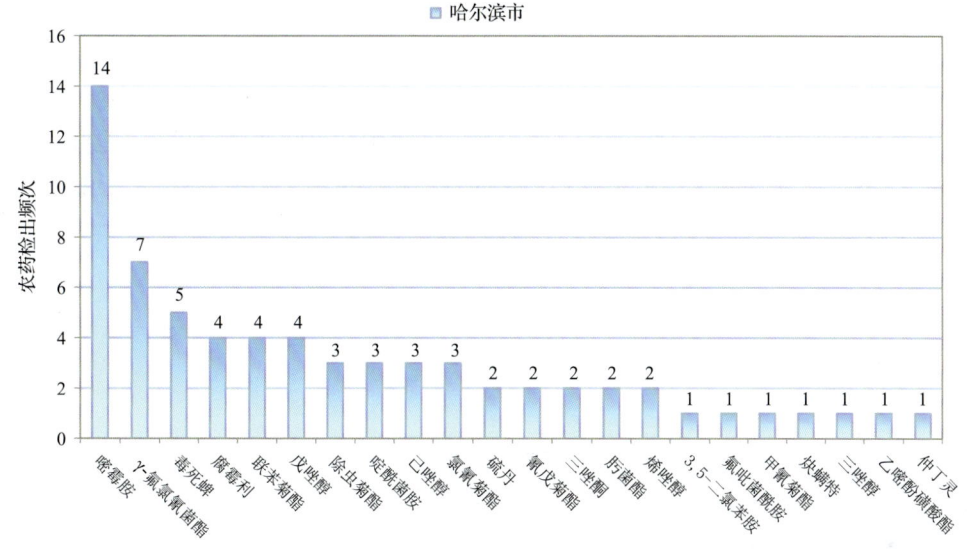

图 11-27　葡萄样品检出农药品种和频次分析

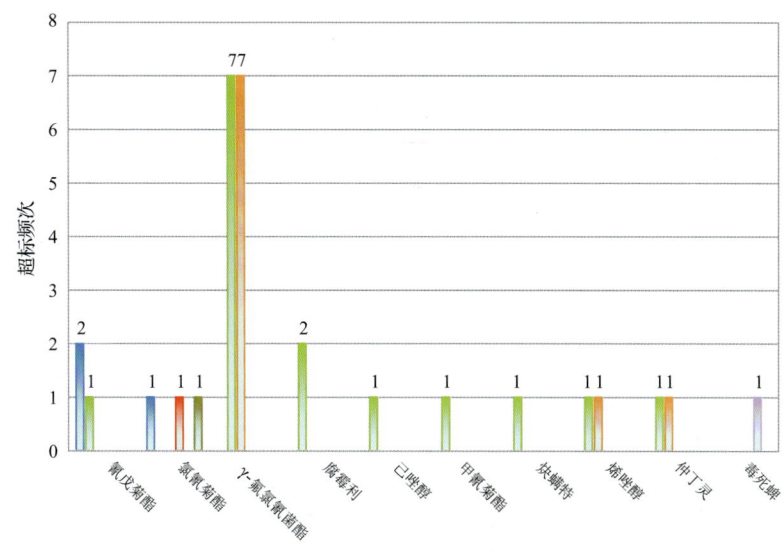

图 11-28　葡萄样品中超标农药分析

表 11-22　葡萄中农药残留超标情况明细表

样品总数			检出农药样品数	样品检出率(%)	检出农药品种总数
20			19	95	22
	超标农药品种	超标农药频次	按照 MRL 中国国家标准、欧盟标准和日本标准衡量超标农药名称及频次		
中国国家标准	2	3	氰戊菊酯(2)，氯氰菊酯(1)		
欧盟标准	8	15	γ-氟氯氰菊酯(7)，腐霉利(2)，己唑醇(1)，甲氰菊酯(1)，氰戊菊酯(1)，炔螨特(1)，烯唑醇(1)，仲丁灵(1)		
日本标准	3	9	γ-氟氯氰菊酯(7)，烯唑醇(1)，仲丁灵(1)		

11.3.3.2 橙

这次共检测 21 例橙样品，17 例样品中检出了农药残留，检出率为 81.0%，检出农药共计 21 种。其中噻菌灵、嘧霉胺、毒死蜱、噻嗪酮和水胺硫磷检出频次较高，分别检出了 7、6、4、4 和 4 次。橙中农药检出品种和频次见图 11-29，超标农药见图 11-30 和表 11-23。

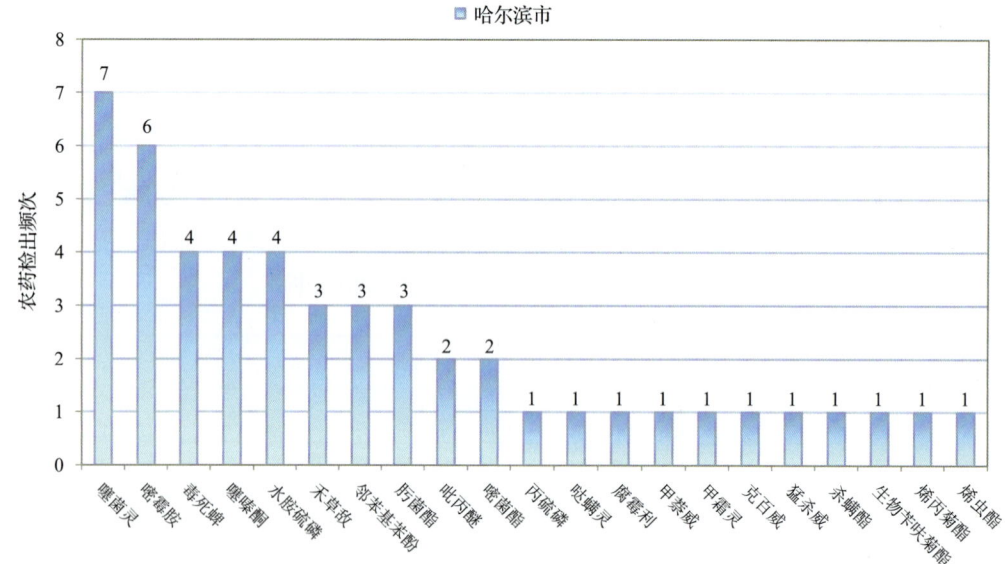

图 11-29 橙样品检出农药品种和频次分析

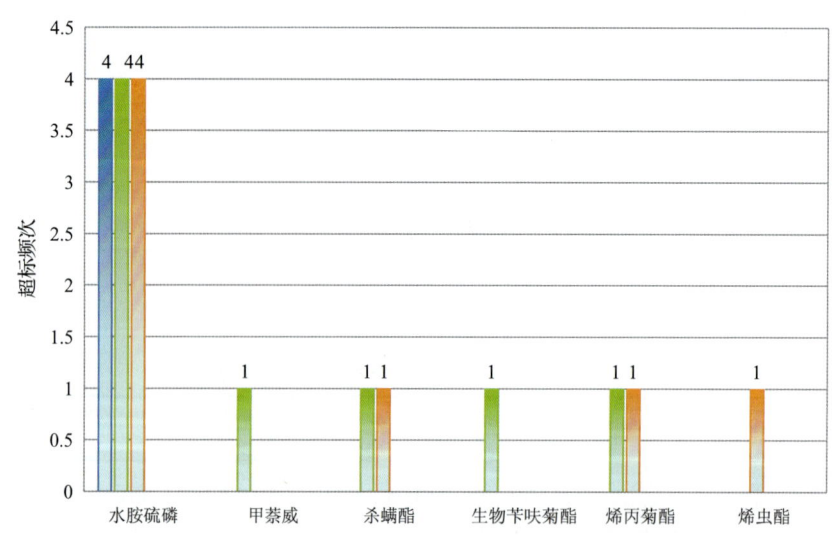

图 11-30 橙样品中超标农药分析

表 11-23 橙中农药残留超标情况明细表

样品总数		检出农药样品数	样品检出率(%)	检出农药品种总数
21		17	81	21
	超标农药品种	超标农药频次	按照 MRL 中国国家标准、欧盟标准和日本标准衡量超标农药名称及频次	
中国国家标准	1	4	水胺硫磷(4)	
欧盟标准	5	8	水胺硫磷(4),甲萘威(1),杀螨酯(1),生物苄呋菊酯(1),烯丙菊酯(1)	
日本标准	4	7	水胺硫磷(4),杀螨酯(1),烯丙菊酯(1),烯虫酯(1)	

11.3.3.3 桃

这次共检测 23 例桃样品,19 例样品中检出了农药残留,检出率为 82.6%,检出农药共计 20 种。其中毒死蜱、哒螨灵、γ-氟氯氰菊酯、呋草黄和硫丹检出频次较高,分别检出了 12、10、6、6 和 6 次。桃中农药检出品种和频次见图 11-31,超标农药见表 11-24 和图 11-32。

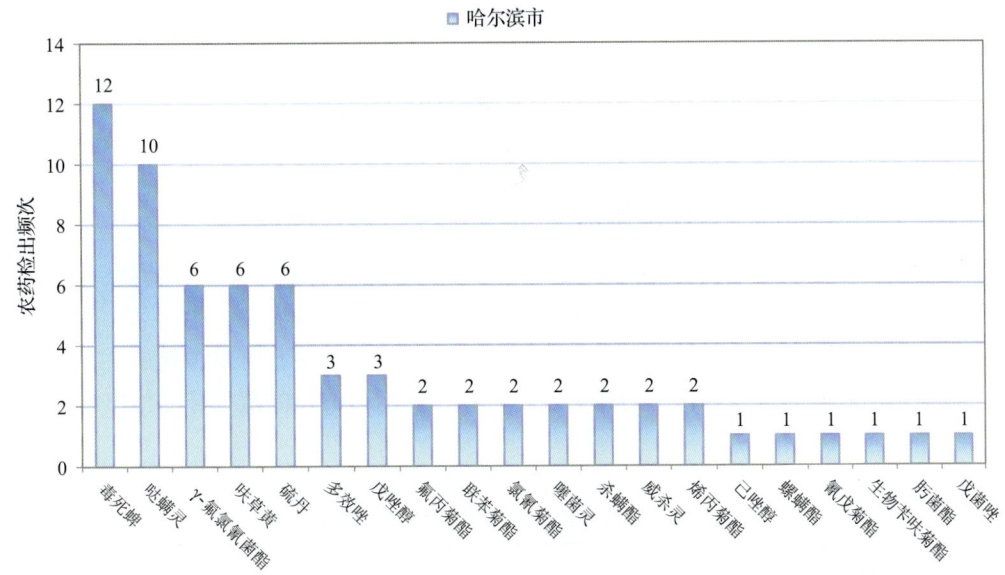

图 11-31 桃样品检出农药品种和频次分析

表 11-24 桃中农药残留超标情况明细表

样品总数		检出农药样品数	样品检出率(%)	检出农药品种总数
23		19	82.6	20
	超标农药品种	超标农药频次	按照 MRL 中国国家标准、欧盟标准和日本标准衡量超标农药名称及频次	
中国国家标准	0	0		
欧盟标准	5	11	γ-氟氯氰菊酯(6),烯丙菊酯(2),毒死蜱(1),硫丹(1),生物苄呋菊酯(1)	
日本标准	2	8	γ-氟氯氰菊酯(6),烯丙菊酯(2)	

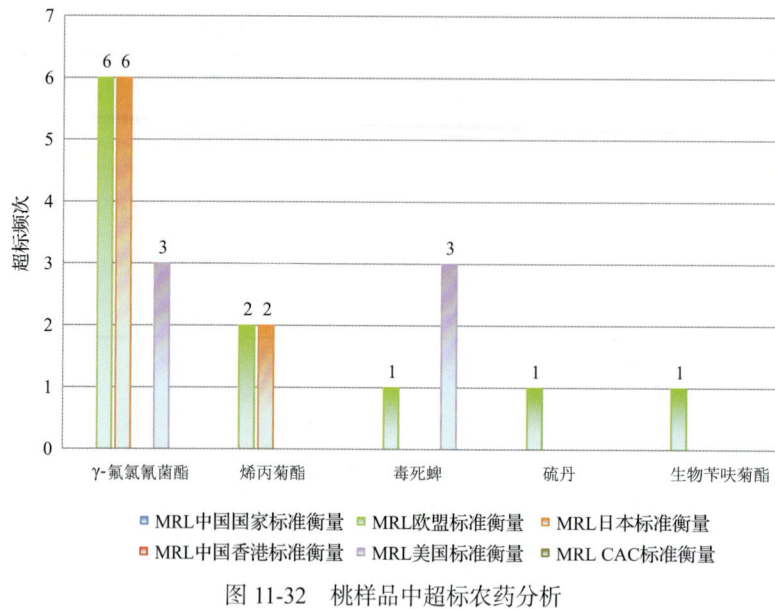

图 11-32 桃样品中超标农药分析

11.4 蔬菜中农药残留分布

11.4.1 检出农药品种和频次排前 10 的蔬菜

本次残留侦测的蔬菜共 27 种,包括韭菜、黄瓜、结球甘蓝、芹菜、苦苣、花椰菜、菠菜、番茄、甜椒、西葫芦、樱桃番茄、青花菜、胡萝卜、油麦菜、小白菜、南瓜、茄子、萝卜、冬瓜、菜豆、生菜、茼蒿、大白菜、菜薹、小油菜、苦瓜和丝瓜。

根据检出农药品种及频次进行排名,将各项排名前 10 位的蔬菜样品检出情况列表说明,详见表 11-25。

表 11-25 检出农药品种和频次排名前 10 的蔬菜

检出农药品种排名前 10(品种)	①芹菜(45),②茼蒿(29),③甜椒(28),④生菜(22),⑤菠菜(20),⑥黄瓜(19),⑦菜豆(18),⑧樱桃番茄(16),⑨油麦菜(16),⑩番茄(13)
检出农药频次排名前 10(频次)	①芹菜(162),②茼蒿(107),③甜椒(102),④生菜(72),⑤菠菜(65),⑥菜豆(54),⑦黄瓜(40),⑧茄子(37),⑨樱桃番茄(34),⑩番茄(32)
检出禁用、高毒及剧毒农药品种排名前 10(品种)	①芹菜(8),②茼蒿(6),③甜椒(3),④菠菜(2),⑤菜豆(2),⑥番茄(2),⑦胡萝卜(2),⑧黄瓜(2),⑨小油菜(2),⑩菜薹(1)
检出禁用、高毒及剧毒农药频次排名前 10(频次)	①茼蒿(16),②芹菜(14),③茄子(8),④甜椒(8),⑤黄瓜(6),⑥小油菜(5),⑦胡萝卜(4),⑧樱桃番茄(4),⑨菠菜(3),⑩番茄(3)

11.4.2 超标农药品种和频次排前 10 的蔬菜

鉴于 MRL 欧盟标准和日本标准制定比较全面且覆盖率较高,我们参照 MRL 中国国家标准、欧盟标准和日本标准衡量蔬菜样品中农残检出情况,将超标农药品种及频次排名前 10 的蔬菜列表说明，详见表 11-26。

表 11-26 超标农药品种和频次排名前 10 的蔬菜

超标农药品种排名前 10（农药品种数）	MRL 中国国家标准	①芹菜(5)，②菠菜(1)，③番茄(1)，④胡萝卜(1)，⑤甜椒(1)，⑥小油菜(1)，⑦樱桃番茄(1)
	MRL 欧盟标准	①芹菜(17)，②茼蒿(13)，③生菜(7)，④菠菜(6)，⑤油麦菜(6)，⑥甜椒(5)，⑦樱桃番茄(5)，⑧番茄(4)，⑨茄子(4)，⑩青花菜(4)
	MRL 日本标准	①芹菜(15)，②茼蒿(15)，③菜豆(7)，④菠菜(5)，⑤生菜(5)，⑥青花菜(4)，⑦小油菜(4)，⑧油麦菜(4)，⑨茄子(3)，⑩菜薹(2)
超标农药频次排名前 10（农药频次数）	MRL 中国国家标准	①芹菜(9)，②樱桃番茄(4)，③番茄(2)，④菠菜(1)，⑤胡萝卜(1)，⑥甜椒(1)，⑦小油菜(1)
	MRL 欧盟标准	①芹菜(47)，②茼蒿(46)，③茄子(30)，④生菜(22)，⑤菠菜(18)，⑥菜豆(14)，⑦甜椒(12)，⑧樱桃番茄(10)，⑨油麦菜(10)，⑩青花菜(7)
	MRL 日本标准	①茼蒿(47)，②芹菜(43)，③茄子(28)，④生菜(22)，⑤菜豆(20)，⑥菠菜(13)，⑦胡萝卜(8)，⑧甜椒(8)，⑨青花菜(7)，⑩小油菜(7)

通过对各品种蔬菜样本总数及检出率进行综合分析发现，芹菜、茼蒿和甜椒的残留污染最为严重，在此，我们参照 MRL 中国国家标准、欧盟标准和日本标准对这 3 种蔬菜的农残检出情况进行进一步分析。

11.4.3 农药残留检出率较高的蔬菜样品分析

11.4.3.1 芹菜

这次共检测 20 例芹菜样品，全部检出了农药残留，检出率为 100.0%，检出农药共计 45 种。其中毒死蜱、氯氰菊酯、威杀灵、γ-氟氯氰菊酯和二甲戊灵检出频次较高，分别检出了 12、10、9、8 和 7 次。芹菜中农药检出品种和频次见图 11-33，超标农药见图 11-34 和表 11-27。

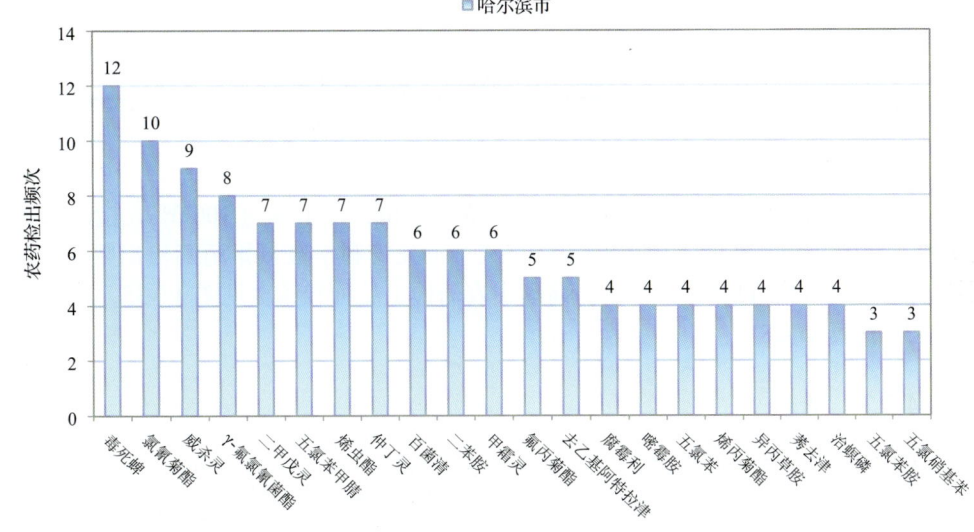

图 11-33 芹菜样品检出农药品种和频次分析（仅列出 3 频次及以上的数据）

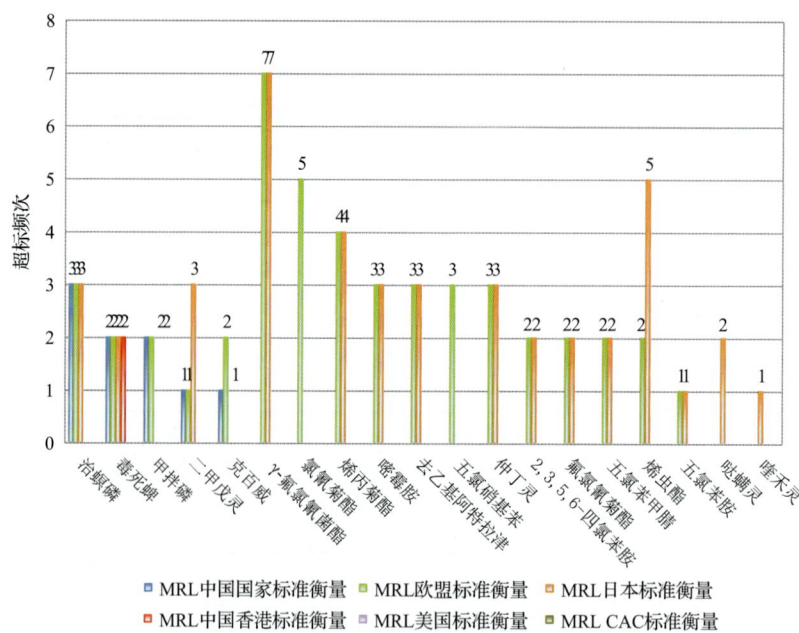

图 11-34 芹菜样品中超标农药分析

表 11-27 芹菜中农药残留超标情况明细表

样品总数 20		检出农药样品数 20	样品检出率(%) 100	检出农药品种总数 45
	超标农药品种	超标农药频次	按照 MRL 中国国家标准、欧盟标准和日本标准衡量超标农药名称及频次	
中国国家标准	5	9	治螟磷(3)、毒死蜱(2)、甲拌磷(2)、二甲戊灵(1)、克百威(1)	
欧盟标准	17	47	γ-氟氯氰菊酯(7)、氯氰菊酯(5)、烯丙菊酯(4)、嘧霉胺(3)、去乙基阿特拉津(3)、五氯硝基苯(3)、治螟磷(3)、仲丁灵(3)、2,3,5,6-四氯苯胺(2)、毒死蜱(2)、氟氯氰菊酯(2)、甲拌磷(2)、克百威(2)、五氯苯甲腈(2)、烯虫酯(2)、二甲戊灵(1)、五氯苯胺(1)	
日本标准	15	43	γ-氟氯氰菊酯(7)、烯虫酯(5)、烯丙菊酯(4)、二甲戊灵(3)、嘧霉胺(3)、去乙基阿特拉津(3)、治螟磷(3)、仲丁灵(3)、2,3,5,6-四氯苯胺(2)、哒螨灵(2)、毒死蜱(2)、氟氯氰菊酯(2)、五氯苯甲腈(2)、喹禾灵(1)、五氯苯胺(1)	

11.4.3.2 茼蒿

这次共检测 19 例茼蒿样品,全部检出了农药残留,检出率为 100.0%,检出农药共计 29 种。其中间羟基联苯、丙溴磷、兹克威、毒死蜱和 γ-氟氯氰菊酯检出频次较高,分别检出了 12、11、11、9 和 7 次。茼蒿中农药检出品种和频次见图 11-35,超标农药见图 11-36 和表 11-28。

11.4.3.3 甜椒

这次共检测 24 例甜椒样品,全部检出了农药残留,检出率为 100.0%,检出农药共计 28 种。其中二苯胺、γ-氟氯氰菊酯、呋草黄、除虫菊酯和新燕灵检出频次较高,分别检出了 12、11、9、8 和 8 次。甜椒中农药检出品种和频次见图 11-37,超标农药见图 11-38

和表 11-29。

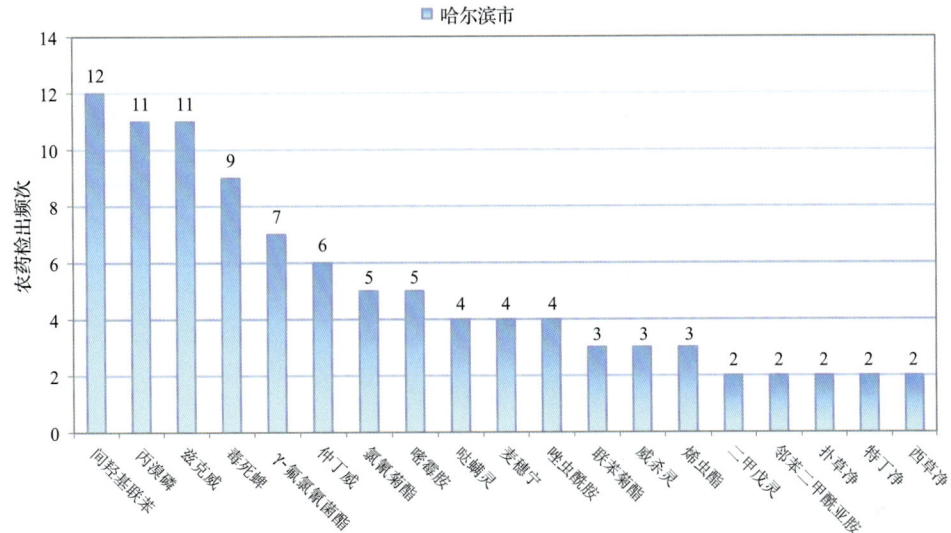

图 11-35　茼蒿样品检出农药品种和频次分析（仅列出 2 频次及以上的数据）

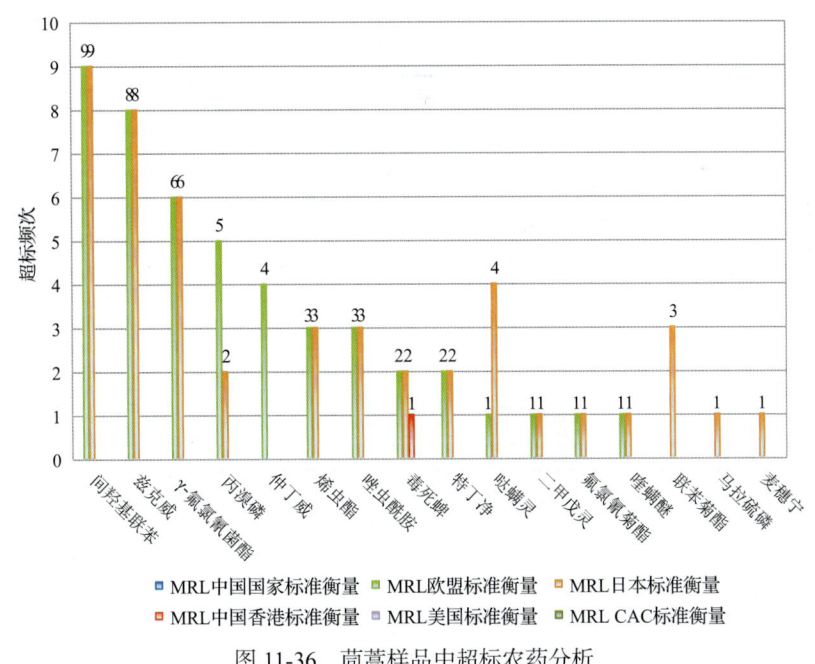

图 11-36　茼蒿样品中超标农药分析

表 11-28　茼蒿中农药残留超标情况明细表

样品总数		检出农药样品数	样品检出率(%)	检出农药品种总数
19		19	100	29
	超标农药品种	超标农药频次	按照 MRL 中国国家标准、欧盟标准和日本标准衡量超标农药名称及频次	
中国国家标准	0	0		

续表

样品总数 19		检出农药样品数 19	样品检出率(%) 100	检出农药品种总数 29
欧盟标准	13	46	间羟基联苯(9)、兹克威(8)、γ-氟氯氰菊酯(6)、丙溴磷(5)、仲丁威(4)、烯虫酯(3)、唑虫酰胺(3)、毒死蜱(2)、特丁净(2)、哒螨灵(1)、二甲戊灵(1)、氟氯氰菊酯(1)、喹螨醚(1)	
日本标准	15	47	间羟基联苯(9)、兹克威(8)、γ-氟氯氰菊酯(6)、哒螨灵(4)、联苯菊酯(3)、烯虫酯(3)、唑虫酰胺(3)、丙溴磷(2)、毒死蜱(2)、特丁净(2)、二甲戊灵(1)、氟氯氰菊酯(1)、喹螨醚(1)、马拉硫磷(1)、麦穗宁(1)	

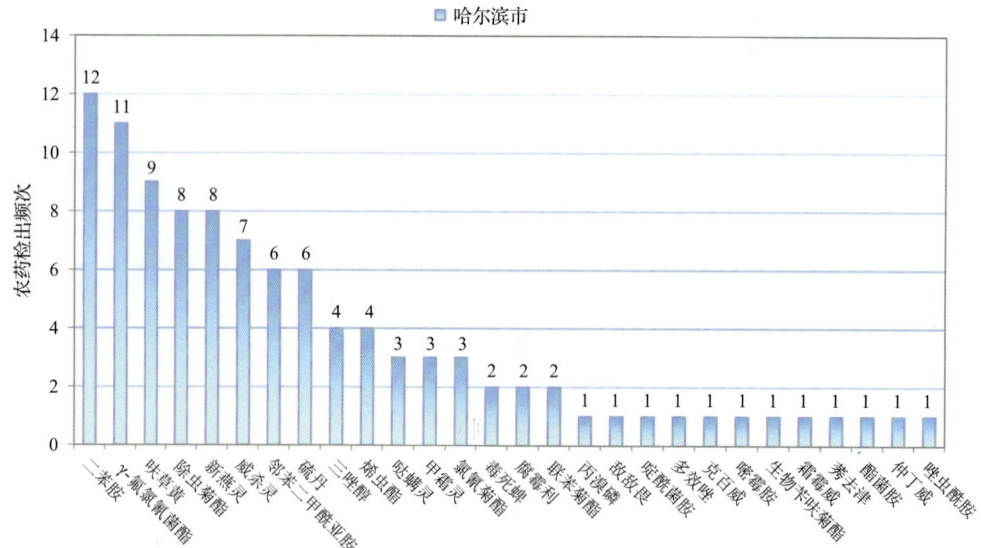

图 11-37 甜椒样品检出农药品种和频次分析

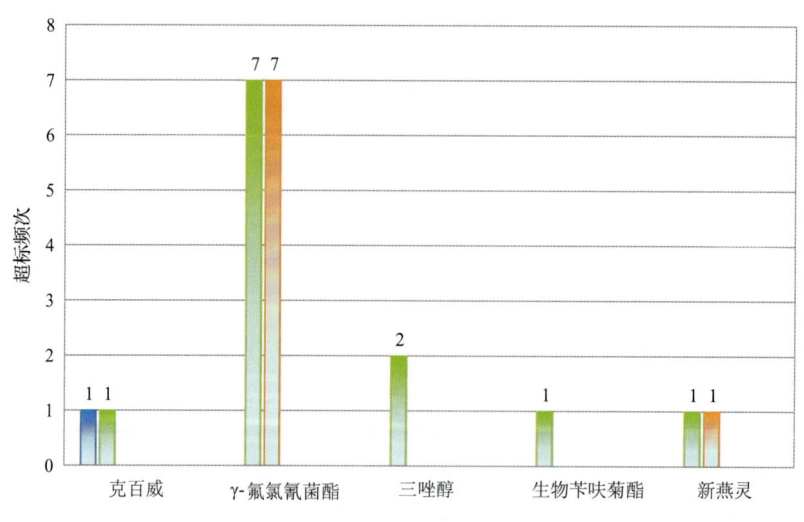

图 11-38 甜椒样品中超标农药分析

表 11-29　甜椒中农药残留超标情况明细表

样品总数 24		检出农药样品数 24	样品检出率(%) 100	检出农药品种总数 28
超标农药品种	超标农药频次	按照 MRL 中国国家标准、欧盟标准和日本标准衡量超标农药名称及频次		
中国国家标准	1	1	克百威(1)	
欧盟标准	5	12	γ-氟氯氰菌酯(7)，三唑醇(2)，克百威(1)，生物苄呋菊酯(1)，新燕灵(1)	
日本标准	2	8	γ-氟氯氰菌酯(7)，新燕灵(1)	

11.5　初 步 结 论

11.5.1　哈尔滨市市售水果蔬菜按 MRL 中国国家标准和国际主要 MRL 标准衡量的合格率

本次侦测的 545 例样品中，95 例样品未检出任何残留农药，占样品总量的 17.4%，450 例样品检出不同水平、不同种类的残留农药，占样品总量的 82.6%。在这 450 例检出农药残留的样品中：

按照 MRL 中国国家标准衡量，有 426 例样品检出残留农药但含量没有超标，占样品总数的 78.2%，有 24 例样品检出了超标农药，占样品总数的 4.4%。

按照 MRL 欧盟标准衡量，有 228 例样品检出残留农药但含量没有超标，占样品总数的 41.8%，有 222 例样品检出了超标农药，占样品总数的 40.7%。

按照 MRL 日本标准衡量，有 240 例样品检出残留农药但含量没有超标，占样品总数的 44.0%，有 210 例样品检出了超标农药，占样品总数的 38.5%。

按照 MRL 中国香港标准衡量，有 437 例样品检出残留农药但含量没有超标，占样品总数的 80.2%，有 13 例样品检出了超标农药，占样品总数的 2.4%。

按照 MRL 美国标准衡量，有 437 例样品检出残留农药但含量没有超标，占样品总数的 80.2%，有 13 例样品检出了超标农药，占样品总数的 2.4%。

按照 MRL CAC 标准衡量，有 432 例样品检出残留农药但含量没有超标，占样品总数的 79.3%，有 18 例样品检出了超标农药，占样品总数的 3.3%。

11.5.2　哈尔滨市市售水果蔬菜中检出农药以中低微毒农药为主，占市场主体的 87.7%

这次侦测的 545 例样品包括食用菌 3 种 180 例，水果 16 种 20 例，蔬菜 27 种 345 例，共检出了 114 种农药，检出农药的毒性以中低微毒为主，详见表 11-30。

表 11-30　市场主体农药毒性分布

毒性	检出品种	占比	检出频次	占比
剧毒农药	3	2.6%	6	0.4%
高毒农药	11	9.6%	73	5.4%
中毒农药	38	33.3%	634	47.3%
低毒农药	43	37.7%	387	28.9%
微毒农药	19	16.7%	241	18.0%

中低微毒农药，品种占比 87.7%，频次占比 94.1%。

11.5.3　检出剧毒、高毒和禁用农药现象应该警醒

在此次侦测的 545 例样品中有 15 种蔬菜和 8 种水果的 100 例样品检出了 17 种 108 频次的剧毒和高毒或禁用农药，占样品总量的 18.3%。其中剧毒农药甲拌磷、艾氏剂和特丁硫磷以及高毒农药水胺硫磷、兹克威和克百威检出频次较高。

按 MRL 中国国家标准衡量，剧毒农药甲拌磷，检出 4 次，超标 3 次；高毒农药水胺硫磷，检出 15 次，超标 4 次；克百威，检出 12 次，超标 8 次；按超标程度比较，樱桃番茄中克百威超标 14.0 倍，橙中水胺硫磷超标 7.8 倍，甜椒中克百威超标 3.4 倍，芹菜中甲拌磷超标 1.4 倍，番茄中克百威超标 0.9 倍。

剧毒、高毒或禁用农药的检出情况及按照 MRL 中国国家标准衡量的超标情况见表 11-31。

表 11-31　剧毒、高毒或禁用农药的检出及超标明细

序号	农药名称	样品名称	检出频次	超标频次	最大超标倍数	超标率
1.1	特丁硫磷*▲	芹菜	1	0	0	0.0%
2.1	甲拌磷*▲	芹菜	2	2	1.36	100.0%
2.2	甲拌磷*▲	胡萝卜	2	1	0.47	50.0%
3.1	艾氏剂*▲	芹菜	1	0	0	0.0%
4.1	三唑磷°	小油菜	4	0	0	0.0%
4.2	三唑磷°	菜薹	2	0	0	0.0%
4.3	三唑磷°	小白菜	1	0	0	0.0%
4.4	三唑磷°	茼蒿	1	0	0	0.0%
5.1	克百威°▲	樱桃番茄	4	4	14.05	100.0%
5.2	克百威°▲	番茄	2	2	0.95	100.0%
5.3	克百威°▲	芹菜	2	1	0.51	50.0%
5.4	克百威°▲	甜椒	1	1	3.35	100.0%
5.5	克百威°▲	橙	1	0	0	0.0%
5.6	克百威°▲	菜豆	1	0	0	0.0%
5.7	克百威°▲	菠菜	1	0	0	0.0%

续表

序号	农药名称	样品名称	检出频次	超标频次	最大超标倍数	超标率
6.1	兹克威°	茼蒿	11	0	0	0.0%
6.2	兹克威°	菠菜	2	0	0	0.0%
7.1	呋线威°	菠萝	6	0	0	0.0%
8.1	敌敌畏°	甜椒	1	0	0	0.0%
8.2	敌敌畏°	荔枝	1	0	0	0.0%
8.3	敌敌畏°	菠萝	1	0	0	0.0%
9.1	氟氯氰菊酯°	生菜	3	0	0	0.0%
9.2	氟氯氰菊酯°	芹菜	2	0	0	0.0%
9.3	氟氯氰菊酯°	茼蒿	1	0	0	0.0%
10.1	水胺硫磷°▲	茄子	8	0	0	0.0%
10.2	水胺硫磷°▲	橙	4	4	7.825	100.0%
10.3	水胺硫磷°▲	胡萝卜	2	0	0	0.0%
10.4	水胺硫磷°▲	柠檬	1	0	0	0.0%
11.1	治螟磷°▲	芹菜	4	3	0.21	75.0%
11.2	治螟磷°▲	茼蒿	1	0	0	0.0%
12.1	灭害威°	梨	1	0	0	0.0%
13.1	猛杀威°	橙	1	0	0	0.0%
13.2	猛杀威°	黄瓜	1	0	0	0.0%
14.1	甲胺磷°▲	小油菜	1	0	0	0.0%
14.2	甲胺磷°▲	茼蒿	1	0	0	0.0%
15.1	氰戊菊酯▲	葡萄	2	2	2.6385	100.0%
15.2	氰戊菊酯▲	桃	1	0	0	0.0%
15.3	氰戊菊酯▲	番茄	1	0	0	0.0%
15.4	氰戊菊酯▲	芹菜	1	0	0	0.0%
16.1	硫丹▲	桃	6	0	0	0.0%
16.2	硫丹▲	甜椒	6	0	0	0.0%
16.3	硫丹▲	黄瓜	5	0	0	0.0%
16.4	硫丹▲	葡萄	2	0	0	0.0%
16.5	硫丹▲	苦瓜	1	0	0	0.0%
16.6	硫丹▲	茼蒿	1	0	0	0.0%
16.7	硫丹▲	菜豆	1	0	0	0.0%
16.8	硫丹▲	香瓜	1	0	0	0.0%
17.1	除草醚▲	芹菜	1	0	0	0.0%
合计			108	20		18.5%

注：超标倍数参照 MRL 中国国家标准衡量

这些超标的剧毒和高毒农药都是中国政府早有规定禁止在水果蔬菜中使用的，为什么还屡次被检出，应该引起警惕。

11.5.4 残留限量标准与先进国家或地区差距较大

1341 频次的检出结果与我国公布的《食品中农药最大残留限量》(GB 2763—2014)对比，有 261 频次能找到对应的 MRL 中国国家标准，占 19.5%；还有 1080 频次的侦测数据无相关 MRL 标准供参考，占 80.5%。

与国际上现行 MRL 标准对比发现：

有 1341 频次能找到对应的 MRL 欧盟标准，占 100.0%；

有 1341 频次能找到对应的 MRL 日本标准，占 100.0%；

有 469 频次能找到对应的 MRL 中国香港标准，占 35.0%；

有 391 频次能找到对应的 MRL 美国标准，占 29.2%；

有 251 频次能找到对应的 MRL CAC 标准，占 18.7%。

由上可见，MRL 中国国家标准与先进国家或地区标准还有很大差距，我们无标准，境外有标准，这就会导致我们在国际贸易中，处于受制于人的被动地位。

11.5.5 水果蔬菜单种样品检出 20~45 种农药残留，拷问农药使用的科学性

通过此次监测发现，葡萄、橙和桃是检出农药品种最多的 3 种水果，芹菜、茼蒿和甜椒是检出农药品种最多的 3 种蔬菜，从中检出农药品种及频次详见表 11-32。

表 11-32 单种样品检出农药品种及频次

样品名称	样品总数	检出农药样品数	检出率	检出农药品种数	检出农药(频次)
芹菜	20	20	100.0%	45	毒死蜱(12)、氯氰菊酯(10)、威杀灵(9)、γ-氟氯氰菊酯(8)、二甲戊灵(7)、五氯苯甲腈(7)、烯虫酯(7)、仲丁灵(7)、百菌清(6)、二苯胺(6)、甲霜灵(6)、氟丙菊酯(5)、去乙基阿特拉津(5)、腐霉利(4)、嘧霉胺(4)、五氯苯(4)、烯丙菊酯(4)、异丙草胺(4)、莠去津(4)、治螟磷(4)、五氯苯胺(3)、五氯硝基苯(3)、2,3,5,6-四氯苯胺(3)、3,5-二氯苯胺(2)、哒螨灵(2)、噁草酮(2)、去异丙基莠去津(2)、氟氯氰菊酯(2)、甲拌磷(2)、克百威(2)、马拉硫磷(2)、扑草净(2)、艾氏剂(1)、丙溴磷(1)、除草醚(1)、除虫菊酯(1)、己唑醇(1)、喹禾灵(1)、联苯菊酯(1)、氰戊菊酯(1)、四氯硝基苯(1)、特丁硫磷(1)、戊唑醇(1)、西玛津(1)、新燕灵(1)
茼蒿	19	19	100.0%	29	间羟基联苯(12)、丙溴磷(11)、兹克威(11)、毒死蜱(9)、γ-氟氯氰菊酯(7)、仲丁威(6)、氯氰菊酯(5)、嘧霉胺(5)、哒螨灵(4)、麦穗宁(4)、唑虫酰胺(4)、联苯菊酯(3)、威杀灵(3)、烯虫酯(3)、二甲戊灵(3)、邻苯二甲酰亚胺(2)、扑草净(2)、特丁灵(2)、西草净(2)、二苯胺(2)、氟丙菊酯(1)、氟氯氰菊酯(1)、甲胺磷(1)、喹螨醚(1)、邻苯基苯酚(1)、硫丹(1)、马拉硫磷(1)、三唑磷(1)、治螟磷(1)
甜椒	24	24	100.0%	28	二苯胺(12)、γ-氟氯氰菊酯(11)、呋草黄(9)、除虫菊酯(8)、新燕灵(8)、威杀灵(7)、邻苯二甲酰亚胺(6)、硫丹(6)、三唑醇(4)、烯虫酯(4)、哒螨灵(3)、甲霜灵(3)、氯氰菊酯(3)、毒死蜱(2)、

续表

样品名称	样品总数	检出农药样品数	检出率	检出农药品种数	检出农药(频次)
甜椒	24	24	100.0%	28	腐霉利(2), 联苯菊酯(2), 丙溴磷(1), 敌敌畏(1), 啶酰菌胺(1), 多效唑(1), 克百威(1), 嘧霉胺(1), 生物苄呋菊酯(1), 霜霉威(1), 莠去津(1), 酯菌胺(1), 仲丁威(1), 唑虫酰胺(1)
葡萄	20	19	95.0%	22	嘧霉胺(14), γ-氟氯氰菊酯(7), 毒死蜱(5), 腐霉利(4), 联苯菊酯(4), 戊唑醇(4), 除虫菊酯(3), 啶酰菌胺(3), 己唑醇(3), 氯氰菊酯(3), 硫丹(2), 氰戊菊酯(2), 三唑酮(2), 肟菌酯(2), 烯唑醇(2), 3,5-二氯苯胺(1), 氟吡菌酰胺(1), 甲氰菊酯(1), 炔螨特(1), 三唑醇(1), 乙嘧酚磺酸酯(1), 仲丁灵(1)
橙	21	17	81.0%	21	噻菌灵(7), 嘧霉胺(6), 毒死蜱(4), 噻嗪酮(4), 水胺硫磷(4), 禾草敌(3), 邻苯基苯酚(3), 肟菌酯(3), 吡丙醚(3), 嘧菌酯(2), 丙硫磷(1), 哒螨灵(1), 腐霉利(1), 甲萘威(1), 甲霜灵(1), 克百威(1), 猛杀威(1), 杀螨酯(1), 生物苄呋菊酯(1), 烯丙菊酯(1), 烯虫酯(1)
桃	23	19	82.6%	20	毒死蜱(12), 哒螨灵(10), γ-氟氯氰菊酯(6), 呋草黄(6), 硫丹(6), 多效唑(3), 戊唑醇(3), 氟丙菊酯(2), 联苯菊酯(2), 氯氰菊酯(2), 噻菌灵(2), 杀螨酯(2), 威杀灵(2), 烯丙菊酯(2), 己唑醇(1), 螺螨酯(1), 氰戊菊酯(1), 生物苄呋菊酯(1), 肟菌酯(1), 戊菌唑(1)

上述 6 种水果蔬菜，检出农药 20～45 种，是多种农药综合防治，还是未严格实施农业良好管理规范(GAP)，抑或根本就是乱施药，值得我们思考。

第 12 章 GC-Q-TOF/MS 侦测哈尔滨市市售水果蔬菜农药残留膳食暴露风险与预警风险评估

12.1 农药残留风险评估方法

12.1.1 哈尔滨市农药残留侦测数据分析与统计

庞国芳院士科研团队建立的农药残留高通量侦测技术以高分辨精确质量数（0.0001 m/z 为基准）为识别标准，采用 GC-Q-TOF/MS 技术对 507 种农药化学污染物进行侦测。

科研团队于 2015 年 7 月～2016 年 9 月在哈尔滨市所属 7 个区的 23 个采样点，随机采集了 545 例水果蔬菜样品，采样点分布在超市，具体位置如图 12-1 所示，各月内水果蔬菜样品采集数量如表 12-1 所示。

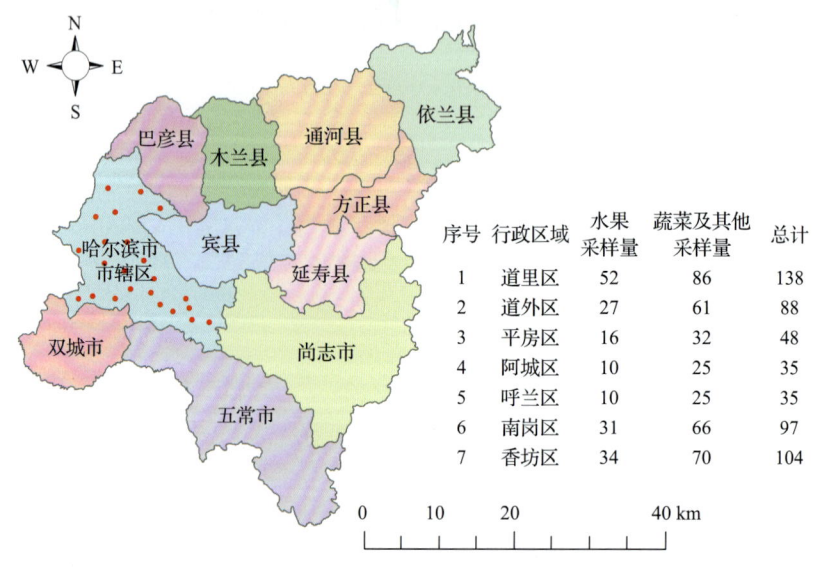

序号	行政区域	水果采样量	蔬菜及其他采样量	总计
1	道里区	52	86	138
2	道外区	27	61	88
3	平房区	16	32	48
4	阿城区	10	25	35
5	呼兰区	10	25	35
6	南岗区	31	66	97
7	香坊区	34	70	104

图 12-1 GC-Q-TOF/MS 侦测哈尔滨市 23 个采样点 545 例样品分布示意图

表 12-1 哈尔滨市各月内采集水果蔬菜样品数列表

时间	样品数(例)
2015 年 7 月	335
2016 年 9 月	210

利用 GC-Q-TOF/MS 技术对 545 例样品中的农药进行侦测,侦测出残留农药 114 种,1340 频次。侦测出农药残留水平如表 12-2 和图 12-2 所示。检出频次最高的前 10 种农药如表 12-3 所示。从侦测结果中可以看出,在水果蔬菜中农药残留普遍存在,且有些水果蔬菜存在高浓度的农药残留,这些可能存在膳食暴露风险,对人体健康产生危害,因此,为了定量地评价水果蔬菜中农药残留的风险程度,有必要对其进行风险评价。

表 12-2 侦测出农药的不同残留水平及其所占比例

残留水平(μg/kg)	检出频次	占比(%)
1~5(含)	506	37.8
5~10(含)	182	13.6
10~100(含)	528	39.4
100~1000(含)	109	8.1
>1000	15	1.1
合计	1340	100

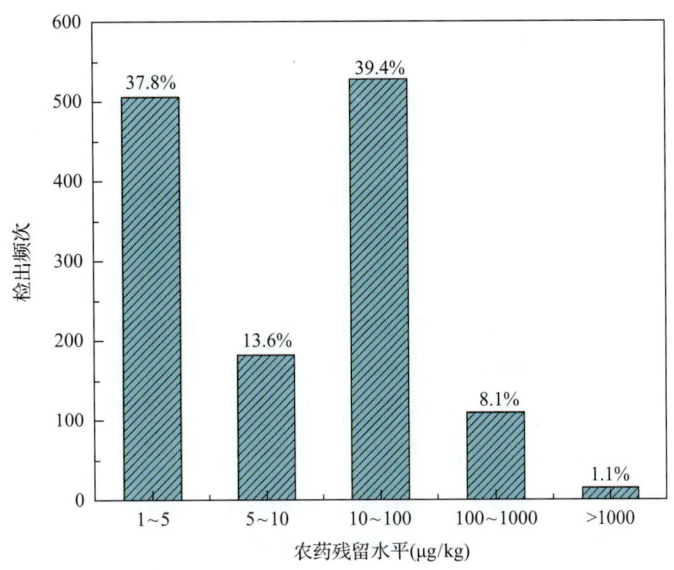

图 12-2 残留农药检出浓度频数分布图

表 12-3 检出频次最高的前 10 种农药列表

序号	农药	检出频次(次)
1	除虫菊酯	106
2	烯虫酯	90
3	毒死蜱	85
4	γ-氟氯氰菊酯	75

续表

序号	农药	检出频次(次)
5	威杀灵	69
6	氯氰菊酯	58
7	嘧霉胺	48
8	二苯胺	46
9	哒螨灵	41
10	新燕灵	37

12.1.2 农药残留风险评价模型

对哈尔滨市水果蔬菜中农药残留分别开展暴露风险评估和预警风险评估。膳食暴露风险评估利用食品安全指数模型对水果蔬菜中的残留农药对人体可能产生的危害程度进行评价，该模型结合残留监测和膳食暴露评估评价化学污染物的危害；预警风险评价模型运用风险系数(risk index，R)，风险系数综合考虑了危害物的超标率、施检频率及其本身敏感性的影响，能直观而全面地反映出危害物在一段时间内的风险程度。

12.1.2.1 食品安全指数模型

为了加强食品安全管理，《中华人民共和国食品安全法》第二章第十七条规定"国家建立食品安全风险评估制度，运用科学方法，根据食品安全风险监测信息、科学数据以及有关信息，对食品、食品添加剂、食品相关产品中生物性、化学性和物理性危害因素进行风险评估"[1]，膳食暴露评估是食品危险度评估的重要组成部分，也是膳食安全性的衡量标准[2]。国际上最早研究膳食暴露风险评估的机构主要是 JMPR(FAO、WHO 农药残留联合会议)，该组织自 1995 年就已制定了急性毒性物质的风险评估急性毒性农药残留摄入量的预测。1960 年美国规定食品中不得加入致癌物质进而提出零阈值理论，渐渐零阈值理论发展成在一定概率条件下可接受风险的概念[3]，后衍变为食品中每日允许最大摄入量(ADI)，而国际食品农药残留法典委员会(CCPR)认为 ADI 不是独立风险评估的唯一标准[4]，1995 年 JMPR 开始研究农药急性膳食暴露风险评估，并对食品国际短期摄入量的计算方法进行了修正，亦对膳食暴露评估准则及评估方法进行了修正[5]，2002 年，在对世界上现行的食品安全评价方法，尤其是国际公认的 CAC 的评价方法、全球环境监测系统/食品污染监测和评估规划(WHO GEMS/Food)及 FAO、WHO 食品添加剂联合专家委员会(JECFA)和 JMPR 对食品安全风险评估工作研究的基础之上，检验检疫食品安全管理的研究人员提出了结合残留监控和膳食暴露评估，以食品安全指数 IFS 计算食品中各种化学污染物对消费者的健康危害程度[6]。IFS 是表示食品安全状态的新方法，可有效地评价某种农药的安全性，进而评价食品中各种农药化学污染物对消费者健康的整体危害程度[7, 8]。从理论上分析，IFS_c 可指出食品中的污染物 c 对消费者健康是否存在危害及危害的程度[9]。其优点在于操作简单且结果容易被接受和理解，不需要大量的数据来对结果进行验证，使用默认的标准假设或者模型即可[10, 11]。

1) IFS_c 的计算

IFS_c 计算公式如下：

$$IFS_c = \frac{EDI_c \times f}{SI_c \times bw} \tag{12-1}$$

式中，c 为所研究的农药；EDI_c 为农药 c 的实际日摄入量估算值，等于 $\Sigma(R_i \times F_i \times E_i \times P_i)$（$i$ 为食品种类；R_i 为食品 i 中农药 c 的残留水平，mg/kg；F_i 为食品 i 的估计日消费量，g/(人·天)；E_i 为食品 i 的可食用部分因子；P_i 为食品 i 的加工处理因子）；SI_c 为安全摄入量，可采用每日允许最大摄入量 ADI；bw 为人平均体重，kg；f 为校正因子，如果安全摄入量采用 ADI，则 f 取 1。

$IFS_c \ll 1$，农药 c 对食品安全没有影响；$IFS_c \leqslant 1$，农药 c 对食品安全的影响可以接受；$IFS_c > 1$，农药 c 对食品安全的影响不可接受。

本次评价中：

$IFS_c \leqslant 0.1$，农药 c 对水果蔬菜安全没有影响；

$0.1 < IFS_c \leqslant 1$，农药 c 对水果蔬菜安全的影响可以接受；

$IFS_c > 1$，农药 c 对水果蔬菜安全的影响不可接受。

本次评价中残留水平 R_i 取值为中国检验检疫科学研究院庞国芳院士课题组利用以高分辨精确质量数(0.0001m/z)为基准的 GC-Q-TOF/MS 侦测技术于 2015 年 7 月～2016 年 9 月对哈尔滨市水果蔬菜农药残留的侦测结果，估计日消费量 F_i 取值 0.38 kg/(人·天)，$E_i=1$，$P_i=1$，$f=1$，SI_c 采用《食品安全国家标准 食品中农药最大残留限量》(GB 2763—2016)中 ADI 值(具体数值见表 12-4)，人平均体重(bw)取值 60 kg。

2) 计算 IFS_c 的平均值 $\overline{IFS}$，评价农药对食品安全的影响程度

以 $\overline{IFS}$ 评价各种农药对人体健康危害的总程度，评价模型见公式(12-2)。

$$\overline{IFS} = \frac{\sum_{i=1}^{n} IFS_c}{n} \tag{12-2}$$

$\overline{IFS} \ll 1$，所研究消费者人群的食品安全状态很好；$\overline{IFS} \leqslant 1$，所研究消费者人群的食品安全状态可以接受；$\overline{IFS} > 1$，所研究消费者人群的食品安全状态不可接受。

本次评价中：

$\overline{IFS} \leqslant 0.1$，所研究消费者人群的水果蔬菜安全状态很好；

$0.1 < \overline{IFS} \leqslant 1$，所研究消费者人群的水果蔬菜安全状态可以接受；

$\overline{IFS} > 1$，所研究消费者人群的水果蔬菜安全状态不可接受。

表 12-4 哈尔滨市水果蔬菜中侦测出农药的 ADI 值

序号	农药	ADI	序号	农药	ADI	序号	农药	ADI
1	艾氏剂	0.0001	39	戊唑醇	0.03	77	拌种胺	—
2	特丁硫磷	0.0006	40	丙溴磷	0.03	78	邻苯二甲酰亚胺	—
3	甲拌磷	0.0007	41	三唑酮	0.03	79	四氢吩胺	—
4	喹禾灵	0.0009	42	二甲戊灵	0.03	80	乙嘧酚磺酸酯	—
5	禾草敌	0.001	43	嘧菌环胺	0.03	81	去异丙基莠去津	—
6	治螟磷	0.001	44	戊菌唑	0.03	82	杀螨酯	—
7	三唑磷	0.001	45	甲氰菊酯	0.03	83	五氯苯甲腈	—
8	克百威	0.001	46	虫螨腈	0.03	84	兹克威	—
9	异丙威	0.002	47	三唑醇	0.03	85	丙硫磷	—
10	水胺硫磷	0.003	48	生物苄呋菊酯	0.03	86	炔丙菊酯	—
11	噁草酮	0.0036	49	肟菌酯	0.04	87	烯丙菊酯	—
12	甲胺磷	0.004	50	啶酰菌胺	0.04	88	芬螨酯	—
13	敌敌畏	0.004	51	扑草净	0.04	89	3,5-二氯苯胺	—
14	乙霉威	0.004	52	氟氯氰菊酯	0.04	90	避蚊胺	—
15	己唑醇	0.005	53	氯菊酯	0.05	91	去乙基阿特拉津	—
16	喹螨醚	0.005	54	仲丁威	0.06	92	间羟基联苯	—
17	烯唑醇	0.005	55	二苯胺	0.08	93	五氯苯胺	—
18	硫丹	0.006	56	甲霜灵	0.08	94	γ-氟氯氰菊酯	—
19	杀螟硫磷	0.006	57	啶氧菌酯	0.09	95	除草醚	—
20	唑虫酰胺	0.006	58	腐霉利	0.1	96	呋线威	—
21	氟硅唑	0.007	59	多效唑	0.1	97	萘乙酰胺	—
22	甲萘威	0.008	60	吡丙醚	0.1	98	四氟苯菊酯	—
23	噻嗪酮	0.009	61	噻菌灵	0.1	99	酯菌胺	—
24	毒死蜱	0.01	62	嘧霉胺	0.2	100	除虫菊酯	—
25	联苯菊酯	0.01	63	仲丁灵	0.2	101	麦穗宁	—
26	哒螨灵	0.01	64	嘧菌酯	0.2	102	安硫磷	—
27	氟吡菌酰胺	0.01	65	增效醚	0.2	103	速灭威	—
28	螺螨酯	0.01	66	马拉硫磷	0.3	104	猛杀威	—
29	五氯硝基苯	0.01	67	邻苯基苯酚	0.4	105	杀螟腈	—
30	炔螨特	0.01	68	醚菌酯	0.4	106	解草腈	—
31	异丙草胺	0.013	69	霜霉威	0.4	107	甲醚菊酯	—
32	西玛津	0.018	70	呋草黄	—	108	灭害威	—
33	莠去津	0.02	71	氟丙菊酯	—	109	特草灵	—
34	氯氰菊酯	0.02	72	双苯酰草胺	—	110	2,3,5,6-四氟苯胺	—
35	四氯硝基苯	0.02	73	威杀灵	—	111	棉铃威	—
36	氰戊菊酯	0.02	74	五氯苯	—	112	茚草酮	—
37	百菌清	0.02	75	烯虫酯	—	113	特丁净	—
38	西草净	0.025	76	新燕灵	—	114	莠去通	—

注:"—"表示为国家标准中无 ADI 值规定;ADI 值单位为 mg/kg bw

12.1.2.2 预警风险评估模型

2003 年，我国检验检疫食品安全管理的研究人员根据 WTO 的有关原则和我国的具体规定，结合危害物本身的敏感性、风险程度及其相应的施检频率，首次提出了食品中危害物风险系数 R 的概念[12]。R 是衡量一个危害物的风险程度大小最直观的参数，即在一定时期内其超标率或阳性检出率的高低，但受其施检频率的高低及其本身的敏感性（受关注程度）影响。该模型综合考察了农药在蔬菜中的超标率、施检频率及其本身敏感性，能直观而全面地反映出农药在一段时间内的风险程度[13]。

1) R 计算方法

危害物的风险系数综合考虑了危害物的超标率或阳性检出率、施检频率和其本身的敏感性影响，并能直观而全面地反映出危害物在一段时间内的风险程度。风险系数 R 的计算公式如式(12-3)：

$$R = aP + \frac{b}{F} + S \tag{12-3}$$

式中 P 为该种危害物的超标率；F 为危害物的施检频率；S 为危害物的敏感因子；a，b 分别为相应的权重系数。

本次评价中 $F=1$；$S=1$；$a=100$；$b=0.1$，对参数 P 进行计算，计算时首先判断是否为禁用农药，如果为非禁用农药，$P=$超标的样品数（侦测出的含量高于食品最大残留限量标准值，即 MRL）除以总样品数（包括超标、不超标、未侦测出）；如果为禁用农药，则侦测出即为超标，$P=$能侦测出的样品数除以总样品数。判断哈尔滨市水果蔬菜农药残留是否超标的标准限值 MRL 分别以 MRL 中国国家标准[14]和 MRL 欧盟标准作为对照，具体值列于附表一中。

2) 评价风险程度

$R \leq 1.5$，受检农药处于低度风险；
$1.5 < R \leq 2.5$，受检农药处于中度风险；
$R > 2.5$，受检农药处于高度风险。

12.1.2.3 食品膳食暴露风险和预警风险评估应用程序的开发

1) 应用程序开发的步骤

为成功开发膳食暴露风险和预警风险评估应用程序，与软件工程师多次沟通讨论，逐步提出并描述清楚计算需求，开发了初步应用程序。为明确出不同水果蔬菜、不同农药、不同地域和不同季节的风险水平，向软件工程师提出不同的计算需求，软件工程师对计算需求进行逐一分析，经过反复的细节沟通，需求分析得到明确后，开始进行解决方案的设计，在保证需求的完整性、一致性的前提下，编写出程序代码，最后设计出满足需求的风险评估专用计算软件，并通过一系列的软件测试和改进，完成专用程序的开发。软件开发基本步骤见图12-3。

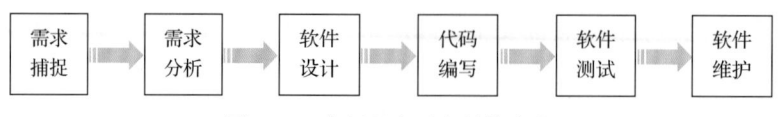

图12-3 专用程序开发总体步骤

2)膳食暴露风险评估专业程序开发的基本要求

首先直接利用公式(12-1),分别计算LC-Q-TOF/MS和GC-Q-TOF/MS仪器侦测出的各水果蔬菜样品中每种农药IFS_c,将结果列出。为考察超标农药和禁用农药的使用安全性,分别以我国《食品安全国家标准 食品中农药最大残留限量》(GB 2763—2016)和欧盟食品中农药最大残留限量(以下简称MRL中国国家标准和MRL欧盟标准)为标准,对侦测出的禁用农药和超标的非禁用农药IFS_c单独进行评价;按IFS_c大小列表,并找出IFS_c值排名前20的样本重点关注。

对不同水果蔬菜i中每一种侦测出的农药c的安全指数进行计算,多个样品时求平均值。若监测数据为该市多个月的数据,则逐月、逐季度分别列出每个月、每个季度内每一种水果蔬菜i对应的每一种农药c的IFS_c。

按农药种类,计算整个监测时间段内每种农药的IFS_c,不区分水果蔬菜。若侦测数据为该市多个月的数据,则需分别计算每个月、每个季度内每种农药的IFS_c。

3)预警风险评估专业程序开发的基本要求

分别以MRL中国国家标准和MRL欧盟标准,按公式(12-3)逐个计算不同水果蔬菜、不同农药的风险系数,禁用农药和非禁用农药分别列表。

为清楚了解各种农药的预警风险,不分时间,不分水果蔬菜,按禁用农药和非禁用农药分类,分别计算各种侦测出的农药全部侦测时段内风险系数。由于有MRL中国国家标准的农药种类太少,无法计算超标数,非禁用农药的风险系数只以MRL欧盟标准为标准,进行计算。若侦测数据为多个月的,则按月计算每个月、每个季度内每种禁用农药残留的风险系数和以MRL欧盟标准为标准的非禁用农药残留的风险系数。

4)风险程度评价专业应用程序的开发方法

采用Python计算机程序设计语言,Python是一个高层次地结合了解释性、编译性、互动性和面向对象的脚本语言。风险评价专用程序主要功能包括:分别读入每例样品LC-Q-TOF/MS和GC-Q-TOF/MS农药残留侦测数据,根据风险评价工作要求,依次对不同农药、不同食品、不同时间、不同采样点的IFS_c值和R值分别进行数据计算,筛选出禁用农药、超标农药(分别与MRL中国国家标准、MRL欧盟标准限值进行对比)单独重点分析,再分别对各农药、各水果蔬菜种类分类处理,设计出计算和排序程序,编写计算机代码,最后将生成的膳食暴露风险评估和超标风险评估定量计算结果列入设计好的各个表格中,并定性判断风险对目标的影响程度,直接用文字描述风险发生的高低,如"不可接受"、"可以接受"、"没有影响"、"高度风险"、"中度风险"、"低度风险"。

12.2 GC-Q-TOF/MS 侦测哈尔滨市市售水果蔬菜农药残留膳食暴露风险评估

12.2.1 每例水果蔬菜样品中农药残留安全指数分析

基于农药残留侦测数据，发现在 545 例样品中侦测出农药 1340 频次，计算样品中每种残留农药的安全指数 IFS_c，并分析农药对样品安全的影响程度，结果详见附表二，农药残留对水果蔬菜样品安全的影响程度频次分布情况如图 12-4 所示。

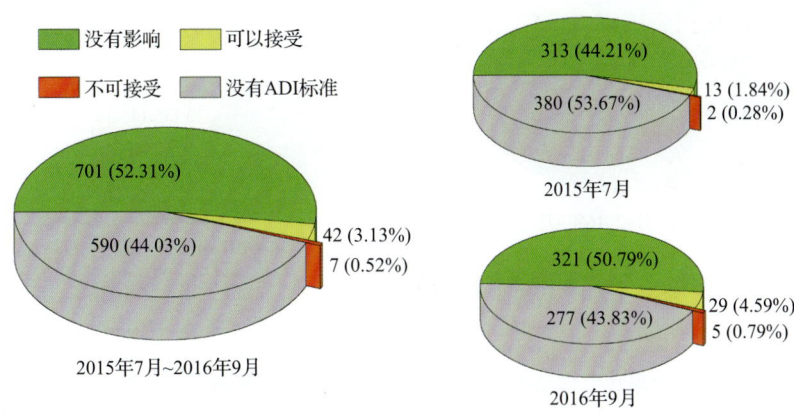

图 12-4　农药残留对水果蔬菜样品安全的影响程度频次分布图

由图 12-4 可以看出，农药残留对样品安全的影响不可接受的频次为 7，占 0.52%；农药残留对样品安全的影响可以接受的频次为 42，占 3.13%；农药残留对样品安全的没有影响的频次为 701，占 52.31%。分析发现，2 个月份中不可接受的频次排序为：2016 年 9 月 (5)＞2015 年 7 月 (2)。表 12-5 为对水果蔬菜样品中安全指数不可接受的农药残留列表。

表 12-5　水果蔬菜样品中安全影响不可接受的农药残留列表

序号	样品编号	采样点	基质	农药	含量(mg/kg)	IFS_c
1	20160910-230100-QHDCIQ-LE-12A	***超市	生菜	氯氰菊酯	16.8820	5.3460
2	20150715-230100-QHDCIQ-CL-05A	***超市(中山店)	小油菜	三唑磷	0.5725	3.6258
3	20160909-230100-QHDCIQ-LE-13A	***超市	生菜	氯氰菊酯	11.0055	3.4851
4	20150715-230100-QHDCIQ-CL-08A	***超市(道外店)	小油菜	三唑磷	0.3619	2.2920
5	20160909-230100-QHDCIQ-LE-15A	***超市(新阳路店)	生菜	氯氰菊酯	6.8709	2.1758
6	20160909-230100-QHDCIQ-SN-18A	***超市(呼兰店)	樱桃番茄	克百威	0.3009	1.9057
7	20160909-230100-QHDCIQ-LE-16A	***超市(友谊路)	生菜	氯氰菊酯	5.1936	1.6446

部分样品侦测出禁用农药 10 种 69 频次，为了明确残留的禁用农药对样品安全的影响，分析侦测出禁用农药残留的样品安全指数，禁用农药残留对水果蔬菜样品安全的影响程度频次分布情况如图 12-5 所示，其中农药残留对样品安全的影响不可接受的频次为 1，占 1.45%；农药残留对样品安全的影响可以接受的频次为 16，占 23.19%；农药残留对样品安全没有影响的频次为 51，占 73.91%。分析发现，两个月内侦测出禁用农药频次排序为：2015 年 7 月(37) > 2016 年 9 月(32)。表 12-6 列出了水果蔬菜样品中侦测出的禁用农药残留不可接受的安全指数表。

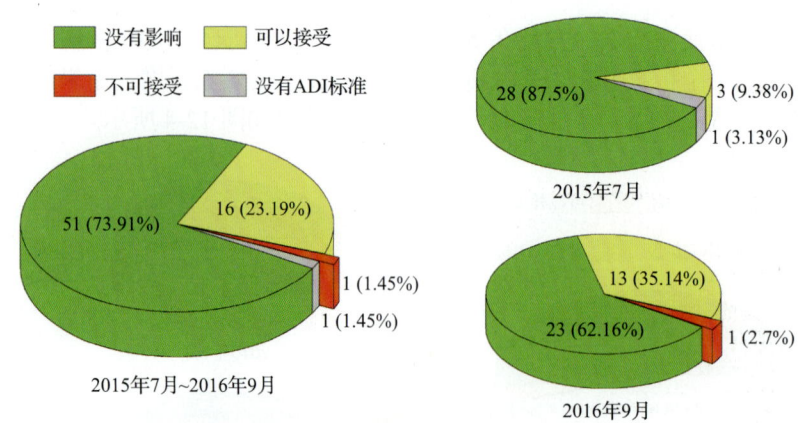

图 12-5 禁用农药对水果蔬菜样品安全影响程度的频次分布图

表 12-6 水果蔬菜样品中侦测出的禁用农药残留不可接受的安全指数表

序号	样品编号	采样点	基质	农药	含量(mg/kg)	IFS$_c$
1	20160909-230100-QHDCIQ-SN-18A	***超市(呼兰店)	樱桃番茄	克百威	0.3009	1.9057

此外，本次侦测发现部分样品中非禁用农药残留量超过了 MRL 中国国家标准和欧盟标准，为了明确超标的非禁用农药对样品安全的影响，分析了非禁用农药残留超标的样品安全指数。

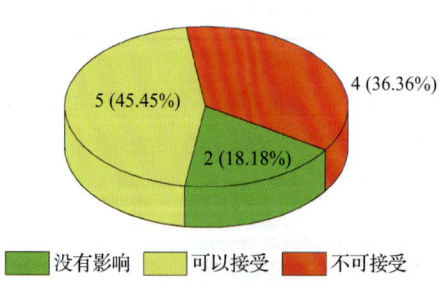

图 12-6 残留超标的非禁用农药对水果蔬菜样品安全的影响程度频次分布图（MRL 中国国家标准）

水果蔬菜残留量超过 MRL 中国国家标准的非禁用农药对水果蔬菜样品安全的影响程度频次分布情况如图 12-6 所示。可以看到侦测出超过 MRL 中国国家标准的非禁用农药共 11 频次，其中农药残留对样品安全的影响不可接受的频次为 4，占 36.36%；农药残留对样品安全的影响可以接受的频次为 5，占 45.45%；农药残留对样品安全没有影响的频次为 2，占 18.18%。表 12-7 为水果蔬菜样品中侦测出的安全指数不可接受的非禁用农药列表。

表 12-7 水果蔬菜样品中侦测出的安全指数不可接受的非禁用农药列表（MRL 中国国家标准）

序号	样品编号	采样点	基质	农药	含量（mg/kg）	中国国家标准	IFS$_c$
1	20160910-230100-QHDCIQ-LE-12A	***超市	生菜	氯氰菊酯	16.8820	2	5.3460
2	20160909-230100-QHDCIQ-LE-13A	***超市	生菜	氯氰菊酯	11.0055	2	3.4851
3	20160909-230100-QHDCIQ-LE-15A	***超市（新阳路店）	生菜	氯氰菊酯	6.8709	2	2.1758
4	20160909-230100-QHDCIQ-LE-16A	***超市（友谊路）	生菜	氯氰菊酯	5.1936	2	1.6446

残留量超过 MRL 欧盟标准的非禁用农药对水果蔬菜样品安全的影响程度频次分布情况如图 12-7 所示。可以看出超过 MRL 欧盟标准的非禁用农药共 317 频次，其中农药没有 ADI 的频次为 191，占 60.25%；农药残留对样品安全不可接受的频次为 6，占 1.89%；农药残留对样品安全的影响可以接受的频次为 14，占 4.42%；农药残留对样品安全没有影响的频次为 106，占 33.44%。表 12-8 为水果蔬菜样品中不可接受的残留超标非禁用农药安全指数表。

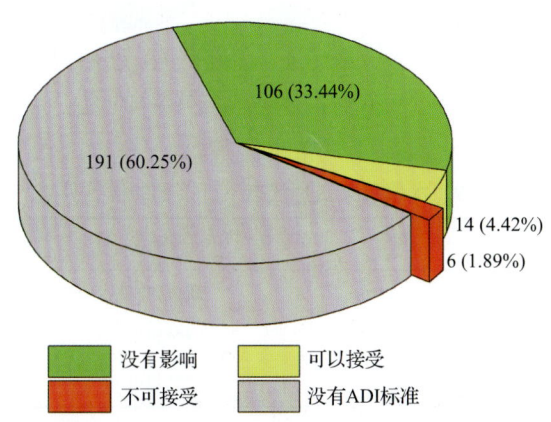

图 12-7 残留超标的非禁用农药对水果蔬菜样品安全的影响程度频次分布图（MRL 欧盟标准）

表 12-8 对水果蔬菜样品中不可接受的残留超标非禁用农药安全指数表（MRL 欧盟标准）

序号	样品编号	采样点	基质	农药	含量（mg/kg）	欧盟标准	IFS$_c$
1	20160910-230100-QHDCIQ-LE-12A	***超市	生菜	氯氰菊酯	16.8820	2	5.3460
2	20150715-230100-QHDCIQ-CL-05A	***超市（中山店）	小油菜	三唑磷	0.5725	0.01	3.6258
3	20160909-230100-QHDCIQ-LE-13A	***超市	生菜	氯氰菊酯	11.0055	2	3.4851
4	20150715-230100-QHDCIQ-CL-08A	***超市（道外店）	小油菜	三唑磷	0.3619	0.01	2.2920
5	20160909-230100-QHDCIQ-LE-15A	***超市（新阳路店）	生菜	氯氰菊酯	6.8709	2	2.1758
6	20160909-230100-QHDCIQ-LE-16A	***超市（友谊路）	生菜	氯氰菊酯	5.1936	2	1.6446

在 545 例样品中，95 例样品未侦测出农药残留，450 例样品中侦测出农药残留，计算每例有农药侦测出样品的 $\overline{IFS}$ 值，进而分析样品的安全状态结果如图 12-8 所示（未侦测出农药的样品安全状态视为很好）。可以看出，0.55%的样品安全状态不可接受；4.04%的样品安全状态可以接受；75.41%的样品安全状态很好。此外，可以看出安全状态不可接受的样品出现在 2016 年 9 月，2015 年 7 月的样品安全状态均在很好和可以接受的范围内。表 12-9 列出了安全状态不可接受的水果蔬菜样品。

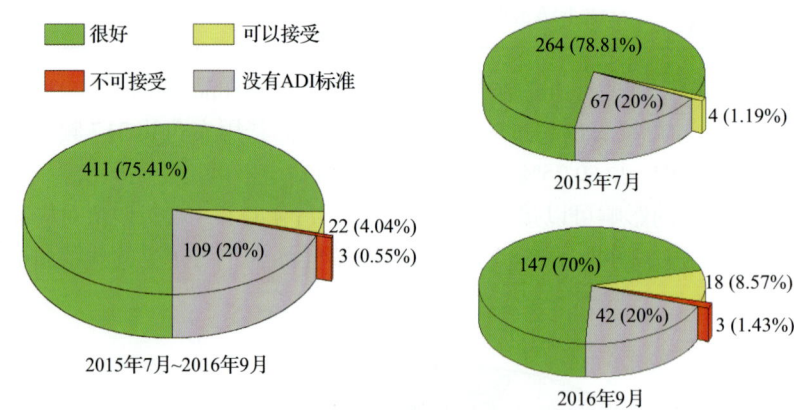

图 12-8 水果蔬菜样品安全状态分布图

表 12-9 水果蔬菜安全状态不可接受的样品列表

序号	样品编号	采样点	基质	$\overline{IFS}$
1	20160909-230100-QHDCIQ-SN-18A	***超市（呼兰店）	樱桃番茄	1.9057
2	20160910-230100-QHDCIQ-LE-12A	***超市	生菜	1.8107
3	20160909-230100-QHDCIQ-LE-13A	***超市	生菜	1.7451

12.2.2 单种水果蔬菜中农药残留安全指数分析

本次 46 种水果蔬菜侦测出 114 种农药，检出 1340 频次，其中 45 种农药没有 ADI 标准，69 种农药存在 ADI 标准。苹果侦测出农药残留全部没有 ADI 标准，对其他的 45 种水果蔬菜按不同种类分别计算检出的具有 ADI 标准的各种农药的 IFS_c 值，农药残留对水果蔬菜的安全指数分布图如图 12-9 所示。

分析发现小油菜中的三唑磷、生菜中的氯氰菊酯对食品安全影响不可接受，如表 12-10 所示。

本次侦测中，45 种水果蔬菜和 114 种残留农药(包括没有 ADI 标准)共涉及 487 个分析样本，农药对单种水果蔬菜安全的影响程度分布情况如图 12-10 所示。可以看出，62.01%的样本中农药对水果蔬菜安全没有影响，2.67%的样本中农药对水果蔬菜安全的影响可以接受，0.41%的样本中农药对水果蔬菜安全的影响不可接受。

第 12 章　GC-Q-TOF/MS 侦测哈尔滨市市售水果蔬菜农药残留膳食暴露风险与预警风险评估

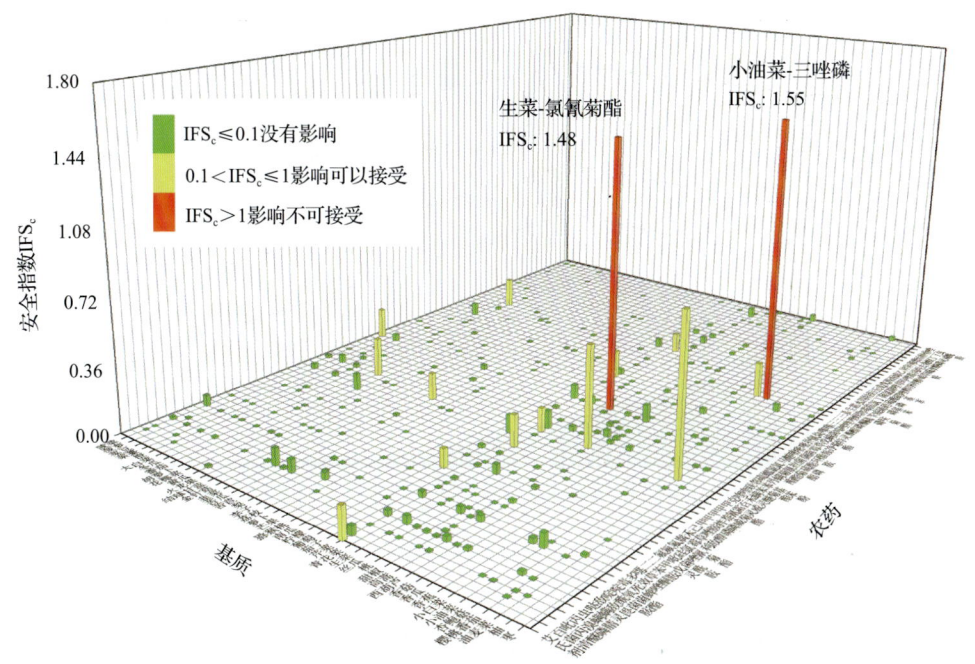

图 12-9　45 种水果蔬菜中 69 种残留农药的安全指数分布图

表 12-10　单种水果蔬菜中安全影响不可接受的残留农药安全指数表

序号	基质	农药	检出频次	检出率(%)	IFS>1 的频次	IFS>1 的比例(%)	IFS_c
1	小油菜	三唑磷	4	12.90	2	6.45	1.5458
2	生菜	氯氰菊酯	10	13.89	4	5.56	1.4829

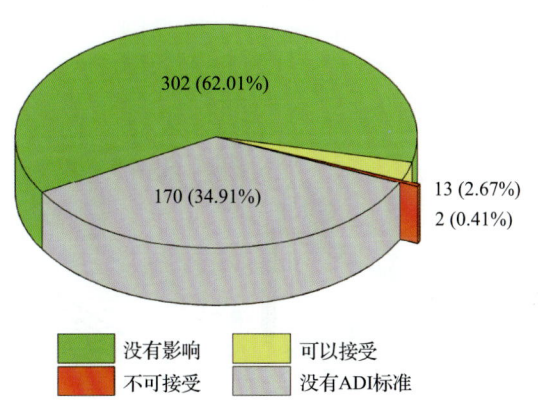

图 12-10　487 个分析样本的影响程度频次分布图

此外，分别计算 45 种水果蔬菜中所有侦测出农药 IFS_c 的平均值 $\overline{IFS}$，分析每种水果蔬菜的安全状态，结果如图 12-11 所示，分析发现，2 种水果蔬菜(4.44%)的安全状态可接受，43 种(95.56%)水果蔬菜的安全状态很好。

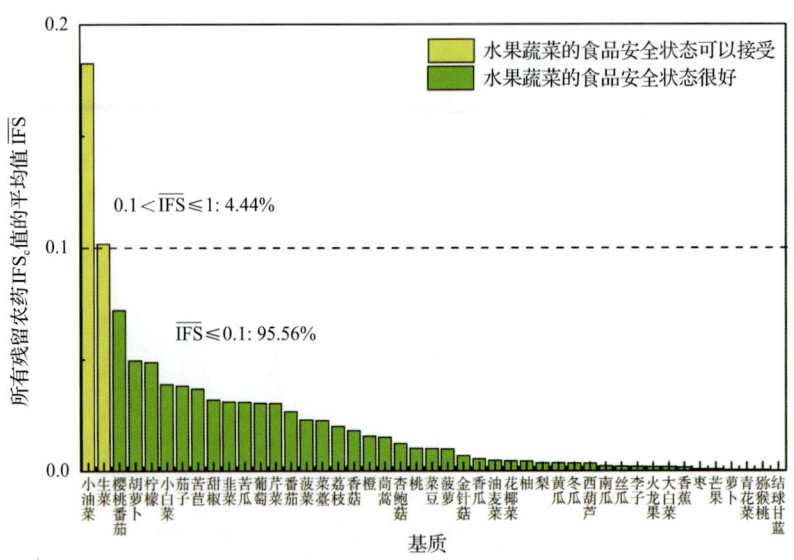

图 12-11 41 种水果蔬菜的 $\overline{IFS}$ 值和安全状态统计图

对每个月内每种水果蔬菜中农药的 IFS_c 进行分析，并计算每月内每种水果蔬菜的 $\overline{IFS}$ 值，以评价每种水果蔬菜的安全状态，结果如图 12-12 所示，可以看出，2015 年 7 月和 2016 年 9 月的水果蔬菜安全状态均处于很好和可以接受的范围内。各月份内单种水果蔬菜安全状态统计情况如图 12-13 所示。

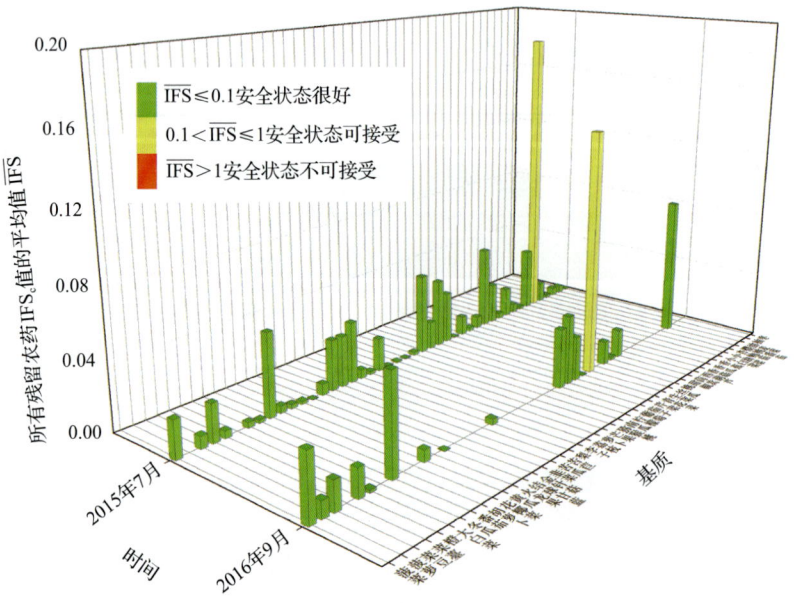

图 12-12 各月内每种水果蔬菜的 $\overline{IFS}$ 值与安全状态分布图

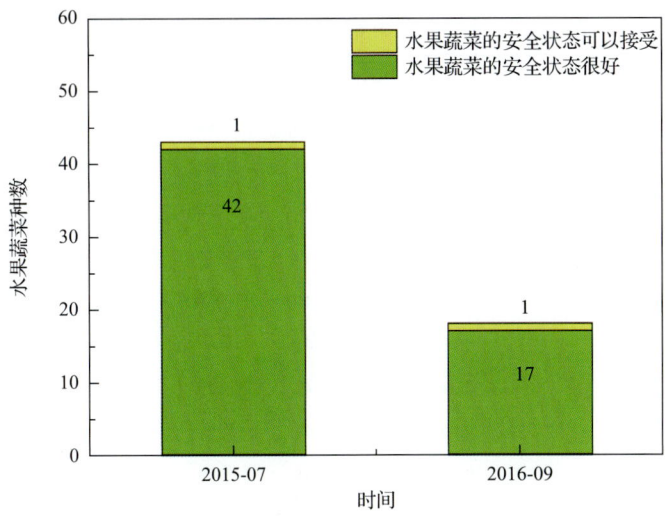

图 12-13　各月份内单种水果蔬菜安全状态统计图

12.2.3　所有水果蔬菜中农药残留安全指数分析

计算所有水果蔬菜中 69 种农药的 $\overline{IFS_c}$ 值,结果如图 12-14 及表 12-11 所示。

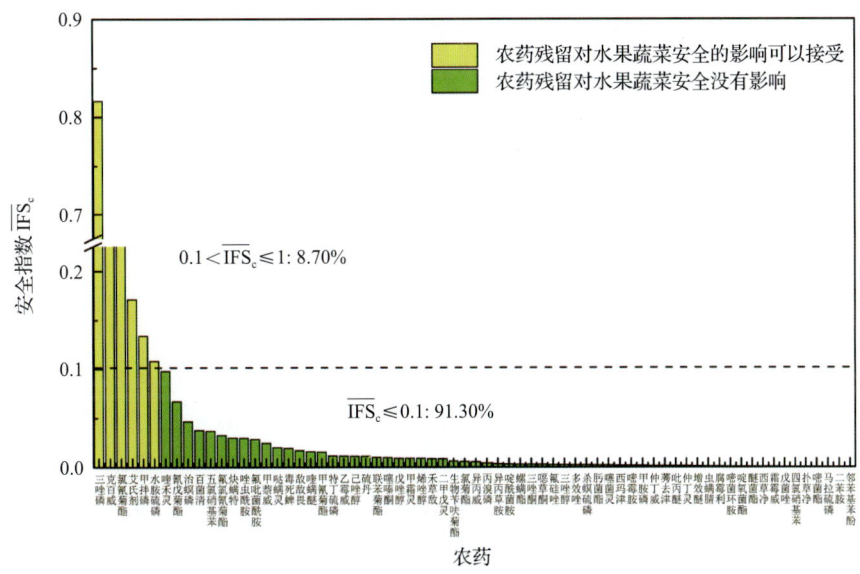

图 12-14　69 种残留农药对水果蔬菜的安全影响程度统计图

分析发现,农药对水果蔬菜安全的影响均在没有影响和可以接受的范围内,其中 8.70% 的农药对水果蔬菜安全的影响可以接受,91.30% 的农药对水果蔬菜安全没有影响。

表 12-11 水果蔬菜中 69 种农药残留的安全指数表

序号	农药	检出频次	检出率(%)	$\overline{IFS_c}$	影响程度	序号	农药	检出频次	检出率(%)	$\overline{IFS_c}$	影响程度
1	三唑磷	8	0.60	0.8162	可以接受	36	丙溴磷	26	1.94	0.0041	没有影响
2	克百威	12	0.90	0.3961	可以接受	37	异丙草胺	4	0.30	0.0034	没有影响
3	氯氰菊酯	58	4.33	0.3055	可以接受	38	啶酰菌胺	5	0.37	0.0031	没有影响
4	艾氏剂	1	0.07	0.1710	可以接受	39	螺螨酯	1	0.07	0.0029	没有影响
5	甲拌磷	4	0.30	0.1341	可以接受	40	三唑酮	7	0.52	0.0028	没有影响
6	水胺硫磷	15	1.12	0.1080	可以接受	41	噁草酮	2	0.15	0.0028	没有影响
7	喹禾灵	1	0.07	0.0978	没有影响	42	氟硅唑	1	0.07	0.0027	没有影响
8	氰戊菊酯	5	0.37	0.0670	没有影响	43	三唑醇	7	0.52	0.0026	没有影响
9	治螟磷	5	0.37	0.0466	没有影响	44	多效唑	7	0.52	0.0024	没有影响
10	百菌清	9	0.67	0.0376	没有影响	45	杀螟硫磷	1	0.07	0.0024	没有影响
11	五氯硝基苯	3	0.22	0.0368	没有影响	46	肟菌酯	7	0.52	0.0021	没有影响
12	氟氯氰菊酯	6	0.45	0.0325	没有影响	47	噻菌灵	21	1.57	0.0021	没有影响
13	炔螨特	1	0.07	0.0299	没有影响	48	西玛津	1	0.07	0.0020	没有影响
14	唑虫酰胺	8	0.60	0.0296	没有影响	49	嘧霉胺	48	3.58	0.0020	没有影响
15	氟吡菌酰胺	4	0.30	0.0285	没有影响	50	甲胺磷	2	0.15	0.0019	没有影响
16	甲萘威	2	0.15	0.0246	没有影响	51	仲丁威	31	2.31	0.0015	没有影响
17	哒螨灵	41	3.06	0.0201	没有影响	52	莠去津	16	1.19	0.0014	没有影响
18	毒死蜱	85	6.34	0.0195	没有影响	53	吡丙醚	6	0.45	0.0014	没有影响
19	敌敌畏	3	0.22	0.0170	没有影响	54	仲丁灵	8	0.60	0.0013	没有影响
20	喹螨醚	7	0.52	0.0160	没有影响	55	增效醚	1	0.07	0.0012	没有影响
21	甲氰菊酯	7	0.52	0.0154	没有影响	56	虫螨腈	1	0.07	0.0008	没有影响
22	特丁硫磷	1	0.07	0.0116	没有影响	57	腐霉利	22	1.64	0.0008	没有影响
23	乙霉威	3	0.22	0.0113	没有影响	58	嘧菌环胺	2	0.15	0.0006	没有影响
24	己唑醇	8	0.60	0.0111	没有影响	59	啶氧菌酯	1	0.07	0.0006	没有影响
25	硫丹	23	1.72	0.0111	没有影响	60	醚菌酯	18	1.34	0.0005	没有影响
26	联苯菊酯	21	1.57	0.0102	没有影响	61	西草净	3	0.22	0.0005	没有影响
27	噻嗪酮	11	0.82	0.0099	没有影响	62	霜霉威	4	0.30	0.0005	没有影响
28	戊唑醇	16	1.19	0.0092	没有影响	63	戊菌唑	1	0.07	0.0005	没有影响
29	甲霜灵	18	1.34	0.0092	没有影响	64	四氯硝基苯	1	0.07	0.0004	没有影响
30	烯唑醇	2	0.15	0.0091	没有影响	65	扑草净	8	0.60	0.0004	没有影响
31	禾草敌	3	0.22	0.0087	没有影响	66	嘧菌酯	2	0.15	0.0003	没有影响
32	二甲戊灵	12	0.90	0.0086	没有影响	67	马拉硫磷	3	0.22	0.0002	没有影响
33	生物苄呋菊酯	21	1.57	0.0063	没有影响	68	二苯胺	46	3.43	0.0001	没有影响
34	氯菊酯	5	0.37	0.0056	没有影响	69	邻苯基苯酚	6	0.45	0.0000	没有影响
35	异丙威	1	0.07	0.0054	没有影响						

对每个月内所有水果蔬菜中残留农药的 $\overline{IFS}_c$ 进行分析，结果如图 12-15 所示。分析发现，2015 年 7 月、2016 年 9 月两个月份的所有农药对水果蔬菜安全的影响均处于没有影响和可以接受的范围内。每月内不同农药对水果蔬菜安全影响程度的统计如图 12-16 所示。

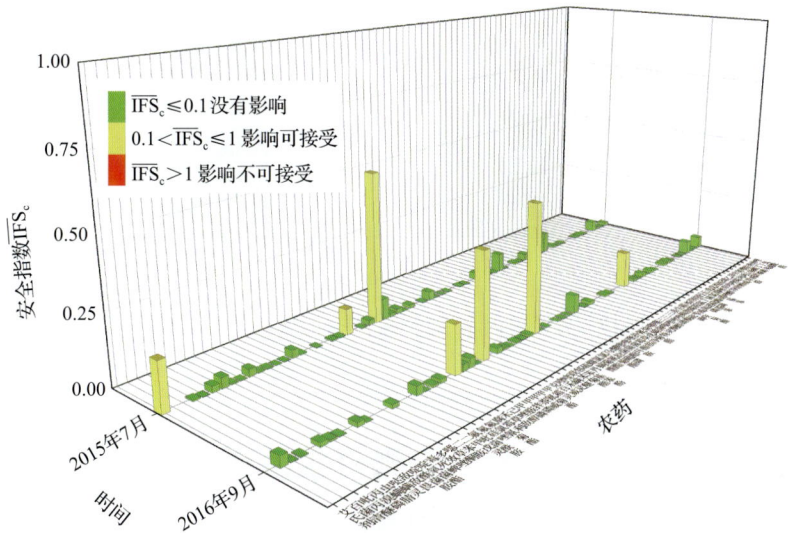

图 12-15　各月份内水果蔬菜中每种残留农药的安全指数分布图

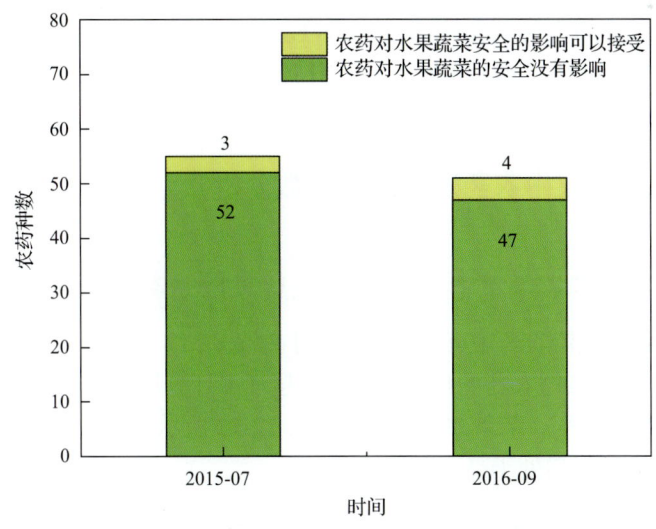

图 12-16　各月份内农药对水果蔬菜安全影响程度的统计图

计算每个月内水果蔬菜的 $\overline{IFS}$，以分析每月内水果蔬菜的安全状态，结果如图 12-17 所示，可以看出，2015 年 7 月和 2016 年 9 月两个月份的水果蔬菜的安全状态均为很好。

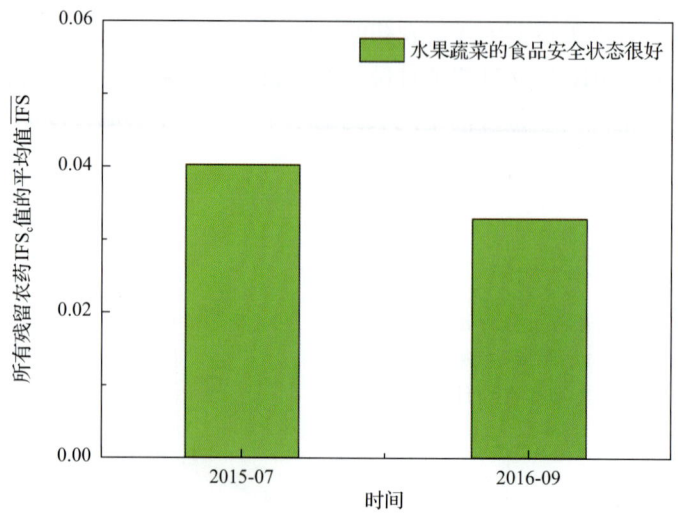

图 12-17　各月份内水果蔬菜的 $\overline{IFS}$ 值与安全状态统计图

12.3　GC-Q-TOF/MS 侦测哈尔滨市市售水果蔬菜农药残留预警风险评估

基于哈尔滨市水果蔬菜样品中农药残留 GC-Q-TOF/MS 侦测数据，分析禁用农药的检出率，同时参照中华人民共和国国家标准 GB2763—2016 和欧盟农药最大残留限量（MRL）标准分析非禁用农药残留的超标率，并计算农药残留风险系数。分析单种水果蔬菜中农药残留以及所有水果蔬菜中农药残留的风险程度。

12.3.1　单种水果蔬菜中农药残留风险系数分析

12.3.1.1　单种水果蔬菜中禁用农药残留风险系数分析

侦测出的 114 种残留农药中有 10 种为禁用农药，在 17 种水果蔬菜中检出禁用农药，计算 17 种水果蔬菜中禁用农药的超标率，根据超标率计算风险系数 R，进而分析水果蔬菜中禁用农药的风险程度，结果如图 12-18 与表 12-12 所示。分析发现 10 种禁用农药在 17 种水果蔬菜中的残留均处于高度风险。

表 12-12　17 种水果蔬菜中 10 种禁用农药的风险系数列表

序号	基质	农药	检出频次	检出率(%)	风险系数 R	风险程度
1	茄子	水胺硫磷	8	38.10	39.20	高度风险
2	苦瓜	硫丹	1	33.33	34.43	高度风险
3	桃	硫丹	6	26.09	27.19	高度风险
4	甜椒	硫丹	6	25.00	26.10	高度风险

续表

序号	基质	农药	检出频次	检出率(%)	风险系数 R	风险程度
5	樱桃番茄	克百威	4	23.53	24.63	高度风险
6	黄瓜	硫丹	5	20.83	21.93	高度风险
7	胡萝卜	水胺硫磷	2	20.00	21.10	高度风险
8	胡萝卜	甲拌磷	2	20.00	21.10	高度风险
9	芹菜	治螟磷	4	20.00	21.10	高度风险
10	橙	水胺硫磷	4	19.05	20.15	高度风险
11	柠檬	水胺硫磷	1	11.11	12.21	高度风险
12	香瓜	硫丹	1	11.11	12.21	高度风险
13	小油菜	甲胺磷	1	11.11	12.21	高度风险
14	番茄	克百威	2	10.00	11.10	高度风险
15	葡萄	氰戊菊酯	2	10.00	11.10	高度风险
16	葡萄	硫丹	2	10.00	11.10	高度风险
17	芹菜	克百威	2	10.00	11.10	高度风险
18	芹菜	甲拌磷	2	10.00	11.10	高度风险
19	茼蒿	治螟磷	1	5.26	6.36	高度风险
20	茼蒿	甲胺磷	1	5.26	6.36	高度风险
21	茼蒿	硫丹	1	5.26	6.36	高度风险
22	番茄	氰戊菊酯	1	5.00	6.10	高度风险
23	芹菜	氰戊菊酯	1	5.00	6.10	高度风险
24	芹菜	特丁硫磷	1	5.00	6.10	高度风险
25	芹菜	艾氏剂	1	5.00	6.10	高度风险
26	芹菜	除草醚	1	5.00	6.10	高度风险
27	菠菜	克百威	1	4.76	5.86	高度风险
28	橙	克百威	1	4.76	5.86	高度风险
29	菜豆	克百威	1	4.35	5.45	高度风险
30	菜豆	硫丹	1	4.35	5.45	高度风险
31	桃	氰戊菊酯	1	4.35	5.45	高度风险
32	甜椒	克百威	1	4.17	5.27	高度风险

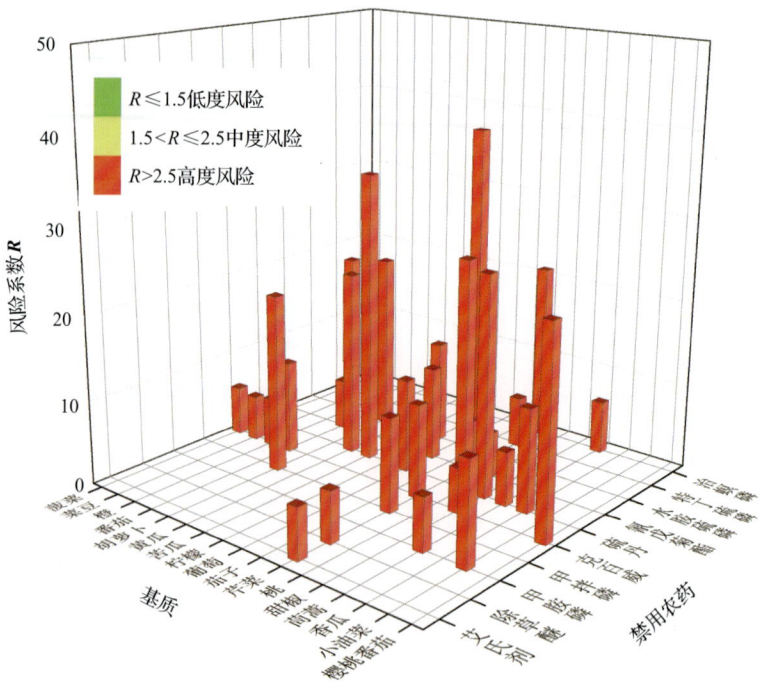

图 12-18 17 种水果蔬菜中 10 种禁用农药的风险系数分布图

12.3.1.2 基于 MRL 中国国家标准的单种水果蔬菜中非禁用农药残留风险系数分析

参照中华人民共和国国家标准 GB 2763—2016 中农药残留限量计算每种水果蔬菜中每种非禁用农药的超标率，进而计算其风险系数，根据风险系数大小判断残留农药的预警风险程度，水果蔬菜中非禁用农药残留风险程度分布情况如图 12-19 所示。

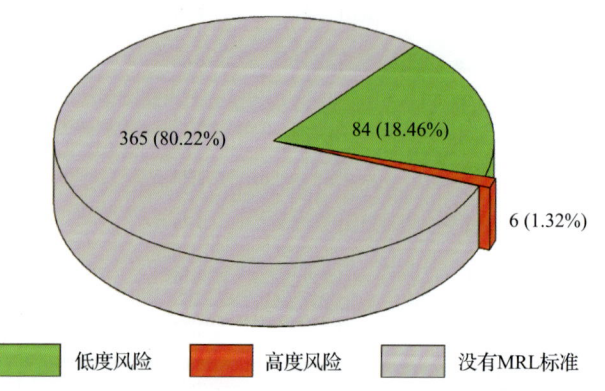

图 12-19 水果蔬菜中非禁用农药风险程度的频次分布图（MRL 中国国家标准）

本次分析中，发现在 46 种水果蔬菜中侦测出 104 种残留非禁用农药，涉及样本 455 个，在 455 个样本中，1.32%处于高度风险，18.46%处于低度风险，此外发现有 365 个样本没有 MRL 中国国家标准值，无法判断其风险程度，有 MRL 中国国家标准值的

90 个样本涉及 27 种水果蔬菜中的 31 种非禁用农药，其风险系数 R 值如图 12-20 所示。表 12-13 为非禁用农药残留处于高度风险的水果蔬菜列表。

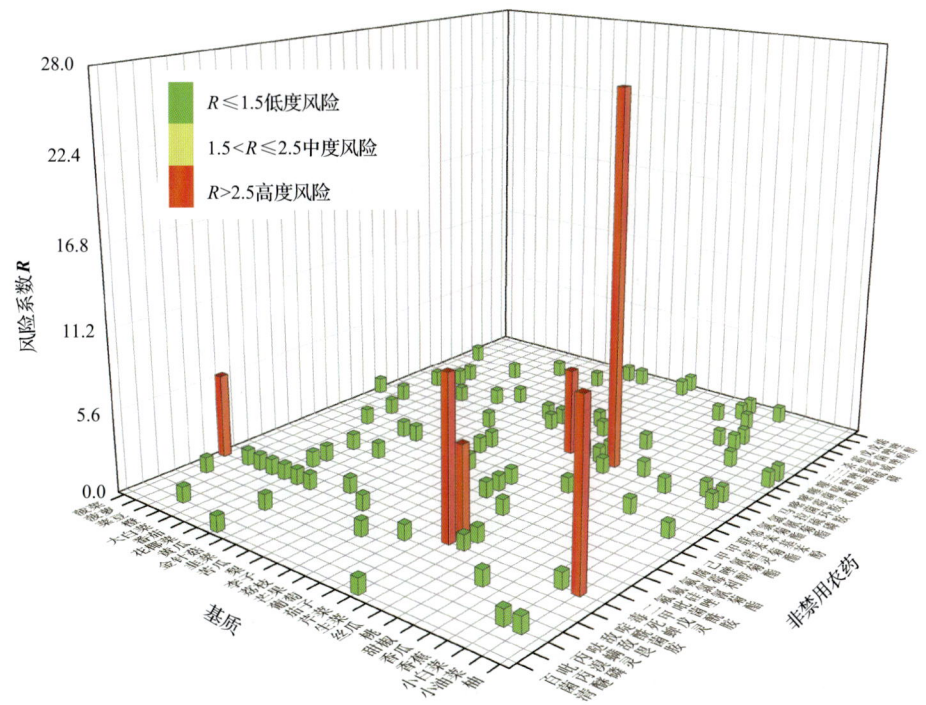

图 12-20 27 种水果蔬菜中 31 种非禁用农药的风险系数分布图（MRL 中国国家标准）

表 12-13 单种水果蔬菜中处于高度风险的非禁用农药风险系数表（MRL 中国国家标准）

序号	基质	农药	超标频次	超标率 P(%)	风险系数 R
1	生菜	氯氰菊酯	5	25.00	26.10
2	小油菜	毒死蜱	1	11.11	12.21
3	芹菜	毒死蜱	2	10.00	11.10
4	葡萄	氯氰菊酯	1	5.00	6.10
5	芹菜	二甲戊灵	1	5.00	6.10
6	菠菜	毒死蜱	1	4.76	5.86

12.3.1.3 基于 MRL 欧盟标准的单种水果蔬菜中非禁用农药残留风险系数分析

参照 MRL 欧盟标准计算每种水果蔬菜中每种非禁用农药的超标率，进而计算其风险系数，根据风险系数大小判断农药残留的预警风险程度，水果蔬菜中非禁用农药残留风险程度分布情况如图 12-21 所示。

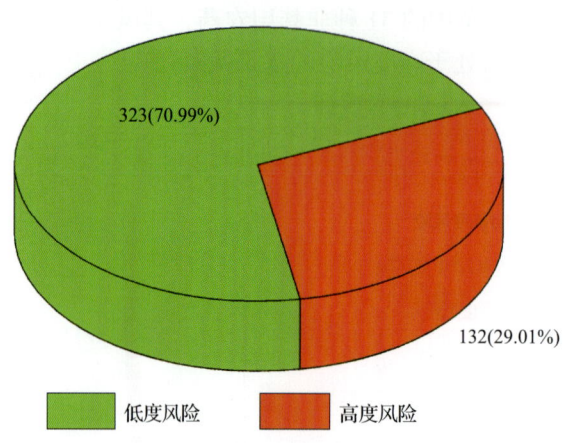

图 12-21　水果蔬菜中非禁用农药的风险程度频次分布图（MRL 欧盟标准）

本次分析中，发现在 46 种水果蔬菜中共侦测出 104 种非禁用农药，涉及样本 455 个，其中，29.01%处于高度风险，涉及 37 种水果蔬菜和 54 种农药；70.99%处于低度风险，涉及 45 种水果蔬菜和 80 种农药。单种水果蔬菜中的非禁用农药风险系数分布图如图 12-22 所示。单种水果蔬菜中处于高度风险的非禁用农药风险系数如图 12-23 和表 12-14 所示。

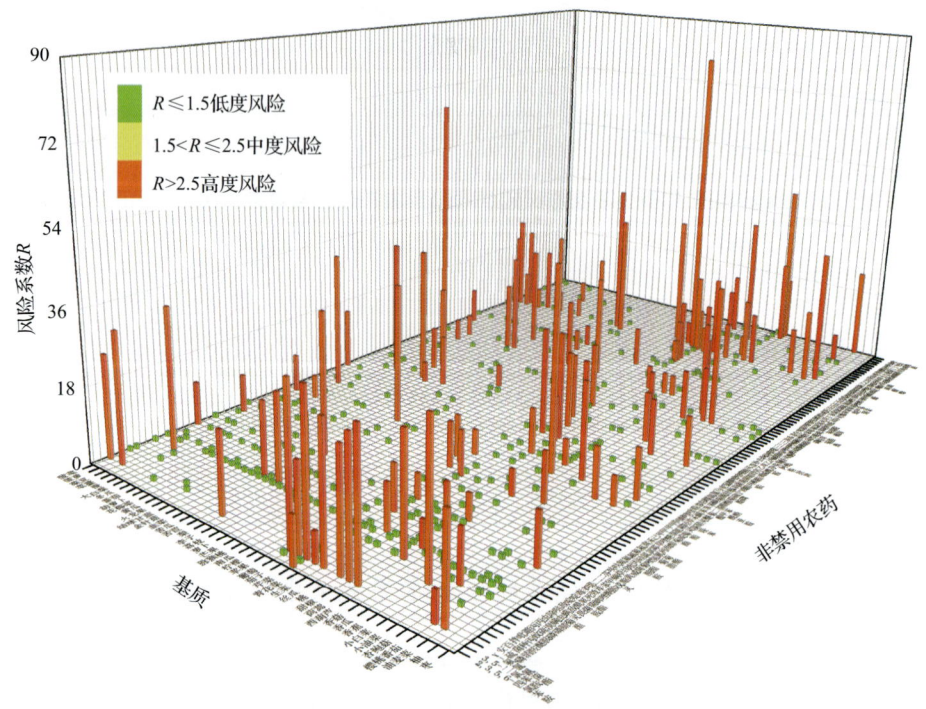

图 12-22　46 种水果蔬菜中 104 种非禁用农药的风险系数分布图（MRL 欧盟标准）

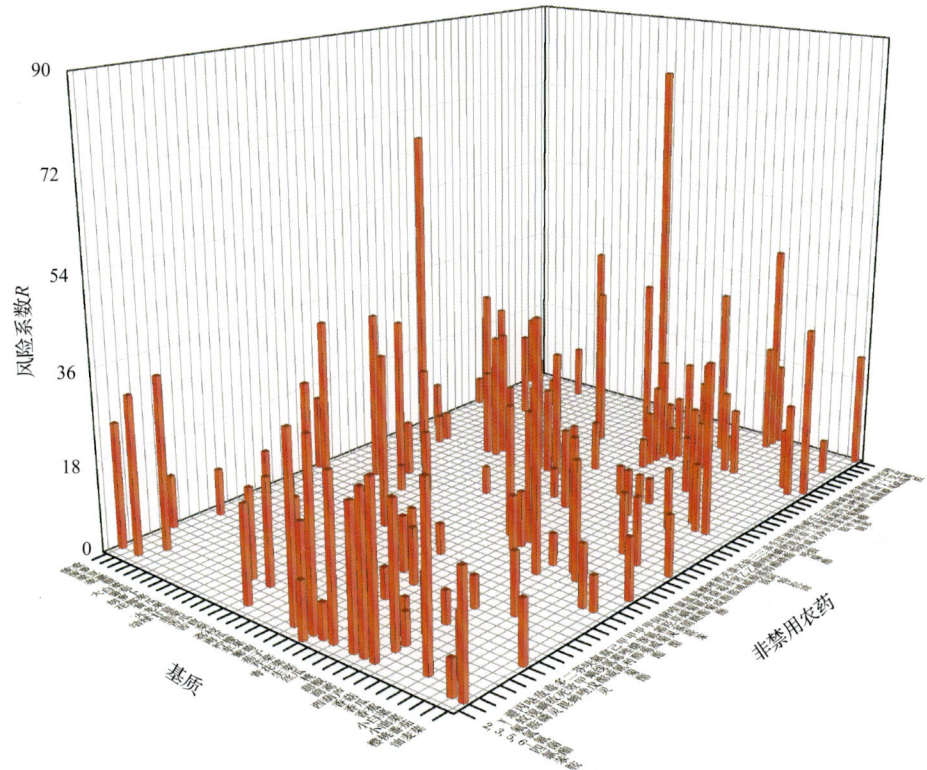

图 12-23 单种水果蔬菜中处于高度风险的非禁用农药的风险系数分布图（MRL 欧盟标准）

表 12-14 单种水果蔬菜中处于高度风险的非禁用农药的风险系数表（MRL 欧盟标准）

序号	基质	农药	超标频次	超标率 $P(\%)$	风险系数 R
1	茄子	烯虫酯	17	80.95	82.05
2	菜薹	三唑磷	2	66.67	67.77
3	茼蒿	间羟基联苯	9	47.37	48.47
4	茼蒿	兹克威	8	42.11	43.21
5	苦苣	烯虫酯	2	40	41.1
6	葡萄	γ-氟氯氰菊酯	7	35	36.1
7	芹菜	γ-氟氯氰菊酯	7	35	36.1
8	菜薹	丙溴磷	1	33.33	34.43
9	菜薹	喹螨醚	1	33.33	34.43
10	大白菜	醚菌酯	4	33.33	34.43
11	花椰菜	醚菌酯	3	33.33	34.43
12	苦瓜	甲霜灵	1	33.33	34.43
13	苦瓜	芬螨酯	1	33.33	34.43
14	柠檬	新燕灵	3	33.33	34.43

续表

序号	基质	农药	超标频次	超标率 $P(\%)$	风险系数 R
15	丝瓜	莠去通	1	33.33	34.43
16	香蕉	避蚊胺	3	33.33	34.43
17	小油菜	三唑磷	3	33.33	34.43
18	油麦菜	烯虫酯	3	33.33	34.43
19	梨	烯丙菊酯	7	31.82	32.92
20	茼蒿	γ-氟氯氰菊酯	6	31.58	32.68
21	菜豆	γ-氟氯氰菊酯	7	30.43	31.53
22	生菜	γ-氟氯氰菊酯	6	30	31.1
23	甜椒	γ-氟氯氰菊酯	7	29.17	30.27
24	茼蒿	丙溴磷	5	26.32	27.42
25	桃	γ-氟氯氰菊酯	6	26.09	27.19
26	菠萝	烯丙菊酯	3	25	26.1
27	火龙果	四氢吩胺	2	25	26.1
28	火龙果	生物苄呋菊酯	2	25	26.1
29	南瓜	生物苄呋菊酯	1	25	26.1
30	芹菜	氯氰菊酯	5	25	26.1
31	生菜	氯氰菊酯	5	25	26.1
32	香菇	喹螨醚	1	25	26.1
33	菠菜	γ-氟氯氰菊酯	5	23.81	24.91
34	梨	生物苄呋菊酯	5	22.73	23.83
35	香瓜	解草腈	2	22.22	23.32
36	香蕉	杀螨酯	2	22.22	23.32
37	油麦菜	γ-氟氯氰菊酯	2	22.22	23.32
38	油麦菜	唑虫酰胺	2	22.22	23.32
39	菜豆	烯虫酯	5	21.74	22.84
40	茼蒿	仲丁威	4	21.05	22.15
41	胡萝卜	萘乙酰胺	2	20	21.1
42	苦苣	哒螨灵	1	20	21.1
43	芹菜	烯丙菊酯	4	20	21.1
44	生菜	烯虫酯	4	20	21.1
45	菠菜	烯虫酯	4	19.05	20.15
46	茄子	γ-氟氯氰菊酯	4	19.05	20.15
47	梨	γ-氟氯氰菊酯	4	18.18	19.28
48	青花菜	醚菌酯	3	17.65	18.75

续表

序号	基质	农药	超标频次	超标率 $P(\%)$	风险系数 R
49	樱桃番茄	烯丙菊酯	3	17.65	18.75
50	大白菜	烯虫酯	2	16.67	17.77
51	黄瓜	生物苄呋菊酯	4	16.67	17.77
52	韭菜	哒螨灵	1	16.67	17.77
53	荔枝	敌敌畏	1	16.67	17.77
54	荔枝	生物苄呋菊酯	1	16.67	17.77
55	茼蒿	唑虫酰胺	3	15.79	16.89
56	茼蒿	烯虫酯	3	15.79	16.89
57	芹菜	五氯硝基苯	3	15	16.1
58	芹菜	仲丁灵	3	15	16.1
59	芹菜	去乙基阿特拉津	3	15	16.1
60	芹菜	嘧霉胺	3	15	16.1
61	菠菜	仲丁威	3	14.29	15.39
62	菠菜	氯氰菊酯	3	14.29	15.39
63	西葫芦	烯虫酯	1	12.5	13.6
64	小白菜	三唑磷	1	12.5	13.6
65	小白菜	醚菌酯	1	12.5	13.6
66	结球甘蓝	醚菌酯	2	11.76	12.86
67	青花菜	烯虫酯	2	11.76	12.86
68	香瓜	三唑醇	1	11.11	12.21
69	香瓜	嘧霉胺	1	11.11	12.21
70	香瓜	腐霉利	1	11.11	12.21
71	小油菜	丙溴磷	1	11.11	12.21
72	小油菜	烯虫酯	1	11.11	12.21
73	小油菜	甲氰菊酯	1	11.11	12.21
74	油麦菜	多效唑	1	11.11	12.21
75	油麦菜	解草腈	1	11.11	12.21
76	油麦菜	醚菌酯	1	11.11	12.21
77	茼蒿	毒死蜱	2	10.53	11.63
78	茼蒿	特丁净	2	10.53	11.63
79	番茄	仲丁威	2	10	11.1
80	胡萝卜	棉铃威	1	10	11.1
81	葡萄	腐霉利	2	10	11.1
82	芹菜	2,3,5,6-四氯苯胺	2	10	11.1
83	芹菜	五氯苯甲腈	2	10	11.1

续表

序号	基质	农药	超标频次	超标率 $P(\%)$	风险系数 R
84	芹菜	毒死蜱	2	10	11.1
85	芹菜	氟氯氰菊酯	2	10	11.1
86	芹菜	烯虫酯	2	10	11.1
87	生菜	哒螨灵	2	10	11.1
88	生菜	喹螨醚	2	10	11.1
89	生菜	氯菊酯	2	10	11.1
90	菠菜	毒死蜱	2	9.52	10.62
91	茄子	仲丁威	2	9.52	10.62
92	苹果	特草灵	1	9.09	10.19
93	苹果	甲醚菊酯	1	9.09	10.19
94	菜豆	烯丙菊酯	2	8.7	9.8
95	桃	烯丙菊酯	2	8.7	9.8
96	菠萝	呋线威	1	8.33	9.43
97	菠萝	甲萘威	1	8.33	9.43
98	菠萝	速灭威	1	8.33	9.43
99	甜椒	三唑醇	2	8.33	9.43
100	青花菜	γ-氟氯氰菌酯	1	5.88	6.98
101	青花菜	烯丙菊酯	1	5.88	6.98
102	樱桃番茄	γ-氟氯氰菌酯	1	5.88	6.98
103	樱桃番茄	增效醚	1	5.88	6.98
104	樱桃番茄	甲氰菊酯	1	5.88	6.98
105	茼蒿	二甲戊灵	1	5.26	6.36
106	茼蒿	哒螨灵	1	5.26	6.36
107	茼蒿	喹螨醚	1	5.26	6.36
108	茼蒿	氟氯氰菊酯	1	5.26	6.36
109	番茄	烯虫酯	1	5	6.1
110	番茄	茚草酮	1	5	6.1
111	葡萄	仲丁灵	1	5	6.1
112	葡萄	己唑醇	1	5	6.1
113	葡萄	炔螨特	1	5	6.1
114	葡萄	烯唑醇	1	5	6.1
115	葡萄	甲氰菊酯	1	5	6.1
116	芹菜	二甲戊灵	1	5	6.1
117	芹菜	五氯苯胺	1	5	6.1
118	生菜	生物苄呋菊酯	1	5	6.1

续表

序号	基质	农药	超标频次	超标率 $P(\%)$	风险系数 R
119	菠菜	烯丙菊酯	1	4.76	5.86
120	橙	杀螨酯	1	4.76	5.86
121	橙	烯丙菊酯	1	4.76	5.86
122	橙	生物苄呋菊酯	1	4.76	5.86
123	橙	甲萘威	1	4.76	5.86
124	梨	威杀灵	1	4.55	5.65
125	梨	灭害威	1	4.55	5.65
126	梨	速灭威	1	4.55	5.65
127	桃	毒死蜱	1	4.35	5.45
128	桃	生物苄呋菊酯	1	4.35	5.45
129	黄瓜	烯虫酯	1	4.17	5.27
130	黄瓜	猛杀威	1	4.17	5.27
131	甜椒	新燕灵	1	4.17	5.27
132	甜椒	生物苄呋菊酯	1	4.17	5.27

12.3.2 所有水果蔬菜中农药残留风险系数分析

12.3.2.1 所有水果蔬菜中禁用农药残留风险系数分析

在侦测出的 114 种农药中有 10 种为禁用农药,计算所有水果蔬菜中禁用农药的风险系数,结果如表 12-15 所示。硫丹、水胺硫磷和克百威 3 种禁用农药处于高度风险,氰戊菊酯、治螟磷、甲拌磷 3 种禁用农药处于中度风险,剩余 4 种禁用农药处于低度风险。

表 12-15 水果蔬菜中 10 种禁用农药的风险系数表

序号	农药	检出频次	检出率 $P(\%)$	风险系数 R	风险程度
1	硫丹	23	4.22	5.32	高度风险
2	水胺硫磷	15	2.75	3.85	高度风险
3	克百威	12	2.20	3.30	高度风险
4	氰戊菊酯	5	0.92	2.02	中度风险
5	治螟磷	5	0.92	2.02	中度风险
6	甲拌磷	4	0.73	1.83	中度风险
7	甲胺磷	2	0.37	1.47	低度风险
8	艾氏剂	1	0.18	1.28	低度风险
9	除草醚	1	0.18	1.28	低度风险
10	特丁硫磷	1	0.18	1.28	低度风险

对每个月内的禁用农药的风险系数进行分析,结果如图12-24和表12-16所示。

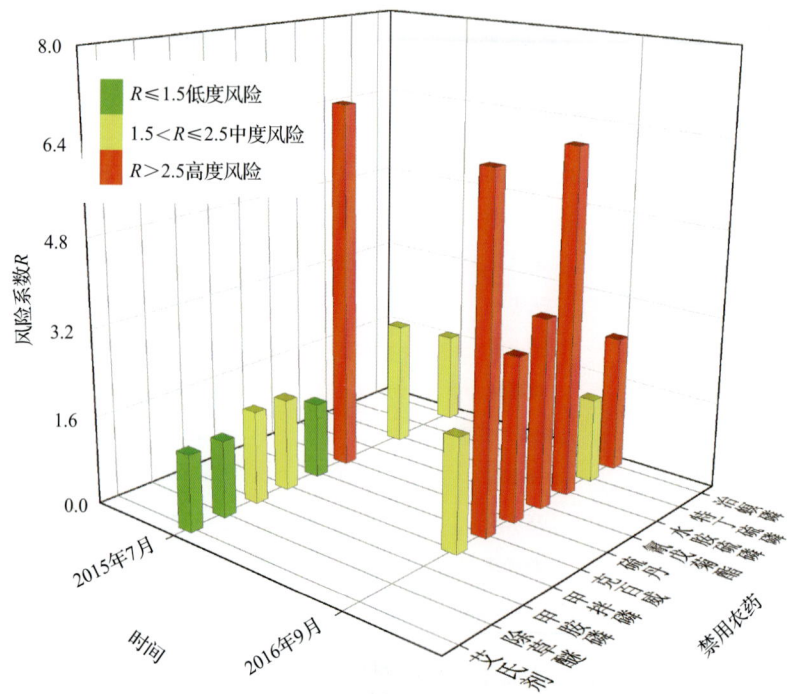

图12-24 各月份内水果蔬菜中禁用农药残留的风险系数分布图

表12-16 各月份内水果蔬菜中禁用农药的风险系数表

序号	时间	农药	检出频次	检出率(%)	风险系数 R	风险程度
1	2015年7月	硫丹	19	5.67	6.77	高度风险
2	2015年7月	水胺硫磷	4	1.19	2.29	中度风险
3	2015年7月	甲胺磷	2	0.60	1.70	中度风险
4	2015年7月	甲拌磷	2	0.60	1.70	中度风险
5	2015年7月	治螟磷	2	0.60	1.70	中度风险
6	2015年7月	艾氏剂	1	0.30	1.40	低度风险
7	2015年7月	除草醚	1	0.30	1.40	低度风险
8	2015年7月	克百威	1	0.30	1.40	低度风险
9	2016年9月	克百威	11	5.24	6.34	高度风险
10	2016年9月	水胺硫磷	11	5.24	6.34	高度风险
11	2016年9月	氰戊菊酯	5	2.38	3.48	高度风险
12	2016年9月	硫丹	4	1.90	3.00	高度风险
13	2016年9月	治螟磷	3	1.43	2.53	高度风险
14	2016年9月	甲拌磷	2	0.95	2.05	中度风险
15	2016年9月	特丁硫磷	1	0.48	1.58	中度风险

12.3.2.2 所有水果蔬菜中非禁用农药残留风险系数分析

参照 MRL 欧盟标准计算所有水果蔬菜中每种非禁用农药残留的风险系数,如图 12-25 与表 12-17 所示。在侦测出的 104 种非禁用农药中,9 种农药(8.65%)残留处于高度风险,18 种农药(17.31%)残留处于中度风险,77 种农药(74.04%)残留处于低度风险。

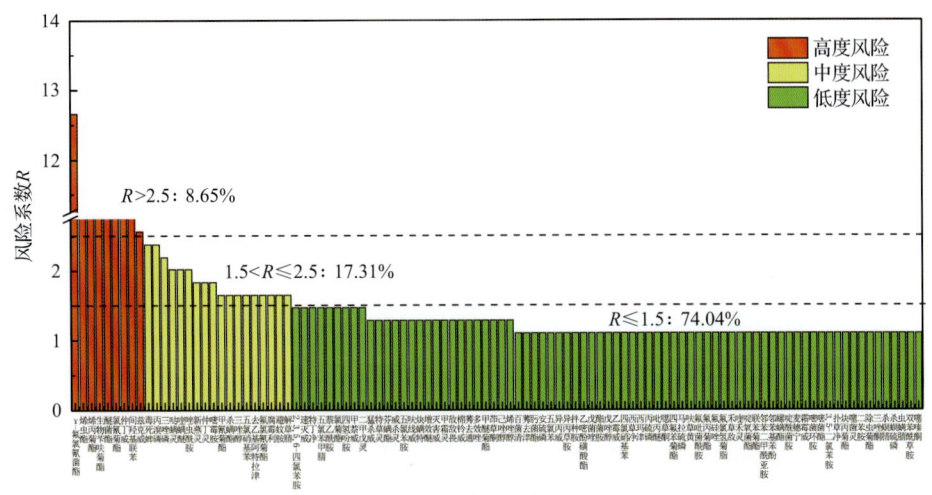

图 12-25 水果蔬菜中 104 种非禁用农药的风险程度统计图

表 12-17 水果蔬菜中 104 种非禁用农药的风险系数表

序号	农药	超标频次	超标率 P(%)	风险系数 R	风险程度
1	γ-氟氯氰菌酯	63	11.56	12.66	高度风险
2	烯虫酯	48	8.81	9.91	高度风险
3	烯丙菊酯	24	4.40	5.50	高度风险
4	生物苄呋菊酯	17	3.12	4.22	高度风险
5	醚菌酯	14	2.57	3.67	高度风险
6	氯氰菊酯	13	2.39	3.49	高度风险
7	仲丁威	11	2.02	3.12	高度风险
8	间羟基联苯	9	1.65	2.75	高度风险
9	兹克威	8	1.47	2.57	高度风险
10	毒死蜱	7	1.28	2.38	中度风险
11	丙溴磷	7	1.28	2.38	中度风险
12	三唑磷	6	1.10	2.20	中度风险
13	哒螨灵	5	0.92	2.02	中度风险
14	喹螨醚	5	0.92	2.02	中度风险

续表

序号	农药	超标频次	超标率 P(%)	风险系数 R	风险程度
15	唑虫酰胺	5	0.92	2.02	中度风险
16	新燕灵	4	0.73	1.83	中度风险
17	仲丁灵	4	0.73	1.83	中度风险
18	嘧霉胺	4	0.73	1.83	中度风险
19	甲氰菊酯	3	0.55	1.65	中度风险
20	杀螨酯	3	0.55	1.65	中度风险
21	三唑醇	3	0.55	1.65	中度风险
22	五氯硝基苯	3	0.55	1.65	中度风险
23	去乙基阿特拉津	3	0.55	1.65	中度风险
24	氟氯氰菊酯	3	0.55	1.65	中度风险
25	腐霉利	3	0.55	1.65	中度风险
26	避蚊胺	3	0.55	1.65	中度风险
27	解草腈	3	0.55	1.65	中度风险
28	2,3,5,6-四氯苯胺	2	0.37	1.47	低度风险
29	速灭威	2	0.37	1.47	低度风险
30	特丁净	2	0.37	1.47	低度风险
31	五氯苯甲腈	2	0.37	1.47	低度风险
32	萘乙酰胺	2	0.37	1.47	低度风险
33	氯菊酯	2	0.37	1.47	低度风险
34	四氢吩胺	2	0.37	1.47	低度风险
35	甲萘威	2	0.37	1.47	低度风险
36	二甲戊灵	2	0.37	1.47	低度风险
37	猛杀威	1	0.18	1.28	低度风险
38	特草灵	1	0.18	1.28	低度风险
39	芬螨酯	1	0.18	1.28	低度风险
40	威杀灵	1	0.18	1.28	低度风险
41	五氯苯胺	1	0.18	1.28	低度风险
42	呋线威	1	0.18	1.28	低度风险
43	炔螨特	1	0.18	1.28	低度风险
44	增效醚	1	0.18	1.28	低度风险
45	灭害威	1	0.18	1.28	低度风险

续表

序号	农药	超标频次	超标率 P(%)	风险系数 R	风险程度
46	甲霜灵	1	0.18	1.28	低度风险
47	敌敌畏	1	0.18	1.28	低度风险
48	棉铃威	1	0.18	1.28	低度风险
49	莠去通	1	0.18	1.28	低度风险
50	多效唑	1	0.18	1.28	低度风险
51	甲醚菊酯	1	0.18	1.28	低度风险
52	苫草酮	1	0.18	1.28	低度风险
53	己唑醇	1	0.18	1.28	低度风险
54	烯唑醇	1	0.18	1.28	低度风险
55	百菌清	0	0	1.10	低度风险
56	莠去津	0	0	1.10	低度风险
57	肟菌酯	0	0	1.10	低度风险
58	安硫磷	0	0	1.10	低度风险
59	五氯苯	0	0	1.10	低度风险
60	异丙威	0	0	1.10	低度风险
61	异丙草胺	0	0	1.10	低度风险
62	拌种胺	0	0	1.10	低度风险
63	乙嘧酚磺酸酯	0	0	1.10	低度风险
64	戊菌唑	0	0	1.10	低度风险
65	酯菌胺	0	0	1.10	低度风险
66	戊唑醇	0	0	1.10	低度风险
67	乙霉威	0	0	1.10	低度风险
68	四氯硝基苯	0	0	1.10	低度风险
69	西草净	0	0	1.10	低度风险
70	西玛津	0	0	1.10	低度风险
71	丙硫磷	0	0	1.10	低度风险
72	吡丙醚	0	0	1.10	低度风险
73	噁草酮	0	0	1.10	低度风险
74	四氟苯菊酯	0	0	1.10	低度风险
75	马拉硫磷	0	0	1.10	低度风险
76	呋草黄	0	0	1.10	低度风险

续表

序号	农药	超标频次	超标率 $P(\%)$	风险系数 R	风险程度
77	氟吡菌酰胺	0	0	1.10	低度风险
78	氟丙菊酯	0	0	1.10	低度风险
79	氟硅唑	0	0	1.10	低度风险
80	去异丙基莠去津	0	0	1.10	低度风险
81	禾草敌	0	0	1.10	低度风险
82	喹禾灵	0	0	1.10	低度风险
83	啶氧菌酯	0	0	1.10	低度风险
84	联苯菊酯	0	0	1.10	低度风险
85	邻苯二甲酰亚胺	0	0	1.10	低度风险
86	邻苯基苯酚	0	0	1.10	低度风险
87	螺螨酯	0	0	1.10	低度风险
88	啶酰菌胺	0	0	1.10	低度风险
89	麦穗宁	0	0	1.10	低度风险
90	霜霉威	0	0	1.10	低度风险
91	嘧菌环胺	0	0	1.10	低度风险
92	嘧菌酯	0	0	1.10	低度风险
93	3,5-二氯苯胺	0	0	1.10	低度风险
94	扑草净	0	0	1.10	低度风险
95	炔丙菊酯	0	0	1.10	低度风险
96	噻菌灵	0	0	1.10	低度风险
97	二苯胺	0	0	1.10	低度风险
98	除虫菊酯	0	0	1.10	低度风险
99	三唑酮	0	0	1.10	低度风险
100	杀螟腈	0	0	1.10	低度风险
101	杀螟硫磷	0	0	1.10	低度风险
102	虫螨腈	0	0	1.10	低度风险
103	双苯酰草胺	0	0	1.10	低度风险
104	噻嗪酮	0	0	1.10	低度风险

对每个月份内的非禁用农药的风险系数分析，每月内非禁用农药风险程度分布图如图12-26所示。2个月份内处于高度风险的农药数排序为2016年9月(14)＞2015年7月(8)。

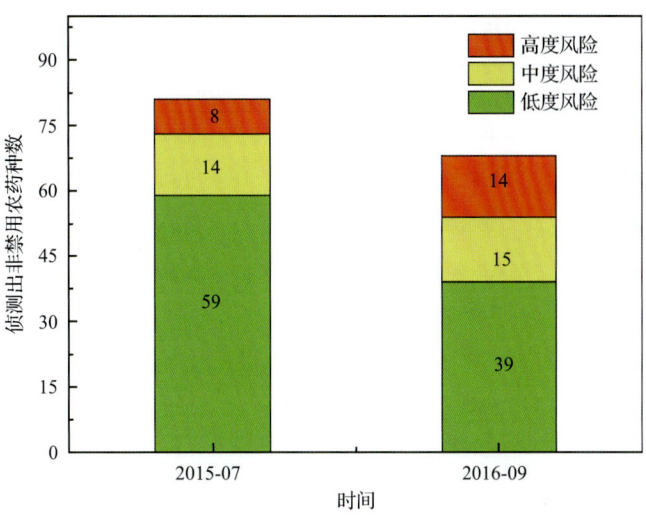

图 12-26　各月份水果蔬菜中非禁用农药残留的风险程度分布图

2 个月份内水果蔬菜中非禁用农药处于中度风险和高度风险的风险系数如图 12-27 和表 12-18 所示。

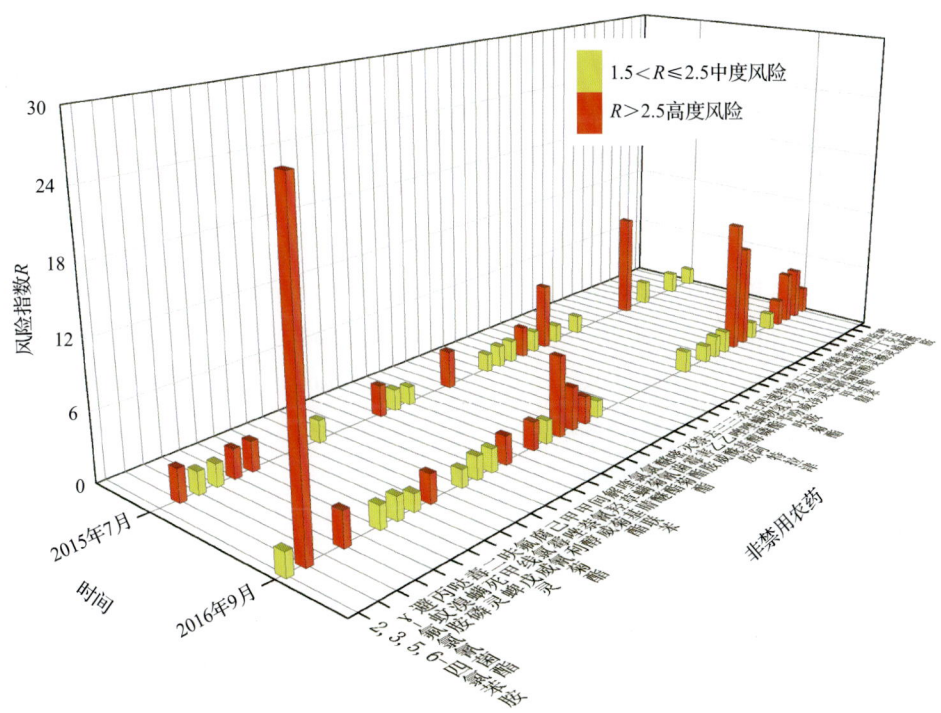

图 12-27　各月份水果蔬菜中非禁用农药处于中度风险和高度风险的风险系数分布图

表 12-18 各月份水果蔬菜中非禁用农药处于中度风险和高度风险的风险系数表

序号	时间	农药	超标频次	超标率 $P(\%)$	风险系数 R	风险程度
1	2015 年 7 月	烯虫酯	30	8.96	10.06	高度风险
2	2015 年 7 月	生物苄呋菊酯	17	5.07	6.17	高度风险
3	2015 年 7 月	醚菌酯	8	2.39	3.49	高度风险
4	2015 年 7 月	γ-氟氯氰菊酯	6	1.79	2.89	高度风险
5	2015 年 7 月	间羟基联苯	6	1.79	2.89	高度风险
6	2015 年 7 月	三唑磷	6	1.79	2.89	高度风险
7	2015 年 7 月	哒螨灵	5	1.49	2.59	高度风险
8	2015 年 7 月	毒死蜱	5	1.49	2.59	高度风险
9	2015 年 7 月	新燕灵	4	1.19	2.29	中度风险
10	2015 年 7 月	避蚊胺	3	0.90	2.00	中度风险
11	2015 年 7 月	丙溴磷	3	0.90	2.00	中度风险
12	2015 年 7 月	腐霉利	3	0.90	2.00	中度风险
13	2015 年 7 月	解草腈	3	0.90	2.00	中度风险
14	2015 年 7 月	去乙基阿特拉津	3	0.90	2.00	中度风险
15	2015 年 7 月	三唑醇	3	0.90	2.00	中度风险
16	2015 年 7 月	杀螨酯	3	0.90	2.00	中度风险
17	2015 年 7 月	仲丁威	3	0.90	2.00	中度风险
18	2015 年 7 月	喀螨醚	2	0.60	1.70	中度风险
19	2015 年 7 月	萘乙酰胺	2	0.60	1.70	中度风险
20	2015 年 7 月	四氢吩胺	2	0.60	1.70	中度风险
21	2015 年 7 月	特丁净	2	0.60	1.70	中度风险
22	2015 年 7 月	唑虫酰胺	2	0.60	1.70	中度风险
23	2016 年 9 月	γ-氟氯氰菊酯	57	27.14	28.24	高度风险
24	2016 年 9 月	烯丙菊酯	24	11.43	12.53	高度风险
25	2016 年 9 月	烯虫酯	18	8.57	9.67	高度风险
26	2016 年 9 月	氯氰菊酯	13	6.19	7.29	高度风险
27	2016 年 9 月	仲丁威	8	3.81	4.91	高度风险
28	2016 年 9 月	兹克威	8	3.81	4.91	高度风险
29	2016 年 9 月	醚菌酯	6	2.86	3.96	高度风险
30	2016 年 9 月	丙溴磷	4	1.90	3.00	高度风险
31	2016 年 9 月	氟氯氰菊酯	3	1.43	2.53	高度风险
32	2016 年 9 月	间羟基联苯	3	1.43	2.53	高度风险
33	2016 年 9 月	喀螨醚	3	1.43	2.53	高度风险

续表

序号	时间	农药	超标频次	超标率 $P(\%)$	风险系数 R	风险程度
34	2016年9月	嘧霉胺	3	1.43	2.53	高度风险
35	2016年9月	仲丁灵	3	1.43	2.53	高度风险
36	2016年9月	唑虫酰胺	3	1.43	2.53	高度风险
37	2016年9月	2,3,5,6-四氯苯胺	2	0.95	2.05	中度风险
38	2016年9月	毒死蜱	2	0.95	2.05	中度风险
39	2016年9月	二甲戊灵	2	0.95	2.05	中度风险
40	2016年9月	甲萘威	2	0.95	2.05	中度风险
41	2016年9月	甲氰菊酯	2	0.95	2.05	中度风险
42	2016年9月	氯菊酯	2	0.95	2.05	中度风险
43	2016年9月	速灭威	2	0.95	2.05	中度风险
44	2016年9月	五氯苯甲腈	2	0.95	2.05	中度风险
45	2016年9月	五氯硝基苯	2	0.95	2.05	中度风险
46	2016年9月	呋线威	1	0.48	1.58	中度风险
47	2016年9月	己唑醇	1	0.48	1.58	中度风险
48	2016年9月	灭害威	1	0.48	1.58	中度风险
49	2016年9月	威杀灵	1	0.48	1.58	中度风险
50	2016年9月	烯唑醇	1	0.48	1.58	中度风险
51	2016年9月	增效醚	1	0.48	1.58	中度风险

12.4 GC-Q-TOF/MS 侦测哈尔滨市市售水果蔬菜农药残留风险评估结论与建议

农药残留是影响水果蔬菜安全和质量的主要因素，也是我国食品安全领域备受关注的敏感话题和亟待解决的重大问题之一[15,16]。各种水果蔬菜均存在不同程度的农药残留现象，本研究主要针对哈尔滨市各类水果蔬菜存在的农药残留问题，基于 2015 年 7 月~2016 年 9 月对哈尔滨市 545 例水果蔬菜样品中农药残留侦测得出的 1340 个侦测结果，分别采用食品安全指数模型和风险系数模型，开展水果蔬菜中农药残留的膳食暴露风险和预警风险评估。水果蔬菜样品取自超市，符合大众的膳食来源，风险评价时更具有代表性和可信度。

本研究力求通用简单地反映食品安全中的主要问题，且为管理部门和大众容易接受，为政府及相关管理机构建立科学的食品安全信息发布和预警体系提供科学的规律与方法，加强对农药残留的预警和食品安全重大事件的预防，控制食品风险。

12.4.1 哈尔滨市水果蔬菜中农药残留膳食暴露风险评价结论

1) 水果蔬菜样品中农药残留安全状态评价结论

采用食品安全指数模型，对2015年7月～2016年9月期间哈尔滨市水果蔬菜食品农药残留膳食暴露风险进行评价，根据IFS_c的计算结果发现，水果蔬菜中农药的$\overline{IFS}$为0.0381，说明哈尔滨市水果蔬菜总体处于很好的安全状态，但部分禁用农药、高残留农药在蔬菜、水果中仍有侦测出，导致膳食暴露风险的存在，成为不安全因素。

2) 单种水果蔬菜中农药膳食暴露风险不可接受情况评价结论

单种水果蔬菜中农药残留安全指数分析结果显示，农药对单种水果蔬菜安全影响不可接受($IFS_c>1$)的样本数共2个，占总样本数的0.41%，2个样本分别为小油菜中的三唑磷、生菜中的氯氰菊酯，说明小油菜中的三唑磷、生菜中的氯氰菊酯会对消费者身体健康造成较大的膳食暴露风险。三唑磷、氯氰菊酯属于低毒农药，且小油菜和生菜均为较常见的蔬菜，百姓日常食用量较大，长期食用大量残留三唑磷的小油菜和氯氰菊酯的生菜会对人体造成不可接受的影响，本次侦测发现三唑磷在小油菜、氯氰菊酯在生菜样品中多次并大量侦测出，是未严格实施农业良好管理规范(GAP)，抑或是农药滥用，这应该引起相关管理部门的警惕，应加强对小油菜中的三唑磷、生菜中的氯氰菊酯严格管控。

3) 禁用农药膳食暴露风险评价

本次侦测发现部分水果蔬菜样品中有禁用农药侦测出，侦测出禁用农药10种，检出频次为69，水果蔬菜样品中的禁用农药IFS_c计算结果表明，禁用农药残留膳食暴露风险不可接受的频次为1，占1.45%；可以接受的频次为16，占23.19%；没有影响的频次为51，占73.91%。对于水果蔬菜样品中所有农药而言，膳食暴露风险不可接受的频次为7，仅占总体频次的0.52%。可以看出，禁用农药的膳食暴露风险不可接受的比例远高于总体水平，这在一定程度上说明禁用农药更容易导致严重的膳食暴露风险。此外，膳食暴露风险不可接受的残留禁用农药为克百威，因此，应该加强对禁用农药克百威的管控力度。为何在国家明令禁止禁用农药喷洒的情况下，还能在多种水果蔬菜中多次侦测出禁用农药残留并造成不可接受的膳食暴露风险，这应该引起相关部门的高度警惕，应该在禁止禁用农药喷洒的同时，严格管控禁用农药的生产和售卖，从根本上杜绝安全隐患。

12.4.2 哈尔滨市水果蔬菜中农药残留预警风险评价结论

1) 单种水果蔬菜中禁用农药残留的预警风险评价结论

本次侦测过程中，在17种水果蔬菜中侦测出10种禁用农药，禁用农药为：水胺硫磷、硫丹、克百威、甲拌磷、治螟磷、甲胺磷、氰戊菊酯、特丁硫磷、艾氏剂、除草醚，水果蔬菜为：茄子、苦瓜、桃、甜椒、樱桃番茄、黄瓜、胡萝卜、芹菜、橙、柠檬、香瓜、小油菜、番茄、葡萄、茼蒿、菠菜、菜豆，水果蔬菜中禁用农药的风险系数分析结果显示，10 种禁用农药在 17 种水果蔬菜中的残留均处于高度风险，说明在单种水果蔬菜中禁用农药的残留会导致较高的预警风险。

2) 单种水果蔬菜中非禁用农药残留的预警风险评价结论

以 MRL 中国国家标准为标准，计算水果蔬菜中非禁用农药风险系数情况下，455 个样本中，6 个处于高度风险(1.32%)，84 个处于低度风险(18.46%)，365 个样本没有 MRL 中国国家标准(80.22%)。以 MRL 欧盟标准为标准，计算水果蔬菜中非禁用农药风险系数情况下，发现有 132 个处于高度风险(29.01%)，323 个处于低度风险(70.99%)。基于两种 MRL 标准，评价的结果差异显著，可以看出 MRL 欧盟标准比中国国家标准更加严格和完善，过于宽松的 MRL 中国国家标准值能否有效保障人体的健康有待研究。

12.4.3 加强哈尔滨市水果蔬菜食品安全建议

我国食品安全风险评价体系仍不够健全，相关制度不够完善，多年来，由于农药用药次数多、用药量大或用药间隔时间短，产品残留量大，农药残留所造成的食品安全问题日益严峻，给人体健康带来了直接或间接的危害。据估计，美国与农药有关的癌症患者数约占全国癌症患者总数的 50%，中国更高。同样，农药对其他生物也会形成直接杀伤和慢性危害，植物中的农药可经过食物链逐级传递并不断蓄积，对人和动物构成潜在威胁，并影响生态系统。

基于本次农药残留侦测数据的风险评价结果，提出以下几点建议：

1) 加快食品安全标准制定步伐

我国食品标准中对农药每日允许最大摄入量 ADI 的数据严重缺乏，在本次评价所涉及的 114 种农药中，仅有 60.5% 的农药具有 ADI 值，而 39.5% 的农药中国尚未规定相应的 ADI 值，亟待完善。

我国食品中农药最大残留限量值的规定严重缺乏，对评估涉及的不同水果蔬菜中不同农药 487 个 MRL 限值进行统计来看，我国仅制定出 114 个标准，我国标准完整率仅为 23.4%，欧盟的完整率达到 100%(表 12-19)。因此，中国更应加快 MRL 标准的制定步伐。

表 12-19 我国国家食品标准农药的 ADI、MRL 值与欧盟标准的数量差异

分类		中国 ADI	MRL 中国国家标准	MRL 欧盟标准
标准限值(个)	有	69	114	487
	无	45	373	0
总数(个)		114	487	487
无标准限值比例(%)		39.5	76.6	0

此外，MRL 中国国家标准限值普遍高于欧盟标准限值，这些标准中共有 65 个高于欧盟。过高的 MRL 值难以保障人体健康，建议继续加强对限值基准和标准的科学研究，将农产品中的危险性减少到尽可能低的水平。

2）加强农药的源头控制和分类监管

在哈尔滨市某些水果蔬菜中仍有禁用农药残留，利用 GC-Q-TOF/MS 技术侦测出 10 种禁用农药，检出 69 频次，残留禁用农药均存在较大的膳食暴露风险和预警风险。早已列入黑名单的禁用农药在我国并未真正退出，有些药物由于价格便宜、工艺简单，此类高毒农药一直生产和使用。建议在我国采取严格有效的控制措施，从源头控制禁用农药。

对于非禁用农药，在我国作为"田间地头"最典型单位的县级蔬果产地中，农药残留的侦测几乎缺失。建议根据农药的毒性，对高毒、剧毒、中毒农药实现分类管理，减少使用高毒和剧毒高残留农药，进行分类监管。

3）加强残留农药的生物修复及降解新技术

市售果蔬中残留农药的品种多、频次高、禁用农药多次检出这一现状，说明了我国的田间土壤和水体因农药长期、频繁、不合理的使用而遭到严重污染。为此，建议中国相关部门出台相关政策，鼓励高校及科研院所积极开展分子生物学、酶学等研究，加强土壤、水体中残留农药的生物修复及降解新技术研究，切实加大农药监管力度，以控制农药的面源污染问题。

综上所述，在本工作基础上，根据蔬菜残留危害，可进一步针对其成因提出和采取严格管理、大力推广无公害蔬菜种植与生产、健全食品安全控制技术体系、加强蔬菜食品质量检测体系建设和积极推行蔬菜食品质量追溯制度等相应对策。建立和完善食品安全综合评价指数与风险监测预警系统，对食品安全进行实时、全面的监控与分析，为我国的食品安全科学监管与决策提供新的技术支持，可实现各类检验数据的信息化系统管理，降低食品安全事故的发生。

参 考 文 献

[1] 全国人民代表大会常务委员会. 中华人民共和国食品安全法[Z]. 2015-04-24.
[2] 钱永忠, 李耘. 农产品质量安全风险评估: 原理、方法和应用[M]. 北京: 中国标准出版社, 2007.
[3] 高仁君, 陈隆智, 郑明奇, 等. 农药对人体健康影响的风险评估[J]. 农药学学报, 2004, 6(3): 8-14.
[4] 高仁君, 王蔚, 陈隆智, 等. JMPR 农药残留急性膳食摄入量计算方法[J]. 中国农学通报, 2006, 22(4): 101-104.
[5] FAO/WHO Recommendation for the revision of the guidelines for predicting dietary intake of pesticide residues, Report of a FAO/WHO Consultation, 2-6 May 1995, York, United Kingdom.
[6] 李聪, 张艺兵, 李朝伟, 等. 暴露评估在食品安全状态评价中的应用[J]. 检验检疫学刊, 2002, 12(1): 11-12.
[7] Liu Y, Li S, Ni Z, et al. Pesticides in persimmons, jujubes and soil from China: Residue levels, risk assessment and relationship between fruits and soils[J]. Science of the Total Environment, 2016, 542(Pt A): 620-628.
[8] Claeys W L, Schmit J F O, Bragard C, et al. Exposure of several Belgian consumer groups to pesticide residues through fresh fruit and vegetable consumption[J]. Food Control, 2011, 22(3): 508-516.
[9] Quijano L, Yusà V, Font G, et al. Chronic cumulative risk assessment of the exposure to organophosphorus, carbamate and pyrethroid and pyrethrin pesticides through fruit and vegetables consumption in the region of Valencia (Spain)[J]. Food & Chemical Toxicology, 2016, 89: 39-46.
[10] Fang L, Zhang S, Chen Z, et al. Risk assessment of pesticide residues in dietary intake of celery in China[J]. Regulatory Toxicology & Pharmacology, 2015, 73(2): 578-586.
[11] Nuapia Y, Chimuka L, Cukrowska E. Assessment of organochlorine pesticide residues in raw food samples from open markets in two African cities[J]. Chemosphere, 2016, 164: 480-487.
[12] 秦燕, 李辉, 李聪. 危害物的风险系数及其在食品检测中的应用[J]. 检验检疫学刊, 2003, 13(5): 13-14.
[13] 金征宇. 食品安全导论[M]. 北京: 化学工业出版社, 2005.
[14] 中华人民共和国国家卫生和计划生育委员会, 中华人民共和国农业部, 中华人民共和国国家食品药品监督管理总局. GB 2763—2016 食品安全国家标准 食品中农药最大残留限量[S]. 2016.
[15] Chen C, Qian Y Z, Chen Q, et al. Evaluation of pesticide residues in fruits and vegetables from Xiamen, China[J]. Food Control, 2011, 22: 1114-1120.
[16] Lehmann E, Turrero N, Kolia M, et al. Dietary risk assessment of pesticides from vegetables and drinking water in gardening areas in Burkina Faso[J]. Science of the Total Environment, 2017, 601-602: 1208-1216.